Farben und Symbole helfen beim Suchen

ZUSAMMENSETZUNG
DER LUFT ——②

Experiment 4 L
Auf einem Verbrennungslöffel wird Eisenpulver bis zum Glühen erhitzt und dann in ein abgeschlossenes Luftvolumen gebracht (↗ Experiment 2).

Experiment 5
Gib etwa 1 cm hoch Wasser in ein Weckglas und stelle eine Kerze hinein! Entzünde die Kerze und verschließe das Weckglas rasch mit Gummi und Deckel! Versuche nach etwa 10 Minuten den Deckel anzuheben!

Experiment 6 L
Ein genau abgemessenes Luftvolumen wird zwischen Kolbenprobern über erhitztes Kupfer geleitet.

Auswertung

Volumen der Luft	60 ml
Restvolumen	48 ml
Volumen Sauerstoff	12 ml

Sauerstoffanteil der Luft $\frac{12}{60} = \frac{1}{5}$

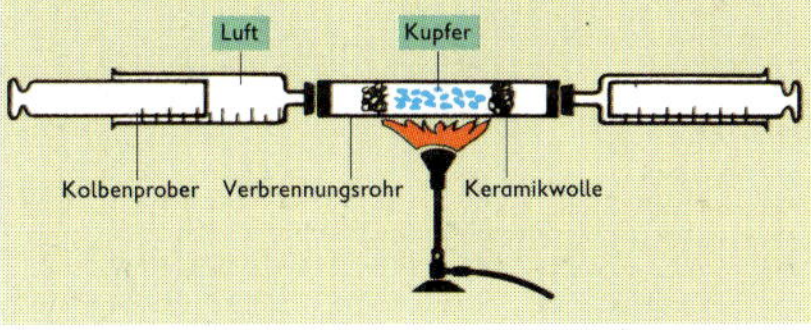

——⑥

Im Experiment 2 beobachtet man nach dem Erlöschen der Kerze ein Ansteigen des Wassers in der Gasmessglocke. Im Restvolumen erlischt eine brennende Kerze sofort (Experiment 3).
Wie kann man diese Beobachtungen deuten?
Ein Teil der Luft, der Sauerstoff, wird bei der Verbrennung verbraucht. Um diesen Betrag nimmt das Luftvolumen ab. Ein entsprechendes Volumen Wasser wird in das Gefäß gedrückt (Experiment 4). Den Sauerstoffanteil der Luft kann man mit dem Experiment 6 genauer ermitteln.

Luft ist ein Stoffgemisch. Die Hauptbestandteile sind Stickstoff (etwa 4/5) und Sauerstoff (etwa 1/5).

Weitere **Bestandteile der Luft** sind Edelgase und Kohlenstoffdioxid sowie einige Stoffe, die nur in Spuren vorkommen. 100 l trockene Luft enthalten 78 l Stickstoff, 21 l Sauerstoff, 0,97 l Edelgase (hauptsächlich Argon) und 0,03 l Kohlenstoffdioxid (Abb. 2). Die erdnahe Luftschicht enthält noch einen unterschiedlichen Anteil an Wasserdampf.

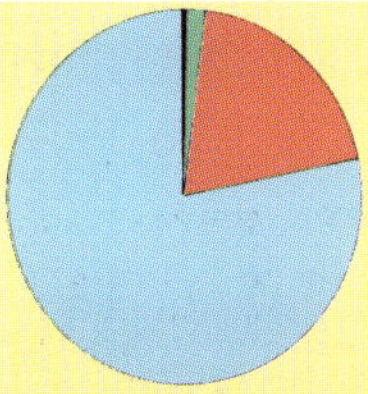

- 78 % Stickstoff
- 21 % Sauerstoff
- 0,97 % Edelgase
- 0,03 % Kohlenstoffdioxid

2 ——⑧

AUFGABEN

1. Wodurch unterscheidet sich der Stoff „Luft" vom Stoff „Wasser"?
2. An welchen Erscheinungen des täglichen Lebens kann man erkennen, dass Luft ein Stoff ist?
3. Begründe den Auftrieb eines Ballons in Luft! Es gelten die gleichen Gesetze wie beim Auftrieb eines Körpers im Wasser.
4. Beim Erhitzen von Kupfer an der Luft entsteht Kupferoxid.
Formuliere die Wortgleichung!
5. Von welchen Beobachtungen hat sich *Lavoisier* bei der Wahl der Begriffe „Lebensluft" und „Stickluft" wohl leiten lassen (↗ S. 43)?
6. Warum erlischt die Kerze beim Experiment 3 im Restvolumen der Luft?
7. Berechne das Volumen des Sauerstoffs in einem Raum von 820 m^3!
8. Ein Mensch atmet täglich etwa 10000 l Luft ein. Wie groß ist der Anteil des Sauerstoffs?
9. Erkläre die im Experiment 5 beobachteten Erscheinungen!

——⑦

35

Aus der Welt der Chemie

Ergänzende Angaben zum Text aus Geschichte, Technik und Umwelt

Im Überblick

Zusammenfassung wesentlicher Angaben des Kapitels

Kennzeichnung von Experimenten

Mit **L** gekennzeichnete Experimente dürfen nur vom Lehrer durchgeführt werden!

In Abbildungen dazu:

- reagierende Feststoffe
- reagierende Flüssigkeiten
- nicht reagierende Stoffe

Kennzeichnung von Ausgangsstoffen

Kennzeichnung von Reaktionsprodukten

Aufgaben zu den Themen auf einer Doppelseite

↗
Verweis auf eine andere Lehrbuchstelle

Chemisches Element

Hervorhebung wichtiger Begriffe im Text durch Fettdruck

Chemie

Stoffe – Reaktionen – Umwelt

Lehrbuch
für Sekundarstufe I
Gymnasium

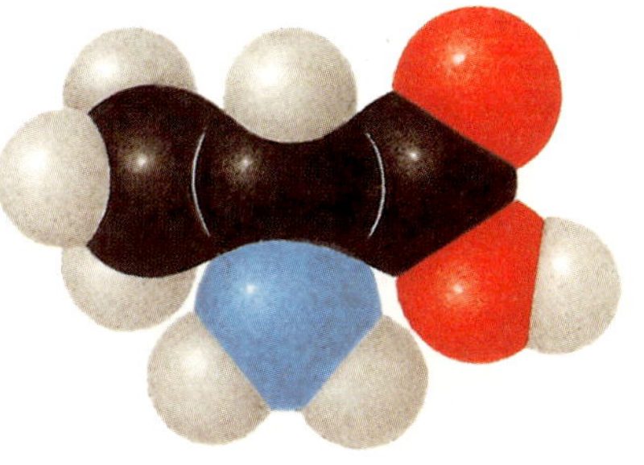

Volk und Wissen Verlag

Inhalt

Überall Chemie

Wir wollen uns künftig mit Chemie beschäftigen, einer weiteren Naturwissenschaft. Was ist Chemie? Wann und wo haben wir schon einmal mit Chemie zu tun gehabt?

Kein Leben ohne Chemie?

Wenn man von „Chemie" spricht, so denken viele Menschen sofort an Umweltschäden, die Verschmutzung von Luft und Gewässern. Unfälle in Chemiebetrieben machen Schlagzeilen in Zeitungen. Es ist aber keinesfalls berechtigt, allein der Chemie die Verantwortung dafür zu geben. Vermeiden schädlicher Abfälle, gründliche Reinigung von Abgasen und Abwasser sowie strenge Kontrollen können Schäden durch chemische Betriebe nahezu vollständig verhindern.

Die meisten Umweltbelastungen kommen heute aus anderen Quellen, zum Beispiel den Abgasen der Kraftfahrzeuge, Heizungsanlagen oder zunehmenden Abfallbergen. Stoffe, die Menschen jahrhundertelang genutzt haben, werden durch neue Forschungen als schädlich erkannt.

Gefährlichkeit oder Giftigkeit von Stoffen sind deren Eigenschaften. Gefahren entstehen erst durch unsachgemäßen Umgang mit solchen Stoffen. Gerade die Chemie ist es, die auf Gefahren hinweist und in allen solchen Fällen nach Möglichkeiten sucht, Schäden zu vermeiden oder zu vermindern: Katalysatoren der Autos reinigen Abgase durch chemische Vorgänge, moderne Feuerungsanlagen beseitigen schädliche Abgase, umweltfreundliche Verpackungsmaterialien werden entwickelt, durch neue, ungefährliche Stoffe können gesundheits- und umweltschädigende Stoffe ersetzt werden.

Die uns umgebende **Natur ist ein großes chemisches Laboratorium.** Ständig laufen chemische Vorgänge ab. Gesteine und Mineralien bildeten sich in Urzeiten durch chemische Vorgänge (Abb. 1). Glut und Lava speiende Vulkane zeugen noch heute davon (Abb. 2). Pflanzen nehmen Wasser und Nährstoffe aus dem

1

Achatkristalle in einem Gesteinshohlraum

2

3

4

5

Boden und Kohlenstoffdioxid aus der Luft auf und bilden daraus Stoffe für ihr Wachstum.

Bier (Abb. 3) und perlender Sekt entstehen durch chemische Vorgänge. Bei der Verdauung und bei der Atmung laufen ebenfalls komplizierte chemische Vorgänge ab, beispielsweise, wenn der Sonnentau (Abb. 4) ein Insekt „verspeist". Störungen machen sich durch Krankheiten bemerkbar. Genaue Kenntnisse über diese Vorgänge in den Organismen ermöglichen Biochemikern, immer wirksamere Medikamente herzustellen.

Ein Leben ohne Chemie ist heute undenkbar. In einem sehr langen Zeitraum gewonnene Kenntnisse über chemische Vorgänge und das Herstellen verschiedenster Stoffe können wir nutzbringend anwenden. Das Entzünden eines Feuers ist mit einem Zündholz sehr leicht geworden. Seife, Zahnpasta, Waschmittel und Kosmetika sind Produkte der Chemie, die wir täglich verwenden und deren Wirkung größtenteils auf chemischen Vorgängen beruht. Metalle, Zement, Glas, Porzellan, Gummi, wärmedämmende Isolierstoffe (Abb. 5) werden durch chemische Vorgänge hergestellt. Lesen wir ein Buch, dann hat die Chemie mit Papier, Druckfarben, Folien für den Einband und Klebstoffen wichtige Grundlagen dafür geschaffen. Ohne künstlich hergestellte Fasern wäre unsere Kleidung undenkbar (Abb. 7). Medikamente haben die Lebenszeit der Menschen wesentlich verlängert (Abb. 6). Ohne Chemie gäbe es kein Ton- oder Videoband, keine Schallplatte, kein Rundfunk- oder Fernsehgerät.

Das alles zeigt: Chemie ist in unserem Leben allgegenwärtig! Chemische Kenntnisse helfen, das, was um uns geschieht, zu verstehen und mit Stoffen sachgerecht umzugehen.

Die Menschen lernten im Laufe von Jahrhunderten, **Stoffe aus der Natur zu nutzen und zu verarbeiten.** Schon sehr früh konnten sie mit Feuer umgehen und beobachten, dass Fleisch

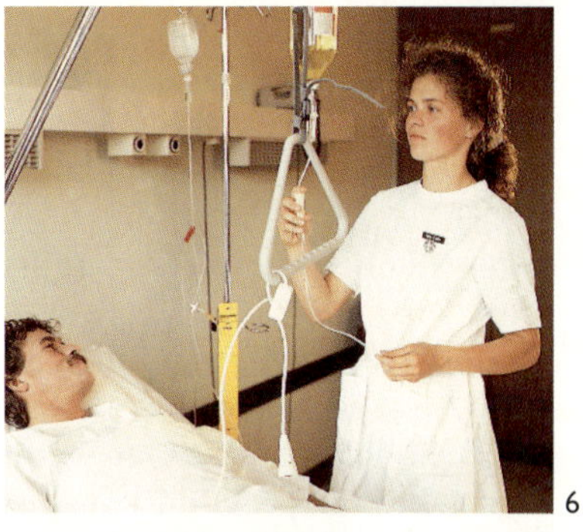
6

7

Eisenwalzwerk
Gemälde von *A. Menzel* (1875)

1

durch Braten besser genießbar wurde. Aus Ton geformte Gefäße wurden durch Brennen im Feuer fest.
Das Nutzen chemischer Erscheinungen hatte deutlichen Einfluss auf die Geschichte der Menschheit. Als die Menschen die Metallherstellung kannten, ließen sich mit Metallgeräten viele zuvor mühsame Arbeiten schneller und leichter ausführen. Metalle gestatteten aber auch, gefährlichere Waffen herzustellen. Erfahrungen bei der Herstellung von Kalkmörtel ermöglichten den Bau großer Steinhäuser und Kirchen. Durch die Entdeckung des Schießpulvers konnten Gesteine und Mineralien leichter abgebaut (Abb. 2), aber auch Schusswaffen entwickelt werden. Koks aus der Entgasung von Kohle war notwendig, um große Mengen Stahl zum Bau von Maschinen, Industrieanlagen und Eisenbahnen zu erzeugen (Abb. 1). Naturfasern reichen nicht mehr aus, um ausreichend Kleidung herzustellen; da helfen die künstlichen Fasern.
Ohne die Verwendung künstlicher Düngemittel hätte die ständig wachsende Weltbevölkerung weitaus größere Probleme bei der Ernährung. In Jahrhunderten sammelten die Menschen immer mehr Erfahrungen im Umgang mit chemischen Erscheinungen (Abb. 3). Aber erst seit etwa 200 Jahren werden sie wissenschaftlich untersucht und erklärt.

2

3

In den Apparaten eines Chemiebetriebes werden chemische Erscheinungen genutzt.

Aus der Welt der Chemie

So hat sich die Chemie entwickelt!

Chemische Vorgänge wurden von den Menschen schon im **Altertum**, besonders in China und im Orient genutzt (Metallgewinnung, Töpferei, Weinbereitung, Seifenherstellung).

Bis ins **17. Jahrhundert** erfolgte in Europa eine weniger gründliche Untersuchung vieler Stoffe (Alchemie). Wissenschaftliche Grundlagen fehlten noch. Alchemisten suchten nach dem „Stein der Weisen". Dennoch wurden Kenntnisse über Metalle und Metallgewinnung erweitert, viele neue Stoffe hergestellt und ab etwa 1600 Chemikalien als Heilmittel erkannt.

1650 bis 1800 wurden unter Verwendung der Waage wichtige Grundlagen der Chemie und Naturgesetze aufgefunden. Verbrennung und andere chemische Vorgänge konnten erklärt werden.

Mit der Industrialisierung entstanden Fabriken zur Herstellung von Schwefelsäure (1736), Soda (1775), Leuchtgas und Koks (1792) sowie Zement (1796). Ab 1735 wurde Eisen in größeren Mengen gewonnen.

Alchemistenlabor

Labor um 1840

Labor um 1900

Labor heute

Von **1800 bis 1900** entwickelten sich Organische und Physikalische Chemie sowie die chemische Großindustrie. Fabrikmäßig erzeugt wurden zum Beispiel Düngemittel, Farben, Kunstseide und Aluminium. Forschungen an Hochschulen und in der Industrie führten zu modernen Theorien der Chemie.

Seit **1900** beeinflusst die Chemie alle Bereiche des Lebens. Die Erdölverarbeitung liefert Kraftstoffe und viele industrielle Ausgangsstoffe. Plaste und Chemiefasern verändern ganze Wirtschaftszweige (Bakelit 1909, Buna-Kautschuk 1926, PVC 1926, Polyesterfasern 1940, Perlon 1943). Die aufkommende Biochemie ermöglicht die Herstellung vieler neuer Heilmittel.

2

Vielfalt der Stoffe

Ein orientalischer Markt lockt mit seiner Vielfalt. Gegenstände aus verschiedenen Stoffen werden angeboten. Wodurch unterscheiden sich Stoffe? Wie kann man Stoffe verändern?

Stoffe um uns

Körper und Stoff. Der Chemiker bezeichnet alles das als Stoffe, woraus die Gegenstände, die Körper, die uns umgeben, bestehen. Die Fensterscheibe besteht aus dem Stoff Glas, der Hausschlüssel kann aus dem Stoff Stahl hergestellt sein. Viele Geräte, mit denen im Chemieunterricht gearbeitet wird, sind aus dem Stoff Glas, aus Metallen oder Holz angefertigt worden (Abb. 1). Auch unser Körper, die Knochen, die Haut, die Haare oder das Blut bestehen aus sehr verschiedenen Stoffen.

Aus einem bestimmten Stoff können unterschiedliche Körper hergestellt werden (Abb. 2). Andererseits lassen sich gleichartige Gegenstände aus verschiedenen Stoffen anfertigen (Abb. 3).

Jeder Gegenstand besteht aus einer mehr oder weniger großen **Stoffportion.** Sie hat eine Masse und ein Volumen.

1

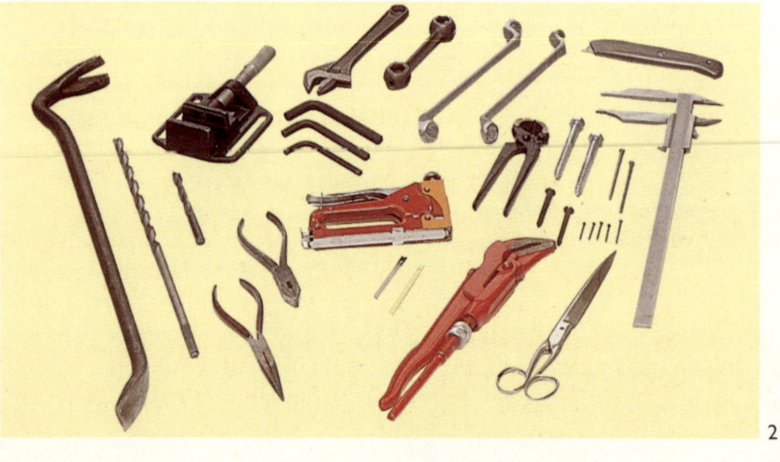

2

3

Verschiedene Formen von Stoffen. Stoffe können in unterschiedliche Formen gebracht werden. Die flüssige Form des Stoffes Wasser erstarrt bei Temperaturen unter 0 °C zu Eis. Beim Erhitzen über 100 °C verdampft das Wasser. Glas lässt sich bei höheren Temperaturen erweichen und zu Flaschen, Gläsern und vielen anderen Körpern verformen (Abb. 4). Metalle wie Kupfer oder Aluminium können zu Blechen und Drähten verarbeitet werden, um daraus Gefäße, Maschinenbauteile, Kabel oder viele andere Dinge herzustellen. Bei diesen Veränderungen der Form von Körpern bleiben aber die Stoffe, aus denen sie bestehen, stets gleich.

Bei der Untersuchung von Gegenständen interessieren den Chemiker besonders die Stoffe, aus denen sie bestehen.

4

Stoffe aus der Natur. Unsere Welt besteht aus vielen unterschiedlichen Stoffen. Einige von ihnen, z. B. Quarz, der im Sand und in vielen Gesteinen enthalten ist, oder das Wasser, kommen recht häufig vor, andere wie Gold und Diamanten sind selten.
Die Menschen nutzen manche Stoffe aus der Natur direkt. Gesteine und Holz dienen als Baumaterial. Aus Ton lassen sich Gefäße formen, die in der Hitze, durch Brennen, fest werden. Viele andere in der Natur vorkommende Stoffe, die man Rohstoffe nennt, werden verarbeitet, um daraus nützliche Stoffe zu gewinnen. Aus Erzen entstehen Metalle, aus Erdöl und Erdgas Benzin, Kunststoffe, Farben, Medikamente und viele andere für unser Leben wichtige Stoffe.
Stoffe stehen in der Natur aber nicht in beliebiger Menge zur Verfügung. Deshalb muss mit ihnen sparsam umgegangen werden. Aus vielen Gegenständen können die darin verarbeiteten Stoffe zurückgewonnen und wieder verarbeitet werden. Man bezeichnet das als Recycling (englisch: recycle = zurückführen).
Das Sammeln von Altpapier, Textilien, Metallschrott, Kunststoffabfällen, Glas und anderen Altstoffen (Abb. 5) entlastet die Umwelt und trägt zum sparsamen Verbrauch von Rohstoffen bei. Die Vorräte in der Natur können dadurch geschont werden.

5

AUFGABEN

1. Stelle Stoffe zusammen, die bei der Herstellung a) eines Wohnhauses, b) eines Autos, c) einer Armbanduhr, d) einer Tischlampe verwendet werden!
2. Schreibe 10 Stoffe auf, mit denen du am Morgen nach dem Aufstehen umgehst!
3. Bezeichne die Laborgeräte auf der Abbildung 1! Gib die Stoffe an, aus denen sie bestehen!
4. Gleichartige Gegenstände kann man aus verschiedenen Stoffen herstellen. Gib dafür Beispiele an!
5. Erläutere an Beispielen, dass Körper verformt werden, der Stoff, aus dem sie bestehen, aber unverändert bleibt!
6. Begründe die Notwendigkeit, Altstoffe zu sammeln und wieder zu verwenden!

Stoffe und ihre Eigenschaften

Eigenschaften der Stoffe. Stoffe kann man unabhängig von ihrer Form an ihren Eigenschaften erkennen und unterscheiden. Einige Eigenschaften wie Farbe, Geruch, Glanz an der Oberfläche oder der Aggregatszustand lassen sich unmittelbar mit den Sinnesorganen feststellen. Der Geruch ist sehr vorsichtig durch Zufächeln zu prüfen (Abb. 1), da einige Stoffe ätzende oder gesundheitsschädigende Dämpfe abgeben. Der Geschmack wird wegen der Giftigkeit vieler Stoffe grundsätzlich nicht geprüft. Die Angabe der Eigenschaften muss sehr genau erfolgen. Beim Aggregatzustand ist die jeweilige Temperatur zu beachten. Meist beziehen sich solche Angaben auf die Temperatur von 25 °C. Die Farbe kann von der Beschaffenheit der Stoffoberfläche abhängen. Eisen sieht an frischen Bruch- oder Sägekanten silberglänzend, in Pulverform dunkelgrau aus.

Ermitteln von Eigenschaften. Viele andere Eigenschaften müssen durch Experimente festgestellt werden.
Einige Stoffe sind an der Löslichkeit in Wasser oder in anderen Flüssigkeiten erkennbar (Experiment 1). Wichtig ist ferner die Prüfung auf Brennbarkeit. Brennt ein Stoff, so können Angaben über die Farbe der Flamme, auftretenden Geruch oder Rußbildung wichtig sein (Experiment 2).

1
Geruchsprobe

Dichte

$$\varrho = \frac{m}{V}$$

ϱ Dichte
m Masse einer Stoffportion
V Volumen derselben Stoffportion

Die Dichte wird meist bei 25 °C und 1013 hPa angegeben.

Experiment 1
Prüfe die Löslichkeit von Sand, Zucker und Kochsalz in Wasser!

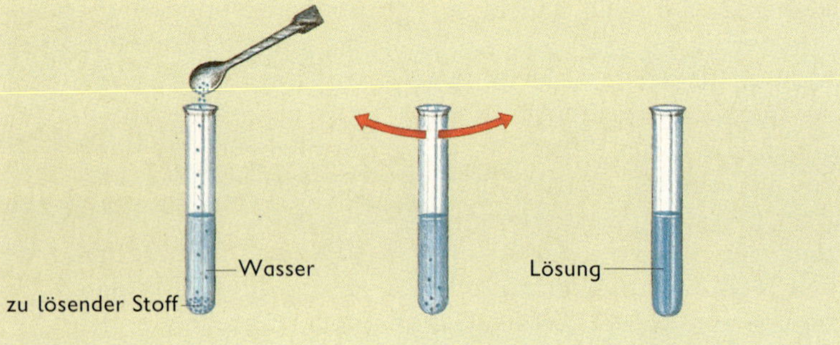

Experiment 2
Alkohol (Brennspiritus (F)) und Petroleumbenzin (F) werden auf Brennbarkeit untersucht.

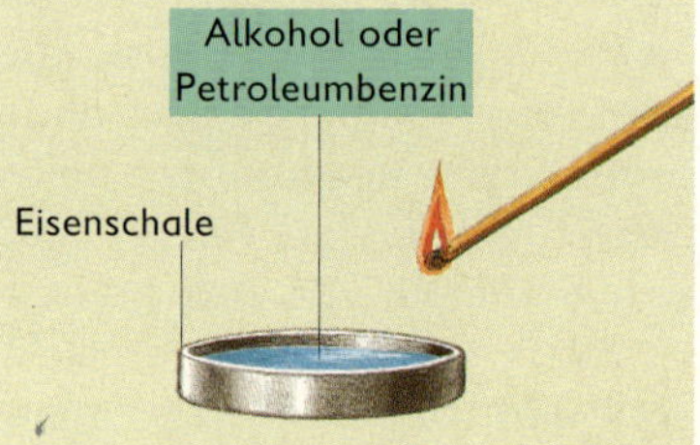

Bestimmen der Dichte

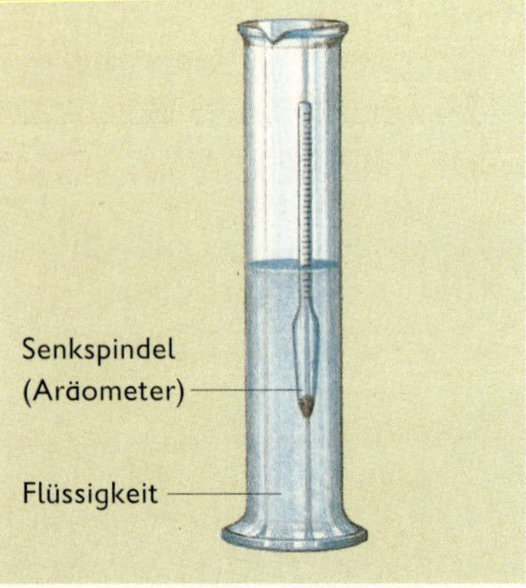

2

Bestimmen der Schmelztemperatur

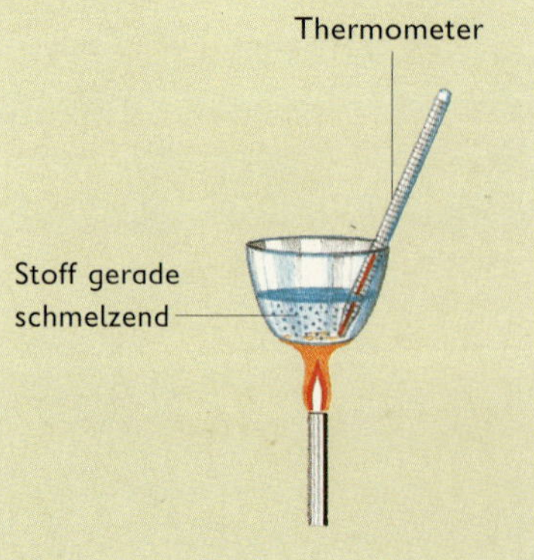

3

Bestimmen der Siedetemperatur

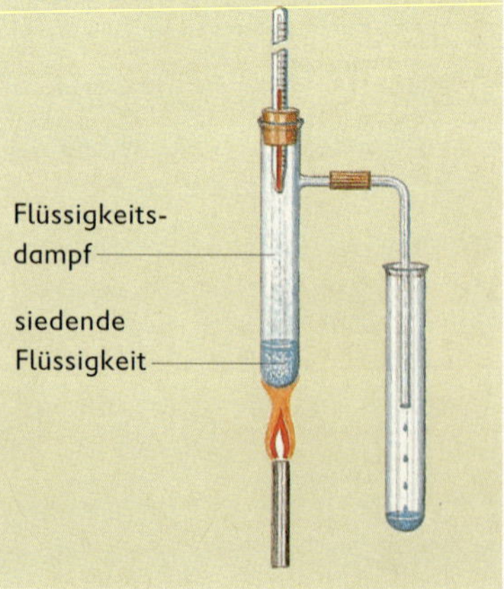

4

Einige Stoffe leiten den elektrischen Strom (Abb. 5). Die Härte von Stoffen lässt sich durch Ritzen ihrer Oberfläche mit einer Stahlnadel prüfen und vergleichen.
Wichtig zum Erkennen von Stoffen sind messbare Eigenschaften wie die Dichte, die sich mit einer Senkspindel ermitteln lässt (Abb. 2), oder die Schmelz- (Abb. 3) und Siedetemperatur (Abb. 4). Oft lassen sich besondere Eigenschaften angeben. Eisen wird z. B. vom Magneten angezogen. Schwefel kann direkt vom festen in den gasförmigen Zustand übergehen (Sublimation). Einige Stoffe wirken stark ätzend. Sie können z. B. Kleidung und Farboberflächen zerstören.

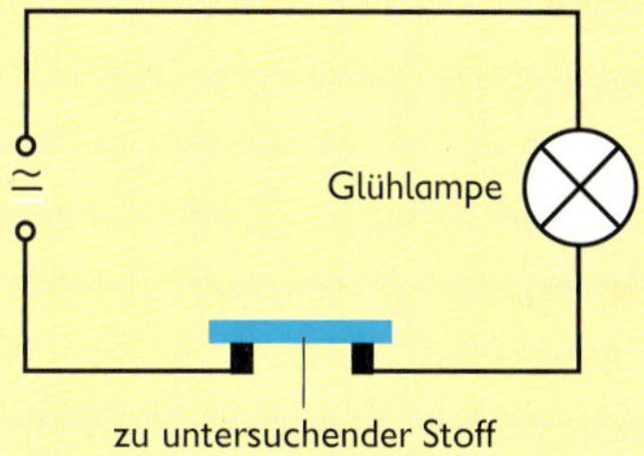

5

Unterscheiden von Stoffen. Sehr selten lässt sich ein Stoff an nur einer Eigenschaft erkennen. Es gibt viele farblose Flüssigkeiten oder salzähnliche weiße Stoffe. Die Bestimmung ist umso sicherer, je mehr Eigenschaften sich angeben lassen (Tab. 1).

Stoffe kann man an ihren Eigenschaften erkennen und unterscheiden.

Vergleich von Eigenschaften

Schwefel	Alkohol
fest	flüssig
geruchlos	typischer Geruch
brennbar, blaue Flamme	brennbar
unlöslich in Wasser	löslich in Wasser
Dichte $\varrho = 2{,}07\,\frac{g}{cm^3}$	Dichte $\varrho = 0{,}79\,\frac{g}{cm^3}$
Siedetemperatur: 445 °C	Siedetemperatur: 78 °C

1

Gefahrstoffe. Sehr gefährliche Stoffe dürfen im Chemieunterricht nicht verwendet werden. Der Umgang mit einigen Stoffen kann gefährlich und gesundheitsschädlich sein. Deshalb müssen alle Stoffe vorsichtig gehandhabt werden. Gefäße mit gefährlichen Stoffen müssen besondere Gefahrensymbole mit Kennbuchstaben (Abb. 6) tragen (↗ S. 326ff.).

6

AUFGABEN

1. Stelle für folgende Stoffe Eigenschaften zusammen: a) Wasser, b) Fensterglas, c) Benzin, d) Porzellan, e) Kupfer!
2. Ermittle aus Tabellen Dichte, Schmelz- und Siedetemperatur von a) Eisen, b) Aluminium, c) Wasser, d) Schwefel!
3. Untersuche die Löslichkeit folgender Stoffe in Wasser: a) Kochsalz, b) Zucker, c) Brennspiritus (F), d) Eisenpulver, e) Korkpulver! Vergleiche die Effekte bei d) und e)!
4. Warum kann man zwei Stoffe nicht an nur einer Eigenschaft sicher unterscheiden?
5. Prüfe die elektrische Leitfähigkeit von a) Eisendraht, b) Kupferdraht, c) Aluminiumdraht, d) Glasstab, e) Kunststoffstreifen!
6. Wodurch lassen sich die Stoffe unterscheiden: a) Wasser und Brennspiritus (F), b) Puderzucker und Mehl, c) Eisen und Blei?
7. Folgende Angaben wurden ermittelt: a) 3 cm³ Kupfer haben eine Masse von 26,8 g, b) 8,7 g Schwefel nehmen ein Volumen von 4,2 cm³ ein. Berechne die Dichte der Stoffe!
8. Ein Eisenwürfel (Dichte 7,86 g/cm³) hat ein Volumen von 29 cm³. Welche Masse hat er?

Stoffgemische – Reinstoffe

Mischbarkeit von Stoffen. Stoffe lassen sich mischen. Der Bäcker bereitet aus Mehl, Salz, Zucker, Wasser und anderen Stoffen Teig, um daraus Brötchen zu backen. Zum Bauen kann Zementmörtel aus Sand, Zement und Wasser hergestellt werden (Abb. 2).

Beim Mischen von Stoffen entstehen Stoffgemische.

In der Natur kommen Stoffe fast nur in Gemischen vor. Einzelne Stoffe liegen dann mehr oder weniger fein verteilt nebeneinander vor (Abb. 4). In Gesteinen, wie dem Granit (Abb. 1), sind die einzelnen Stoffe noch deutlich erkennbar. Solche Stoffgemische werden als **heterogen** (griechisch: hetero = verschieden, anders) bezeichnet. Das Wasser der Meere enthält Salze. In einer Salz- oder Zuckerlösung sind die einzelnen Stoffe nicht mehr nebeneinander erkennbar. Das Stoffgemisch ist **homogen** (griechisch: homo = gleich).
Stoffgemische werden unterschiedlich bezeichnet (Tabelle 2).

Stoffgemische. Im Stoffgemisch von Schwefel und Eisen kann man die beiden Stoffe nebeneinander mit der Lupe erkennen (Abb. 3). Von einem Magneten werden die Eisenteilchen angezogen, der Schwefel bleibt zurück (Experiment 3). Wird das Stoffgemisch mit Wasser geschüttelt, so sinkt das Eisen aufgrund seiner großen Dichte zu Boden, der Schwefel sammelt sich an der Wasseroberfläche. Die einzelnen Stoffe haben also im Stoffgemisch ihre Eigenschaften beibehalten. Darauf beruhen viele Trennmöglichkeiten von Stoffgemischen (↗ S. 15ff.).

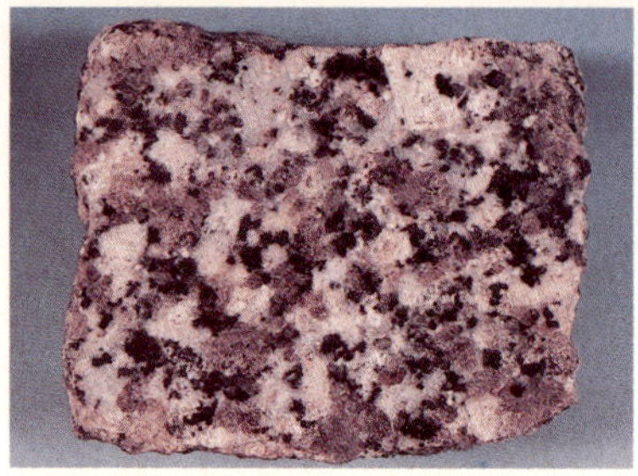

1

Riesensteingranit

Experiment 3
Mische im Reagenzglas etwas Schwefelpulver mit Eisenfeilspänen! Bewege dann einen Magneten an der Reagenzglaswand auf und ab! Schüttle das Gemisch danach mit Wasser!

Bezeichnung von Stoffgemischen

Stoffgemische	in festen Stoffen	in Flüssigkeiten	in Gasen
Fester Stoff	Gemenge: Müll, Granitgestein	Aufschlämmung: Deckfarbe, Schmutzwasser	Rauch: Tabakrauch, Rußwolke
	Legierung: Bronze, Messing	Lösung: Zuckerlösung	
Flüssigkeit		Emulsion: Milch	Nebel: zerstäubtes Haarspray
		Lösung: Wein, Speiseessig	
Gas		Schaum: Seifenschaum	
		Lösung: Mineralwasser, Selters	Gasgemisch: Luft

2

2

3

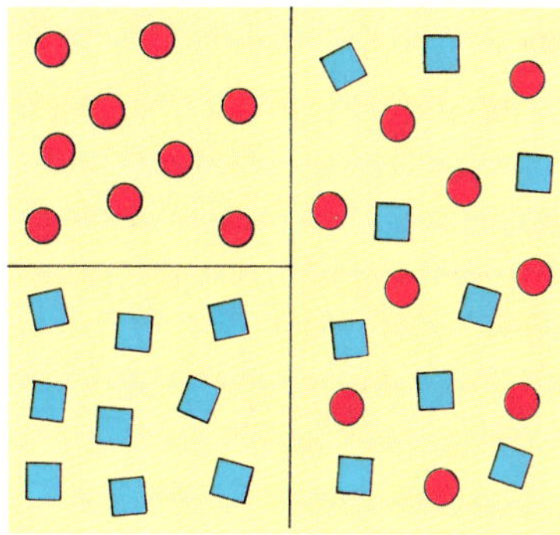
4

Reinstoffe. Wenn einzelne Stoffe vollständig aus Stoffgemischen abgetrennt werden, so erhält man **Reinstoffe.** Beispiele für Reinstoffe sind Wasser, Kochsalz, Zucker, Kupfer oder Eisen. Diese Stoffe haben bestimmte Eigenschaften und bestehen nur aus einem Stoff.

Einteilung der Stoffe. Bei der Vielzahl sehr unterschiedlicher Stoffe, die uns umgeben, ist es notwendig, eine Ordnung, eine Einteilung, vorzunehmen. Dafür gibt es sehr verschiedene Möglichkeiten. So kann man Stoffe z. B. nach bestimmten Eigenschaften ordnen (Tabelle 3).

Aggregatzustand	Fester Stoff	Flüssigkeit	Gas
Brennbarkeit	Brennbarer Stoff	Nicht brennbarer Stoff	
Elektrische Leitfähigkeit	Leiter	Nichtleiter	

3

Diese Einteilungen haben praktische Bedeutung. Sie sind sehr grob und müssten noch weitergeführt werden. Bei Zimmertemperatur feste Stoffe könnten z. B. in Metalle wie Kupfer und Eisen, in salzartige Stoffe wie Kochsalz, in elastische Stoffe wie Gummi und in leicht verformbare Stoffe wie Kerzenmasse weiter unterteilt werden. Wichtig ist, dass sich möglichst alle Stoffe in eine solche Einteilung einordnen lassen.
In der Chemie ist eine Einteilung besonders wichtig, bei der zwischen Reinstoffen und Stoffgemischen unterschieden wird. Durch genaue Untersuchungen vieler Stoffe wird es möglich, diese Einteilung später noch weiterzuführen.

Stoffe

Reinstoffe | **Stoffgemische**

AUFGABEN

1. Kommentiere die Übersicht über Stoffgemische!
   a) Versuche, alle Bestandteile zu benennen!
   b) Suche weitere Beispiele!
   c) Gib an, welche Stoffgemische heterogen, welche homogen sind!
2. Entscheide, welches Stoffgemische sind: a) Zink, b) Wasser, c) Kuchenteig, d) Ackerboden, e) Kupferdraht, f) Zuckerlösung, g) Beton!
3. Schüttle folgende Stoffe jeweils mit Wasser:
   a) Sand, b) Mehl, c) Zucker, d) Waschpulver! Entscheide, in welchen Fällen Lösungen entstanden sind! Begründe!

Zusammensetzung von Stoffgemischen. Stoffgemische können sehr unterschiedliche **Stoffportionen** der einzelnen Stoffe enthalten. Bei Lösungen wird zwischen **konzentriert,** mit hohem Anteil an gelöstem Stoff, und **verdünnt** unterschieden, wenn nur wenig gelöster Stoff enthalten ist. Oft sind jedoch genauere Angaben über die Zusammensetzung eines Stoffgemisches notwendig.
Häufig werden Massenanteile und Volumenanteile der einzelnen Stoffe ermittelt. Die meistens verwendete Einheit für solche Anteile ist Prozent, also Teile vom Hundert.

Massenanteile. Ein Düngemittelgemisch mit einem **Massenanteil** von 18 % Kalk enthält jeweils 18 g Kalk in 100 g des Gemisches (Abb. 1). In 100 kg sind dementsprechend 18 kg Kalk enthalten. Es gilt:

$$w(B) = \frac{m(B)}{m(Gem)}$$

w (B)	Massenanteil des Stoffes B
m (B)	Masse des Stoffes B
(Gem)	Masse des Stoffgemisches

Aus den Massen der Stoffe in einem Stoffgemisch können deren Massenanteile berechnet werden. Es lässt sich auch ermitteln, welche Masse eines Stoffes notwendig ist, um ein Stoffgemisch mit einem bestimmten Massenanteil dieses Stoffes herzustellen.

Aufgabe: 200 g einer 3%igen Kochsalzlösung sollen hergestellt werden. Welche Masse an Kochsalz (Ks) muß gelöst werden?

Gesucht: m (Ks)

Gegeben: $w(\text{Ks}) = 3\,\% = \frac{3}{100} = 0{,}03$

$m = 200$ g

Lösung: Aus $w(\text{Ks}) = \frac{m(\text{Ks})}{m}$ folgt: $m(\text{Ks}) = w(\text{Ks}) \cdot m$

$$m(\text{Ks}) = 0{,}03 \cdot 200\text{ g} = \underline{\underline{6\text{ g}}}$$

Ergebnis: Es müssen 6 g Kochsalz gelöst werden.

Volumenanteil. Bei Stoffgemischen von Flüssigkeiten und Gasen ist es günstiger, statt der Masse das Volumen der einzelnen Stoffe im Stoffgemisch zu betrachten. Als **Volumenanteil** wird in Prozent angegeben, welchen Anteil das Volumen eines Stoffes an der Summe der Volumen aller Stoffe im Stoffgemisch hat (Abb. 2). Wenn bei einem Wein (Abb. 3) 11 % Alkohol angegeben werden, so sind in 100 ml Wein 11 ml Alkohol enthalten.
Für die Berechnung gilt:

$$\varphi(B) = \frac{V(B)}{V(Gem)}$$

φ (B)	Volumenanteil des Stoffes B im Gemisch
V (B)	Volumen des Stoffes B
V (Gem)	Summe der Volumen aller Stoffe des Stoffgemisches

Die quantitative Zusammensetzung von Stoffgemischen kann in Massen- und Volumenanteilen angegeben werden.

1

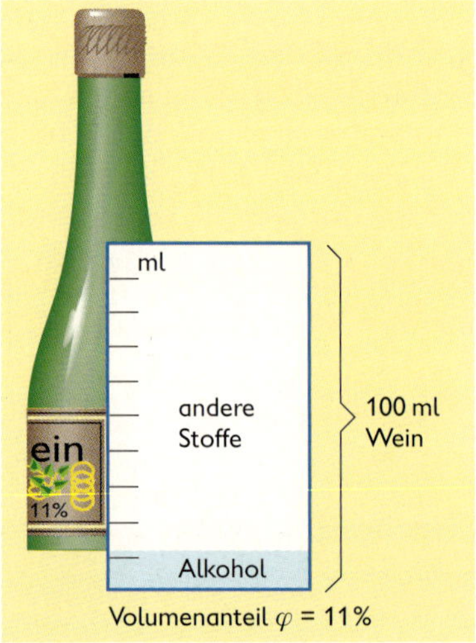

2

3

Trennen von Stoffgemischen

Trennverfahren. Oft müssen Stoffgemische zerlegt werden. Aus dem Saft der Zuckerrüben ist Zucker zu gewinnen. Bei der Müllaufbereitung müssen unterschiedliche Stoffe abgetrennt werden. Goldwäscher suchen im Sand und Geröll von Flüssen nach Goldstückchen.
Zum Trennen von Stoffgemischen sind sehr unterschiedliche Arbeitsweisen entwickelt worden. Eisenstücke können mit Magneten aus Stoffgemischen entfernt werden (↗ S. 12). Viele Trennverfahren beruhen auf unterschiedlicher Löslichkeit, Teilchengröße, Dichte oder Siedetemperatur der zu trennenden Stoffe.

Zum Trennen von Stoffgemischen werden die Eigenschaften der Stoffe genutzt.

Experiment 4
Trenne ein Gemisch aus Kreidepulver und Wasser durch Abgießen der überstehenden Flüssigkeit!

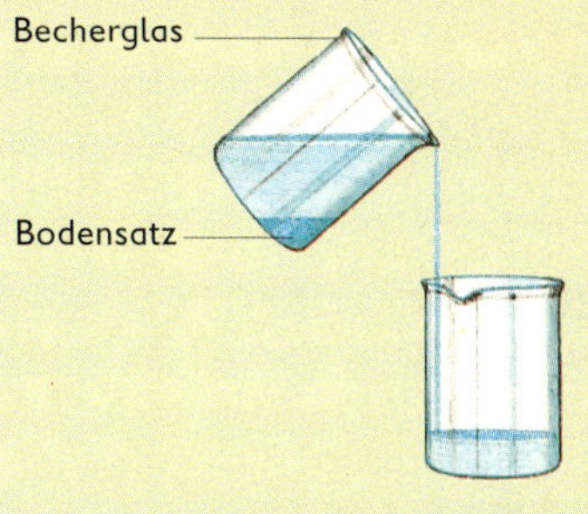

Dekantieren. Von festen Stoffen am Boden eines Gefäßes kann überstehende Flüssigkeit abgegossen oder abgesaugt werden (Experiment 4). Dieses Verfahren wird als Dekantieren bezeichnet. Es trennt die einzelnen Stoffe nur grob.

Filtrieren. Das Filtrieren ermöglicht eine vollständige Trennung fester, unlöslicher Stoffe von Flüssigkeiten. Dazu wird das Stoffgemisch auf ein Filter gegeben. Es lässt die Flüssigkeit (Filtrat) hindurchlaufen und hält die ungelösten Stoffe (Filterrückstand) zurück. Filter können aus Papier oder Watte bestehen. In der Industrie werden oft Tücher oder Sand benutzt. Filterpapier wird zweifach gefaltet (Abb. 4), in einen Trichter gelegt und angefeuchtet. Der Trichterauslauf liegt an der Wand des Auffanggefäßes an. Das zu trennende Stoffgemisch lässt man an einem Glasstab in den Trichter laufen (Experiment 5).

Experiment 5
Trenne ein Gemisch aus Kreidepulver und Wasser durch Filtrieren!

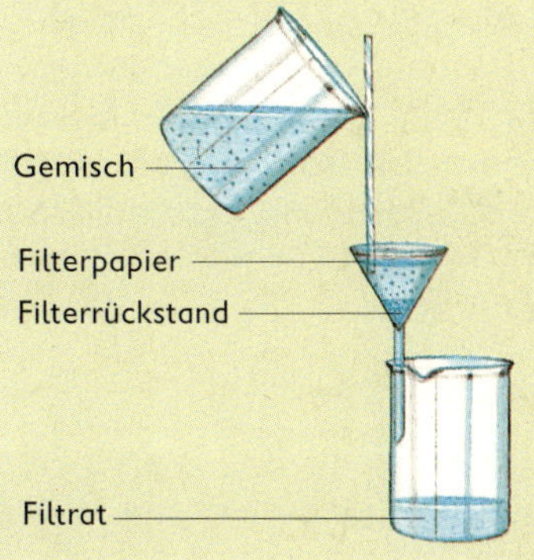

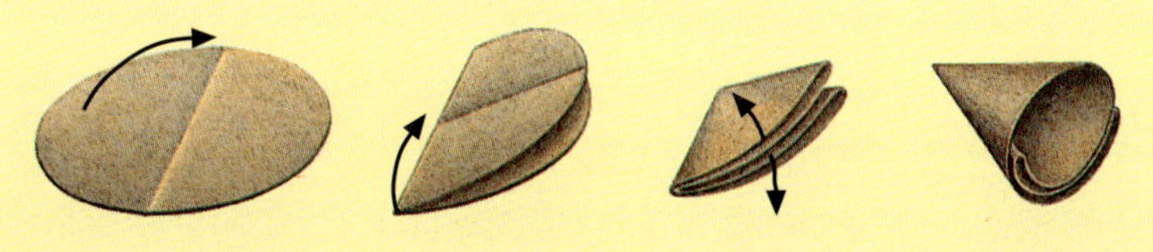
4

Experiment 6
Dampfe drei Tropfen Kochsalzlösung im Reagenzglas unter ständigem Schütteln ein!

AUFGABEN

1. Früher wurde das gedroschene Getreide in den Wind geworfen, um die Spreu vom Korn zu trennen. Welche unterschiedlichen Eigenschaften werden dabei genutzt?
2. Wie entfernt man Fettflecke aus Kleidung? Welches Trennverfahren wird angewandt?
3. Warum ist beim Dekantieren nur eine grobe Trennung der einzelnen Stoffe möglich?
4. Was ist zu erwarten, wenn ein unlöslicher Stoff mit geringerer Dichte als Wasser mit diesem gemischt wird?
5. Stelle Trennverfahren zusammen, die im Haushalt angewandt werden!
6. In a) 100 g, b) 300 g, c) 150 g eines Schwefel-Eisengemisches sind jeweils 50 g Eisen enthalten. Berechne den Massenanteil Eisen!
7. 500 g Zuckerlösung mit Massenanteilen von a) 10 %, b) 25 %, c) 16 % sollen hergestellt werden. Welche Massen von Zucker und Wasser müssen jeweils gemischt werden?
8. Was bedeutet: Essig hat einen Volumenanteil Essigsäure von 5 %?

Eindunsten und Eindampfen. Lösungen fester Stoffe können eindunsten. In warmen Ländern stellt man dadurch Salz aus Meerwasser her (Abb. 4). Der Vorgang des Eindunstens kann durch Erhitzen der Lösung bis zum Sieden beschleunigt werden. Dabei verdampft dann das flüssige Lösungsmittel aufgrund seiner niedrigeren Siedetemperatur. Der feste Stoff bleibt zurück. Kleine Lösungsportionen werden im Reagenzglas oder auf dem Objektträger eingedampft (Experimente 6, S. 15, und 7), große in Abdampfschalen. Durch Eindampfen gewinnt man industriell Kochsalz (Siedesalz) aus Salzlösungen.

Experiment 7
Dampfe einen Tropfen Trinkwasser auf einem Objektträger vorsichtig ein!

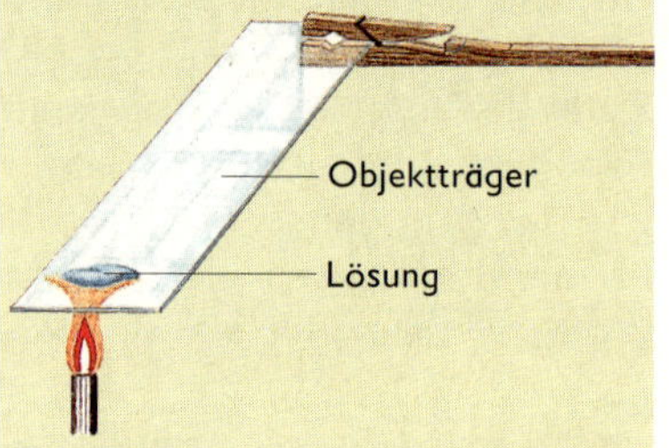

Destillieren. Führt man das Eindampfen in einem Gefäß durch, bei dem der entweichende Dampf abgeleitet und gekühlt werden kann, so lässt sich auch das Lösungsmittel gewinnen (Abb. 1). Durch derartiges Destillieren können die letzten Salzanteile aus Leitungswasser entfernt werden. Dabei entsteht destilliertes Wasser. Besondere Bedeutung hat das Destillieren beim Trennen von Flüssigkeitsgemischen aufgrund unterschiedlicher Siedetemperaturen. So werden aus Erdöl in großen Raffinerien Benzine und verschiedene Öle abgetrennt (↗ S. 205 f.).

Adsorption. Mit nach einem besonderen Verfahren hergestellter Holzkohle, der sogenannten Aktivkohle, können Geruchs- und Giftstoffe aus der Luft, Schadstoffe bei Experimenten oder Farbstoffe aus Flüssigkeiten durch Anlagerung (Adsorption) an die Kohleoberfläche entfernt werden (Experiment 8). Dieses Verfahren wird in Filtern von Schutzmasken oder Dunstabzugshauben in der Küche angewandt. Es sind auch andere Stoffe bekannt, die wie die Aktivkohle wirken können.

Sublimation. Bei Stoffen, die direkt vom festen in den gasförmigen Aggregatzustand übergehen (sublimieren), ist eine Trennung von Verunreinigungen durch Erhitzen und anschließendes Abkühlen der Dämpfe möglich.

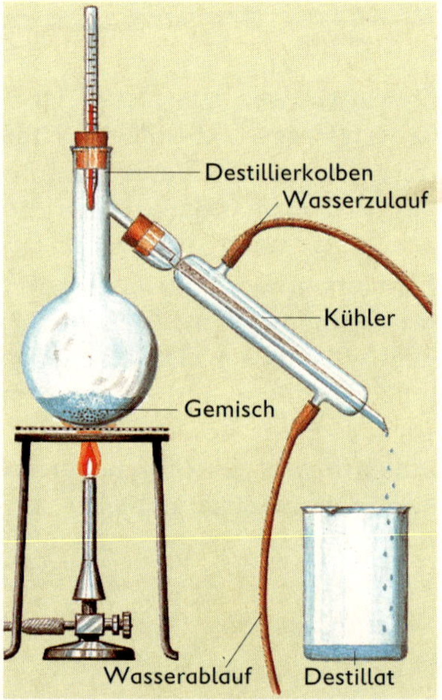

1

Umgang mit dem Gasbrenner

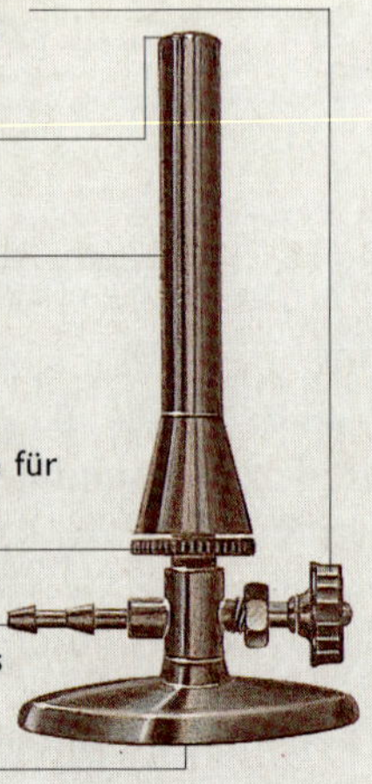

Entzünden	*Löschen*
Lufteintritt schließen! Gashähne an Tisch und Brenner öffnen! Gas sofort an der Brennermündung entzünden! Flammengröße einstellen! Lufteintritt nach Bedarf öffnen!	Lufteintritt schließen! Gashähne an Brenner und Tisch schließen! Brenner erst nach dem Abkühlen wegstellen!

Bei geschlossenem Lufteintritt verbrennt das Gas mit blaugelb leuchtender Flamme. Beim Öffnen der Luftzufuhr entfärbt sich die Flamme, beginnt zu rauschen und wird heißer!

Zentrifugieren. In einer Wäscheschleuder wird das Wasser aus der Wäsche entfernt, indem man diese in einer Trommel sehr schnell dreht. Die Wassertropfen werden durch Löcher in der Trommelwand nach außen geschleudert. In ganz ähnlicher Weise lässt sich in einer Saftzentrifuge Fruchtsaft vom Fruchtfleisch trennen (Abb. 2). Durch derartiges Zentrifugieren können auch im Laboratorium feste Stoffe von Flüssigkeiten getrennt werden.

Experiment 8
Im Reagenzglas wird stark verdünnte rote Tinte (nur noch rosa) mit Aktivkohle geschüttelt. Danach wird filtriert.

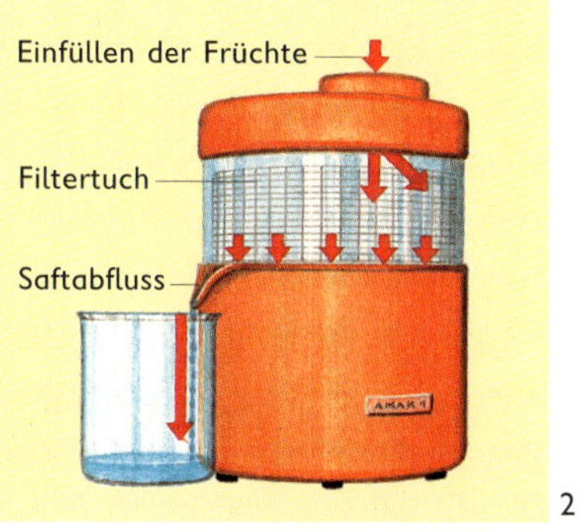

2

Chromatografie. Verschiedene Stoffe, z. B. Farbstoffe, werden durch geeignete Lösungsmittel (Fließmittel) in feuchtem Filterpapier oder anderen dünnen Schichten mit unterschiedlicher Geschwindigkeit fortbewegt. Das lässt sich zur Trennung kleinster Stoffportionen nutzen. Das wegen der vielfach auftretenden Farbeffekte (Abb. 3) als Chromatografie bezeichnete Verfahren ermöglicht beispielsweise der Kriminalpolizei, Spuren von Stoffen zu erkennen und zu unterscheiden.

Weitere Trennverfahren. Es gibt viele weitere Möglichkeiten zum Trennen von Stoffen. Durch Zufügen geeigneter Lösungsmittel kann man Stoffe aus Gemischen herauslösen (Extraktion), beispielsweise Öle aus Raps- oder Leinsamen.

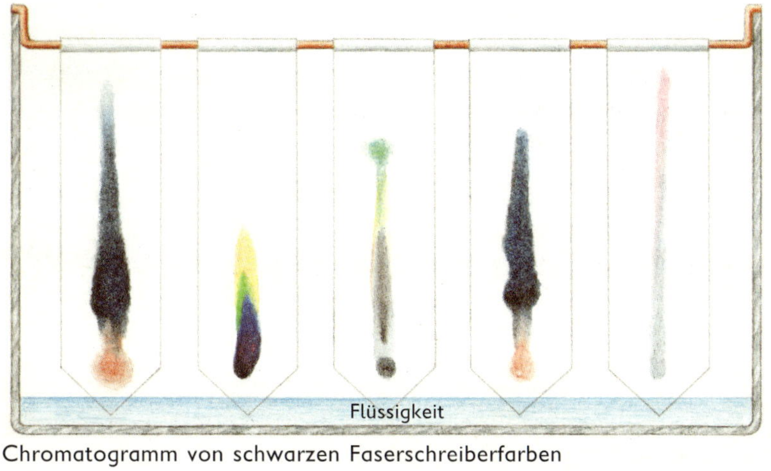

3
Chromatogramm von schwarzen Faserschreiberfarben

4

AUFGABEN

1. Warum wird das Kühlwasser am Kühler bei der Destillation unten zugeführt und oben abgeleitet? Versuche zu erklären!
2. Entwickle Vorschläge zur vollständigen Trennung folgender Stoffgemische in die einzelnen Stoffe: a) Eisenspäne und Zucker, b) Schlämmkreide und Kochsalz, c) Kochsalz, Sand und Eisenspäne!
3. Bei welchen Streifen des Chromatogramms (Abb. 3) handelt es sich um die gleiche schwarze Faserschreiberfarbe?
4. Warum wird die Gewinnung von Salz aus Meerwasser in Deutschland nicht betrieben?
5. Beschreibe den Weg des Gases und der Luft durch den Gasbrenner!
6. Halte ein Magnesiastäbchen in verschiedenen Höhen waagerecht in die rauschende Brennerflamme. Was lässt sich ableiten?
7. Halte ein Glasröhrchen mit der Tiegelzange schräg nach unten in den Flammenkegel! Versuche, an der oberen Öffnung eine Flamme zu entzünden!

Teilchenmodell und Aggregatzustände

Teilchenmodell. Alle Stoffe sind aus Teilchen aufgebaut. Um eine Vorstellung vom Teilchenaufbau der Stoffe zu erhalten, werden **Modelle** benutzt. Sie helfen uns, Erscheinungen zu beschreiben, geben aber die Wirklichkeit nie vollständig wieder. Sehr vereinfacht können wir uns die Teilchen der Stoffe als Kugeln vorstellen.
Die Teilchen, aus denen Stoffe bestehen, sind außerordentlich klein. Sie können auch mit empfindlichen Mikroskopen nicht gesehen werden. Sie dürfen nicht mit kleinsten, mit der Lupe oder dem Mikroskop noch sichtbaren Stoffstückchen, z. B. einem Schwefelkristall oder einem Eisenspan, verwechselt werden. In solchen Stoffstückchen sind schon eine unvorstellbar große Anzahl Teilchen des Stoffes enthalten.

Teilchenbewegung – Diffusion. Die Teilchen der Stoffe befinden sich in ständiger unregelmäßiger Eigenbewegung (brownsche Bewegung, Abb. 1).
Wird ein Stück Zucker oder ein Farbstoffkristall in ein Gefäß mit Wasser gegeben, so verteilen sich die Stoffe langsam im gesamten Gefäß. Bei dieser als **Diffusion** bezeichneten Erscheinung durchdringen sich die Teilchen benachbarter Stoffe aufgrund ihrer Eigenbewegung (Experiment 9).

Aggregatzustände. Im **festen Stoff** sind die Teilchen an einem bestimmten Platz, dicht beieinander angeordnet und werden durch starke Kräfte an ihrem Platz festgehalten. Sie können nur sehr schwache Eigenbewegung ausführen. In **Flüssigkeiten** sind diese Kräfte geringer. Die Teilchen können sich gegeneinander bewegen. Teilchen anderer Stoffe können sich beim Lösen dazwischen verteilen. Im **Gas** sind die Abstände zwischen den Teilchen sehr groß. Sie können sich deshalb frei bewegen.

Aggregatzustandsänderung. Wird einem Stoff Wärme zugeführt, so erhöht sich dadurch die Energie der Teilchen, sie bewegen sich schneller. Abkühlung verringert die Energie der Teilchen. Wärmezufuhr bei einem festen Stoff kann bewirken, dass dessen Teilchen sich voneinander entfernen und beweglich werden. Der feste Stoff geht in einen flüssigen Zustand über, er schmilzt. Bei weiterer Erwärmung reicht die Energie der Teilchen schließlich aus, um aus der Flüssigkeit als Gasteilchen zu entweichen. Der Stoff verdampft. Durch Abkühlen kann umgekehrt das Gas zur Flüssigkeit kondensieren und schließlich erstarren (Abb. 2).
Bei der **Sublimation** reicht die Energieerhöhung der Teilchen beim Erwärmen aus, um aus dem festen Zustand direkt in den Gaszustand überzugehen.

Alle Stoffe sind aus Teilchen aufgebaut. Modelle vom Teilchenaufbau der Stoffe erleichtern, Stoffe zu beschreiben und Veränderungen von Stoffen zu erklären.

Experiment 9
Bringe in ein Becherglas mit Wasser einen Kristall Eosin! Beobachte! Rühre später um!

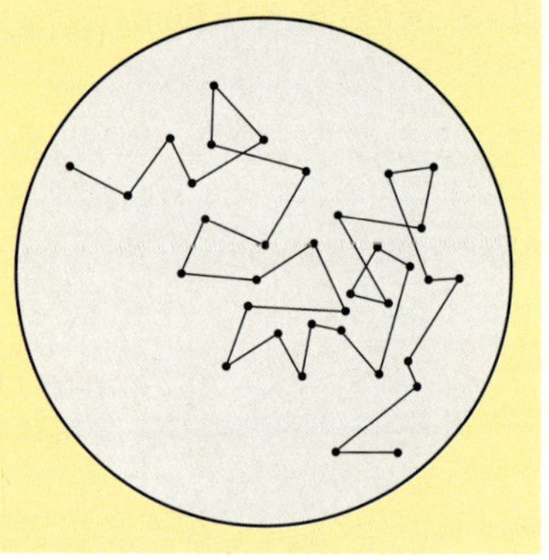

1

Bewegung eines kleinen Tuschestückchens aufgrund der Stöße unsichtbarer Wasserteilchen unter dem Mikroskop

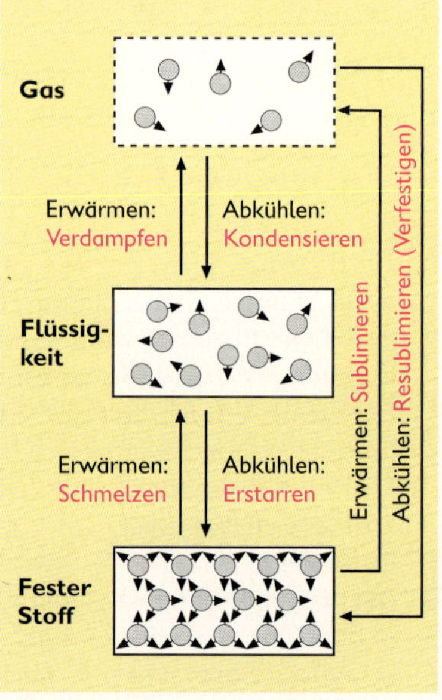

2

Stoffumwandlung – chemische Reaktion

3

Erhitzen von Stoffen. Beim Erhitzen von Wasser auf 100 °C siedet es und geht in den gasförmigen Aggregatzustand über. Im oberen, kälteren Teil des Reagenzglases scheiden sich Wassertröpfchen ab. Der Wasserdampf kondensiert, das Wasser wird wieder flüssig (Experiment 10). Vor und nach dem Experiment liegt der gleiche Stoff Wasser vor. Nur dessen Aggregatzustand ändert sich.
Wird weißer Zucker erhitzt, so schmilzt er zunächst, geht vom festen in den flüssigen Aggregatszustand über. Bei weiterem Erhitzen färbt sich die Schmelze bald dunkler. Eine braune zähflüssige Masse entsteht. Schließlich entweichen übelriechende Dämpfe, und ein fester schwarzer Stoff bleibt zurück (Experiment 11). Aus dem Zucker haben sich andere Stoffe gebildet, die man an ihren Eigenschaften erkennt.

Stoffe können sich beim Erhitzen unterschiedlich verhalten. Oft kommt es zur Änderung des Aggregatzustandes. Es kann aber auch zu Stoffumwandlungen kommen.

Wir müssen also unterscheiden:

Änderung des Aggregatzustandes	**Stoffumwandlung**
Der Stoff bleibt erhalten.	**Andere Stoffe entstehen.**

Beispiele für Stoffumwandlungen. Stoffumwandlungen können häufig beobachtet werden. Wird Magnesium erhitzt, so entzündet es sich und verbrennt mit greller Lichterscheinung. Aus dem silbergrauen Metall entsteht ein weißes lockeres Pulver (Experiment 12). Diese Lichterscheinung nutzte man früher als Blitzlicht beim Fotografieren.

Experiment 10
Erhitze Wasser im Reagenzglas!

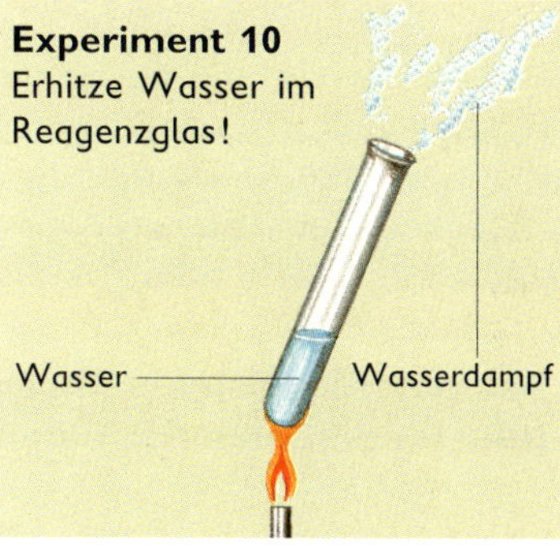

Experiment 11
Erhitze Zucker im Reagenzglas! Dämpfe nicht einatmen!

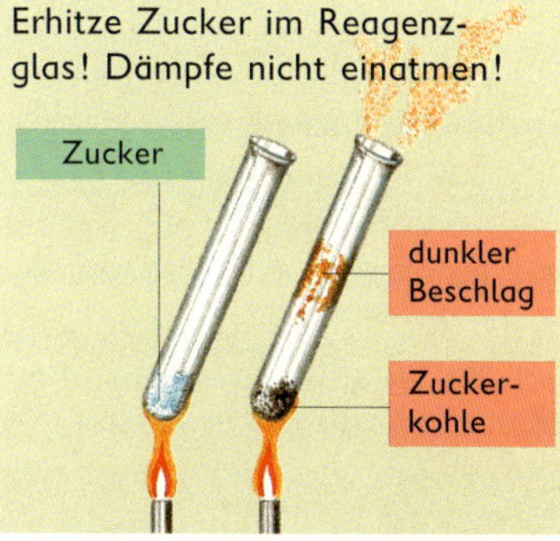

Experiment 12
Vorsicht! Ein Span Magnesium (F) wird in der Brennerflamme erhitzt.

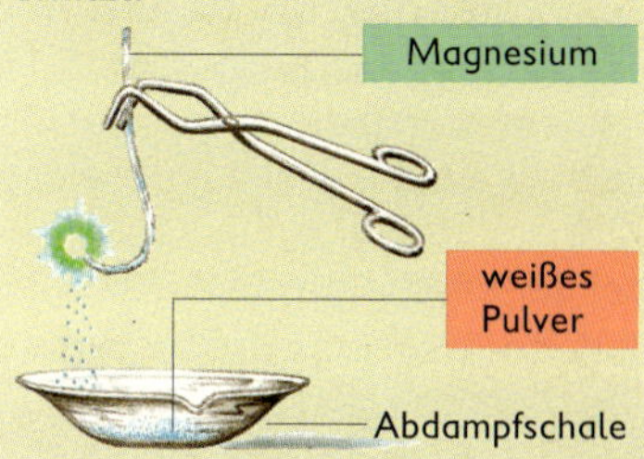

AUFGABEN

1. Beschreibe, was mit den Teilchen der Stoffe bei der Änderung der Aggregatzustände geschieht! Vergleiche mit den Veränderungen bei der Stoffumwandlung!
2. Begründe, warum es sich beim Erhitzen von Zucker und Verbrennen von Magnesium um Stoffumwandlungen handelt!

Kohle verbrennt im Ofen. Gasförmige Stoffe entweichen durch den Schornstein und Asche bleibt zurück.
Stoffumwandlungen kann man auch beobachten, ohne dass Stoffe erhitzt werden. Eisen wandelt sich an feuchter Luft langsam zu abbröckelndem Rost um. Obstsäfte gären bei Zimmertemperatur. Dabei kann Wein oder Essig entstehen.

Bei einer Stoffumwandlung bilden sich andere Stoffe, die man an den anderen Eigenschaften erkennt.

1 Glühende Holzkohle beim Grillen

Will man entscheiden, ob es sich bei einem Vorgang um eine Stoffumwandlung handelt, müssen die Eigenschaften der Stoffe vor und nach dem Ablauf des Vorganges verglichen werden. Ist ein Stoff mit anderen Eigenschaften gebildet worden, so liegt eine Stoffumwandlung vor.

2 Heizungsanlage

Chemische Reaktion. Stoffumwandlungen sind das wesentliche Merkmal aller chemischen Reaktionen.
Viele Stoffumwandlungen sind mit Wärme- und Lichterscheinungen verbunden. Bei der Umwandlung des Zuckers musste ständig erhitzt werden. Magnesium verbrannte unter starker Licht- und Wärmeabgabe. Beim Verbrennen von Kohle wird Wärme abgegeben, die wir zum Heizen nutzen (Abb. 1 und 2). Manche chemischen Reaktionen, wie das Rosten von Eisen, verlaufen sehr langsam, ohne dass Wärme- oder Lichterscheinungen beobachtet werden können.

Eine chemische Reaktion ist ein Vorgang, bei dem eine Stoffumwandlung stattfindet. Wärme- und Lichterscheinungen treten dabei auf.

Bei jeder chemischen Reaktion muss zwischen Ausgangsstoffen und Reaktionsprodukten unterschieden werden.
Die **Ausgangsstoffe** liegen vor einer chemischen Reaktion vor. **Reaktionsprodukte** sind die Stoffe, die bei einer chemischen Reaktion gebildet werden (Experiment 12).

Ausgangsstoffe —chemische Reaktion→ **Reaktionsprodukte**

AUFGABEN

1. Entscheide, ob es sich um Stoffumwandlungen handelt:
a) Lösen von Zucker,
b) Gären von Obstsaft,
c) Schmelzen von Blei,
d) Sägen von Holz, e) Vorgänge im Motor, f) Abbrennen von Feuerwerk (Abb. 3, S. 19)!
2. Versuche, für im Text genannte Beispiele von Stoffumwandlungen Ausgangsstoffe und Reaktionsprodukte zu bezeichnen!

Experiment 13
2 g Schwefel und 3,5 g Eisenpulver werden gemischt und im Reagenzglas so lange erhitzt, bis das Gemisch zu glühen beginnt.

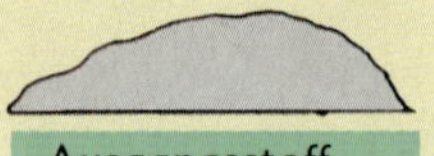

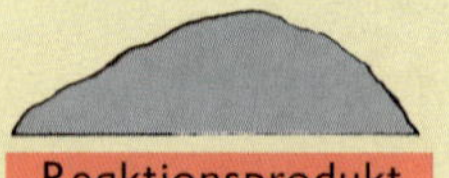

Ausgangsstoff Schwefel	+	Ausgangsstoff Eisen	reagieren zu →	Reaktionsprodukt Eisensulfid
gelb nicht magnetisch Dichte 2,1 g/cm^3		grau stark magnetisch Dichte 7,9 g/cm^3		schwarz schwach magnetisch Dichte 4,7 g/cm^3

Im Überblick

Chemie

Chemie ist die Wissenschaft von den Stoffen, ihren Eigenschaften und den Reaktionen, die zu anderen Stoffen führen.

Stoffe

Alle Gegenstände bestehen aus Stoffen.
Stoffe erkennt man an ihren Eigenschaften.

Einteilung der Stoffe

Stoffe	
Reinstoffe	**Stoffgemische**
z. B. Zucker, Wasser, Kupfer können durch physikalische Trennverfahren nicht in andere Stoffe zerlegt werden.	z. B. Zuckerlösung, Mörtel, Müll können meist durch physikalische Trennverfahren in Reinstoffe zerlegt werden.

Zusammensetzung von Stoffgemischen

Massenanteil	**Volumenanteil**
$w(\mathrm{B}) = \dfrac{m(\mathrm{B})}{m(\mathrm{Gem})}$	$\varphi(\mathrm{B}) = \dfrac{V(\mathrm{B})}{V(\mathrm{Gem})}$

Wichtige Trennverfahren für Stoffgemische

Trennverfahren	zum Trennen genutzte Eigenschaft der Bestandteile	besonders geeignet für
Sieben	Teilchengröße	Feststoffgemische
Dekantieren	Dichte	Feststoff-Flüssigkeits-Gemische
Filtrieren, Zentrifugieren	Teilchengröße	Feststoff-Flüssigkeits-Gemische
Eindampfen, Destillieren	Siedetemperatur	Lösungen, Flüssigkeits-Gemische
Chromatografieren	Löslichkeit	kleinste Stoffportionen

Chemische Reaktion

Umwandlung von Ausgangsstoffen in Reaktionsprodukte mit anderen Eigenschaften. Wesentliches Merkmal ist die Stoffumwandlung. Sie wird von anderen Erscheinungen begleitet, z. B. Wärme- und Lichterscheinung.

Ausgangsstoffe $\xrightarrow{\text{reagieren zu}}$ **Reaktionsprodukte**

z. B. Schwefel + Eisen $\xrightarrow{\text{reagieren zu}}$ Eisensulfid

3 Metalle

Die Herstellung großer Eisen- und Stahlmengen ermöglichte das Entstehen moderner Industrieanlagen und Verkehrsbauten, wie der Firth-of-Forth-Bridge in Großbritannien im Jahre 1890. Weshalb sind Metalle für solche Bauwerke geeignet?

Eigenschaften und Verwendung von Metallen

Eigenschaften. Metalle sind eine wichtige Gruppe von Stoffen, die in einigen Eigenschaften übereinstimmen. Alle Metalle außer Quecksilber liegen bei Zimmertemperatur im festen Aggregatzustand vor. Sie sind gute Leiter für Wärme (Abb. 5) und den elektrischen Strom (Experimente 1 und 2). Metalle lassen sich nach Erwärmen, teilweise auch schon in der Kälte, durch Biegen, Walzen, Schmieden und Ziehen verformen (Abb. 2). Die meisten weisen aber andererseits hohe Festigkeit auf. Die Oberfläche vieler Metalle ist glänzend. Der Glanz verschwindet jedoch häufig durch Einwirkung von Luft und Feuchtigkeit.

Metalle sind Stoffe, die Wärme und elektrischen Strom leiten.

Diese Eigenschaften haben Metalle wie Quecksilber oder Metallschmelzen auch im flüssigen Aggregatzustand. Metalle im gasförmigen Aggregatzustand (Metalldämpfe) haben diese Eigenschaften nicht. Jedes Metall besitzt außerdem noch besondere Eigenschaften, an denen es erkannt werden kann. Kupfer hat rotbraune, Gold gelb glänzende Farbe. Blei besitzt sehr geringe Härte und große Dichte, Eisen wird vom Magneten angezogen. Das silberglänzende Quecksilber ist bei Zimmertemperatur flüssig und hat ebenfalls sehr große Dichte.
Aufgrund ihrer Eigenschaften werden Metalle zu Gruppen zusammengefasst. Nach der Dichte lassen sich **Schwermetalle**,

Experiment 1
Mit der Experimentieranordnung wird die elektrische Leitfähigkeit verschiedener Metalle geprüft.

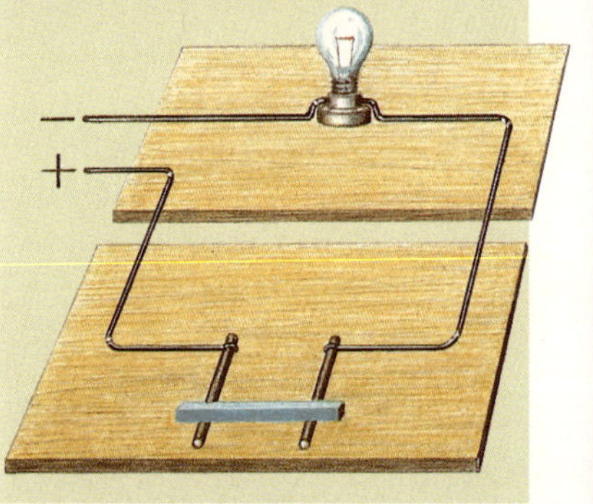

Experiment 2
Vorsicht, feuerfeste Unterlage!
Halte einen Eisen- und einen Glasstab mit einer Seite in die Brennerflamme! Wiederhole das Experiment mit einem Kupfer- und Kohlestab!

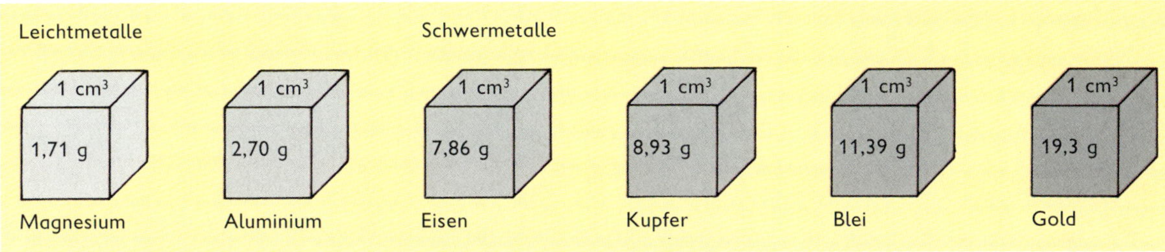

1

wie Eisen, Kupfer und Blei, von **Leichtmetallen** wie Magnesium und Aluminium unterscheiden (Abb. 1). Gold, Silber und Platin werden als **Edelmetalle** bezeichnet und von **unedlen Metallen** wie Eisen, Zink, Magnesium und Aluminium unterschieden.

Verwendung. Stahl, ein wichtiger Werkstoff, der vorwiegend aus Eisen besteht, hat große Festigkeit. Er wird deshalb im Maschinen-, Fahrzeug- und Schiffbau sowie im Bauwesen verwendet. Elektrischen Strom leitet man durch Kupfer- und Aluminiumkabel. Kupfer als sehr guter Wärmeleiter eignet sich zum Bau von Heizkesseln und Heizanlagen (Abb. 5). Für den Bau von Computern und Taschenrechnern benötigt man Gold und Silber, die wegen ihres schönen Glanzes auch für Schmuckstücke begehrt sind. Die geringe Dichte von Magnesium und Aluminium macht diese Metalle für den Flugzeugbau unentbehrlich (Abb. 4, S. 25). Flüssiges Quecksilber ist als Thermometerfüllung geeignet. Seine Dämpfe sind giftig (Tabelle 1, S. 24).

AUFGABEN

1. Durch welche Eigenschaften kann man folgende Metalle unterscheiden:
   a) Eisen und Kupfer,
   b) Aluminium und Blei,
   c) Silber und Aluminium?
2. Stelle Verwendungsmöglichkeiten von Eisen zusammen! Begründe jeweils die Wahl des Eisens!
3. Begründe die Bezeichnung Edelmetall!

2

3

4

5

Farbe, Eigenschaften und Verwendung von Metallen			
Metall	Farbe	Eigenschaften	Verwendung
Aluminium	silberweiß	geringe Dichte, guter elektrischer Leiter, beständig an trockener Luft	Kabel, Flugzeugbau (Abb. 4), Fahrzeugbau, Gebrauchsgegenstände, Leichtbau
Eisen	silbergrau	große Festigkeit, magnetisch, rostet	Maschinen, Bauwesen, Geräte, Fahrzeuge, Schiffe (Abb. 4, S. 23)
Gold	gelb glänzend	sehr beständig, guter elektrischer Leiter	Schmuckgegenstände (Abb. 6), Gerätebau
Kupfer	rotbraun	dehnbar, sehr guter elektrischer und Wärmeleiter	Kabel für Elektrotechnik, Rohre für Wärmetechnik (Abb. 5, S. 23)
Magnesium	silberweiß bis grau	geringe Dichte, leicht brennbar, wasserempfindlich	sehr leichte Bauteile, Unterwasser-Fackeln (Abb. 3, S. 23)
Silber	silberweiß	luft- und wasserbeständig, bester elektrischer Leiter	Schmuck, elektrische Kontakte, Fotografie
Zink	bläulich weiß bis grau	beständig an der Luft	Überzug auf Eisen (Verzinken), Batterien

1

Die Verwendung der Metalle richtet sich nach ihren Eigenschaften.

Legierungen. Durch Zusammenschmelzen reiner Metalle können Gemische mit veränderten Eigenschaften hergestellt werden. Solche Metallgemische werden als **Legierungen** bezeichnet.
Bronze, eine Legierung aus Kupfer und Zinn, ist härter als Zinn oder Kupfer. Deshalb wurde sie zur Herstellung von Geräten und Werkzeugen vor rund 3000 Jahren (Bronzezeit) verwendet. Heute werden Lager in Maschinen, Skulpturen (Abb. 1, Knesset-Kandelaber in Jerusalem) und Glocken (Abb. 2) aus Bronze gefertigt.
Messing, eine Legierung aus Kupfer und Zink, wird wegen seiner Festigkeit und des goldgelben Glanzes zu Gebrauchsgegenständen, Türbeschlägen, Musikinstrumenten (Abb. 3) und vielem anderen verarbeitet. Kontakte in Elektrogeräten bestehen oft aus Messing.

1

2

3

4

5

Löten einer Bleiverglasung

Zum Löten wird ein leicht schmelzendes Metall benötigt. Dafür ist **Lötzinn** geeignet, eine Legierung aus Zinn und Blei (Abb. 5). Reines Eisen ist recht weich. Zusätze von Chrom und Nickel verbessern seine Härte und Rostbeständigkeit. Eisenlegierungen, die sich schmieden lassen, werden als **Stahl** bezeichnet.
Aluminiumlegierungen, beispielsweise mit Magnesium als Bestandteil, werden im Flugzeugbau benötigt (Abb. 4). Schmuck aus reinem, weichem Gold (Abb. 6) würde sich leicht verformen. Deshalb werden dem Gold Silber, Kupfer (Rotgold) oder Nickel (Weißgold) zugesetzt. Der Goldanteil wird in Tausendstel (‰, Promille) angegeben. „585er-Gold“ bedeutet, dass eine Legierung aus 585 Masseanteilen Gold und 415 Masseanteilen eines anderen Metalls vorliegt (Abb. 7). Medizinische Geräte und Essbestecke (Abb. 8) bestehen oft aus Neusilber, einer Legierung aus Kupfer, Nickel und Zink.

6

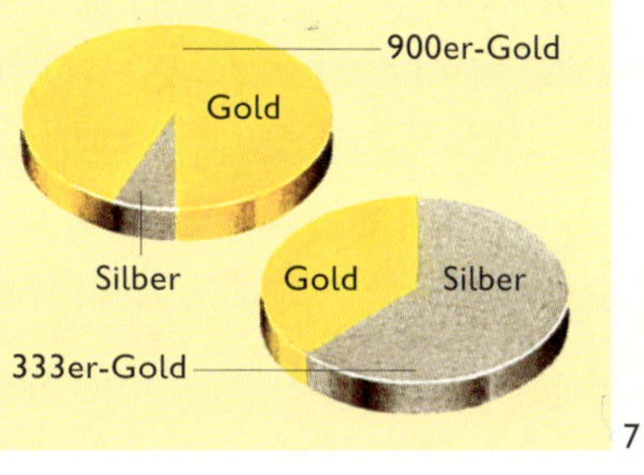

7

8

AUFGABEN

1. Begründe die Verwendung einzelner Metalle mit ihren Eigenschaften (↗ Tabelle 1)!
2. Suche Beispiele, wo die Verwendung von rostfreiem Stahl wünschenswert ist!
3. Versuche, Blechstreifen (gleiche Stärke) von Kupfer, Zink und Messing mit einer Stahlnadel zu ritzen und anschließend zu biegen! Welche Unterschiede sind zu beobachten?
4. Goldmünzen bestehen meist aus 900er-Gold. Was bedeutet das?
5. Träger in Brücken, Spiralbohrer, Uhrfedern und Blumenbindedraht bestehen sämtlich aus Stahl. Welche unterschiedlichen Eigenschaften müssen die jeweils verwendeten Stahlsorten haben?
6. Sammle Beispiele für die Verwendung von Messing! Erläutere Vor- und Nachteile der Verwendung dieser Legierung!
7. Welche Vorzüge hat die Verwendung von Aluminium im Fahrzeugbau?

Atom – Element – Symbol

Atome – eine Teilchenart. Alle Stoffe sind aus Teilchen aufgebaut (↗ S. 18). Eine Art solcher außerordentlich kleinen Teilchen sind **Atome.** Mehr als 7 Millionen nebeneinander angeordnete Aluminiumatome ergäben erst eine Strecke von 1 mm.
Atome eines bestimmten Stoffes unterscheiden sich von denen eines anderen, Aluminiumatome z. B. von Eisen- oder Kupferatomen. Gegenwärtig sind über 100 verschiedene **Atomarten** bekannt.

Modell vom Bau der Metalle. Metalle sind aus Atomen aufgebaut, Eisen aus Eisenatomen, Kupfer aus Kupferatomen. Nach dem Teilchenmodell vom Bau der Stoffe (↗ S. 18) sind im festen Metall Atome regelmäßig angeordnet und werden durch starke Kräfte zusammengehalten. Man sagt auch, sie bilden einen **Atomverband** (Abb. 1 und 2). In einer Rasierklinge von 0,1 mm Dicke liegen etwa 400000 Eisenatome übereinander.
Mit modernen Geräten kann man heute jedoch schon die regelmäßige Anordnung der Atome im Metall sichtbar machen (Abb. 3).

Metalle sind aus vielen Atomen aufgebaut. Die Atome werden durch starke Kräfte zusammengehalten.

Chemische Elemente – Elementsubstanzen. Stoffe wie die Metalle sind nur aus gleichartigen Atomen, also nur aus einer Atomart aufgebaut. Kupfer besteht nur aus Kupferatomen, Aluminium aus Aluminiumatomen. Reine Stoffe, die nur aus einer Atomart aufgebaut sind, werden als **Elementsubstanzen** bezeichnet.
Da über 100 verschiedene Atomarten bekannt sind, gibt es auch mehr als 100 verschiedene Elementsubstanzen. Aus ihnen sind alle anderen Stoffe aufgebaut.
Zur Kennzeichnung einer Atomart wird die Bezeichnung **chemisches Element** verwendet.
Der silberglänzende Stoff Aluminium ist also die Elementsubstanz Aluminium, die aus dem Element, der Atomart, Aluminium aufgebaut ist.

Elementsubstanzen wie Metalle sind reine Stoffe, die nur aus einer Atomart aufgebaut sind.
Als chemisches Element wird eine Atomart bezeichnet.

Symbole. Um Stoffe und Stoffveränderungen möglichst kurz und übersichtlich darstellen zu können, benutzen Chemiker in der ganzen Welt die Zeichensprache der Chemie. „Bausteine" dieser Zeichensprache sind die **chemischen Symbole**.
Der schwedische Chemiker *Jöns Jakob Berzelius* (Abb. 6) hat für jede Elementsubstanz ein Symbol aus Buchstaben vorgeschlagen. Es besteht aus einem Großbuchstaben, oft mit einem zweiten kleinen Buchstaben. *Berzelius* leitete diese Buchstaben aus den

1
Anordnung von Eisenatomen

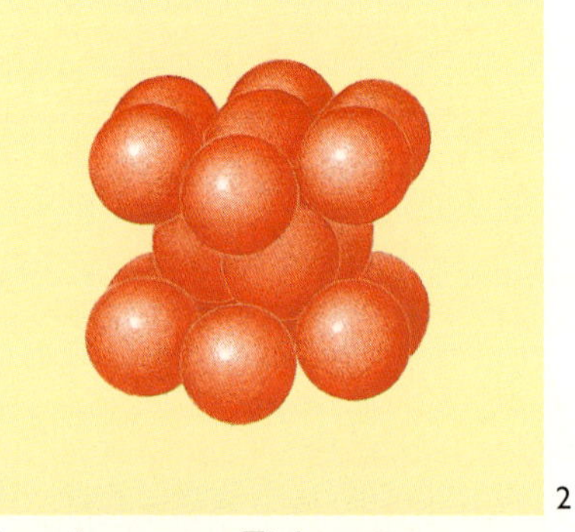
2
Anordnung von Zinkatomen

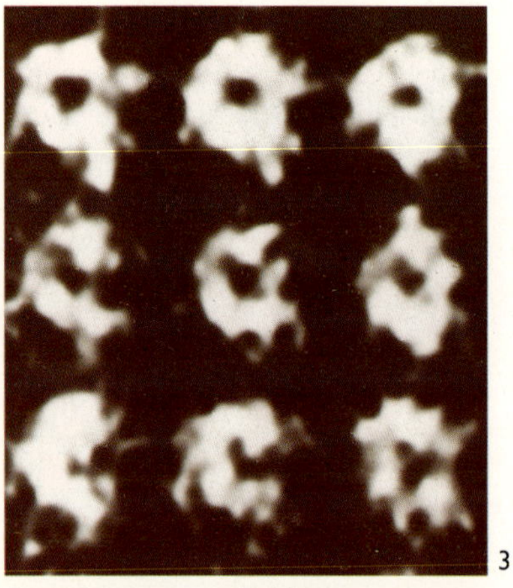
3
Anordnung von Goldatomen in starker Vergrößerung

Name der Elementsubstanz	Symbol	Ableitung von
Aluminium	Al	**Al**uminium
Kupfer	Cu	**Cu**prum
Eisen	Fe	**Fe**rrum
Magnesium	Mg	**M**a**g**nesium
Blei	Pb	**P**lum**b**um
Schwefel	S	**S**ulfur

2

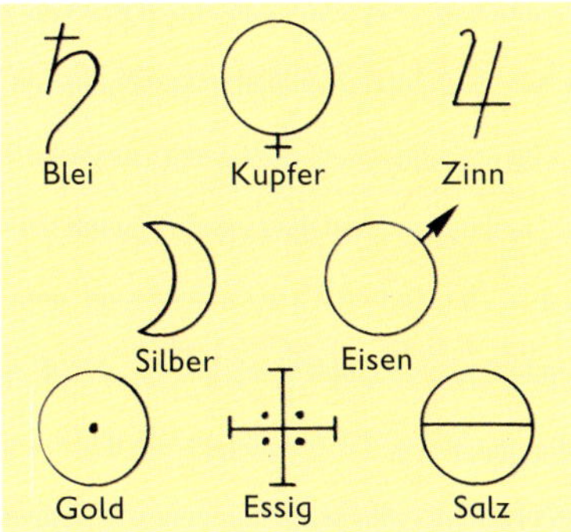

4

Zeichen der Alchemisten

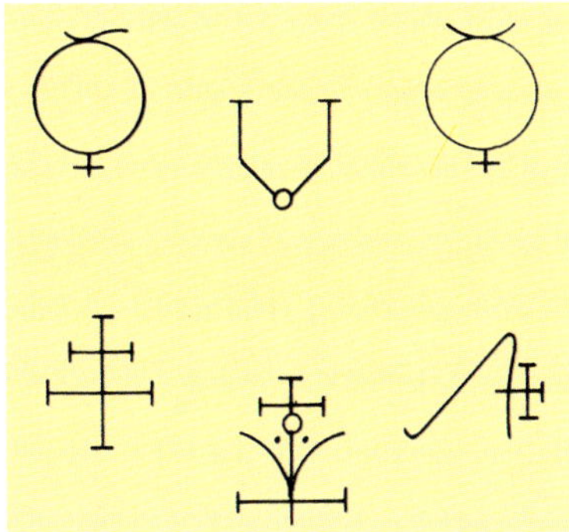
5

Zeichen für Quecksilber

6

Jöns Jakob Berzelius (1779 bis 1848) war Professor für Chemie und Pharmazie in Stockholm und ab 1810 Präsident der schwedischen Akademie der Wissenschaften. Er fasste den damaligen Stand chemischer Erkenntnisse in seinen Arbeiten zusammen und beeinflusste damit die weitere Entwicklung der Chemie stark. Er entdeckte mehrere Elementsubstanzen und führte zahlreiche neue Laborgeräte ein. *Berzelius* schuf ein mehrbändiges Lehrbuch der Chemie.

lateinischen oder griechischen Namen der Elementsubstanzen ab (Tabelle 2).
Ein Symbol hat folgende Bedeutungen:

Aussagen eines chemischen Symbols	Beispiel „Al“
Der Stoff, die Elementsubstanz	Der Stoff Aluminium
Ein Atom dieses Stoffes	Ein Atom Aluminium

Entwicklung der Zeichensprache der Chemie. Die Alchemisten, die im Mittelalter Stoffe untersuchten, benutzten Zeichen, um ihre Beobachtungen kurz niederzuschreiben. Ihre Zeichen sollten allerdings der Geheimhaltung ihrer Erkenntnisse dienen und waren deshalb sehr unterschiedlich (Abb. 4 und 5).
Um 1810 entwickelt dann *John Dalton* (1766 bis 1844) einheitliche Zeichen in Form von Kreissymbolen (Abb. 7) zur Verständigung der Chemiker untereinander. Diese Schreibweise erwies sich aber als sehr umständlich und wenig zweckmäßig. Sie wurde durch den Vorschlag von *Berzelius* abgelöst. Seine Symbole werden auf der ganzen Welt unabhängig von der jeweiligen Schrift in den Ländern verwendet.

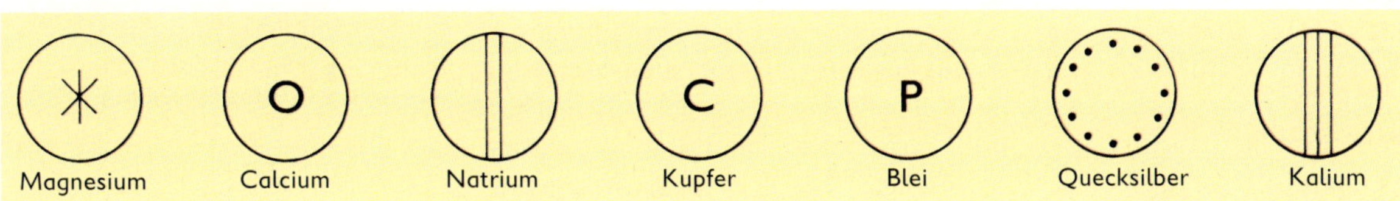

7

AUFGABEN

1. Beschreibe die Teilchenvorgänge beim Schmelzen fester Stoffe! Wende das auf Metalle an! Worin besteht der Unterschied zwischen festem und flüssigem Blei?
2. Erläutere den Bau von Eisen und Zink anhand der Abbildungen 1 und 2!
3. Wodurch unterscheiden sich verschiedene Elementsubstanzen voneinander?
4. Schreibe Symbole für folgende Elementsubstanzen auf: a) Eisen, Zink, Silber; b) Zinn, Nickel, Mangan (↗ Tabelle, S. 322)!
5. Was bezeichnen die Symbole a) Mg, Fe, Cu; b) Au, Zn, Cr (↗ Tabelle, S. 322)?
6. Warum ist es nicht möglich, die über 100 Elementsubstanzen jeweils nur mit einem Buchstaben zu bezeichnen?

Metalle an der Luft

Veränderung von Metalloberflächen. Metalle verändern sich an der Luft. Blanke Kupfergegenstände werden langsam dunkel, die Oberflächen von Eisen und Zink grau. Bei Einwirkung von feuchter Luft bildet sich auf Eisen eine poröse Rostschicht. Das Eisen kann völlig zerstört werden. Die langsame Zerstörung von Metallen durch äußere Einflüsse bezeichnet man als **Korrosion** (↗ S. 30). Sie verursacht große Schäden.

1

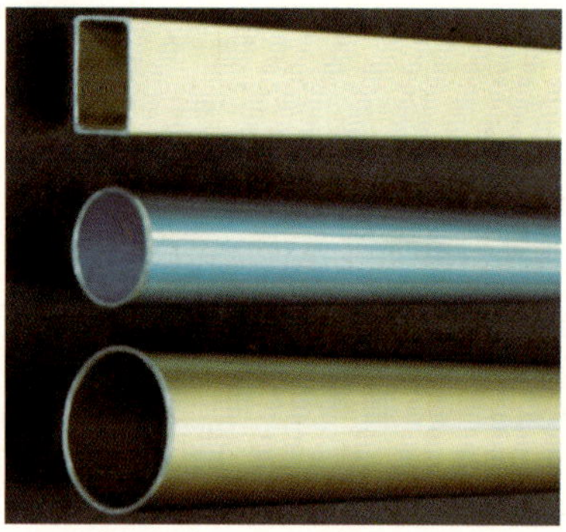
2

Veränderungen an Metalloberflächen sind aber nicht immer unerwünscht. Kupferdächer haben nach einiger Zeit eine grüne Schutzschicht von Patina (Abb. 1). Auf Aluminium und Zink bilden sich dichte, schützende Schichten. Auf Aluminium lassen sie sich künstlich erzeugen und färben (Abb. 2).

Erhitzen von Metallen. Beim Erhitzen eines Kupferblechs entsteht, wie auch bei Zimmertemperatur, ein schwarzer Belag. Er ist aber wesentlich stärker und lässt sich abkratzen (Experiment 3).
Magnesium verbrennt beim Erhitzen zu einem weißen Pulver (↗ S. 19). Eisenpulver geht unter Aufglühen in schwarzes Pulver über (Experiment 4).
Beim Erhitzen von Kupfer, Magnesium und Eisen finden offenbar chemische Reaktionen statt. Die Metalle sind jeweils Ausgangsstoffe, das weiße bzw. die schwarzen Pulver Reaktionsprodukte.

Reaktion im abgeschlossenen Luftraum. Erhitzt man zusammengefaltetes Kupferblech, bildet sich der schwarze Belag nur auf der Außenseite (Experiment 5). Offenbar ist die Luft für den Ablauf der chemischen Reaktion bedeutsam. Glüht Eisen in einem geschlossenen Luftraum, so wird ein Teil der Luft verbraucht, im Restgas erlischt ein brennender Holzspan (Experiment 6). Die Beobachtungen zeigen, dass offenbar Sauerstoff aus der Luft (↗ S. 35) bei der chemischen Reaktion verbraucht worden ist.

Prüfen der Massenveränderungen bei der Reaktion. Lässt man die Reaktion des Eisens auf einer Waage ablaufen, so entsteht wieder das schwarze Reaktionsprodukt. Seine Masse ist größer als die des Ausgangsstoffes Eisen (Experiment 7). Offensichtlich hat sich das Eisen mit dem Sauerstoff aus der Luft zu dem schwarzen Reaktionsprodukt verbunden, das **Eisenoxid** heißt.

Experiment 3
Ein Streifen Kupferblech wird mit der Tiegelzange in die Brennerflamme gehalten.

Experiment 4 L
Auf einem Glühschiffchen wird eine Schicht Eisenpulver von einer Seite erhitzt.

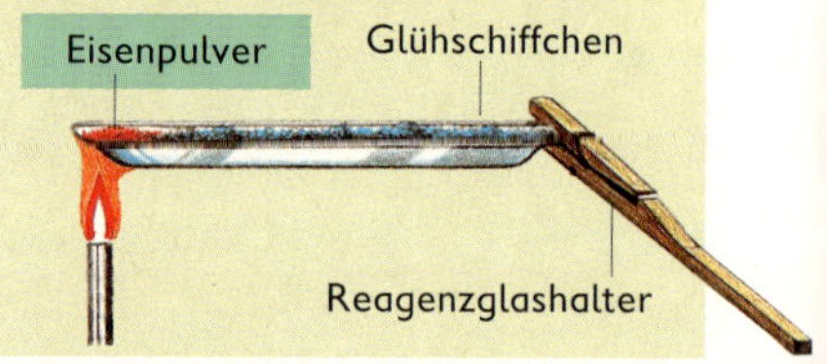

Experiment 5
Kupferblech wird zu einem Brief zusammengefaltet und in die Brennerflamme gehalten. Nach dem Abkühlen ist der Kupferbrief zu öffnen.

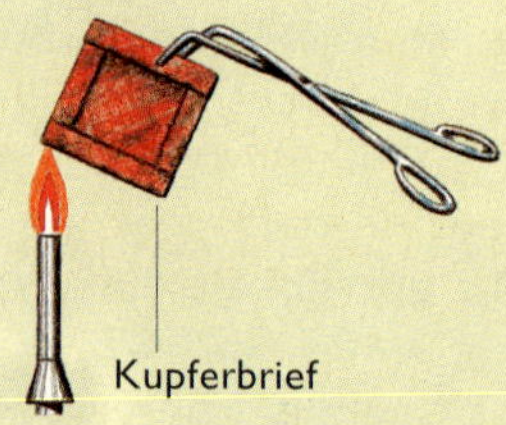

Experiment 6 L
In einen abgeschlossenen Luftraum wird ein Verbrennungslöffel mit glühendem Eisenpulver gebracht. Nach der Reaktion wird der Stopfen entfernt und ein brennender Holzspan in das Gefäß getaucht.

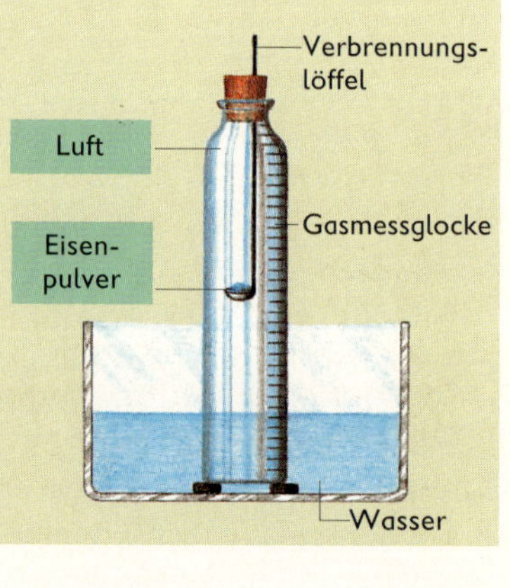

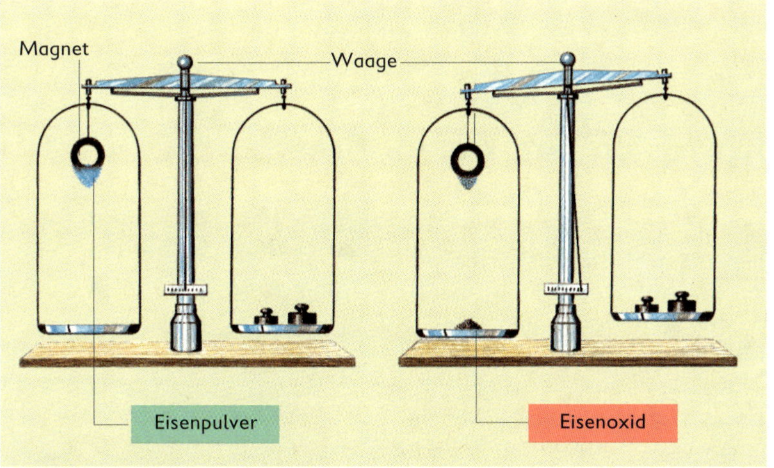

Experiment 7 L
Auf einer Seite einer ins Gleichgewicht gebrachten Waage ist ein Magnet mit Eisenpulver oder Eisenwolle befestigt. Das Eisen wird erhitzt.

Chemische Reaktion von Metallen mit Sauerstoff. Beim Erhitzen des Eisens ist eine chemische Reaktion abgelaufen, bei der sich der Ausgangsstoff Eisen mit dem Sauerstoff als zweitem Ausgangsstoff zu dem Reaktionsprodukt Eisenoxid verbunden hat. Der Vorgang kann kurz und übersichtlich aufgeschrieben werden (↗ S. 20f.):

Eisen + Sauerstoff ⟶ Eisenoxid

Lies: Eisen und Sauerstoff reagieren zu Eisenoxid.

Diese vereinfachte Schreibweise für chemische Reaktionen wird als **Wortgleichung** bezeichnet.
Beim Erhitzen von Kupfer und Magnesium laufen ganz ähnliche Vorgänge ab. Aus dem rotbraunen Kupfer entsteht schwarzes Kupferoxid, aus silbergrauem Magnesium weißes Magnesiumoxid.

Durch Einwirkung von Sauerstoff der Luft entstehen auf Oberflächen vieler Metalle Schichten von Metalloxiden.

AUFGABEN

1. Kratze an der Oberfläche eines alten Aluminiumgegenstandes! Beobachte!
2. Begründe, warum es sich bei den Vorgängen in den Experimenten 3 bis 5 um chemische Reaktionen handelt!
3. Die Veränderung des Kupfers beim Erhitzen könnte durch die Berührung mit der Flamme entstanden sein. Überprüfe das durch ein geeignetes Experiment!
4. Woran erkennt man beim Experiment 6, dass Luft verbraucht worden ist? Warum ist anzunehmen, dass es sich um Sauerstoff handelt?
5. Versuche, Wortgleichungen für das Erhitzen von a) Magnesium, b) Kupfer an der Luft aufzuschreiben!
6. Beschreibe die Stoffumwandlungen bei der Reaktion von Magnesium und Kupfer mit Sauerstoff!

Aus der Welt der Chemie

Korrosion und Korrosionsschutz

Jährlich werden 90 % der Stahlerzeugung benötigt, um Korrosionsverluste auszugleichen.

Die langsame Zerstörung von Metallen durch Korrosion verursacht große wirtschaftliche Schäden. In Deutschland betragen sie jährlich mehrere Milliarden Mark.
Besonders betroffen sind Gegenstände aus Eisen. Der an feuchter Luft entstehende Rost ist porös und durchlässig für feuchte Luft. Deshalb kann Eisen völlig durchrosten.
Aber auch andere Metalle können korrodieren. Aluminiumoberflächen werden nach längerer Zeit an feuchter Luft grau und rau.

Um die wirtschaftlichen Schäden gering zu halten, muss der Korrosion der Metalle entgegengewirkt werden, indem man z. B. den Zutritt von Luft und Feuchtigkeit zur Metalloberfläche verhindert.
Für kurze Zeit lässt sich das durch Einölen der Metallteile erreichen.
Günstiger ist das Auftragen von Farbe, von Kunststoffen oder einer glasartigen Schicht, der Emaille.
Unter Farben kann durch Vorbehandlung des Eisens, z. B. durch Tauchen in Phosphorsäure, eine zusätzliche Schutzschicht aufgebracht werden.
Weiterhin können schützende Metallüberzüge von Zink, Zinn, Chrom und Nickel hergestellt werden.

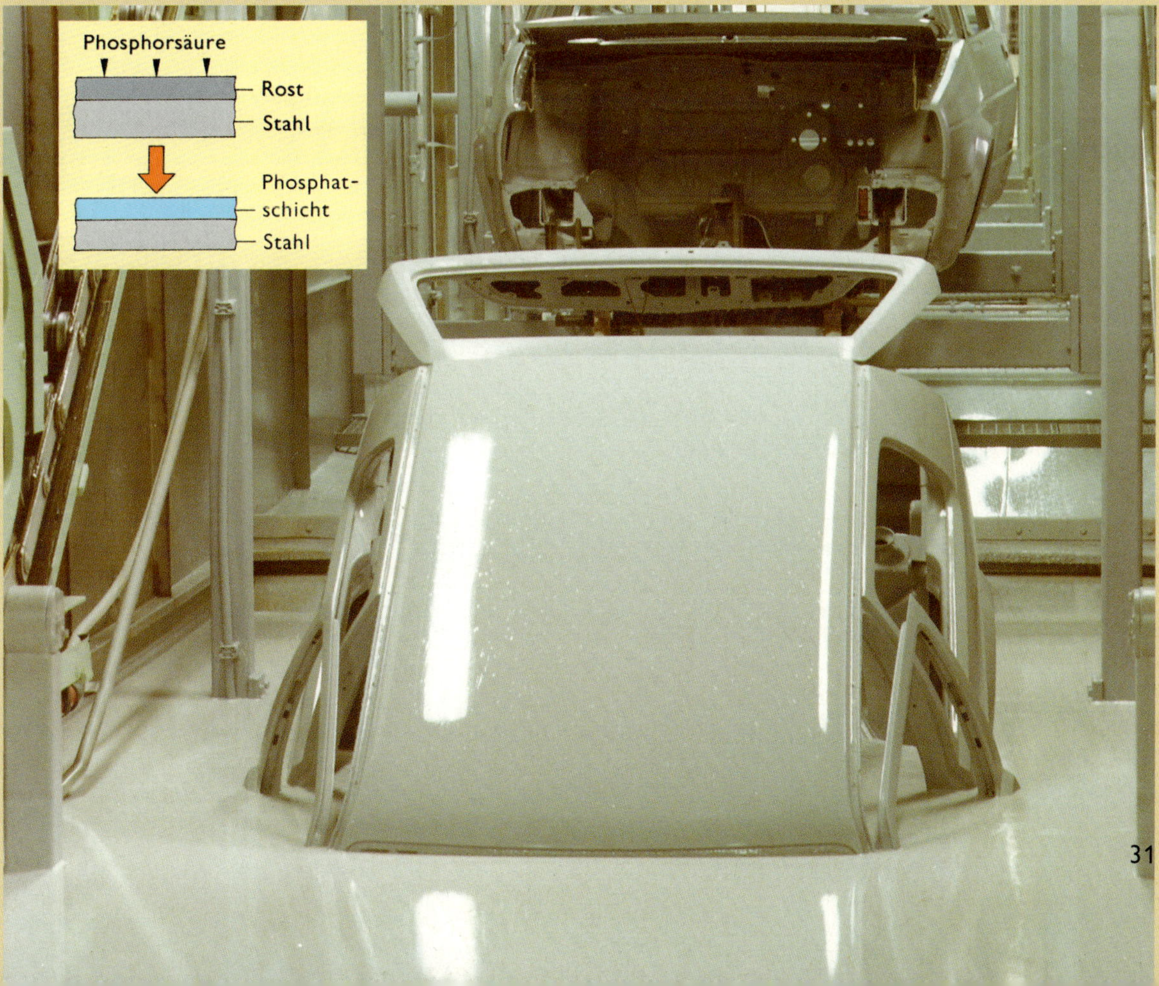

Gesetz von der Erhaltung der Masse

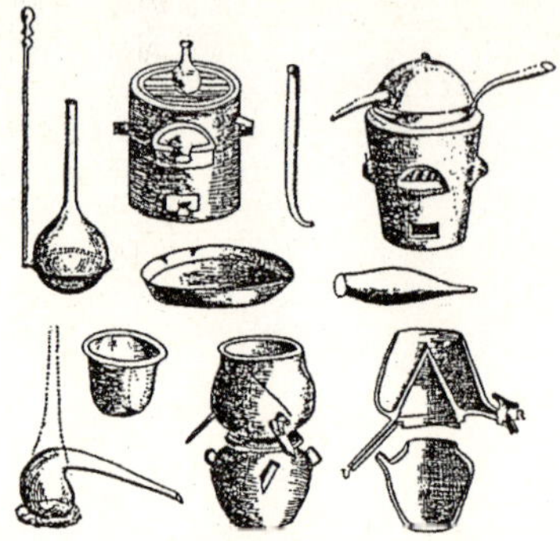

Erhitzen von Metallen im abgeschlossenen Gefäß. Beim Erhitzen von Metallen an der Luft entstehen Metalloxide. Die Masse der Metalloxide ist größer als die der Metalle, weil diese sich mit dem Sauerstoff aus der Luft verbunden haben. *Was wird zu beobachten sein, wenn diese Reaktion in einem abgeschlossenen Gefäß stattfindet, ohne dass Stoffe von außen hinzutreten können?*
Um die Frage zu beantworten, soll Kupfer in einem Reagenzglas, das Sauerstoff enthält, aber fest verschlossen ist, erhitzt werden. Aus den Ausgangsstoffen Kupfer und Sauerstoff bildet sich das schwarze Reaktionsprodukt Kupferoxid (Experiment 8).

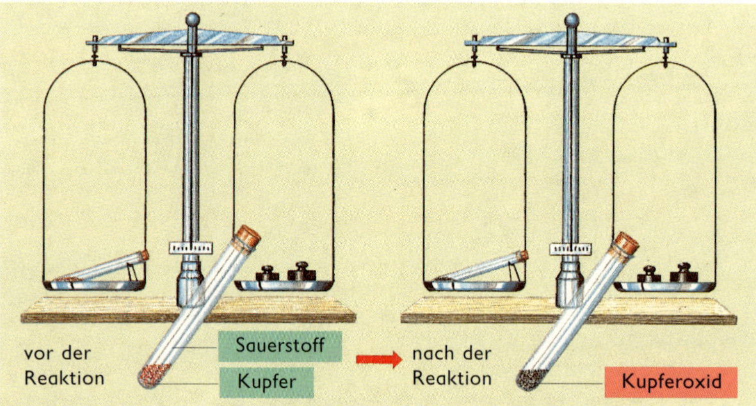

Experiment 8
Kupfer und Sauerstoff werden im abgeschlossenen Reagenzglas gewogen, danach durch Erhitzen zur Reaktion gebracht und erneut gewogen.

Ein Grundgesetz der Chemie. Beim Erhitzen des Kupfers im abgeschlossenen Gefäß ergibt sich, dass die Masse vor der Reaktion genauso groß ist wie nach der Reaktion (Experiment 8).

Masse der Ausgangsstoffe Kupfer und Sauerstoff m (As)	=	Masse des Reaktionsproduktes Kupferoxid m (Rp)

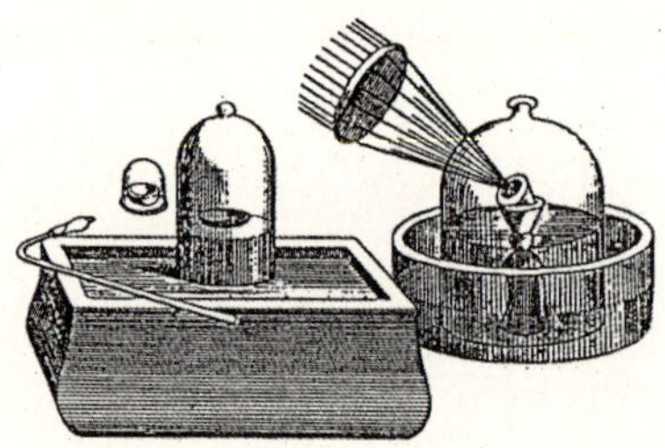

1

Laborgeräte von *Lavoisier*

Diese Feststellung gilt auch für alle anderen chemischen Reaktionen. Es ist ein Grundgesetz der Chemie, das **Gesetz von der Erhaltung der Masse.**
Dieses Gesetz macht deutlich, dass Stoffe nicht aus dem Nichts entstehen oder spurlos verschwinden können. Stoffe lassen sich durch chemische Reaktionen nur umwandeln.

Bei chemischen Reaktionen ist die Masse der Ausgangsstoffe m (As) gleich der Masse der Reaktionsprodukte m (Rp).

Entdeckung des Gesetzes. Im Jahre 1756 untersuchte der russische Chemiker *M. W. Lomonossow* (Abb. 2) die Reaktion von Metallen mit der Luft in verschlossenen Glasröhren. Dabei fand er das Gesetz, konnte es aber noch nicht begründen. Erst dem französischen Chemiker *A. L. Lavoisier* (Abb. 3) gelang nach der Aufklärung der Verbrennungsvorgänge eine Erklärung.

AUFGABEN

1. Vergleiche das Experiment 7, S. 29, mit dem auf dieser Seite! Stelle Ähnliches und Unterschiedliches heraus!
2. Beim Abbrennen einer Kerze hat es den Anschein, als würde Stoff verschwinden. Warum ist das dennoch kein Widerspruch zum Gesetz von der Erhaltung der Masse? Vermute!

2

3

Michail Wassiljewitsch Lomonossow (1711 bis 1765) studierte in St. Petersburg, Marburg und Freiberg. In St. Petersburg gründete er das erste chemische Laboratorium Russlands. Er machte sich besonders um die Metallgewinnung in Russland verdient.
Antoine Laurent Lavoisier (1743 bis 1794) hat durch viele Wägungen bei Experimenten große Verdienste an der Entwicklung genauer Untersuchungsmethoden in der Chemie. Ihm gelang die wissenschaftliche Erklärung der Verbrennungsvorgänge.

Im Überblick

Metalle

Elementsubstanzen, die vor allem gute elektrische und Wärmeleitfähigkeit besitzen. Metalle sind aus regelmäßig angeordneten Atomen aufgebaut (Atomverband).

Einteilung der Stoffe

Reinstoffe

- **Elementsubstanzen** (aus nur einer Atomart aufgebaut)
  - **Metalle** z. B. Kupfer, Eisen
  - **Elementsubstanzen, die keine Metalle sind** z. B. Schwefel, Sauerstoff
- **Andere Stoffe** (aus verschiedenen Atomarten aufgebaut) z. B. Kupferoxid, Eisenoxid

Viele Metalle bilden bei Zimmertemperatur mit dem Sauerstoff der Luft Oxidschichten auf der Oberfläche.

Metall + Sauerstoff ⟶ Metalloxid

Beim Erhitzen verlaufen diese Reaktionen schneller und heftiger als bei Zimmertemperatur. Temperaturerhöhung begünstigt den Ablauf chemischer Reaktionen.

Grundgesetz

Bei jeder chemischen Reaktion ist die Masse der Ausgangsstoffe gleich der Masse der Reaktionsprodukte (Gesetz von der Erhaltung der Masse).

4

Luft – Sauerstoff

Luft ist ein Stoff. Beim Laufen und beim Radfahren spürt man einen Widerstand. Wind treibt Segelboote. Drachensegler gleiten in der Luft und Ballons steigen auf.
Was für ein Stoff ist Luft?

Zusammensetzung der Luft

Luft als Stoff. Die Erde ist von einer unsichtbaren Gasschicht umgeben. Diese Lufthülle schützt das Leben auf der Erde vor tödlicher Strahlung aus dem Weltraum, verhindert eine zu starke Erwärmung am Tag und eine zu starke Abkühlung in der Nacht.

Luft ist ein Stoff. 1 m³ Luft hat eine Masse von 1,29 kg.

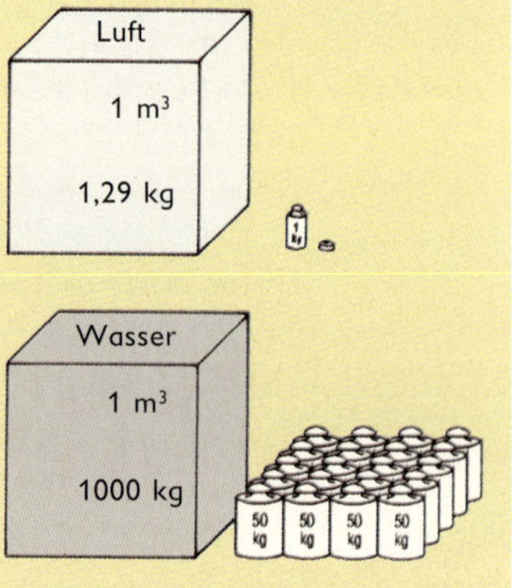

1

Sauerstoffanteil der Luft. Aus dem Biologieunterricht und dem täglichen Leben ist bekannt, dass Luft Sauerstoff enthält. Eine Kerze brennt in einem abgeschlossenen Luftvolumen nur kurze Zeit (Experiment 1).

Experiment 1
Über eine brennende Kerze wird ein Glasgefäß gestülpt.

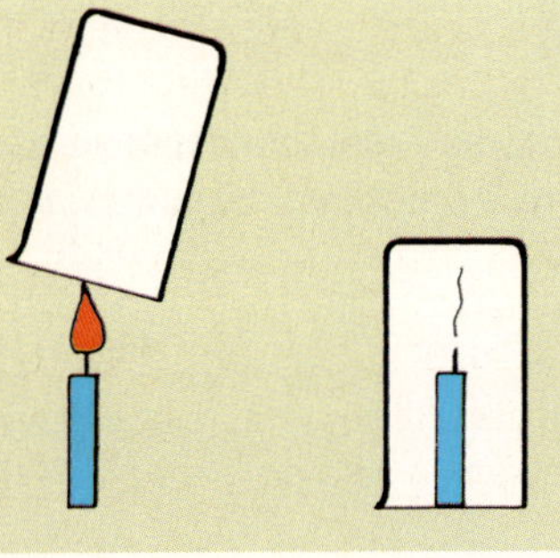

Experiment 2
Über eine brennende Kerze, die in Wasser steht, wird eine Gasmessglocke gestülpt.

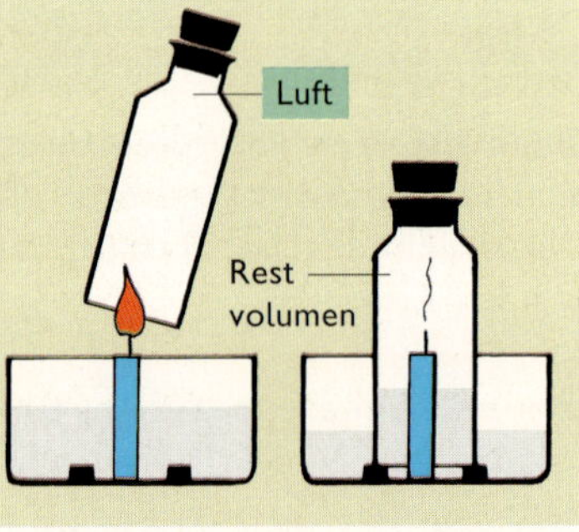

Experiment 3
Es wird untersucht, ob im Restvolumen der Luft eine Kerze brennen kann.

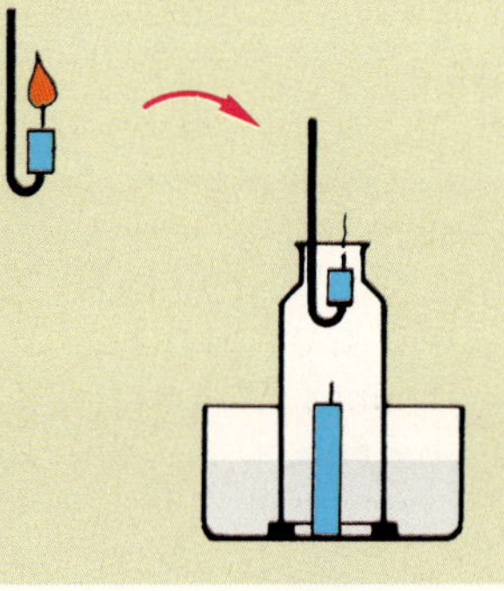

Experiment 4 L
Auf einem Verbrennungslöffel wird Eisenpulver bis zum Glühen erhitzt und dann in ein abgeschlossenes Luftvolumen gebracht (↗ Experiment 2).

Experiment 5
Gib etwa 1 cm hoch Wasser in ein Weckglas und stelle eine Kerze hinein! Entzünde die Kerze und verschließe das Weckglas rasch mit Gummi und Deckel! Versuche nach etwa 10 Minuten den Deckel anzuheben!

Experiment 6 L
Ein genau abgemessenes Luftvolumen wird zwischen Kolbenprobern über erhitztes Kupfer geleitet.

Auswertung

Volumen der Luft	60 ml
Restvolumen	48 ml
Volumen Sauerstoff	12 ml

Sauerstoffanteil der Luft $\frac{12}{60} = \frac{1}{5}$

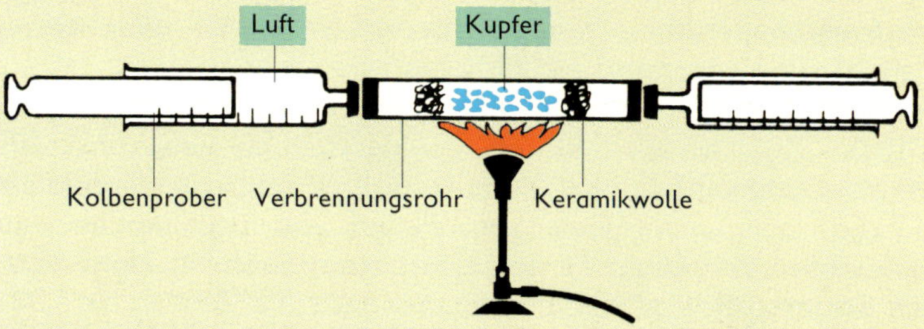

Im Experiment 2 beobachtet man nach dem Erlöschen der Kerze ein Ansteigen des Wassers in der Gasmessglocke. Im Restvolumen erlischt eine brennende Kerze sofort (Experiment 3).
Wie kann man diese Beobachtungen deuten?
Ein Teil der Luft, der Sauerstoff, wird bei der Verbrennung verbraucht. Um diesen Betrag nimmt das Luftvolumen ab. Ein entsprechendes Volumen Wasser wird in das Gefäß gedrückt (Experiment 4). Den Sauerstoffanteil der Luft kann man mit dem Experiment 6 genauer ermitteln.

Luft ist ein Stoffgemisch. Die Hauptbestandteile sind Stickstoff (etwa 4/5) und Sauerstoff (etwa 1/5).

Weitere **Bestandteile der Luft** sind Edelgase und Kohlenstoffdioxid sowie einige Stoffe, die nur in Spuren vorkommen. 100 l trockene Luft enthalten 78 l Stickstoff, 21 l Sauerstoff, 0,97 l Edelgase (hauptsächlich Argon) und 0,03 l Kohlenstoffdioxid (Abb. 2). Die erdnahe Luftschicht enthält noch einen unterschiedlichen Anteil an Wasserdampf.

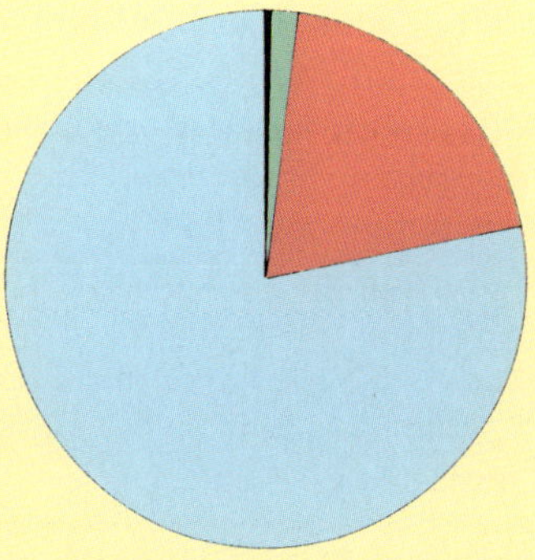

2

AUFGABEN

1. Wodurch unterscheidet sich der Stoff „Luft" vom Stoff „Wasser"?
2. An welchen Erscheinungen des täglichen Lebens kann man erkennen, dass Luft ein Stoff ist?
3. Begründe den Auftrieb eines Ballons in Luft! Es gelten die gleichen Gesetze wie beim Auftrieb eines Körpers im Wasser.
4. Beim Erhitzen von Kupfer an der Luft entsteht Kupferoxid.
   Formuliere die Wortgleichung!
5. Von welchen Beobachtungen hat sich *Lavoisier* bei der Wahl der Begriffe „Lebensluft" und „Stickluft" wohl leiten lassen (↗ S. 43)?
6. Warum erlischt die Kerze beim Experiment 3 im Restvolumen der Luft?
7. Berechne das Volumen des Sauerstoffs in einem Raum von 820 m^3!
8. Ein Mensch atmet täglich etwa 10000 l Luft ein. Wie groß ist der Anteil des Sauerstoffs?
9. Erkläre die im Experiment 5 beobachteten Erscheinungen!

Bedeutung und Reinhaltung der Luft

Luft als Rohstoff. Sauerstoff, Stickstoff und Edelgase sind von technischer Bedeutung. Diese Bestandteile der Luft können aufgrund ihrer unterschiedlichen Siedetemperaturen getrennt werden. Dazu wird Luft mit Hilfe eines von *Carl von Linde* entwickelten Verfahrens durch Abkühlung auf etwa –200 °C verflüssigt. Aus der flüssigen Luft entweichen die Gase in der Reihenfolge ihrer Siedetemperaturen, zuerst Stickstoff (–196 °C), dann Argon (–186 °C) und Sauerstoff (–183 °C).
Aus **Stickstoff** wird Ammoniak hergestellt. Ammoniak ist ein wichtiges Zwischenprodukt für die Herstellung von stickstoffhaltigen Düngemitteln und Kunststoffen. **Edelgase** werden als Schutzgas beim Schweißen, zum Füllen von Glühlampen und Leuchtstoffröhren (Abb. 1) sowie in Lasern (Abb. 2) eingesetzt. Auch **Sauerstoff** wird vielfältig verwendet (↗ S. 39).

Luft ist lebensnotwendig. Unter dem Schutzschild der Lufthülle ist das Leben überhaupt erst möglich. Sauerstoff brauchen Lebewesen zum Atmen. Dabei wird unter anderem Kohlenstoffdioxid ausgeatmet. Kohlenstoffdioxid nehmen die grünen Pflanzen auf und geben Sauerstoff ab. Biochemische Prozesse in solchen Kreisläufen bewirken, dass die Zusammensetzung der Luft aufrechterhalten wird. Durch übermäßiges Verbrennen von Kohle, Erdgas und Kraftstoffen nimmt der Anteil an Kohlenstoffdioxid in der Luft allmählich zu. Das begünstigt den Treibhauseffekt (↗ S. 312). Aber auch durch andere Stoffe droht der Lufthülle Gefahr (Abb. 4, 5).

1

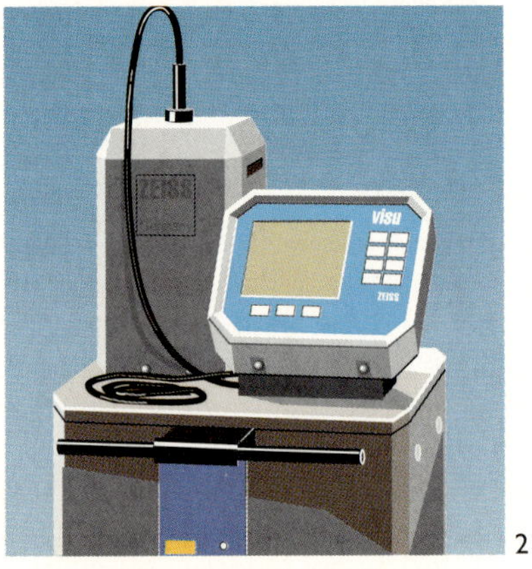

2

Mobiler Argonlaser zum Einsatz in der Augenheilkunde

3

Smog über einer Stadt

4

Schadstoffe aus Schornsteinen

Schadstoffe in der Luft. Staub, Schwefeldioxid, Stickstoffoxide, Kohlenstoffmonooxid, Kohlenstoffdioxid und Ozon belasten zunehmend die Luft. Solche Schadstoffe beeinträchtigen die Gesundheit der Menschen und verursachen Schäden in der Natur.
In Großstädten ist Smog (englisch: **sm**oke = Rauch, f**og** = Nebel) eine besonders gefährliche Erscheinung (Abb. 3). Im Dezember 1952 entstand beispielsweise in London eine lebensgefährliche Anreicherung von schädlichen Gasen in der Luft, die 4000 Menschen das Leben kostete. Bei Gefahr wird Smogalarm ausgelöst. Dann werden sofort alle technischen Prozesse gestoppt, bei denen Schadstoffe entstehen können. Der Verkehr wird weitgehend eingestellt. Menschen vermeiden den Aufenthalt im Freien.
Hauptquelle für die Emission von Schadstoffen (lateinisch: emittere = aussenden), die vom Menschen verursacht werden, sind Verkehr, Industrie, Kraftwerke und Haushalte (Abb. 7).

5 Abgase bei einem startenden Flugzeug

Luftschadstoffe	Emission in Mill. t	1991 in Deutschland Anteil der Hauptverursacher in %: Verkehr	Industrie	Haushalte	Kraftwerke
Staub	1,80	7	37	8	48
Schwefeldioxid	4,55	5	13	9	73
Stickstoffoxide	3,14	69	9	4	18
Kohlenstoffmonooxid	10,00	63	15	15	7
Kohlenstoffdioxid	982,00	19	21	21	39

7

6 Abgastest

Die vom Menschen verursachten Luftbelastungen müssen bewusst reduziert werden. In Deutschland konnten die Schadstoffemissionen bereits erheblich gesenkt werden, beispielsweise im Luftraum über dem Ruhrgebiet.
Der Verkehr ist ein Hauptverursacher von Schadstoffemissionen. Man kann den Schadstoffausstoß bei Kraftfahrzeugen einschränken durch: Begrenzen der Höchstgeschwindigkeit, regelmäßige Durchführung von Abgastests (Abb. 6). In Kraftfahrzeugen eingebaute Katalysatoren wandeln Schadstoffe in ungefährliche Stoffe um, ohne dabei selbst verbraucht zu werden (Abb. 8). Kohlenstoffdioxid wird dadurch allerdings nicht entfernt.

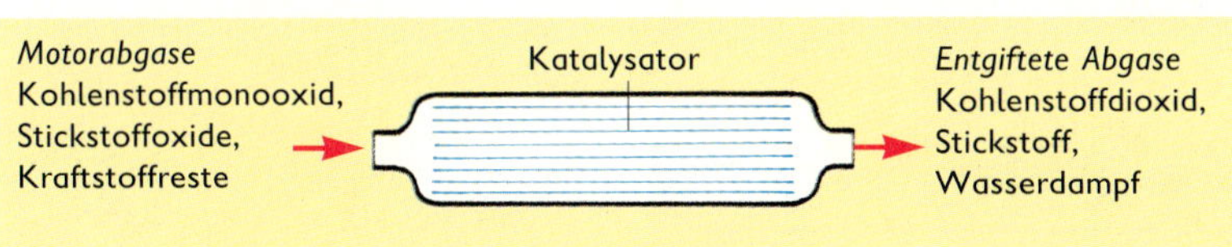

8

AUFGABEN

1. Wie kann jeder selbst zur Reinhaltung der Luft beitragen?
2. Was kann man tun, um seinen Organismus ständig ausreichend mit Sauerstoff zu versorgen?
3. Welche Bedeutung haben Grünanlagen und Wälder für ein gesundes Leben auf der Erde?
4. Begründe, dass Kohlenstoffdioxid, Wasser und Sonnenlicht Bedingungen für das Wachstum von Pflanzen sind!

Sauerstoff

Entdeckung. Sauerstoff wurde 1771 vom Schweden *Carl Wilhelm Scheele* (1742 bis 1786) und unabhängig von ihm vom Engländer *Joseph Priestley* (1733 bis 1804) entdeckt (Abb. 1 und 2).

1

Carl Wilhelm Scheele
Apotheker und Chemiker, entdeckte die Elemente Sauerstoff und Chlor. Viele andere Stoffe wurden von ihm erstmals hergestellt und untersucht.

Darstellen und pneumatisches Auffangen von Sauerstoff. Sauerstoff kann man aus Stoffen gewinnen, die Sauerstoff leicht abgeben, z. B. aus Wasserstoffperoxid oder aus Kaliumpermanganat.

Experiment 7
Im Gasentwickler (links) oder in der Küvette (rechts) wird 10%ige Wasserstoffperoxidlösung (Xi) auf angefeuchteten Braunstein (Xn) getropft. Das entstehende Gas ist pneumatisch aufzufangen.

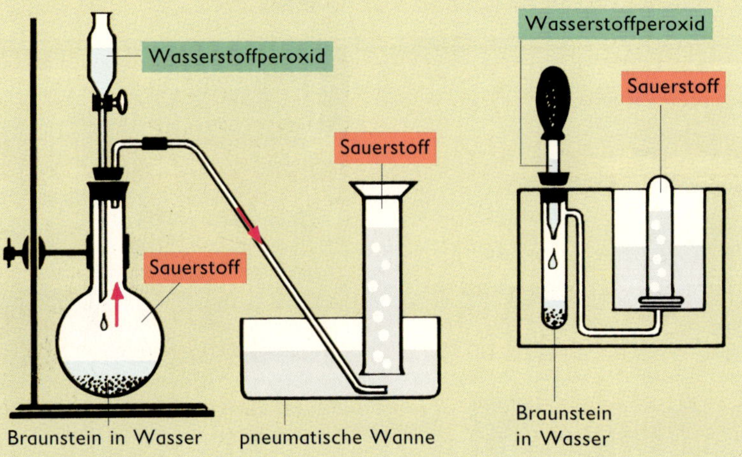

2

Joseph Priestley
Theologe und Naturwissenschaftler, entdeckte unabhängig von *Scheele* Sauerstoff. Er untersuchte weitere Gase.

Aus Wasserstoffperoxid (in Wasser gelöst eine farblose Flüssigkeit) erhält man Sauerstoff bereits bei Zimmertemperatur, wenn man es in einem Gasentwickler auf Braunstein tropfen lässt (Experiment 7). Kaliumpermanganat (violette Kristalle) gibt beim Erwärmen Sauerstoff ab (Experiment 8). Gase, die nicht oder nur sehr wenig in Wasser löslich sind, fängt man pneumatisch auf. Beim **pneumatischen Auffangen** wird zunächst das Auffanggefäß mit Wasser gefüllt. Das Gas wird dann von unten in das Auffanggefäß eingeleitet. Es verdrängt das Wasser aus dem Auffanggefäß.

Experiment 8
Stelle eine Apparatur nach nebenstehender Abbildung zusammen! Erhitze Kaliumpermanganat (O, Xn, N) vorsichtig! Beobachte die Vorgänge in der pneumatischen Wanne, wenn unterschiedlich stark erhitzt wird! Fülle drei Reagenzgläser mit reinem Sauerstoff! Ermittle Farbe, Geruch und Brennbarkeit von Sauerstoff!

Eigenschaften und Nachweis von Sauerstoff. Wichtige Eigenschaften des Sauerstoffs unterscheiden sich von den Eigenschaften des Stickstoffs (Tabelle 1, Experiment 9).
Die Elementsubstanzen Sauerstoff und Stickstoff weisen nicht die Eigenschaften von Metallen auf. Solche Elementsubstanzen bezeichnet man als **Nichtmetalle.**

Eigenschaften der Stoffe	Eigenschaften des Sauerstoffs	Eigenschaften des Stickstoffs
Aggregatzustand bei 20 °C	gasförmig	gasförmig
Siedetemperatur	–183 °C	–196 °C
Farbe	farblos	farblos
Geruch	geruchlos	geruchlos
Brennbarkeit	nicht brennbar, unterhält die Flamme	nicht brennbar, erstickt die Flamme
Dichte im Vergleich zur Luft	etwas größer (Experiment 10)	etwa gleich
Löslichkeit in Wasser bei 1013 hPa	sehr gering	fast unlöslich

1

Sauerstoff und Stickstoff gehören zu den Nichtmetallen. Sauerstoff wird durch die Spanprobe nachgewiesen: Ein glimmender Holzspan flammt in reinem Sauerstoff auf.

Verwendung von Sauerstoff. Der größte Teil des industriell gewonnenen Sauerstoffs wird in der chemischen Industrie verwendet. Große Mengen Sauerstoff werden auch zum Schweißen (Abb. 3) und für den Antrieb von Raketen (Abb. 4) benötigt. In besonderen Gefahrensituationen setzt man Sauerstoff in Beatmungsgeräten ein. Sauerstoff wird in Tankwagen oder in Stahlflaschen transportiert, die durch einen blauen Farbanstrich gekennzeichnet sind.

3

4

Experiment 9
Ein glimmender Holzspan wird in das zu untersuchende Gas getaucht (Spanprobe).

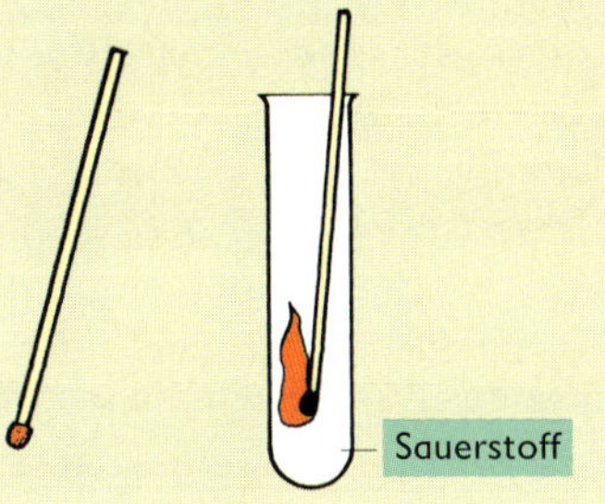

Experiment 10
Von zwei mit Sauerstoff gefüllten Reagenzgläsern werden die Stopfen gleichzeitig entfernt. Nach etwa 3 Minuten wird in beiden Reagenzgläsern die Spanprobe durchgeführt.

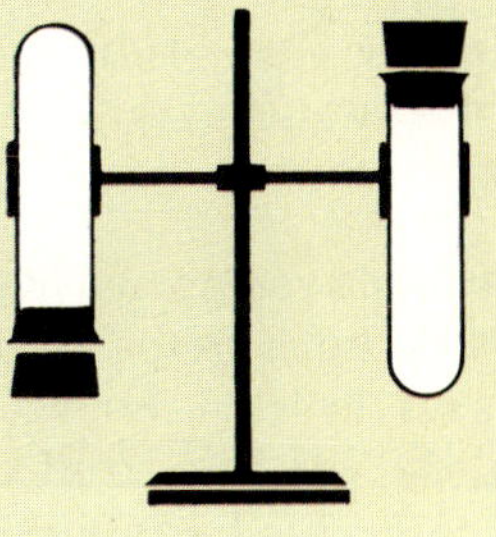

AUFGABEN

1. Beschreibe das pneumatische Auffangen von Gasen!
2. Warum flammt ein Holzspan, der an der Luft nur glimmt, in einem Gefäß mit reinem Sauerstoff hell auf (Experiment 9)?
3. Welchen Schluss kann man aus dem Ergebnis des Experiments 10 ziehen?
4. Welche Bedeutung hat in der Natur der in Wasser gelöste Sauerstoff?
5. Durch welche Eigenschaften kann man Sauerstoff von Stickstoff unterscheiden?

Bau des Sauerstoffs aus Teilchen

Sauerstoff besteht aus Molekülen. Ein Gas wie Sauerstoff lässt sich im Gegensatz zu festen Stoffen und Flüssigkeiten leicht zusammendrücken. Es nimmt jeden zur Verfügung stehenden Raum ein. Diese auffälligen Unterschiede kann man mit dem unterschiedlichen Bau der Stoffe aus Teilchen erklären (↗ S. 26). Bekannt ist, dass Metalle aus Atomen bestehen, die in einem Atomverband fest angeordnet sind. Sauerstoff aber ist ein Gas. Die Teilchen, aus denen Sauerstoff besteht, sind frei beweglich. Atome können es nicht sein; denn einzelne, isolierte Atome existieren bei Zimmertemperatur nur bei Edelgasen (Abb. 1).

Möglichkeiten der Anordnung von Atomen

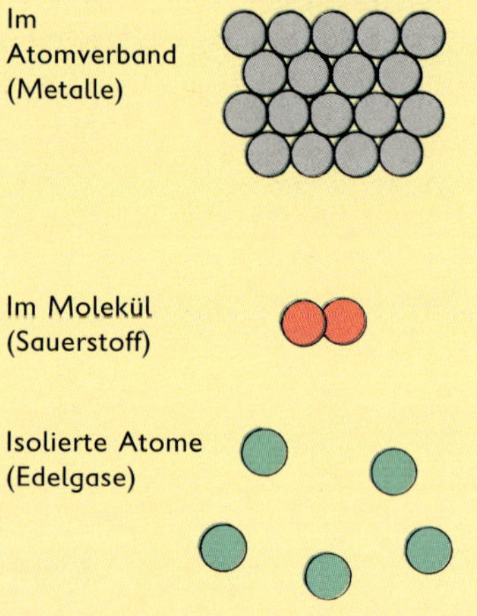

1

Beim Sauerstoff sind immer zwei Atome zu einem Teilchen vereinigt. Aus Atomen zusammengesetze Teilchen bezeichnet man als **Moleküle.**

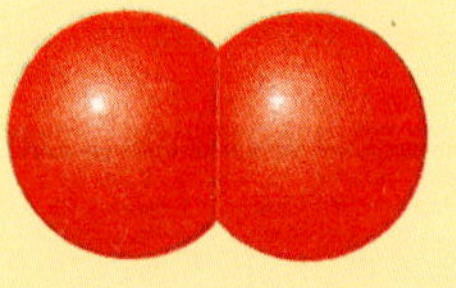

Modell des Sauerstoffmoleküls

2

Moleküle sind stabile, aus zwei oder mehreren Atomen zusammengesetzte Teilchen.

Die Atome werden im Molekül durch starke Kräfte zusammengehalten. Auch beim Erwärmen und Abkühlen bleiben die Moleküle als Teilchen erhalten.
Stoffe, die wie Sauerstoff aus Molekülen aufgebaut sind, bezeichnet man auch als **Molekülsubstanzen**. Zwischen den Molekülen der Molekülsubstanzen bestehen nur geringe Anziehungskräfte. Diese schwachen Anziehungskräfte können beispielsweise durch Erwärmen leicht überwunden werden.

Ozon. Unter bestimmten Bedingungen können sich auch drei Atome Sauerstoff zu einem Molekül vereinigen (Abb. 3). Dieser „Trisauerstoff" wird als Ozon bezeichnet und kommt in Spuren in der Lufthülle vor.
Sauerstoff („Disauerstoff") und Ozon sind Elementsubstanzen ein und desselben Elements. Der unterschiedliche Bau der Moleküle bedingt jedoch auch unterschiedliche Eigenschaften. Ozon hat einen charakteristischen Geruch, den man schon bei sehr geringer Konzentration von Ozon in der Nähe von Höhensonnen, Kopiergeräten oder Hochspannungsanlagen wahrnehmen kann.
Ozon ist sehr giftig. Die Gesundheit der Menschen ist gefährdet, wenn sich bei intensiver Sonnenstrahlung und in Verbindung mit Autoabgasen Ozon im erdnahen Raum mehr als gewöhnlich bildet. Andererseits ist die Ozonschicht in etwa 25 km Höhe (↗ S. 311f.) ein lebenswichtiger Schutz vor Krebs erregender Strahlung aus dem Weltraum. Im erdnahen Raum muss die Bildung von Ozon, in der Ozonschicht der Abbau von Ozon vermieden werden.

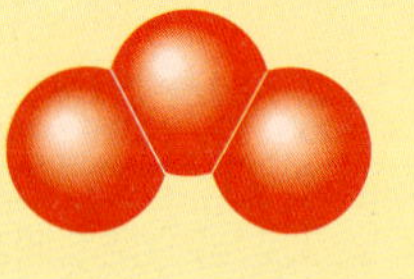

3

Modell des Ozonmoleküls

Anordnung der Sauerstoffmoleküle. Den Chemiker interessiert nicht nur die **Art der Teilchen**, sondern auch die **Anordnung der Teilchen**.
Der feste Stoff Aluminium unterscheidet sich vom gasförmigen Stoff Sauerstoff in der Art und der Anordnung der Teilchen. In dem Raum, den 1 Molekül Sauerstoff zur Verfügung hat, könnten sich dicht gepackt über 2000 Aluminiumatome befinden (Abb. 4).
Zwischen den Aluminiumatomen bestehen starke Anziehungskräfte. Aluminiumatome sind im Atomverband an einen festen Platz gebunden. Sauerstoffmoleküle sind jedoch weit voneinander entfernt und bewegen sich frei im Raum. Zwischen den Sauerstoffmolekülen bestehen nur schwache Anziehungskräfte (Abb. 5).

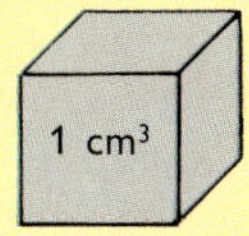

Aluminium enthält
60 000 Trillionen Atome

Sauerstoff enthält
27 Trillionen Moleküle

1 Trillion =
1 000 000 000 000 000 000

4

	Sauerstoff	Aluminium
Aggregatzustand bei 20 °C	gasförmig	fest
Siedetemperatur	–183 °C	+2450 °C
Masse von 1 cm³	0,00143 g	2,7 g
Teilchen in 1 cm³	27 Trillionen	60000 Trillionen
Art der Teilchen	Moleküle	Atome
Anordnung der Teilchen (Modell)	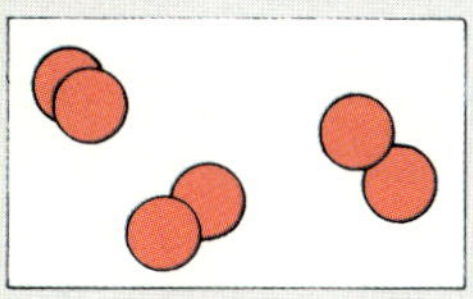	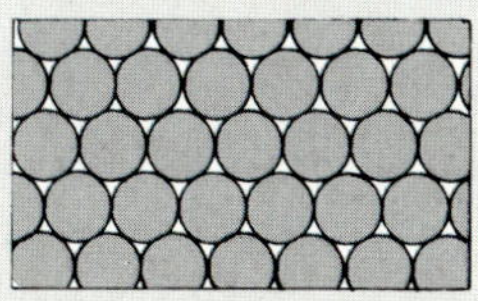

2

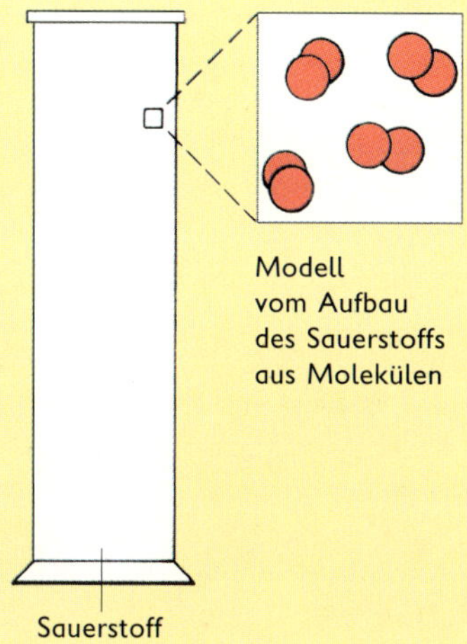

Modell
vom Aufbau
des Sauerstoffs
aus Molekülen

5

Zwischen den Eigenschaften eines Stoffes und der Art und Anordnung der Teilchen dieses Stoffes bestehen Zusammenhänge.

6

Modell und Formel
für ein Sauerstoffmolekül

Chemisches Zeichen für Sauerstoff. Mit chemischen Zeichen kennzeichnet man Stoffe und Teilchen, aus denen die Stoffe aufgebaut sind. Als chemische Zeichen sind die Symbole bereits bekannt (↗ S. 26).
Welches chemische Zeichen hat die Molekülsubstanz Sauerstoff? Es sollen zwei zu einem Molekül vereinigte Atome gekennzeichnet werden. Man schreibt das Symbol O und gibt tief gestellt hinter dem Symbol die Anzahl der Atome an: O_2 (Abb. 6). Solche zusammengesetzten chemischen Zeichen nennt man **Formeln**.
Auf die gleiche Weise gelangt man zur Formel N_2 für das aus zwei Atomen zusammengesetzte Stickstoffmolekül.

Sauerstoff ist eine Molekülsubstanz und hat die Formel O_2. Die Formel O_2 kennzeichnet ein Molekül Sauerstoff und den Stoff Sauerstoff.

AUFGABEN

1. Vergleiche Eigenschaften und Bau von Sauerstoff und Eisen!
2. Welcher Unterschied besteht zwischen den chemischen Zeichen O und O_2?
3. Welche Aussagen kann man der Formel N_2 entnehmen?
4. Welche Formel hat Ozon (↗ S. 40)?

Aus der Welt der Chemie

Feuerstoff – Phlogiston – Feuerluft – Lebensluft

Ist Luft eines der vier Elemente, wie *Aristoteles* annahm?
Welche Rolle spielt die Luft bei der Verbrennung?

Boyle und der Feuerstoff. Der Engländer *Robert Boyle* (Abb. 1) konnte diese Fragen nicht beantworten und tat doch den ersten Schritt. 1673 erhitzte er Blei in einem geschlossenen Gefäß, nachdem zuvor alles gewogen worden war. Nach dem Experiment vernahm er beim Öffnen des Gefäßes ein zischendes Geräusch. Nach dem Öffnen nahm er eine erneute Wägung vor. Durch die nachströmende Luft war die Gesamtmasse größer als vor dem Experiment.
Die Zunahme der Masse bei der Verbrennung von Metallen erklärte *Boyle* mit der Aufnahme von Feuerstoff durch die Gefäßwand.

1

Robert Boyle
(1627 bis 1691)

2

Georg Ernst Stahl
(1659 bis 1734)

***Stahl* glaubt an Phlogiston.** Die Erklärung von *Robert Boyle* erscheint uns heute absurd. Sie wurde aber vor über 300 Jahren abgegeben. Selbst im 18. Jahrhundert meinte mancher, Stoffe könnten verschwinden und aus dem Nichts entstehen. Zur Erklärung der Verbrennung stellte der deutsche Chemiker *Georg Ernst Stahl* (Abb. 2) um 1700 die Phlogistontheorie auf (griechisch: phlox = die Flamme):
Beim Verbrennen eines Metalls bleibt ein Metallkalk zurück und Phlogiston entweicht.

***Lomonossow* ist der Lösung schon sehr nahe.** 83 Jahre nach dem Experiment von *Boyle* kam der russische Chemiker *Michail Wassiljewitsch Lomonossow* (↗ S. 33) in St. Petersburg der Wahrheit ein ganzes Stück näher (Abb. 3). Zunächst klärte er die Ursache für das zischende Geräusch,

3

Laboratorium von *Lomonossow* in St. Petersburg

das *Boyle* beim Öffnen des Gefäßes beobachtet hatte. Bevor *Lomonossow* das zugeschmolzene Glasgefäß öffnete, stellte er eine brennende Kerze auf. Die Kerzenflamme wurde im Augenblick des Öffnens in das Gefäß hineingezogen. Beim Erhitzen von Blei im völlig abgeschlossenen Gefäß war also ein Teil der Luft „verschwunden“. Das Reaktionsprodukt vom Blei war schwerer als das Blei vor dem Experiment. *Lomonossow* fand folgende Erklärung:
Es sind die Luftpartikelchen, die sich mit den Metallen beim Erhitzen verbinden und diese in Kalke verwandeln.

***Scheele* und *Priestley* entdecken die „taugliche Luft“.** Zwischen 1770 und 1772 hatten der Schwede *Carl Wilhelm Scheele* und der Engländer *Joseph Priestley* durch Experimente mit verschiedenen Stoffen und Tieren ermittelt, dass nur ein Fünftel der Luft zur Verbrennung und Atmung tauglich ist (Abb. 4 und 5). Den Teil der Luft, der bei Verbrennungen und bei der Atmung übrigblieb, nannte *Scheele* „verdorbene

4

Scheele experimentierte mit Schwefel.

5

Priestley experimentierte auch mit Mäusen.

Luft“, weil eine brennende Kerze sofort erlosch und Bienen in dieser „Luft“ nicht leben konnten. Dem anderen Teil der Luft kam *Scheele* auf die Spur, als er den Sauerstoff, den er „Feuerluft“ nannte, entdeckte.
Aus einem Fünftel „Feuerluft“ und vier Fünftel „verdorbener Luft“ konnte Scheele „gewöhnliche Luft“ herstellen. Luft war also kein Reinstoff, auch kein Element, sondern ein Stoffgemisch.

***Lavoisier* findet die Lösung.** Der Franzose *Antoine Laurent Lavoisier* (↗ S. 33) nannte die von *Scheele* und *Priestley* entdeckten Bestandteile der Luft „Lebensluft“ und „Stickluft“. Nachdem *Lavoisier* von der Entdeckung des Sauerstoffs – nichts anderes war die Lebensluft – erfahren hatte, führte er weitere Experimente durch (Abb. 6) und konnte 1777 formulieren:
Bei der Verbrennung der Metalle kommt es zur Vereinigung der Metalle mit Lebensluft.

Damit war auch der Phlogistontheorie ein schwerer Schlag versetzt worden; denn nach dieser Theorie hätten die „verbrannten Metalle“ durch entweichendes Phlogiston leichter und das Volumen der umgebenden Luft größer werden müssen.

6
Lavoisier bei seinen Experimenten über die Rolle der Luft bei der Verbrennung

Im Überblick

Luft	ist ein Stoffgemisch; Hauptbestandteile sind Stickstoff und Sauerstoff (Edelgase, Kohlenstoffdioxid), ist ein wichtiger Rohstoff, ist lebensnotwendig; der menschliche Organismus muss ständig mit reiner Luft (Sauerstoff) versorgt werden, muss vor übermäßiger Belastung mit Schadstoffen durch Verkehr, Industrie, Kraftwerke und Haushalte geschützt werden.
Sauerstoff	wird im Laboratorium aus Wasserstoffperoxid oder durch Erhitzen von Kaliumpermanganat dargestellt, ist nicht brennbar, fördert aber die Verbrennung, wird durch die Spanprobe nachgewiesen: glimmender Holzspan flammt in reinem Sauerstoff auf, wird vielseitig verwendet: Beatmungsgeräte, Schweißen, Antrieb von Raketen, chemische Industrie, Metallurgie.
Nichtmetall	Elementsubstanz, die nicht die Eigenschaften eines Metalls aufweist.
Atom	kleinstes Teilchen, aus dem Elementsubstanzen aufgebaut sein können.
Molekül	stabiles, aus zwei oder mehreren Atomen zusammengesetztes Teilchen.
Chemische Zeichen	**Symbol:** kennzeichnet ein Element, einen Stoff und ein Atom davon. **Formel:** kennzeichnet einen Stoff und ein Molekül davon.

5 Wasser – Wasserstoff

Über zwei Drittel der Erdoberfläche sind mit Wasser bedeckt. Im Wasser entwickelte sich vor über drei Milliarden Jahren das erste Leben auf der Erde. Wasser ist lebensnotwendig. Ist Wasser wirklich ein Element, wie man in der Antike annahm?

Bedeutung des Wassers

Wasservorräte. Etwa 97 % des auf der Erde vorkommenden Wassers sind salziges Meerwasser. 1 l Meerwasser enthält durchschnittlich etwa 35 g gelöstes Salz (Ostsee: 15 g, Nordsee: 30 g, Atlantik: 35 g, Totes Meer: 260 g). Etwa 3 % der Wasservorräte sind Süßwasser und damit als Trinkwasser geeignet. Vom Süßwasservorrat sind jedoch nur etwa 10 % als Trinkwasser verfügbar (Abb. 1). Das meiste Süßwasser liegt als Eis an den Polkappen, im Meer und in Hochgebirgsgletschern vor. Es gibt genügend Trinkwasser, wenn die Menschen damit vernünftig umgehen.
Wasser befindet sich auf der Erde in einem **Kreislauf:** Verdunstung, Niederschlag, Verdunstung (Abb. 2).

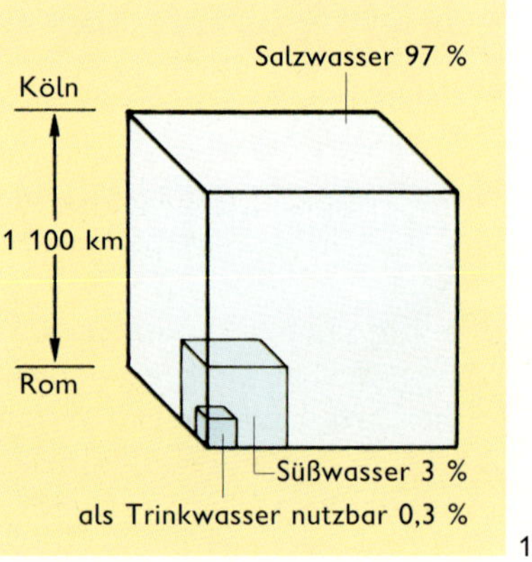

1 Wasservorrat der Erde: 1,38 Mrd. km^3

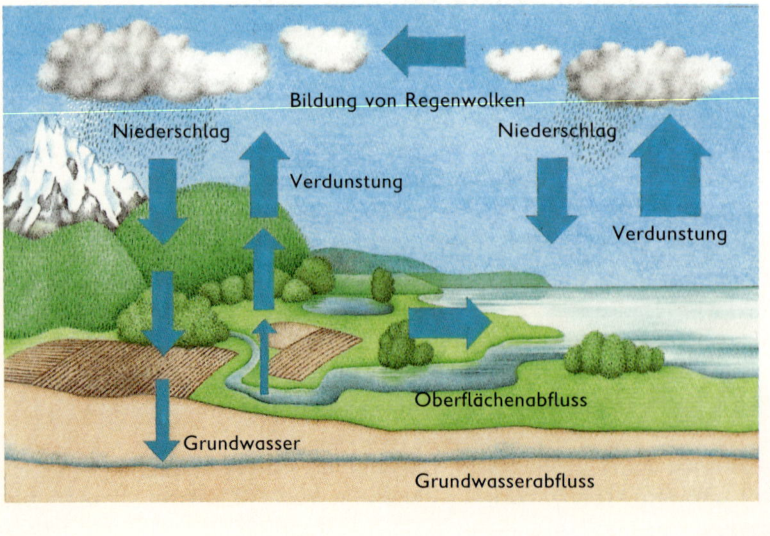

2 Kreislauf des Wassers (vereinfacht)

Wasserbedarf. Alle Lebewesen müssen regelmäßig Wasser aufnehmen. Ein erwachsener Mensch benötigt täglich etwa 3 l Wasser als wichtigstes Lebensmittel.
Etwa 10 % des Wasserbedarfs entfällt in unserem Lande auf die Haushalte, wobei das Wasser zum Trinken und zur Bereitung von Speisen nur den geringsten Anteil ausmacht. Das meiste Wasser wird im Haushalt zur Körperpflege, zum Waschen und Reinigen sowie für die WC-Spülung verwendet (Tabelle 1). Der Verbrauch von Wasser nimmt ständig zu. Eine Person verbrauchte täglich etwa 25 l Wasser, als es noch vom Brunnen geholt werden musste. 1950 waren es in der BRD schon 85 l, und gegenwärtig verbraucht eine Person in Deutschland etwa 140 l täglich.
Etwa 90 % des gesamten Wasserbedarfs werden von der Energiewirtschaft, der Industrie und der Landwirtschaft als Rohstoff, Lösungsmittel, Reinigungsmittel und Kühlmittel sowie als Energieüberträger und zur Bewässerung des Bodens beansprucht.

Trinkwasser und Betriebswasser. Das bereitgestellte Wasser soll je nach Verwendungszweck bestimmte Eigenschaften haben. **Trinkwasser** muss höchsten Gütekriterien genügen. Natürlich vorkommendes Wasser ist erst nach einer gründlichen Aufbereitung als Trinkwasser geeignet. Gewinnung, Aufbereitung und Verteilung von Trinkwasser verursachen hohe Kosten. Fast alle Haushalte werden heute über das zentrale Wassernetz ausschließlich mit Trinkwasser versorgt (Abb. 3), obwohl nur der geringste Teil Trinkwasserqualität aufweisen müsste.

Trinkwasser ist kostbar. Sei sparsam mit Trinkwasser!

Wasser, das gewerblichen, industriellen, landwirtschaftlichen oder ähnlichen Zwecken dient, ohne dass Trinkwasserqualität verlangt wird, bezeichnet man als **Betriebswasser** (Brauchwasser). Oft wird Betriebswasser den natürlichen Wasservorräten direkt entnommen und nur geringfügig aufbereitet.

Betriebswasser darf nicht als Trinkwasser verwendet werden!

Gewerbe, Industrie und Landwirtschaft haben auch Bedarf an Trinkwasser, das dem öffentlichen Wassernetz entnommen wird.

Wasserverbrauch im Haushalt je Person und Tag	
WC-Spülung	46 l
Baden/Duschen	43 l
Wäschewaschen	17 l
Körperpflege	9 l
Geschirrspülen	9 l
Raumreinigung	4 l
Trinken/Kochen	3 l
Sonstiges	9 l
Gesamt	140 l

1

Anforderungen an einwandfreies Trinkwasser

- frei von Krankheitserregern, keimarm
- geschmacklich einwandfrei, kühl
- farblos, geruchlos
- geringer Anteil an gelösten Stoffen
- nicht gesundheitsschädigend

Trinkwasserversorgung

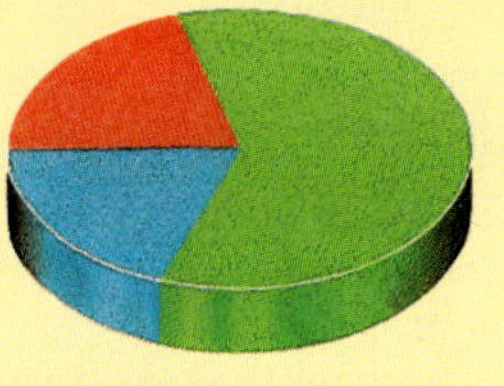

Haushalte	66 %
Industrie	16 %
Sonstiger Bedarf	18 %

3

AUFGABEN

1. Beschreibe den Kreislauf des Wassers in der Natur anhand der Abbildung 2!
2. Warum benötigen Lebewesen Wasser?
3. Warum kann man Meerwasser nicht direkt als Trinkwasser nutzen?
4. Könnte man destilliertes Wasser als Trinkwasser verwenden?
5. Wie könnte man das Salz aus dem Meerwasser entfernen?
6. Wie kann man das Ansteigen des Wasserbedarfs in den Haushalten vermeiden? Unterbreite Vorschläge!
7. Woher kommt das Trinkwasser im Heimatort?

Trinkwassergewinnung. Trinkwasser wird hauptsächlich aus Grundwasser gewonnen. Mitunter muss auch Oberflächenwasser genutzt werden. Quellwasser steht nur in wenigen Fällen zur Verfügung (Abb. 1). Grundwasser wird mit Hilfe von Tiefbrunnen (Abb. 3) gefördert und dann als Trinkwasser aufbereitet. Oberflächenwasser wird zunächst durch Filtrieren, beispielsweise mit Kiesfiltern (Abb. 2), von groben Verunreinigungen befreit. Durch intensive Belüftung und mittels chemischer und biologischer Verfahren werden gesundheitsschädigende Stoffe entfernt. Die Qualität des Trinkwassers wird ständig kontrolliert.

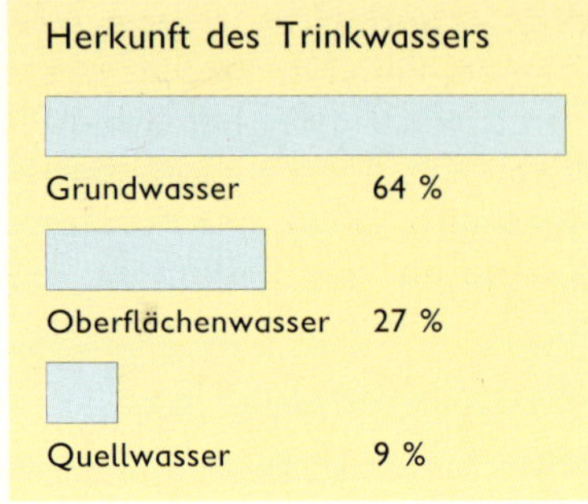

1

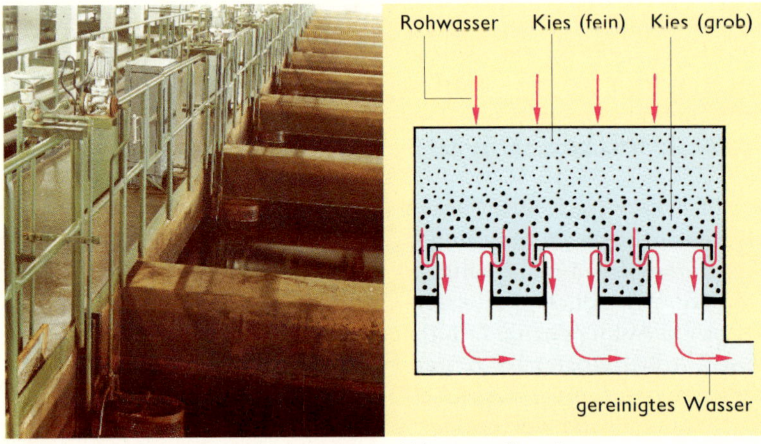

2

Ansicht und Schema einer Anlage zur Wasseraufbereitung

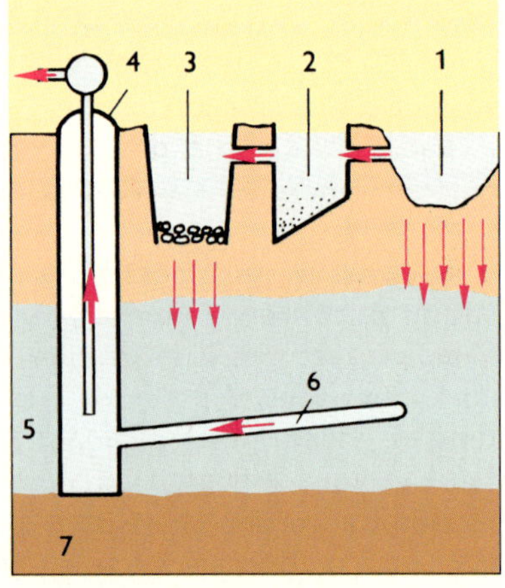

3

Trinkwasser aus Brunnen
1. Fluss
2. Absetzbecken
3. Sickerbecken
4. Brunnen mit Pumpwerk
5. Grundwasser führende Schicht
6. Sammelröhre
7. Wasserundurchlässige Schicht

Abwasser und Gewässerschutz

Abwasser. Durch Entnahme von Wasser greift der Mensch in den Kreislauf des Wassers ein. Das durch Gebrauch in seinen natürlichen Eigenschaften veränderte Wasser wird als **Abwasser** bezeichnet. Belastungen durch Schadstoffe im Abwasser müssen beseitigt werden, bevor man Abwasser wieder in natürliche Gewässer einleitet. Biologisch intakte Gewässer verfügen nur über eine begrenzte Selbstreinigungskraft.

Über 90 % der anfallenden Abwässer werden in industriellen und kommunalen Kläranlagen gereinigt (Abb. 4). Neben der Anwen-

4 Anlage zur Abwasserbehandlung

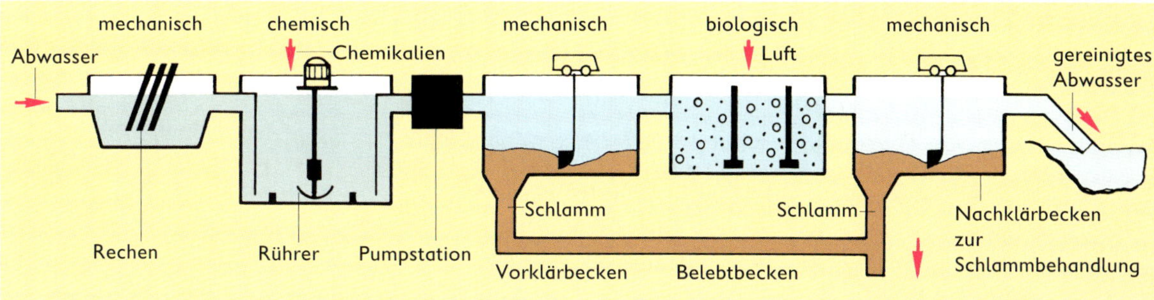

5

dung mechanischer und chemischer Reinigungsverfahren werden heute in über 80 % aller Kläranlagen auch biologische Verfahren angewendet (Abb. 5). Bei der biologischen Reinigung erfolgt eine Zufuhr von Luft und die Einwirkung von Mikroorganismen. Dadurch werden vor allem organische Stoffe abgebaut. Der Klärschlamm ist ein wertvolles Düngemittel.

Gewässerschutz. Unzureichend gereinigte Abwässer, die in Flüsse und Seen sowie in das Grundwasser gelangen, schädigen das Ökosystem (Abb. 6) und können auch die Trinkwasserversorgung gefährden. Damit das kostbare Wasser ständig in guter Qualität zur Verfügung steht, müssen die Gewässer vor Belastungen geschützt werden (Abb. 7). Schadstoffe aus Industrie und Haushalten, übermäßige Verwendung von Düngemitteln in der Landwirtschaft, leichtfertiger Umgang mit Motorenölen und Lösungsmitteln sowie das Sickerwasser von Deponien bedrohen unsere Wasservorräte. Zum Schutz der Gewässer und zur Sanierung bereits geschädigter Gewässer sind zahlreiche gesetzliche Bestimmungen erlassen worden.

Der Rhein ist ein gutes Beispiel für die Sanierung eines durch Schadstoffe bereits schwer geschädigten Gewässers. Die Belastung des Rheins war bereits so weit fortgeschritten, dass in den Trockenjahren 1971 und 1972 das Leben im Rhein fast zum Erliegen kam. Die Sauerstoffkonzentration, ein wichtiges Kriterium für den Zustand eines Gewässers, war auf 5 mg Sauerstoff je Liter Wasser abgesunken. Durch verschiedene Maßnahmen konnten bis 1985 etwa 80 % der Schadstoffe zurückgehalten werden. Die Sauerstoffkonzentration hatte mit 9 mg Sauerstoff je Liter Wasser fast den Sättigungswert erreicht. Mit der Zunahme des verfügbaren Sauerstoffs hat die Vielfalt der Fischnährtierarten enorm zugenommen. Damit waren für die Entwicklung der Fische im Rhein wieder gute Bedingungen gegeben. Heute gibt es im Rhein 31 Fischarten.

Schützt die Trinkwasserversorgung und die Ökosysteme!
- Kein Trinkwasser verschwenden! Regenwasser nutzen!
- Speisereste und Küchenreste gehören nicht ins Abwasser!
- Reinigungs-, Putz- und Waschmittel nur im unbedingt notwendigen Umfang einsetzen!
- Farben, Lösungsmittel, Motorenöl und Reste von Medikamenten ordnungsgemäß entsorgen! Diese Stoffe nicht ins Abwasser geben!

6

Verschmutztes Gewässer

7

Untersuchung von Wasserproben

AUFGABEN

1. Beschreibe die Wirkung des Kiesfilters!
2. Warum kann man aus Tiefbrunnen Wasser in Trinkwasserqualität fördern?
3. Wie wird das Abwasser des Heimatortes gesammelt und gereinigt?
4. Nenne Beispiele, wie zum Schutz der Gewässer und des Grundwassers beigetragen werden kann!

Eigenschaften und Zusammensetzung des Wassers

Eigenschaften des Wassers. Wasser ist bei 20 °C eine farblose, geruchlose Flüssigkeit, die bei 0 °C in den festen und bei 100 °C in den gasförmigen Aggregatzustand übergeht (Abb. 1). Wasser hat seine größte Dichte von 1 g/cm^3 bei 4 °C, also noch vor Erreichen der Schmelztemperatur (Anomalie des Wassers). Deshalb schwimmt das „leichtere" Eis auf dem Wasser.
Für viele feste, flüssige und gasförmige Stoffe ist Wasser ein gutes Lösungsmittel. Durch wässrige Lösungen werden beispielsweise Organe im menschlichen Körper mit lebenswichtigen Stoffen versorgt und Stoffwechselprodukte ausgeschieden.
Wasser lässt sich durch die Blaufärbung von wasserfreiem Kupfersulfat, das weiß aussieht, nachweisen (Experiment 1).
Reines Wasser erhält man durch Destillation oder durch Behandeln mit Ionenaustauschern. Im Laboratorium und für Kühlflüssigkeit im Auto benötigt man destilliertes Wasser (↗ S. 16).

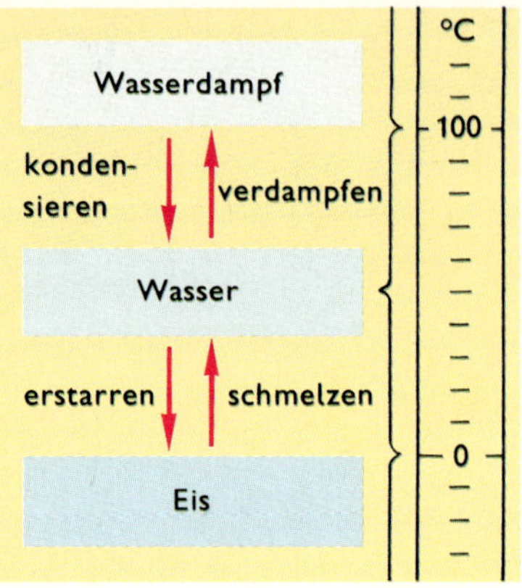

1

Experiment 1
Gib in je ein Reagenzglas etwa 1 ml Brennspiritus (F) oder Ethanol (F), 1 ml Wasser und 1 ml Waschbenzin (F) oder Petroleumbenzin (F)!
Füge dann jeweils etwas wasserfreies Kupfersulfat (Xn, N) hinzu!
Notiere die Beobachtungen!

Zusammensetzung des Wassers. In der Antike nahm man an, dass aus den vier Elementen Luft, Erde, Feuer und Wasser alle anderen Stoffe gebildet werden. Heute wissen wir, dass es über 100 Elemente gibt. *Ist Wasser wirklich eines dieser Elemente?*
Diese Frage soll nun beantwortet werden. Wenn Wasser ein Element ist, dann darf es sich nicht in andere Stoffe zerlegen lassen. Man muss also feststellen, ob Wasser zerlegbar ist. Das Erhitzen von Wasser führt nur zur Änderung seines Aggregatzustandes, aber nicht zur Zerlegung (↗ S. 19). In einer geeigneten Experimentanordnung soll untersucht werden, ob Wasser durch elektrischen Strom zerlegbar ist (Experimente 2 und 3).

Experiment 2
An die Elektroden der Apparatur wird eine Gleichspannung angelegt. Entstehende Gase werden pneumatisch aufgefangen.

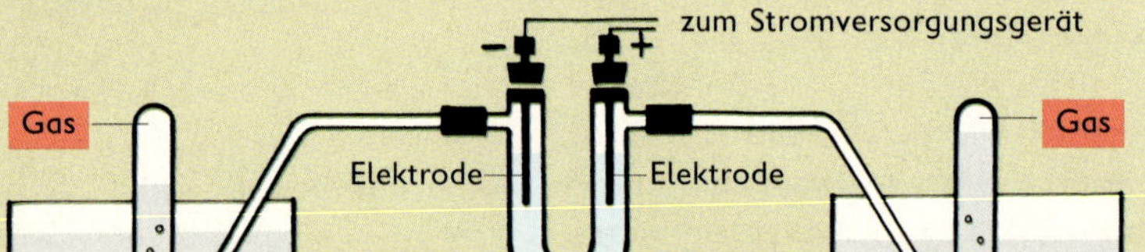

Experiment 3
Untersuche mit der Apparatur, ob Wasser durch Anlegen einer Gleichspannung zerlegbar ist!

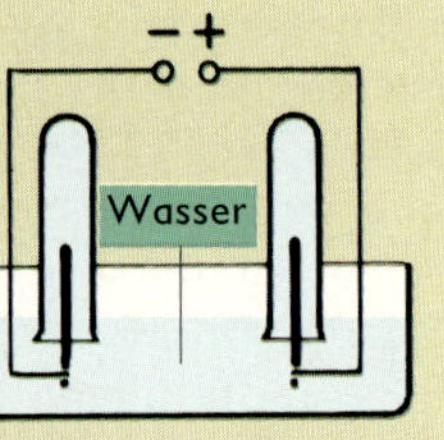

Experiment 4
Untersuche die an Plus- und Minuspol gebildeten Gase (F+) mithilfe der Spanprobe!

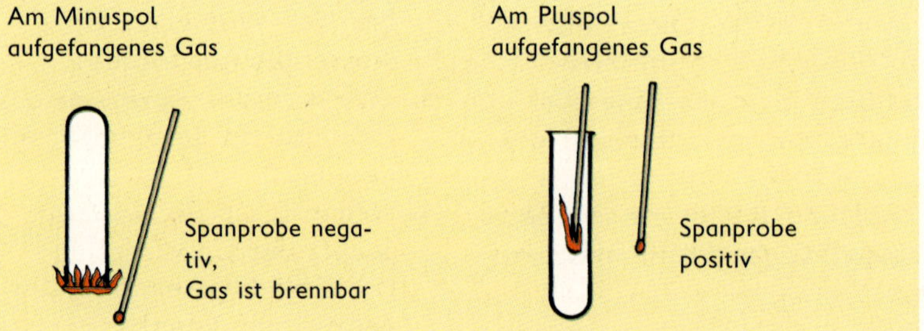

Da die Experimente 2 und 3 bei Zimmertemperatur durchgeführt wurden, kann es sich bei den aufgefangenen Gasen nicht um Wasserdampf handeln. Am Pluspol kann *Sauerstoff* nachgewiesen werden.
Das brennbare Gas am Minuspol ist *Wasserstoff* (Experiment 4).

Wasser ist keine Elementsubstanz, denn es lässt sich in Wasserstoff und Sauerstoff zerlegen. Stoffe, die sich in andere Stoffe zerlegen lassen, nennt man **chemische Verbindungen.**

Chemische Verbindungen sind Stoffe, die sich in zwei oder mehrere Stoffe zerlegen lassen.

Die Zerlegung von Wasser in Wasserstoff und Sauerstoff ist eine chemische Reaktion:

Wasser ⟶ Wasserstoff + Sauerstoff

Lies: Wasser reagiert zu Wasserstoff und Sauerstoff!

Mit den Experimenten 2 oder 3 wurde der Beweis erbracht, dass Wasser zerlegbar, also eine Verbindung ist. Es ist aber noch zu beweisen, dass Wasser *nur* aus den Elementen Wasserstoff und Sauerstoff besteht.
Mit dem Experiment 5 kann man nachweisen, dass aus Wasserstoff und dem Sauerstoff der Luft Wasser gebildet wird.

Wasserstoff + Sauerstoff ⟶ Wasser

Lies: Wasserstoff und Sauerstoff reagieren zu Wasser!

Wasser ist eine chemische Verbindung, die sich in die Elementsubstanzen Wasserstoff und Sauerstoff zerlegen lässt.

Die Zerlegung einer Verbindung und die sich anschließende Ermittlung ihrer Zusammensetzung bezeichnet man als **Analyse**, die Bildung oder Herstellung einer Verbindung als **Synthese**.

Bau und Formel von Wasser. Wasser lässt sich bei relativ niedriger Siedetemperatur in den gasförmigen Aggregatzustand überführen. Zwischen den Teilchen bestehen nur schwache Anziehungskräfte, die durch geringe Wärmezufuhr leicht zu überwinden sind. Es liegt die Vermutung nahe, dass Wasser aus Molekülen aufgebaut ist.
Wissenschaftler haben durch exakte Untersuchungen und Berechnungen herausgefunden, dass immer 2 Atome Wasserstoff (Symbol: H) und 1 Atom Sauerstoff durch starke Anziehungskräfte zu einem Molekül verbunden sind (Abb. 2). Ein Molekül Wasser wird durch die Formel H_2O gekennzeichnet. Tief gestellt hinter dem jeweiligen Symbol wird die Anzahl der im Molekül enthaltenen Atome angegeben. Die „Eins" wird nicht geschrieben.

Wasser ist aus Molekülen aufgebaut und hat die Formel H_2O. Die Formel H_2O kennzeichnet den Stoff Wasser und 1 Molekül davon.

Experiment 5
Wasserstoff (F+) wird verbrannt. Das Reaktionsprodukt wird in einem Trichter aufgefangen, abgekühlt und mit wasserfreiem Kupfersulfat (Xn, N) versetzt.

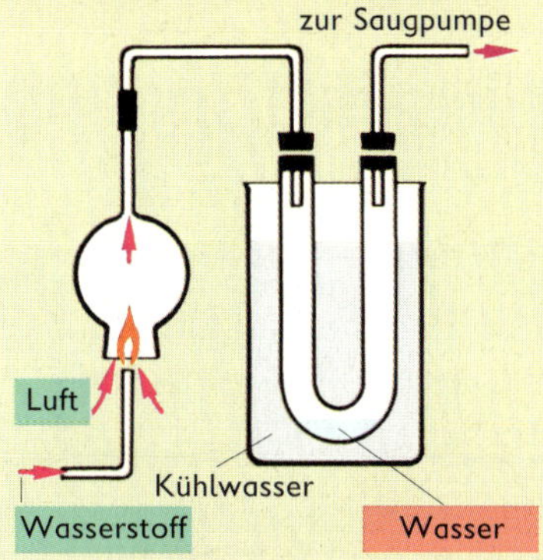

2
Modell und Formel des Wassermoleküls

AUFGABEN

1. Warum ist Regenwasser nahezu reines Wasser?
2. Warum schwimmen Eisberge im Wasser?
3. Warum bereitet man Kühlflüssigkeit für Autos mit destilliertem Wasser?
4. Nenne feste, flüssige und gasförmige Stoffe, die in Wasser löslich sind!
5. Begründe, dass es sich beim Zerlegen und Bilden von Wasser um chemische Reaktionen handelt!
6. Wie kann man Sauerstoff, Wasserstoff und Wasser unterscheiden?
7. Welche Eigenschaften des Wassers sprechen dafür, dass Wasser eine Molekülsubstanz ist?

Wasserstoff

Entdeckung. 1766 entdeckte der Engländer *Henry Cavendish* (1731 bis 1810) den Wasserstoff, als er Metalle mit verdünnten Säuren reagieren ließ (Abb. 1). Diese chemische Reaktion benutzt man auch heute noch zur Darstellung von Wasserstoff im Laboratorium (Experiment 6). In der Technik stellt man heute den Wasserstoff durch Reaktion von Wasserdampf mit Kohle, durch Zerlegen von Erdöl oder Erdgas oder durch Elektrolyse von Wasser her.

1

2

Der erste Start eines Gasballons 1783 in Paris. Im Dezember 1783 erlebte Paris den ersten Aufstieg eines Gasballons (Abb. 2). Gebaut hatte ihn der Physiker *Jacques Charles*. Zur Füllung benutzte er das Gas Wasserstoff, das 1766 von *Cavendish* entdeckt worden war. Gemeinsam mit einem Gefährten gelang in einer am Ballon befestigten Gondel eine mehr als zweistündige Luftreise. Der Ballon landete 40 km von Paris entfernt.

3

1937 verunglückte in Lakehurst das größte Luftschiff. Das größte Luftschiff der Welt – LZ 129 „Hindenburg“ – war 245 m lang und erreichte eine Geschwindigkeit von 125 km/h. In seiner Hülle befanden sich 200 000 m^3 Wasserstoff. Nach dreitägigem Flug über den Atlantik näherte sich am 6. Mai 1937 das Luftschiff mit 97 Personen an Bord dem Flugplatz Lakehurst bei New York. Während des Landeanflugs schoss plötzlich eine gewaltige Stichflamme aus dem Heck (Abb. 3). Das Luftschiff stürzte brennend zu Boden. In knapp einer Minute war die Hülle des Luftschiffes abgebrannt. Wie durch ein Wunder konnten 61 Fluggäste lebend gerettet werden. Unter dem Eindruck dieser Katastrophe wurde die Luftschifffahrt eingestellt.

1986 verunglückte eine Raumfähre vor Florida. Die US-Raumfähre „Challenger“ explodierte am 28. 1. 1986 mit ihrer siebenköpfigen Besatzung wenige Sekunden nach ihrem Start 8 km vor der Küste Floridas (Abb. 4). Die Explosion kam aus dem riesigen Treibstofftank (47 m lang, 8 m Durchmesser), der noch den größten Teil der etwa 1,5 Mill. l flüssigen Wasserstoffs und mehr als 0,5 Mill. l flüssigen Sauerstoff enthielt. Vor der Explosion traten an einer der Feststoffhilfsraketen Flammen aus, die wahrscheinlich am Treibstofftank die Explosion auslösten.

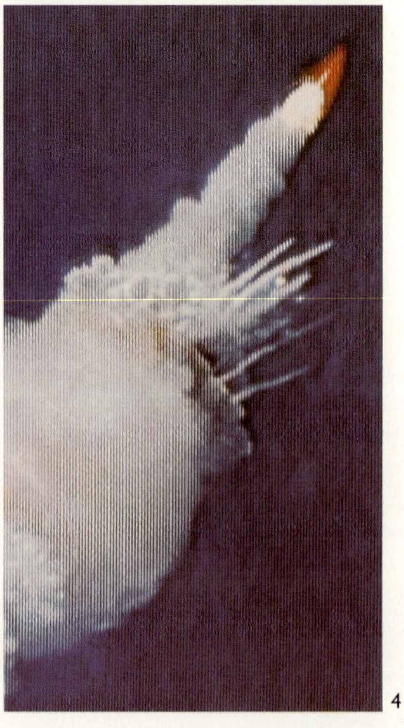

4

Eigenschaften. Wasserstoff ist bei 20 °C ein farbloses, geruchloses Gas, das in Wasser bei Normaldruck fast unlöslich ist (Experiment 6). Er hat eine Siedetemperatur von –253 °C. Seine Dichte beträgt bei 0 °C und 1013 hPa ϱ = 0,089 g/l. Die Dichte der Luft ist 14,5-mal so groß wie die Dichte von Wasserstoff (Experiment 7). Wasserstoff ist brennbar. Vorsicht beim Experimentieren mit Wasserstoff: Wasserstoff-Luft-Gemische, auch **Knallgas** genannt, sind explosiv (Experiment 8)! Deshalb muss man sich vor dem Experimentieren durch die **Knallgasprobe** davon überzeugen, dass kein Wasserstoff-Luft-Gemisch vorliegt (Abb. 5).

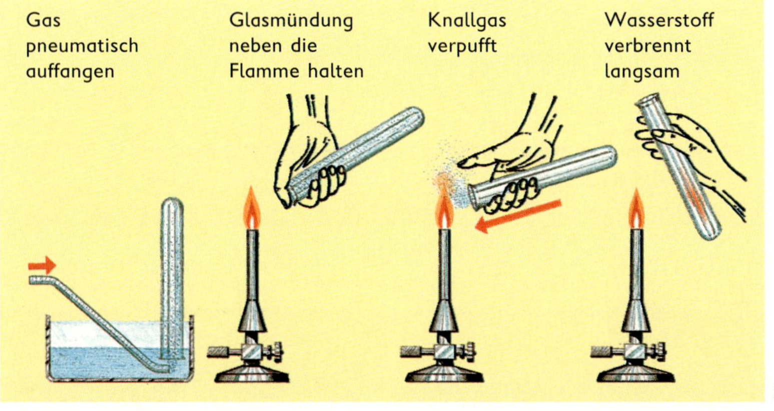

5

Verwendung. Die Eigenschaften des Wasserstoffs bestimmen seine vielfältige Verwendung im täglichen Leben und in der Technik. Wasserstoff hat einen hohen Heizwert. Stadtgas besteht etwa zur Hälfte aus Wasserstoff. Beim autogenen Schweißen und Schneiden wird Wasserstoff in einem speziellen Brenner zusammen mit reinem Sauerstoff zur Reaktion gebracht. In der Flamme herrschen Temperaturen bis zu 3000 °C.
Aufgrund der geringen Dichte bekommt ein mit Wasserstoff gefüllter Ballon in der Luft einen solchen Auftrieb, dass Lasten gehoben werden können. Heute dürfen zur Personenbeförderung keine mit Wasserstoff gefüllten Ballons eingesetzt werden. Wetterballons sind oft noch mit Wasserstoff gefüllt.
Wasserstoff wird in Stahlflaschen transportiert. Mit Wasserstoff gefüllte Stahlflaschen tragen einen roten Farbanstrich und deren Anschlussventile haben Linksgewinde.

Bau und Formel von Wasserstoff. Wasserstoff ist wie Sauerstoff und Stickstoff aus zweiatomigen Molekülen aufgebaut. Die Formel ist H_2 (Abb. 6). Wasserstoff ist eine Molekülsubstanz.

Experiment 6
Im Gasentwickler wirkt 20%ige Salzsäure (Xi) auf Zink ein. Das entweichende Gas (F+) wird pneumatisch aufgefangen.

Experiment 7
Von zwei mit Wasserstoff (F+) gefüllten Standzylindern werden die Abdeckungen entfernt. Nach etwa 3 Minuten prüft man in beiden Standzylindern auf Brennbarkeit.

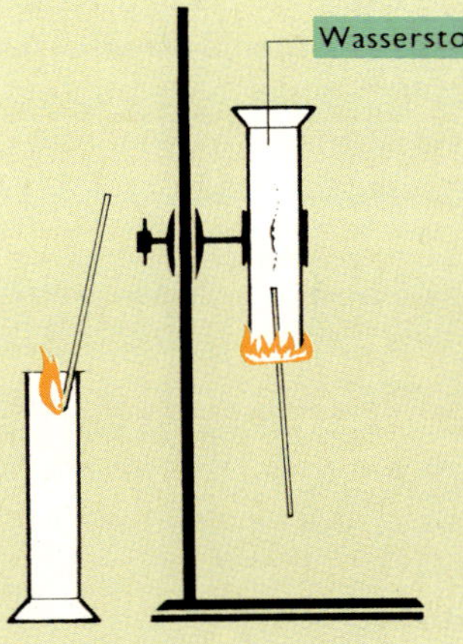

Experiment 8 **L**
Vorsicht! In einem Kolbenprober werden 30 ml Sauerstoff und 60 ml Wasserstoff (F+) gemischt. Das Gemisch wird in eine Spülmittellösung gedrückt. Die entstandenen Blasen werden mit einem glimmenden Holzspan berührt.

H H H_2

6

AUFGABEN

1. Warum dürfen heute keine mit Wasserstoff gefüllten Ballons zur Personenbeförderung eingesetzt werden?
2. Weshalb konnte es bei der Challanger-Raumfähre zu einer Explosion kommen?
3. Welche Eigenschaften hat Wasserstoff, wenn man ihn pneumatisch auffangen kann?
4. Welcher Unterschied besteht zwischen dem Bau eines Wasserstoffmoleküls und dem eines Wassermoleküls?

Von der chemischen Reaktion zur Reaktionsgleichung

Chemische Reaktion – Stoffumwandlung – Wortgleichung. Beim Verbrennen von Wasserstoff bilden sich Wassertröpfchen, wird Wärme abgegeben und Licht ausgestrahlt (Experiment 9). Die Ausgangsstoffe Wasserstoff und Sauerstoff (der Luft) werden in das Reaktionsprodukt Wasser umgewandelt.

Wasserstoff + Sauerstoff ⟶ Wasser

Umordnung von Teilchen bei der Reaktion. Alle Stoffe sind aus Teilchen aufgebaut. Teilchen der Ausgangsstoffe reagieren zu Teilchen der Reaktionsprodukte (Abb. 1). Aus 2 Molekülen Wasserstoff und 1 Molekül Sauerstoff werden genau 2 Moleküle Wasser gebildet. Wasserstoffatome und Sauerstoffatome bleiben bei der chemischen Reaktion in der Anzahl erhalten, werden aber völlig umgeordnet.

Experiment 9
Wasserstoff (F+) wird in einem Standzylinder verbrannt.

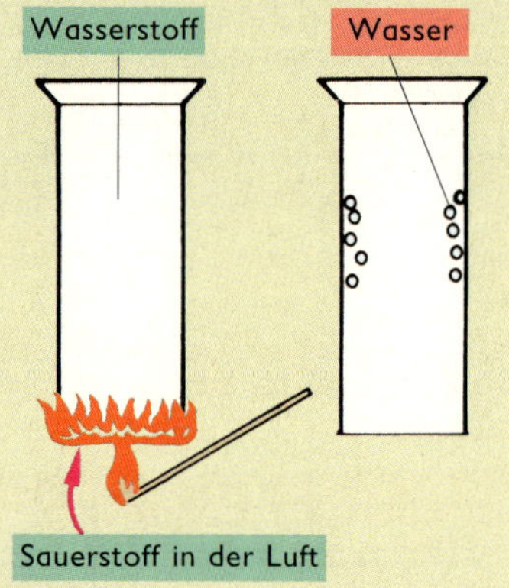

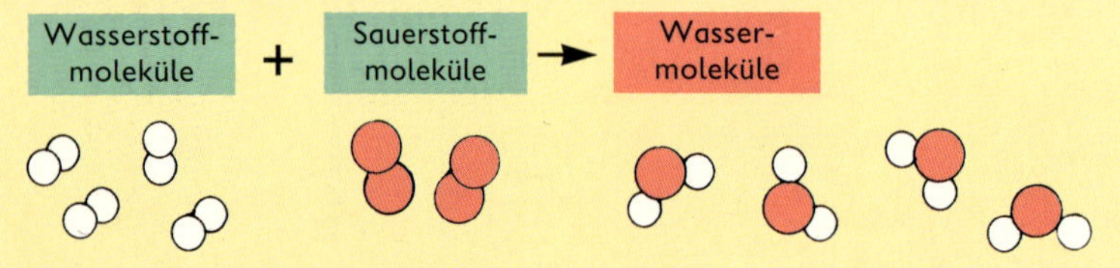

1

Die Anzahl der Atome eines Elements bei den Ausgangsstoffen ist gleich der Anzahl der Atome dieses Elements bei den Reaktionsprodukten.

Kleinstmöglicher Teilchenumsatz und Reaktionsgleichung

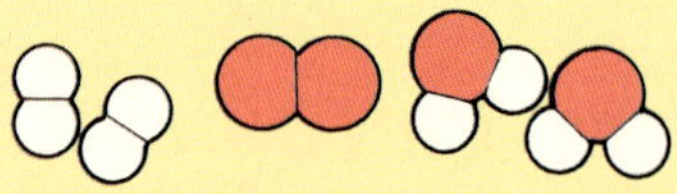

$2\,H_2 + O_2 \longrightarrow 2\,H_2O$

Stoffliche Deutung:
Wasserstoff und Sauerstoff reagieren zu Wasser.

Teilchenmäßige Deutung:
Jeweils 2 Moleküle Wasserstoff und 1 Molekül Sauerstoff reagieren zu 2 Molekülen Wasser.

2

Reaktionsgleichung. Zur Kennzeichnung der Teilchen kann man chemische Zeichen verwenden, also die Formeln für Wasserstoff, Sauerstoff und Wasser. Will man mehrere Teilchen kennzeichnen, wird ein entsprechender Faktor vor das chemische Zeichen geschrieben. So erhält man die **Reaktionsgleichung** (Abb. 2).

Die Reaktionsgleichung kennzeichnet die an der chemischen Reaktion beteiligten Stoffe. Sie gibt das Zahlenverhältnis an, in dem die Teilchen reagieren.

Kontrolle der Faktoren

Reaktionsgleichung	$2\,H_2 + O_2 \longrightarrow 2\,H_2O$	
Anzahl der Wasserstoffatome (H)	$2 \cdot 2 = 2 \cdot 2$	$4 = 4$
Anzahl der Sauerstoffatome (O)	$1 \cdot 2 = 2 \cdot 1$	$2 = 2$

Reaktionsgleichungen sind international verständlich. **Wortgleichungen** formuliert man in der Landessprache.

$2\,H_2$	$+\,O_2$	$\longrightarrow 2\,H_2O$
Wasserstoff	+ Sauerstoff	⟶ Wasser
hydrogen	+ oxygen	⟶ water
hydrogène	+ oxygène	⟶ eau
водород	+ кислород	⟶ вода

AUFGABEN

1. Erläutere den Zusammenhang zwischen dem Gesetz von der Erhaltung der Masse und dem Erhalt der Atome eines Elements bei chemischen Reaktionen!
2. Erläutere am Beispiel des Wasserstoffs den Zusammenhang zwischen Eigenschaften und Verwendung eines Stoffes!
3. Weise nach, dass die Anzahl der Atome jedes Elements bei den Ausgangsstoffen und den Reaktionsprodukten gleich ist!
   $N_2 + O_2 \longrightarrow 2\,NO$
4. Erläutere die Begriffe Meerwasser, Süßwasser, Trinkwasser, Betriebswasser und destilliertes Wasser!

Im Überblick

Wasser

ist lebensnotwendig; mit dem kostbaren Trinkwasser muss sparsam umgegangen werden; Abwasser aus Haushalten und Betrieben muss sorgfältig aufbereitet werden, um Ökosysteme und Trinkwasserversorgung nicht zu gefährden,
ist eine chemische Verbindung, aus Molekülen aufgebaut und hat die Formel H_2O,
wird durch Blaufärbung von wasserfreiem Kupfersulfat nachgewiesen.

Wasserstoff

wird im Laboratorium durch Reaktion von Salzsäure mit Zink dargestellt,
ist ein farbloses, geruchloses Gas, brennbar und hat von allen Gasen die geringste Dichte,
bildet mit Luft (Sauerstoff) explosive Gemische; beim Experimentieren mit Wasserstoff muss die Knallgasprobe durchgeführt werden,
wird zum Schweißen, als Heizgas und zur Herstellung von Ammoniak und Margarine verwendet,
ist aus Molekülen aufgebaut und hat die Formel H_2.

Chemische Verbindung

Stoff, der sich in zwei oder mehrere Stoffe zerlegen lässt.

Wortgleichung

kennzeichnet die *Stoffumwandlung*:
Wasserstoff + Sauerstoff ⟶ Wasser

Teilchenumwandlung im Modell:

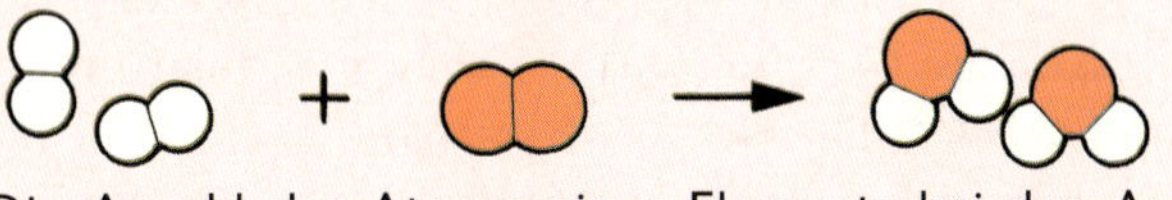

Die Anzahl der Atome eines Elements bei den Ausgangsstoffen ist gleich der Anzahl der Atome dieses Elements bei den Reaktionsprodukten.

Reaktionsgleichung

kennzeichnet die Stoffumwandlung und die Teilchenumwandlung:

$2\,H_2 + O_2 \longrightarrow 2\,H_2O$

- Wasserstoff reagiert mit Sauerstoff zu Wasser.
- Jeweils 2 Moleküle Wasserstoff und 1 Molekül Sauerstoff reagieren zu 2 Molekülen Wasser.

6 Oxidation – Reduktion

650 Millionen Tonnen Stahl werden heute jährlich auf der Welt aus Erzen und Schrott hergestellt – eine unvorstellbar große Menge. Grundlage dafür sind chemische Reaktionen. Auf welchem Wege gewinnt man Stahl? Welche Vorgänge laufen dabei ab?

Metalloxide – Oxidation

Erhitzen von Metallen. Beim Erhitzen von Metallen an der Luft (↗ S. 29) entstehen Metalloxide. Taucht man erwärmte Metalle in reinen Sauerstoff, so entstehen die gleichen Reaktionsprodukte wie beim Erhitzen an der Luft. Die Reaktionen verlaufen aber wesentlich schneller und heftiger (Experiment 1).

Experiment 1 L

Auf Verbrennungslöffeln werden Magnesiumspäne (F), Eisen-, Zink- und Kupferpulver erhitzt und dann in Gefäße mit Sauerstoff getaucht.

Namen der Metalloxide. Ein Metalloxid ist eine chemische Verbindung aus einem Metall und Sauerstoff (Tabellen 1 und 2).

Name des Metalls	Vom lateinischen Namen des Sauerstoffs (Oxigenium) abgeleitete Silbe	Endung id
Kupfer	ox	id
	Kupferoxid	

1

Formeln der Metalloxide. Als chemische Zeichen werden **Formeln** benutzt, die den Stoff und den Teilchenaufbau angeben. In den meist festen Metalloxiden sind die Metall- und Sauerstoffteilchen regelmäßig angeordnet. Die Formeln können bei den Metalloxiden deshalb nicht einzelne Moleküle wie beim Sauerstoff O_2 oder Wasser H_2O bezeichnen, sondern geben das kleinstmögliche Zahlenverhältnis an, in dem die beiden Teilchenarten miteinander verbunden sind. Man sagt: Sie kennzeichnen eine **Baueinheit**.

Die Formel CuO bezeichnet somit

1. den Stoff Kupferoxid,
2. eine Baueinheit Kupferoxid mit Kupfer- und Sauerstoffteilchen im Zahlenverhältnis 1:1.

Metalloxide

Name	Formel	Farbe
Magnesiumoxid	MgO	weiß
Calciumoxid	CaO	weiß
Aluminiumoxid	Al_2O_3	weiß
Zinkoxid	ZnO	weiß
Eisenoxid	Fe_2O_3	rotbraun
Kupferoxid	CuO	schwarz
Kupferoxid	Cu_2O	rot
Bleioxid	PbO	gelb

2

Wertigkeit. Unterschiedliche Zahlenverhältnisse der Teilchen in einzelnen Oxiden lassen sich mit der **(stöchiometrischen) Wertigkeit** ableiten. Das Element Wasserstoff hat immer die Wertigkeit „Eins" (I). Die stöchiometrische Wertigkeit (Tabelle 3) ist eine Zahl, die angibt, wie viel Wasserstoffatome ein Atom eines anderen Elementes binden oder ersetzen kann. Im Wassermolekül bindet 1 Sauerstoffatom 2 Wasserstoffatome. Sauerstoff ist somit zweiwertig. Die Wertigkeiten der Elemente in einer Baueinheit oder einem Molekül der Stoffe sind ausgeglichen (Abb. 1).

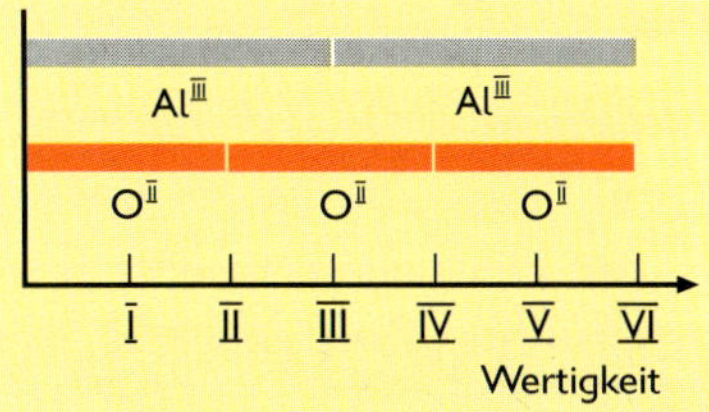

1

Im Aluminiumoxid gleichen sich die Wertigkeiten des Aluminiums und des Sauerstoffs aus.

Oxidation von Metallen. Werden Magnesiumspäne erwärmt und in ein Gefäß mit Sauerstoff getaucht, so bildet sich unter greller Lichterscheinung weißes Magnesiumoxid (Experiment 1).

Wortgleichung	Magnesium	+ Sauerstoff	⟶ Magnesiumoxid
Modelldarstellung	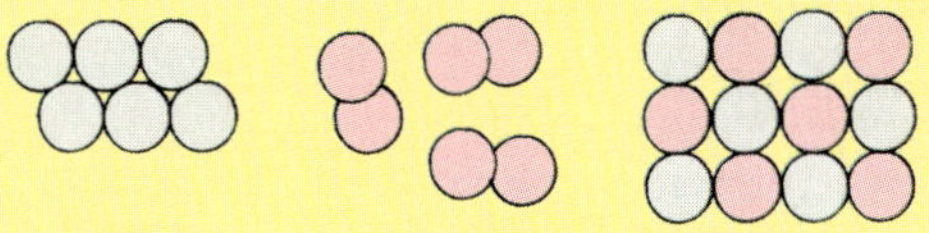		
Kleinste Teilchenanzahl	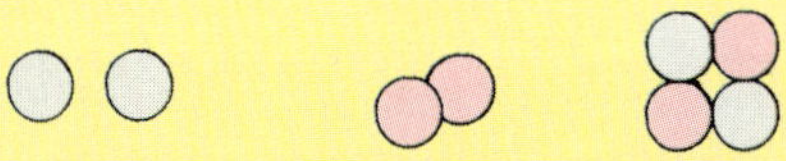 2 Atome Magnesium	+ 1 Molekül Sauerstoff	⟶ 2 Baueinheiten Magnesiumoxid
Reaktionsgleichung	2 Mg	+ O_2	⟶ 2 MgO

4

Solche Vorgänge, bei denen Metalle mit Sauerstoff reagieren, sind **Oxidationen**. Man sagt auch, das Magnesium ist oxidiert worden. Auch Eisen, Kupfer, Zink und andere Metalle werden in reinem Sauerstoff schnell oxidiert. Für diese Vorgänge können Reaktionsgleichungen entwickelt werden (Tabellen 4 und 5).

Entwickeln der Reaktionsgleichung für die Oxidation von Kupfer

1. Wortgleichung		Kupfer +	Sauerstoff	⟶	Kupfer(II)-oxid
2. Chemische Zeichen einsetzen		Cu	O_2		CuO
3. Faktoren ermitteln		2 Cu	+ O_2	⟶	2 CuO
4. Kontrolle	(Cu)	2		=	2
	(O)		2	=	2

5

Verwendung von Metalloxiden. Viele Metalloxide kommen in der Natur vor. Roteisenerz (rotbraunes Eisenoxid), Magneteisenstein (schwarzes Eisenoxid), Rotkupfererz (Kupferoxid), Rotzinkerz (Zinkoxid) und Zinnstein (Zinnoxid) sind Beispiele und dienen zur Metallgewinnung. Manche Metalloxide werden zur Bereitung von Malerfarben wie Ocker, Chromgelb, Kobaltblau oder Zinkweiß genutzt. Zinkoxid und Magnesiumoxid haben Bedeutung in der Medizin. Aus Magnesiumoxid bestehen feuerfeste Magnesia-Laborgeräte. Calciumoxid verwendet man zur Mörtelbereitung.

Wertigkeiten von Elementen

Element	Wertigkeit, angegeben in römischen Ziffern
Wasserstoff	I
Sauerstoff	II
Calcium	II
Kupfer	I und II
Magnesium	II
Zink	II
Aluminium	III
Kohlenstoff	IV
Blei	II und IV
Eisen	II und III
Schwefel	IV und VI

3

AUFGABEN

1. Begründe, dass beim Experiment 1 Reaktionen ablaufen!
2. Gib beide Bedeutungen der Formeln MgO, CuO, Cu_2O, Fe_2O_3, Al_2O_3 an! Erläutere die Zahlenverhältnisse der Teilchen mithilfe der Wertigkeit!
3. Was bedeuten die Zeichen 2 Fe, 3 Zn, Cu, 2 ZnO, 2 Al_2O_3?
4. Entwickle Reaktionsgleichungen für die Oxidation von a) Zink, b) Aluminium! Deute sie stoff- und teilchenmäßig!

Nichtmetalloxide – Oxidation

Nichtmetalle. Die drei Nichtmetalle Sauerstoff, Stickstoff (↗ S. 35 und 39) und Wasserstoff (↗ S. 51) wurden bereits untersucht. Weitere Nichtmetalle sind Schwefel und Kohlenstoff.

1

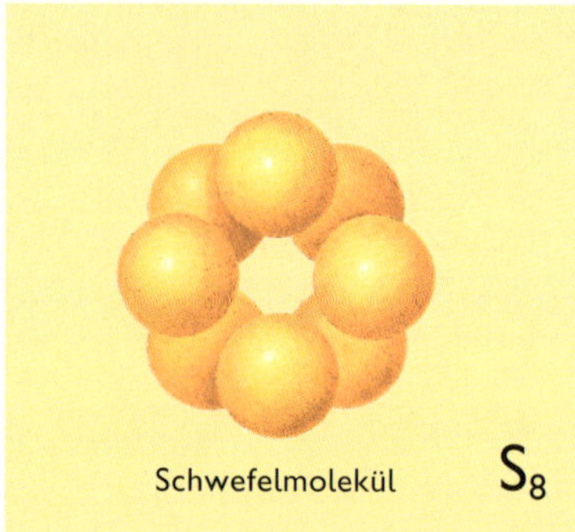

2

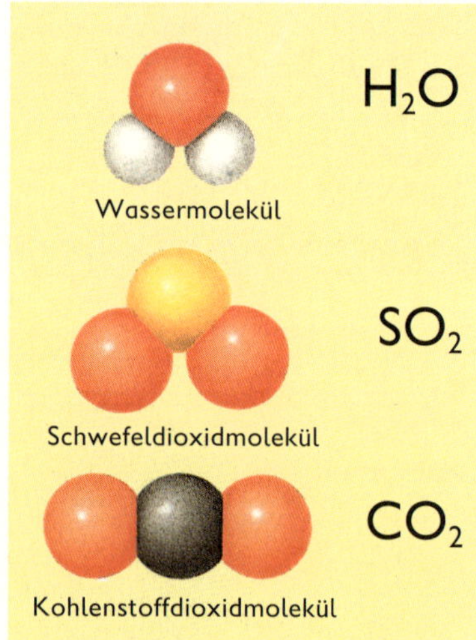

3

Schwefel ist ein bei Zimmertemperatur fester, gelber Stoff (Abb. 1). Man findet ihn in Europa vor allem auf Sizilien und in Polen (↗ S. 141). Schwefel leitet den elektrischen Strom nicht, schmilzt bei 113 °C und siedet bei 445 °C. Fester Schwefel ist aus Molekülen aufgebaut, in denen jeweils 8 Schwefelatome ringförmig miteinander verbunden sind (Abb. 2). Die Formel müsste eigentlich $\mathbf{S_8}$ lauten. In Reaktionsgleichungen wird aber nur das Symbol S für ein Atom verwendet.
Kohlenstoff ist Hauptbestandteil der Kohlen. Graphit, Ruß und Diamanten sind weitgehend reiner Kohlenstoff (↗ S. 167). Er ist ein schlechter Wärmeleiter. Kohlenstoff ist aus regelmäßig angeordneten und miteinander verbundenen Kohlenstoffatomen aufgebaut. Das chemische Symbol für Kohlenstoff ist C.

Oxidation von Nichtmetallen. Wasserstoff verbrennt zu Wasser. Diese Reaktion ist eine Oxidation. Wasser könnte man auch als Wasserstoffoxid bezeichnen (Abb. 3).
Schwefel verbrennt an der Luft mit schwach blauer, in reinem Sauerstoff mit leuchtend blauer Flamme (Experiment 2). Reaktionsprodukt ist das stechend riechende, farblose Gas **Schwefeldioxid** mit der Formel $\mathbf{SO_2}$ (Abb. 3). Das Verbrennen von Schwefel ist eine Oxidation.

Schwefel + Sauerstoff ⟶ Schwefeldioxid
$S + O_2 \longrightarrow SO_2$

In ganz ähnlicher Weise kann auch Kohlenstoff an der Luft und in reinem Sauerstoff verbrannt werden (Experiment 3). Bei dieser Oxidation entsteht das farblose und geruchlose Gas **Kohlenstoffdioxid** mit der Formel $\mathbf{CO_2}$ (Abb. 3).
Die Untersuchungen zeigen: Nichtmetalle reagieren wie Metalle mit Sauerstoff zu Oxiden. Zusammengefasst:

Die chemische Reaktion einer Elementsubstanz mit Sauerstoff ist eine Oxidation.

Experiment 2 **L**
Vorsicht! Gas (T) nicht einatmen!
Ein Schwefeltropfen an einem Eisendraht wird entzündet und in einen Kolben mit Sauerstoff getaucht. Das Experiment wird mit Luft wiederholt.

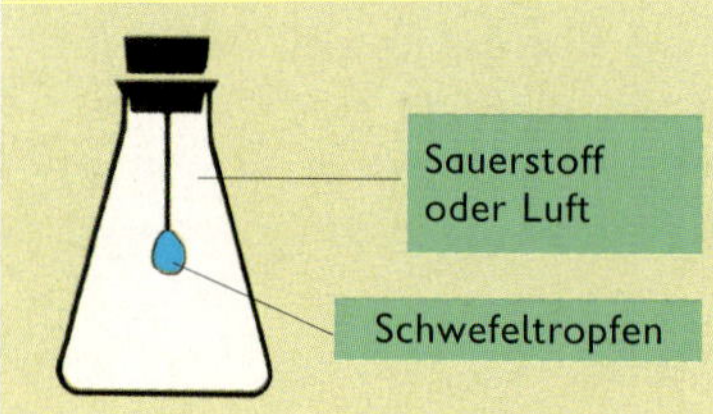

Experiment 3
Glühende Holzkohle wird in einen Standzylinder mit Luft und einen mit Sauerstoff getaucht.

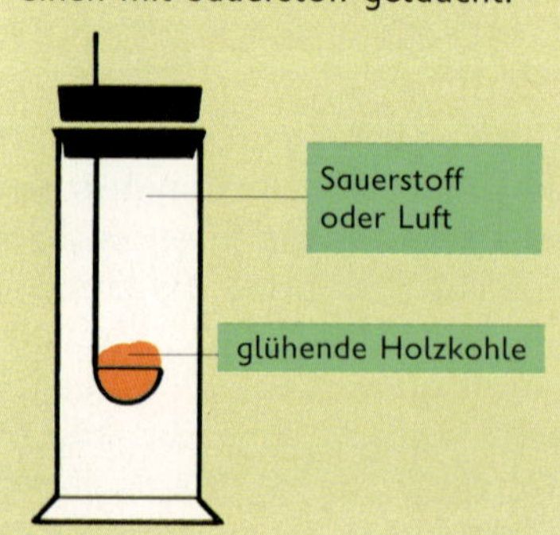

Bedingungen für den Ablauf von Oxidationen. Auf der Oberfläche von Kupfer bildet sich bei Zimmertemperatur und auch beim Erhitzen schwarzes Kupfer(II)-oxid (↗ Experiment 3, S. 28). In der Hitze verläuft der Vorgang wesentlich schneller. Temperaturerhöhung beschleunigt diese Reaktionen. Alle Reaktionen von Metallen und Nichtmetallen mit Sauerstoff verlaufen in reinem Sauerstoff heftiger als in Luft. Der Volumenanteil Sauerstoff in der Luft beträgt auch nur etwa 20 %. Der Ablauf von Reaktionen wird also durch bestimmte Bedingungen beeinflusst.

Temperaturerhöhung und hoher Sauerstoffanteil begünstigen den Ablauf von Oxidationen.

Nichtmetalloxide. Kohlenstoffdioxid ist zu etwa 0,03 % in der Luft enthalten. Bei der Assimilation nehmen die Pflanzen das Gas auf und geben Sauerstoff ab. Dieser wird bei der Atmung verbraucht, die wiederum Kohlenstoffdioxid liefert.
In den letzten Jahrzehnten ist durch die zunehmende Verbrennung von Kohle, Erdöl, Erdgas und Benzin der Anteil an Kohlenstoffdioxid in der Luft deutlich angestiegen. Dadurch wird von der Erde abgestrahlte Wärme zurückgehalten und der Treibhauseffekt (↗ S. 312) verstärkt (Abb. 5).
Viele Brennstoffe enthalten geringe Anteile Schwefel. Werden sie verbrannt, entsteht neben Kohlenstoffdioxid auch Schwefeldioxid. Es verursacht den sauren Regen (↗ S. 144), der das Waldsterben (Abb. 4) und die Zerstörung von Gebäudeteilen und Denkmälern aus Kalkstein bewirkt (Abb. 6).

4

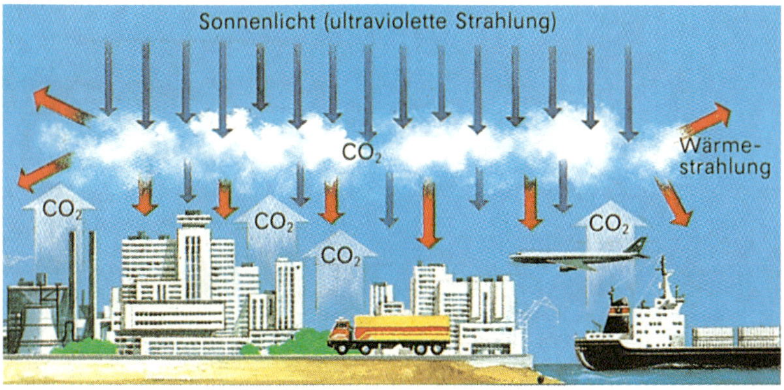

5

6

AUFGABEN

1. Welche beiden Bedeutungen hat das chemische Symbol S?
2. Weise nach, dass bei den Experimenten 1 und 2 chemische Reaktionen ablaufen!
3. Deute die Formeln CO_2 und SO_2!
4. Diamanten bestehen aus reinem Kohlenstoff. Was müsste geschehen, wenn man sie in reinem Sauerstoff erhitzt?
5. Entwickle die Reaktionsgleichung für die Oxidation von Kohlenstoff!
Deute sie stoff- und teilchenmäßig!
6. Was müsste getan werden, um den Treibhauseffekt und den sauren Regen zu verhindern? Versuche zu begründen, warum diese Umweltprobleme erst in den letzten Jahrzehnten sehr deutlich geworden sind!

Reduktion – Redoxreaktion

Zerlegen von Oxiden. Wasser, das Oxid des Wasserstoffs, lässt sich in Wasserstoff und Sauerstoff zerlegen (↗ S. 48 und 49). Wird rotes Quecksilberoxid HgO erhitzt, so scheiden sich kleine Quecksilbertröpfchen ab. Mit der Spanprobe kann Sauerstoff nachgewiesen werden (Abb. 1). Quecksilberoxid kann also durch Erwärmen in seine Bestandteile zerlegt werden.

$2\ HgO \longrightarrow 2\ Hg + O_2$

Auch Silberoxid Ag_2O lässt sich in Silber und Sauerstoff zerlegen (Experiment 4).

Reduktion. Quecksilber- und Silberoxid lassen sich unter Abgabe von Sauerstoff zu Quecksilber bzw. Silber „zurückführen". Solche Reaktionen sind **Reduktionen** (lateinisch: reducere = zurückführen). Quecksilberoxid wird zu Quecksilber reduziert, Silberoxid zu Silber.

Wird einer Verbindung Sauerstoff entzogen, so ist diese chemische Reaktion eine Reduktion.

Bildung und Zerlegung von Oxiden sind einander entgegengesetzte chemische Reaktionen.

Analyse und Synthese. Chemische Reaktionen, bei denen chemische Verbindungen z. B. aus Elementsubstanzen gebildet werden, wie die bisher betrachteten Oxidationen, sind **Synthesen** (↗ S. 49 und S. 55). Die Zerlegung von chemischen Verbindungen sind **Analysen**. Das wird am Beispiel des Wassers deutlich:

Bildung (Synthese) des Wassers: $2\ H_2 + O_2 \longrightarrow 2\ H_2O$
Zerlegung (Analyse) des Wassers: $2\ H_2O \longrightarrow 2\ H_2 + O_2$

Die Bildung und Zerlegung von Wasser sind einander entgegengesetzte Reaktionen. Es handelt sich um **umkehrbare Reaktionen**, die je nach den Bedingungen in die eine oder andere Richtung ablaufen können. Beide Reaktionsgleichungen können unter Verwendung eines Doppelpfeiles zusammengefasst werden:

$$2\ H_2 + O_2 \underset{\text{Zerlegung}}{\overset{\text{Bildung}}{\rightleftharpoons}} 2\ H_2O$$

Redoxreaktionen. Viele Erze sind Metalloxide. Die Reduktion der Oxide zum Metall ist aber meist nicht so leicht möglich wie beim Silberoxid (Experiment 4). Geeignete Stoffe werden als Hilfsmittel benötigt, um den Sauerstoff aus den Oxiden zu entfernen. Wird Kupfer(II)-oxid mit Kohlepulver erhitzt, so bildet sich Kupfer. Der Kohlenstoff verbindet sich offenbar mit dem Sauerstoff aus dem Kupfer(II)-oxid zu Kohlenstoffdioxid, das entweicht (Experiment 6).

$2\ CuO + C \longrightarrow 2\ Cu + CO_2$

Kohlenstoff reduziert also Kupfer(II)-oxid zu Kupfer.

1
Zerlegung von Quecksilberoxid

Experiment 4 L
Silberoxid wird im Reagenzglas erhitzt und die Spanprobe durchgeführt.

Experiment 5
Erhitze Kupfer(II)-oxid im Reagenzglas! Führe die Spanprobe durch!

Experiment 6
Mische wenig Kupfer(II)-oxid und Holzkohlepulver (Kohlenstoff) und erhitze!

2
Gießen von Rohkupferplatten

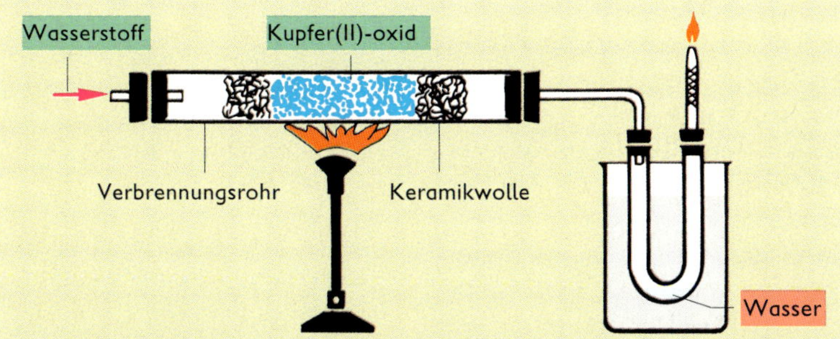

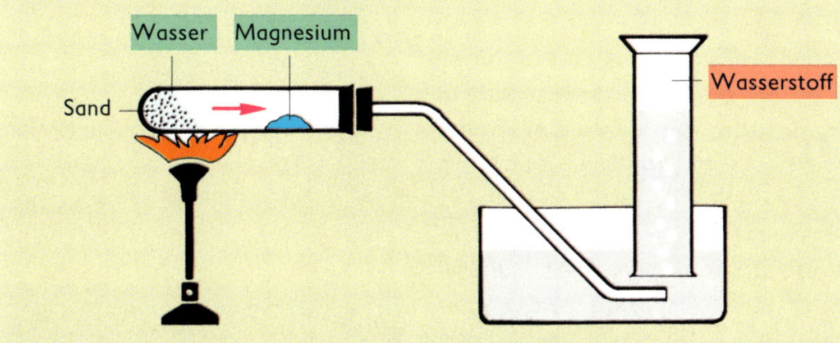

Experiment 7 **L**
Vorsicht! Schutzbrille! Im Verbrennungsrohr wird Wasserstoff (F+) über erwärmtes Kupfer(II)-oxid geleitet (Bild oben).

Experiment 8 **L**
Vorsicht! Ein Gemisch von Magnesiumspänen (F) und Kupfer(II)-oxid wird erhitzt.

Experiment 9
Mische je eine Spatelspitze Kupfer(II)-oxid und Eisenpulver und erhitze!

Experiment 10
Kupfer(II)-oxid wird mit Zinkpulver im Reagenzglas erhitzt.

Experiment 11 **L**
Vorsicht! Wasserdampf wird über heiße Magnesiumspäne (F) geleitet (Bild unten).

Erhitztes Kupfer(II)-oxid reagiert auch mit Wasserstoff. Als Reaktionsprodukte bilden sich Kupfer und Wasser (Experiment 7). Bei dieser Reaktion kann man zwei Teilreaktionen unterscheiden. Eine ist die **Reduktion** des Kupfer(II)-oxids zu Kupfer. Die zweite ist die **Oxidation** von Wasserstoff zu Wasser. Der Sauerstoff dazu stammt aus dem Kupfer(II)-oxid. Mithilfe des Wasserstoffs wird das Kupfer(II)-oxid reduziert.

Teilreaktion Reduktion

$$CuO + H_2 \longrightarrow Cu + H_2O$$

Teilreaktion Oxidation

Reduktion und Oxidation sind bei diesem Vorgang voneinander abhängig. Er wird als **Red**uktions-**Ox**idations-**Reaktion** oder kurz als **Redoxreaktion** bezeichnet.

Redoxreaktionen sind chemische Reaktionen, bei denen Reduktion und Oxidation gleichzeitig ablaufen.

Reduktions- und Oxidationsmittel. Im ersten Beispiel bewirkt Kohlenstoff, im zweiten Wasserstoff die Reduktion von Kupfer(II)-oxid zu Kupfer. Solche Stoffe heißen **Reduktionsmittel.** Der Stoff, der den Sauerstoff abgibt, in den Beispielen das Kupfer(II)-oxid, ist das **Oxidationsmittel.**

Oxidationsmittel	**Reduktionsmittel**
Kann Sauerstoff abgeben, wirkt dadurch oxidierend, wird selbst reduziert	Kann Sauerstoff aufnehmen, wirkt dadurch reduzierend, wird selbst oxidiert

AUFGABEN

1. Entwickle die Reaktionsgleichung für die Analyse von Silberoxid Ag_2O! Begründe, dass es eine Reduktion ist!
2. Bei Experiment 7 erlischt nach einiger Zeit die Wasserstoffflamme. Begründe!
3. Entwickle Reaktionsgleichungen für die Reduktion von Kupfer(II)-oxid a) mit Magnesium, b) mit Zink, c) mit Eisen! Benutze die Tabelle 5 (↗ S. 55)!
4. Erläutere die bei Experiment 6 ablaufenden Teilreaktionen an der Reaktionsgleichung!
5. Wieso sind die Teilreaktionen bei einer Redoxreaktion voneinander abhängig?
6. Kennzeichne bei den Reaktionsgleichungen zu den Experimenten 8 bis 11 die Teilreaktionen Oxidation und Reduktion! Gib Reduktions- und Oxidationsmittel an!

Verlauf chemischer Reaktionen. Chemische Reaktionen erfolgen mit unterschiedlichen Geschwindigkeiten, **schnell** oder **langsam**. Temperaturerhöhung beschleunigt die Vorgänge (↗ S 57). Während einige chemische Reaktionen wie das Rosten von Eisen oder das Gären zuckerhaltiger Lösungen von allein, **spontan** verlaufen, müssen andere erst durch Erwärmen ausgelöst werden, zum Beispiel das Verbrennen des Kohlenstoffs.
Der Zerfall von Wasserstoffperoxid H_2O_2 in Wasser und Sauerstoff (↗ S. 38) verläuft erst dann heftig, wenn eine Spatelspitze Braunstein zugegeben wird (Experiment 12). Die Reaktion war vorher **gehemmt**. Braunstein ermöglicht die Reaktion, ohne dabei selbst verbraucht zu werden.
Stoffe wie Braunstein, die chemische Reaktionen beschleunigen und dabei selbst nicht verbraucht werden, heißen **Katalysatoren.** Bei vielen chemisch-technischen Verfahren, auch bei der Reinigung von Kraftfahrzeug-Abgasen, werden Katalysatoren benötigt.

Experiment 12
Gib in ein Reagenzglas 3 ml 3%iges Wasserstoffperoxid. Prüfe mit einem glimmenden Holzspan oberhalb der Flüssigkeit auf Sauerstoff!
Gib danach eine Spaltespitze Braunstein (Xn) zum Wasserstoffperoxid und prüfe erneut mit dem glimmenden Holzspan!

Experiment 13
Vorsicht!
Wenige Calciumspäne (F) werden im Reagenzglas zu etwas Wasser gegeben. Das entstehende Gas (F+) ist vorsichtig auf Brennbarkeit zu prüfen.

Redoxreihe. Der Ablauf chemischer Reaktionen ist nicht nur von der Temperatur oder der Anwendung von Katalysatoren abhängig. Wichtig ist auch, dass geeignete Reaktionspartner aufeinander treffen. Während Magnesium, Zink und Eisen geeignete Reduktionsmittel zur Reduktion von Kupfer(II)-oxid sind, ist es umgekehrt nicht möglich, Magnesium-, Zink- oder Eisenoxid mit Kupfer zu reduzieren.
Das weiche, schneidbare Metall Natrium reduziert Wasser schon bei Zimmertemperatur zu Wasserstoff (Abb. 1), ebenso das Metall Calcium (Experiment 13). Mit Magnesium und Zink gelingt die Reduktion von Wasser nur in der Hitze (Experiment 11), mit Kupfer überhaupt nicht. Magnesium- und Zinkoxid können aber nicht mit Wasserstoff reduziert werden.
Die Metalle lassen sich nach den Reaktionsmöglichkeiten in eine **Redoxreihe** einordnen (Abb. 2). Metalloxide können von den jeweils links angeordneten Metallen reduziert werden. Auch Reaktionsmöglichkeiten mit Wasser und Wasserstoff sind ableitbar.

1
Natrium reagiert heftig mit Wasser. Dabei entweicht Wasserstoff, der mit gelber Flamme brennt.

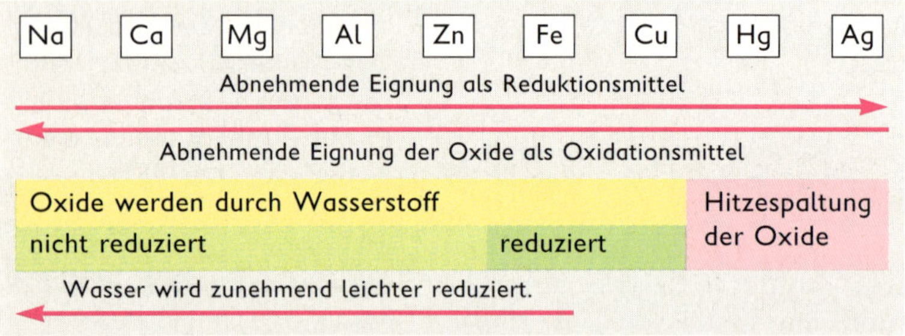

2

Mit Hilfe der Redoxreihe können mögliche Redoxreaktionen abgeschätzt werden.

Beim Abschätzen ist zu bedenken, dass die Möglichkeiten für eine Redoxreaktion auch von der Temperatur und der Korngröße der Stoffe abhängen, zum Beispiel davon, ob Metall in Form von Pulver oder Spänen verwendet wird.

Wärmeerscheinungen bei chemischen Reaktionen

Reaktionswärme. Bei Oxidationen wird Wärme, die **Reaktionswärme**, an die Umgebung abgegeben (Abb. 3), z. B. beim Verbrennen von Magnesium oder Kohlenstoff. Man sagt, die Reaktion verläuft **exotherm** (lateinisch: ex = heraus; griechisch: thermos = Wärme). Die Reaktionswärme Q erhält bei solchen Reaktionen, so wurde festgelegt, ein negatives Vorzeichen (↗ S. 283). Um Oxide zu zerlegen, musste erwärmt, also Reaktionswärme zugeführt werden (Abb. 3). Solche Reaktionen sind **endotherm** (griechisch: endo = hinein). Die Reaktionswärme Q hat positives Vorzeichen (↗ S. 283).
Die Wärmeerscheinungen bei chemischen Reaktionen können in der Reaktionsgleichung vermerkt werden, zum Beispiel:

$2\,Mg + O_2 \longrightarrow 2\,MgO$; exotherm,
$2\,HgO \longrightarrow 2\,Hg + O_2$; endotherm.

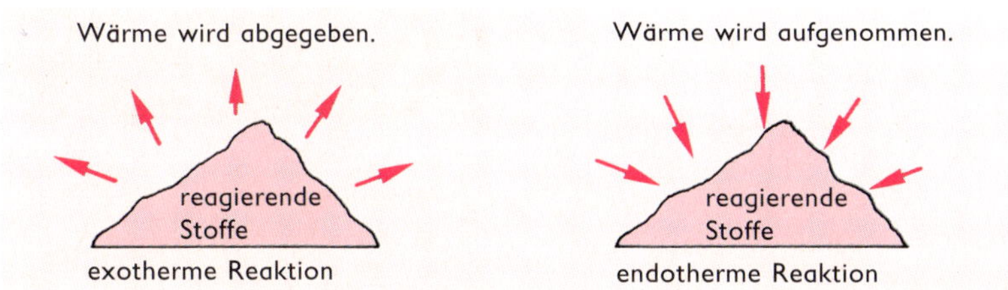

3

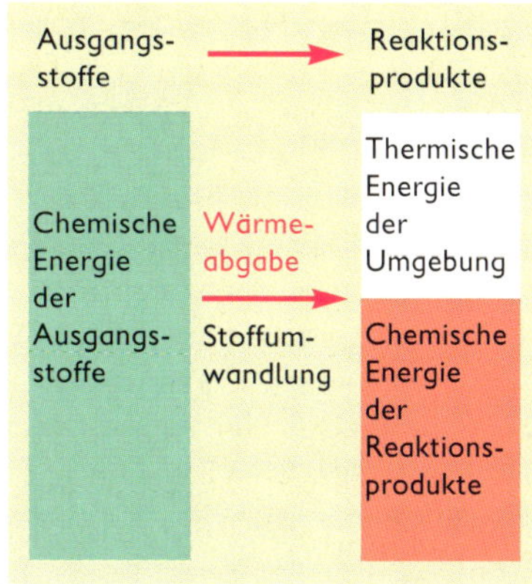

4
Exotherme Reaktion

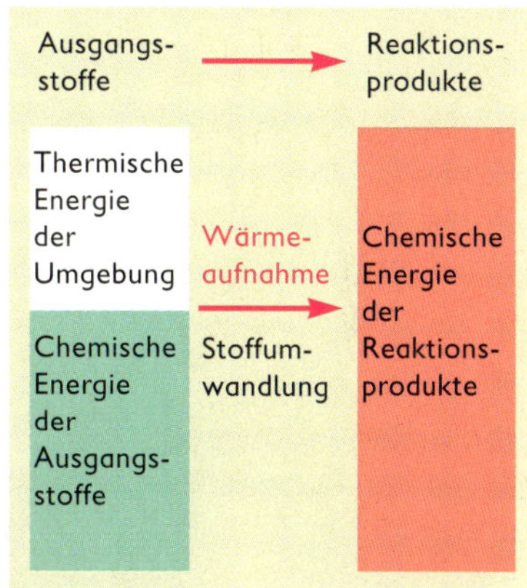

5
Endotherme Reaktion

Chemische Energie. Alle Stoffe besitzen chemische Energie, die bei chemischen Reaktionen zum Teil in andere Energieformen umgewandelt wird. Bei exothermen Reaktionen geht ein Teil der chemischen Energie in thermische Energie der Umgebung über. Reaktionswärme wird abgegeben. Die chemische Energie der Ausgangsstoffe ist also größer als die der Reaktionsprodukte (Abb. 4). Bei einer endothermen Reaktion wird durch Energie aus der Umgebung die chemische Energie der Reaktionsprodukte erhöht. Sie ist dann größer als die der Ausgangsstoffe (Abb. 5).

Aktivierung. Bei vielen solcher Vorgänge muss zunächst erhitzt werden, um sie einzuleiten. Kohle wird erst zum Glühen gebracht, dann brennt sie unter ständiger Wärmeabgabe weiter. Die Energie muss zunächst zugeführt werden, um den reagierenden Stoffen gewissermaßen „über den Berg" zu helfen (Abb. 6). Dieses Einleiten chemischer Reaktionen heißt **Aktivierung**.

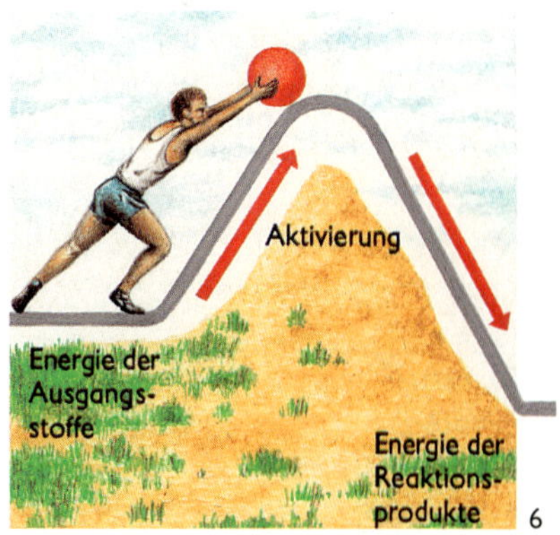

6

AUFGABEN

1. Erläutere die Vorgänge bei den chemischen Reaktionen in den Experimenten 4 bis 11 mit Hilfe der Redoxreihe!
2. Sind folgende Redoxreaktionen möglich:
   a) Zinkoxid mit Magnesium, b) Aluminiumoxid mit Kupfer, c) Kupfer(II)-oxid mit Silber?
3. Eisenoxid soll zu Eisen reduziert werden. Welche Reduktionsmittel sind denkbar?
4. Entwickle die Reaktionsgleichungen mit Angabe der Wärmeerscheinung für a) die Oxidation von Schwefel, b) die Hitzespaltung von Silberoxid, c) die Bildung von Wasser!

Entstehen von Feuer

Feuer. Feuer mit seinen züngelnden Flammen ist immer wieder außerordentlich beeindruckend. Schon sehr früh in ihrer Entwicklung lernten die Menschen das Feuer als Licht- und Wärmespender kennen. Es war zunächst nur das „Feuer, das vom Himmel kam“, durch Blitzschlag oder Naturkatastrophen entstand, und sorgfältig bewahrt werden musste. Später gelang es, geeignete Wege zu finden, um selbst ein Feuer zu entzünden, zum Beispiel durch schnelles Gegeneinanderreiben von Hölzern oder die Erfindung des Zündholzes.
Das Nutzen des Feuers veränderte das Leben der Menschen grundlegend. Es ermöglichte die Nahrung besser aufzubereiten, Ton zu brennen und so stabile Gefäße herzustellen sowie schließlich auch aus Rohstoffen in der Natur Baustoffe und Metalle zu gewinnen.
Auch heute ist unser Leben ohne Feuer nicht möglich. Es kann aber auch, wenn es nicht richtig beherrscht wird, große Schäden anrichten, Leben und die Umwelt zerstören (Abb. 1).
Kenntnisse über die Oxidationen ermöglichen, die „Geheimnisse“ des Feuers zu lüften.

1

Verbrennung – eine chemische Reaktion. Beim Verbrennen von Stoffen treten oft Flammen auf. Sie sind das charakteristische Merkmal eines Feuers.
Feuer kann nur entstehen, wenn brennbare Stoffe vorhanden sind. Sauerstoff der Luft ist eine zweite Voraussetzung für das Entstehen eines Feuers und für seine Unterhaltung, also das Weiterbrennen eines einmal entzündeten Feuers. Unterbrechen der Luftzufuhr zum brennenden Stoff führt zum Verlöschen des Feuers (Experiment 14).
In einem Feuer werden die brennbaren Stoffe umgewandelt. Gase und Rauch entstehen, Asche bleibt zurück. Die ablaufenden chemischen Reaktionen sind **Oxidationen**. Brennbare Stoffe reagieren mit dem Sauerstoff der Luft. Es entstehen Oxide, vor allem Kohlenstoffdioxid und Wasser. Asche besteht aus nicht brennbaren Rückständen. Teilweise enthält sie auch feste Oxide von Bestandteilen der Brennstoffe.

Experiment 14
Entzünde eine Kerze! Stülpe einen Standzylinder oder ein großes Becherglas darüber!

Entzündungstemperatur. Brennbare Stoffe und Sauerstoff sind ständig um uns vorhanden. Beides reicht aber nicht für das Entstehen eines Feuers aus. Die brennbaren Stoffe lassen sich erst entzünden, wenn sie auf eine bestimmte Temperatur, die **Entzündungstemperatur,** gebracht worden sind. Genaue Beobachtungen beim erstmaligen Entzünden einer Kerze zeigen, dass die feste Kerzenmasse zunächst flüssig wird und offenbar auch verdampft, ehe die Kerzenflamme zu brennen beginnt. Die Experimente 15 und 16 bestätigen, dass beim Erhitzen von brennbaren Stoffen Gase und Dämpfe entstehen, die sich entzünden lassen und mit Flammenerscheinungen brennen.

Flammen sind brennende Gase.

Experiment 15
Erhitze in einem Reagenzglas Holzspäne!
Prüfe entstehende Gase vorsichtig auf Brennbarkeit!

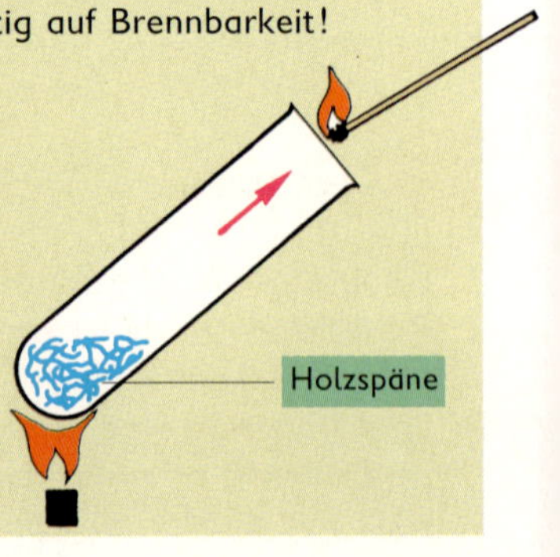

Erst wenn die Entzündungstemperatur eines Stoffes (Tabelle 6) erreicht ist, lassen sich die Gase entzünden. Brennt das Feuer, dann reicht die abgegebene Wärme aus, um aus den brennenden Stoffen ständig Gase und Dämpfe nachzuliefern.

Durchmischung. Bei jeder Verbrennung müssen brennbarer Stoff und Sauerstoff in Berührung kommen. Nur an den Berührungsstellen kann die chemische Reaktion stattfinden. Je feiner der brennbare Stoff zerteilt ist, desto leichter erfolgt die Durchmischung mit Sauerstoff. Das Entzünden ist dann schneller möglich, und die Verbrennung verläuft lebhafter (Experiment 17).

Feuer entsteht und brennt, wenn
- **brennbarer Stoff vorhanden ist,**
- **Sauerstoff vorhanden ist ($\geq$ 15 % in der Luft),**
- **die Entzündungstemperatur erreicht ist und**
- **die Berührung und Durchmischung von brennbaren Stoff und Sauerstoff gegeben ist.**

2

Experiment 16 **L**

Vorsicht!

Es wird versucht, Paraffinöl bei Zimmertemperatur sowie erhitztes Paraffinöl mit einem Holzspan zu entzünden.

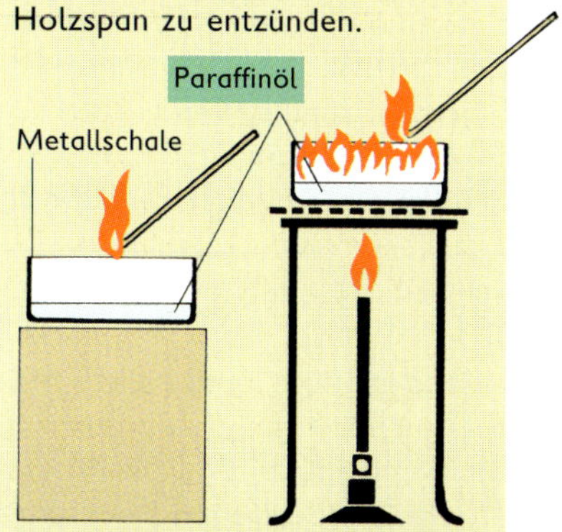

Experiment 17

Versuche, ein Stück Holz und Holzwolle auf einer feuerfesten Unterlage mit einem Zündholz anzubrennen!

Entzündungstemperaturen brennbarer Stoffe

Paraffin	250 °C
Papier	250 °C
Holzkohle	300 °C
Heizöl	300 °C
Holz (trocken)	350 °C
Spiritus	425 °C
Stadtgas	560 °C
Koks	700 °C

6

AUFGABEN

1. Stelle brennbare Stoffe zusammen!
2. Warum brennen die sich bildenden Gase beim Experiment 15 nur an der Mündung des Reagenzglases?
3. Weshalb lässt sich ein Stück Kohle nicht mit einem einzelnen Zündholz entzünden?
4. Erläutere, wie man die notwendigen Bedingungen für das Entzünden eines Feuers im Ofen schafft! Wie erfolgt das Entfachen des Feuers unter Verwendung von Papier, Holz und Kohle?
5. Bei geöffneter Luftregulierung verbrennt das Gas am Gasbrenner intensiver und bei höherer Temperatur. Begründe das mit den Kenntnissen über das Feuer!
6. Begründe mit den Kenntnissen über das Entstehen von Feuer folgende Brandschutzbestimmungen: a) Brennstoffvorräte dürfen nicht in der Nähe des Ofens aufbewahrt werden, b) Heizgeräte müssen einen Sicherheitsabstand zu Möbeln und Gardinen haben, c) Holzfußboden muss vor der Feuerungstür eines Ofens durch ein Ofenblech geschützt sein, d) eingeschaltetes Bügeleisen und Kocher dürfen nur auf einer unbrennbaren Unterlage stehen und nicht unbeaufsichtigt bleiben, e) an Tankstellen ist das Rauchen verboten (Abb. 2)!
7. Warum sind zerbrochene Glasflaschen und Gläser aus dem Wald zu entfernen?

Löschen von Feuer – Brandschutz

Brandgefahren. Unachtsamkeit im Umgang mit Feuer, Heizgeräten und leicht brennbaren Stoffen haben schon oft zu großen Bränden geführt. So wurden Wohnungseinrichtungen, Häuser, Stallungen und Industrieanlagen zerstört. Waldbrände können ganze Landstriche verwüsten und schwere Umweltschäden verursachen. Leider verunglücken immer wieder Menschen durch Brände.
Deshalb ist größte Vorsicht beim Umgang mit Feuer, leicht brennbaren Stoffen und heißen Gegenständen notwendig. Jeder Mensch muss wissen, wie man Brände verhütet und im Notfall schnell Hilfe leisten kann.

Löschen von Feuer. Möglichkeiten zum Löschen von Bränden leiten sich aus den Voraussetzungen für das Entstehen von Feuer ab. Mindestens eine der Voraussetzungen muss beseitigt werden. Brennbare Stoffe sind aus der Nähe des Feuers zu entfernen, der Brandherd wird abgekühlt oder der Zutritt von Sauerstoff unterbunden (Abb. 1). Die **Löschmittel** (Tabelle 7) sind aber sehr bedacht auszuwählen (Experiment 18), um noch größeren Schaden zu vermeiden. Bei Verwendung von Feuerlöschern wären die Bedienungsanweisungen genau zu beachten. (Abb. 3).

Experiment 18 L

Vorsicht! In einer Porzellanschale wird Ethanol (F) entzündet und mit Wasser gelöscht. In einer zweiten Schale wird versucht, entzündetes Petroleumbenzin (F) zu löschen.

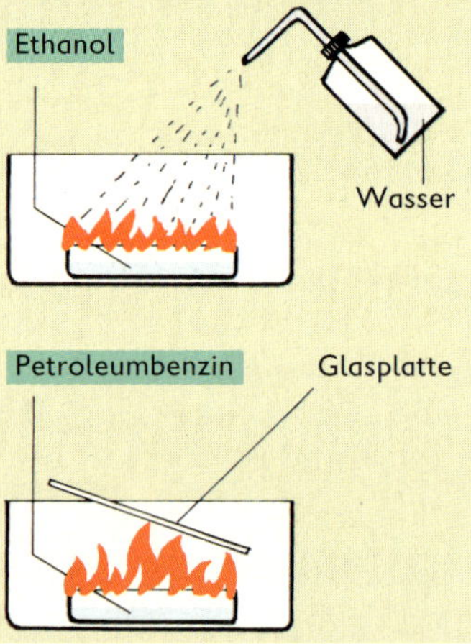

Löschen mit Wasser 1

Hilfe! Es brennt!

Entstehende Brände selbst zu löschen versuchen!
Oder: Hilfe anderer Menschen herbeiholen!
Über Notruf Feuerwehr (1 12) oder Polizei (1 10) verständigen!
Genau einprägen: Wo brennt es? Was brennt?

Löschmittel für einige brennbare Stoffe

Brennbare Stoffe	Löschmittel
Möbel, Gardinen, Teppiche, Holz im Freien (keine stromführenden Leitungen in der Nähe!)	Löschdecke, Nasslöscher, Wasser, Sand, Erde
Mit Wasser mischbare Flüssigkeiten, z. B. Spiritus	Decke, Wasser, Feuerlöscher
Mit Wasser nicht mischbare Flüssigkeiten, z. B. Benzin, Öl	Löschdecken, Sand, Kohlenstoffdioxidlöscher, Pulverlöscher
Bekleidung von Personen	Wasser, Löschdecken
Elektrische Leitungen und Anlagen	Kohlenstoffdioxidlöscher, Löschdecken, Pulverlöscher *Kein Wasser verwenden!*

7

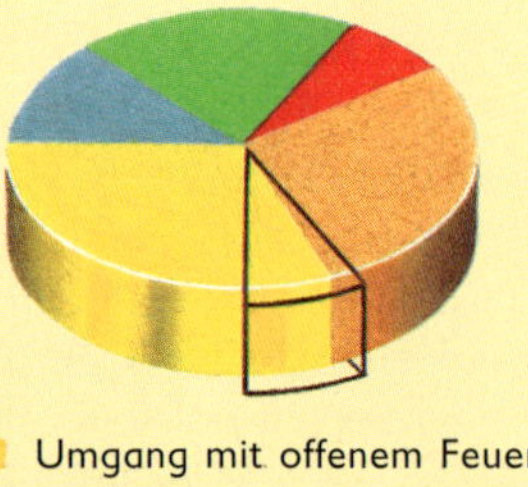

2

Brandschutz. Richtige Vorsorge gegen verheerende Brände ist ein guter Brandschutz. Jeder sollte Brandursachen (Abb. 2) kennen und alles tun, um das Entstehen von Bränden zu verhindern (Tabelle 8). Brandschutzbestimmungen müssen genau eingehalten werden.
Jegliche Möglichkeit der Entzündung brennbarer Stoffe (Abb. 4) durch offenes Feuer, glimmende Zigaretten, glühende Asche, Funkenbildung oder Heizgeräte muss verhindert werden. Für das Lagern brennbarer Gegenstände auf Hausböden, in Kellern, Lagerräumen oder Werkstätten gelten besondere **Brandschutzbestimmungen**. In öffentlichen Gebäuden, in Verkehrsmitteln, auf Camping- und Rastplätzen müssen Löschmittel und -geräte so bereitstehen, dass sie schnell zugänglich sind. Jeder sollte Kenntnisse über Verwendungsmöglichkeiten und die Benutzung von Feuerlöschern haben. Aufgehäufte Kohle und feuchtes Getreide neigen zur Selbstentzündung. Sie müssen regelmäßig umgelagert werden. Wer einen Brand feststellt, muss sofort Feuerwehr und Polizei benachrichtigen. Jeder sollte Löscharbeiten unterstützen.

3
Mit Kohlenstoffdioxid gefüllter Handfeuerlöscher

Wichtige Brandschutzmaßnahmen im Haushalt

- Möbel, Gardinen und andere brennbare Gegenstände nicht in die Nähe heißer Gegenstände oder Feuerstellen bringen!
- Eingeschaltete elektrische Heizgeräte stets beaufsichtigen!
- Kellerräume und Hausböden nie mit offenem Licht betreten!
- Heiße Asche niemals in brennbare Behälter füllen!
- Durch orangerote Symbole gekennzeichnete Gefahrenhinweise auf handelsüblichen Verpackungen einhalten (Abb. 4)!
- Entweichen von Dämpfen leicht brennbarer Flüssigkeiten (Spiritus, Benzin) in geschlossenen Räumen vermeiden!
- Fette und Öle beim Braten nie überhitzen!
- Zündhölzer und Feuerzeuge vor Kindern schützen!
- Keine schadhaften Elektrogeräte benutzen! Reparaturen an elektrischen Anlagen nur von einer Fachkraft ausführen lassen!

8

4
Feuergefährliche Stoffe im Haushalt

AUFGABEN

1. Stelle leicht brennbare Stoffe zusammen, die im Haushalt verwendet werden!
2. Warum soll man a) einen Benzinbrand, b) brennendes Öl, c) Brände an elektrischen Anlagen nicht mit Wasser löschen?
3. Gib die Wirkungsweise der in Tabelle 7 genannten Löschmittel an!
4. Wie würdest du dich in folgenden Situationen verhalten: a) Wohnungsbrand, b) umgefallene Kerze auf dem Tisch, c) Waldbrand?
5. Begründe die in Tabelle 8 genannten Brandschutzmaßnahmen im Haushalt mit den Kenntnissen über das Entstehen von Feuer!
6. Erkunde, was bei der Verwendung einzelner Arten von Feuerlöschern zu beachten ist! Wie sind sie zu bedienen?
7. Welche Löschmittel und -geräte sind a) im Chemiefachraum, b) in der Schule, c) im Autobus, d) auf dem Campingplatz vorhanden?
8. Wie verhält man sich im Falle eines Brandes im Chemiefachraum?
9. Stimmen die angegebenen Notrufnummern (↗ S. 64) auch für deinen Wohnort?
10. Schwaches Blasen in die Glut entfacht das Feuer. Starkes Blasen löscht eine Kerze. Begründe!

Explosive Gasgemische

Gasexplosionen. Zwischen brennbaren Gasen und dem Sauerstoff der Luft ist eine besonders intensive und schnelle Durchmischung möglich. Das begünstigt den Ablauf heftiger Reaktionen zwischen den Stoffen. Schon ein Funke kann sie auslösen. Bei der dann außerordentlich schnell ablaufenden Reaktion wird in kürzester Zeit sehr viel Wärme frei. Die gasförmigen Reaktionsprodukte dehnen sich augenblicklich stark aus und verursachen einen Knall. In einem abgeschlossenen Raum steigt der Druck sehr stark an. Gefäße bzw. Gebäude können zerstört und Menschen verletzt werden. Eine **Gasexplosion** hat stattgefunden (Experiment 19).

Explosionsgrenzen. Alle brennbaren Gase und die Dämpfe brennbarer Flüssigkeiten wie Benzin und Spiritus bilden mit Luft explosive Gasgemische. Zur Explosion kann es aber nur kommen, wenn ein bestimmter Anteil von brennbarem Gas in der Luft enthalten ist. Ein Wasserstoff-Luft-Gemisch (Knallgas) kann nur bei einem Volumenanteil Wasserstoff zwischen 4 % und 75 % explosionsartig reagieren. Diese **Explosionsgrenzen** unterscheiden sich bei verschiedenen Gasen (Tabelle 9). Liegt ein solches explosives Gasgemisch vor, dann ist die Reaktion zunächst gehemmt. Die Auslösung der Reaktion, eine Zündung, ist aber schon durch einen Funken möglich.

Umgang mit Stadtgas und Propan. Stadtgas besteht etwa zur Hälfte aus Wasserstoff sowie anderen brennbaren Gasen. Eines davon ist Kohlenstoffmonooxid, das die Giftigkeit von Stadtgas hervorruft. Strömt Stadtgas aus und mischt sich mit Luft, so können schwere Explosionen erfolgen (Abb. 1). Wird Gasgeruch im Haus oder auf der Straße bemerkt, so ist sofort alles zu tun, um eine Explosion zu verhindern (Tabelle 10).
Vorsicht ist auch beim Umgang mit den Gasen Propan und Butan erforderlich. Diese Heizgase können mit Luft explosive Gasgemische bilden, die sich zunächst am Boden ansammeln.

1

Experiment 19 **L**

Vorsicht!

Stadtgas (F+, T) strömt von unten in eine umgestülpte Konservendose, die ein Loch im Boden hat. Die Gaszufuhr wird unterbrochen und das Gas am Loch im Konservendosenboden entzündet.

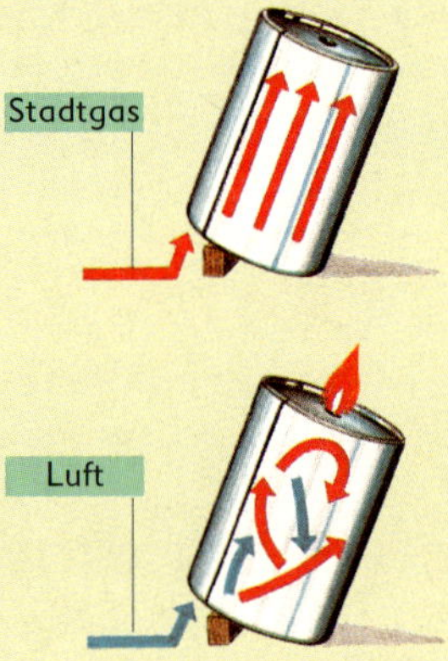

Explosionsgrenzen

Brennbares Gas	Volumenanteile im Gasgemisch
Wasserstoff	4 ··· 75 %
Stadtgas	4,8 ··· 35 %
Propan	1,9 ··· 9,5 %
Ethin (Acetylen)	3,5 ··· 82 %
Kohlenstoffmonooxid	12,5 ··· 75 %
Benzindämpfe	0,6 ··· 11 %

9

Vermeiden von Gasexplosionen

Gas nicht unkontrolliert ausströmen lassen! Nach Öffnen des Hahnes ausströmendes Gas am Gasherd und Brenner sofort entzünden!
Bei Gasgeruch Feuerwehr und Polizei benachrichtigen!
Keine Lichtschalter oder Klingelknöpfe betätigen!
Kein Zündholz anbrennen!
Räume sofort lüften!
Personen ins Freie bringen!

10

Technische Anwendung von Redoxreaktionen

Oxide des Kohlenstoffs. Bei einem Lagerfeuer, beim Grillen, in Öfen und Heizanlagen, zum Antrieb von Autos und Flugzeugen werden Kohlen oder andere kohlenstoffhaltige Brennstoffe wie Erdöl, Erdgas oder Benzin verbrannt. Hauptreaktionsprodukt ist in den meisten Fällen Kohlenstoffdioxid CO_2.

Experiment 20 **L**

Vorsicht! Abzug!
Sauerstoff wird in einem Verbrennungsrohr durch eine lange Schicht glühende Holzkohle geleitet. Das Reaktionsprodukt (F+, T) wird auf Brennbarkeit untersucht.

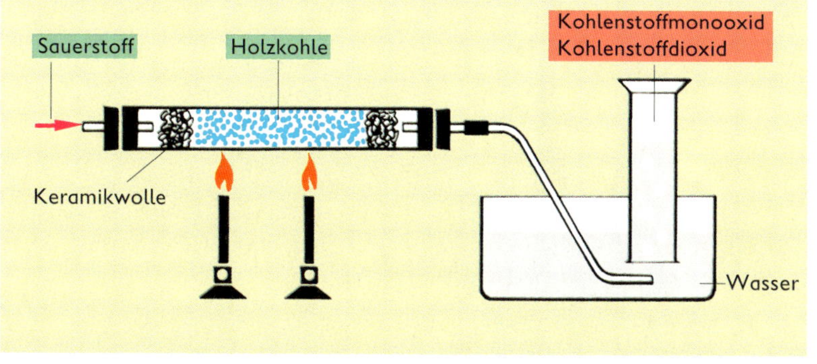

2

Leitet man Luft durch eine sehr dicke Schicht glühender Holzkohle, dann reagiert ein Teil des entstehenden Kohlenstoffdioxids mit weiterem Kohlenstoff zu **Kohlenstoffmonooxid CO** (Experiment 20).

Reduktion

$CO_2 + C \longrightarrow CO + CO$ oder kurz: $CO_2 + C \longrightarrow 2\ CO$

Oxidation

Kohlenstoffmonooxid ist ein farb- und geruchloses, sehr giftiges Gas. Es verbrennt mit bläulicher Flamme zu Kohlenstoffdioxid. Wenn dieses Gas beim Heizen oder Grillen durch unzureichende Sauerstoffzufuhr entsteht, können schwere Vergiftungen auftreten. Die angegebene Redoxreaktion hat aber große technische Bedeutung.

Kohlenstoffdioxid kann durch Kohlenstoff zu Kohlenstoffmonooxid reduziert werden.

Experiment 21 **L**

Vorsicht! Nur im Freien durchführen!
In einem Blumentopf mit untergestellter Sandschale wird ein Gemisch von Eisenoxid und Aluminium gezündet.

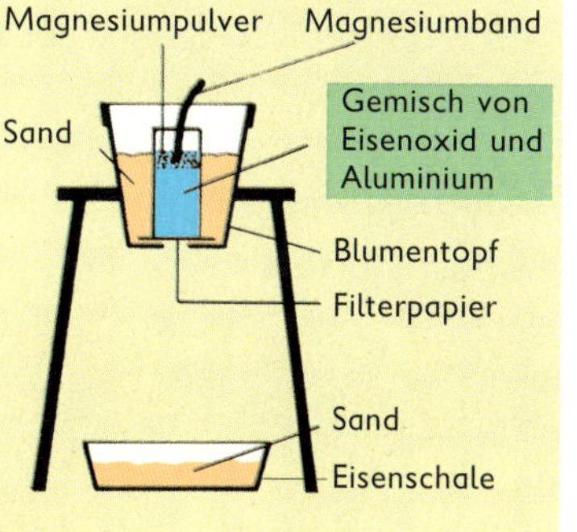

Aluminothermisches Schweißen. Um Eisenbahnschienen und schwere Stahlwellen zu verbinden, soll möglichst am Arbeitsort flüssiges Eisen hergestellt werden (Experiment 21). Dazu eignet sich die Reaktion zwischen Eisenoxid und Aluminium.

$3\ Fe_3O_4 + 8\ Al \longrightarrow 9\ Fe + 4\ Al_2O_3$; exotherm

Das pulverförmige Gemisch der Ausgangsstoffe wird in einem Tiegel zur Reaktion gebracht. Wegen der stark exothermen Reaktion ist das entstehende Eisen flüssig. Es fließt durch eine Öffnung im Boden des Tiegels direkt in die Form, die die beiden zu verbindenden Teile umgibt (Abb. 2).

AUFGABEN

1. Begründe die Hinweise zum Verhalten bei Gasgeruch!
2. Wende die Begriffe Oxidation und Aktivierung auf explosive Gasgemische an!
3. Was wäre bei Gasgeruch im Haus zu tun?

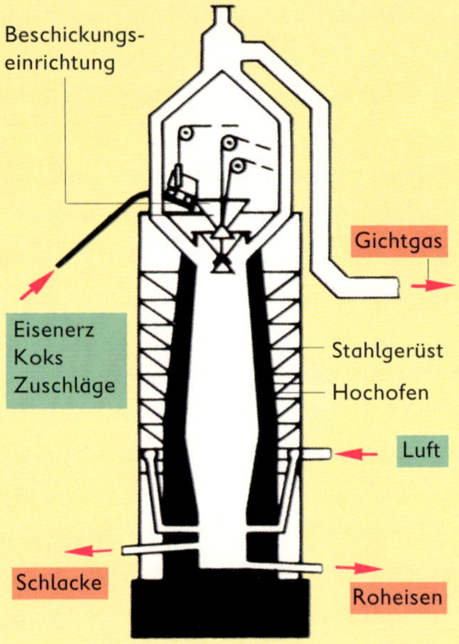

Hochofen. Die technische Herstellung von Eisen erfolgt im Hochofen (Abb. 1). Er wird von oben mit Erz, Koks und Zuschlägen „beschickt“. Die Zuschläge sollen die Schlackebildung aus den Gesteinsbestandteilen der Erze, der Gangart, begünstigen.
Die festen Stoffe bewegen sich im Hochofen langsam von oben nach unten (Abb. 2). Ihnen strömen die gasförmigen Stoffe entgegen (Gegenstrom). Das flüssige Eisen sammelt sich unten im Hochofen. Darauf schwimmt die flüssige Schlacke.

1

Eisengewinnung. Eisenoxide aus Eisenerzen werden zu Eisen reduziert. Kohlenstoffmonooxid ist dabei Reduktionsmittel.

Reduktion

$$Fe_2O_3 + 3\,CO \longrightarrow 2\,Fe + 3\,CO_2\,; \quad \text{exotherm}$$

Oxidation

Bei hohen Temperaturen wirkt auch Kohlenstoff reduzierend.

$$FeO + C \longrightarrow Fe + CO\,; \quad \text{endotherm}$$

Zur Herstellung von Roheisen werden Eisenoxide mit Kohlenstoffmonooxid und mit Kohlenstoff reduziert.

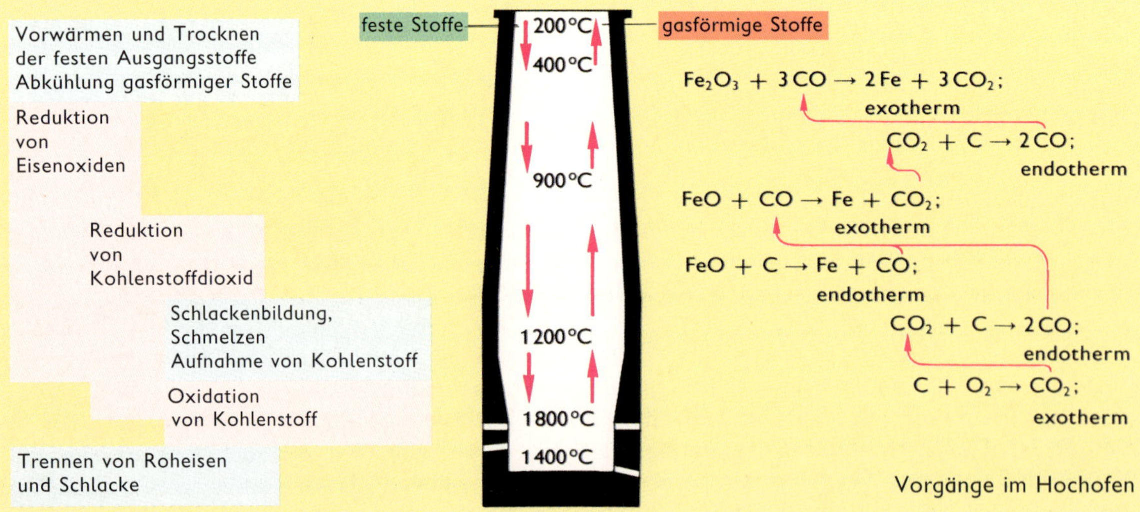

Vorgänge im Hochofen

2

Stahl aus Roheisen. Das im Hochofen hergestellte Roheisen enthält 3,5 % Kohlenstoff sowie geringe Massenanteile an Phosphor, Schwefel und Silicium. Es ist dadurch spröde, brüchig und nicht schmiedbar. Diese Bestandteile müssen daher entfernt werden. Der Massenanteil an Kohlenstoff wird auf unter 2 % gesenkt. Es entsteht dann schmiedbarer, gut verformbarer **Stahl.**

Stahl ist eine Eisenlegierung mit einem Massenanteil an Kohlenstoff, der unter 2 % liegt.

Die störenden Bestandteile werden oxidiert. Gasförmige Oxide entweichen, die anderen können in Schlacke überführt werden. Zur Oxidation kann durch flüssiges Roheisen in **Konvertern** Luft oder Sauerstoff geblasen werden (Abb. 3). Oxidationsmittel kann auch Schrott sein, wenn das Roheisen im **Elektroofen** verschmolzen wird (Abb. 4). Durch Zusatz von Legierungsbestandteilen, zum Beispiel Chrom, Nickel, Mangan, Cobalt, Wolfram, Kupfer, Aluminium, Silicium, Titan, Vanadium und Molybdän, können **Edelstähle** mit besonderen Eigenschaften erzeugt werden. Heute gibt es über 1000 verschiedene Stahlsorten.

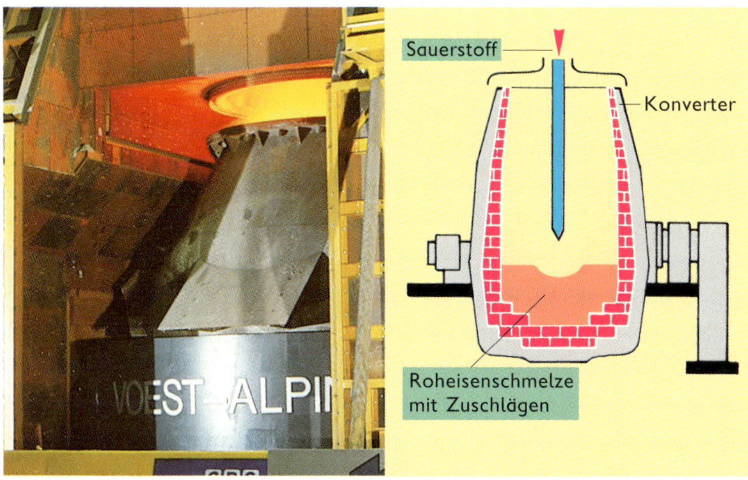

3

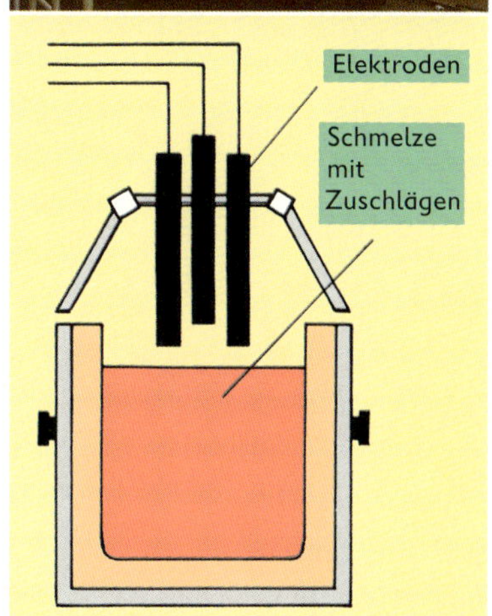

4

AUFGABEN

1. Wieso ist die Bildung von Kohlenstoffmonooxid im Experiment 20 (↗ S. 67) eine Redoxreaktion?
   Was ist Reduktionsmittel?
2. Entwickle die Reaktionsgleichung für die Verbrennung von Kohlenstoffmonooxid!
3. Versuche, die Bezeichnung „aluminothermisches Schweißen“ zu deuten!
4. Beschreibe die Vorgänge im Hochofen anhand der Abbildung 2! Welche der Reaktionen sind Redoxreaktionen?
   Nenne die Reduktions- und Oxidationsmittel!
5. Das aus dem Hochofen abgeleitete Gichtgas ist brennbar und dient zum Aufheizen der Luft, die in den Hochofen geführt wird.
   Weshalb wird die Luft vorher aufgeheizt?
   Wozu dient die Luft im Hochofen?
6. Beschreibe anhand der Abbildung 2 die Verknüpfung von Wärme liefernden und Wärme verbrauchenden Vorgängen im Hochofen!
7. Zur Stahlgewinnung kann Roheisen mit rostigem Schrott verschmolzen werden. Wieso kann dabei der Massenanteil von Kohlenstoff gesenkt werden?

Aus der Welt der Chemie

Geschichte der Eisenerzeugung

1

Das erste von den Menschen benutzte Eisen stammte offenbar von Sternschnuppen (Meteoren), die auf die Erde gefallen waren. Wann und wo es den Menschen gelang, erstmals Eisen aus Eisenerzen zu erzeugen, ist unbekannt. Funde stammen aus China und dem Orient. Wandbilder in ägyptischen Gräbern (Abb. 1) zeigen, dass bereits 1500 v. Chr. einfache Techniken der Eisenerzeugung bekannt waren. In Mitteleuropa stellten Kelten im Siegerland etwa ab 700 v. Chr. Eisen her.

2

Bis ins Mittelalter erhitzte man Eisenerz und Holzkohle in flachen Gruben oder Erdlöchern (Rennöfen) und führte die Luft mit Handblasebälgen zu (Abb. 2). Bei diesem Verfahren entstanden mit Schlacke vermengte Eisenklumpen. Die Schlacke wurde später durch mehrmaliges Schmieden „herausgehämmert". Um 1200 fanden kleine Schachtöfen, sogenannte Stücköfen (Abb. 3), Anwendung.

3

Die ersten, auch noch mit Holzkohle betriebenen „Hochöfen“ entstanden um 1300 (Abb. 4). In diesen noch recht niedrigen Öfen entstand bei höheren Temperaturen erstmalig flüssiges Roheisen. Dieser Vorteil wurde allerdings mit einem höheren Massenanteil an Kohlenstoff im Eisen erkauft. Schmiedbarer Stahl erforderte zusätzlich die Oxidation dieses Kohlenstoffs.

Die rasche Industrialisierung ab 1800 und der Eisenbahnbau ab 1840 verlangten nach mehr Stahl (Abb. 6). Da die Kraft der neuen Dampfmaschinen die Leistung der Gebläse verbesserte und Koks anstelle der Holzkohle zur Verfügung stand, konnte sich die Eisen- und Stahlproduktion rasch entwickeln (Abb. 5). Die Hochöfen wuchsen von 8 m auf 20 ··· 50 m Höhe und ihre Tagesleistung stieg von 1 ··· 5 t auf 1000 ··· 10000 t Roheisen.

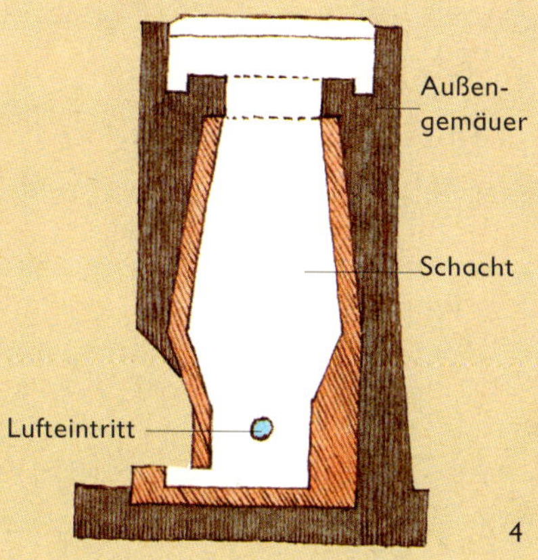

4

5

Eisenproduktion in der Welt (Mill. t)

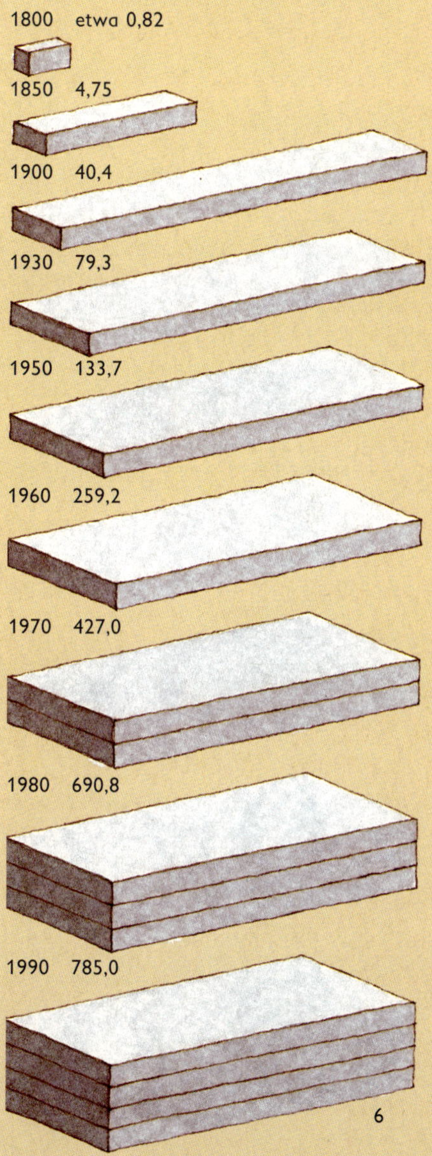

6

Im Überblick

Einteilung der Reinstoffe

Reinstoffe

- **Elementsubstanzen** z. B. Kupfer, Schwefel
  - **Metalle** z. B. Kupfer
  - **Nichtmetalle** z. B. Schwefel
- **Verbindungen** z. B. Kupfer(II)-oxid, Zucker
  - **Oxide** z. B. Kupfer(II)-oxid
  - **Andere Verbindungen** z. B. Zucker

Chemische Zeichensprache

Chemisches Zeichen	Stoffliche Bedeutung	Teilchenmäßige Bedeutung
Symbol	Stoff, der aus einem Element besteht.	1 Atom der Elementsubstanz
Mg	Der Stoff Magnesium	1 Atom Magnesium
Formel	Stoff, der aus einem Element besteht oder aus mehreren Elementsubstanzen entstanden ist.	1 Molekül oder 1 Baueinheit des Stoffes
O_2	Der Stoff Sauerstoff	1 Molekül Sauerstoff, bestehend aus 2 Atomen Sauerstoff
Al_2O_3	Der Stoff Aluminiumoxid, entstanden aus Aluminium und Sauerstoff.	1 Baueinheit Aluminiumoxid, bestehend aus 2 Aluminiumatomen und 3 Sauerstoffatomen
Reaktionsgleichung	Ausgangsstoffe und Reaktionsprodukte einer chemischen Reaktion	Teilchen der Ausgangsstoffe und der Reaktionsprodukte und deren Zahlenverhältnis
$2\,H_2 + O_2 \longrightarrow 2\,H_2O$	Wasserstoff und Sauerstoff reagieren zu Wasser.	Jeweils 2 Moleküle Wasserstoff und 1 Molekül Sauerstoff reagieren zu 2 Molekülen Wasser.

Chemische Reaktionen

Oxidation: Chemische Reaktion, bei der sich eine Elementsubstanz mit Sauerstoff verbindet. Teilreaktion einer Redoxreaktion

Reduktion: Chemische Reaktion, bei der einer Verbindung Sauerstoff entzogen wird. Teilreaktion einer Redoxreaktion

Redoxreaktion: Chemische Reaktion, bei der Oxidation und Reduktion gleichzeitig ablaufen.

Reduktion ($CuO \rightarrow Cu$)

$$CuO + H_2 \longrightarrow Cu + H_2O$$

CuO: **Oxidationsmittel**; H_2: **Reduktionsmittel**

Oxidation ($H_2 \rightarrow H_2O$)

Im Überblick

Wärmeerscheinungen bei chemischen Reaktionen

Exotherme Reaktionen. Chemische Reaktionen, bei denen Wärme an die Umgebung abgegeben wird. Ein Teil der chemischen Energie der Stoffe wird in thermische Energie der Umgebung umgewandelt.
z. B.: $C + O_2 \longrightarrow CO_2$; exotherm

Endotherme Reaktionen. Chemische Reaktionen, bei denen Wärme aus der Umgebung aufgenommen wird. Thermische Energie der Umgebung wird in chemische Energie der Stoffe umgewandelt.
z. B.: $2\ Ag_2O \longrightarrow 2\ Ag + O_2$; endotherm

Entzünden und Löschen von Feuer

Bedingungen für das Entzünden und Unterhalten eines Feuers	Maßnahmen zum Löschen eines Feuers und zur Brandbekämpfung
Brennbarer Stoff muss vorhanden sein.	Entfernen des brennbaren Stoffes vom Brandherd, z. B. Gräben bei Grasbrand und Schneise bei Waldbrand ziehen, Möbel wegräumen.
Sauerstoff muss vorhanden sein.	Verhindern von Sauerstoffzutritt zum Brandherd, z. B. Abdecken mit Löschdecke, Sand, Schaum oder Löschpulver.
Stoffe müssen auf Entzündungstemperatur erwärmt sein.	Abkühlen des Brandherdes unter die Entzündungstemperatur, z. B. Zugeben von Wasser oder Kohlenstoffdioxid-Schnee aus dem Kohlenstoffdioxidlöscher.
Gute Durchmischung des brennbaren Stoffes mit Sauerstoff begünstigt das Feuer.	Entfernen eines der Stoffe, Verhindern des Durchmischens mit Sauerstoff

Kennzeichnung gefährlicher Stoffe

Gefährliche Stoffe müssen durch Gefahrensymbole und Kennbuchstaben gekennzeichnet sein.

Art der Gefahr	Hochentzündlich	Leichtentzündlich	Brandfördernd	Explosiv
Gefahrensymbol				
Kennbuchstabe	F+	F	O	E
Beispiele	Butan Kohlenstoffmonooxid Leichtbenzin Methan Propan Wasserstoff	Benzol Ethanol (Alkohol) Magnesiumpulver und -späne Natrium	Kaliumchlorat Kaliumpermanganat flüssige Luft Ozon Wasserstoffperoxid Natriumnitrat	Kaliumchlorat-mischungen Trinitrotoluol Ammonium-dichromat Nitroglycerin

7

Salzartige Stoffe – Ionensubstanzen

Täglich verwenden wir Kochsalz. Heute kann man sich kaum vorstellen, dass im 13. Jahrhundert in China dieses Salz gegen Gold aufgewogen wurde. Um Salzquellen wurden sogar Kriege geführt. Hat Kochsalz heute noch diese Bedeutung?

Vorkommen, Gewinnung und Verwendung von Kochsalz

Vorkommen. Der Chemiker nennt das Kochsalz **Natriumchlorid**, um es von anderen Salzen zu unterscheiden. Natriumchlorid kommt meist mit anderen Salzen, wie Kaliumchlorid, Magnesiumchlorid, Kaliumsulfat und Calciumsulfat, in großen Salzlagerstätten unter der Erdoberfläche vor. Solche Salzlagerstätten befinden sich zum Beispiel in Deutschland (Staßfurt, Merkers/Rhön, Bad Reichenhall, Berchtesgaden), in Österreich (Salzkammergut), in Bulgarien, in Spanien und in den USA.

Die Salzlagerstätten in Mitteleuropa sind vor etwa 200 bis 300 Millionen Jahren entstanden. Damals war diese Gegend von einem großen Meer bedeckt, dessen Wasser verschiedene Salze gelöst enthielt. Durch Erdbewegungen entstanden Becken, in denen das Meerwasser langsam verdunstete. Die Salze lagerten sich nach und nach ab und wurden später von anderen Erdschichten überdeckt. Die Salze liegen heute in einer Tiefe von 300 ··· 1500 m.

Das größte Salzvorkommen befindet sich im Meerwasser. Dort sind etwa 50 Billiarden Tonnen Salz gelöst. Diese Masse würde ausreichen, um das Festland der Erde mit einer 150 m hohen Salzschicht zu bedecken. Die einzelnen Meere haben einen unterschiedlichen Anteil an gelösten Salzen. In Randmeeren mit geringer Verdunstung und starkem Zufluss an Wasser ist der Anteil an Salzen geringer (Tabelle 1).

Kochsalz (Natriumchlorid) kommt in großen Salzlagerstätten und gelöst im Meerwasser vor.

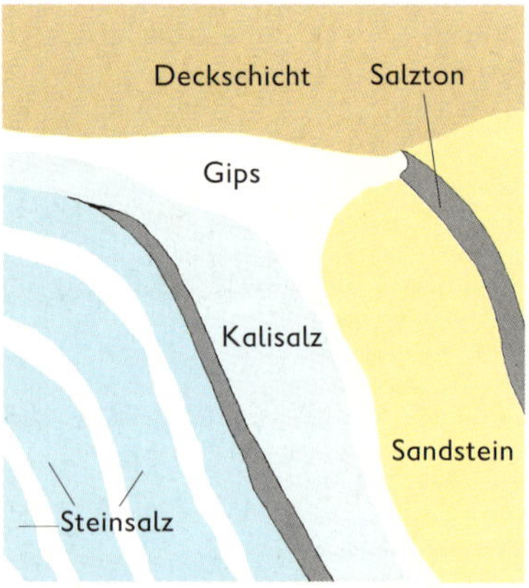

1 Salze lagern unter der Erde in verschiedenen Schichten

Masse von Kochsalz in 1 l Meerwasser	
Ostsee	15 g
Nordsee	30 g
Atlantik	35 g
Mittelmeer	38 g
Rotes Meer	40 g
Totes Meer	260 g

1

Gewinnung. Natriumchlorid wird in Bergwerken abgebaut. Es wird zunächst durch Sprengungen gelockert und dann mit Schrappern (Abb. 2) zu den Förderwagen transportiert. In ihnen gelangt das **Steinsalz** zum Schacht, in dem es an die Erdoberfläche gezogen wird. Das so abgebaute Salz muss noch gereinigt werden. Dazu löst man es in Wasser, dampft die Lösung ein und erhält auf diese Weise Speisesalz.
In einem anderen Verfahren wird Wasser durch Bohrschächte in die Salzlagerstätte gebracht, um das Salz unter Tage aufzulösen. Die Salzlösung, sogenannte **Sole**, wird an die Erdoberfläche gepumpt. In Sudhäusern wird das Wasser verdampft und das Salz gewonnen. Das in den Salinen gewonnene Salz bezeichnet man als **Siedesalz** (Abb. 3).
Die Sole kann vor dem „Sieden" in Gradierwerken behandelt werden. Sie wird über eine etwa 12 Meter hohe und mehrere Meter breite Wand aus Dornreisig geleitet. Dabei verdunstet Wasser, die Sole wird gereinigt und auf einen höheren Salzgehalt gebracht. Heute dienen solche Gradierwerke vorrangig zur Heilbehandlung der Atmungsorgane (Abb. 5). Kochsalz kann auch aus dem Meerwasser gewonnen werden. Besonders in den Ländern um das Mittelmeer, das Schwarze Meer und in Indien wird das Salz des Meeres in Salzgärten „geerntet" (↗ Abb. 4, S. 17).

Verwendung. Kochsalz (Natriumchlorid) dient als Speisesalz zum Würzen von Nahrungsmitteln. Es kommt als Siedesalz oder Meersalz in den Handel. Da Kochsalz auf Kleinlebewesen wachstumshemmend wirkt, eignet es sich zur Konservierung von Nahrungsmitteln, z. B. Salzhering, Pökelfleisch, Salzgurken und Sauerkraut. Kochsalz ist ein lebensnotwendiger Bestandteil der Nahrung und hilft, wichtige Lebensvorgänge aufrechtzuerhalten. In der Medizin wird es als physiologische Kochsalzlösung (Abb. 4) eingesetzt. Der größte Teil des gewonnenen Kochsalzes dient in der chemischen Industrie zur Herstellung von Chlor, Natrium, Salzsäure, Natriumhydroxid und Soda.

2
Abbau von Salzen unter Tage

3
Die alte Saline in Bad Reichenhall vor 1834

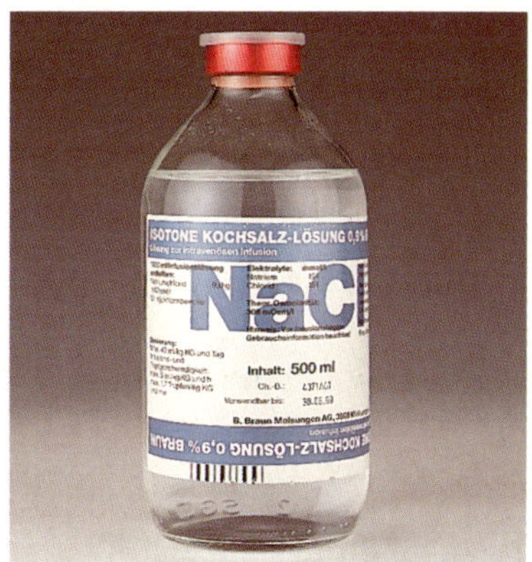

4

5

AUFGABEN

1. Warum lecken pflanzenfressende Tiere gern Salz?
2. Warum sollte man im Urlaub in warmen Ländern die Speisen etwas mehr salzen?

Eigenschaften von Metallchloriden

Eigenschaften von Natriumchlorid. Natriumchlorid kommt in würfelförmigen Kristallen vor (↗ Abb., S. 74). Es schmilzt bei 800 °C. Die Kristalle sind spröde und farblos, wirken aber in großer Anhäufung weiß. Natriumchlorid löst sich in Wasser (Experiment 1). Der feste Stoff leitet den elektrischen Strom nicht (Experiment 2). Natriumchloridlösung besitzt elektrische Leitfähigkeit (Experiment 2).

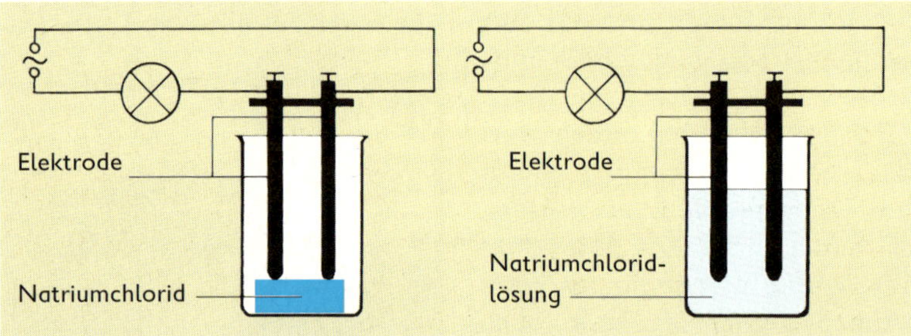

Teilchen im Natriumchlorid. Natriumchloridlösung leitet den elektrischen Strom. Das ist nur möglich, wenn in der Lösung bewegliche, elektrisch geladenen Teilchen vorhanden sind. Diese Teilchen werden als **Ionen** (griechisch: ion = wandernd) bezeichnet. Sie sind neben den Atomen und Molekülen eine weitere **Teilchenart**, aus der Stoffe aufgebaut sein können. Ionen unterscheiden sich von Atomen und Molekülen grundsätzlich durch ihre elektrische Ladung. Das Natriumchlorid ist aus Ionen aufgebaut. Im festen Natriumchlorid sind die Ionen kaum beweglich. Deshalb leitet es den elektrischen Strom nicht (Experiment 1). Die elektrische Leitfähigkeit seiner wässrigen Lösung lässt sich auf die dann beweglichen Ionen zurückführen.

Natriumchlorid ist aus Ionen aufgebaut. Ionen sind elektrisch geladene Teilchen in der Größe von Atomen.

Ionen können positiv elektrisch oder negativ elektrisch geladen sein. Bei den chemischen Zeichen für Ionen wird die Art und die Anzahl der elektrischen Ladungen am Symbol der Elemente rechts oben angegeben (Tabelle 2). Das chemische Zeichen Na^{+} kennzeichnet ein Natrium-Ion und gibt an, dass es einfach positiv elektrisch geladen ist. Das Magnesium-Ion Mg^{2+} besitzt zwei positive elektrische Ladungen.

Weitere Metallchloride. Kaliumchlorid, Magnesiumchlorid, Zinkchlorid und Kupfer(II)-chlorid haben ähnliche Eigenschaften wie Natriumchlorid. Sie bestehen aus Kristallen, haben hohe Schmelztemperaturen und sind in Wasser löslich. Ihre Lösungen und Schmelzen leiten im Gegensatz zu den festen Stoffen den elektrischen Strom (Experiment 3). Diese Stoffe werden **Metallchloride** genannt. Sie gehören wie das Natriumchlorid zu den **salzartigen Stoffen** und sind ebenfalls aus Ionen aufgebaut.

Experiment 1
Gib einige Natriumchloridkristalle in ein Reagenzglas mit Wasser und schüttle!

Experiment 2
Natriumchlorid und Natriumchloridlösung werden jeweils in ein Becherglas gegeben und auf elektrische Leitfähigkeit geprüft.

Experiment 3 L
Vorsicht!
Zinkchlorid (C, N) wird bis zum Schmelzen erhitzt. Danach wird die elektrische Leitfähigkeit geprüft.

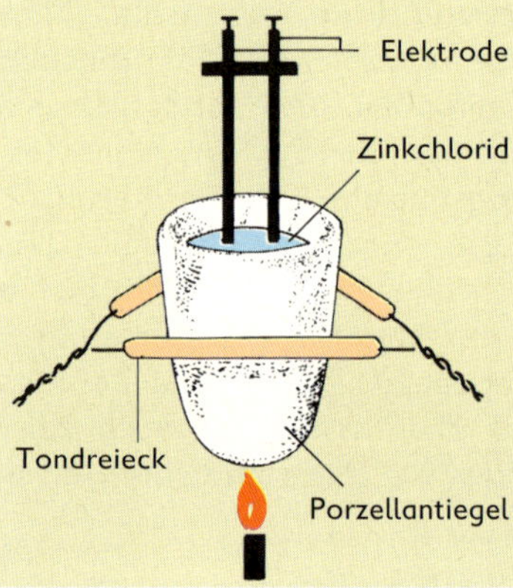

Ionen

Name	Chemisches Zeichen
Natrium-Ion	Na^{+}
Kalium-Ion	K^{+}
Silber-Ion	Ag^{+}
Magnesium-Ion	Mg^{2+}
Calcium-Ion	Ca^{2+}
Barium-Ion	Ba^{2+}
Kupfer(II)-Ion	Cu^{2+}
Blei(II)-Ion	Pb^{2+}
Zink-Ion	Zn^{2+}
Aluminium-Ion	Al^{3+}
Chlorid-Ion	Cl^{-}

2

Atom und Ion

Teilchen im Atom. Atome sind eine Teilchenart, aus der Elementsubstanzen aufgebaut sein können. Jedes Atom ist aber aus noch kleineren Teilchen, sogenannten **Elementarteilchen**, zusammengesetzt. Alle Atome haben einen sehr kleinen, positiv elektrisch geladenen **Atomkern**. Er ist von der negativ elektrisch geladenen **Atomhülle** umgeben. In ihr bewegen sich **Elektronen**, von denen jedes eine negative elektrische Ladung trägt. Teilchen im Atomkern mit je einer positiven elektrischen Ladung sind die **Protonen**. Die Anzahl der positiven elektrischen Ladungen im Atomkern ist gleich der Anzahl der negativen elektrischen Ladungen in der Atomhülle. Das Atom als ganzes Teilchen ist elektrisch neutral. In ihm ist die Anzahl der Protonen gleich der Anzahl der Elektronen.

Natriumatome enthalten beispielsweise 11 Protonen im Atomkern und 11 Elektronen in der Elektronenhülle, Chloratome 17 Protonen und 17 Elektronen.

Der Durchmesser des Atomkerns beträgt nur ein Zehntausendstel von dem des Atoms. Außerdem unterscheiden sich Protonen und Elektronen durch ihre Masse. Die Masse des Protons ist nahezu 2000-mal so groß wie die Masse des Elektrons. Die Masse des Atom ist somit weitgehend im sehr kleinen Atomkern konzentriert ist.

Der Weg zur Teilchenvorstellung vom Atom

1869 *J. W. Hittorf* entdeckt die Katodenstrahlen.

1887 *S. Arrhenius* formuliert seine Dissoziationstheorie – Ionen als geladene Teilchen.

1896 *J. J. Thomson* erkennt, dass Katodenstrahlen aus negativen Teilchen – Elektronen – bestehen.

1903 *M.* und *P. Curie* entdecken die Radioaktivität – Atome „senden“ Teilchenstrahlen aus. *J. J. Thomson* erkennt Elektronen als Bestandteile des Atoms.

1907 *J. J. Thomson* folgert: Atome enthalten Elektronen und positive Ladungsträger.

1911 *E. Rutherford* schließt auf einen kleinen, positiv elektrisch geladenen, von Elektronen umgebenen Atomkern.

Atom

Atomkern	**Atomhülle**
positiv elektrisch geladen	negativ elektrisch geladen
Proton	**Elektron**
Träger einer positiven elektrischen Ladung	Träger einer negativen elektrischen Ladung

Das Atom ist elektrisch neutral.
Anzahl der Protonen = Anzahl der Elektronen

1 Mit Teilchenbeschleunigern werden in Atomforschungszentren Atome untersucht.

Außenelektronen. Die Elektronen bewegen sich in der Atomhülle ständig in unterschiedlicher Entfernung vom Atomkern. Elektronen, die am weitesten vom Atomkern entfernt sind, werden als **Außenelektronen** bezeichnet. Die Außenelektronen sind für die chemischen Reaktionen von besonderer Bedeutung. Atome von Metallen besitzen zum Beispiel nur eine geringe Anzahl Außenelektronen. Bei Nichtmetallen ist sie größer.

AUFGABEN

1. Betrachte Natrium- und Kaliumchloridkristalle (Xn) mit der Lupe! Was ist über die Form der Kristalle auszusagen?
2. Erläutere die Merkmale der Teilchenarten Atom und Molekül an Beispielen! Wodurch unterscheiden sie sich von Ionen?
3. Was ist unter einem elektrisch neutralen Körper zu verstehen? Begründe, dass ein Atom elektrisch neutral ist!
4. Belege die Aussage, dass Metalle eine geringe, Nichtmetalle eine höhere Anzahl von Außenelektronen haben (↗ Tabelle 3, S. 78)!

Atommodell. Die Vorstellungen vom Bau der Atome können vereinfacht und anschaulich in einem **Atommodell** dargestellt werden. Es gibt unterschiedliche Atommodelle. Das hier verwendete Modell soll vor allem ein Bild von der Anordnung der Elektronen in der Atomhülle geben.
Ein Natriumatom besitzt im Atomkern 11 Protonen und in der Atomhülle 11 Elektronen. Eines dieser Elektronen ist ein Außenelektron, die restlichen 10 befinden sich dichter am Kern. Abbildung 1 zeigt eine sehr einfache Darstellung, die später noch weiter zu vervollkommnen ist (↗ S. 118).
Das Atommodell ist wie alle **Modelle** stark vereinfacht und gibt die Wirklichkeit nicht vollständig wieder. So ist das Atom ein räumliches Gebilde und nicht eine Scheibe, wie in der Modelldarstellung. Die Elektronen befinden sich nicht ständig an einem Ort, sondern bewegen sich im Raum um den Atomkern.

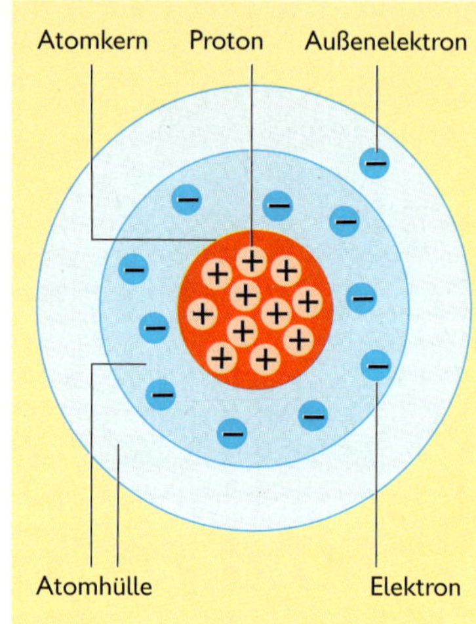

1
Modell des Natriumatoms

Chemische Elemente – Bau der Atome. Chemische Elemente sind Atomarten, die sich durch den Bau voneinander unterscheiden (↗ S. 26). Diese vorläufige Aussage kann nun mithilfe des Wissens vom Atombau genauer gefasst werden.
Die Atome eines bestimmten Elementes besitzen alle die gleiche Anzahl Protonen im Atomkern. Atome des Elementes Natrium enthalten im Atomkern stets 11 positiv elektrisch geladene Protonen. Alle Atome des Elementes Chlor besitzen 17 Protonen im Atomkern. Die Atomarten unterscheiden sich also durch die Anzahl der positiv elektrisch geladenen Protonen in ihren Atomkernen (Tabelle 3).

Atomart	Anzahl der Protonen	Anzahl der Elektronen	Anzahl der Außenelektronen
Natriumatome	11	11	1
Magnesiumatome	12	12	2
Aluminiumatome	13	13	3
Eisenatome	26	26	2
Kupferatome	29	29	2
Zinkatome	30	30	2
Silberatome	47	47	1
Wasserstoffatome	1	1	1
Stickstoffatome	7	7	5
Sauerstoffatome	8	8	6
Schwefelatome	16	16	6
Chloratome	17	17	7

3

Chemische Elemente unterscheiden sich durch die Anzahl der Protonen in den Atomkernen ihrer Atome.

Atommodelle

J. Dalton (1766 bis 1844):
Atome als gleichartige kugelförmige Teilchen

J. J. Thomson (1856 bis 1940):
Atom als positiv elektrisch geladene Wolke, in die negativ elektrisch geladenen Elektronen eingebettet sind.

E. Rutherford (1871 bis 1937) (Abb. 3, ↗ S. 79):
Atom als positiv elektrisch geladener Atomkern, der von negativ elektrisch geladenen Elektronen umkreist wird.

N. Bohr (1885 bis 1962) (Abb. 4, ↗ S. 79):
Atom als positiv elektrisch geladener Atomkern, um den negativ elektrisch geladene Elektronen auf bestimmten Bahnen kreisen.

Neuere Modelle u. a. durch *A. Sommerfeld, W. Heisenberg, M. Born, E. Schrödinger*

Elektronenschreibweise. Die Anzahl der Außenelektronen lässt sich bei einzelnen Elementen in der Zeichensprache durch Punkte an den chemischen Symbolen angeben, zum Beispiel:

Na·   ·Mg·   ·Al·   ·N·   :O: :Cl·

Ionen als geladene Teilchen. Ionen sind Teilchen, die positive oder negative elektrische Ladung besitzen (↗ S. 76). Das Modell vom Atombau kann auch für die Darstellung des Baus von Ionen nützlich sein (Abb. 2).

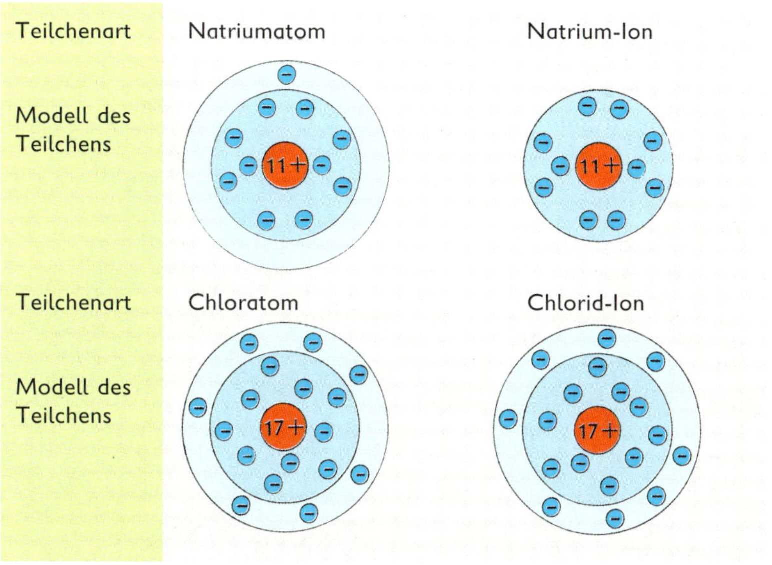

2

Das **Natrium-Ion** und das Natriumatom haben die gleiche Anzahl Protonen im Atomkern, die man in dem Modell auch vereinfacht nur durch deren Ladungen angeben kann. Das Natrium-Ion besitzt aber ein Elektron weniger als das Natriumatom. Den 11 positiven elektrischen Ladungen des Atomkerns stehen nur 10 negative elektrische Ladungen von Elektronen gegenüber. Deshalb ist das Natrium-Ion einfach positiv elektrisch geladen. Das **Chlorid-Ion** hat in seiner Elektronenhülle ein Elektron mehr als das Chloratom und ist deshalb einfach negativ elektrisch geladen. Die Anzahl der Protonen im Atomkern ist auch bei Chlorid-Ion und Chloratom gleich.

Atome und Ionen eines bestimmten Elementes besitzen stets die gleiche Anzahl Protonen in ihren Atomkernen. Sie unterscheiden sich aber durch die Anzahl der Elektronen in den Atomhüllen, Ionen weisen deshalb elektrische Ladungen auf.

3

Ernest Rutherford (1871 bis 1937), englischer Physiker, den Untersuchungen zur Radioaktivität und zu Röntgenstrahlen zu Arbeiten über den Atombau führten. Er entwickelte das „Planetenmodell“ vom Atombau.

4

Niels Bohr (1885 bis 1962), dänischer Physiker, ergänzte Vorstellungen vom Atombau durch Erkenntnisse zur Struktur der Elektronenhülle; nun waren viele Eigenschaften der Elemente zu deuten.

AUFGABEN

1. Beschreibe den Bau von a) Natriumatomen, b) Aluminiumatomen! Zeichne die Modelle vom Bau dieser Atome!
2. Vergleiche den Bau von a) Stickstoff- und Sauerstoffatomen, b) Magnesium-, Aluminium- und Schwefelatomen!
3. Wodurch unterscheiden sich die Elementsubstanzen a) Magnesium und Kupfer, b) Sauerstoff und Schwefel stofflich und in Bezug auf den Bau ihrer Teilchen?
4. Auf Seite 76 sind chemische Zeichen für einige Ionen angegeben.
   Versuche, mit Hilfe der Tabelle 3 Modelle von einigen dieser Ionen zu zeichnen!
5. Einige Alchemisten wollten im Mittelalter aus unedlen Metallen wie Blei und Zinn durch Zugabe anderer Stoffe das Edelmetall Gold herstellen.
   Beurteile dieses Vorhaben!

Bau und Namen von Metallchloriden

Bau des Natriumchlorids. Mithilfe des Wissens über Ionen ist es nun möglich, den Bau des Natriumchlorids genauer zu beschreiben. Natriumchlorid ist aus vielen Natrium-Ionen Na^+ und Chlorid-Ionen Cl^- aufgebaut (Abb. 1). Die entgegengesetzt geladenen Ionen sind räumlich regelmäßig angeordnet und bilden einen **Ionenverband**. Im Ionenverband liegen Natrium- und Chlorid-Ionen in gleicher Anzahl vor, sodass die elektrischen Ladungen ausgeglichen sind. Stoffe, die aus positiv und negativ elektrisch geladenen Ionen aufgebaut sind, bezeichnet man auch als **Ionensubstanzen**.
Auch andere Metallchloride sind aus positiv elektrisch geladenen Metall-Ionen und negativ elektrisch geladenen Chlorid-Ionen aufgebaut. Die Ionen liegen in diesen Ionensubstanzen in einem solchen Zahlenverhältnis vor, dass sich positive und negative elektrische Ladungen ausgleichen. Im Magnesiumchlorid sind zum Beispiel zweifach positiv elektrisch geladene Magnesium-Ionen Mg^{2+} mit der doppelten Anzahl einfach negativ elektrisch geladener Chloridionen Cl^- regelmäßig angeordnet. Magnesiumchlorid hat die chemische Formel $MgCl_2$.

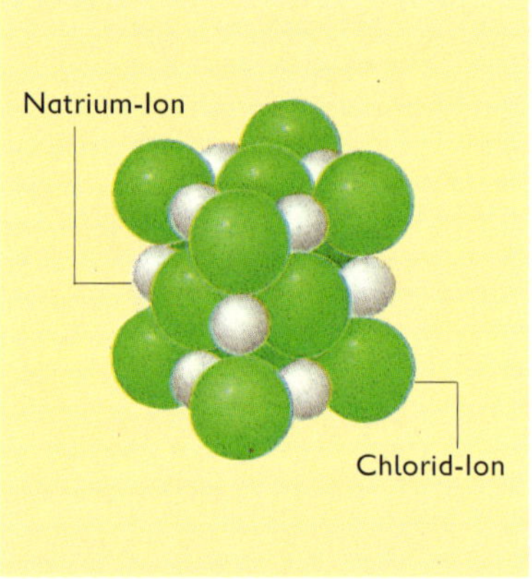

1
Modell des Natriumchlorids

Metallchloride wie Natriumchlorid sind aus Metall-Ionen und Chlorid-Ionen aufgebaut und gehören zu den salzartigen Stoffen (Ionensubstanzen).

Metallchloride

Namen	Formel
Natriumchlorid	$NaCl$
Kaliumchlorid	KCl
Silberchlorid	$AgCl$
Magnesiumchlorid	$MgCl_2$
Calciumchlorid	$CaCl_2$
Bariumchlorid	$BaCl_2$
Kupfer(II)-chlorid	$CuCl_2$
Eisen(II)-chlorid	$FeCl_2$
Aluminiumchlorid	$AlCl_3$

4

Namen und Formeln für Metallchloride. Die **Namen** der Metallchloride (Tabellen 4 und 5) werden wie bei allen Verbindungen gebildet, die aus zwei Elementen aufgebaut sind (↗ S. 54).

Name des 1. Elements (des Metalls)	Name des 2. Elements (oft lateinischer Name)	Endung id
Natrium	chlor	id
	Natriumchlorid	

5

In der **Formel** für Natriumchlorid **NaCl** kommt das Zahlenverhältnis zwischen den Natrium-Ionen und den Chlorid-Ionen zum Ausdruck, das 1 : 1 beträgt. Die elektrischen Ladungen der Ionen werden in der Formel nicht angegeben. Da das Natriumchlorid nicht aus Molekülen, sondern aus einer großen Anzahl regelmäßig angeordneter Ionen aufgebaut ist, kennzeichnet die Formel die kleinste **Baueinheit** von Natriumchlorid, die aus einem Natrium-Ion und einem Chlorid-Ion besteht (↗ S. 54).

Die Formel NaCl kennzeichnet den Stoff Natriumchlorid und eine Baueinheit des Stoffes Natriumchlorid.

Mit der Formel für Magnesiumchlorid $MgCl_2$ werden der Stoff Magnesiumchlorid und eine Baueinheit Magnesiumchlorid bezeichnet, die hier das Zahlenverhältnis 1 : 2 aufweist.

Lösungen von Metallchloriden

Lösen von Metallchloriden in Wasser. Aus weißen, kristallinen Metallchloriden bilden sich mit Wasser farblose Lösungen (Experiment 4). Die Metallchloridlösungen leiten den elektrischen Strom (Experiment 2, S. 76). Beim Lösen von Kaliumchlorid in Wasser sinkt die Temperatur (Experiment 5). Das Absinken der Temperatur beim Lösen einiger Metallchloride wird zur Herstellung von Kältemischungen genutzt.

Beim Lösen von Metallchloriden in Wasser findet eine Umordnung der Teilchen statt. Die Wassermoleküle lagern sich zunächst an den Oberflächen der Salzkristalle an und überwinden die Kräfte, die die Ionen zusammenhalten. Der Vorgang wiederholt sich, bis die Salzkristalle vollständig abgebaut sind (Abb. 2). In der Lösung sind die Ionen von Wassermolekülen umgeben.

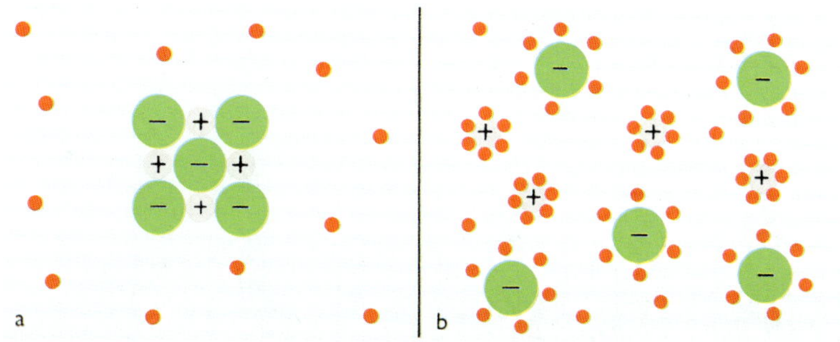

2

Umordnung der Teilchen beim Lösen von Natriumchlorid in Wasser
a) Natriumchlorid im Wasser, b) Natriumchloridlösung

Experiment 4
Kleine Proben von Natriumchlorid, Kaliumchlorid und Magnesiumchlorid werden in Reagenzgläsern mit etwas Wasser versetzt und geschüttelt.

Experiment 5
In 40 ml Wasser werden unter ständigem Rühren etwa 15 g Kaliumchlorid gelöst. Die Temperaturen der Flüssigkeit werden vor und nach dem Experiment gemessen.

Experiment 6
Gib 10 g Natriumchlorid in ein Becherglas mit 25 ml Wasser und stelle die Lösung in das Tiefkühlfach eines Kühlschrankes!
Gefriert die Lösung?

Das Lösen von Natriumchlorid in Wasser kann in einer Wortgleichung erfasst werden:

Natriumchlorid + Wasser ⟶ Natriumchloridlösung.

In der Reaktionsgleichung für einen solchen Vorgang, oft auch als elektrolytische **Dissoziation** (lateinisch: dissociare = trennen) bezeichnet, wird meist auf die Angabe des Wassers verzichtet. Es werden nur der Ausgangsstoff und die in der wässrigen Lösung vorhandenen Ionen angegeben. Solche Reaktionsgleichungen mit Ionen heißen **Ionengleichungen.**

$NaCl \longrightarrow Na^+ + Cl^-$

Für das Lösen von Magnesiumchlorid in Wasser lautet sie:

$MgCl_2 \longrightarrow Mg^{2+} + 2\ Cl^-$.

AUFGABEN

1. Warum sind die Metallchloride bei Zimmertemperatur fest?
2. Entwickle Reaktionsgleichungen für das Lösen von Kupfer(II)-chlorid in Wasser!
   Wie verläuft dieser Vorgang?
3. Welche Aussagen lassen sich aus den Formeln für a) Kaliumchlorid, b) Kupfer(II)-chlorid, c) Magnesiumchlorid, d) Calciumchlorid ableiten?
   Wie sind diese Stoffe aufgebaut?

Elektrolyse. Legt man an Elektroden, die in eine Kupfer(II)-chloridlösung tauchen, eine Gleichspannung, so bildet sich nach einiger Zeit am Minuspol, der **Katode**, ein brauner Belag von Kupfer. Am Pluspol, der **Anode**, entweicht ein stechend riechendes Gas, das angefeuchtetes Kaliumiodid-Stärke-Papier blau färbt. Das ist ein Nachweis für das Gas **Chlor** (Experiment 7).

Experiment 7 L
In einem U-Rohr befindet sich wässrige, 5%ige Kupfer(II)-chloridlösung (Xn). An die Elektroden wird eine Gleichspannung angelegt.

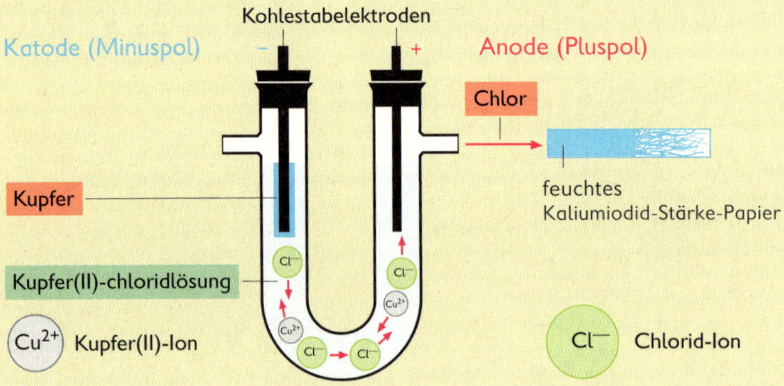

Experiment 8
Vorsicht! Silbernitrat ist ätzend!
Gib jeweils einige Tropfen 1%ige Silbernitratlösung in eine Natriumchloridlösung und eine Kaliumchloridlösung!
Beobachte die Farbänderung und die Löslichkeit der Stoffe!

1
Bildung von Silberchlorid

Vorgänge, bei denen Stoffe durch den elektrischen Strom zerlegt werden, heißen Elektrolyse.

Bei der Elektrolyse von Kupfer(II)-chloridlösung werden die positiv elektrisch geladenen Kupfer(II)-Ionen am Minuspol, der Katode, entladen. Kupfer scheidet sich ab. Die negativ elektrisch geladenen Chlorid-Ionen werden an der Anode entladen und es entweicht Chlorgas.
Positiv elektrisch geladene Ionen, wie das Kupfer(II)-Ion, heißen **Kationen**, weil sie zur Katode wandern. Negativ elektrisch geladene Ionen, wie das Chlorid-Ion, nennt man **Anionen.**

Nachweis von Chlorid-Ionen. Alle wässrigen Metallchloridlösungen enthalten Metall-Ionen und Chlorid-Ionen. Durch charakteristische Reaktionen können diese Teilchen in einer Lösung nachgewiesen werden.
Versetzt man eine Natriumchloridlösung mit einigen Tropfen Silbernitratlösung, bildet sich ein weißer, schwer löslicher Stoff, der in der Flüssigkeit zum Boden sinkt (Abb. 1). Es entsteht ein **Niederschlag** von Silberchlorid (Experiment 8). Auch andere Metallchloridlösungen reagieren mit Silbernitratlösung zu Silberchlorid (Experiment 8).
Chlorid-Ionen können in einer Lösung mit Silbernitrat nachgewiesen werden (Arbeitsauftrag).
In der Ionengleichung für den Nachweis der Chlorid-Ionen werden nur die Ionen angegeben, die zum Niederschlag in der Lösung führen.
$Ag^{+} + Cl^{-} \longrightarrow AgCl$

Arbeitsauftrag
Drei Reagenzgläser enthalten wasserklare Flüssigkeiten. Es soll festgestellt werden, in welchem Glas Chloridlösung enthalten ist.
Wie ist vorzugehen?
Führe die Untersuchung aus!

Einige Metallhydroxide

Verwendung einiger Metallhydroxide. Wichtige Metallhydroxide sind **Calciumhydroxid** (Ätzkalk), **Natriumhydroxid** (Ätznatron) und **Kaliumhydroxid** (Ätzkali). Diese Stoffe werden in großen Mengen hergestellt und vielseitig verwendet. Calciumhydroxid, auch Kalkhydrat genannt, ist im Bauwesen zur Herstellung von Kalkmörtel erforderlich (↗ S. 175). In der Landwirtschaft dient es als Düngemittel. Natriumhydroxid wird für die Herstellung von Seifen (↗ S. 241), Feinwaschmitteln, Kunstseide, Papier und Zellstoff benötigt. Auch in bestimmten Haushaltchemikalien sind Natrium- und Kaliumhydroxid enthalten, zum Beispiel in Abbeizpasten zum Entfernen alter Farbanstriche und in Erzeugnissen zum Reinigen von Abflussrohren (Abb. 2).
Vielseitig werden auch die Lösungen von Metallhydroxiden in Wasser verwendet. Die wässrige Lösung von Calciumhydroxid, so genanntes Kalkwasser, benötigt man hauptsächlich bei der Herstellung von Zucker aus Rüben. Die Lösungen von Natriumhydroxid und Kaliumhydroxid in Wasser sind wichtige Industriereinigungsmittel und dienen zum Waschen von Flaschen. Mit ihnen lassen sich Speise- und Fettreste leicht entfernen.

Umgang mit einigen Metallhydroxiden und deren Lösungen. Natrium- und Kaliumhydroxid sind weiße, kristalline Stoffe, die sich in Wasser leicht lösen. Sie werden verschlossen aufbewahrt, weil sie aus der Luft Wasser und Kohlenstoffdioxid aufnehmen.
Beim Umgang mit ihnen ist Vorsicht geboten (Tabelle 6).
Wässrige Metallhydroxidlösungen bezeichnet man als **Laugen**. Die Lösungen von Natrium- und Kaliumhydroxid heißen Natron- bzw. Kalilauge. Je nach dem Massenanteil an gelöstem Hydroxid wird zwischen konzentrierter Lauge (bis etwa 33 %) und verdünnter Lauge (unter 10 %) unterschieden.
Natrium- und Kaliumhydroxid sowie deren wässrige Lösungen mit einem Massenanteil an Hydroxid von über 2 % gehören zu den ätzenden Stoffen und müssen besonders gekennzeichnet werden (Abb. 3). Haare, Schafwolle und Vogelfedern werden durch konzentrierte Natronlauge zerstört (Experiment 9).

Verhalten beim Umgang mit Metallhydroxiden

1. Fasse festes Natrium-, Kalium- und Calciumhydroxid nicht mit den Händen an!
2. Schütze die Augen beim Experimentieren durch Aufsetzen einer Schutzbrille!
   Verätzungen können zu Sehschäden führen!
3. Achte beim Experimentieren mit Natronlauge, Kalilauge und Kalkwasser darauf, dass keine Tropfen der Flüssigkeiten auf die Haut oder die Kleidung gelangen!
   Trage eine Schürze!
4. Entferne verschüttete Hydroxidlösungen sofort mit einem Wischtuch und reichlich Wasser!
5. Bei Hautverätzungen durch Hydroxide gründlich mit Wasser spülen, gegebenenfalls einen Arzt aufsuchen!

6

2
Erzeugnisse, zu deren Herstellung Natriumhydroxid verwendet wird

3
Hinweise zum Umgang mit einem Abflussreiniger

Experiment 9
Vorsicht! Schutzbrille tragen!
Kleine Proben Haare, Schafwolle oder Vogelfedern werden mit 30%iger Natronlauge (C) versetzt und bis zum Sieden erhitzt.

AUFGABEN

1. Erläutere die Bezeichnungen „Anion“ und „Kation“!
2. Warum bildet Silbernitratlösung in destilliertem Wasser keinen Niederschlag?
3. Was muss ein Maurer tun, wenn ihm Kalkmörtel ins Auge gespritzt ist?

Bau von einigen Metallhydroxiden. Natriumhydroxid, Kaliumhydroxid, Calciumhydroxid und Bariumhydroxid sind feste, kristalline Stoffe, die sich mehr oder weniger gut in Wasser lösen. Sie sind wie Natriumchlorid aus Ionen aufgebaut und gehören zu den **salzartigen Stoffen.** Diese Metallhydroxide bestehen aus positiv elektrisch geladenen Metall-Ionen und aus einfach negativ elektrisch geladenen **Hydroxid-Ionen.** Hydroxid-Ionen sind aus den Elementen Sauerstoff und Wasserstoff zusammengesetzt und haben das chemische Zeichen $\mathbf{OH^-}$.

Im Natriumhydroxid liegen Natrium-Ionen und Hydroxid-Ionen im Zahlenverhältnis 1 : 1 vor. Die Formel für Natriumhydroxid lautet **NaOH.** Sie kennzeichnet den Stoff Natriumhydroxid und eine Baueinheit des Stoffes Natriumhydroxid (Tabelle 7).

Im Calciumhydroxid liegen Calcium- und Hydroxid-Ionen im Zahlenverhältnis 1 : 2 vor. Das wird durch die Formel $\mathbf{Ca(OH)_2}$ angegeben. Die Verhältniszahl für die Hydroxid-Ionen ist die tief gestellte Zahl hinter der Klammer. Die Formel $Ca(OH)_2$ wird wie folgt gelesen: „C a, O H in Klammern, zweimal".

Metallhydroxide		Ionen der Metallhydroxide	
Name	Formel	Name	Chemisches Zeichen
Natrium-hydroxid	$NaOH$	Natrium-Ion Hydroxid-Ion	Na^+ OH^-
Kalium-hydroxid	KOH	Kalium-Ion Hydroxid-Ion	K^+ OH^-
Calcium-hydroxid	$Ca(OH)_2$	Calcium-Ion Hydroxid-Ion	Ca^{2+} OH^-

7

Einige Metallhydroxide sind aus Metall-Ionen und Hydroxid-Ionen aufgebaut und gehören zu den salzartigen Stoffen (Ionensubstanzen).
Hydroxid-Ionen OH^- sind zusammengesetzte Ionen, die negativ elektrisch geladen sind.

Reaktion einiger Metallhydroxide mit Wasser. Gibt man Natriumhydroxid in Wasser, so löst es sich auf. Bei dieser Reaktion erwärmt sich die Lösung (Experiment 10). Es bildet sich Natriumhydroxidlösung. Die Lösung leitet den elektrischen Strom (Experiment 11), da in ihr die von Wassermolekülen umgebenen Natrium-Ionen und Hydroxid-Ionen als bewegliche Ladungsträger vorhanden sind.

$$NaOH \longrightarrow Na^+ + OH^-$$

Calciumhydroxid ist nur wenig wasserlöslich (Experiment 12). Die meisten Metallhydroxide sind praktisch wasserunlöslich.

Einige Metallhydroxide + Wasser ⟶ Metallhydroxidlösungen (Laugen)

Experiment 10
Vorsicht! Schutzbrille tragen!
Natriumhydroxid (C) wird unter ständigem Umrühren in Wasser aufgelöst. Die Temperaturen werden zu Beginn und am Ende des Experiments gemessen.

Experiment 11
3%ige Natronlauge (C) wird auf elektrische Leitfähigkeit geprüft.

Experiment 12
Vorsicht! Schutzbrille tragen!
Calciumhydroxid (C) wird unter ständigem Umrühren in Wasser gelöst. Anschließend wird die Aufschlämmung filtriert.

Experiment 13
Vorsicht! Schutzbrille tragen!
Prüfe destilliertes Wasser sowie 5%ige Lösungen von Natriumchlorid, Natriumhydroxid (C) und Calciumhydroxid in Wasser mit Lackmuslösung!

Experiment 14 L
Vorsicht! Schutzbrille tragen!
Ein kleines, entrindetes Stück Natrium (F, C) wird mit einer Pinzette in einer Glasschale auf Wasser gegeben. Die entstandene Lösung wird mit einem Indikator geprüft.

Natriumhydroxidlösung
(Natronlauge)
verdünnt
w = 1 %
NaOH

Kennzeichnung einer Chemikalienflasche mit 1%iger Natriumhydroxidlösung 1

Alkalische Lösungen. Der Farbstoff Lackmus färbt sich in Metallhydroxidlösungen blau (Experiment 13). Solche Stoffe, die sich in Lösungen charakteristisch färben, heißen **Indikatoren** (lateinisch: indicare = anzeigen). Die Farbänderungen können bei einzelnen Indikatoren unterschiedlich sein (Tabelle 8).

Flüssigkeit	Destilliertes Wasser	Wässrige Lösungen von NaCl	NaOH	$Ca(OH)_2$
Farbe der Flüssigkeit mit Lackmus	violett	violett	blau	blau
Farbe der Flüssigkeit mit Universalindikator	grün	grün	blau	blau

8

Wie Experiment 13 zeigt, wird die Blaufärbung des Indikators durch die in den Flüssigkeiten vorhandenen Hydroxid-Ionen bewirkt. Man kann also sagen: Der Indikator Lackmus gibt durch seine Blaufärbung das Vorhandensein von Hydroxid-Ionen an.
Alle Lösungen, die Hydroxid-Ionen enthalten und bei Indikatoren eine charakteristische Farbänderung hervorrufen, bezeichnet man als **alkalische** oder **basische Lösungen**. Neben Metallhydroxidlösungen gibt es auch noch andere wässrige Lösungen, die alkalisch (basisch) reagieren.
Oft ist es erforderlich, mithilfe von Indikatoren alkalische (basische) Lösungen nachzuweisen. Solche Nachweise sind bei der Kontrolle von Industrieabwässern und bei Bodenuntersuchungen erforderlich (↗ S. 101).

Alkalische (basische) Lösungen sind wässrige Lösungen, die Hydroxid-Ionen enthalten und bei Indikatoren eine Farbänderung bewirken.
Die Indikatoren zeigen durch ihre Farbänderung das Vorhandensein von Hydroxid-Ionen an. Sie dienen zum Nachweis alkalischer (basischer) Lösungen.

Reaktion einiger Metalle mit Wasser. Das unedle Metall Natrium reagiert sehr heftig mit Wasser (Experiment 14). Es entsteht Natriumhydroxidlösung (Natronlauge), die mit einem Indikator nachgewiesen werden kann. Außerdem bildet sich ein brennbares Gas, der Wasserstoff.

$$2\ Na + 2\ H_2O \rightarrow 2\ Na^+ + 2\ OH^- + H_2$$

Auch Magnesium und Calcium reduzieren das Wasser zu Wasserstoff. Dabei bildet sich Magnesium- beziehungsweise Calciumhydroxidlösung. Wasserstoff ist als brennbares Gas nachweisbar (Experimente 15 und 16).

Unedle Metalle, wie Natrium, Magnesium und Calcium, bilden mit Wasser Metallhydroxidlösungen und Wasserstoff.

Experiment 15
Ein Stück blank geschliffenes Magnesiumband wird in ein Reagenzglas mit etwas Wasser gegeben und erwärmt. Nach kurzer Zeit wird die Lösung mit einem Indikator geprüft.

Experiment 16 **L**
Ein kleines Stück Calcium (F) wird in Wasser gegeben. Das entstehende Gas (F+) wird aufgefangen und auf Brennbarkeit geprüft. Die entstandene Lösung wird filtriert und mit einem Indikator geprüft.

AUFGABEN

1. Nickel-Cadmium-Akkumulatoren (↗ S. 303) sind mit 20%iger Kalilauge (ϱ = 1.19 g/cm^3) gefüllt. Warum muss man mit solchen Akkumulatoren, wenn das Gehäuse geplatzt ist, vorsichtig umgehen? Welche Masse Kaliumhydroxid ist in 1 l Kalilauge enthalten?
2. Überlege, ob eine Natriumhydroxidschmelze den elektrischen Strom leitet! Begründe!
3. Welche Aussagen können den Formeln LiOH, $Mg(OH)_2$, $Ba(OH)_2$ und $Al(OH)_3$ entnommen werden? Gib die Namen der Stoffe an!
4. Entwickle die Reaktionsgleichung für das Lösen von Calciumhydroxid und Bariumhydroxid in Wasser!
5. Warum verändern Indikatoren in destilliertem Wasser nicht ihre Farbe ?
6. Wie lässt sich nachweisen, dass beim Experiment 16 Wasserstoff entsteht? Schlage eine Experimentieranordnung vor!

Einige Metalloxide

Bau und Eigenschaften von einigen Metalloxiden. Fast alle Metalle reagieren mit Sauerstoff zu Metalloxiden (↗ S. 28 f.). Von den Metalloxiden sind Magnesiumoxid (↗ S. 54) und Calciumoxid (↗ S. 175) mit Metallchloriden wie Natriumchlorid vergleichbar. Diese Metalloxide sind auch aus Ionen aufgebaut.
So besteht Magnesiumoxid aus zweifach positiv elektrisch geladenen Magnesium-Ionen Mg^{2+} und zweifach negativ elektrisch geladenen **Oxid-Ionen O^{2-}**, die regelmäßig räumlich angeordnet sind (Abb. 1). Auch Calciumoxid ist aus entgegengesetzt elektrisch geladenen Ionen aufgebaut (Tabelle 9).
Magnesiumoxid und Calciumoxid gehören aufgrund ihres Baus zu den salzartigen Stoffen (Ionensubstanzen). Sie haben auch typische Eigenschaften salzartiger Stoffe (Tabelle 10). Die meisten Metalloxide (↗ S. 54) sind jedoch nicht aus Ionen aufgebaut und gehören deshalb auch nicht zu den salzartigen Stoffen.

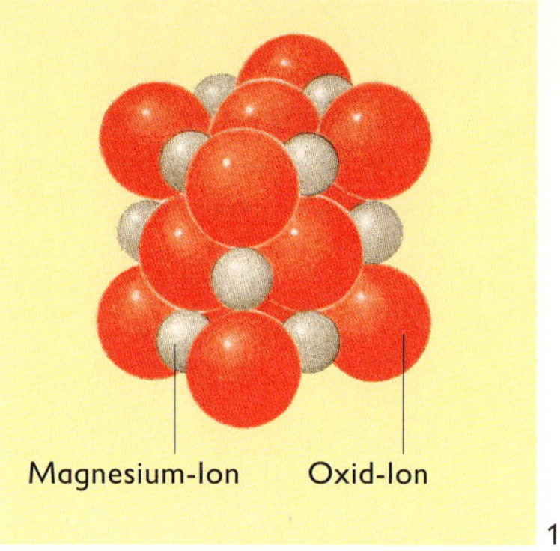

1
Modell der Anordnung der Ionen im Magnesiumoxid

Metalloxide		Ionen der Metalloxide	
Name	Formel	Name	Chemisches Zeichen
Calciumoxid	CaO	Calcium-Ion Oxid-Ion	Ca^{2+} O^{2-}
Magnesiumoxid	MgO	Magnesium-Ion Oxid-Ion	Mg^{2+} O^{2-}

9

Eigenschaften von Magnesiumoxid	Calciumoxid
Farbe:	
weiß	weiß
Schmelztemperatur:	
2640 °C	2572 °C
Siedetemperatur:	
2800 °C	2850 °C
Löslichkeit in Wasser:	
gering	gering

10

Magnesiumoxid und Calciumoxid sind aus positiv elektrisch geladenen Metall-Ionen und negativ elektrisch geladenen Oxid-Ionen aufgebaut. Sie gehören zu den salzartigen Stoffen (Ionensubstanzen).

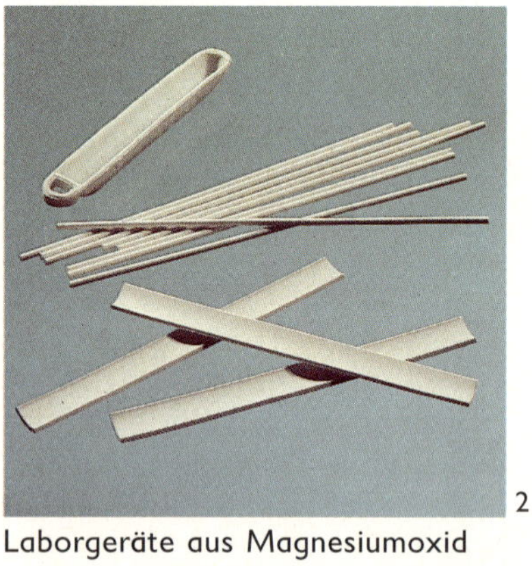
2
Laborgeräte aus Magnesiumoxid

Reaktionen einiger Metalloxide mit Wasser. Einige Metalloxide lösen sich wie andere salzartige Stoffe in Wasser (Experiment 17). Calcium- und Magnesiumoxid bilden mit Wasser milchig-trübe Aufschlämmungen. Sie lösen sich nur langsam und nicht vollständig in Wasser. Die Bildung alkalischer Lösungen kann mit Universalindikator nachgewiesen werden. In diesen Lösungen befinden sich Metall-Ionen und Hydroxid-Ionen.

$$MgO + H_2O \longrightarrow \underbrace{Mg^{2+} + 2\,OH^-}_{\text{Magnesiumhydroxidlösung}}$$

Zinkoxid reagiert nicht mit Wasser. Magnesiumoxid dient als Mittel gegen Übersäuerung des Magens und zur Herstellung von feuerfesten Laborgeräten (Abb. 2). Calciumoxid (Branntkalk) ist ein wichtiger Rohstoff zur Herstellung von Kalkmörtel (↗ S. 175).

Magnesiumoxid und Calciumoxid bilden mit Wasser Metallhydroxidlösungen (Laugen).

Experiment 17 **L**
Vorsicht! Schutzbrille tragen!
Zu je einer Probe von Calciumoxid (C), Magnesiumoxid und Zinkoxid wird Wasser gegeben. Nach leichtem Erwärmen der Stoffgemische wird filtriert. Die Filtrate werden mit Universalindikator geprüft.

AUFGABEN

1. Gib die Namen der Stoffe und die Zusammensetzung aus den Elementen für folgende Formeln an: $MgCl_2$, $Mg(OH)_2$, MgO, ZnO, Fe_2O_3, $CuCl_2$, H_2O, CO_2, SO_2, $Ca(OH)_2$!
2. Gib die Formel für Natriumchlorid, Kaliumhydroxid und Magnesiumoxid an! Beschreibe den Bau dieser Stoffe unter Angabe der Teilchen!
3. Erläutere die elektrische Leitfähigkeit von Natriumhydroxidlösung, destilliertem Wasser und Kaliumchloridlösung!
4. Warum müssen in Freibädern alle Personen beim Herannahen eines Gewitters das Wasser verlassen?
5. Zwei unbekannte wässrige Lösungen färben den Universalindikator blau. Was kann man daraus schließen?
6. Welche Experimente eignen sich zum Unterscheiden von a) Zuckerlösung, b) Kochsalzlösung und c) Kalkwasser?
7. Nenne typische Eigenschaften für salzartige Stoffe!
8. Erläutere den Zusammenhang zwischen Eigenschaften und Verwendung eines Metallhydroxids und eines Metalloxids!
9. Welcher Unterschied besteht zwischen einem Sauerstoffatom, einem Sauerstoffmolekül und einem Oxid-Ion?

Im Überblick

Salzartige Stoffe (Ionensubstanzen)

Stoffe, die aus positiv elektrisch geladenen Metall-Ionen (Kationen) und negativ elektrisch geladenen Ionen (Anionen) aufgebaut sind. Zu den salzartigen Stoffen gehören einige Metallchloride, Metallhydroxide und Metalloxide.

Beispiele für salzartige Stoffe (Ionensubstanzen)

Metallchloride, die aus positiv elektrisch geladenen Metall-Ionen und negativ elektrisch geladenen Chlorid-Ionen aufgebaut sind.

Metallhydroxide, die aus positiv elektrisch geladenen Metall-Ionen und negativ elektrisch geladenen Hydroxid-Ionen aufgebaut sind.

Bildung von Metallhydroxidlösungen

Metallhydroxid	+	Wasser	⟶	Metallhydroxidlösung		
$Ca(OH)_2$			⟶	$Ca^{2+} + 2\,OH^-$		
Unedles Metall	+	Wasser	⟶	Metallhydroxidlösung	+	Wasserstoff
Ca	+	$2\,H_2O$	⟶	$Ca^{2+} + 2\,OH^-$	+	H_2
Metalloxid	+	Wasser	⟶	Metallhydroxidlösung		
CaO	+	H_2O	⟶	$Ca^{2+} + 2\,OH^-$		

Einige Metalloxide, die aus elektrisch positiv geladenen Metall-Ionen und elektrisch negativ geladenen Oxid-Ionen aufgebaut sind.

Nachweis von Ionen

Nachzuweisendes Ion	Nachweismittel	Erscheinung
Chlorid-Ion Cl^-	Silbernitratlösung	weißer Niederschlag von Silberchlorid
Hydroxid-Ion OH^-	Lackmus, Universalindikator	Indikator färbt sich blau

8 Chemische Bindung

Kochsalz, Zucker, Wasserstoff, Kupfer, Erdöl, Eiweiße – welch verschiedenartige Stoffe, und doch alle aus Teilchen weniger chemischer Elemente aufgebaut! Wie werden die weitgehend gleichartigen „Bausteine“ in diesen Stoffen zusammengehalten?

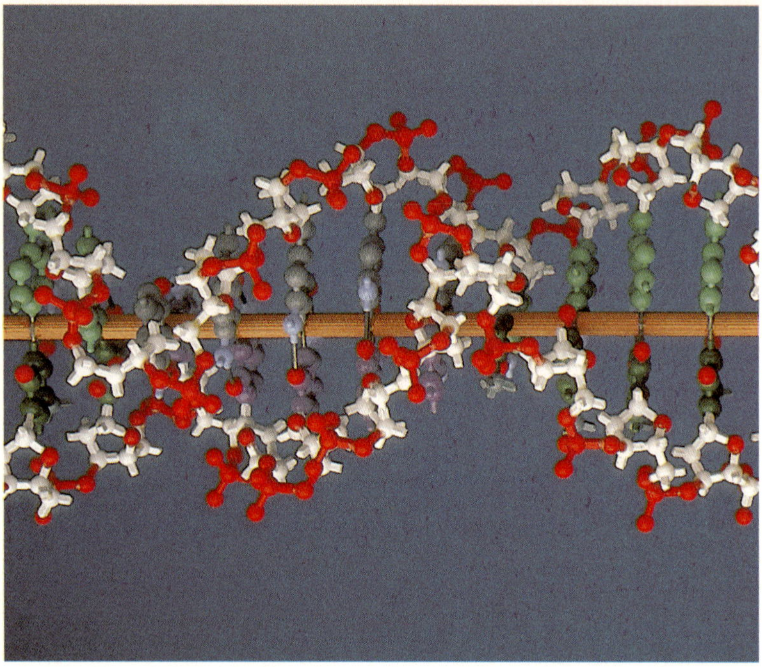

Zusammenhalt von Teilchen in Stoffen

Bau von Stoffen. Die unvorstellbar große Anzahl von mehr als 10 Millionen verschiedenartiger Stoffe haben Chemiker untersucht, beschrieben und entwickelt. Gegenwärtig wird etwa jede Minute eine neue chemische Verbindung entdeckt. Die gesamte uns umgebende „Stoffwelt“ besteht aber nur aus rund 100 chemischen Elementen (↗ S. 26). Je nachdem, welche Teilchen von welchen chemischen Elementen in den Stoffen miteinander verbunden sind, liegen sie als farblose Gase, glänzende Metalle, durchscheinende Salze oder als dunkelbraunes Erdöl vor.

Wird der Bau von Stoffen untersucht, genügt es nicht, ihre Teilchen (Atome, Moleküle, Ionen) zu kennen. Die **chemische Bindung** kennzeichnet den Zusammenhalt der Teilchen in den Stoffen. Erst wenn man weiß, welche Teilchen in einem Stoff vorliegen, wie sie gebunden und angeordnet sind, kennt man den Bau eines Stoffes und kann viele seiner Eigenschaften erklären.

Die Modellierung von Strukturen der Stoffe mittels eines Computers ermöglicht genauere Vorstellungen darüber.

Weil der Bau von vielen Vitaminen, Hormonen und anderen kompliziert aufgebauten Naturstoffen inzwischen bekannt ist, sind sie synthetisch herstellbar.

Zur Aufklärung des Baus von Stoffen, der chemischen Bindung zwischen ihren Teilchen, hat der amerikanische Chemiker *Linus Pauling* (Abb. 1) viel beigetragen.

Der Bau der Stoffe ist gekennzeichnet durch die Art und Anzahl der Teilchen, die chemische Bindung zwischen den Teilchen und die Anordnung der Teilchen.

1

Linus Pauling (1901 bis 1994)
Geboren in Portland (USA), von 1917 bis 1925 Studium der Chemie, jahrzehntelange Arbeit als Professor für Chemie im California Institute of Technology in Pasadena; herausragende Leistungen bei der Erforschung der chemischen Bindung und der Struktur der Eiweiße, beschäftigte sich auch mit philosophischen Fragen; 1954 Nobelpreis für Chemie und 1962 Friedensnobelpreis.

Ionenbindung

Ionenbindung bei salzartigen Stoffen. Die glasklaren, das Licht brechenden, würfelförmigen Kristalle des Natriumchlorids (Abb. 2) bestehen aus einer riesengroßen Anzahl von positiv elektrisch geladenen Natrium-Ionen und negativ elektrisch geladenen Chlorid-Ionen (↗ S. 76), die sich gegenseitig anziehen (Abb. 3 und 4). Mit jeweils einer Achterschale als Außenschale weisen beide Ionenarten eine stabile Elektronenanordnung auf (Abb. 5). Der Zusammenhalt der im Kristall regelmäßig angeordneten Ionen wird durch die elektrostatischen Anziehungskräfte zwischen den Ionen mit entgegengesetzter elektrischer Ladung bewirkt. Dieser Zusammenhalt wird **Ionenbindung** genannt. Er bestimmt den Bau von salzartigen Stoffen, so auch von Kaliumchlorid, Natriumhydroxid und Magnesiumoxid.
Die regelmäßige Anordnung der Ionen im Ionenverband wird als **Ionengitter** bezeichnet.

Die Ionenbindung ist eine Art der chemischen Bindung, die durch Anziehungskräfte zwischen elektrisch entgegengesetzt geladenen Ionen bewirkt wird.

Eigenschaften salzartiger Stoffe. Feste, aus Ionen aufgebaute Stoffe haben im allgemeinen hohe Schmelztemperaturen. Beim Schmelzen salzartiger Stoffe müssen Anziehungskräfte zwischen Ionen überwunden, Wärme muss zur „Zerstörung" des Ionengitters aufgewendet werden. Bei Temperaturerhöhung schwingen Ionen immer stärker im Ionengitter, um schließlich ihre festen Plätze zu verlassen und in der Schmelze beweglich zu sein.
Salzkristalle sind meist hart und spröde. Beim Einwirken einer Kraft auf einen Salzkristall verschieben sich Ionen im Ionengitter. Es kommt zum Aufeinandertreffen gleichartig geladener Ionen, die sich gegenseitig abstoßen. Der Kristall wird gespalten.
Salzartige Stoffe lösen sich oft leicht in Wasser (↗ S. 81). Auch beim Lösen muss Wärme zur „Zerstörung" des Ionengitters aufgewendet werden. Das leichte „Zerfallen" von Salzkristallen in Wasser scheint im Widerspruch dazu zu stehen. Es beruht darauf, dass die geladenen Ionen Wassermoleküle anziehen und sich so mit einer Hülle von Wassermolekülen umgeben. Der Vorgang heißt **Hydratation**. Bei ihm wird Wärme an die Umgebung abgegeben (↗ Experiment 5, S. 81). Diese reicht oft aus, um die Ionenbindung im Kristall zu überwinden. Die von einer Hülle aus Wassermolekülen umgebenen Ionen werden frei beweglich in der Lösung. Es sind **hydratisierte Ionen** (Abb. 6).
Das Vorhandensein frei beweglicher Ionen in Lösungen salzartiger Stoffe ist der Grund, dass diese Lösungen elektrischen Strom leiten (↗ S. 76).

Die Ionen salzartiger Stoffe werden beim Lösen in Wasser hydratisiert. Sie sind daher in der Lösung von einer Hülle aus Wassermolekülen umgeben.

2

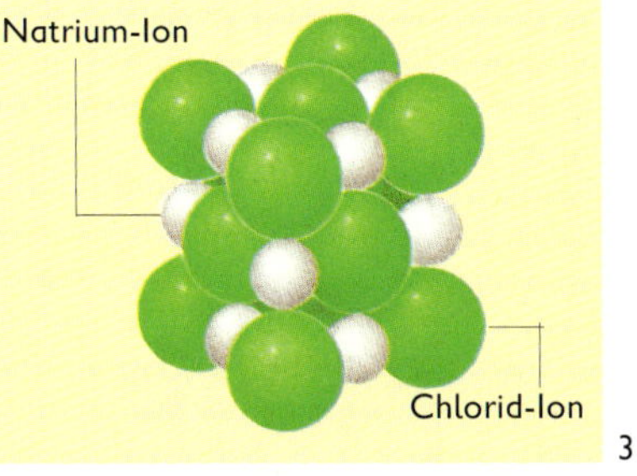

3

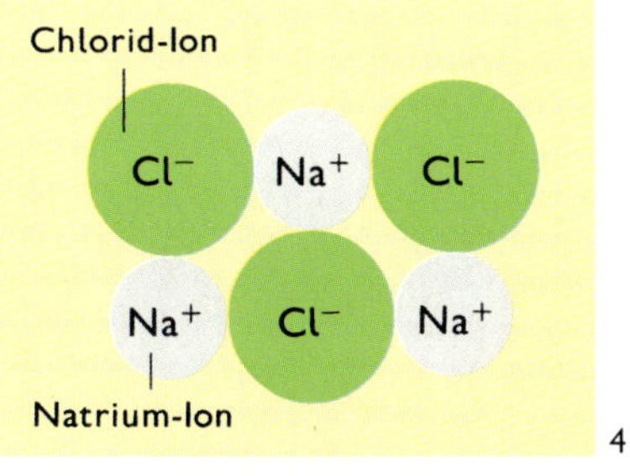

4

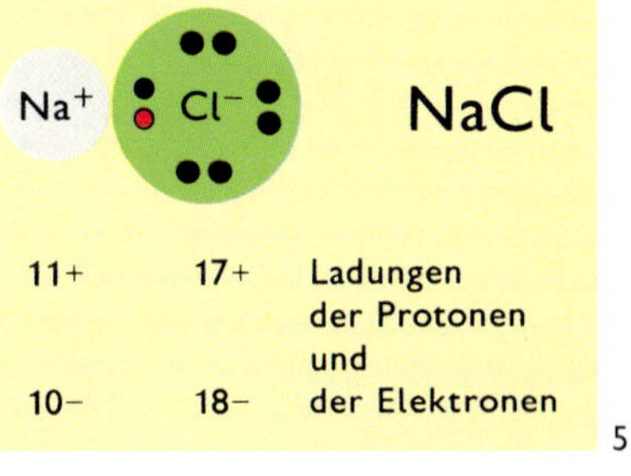

5

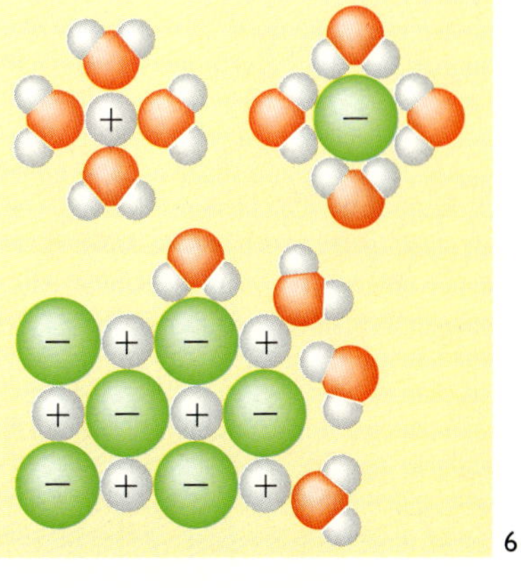
6

Atombindung

Atombindung – Bau gasförmiger Nichtmetalle. Gasförmige Nichtmetalle, zum Beispiel Wasserstoff (Abb. 1), Sauerstoff, Stickstoff (Abb. 5) und das gelbgrüne, giftige Chlor (Abb. 2), sind aus Molekülen aufgebaut, in denen jeweils zwei Atome miteinander verbunden sind (Abb. 3). Der Zusammenhalt in den Molekülen wird durch die zwischen den Atomen bestehende **Atombindung** bewirkt (Abb. 4 und Abb. 5). Diese chemische Bindung zwischen zwei Atomen im Molekül kommt durch ein oder mehrere **gemeinsame Elektronenpaare** zustande. Die Atomhüllen neutraler Atome durchdringen einander. Von den Atomen gemeinsam beanspruchte Elektronen führen zu einer stabilen Elektronenanordnung für jedes Atom, einer Achterschale (Abb. 4). Eine Ausnahme bildet das Wasserstoffmolekül mit einer Zweierschale für jedes Wasserstoffatom (Abb. 1).

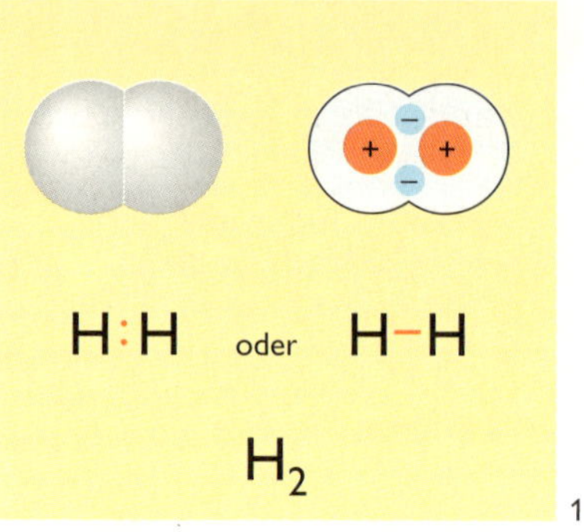

1

2

3

4

Ein gemeinsames Elektronenpaar wird im Chlormolekül ausgebildet, indem jedes Chloratom ein Elektron seiner sieben Außenelektronen beisteuert. Die Elektronenanordnung jedes Chloratoms im Molekül gleicht so der eines Argonatoms. Im Stickstoffmolekül sind die Atome durch drei gemeinsame Elektronenpaare miteinander verbunden (Abb. 5). Es weist mit drei bindenden Elektronenpaaren die Elektronenanordnung des Neonatoms auf.

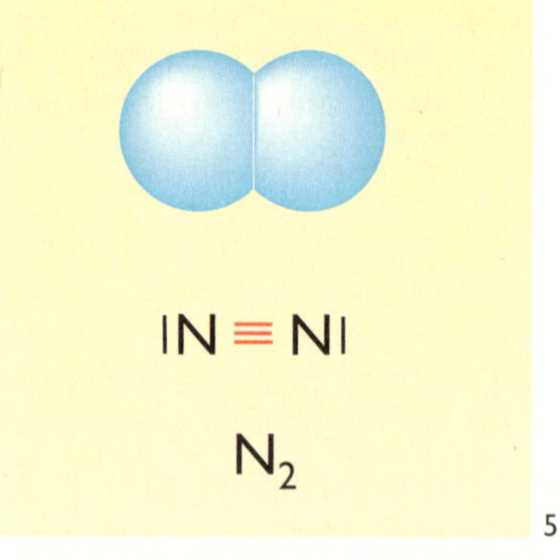

5

Die Atombindung ist eine Art der chemischen Bindung, die durch gemeinsame Elektronenpaare zwischen Atomen bewirkt wird.

Oktettregel. Die bei der Molekülbildung erreichte Elektronenanordnung (Achterschale, Ausnahme Wasserstoff: Zweierschale) gilt als besonders stabil und ist durch die Oktettregel zu ermitteln. Die Zuordnung von 8 Elektronen, einem Elektronenoktett, zu einem Atom wurde vom Amerikaner *G. N. Lewis* erstmals formuliert. Chemische Formeln, in denen bindende oder freie Elektronenpaare jeweils durch einen Strich gekennzeichnet und um die Symbole der Elemente angeordnet werden, bezeichnet man als ***Lewis*-Formeln** (Abb. 4 und Abb. 5).

Atombindung – Bau fester Nichtmetalle. Bei festen Nichtmetallen, zum Beispiel in den schwarzviolett glänzenden Kristallen des Iods (Abb. 7), den gelben des Schwefels und im Kohlenstoff, der in der Natur als Diamant vorkommt, sind die Atome durch Atombindungen aneinander gebunden. Iod besteht aus zweiatomigen Molekülen (Abb. 9), beim Schwefel sind es achtatomige Moleküle (Abb. 6) und die Kohlenstoffatome des Diamanten bilden gar ein einziges „Riesenmolekül" (↗ S. 168). Obgleich in den genannten Stoffen die Art der Teilchen und die chemische Bindung übereinstimmen, bedingt die unterschiedliche Molekülgröße enorme Unterschiede bei einigen Eigenschaften dieser Stoffe.

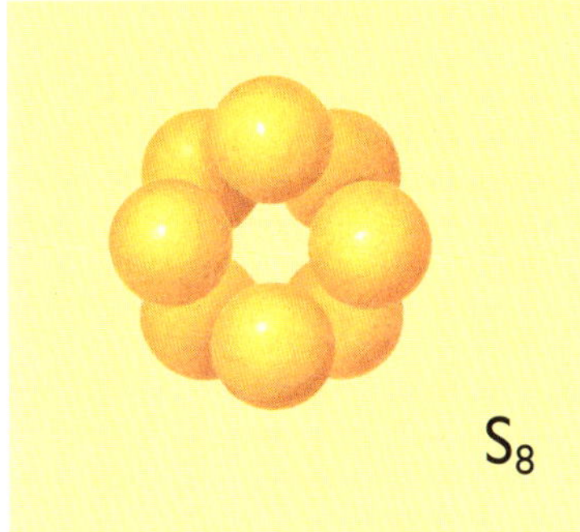

6

7

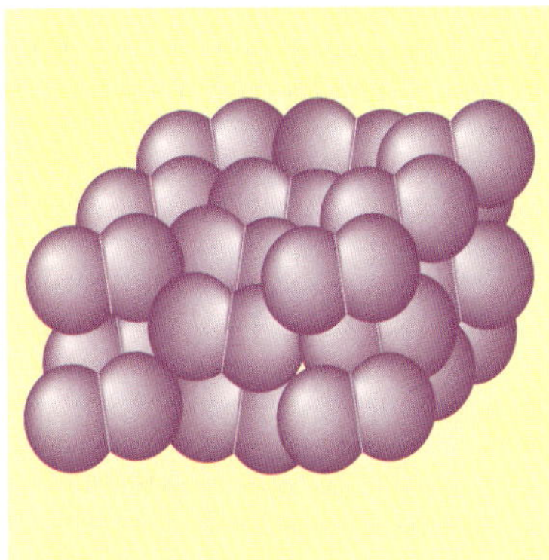
8

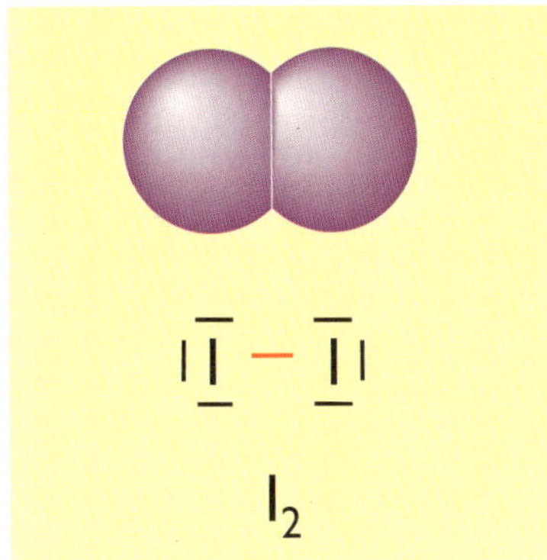

9

Die kleinsten Teilchen im Iodkristall sind regelmäßig angeordnete Iodmoleküle. Es liegt ein **Molekülgitter** vor (Abb. 8).
Zwischen den Iodmolekülen wirken im Kristall zusätzliche schwache Anziehungskräfte, sogenannte ***van-der-Waals*-Kräfte**. Sie sind sehr viel schwächer als die Atombindung in Molekülen und auch beispielsweise als die Ionenbindung.
Das äußert sich in der relativ niedrigen Siedetemperatur solcher Stoffe. Je größer die Moleküle, je größer deren Masse, desto größer werden auch die zwischen den Molekülen wirkenden *van-der-Waals*-Kräfte.
Aus kleinen Molekülen aufgebaute feste Stoffe lassen sich meist leicht verdampfen, da zunächst nur die geringen Kräfte zwischen den Molekülen überwunden werden.
Ganz anders sind die Bindungsverhältnisse im Diamant. Die Elementsubstanz Diamant besteht aus reinem Kohlenstoff (↗ S. 168). Die Kohlenstoffatome sind im Diamant untereinander nur durch Atombindungen verbunden und bilden ein **Atomgitter**. Die große Stabilität dieser Atombindungen bewirkt, dass Kohlenstoff in Form von Diamant als kristalliner Stoff sehr hart, von außerordentlicher Festigkeit und mit besonders hohen Schmelz- und Siedetemperaturen vorliegt.

Atombindungen bei anderen Molekülsubstanzen. Wasser, Kohlenstoffdioxid, Schwefeldioxid, Zucker und Alkohol gehören zu Stoffen, die aus kleinen oder größeren Molekülen bestehen. In ihnen halten ebenfalls Atome durch Atombindung zusammen. Auch zwischen verschiedenartigen Atomen können gemeinsame Elektronenpaare ausgebildet werden.

AUFGABEN

1. Beschreibe den Bau von Kaliumchlorid!
2. Bestimme die Art, die elektrische Ladung und das Zahlenverhältnis der Ionen in den Stoffen Calciumchlorid, Calciumhydroxid und Calciumoxid!
3. Beschreibe die chemische Bindung im Kohlenstoffdioxidmolekül!
4. Wodurch unterscheiden sich Wasserstoffatom, Heliumatom und Wasserstoffmolekül?
5. Stelle die *Lewis*-Formeln für folgende Moleküle auf: Sauerstoff, Wasser, Kohlenstoffdioxid, Wasserstoff!
6. Vergleiche die Teilchen, die durch folgende chemische Zeichen angegeben werden: Cl, Cl_2, Cl^-! Erläutere die Unterschiede!

Polare Atombindung. Sind verschiedenartige Atome im Molekül gebunden, wirken auf die bindenden Elektronenpaare Anziehungskräfte unterschiedlicher Stärke. Im Chlorwasserstoffmolekül HCl wird das gemeinsame Elektronenpaar mehr in die Nähe des Kerns des Chloratoms gezogen (Abb. 1). Die Elektronenverteilung wird unsymmetrisch. Auf der Seite des Chloratoms bildet sich ein negativer Ladungsschwerpunkt heraus. Die Atombindung ist dann **polar**.
Beim Wassermolekül sind die gemeinsamen Elektronenpaare dem Sauerstoffatom jeweils näher als den Wasserstoffatomen (Abb. 2).

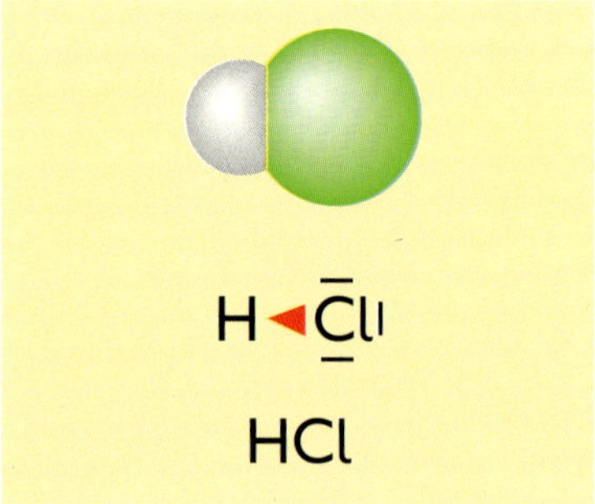

1

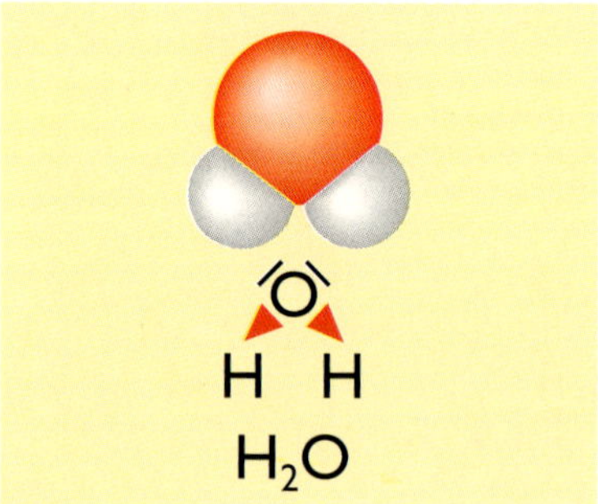

2

Elektronegativitätswerte einiger Elemente (nach *Pauling*)

Element	EN	Element	EN	Element	EN
H	2,1	Na	0,9	K	0,8
Li	1,0	Mg	1,2	Ca	1,0
Be	1,5	Al	1,5	As	2,0
B	2,0	Si	1,8	Br	2,8
C	2,5	P	2,1	Sn	1,8
N	3,0	S	2,5	I	2,5
O	3,5	Cl	3,0	Ba	0,9
F	4,0			Pb	1,8

3

Elektronegativitätswerte der Elemente. Als Vergleichsmaß für die Anziehungskräfte von Atomen unterschiedlicher Elemente auf gemeinsame Elektronenpaare ordnete *L. Pauling* den Elementen **Elektronegativitätswerte** zu. Diese Werte geben an, wie stark die Atome im Vergleich untereinander gemeinsame Elektronenpaare anziehen. Fluor ist das Element mit dem größten Elektronegativitätswert (Abb. 3).
Die **Polarität** der chemischen Bindung zwischen den beteiligten Atomen lässt sich aus der Differenz der Elektronegativitätswerte der Elemente abschätzen, aus denen die Verbindung besteht. Je größer die Differenz der Elektronegativitätswerte zweier Elemente ist, umso stärker zieht das Atom mit dem größeren Elektronegativitätswert das gemeinsame Elektronenpaar an. Die Polarität der chemischen Bindung ist folglich um so größer.
Überschreitet die Differenz einen Wert von etwa 1,7, ist davon auszugehen, dass Ionenbindung zwischen den Teilchen der an der chemischen Bindung beteiligten Elemente vorherrscht. Die Ionenbindung könnte man sich als extreme Form der Polarität einer chemischen Bindung vorstellen.

Cl–Cl	H–Cl	NaCl
3,0 3,0	2,1 3,0	0,9 3,0
\ /	\ /	\ /
0	**0,9**	**2,1**
Atombindung	polare Atombindung	Ionenbindung

Ein Maß für die Polarität der chemischen Bindung ist die Differenz der Elektronegativitätswerte der Elemente. Aus dieser Differenz lässt sich beurteilen, ob Atombindung oder Ionenbindung vorherrscht.

AUFGABEN

1. Vergleiche den Bau von Diamant mit dem von Wasserstoff!
2. Vergleiche die Elektronegativitätswerte der Elemente Wasserstoff, Sauerstoff und Stickstoff!
3. Die Differenz der Elektronegativitätswerte für die Elemente Kohlenstoff und Sauerstoff beträgt 1,0. Was ergibt sich daraus für die Polarität der chemischen Bindung im Kohlenstoffdioxidmolekül?
4. Bestätige mithilfe der Elektronegativitätswerte der Elemente, dass im Wassermolekül polare Atombindungen vorliegen und im Kaliumchloridkristall Ionenbindung besteht!

Räumlicher Bau von Molekülen. Die Siedetemperatur von Wasser oder von Chlorwasserstoff ist im Vergleich zu anderen Verbindungen mit ähnlich kleinen Molekülen relativ hoch. Offenbar wirken zwischen diesen Molekülen zusätzliche Kräfte, die durch Wärmezufuhr beim Verdampfen zu überwinden sind. Aufgrund der Polarität der chemischen Bindung in diesen Molekülen und ihres räumlichen Baus sind die Wassermoleküle **Dipole**. Wassermoleküle haben jeweils einen positiven und einen negativen Ladungsschwerpunkt. Der negative Ladungsschwerpunkt liegt auf einer Seite des Moleküls, der positive auf der anderen Seite.
Anders ist es bei den Molekülen des Kohlenstoffdioxids und des Methans. Hier fallen die unterschiedlichen Ladungsschwerpunkte zusammen. Deshalb sind diese Moleküle keine Dipole (Abb. 4).

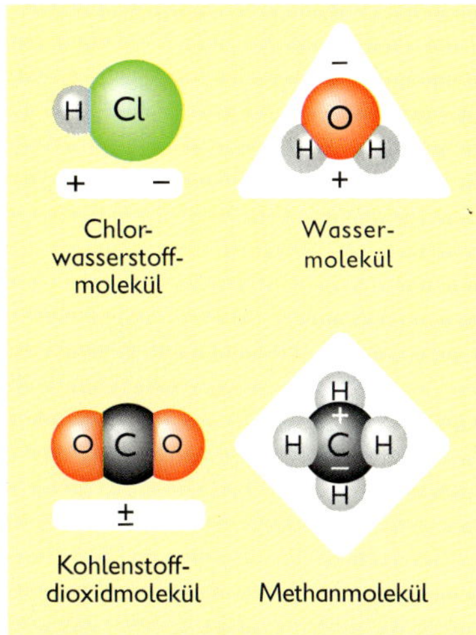

4

Wasserstoffbrücken – Zusammenhalt zwischen Molekülen. Zwischen Dipolmolekülen bestehen elektrostatische Anziehungskräfte. Der positive Pol eines Moleküls orientiert sich zum negativen Pol eines Nachbarmoleküls. Zwischen Wassermolekülen oder zwischen Chlorwasserstoffmolekülen werden **Wasserstoffbrücken** ausgebildet. Über freie Elektronenpaare am Sauerstoff- oder am Chloratom wird eine Wasserstoffbrücke zu einem Wasserstoffatom eines Nachbarmoleküls gebildet (Abb. 5).
Wasserstoffbrücken zwischen Wassermolekülen bewirken den Zusammenhalt von bis zu 90 Wassermolekülen, sodass größere Molekülverbände entstehen.

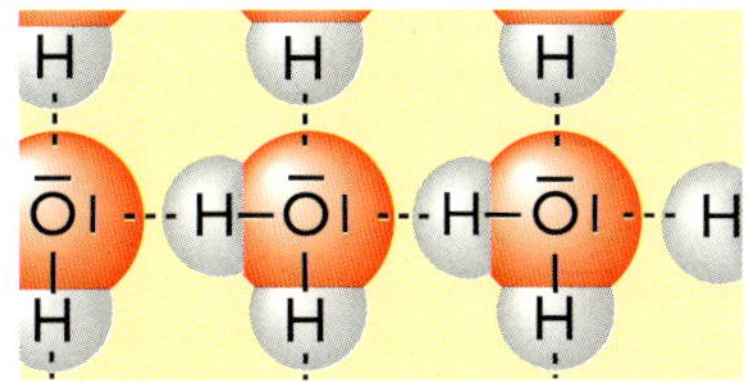
5

Wasserstoffbrücken zwischen Dipolmolekülen und *van-der-Waals*-Kräfte wirken sich als zwischenmolekulare Kräfte zusätzlich auf den Zusammenhalt von Teilchen in Stoffen aus.

Eigenschaften von Wasser. Wasser ist ein ausgezeichnetes Lösungsmittel für salzartige (↗ S. 81) und andere Stoffe wie Zucker, Essig und Alkohol. Wassermoleküle umhüllen jeweils Kationen und Anionen eines salzartigen Stoffes. Die Bildung dieser Hydrathülle liefert Energie zur Überwindung der Ionenbindung im Ionenkristall. Das Auflösen von Zucker, die gute Mischbarkeit des Wassers mit Essig und Alkohol beruhen auf der Ausbildung von Wasserstoffbrücken zwischen den Wasserstoffatomen der Wassermoleküle und den OH-Gruppen in den Molekülen der genannten Stoffe.
Wasser ist zwischen 0 °C und 100 °C flüssig. Durch Wasserstoffbrücken ist der Zusammenhalt vieler Wassermoleküle gegeben. Die zwischenmolekularen Kräfte wirken sich aus: Siedetemperatur und Schmelztemperatur sind höher als bei anderen Verbindungen mit Molekülen vergleichbarer Größe (Abb. 6).
Flüssiges Wasser hat bei 4 °C seine größte Dichte. Beim Gefrieren verbinden sich die Wassermoleküle über Wasserstoffbrücken; es entsteht ein „weitmaschiges" Molekülgitter mit Hohlräumen. Eis nimmt daher ein größeres Volumen als das flüssige Wasser ein, schwimmt auf Wasser, zerstört Wasserrohre und sprengt Felsgestein beim Verwittern.

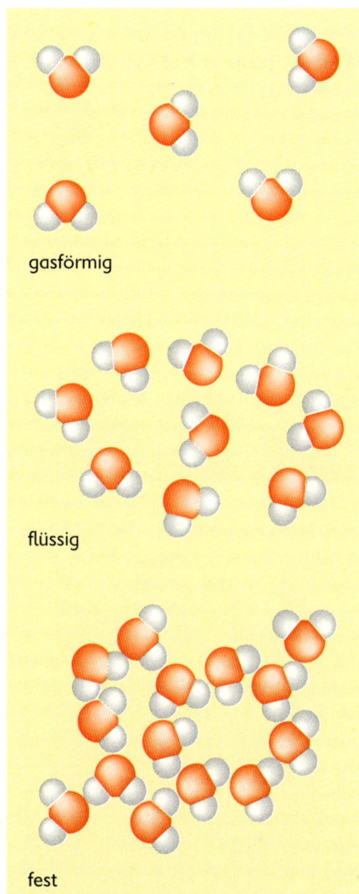

6

Metallbindung

Metallbindung – Bau von Metallen. Metalle sind meist fest und kristallin, auch wenn solche Metallkristalle nicht immer mit bloßem Auge sichtbar sind.
Die in der Werkstoffprüfung angewendete Mikrofotografie zeigt Kristalle, aus denen sich das Metall zusammensetzt (Abb. 1).

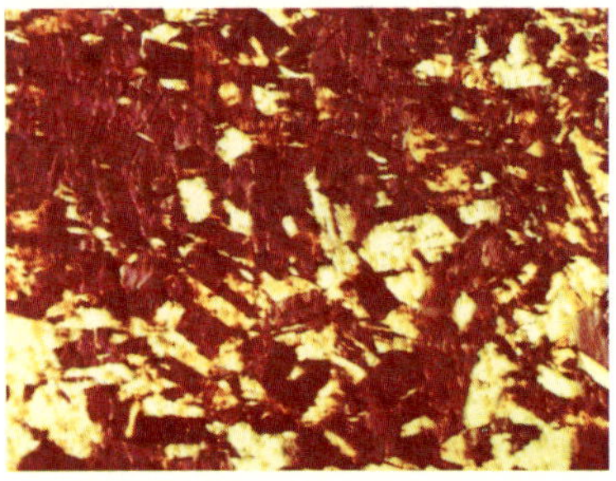
1

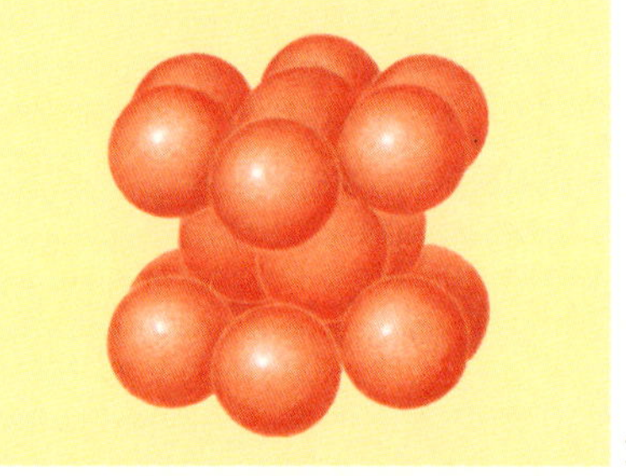
2

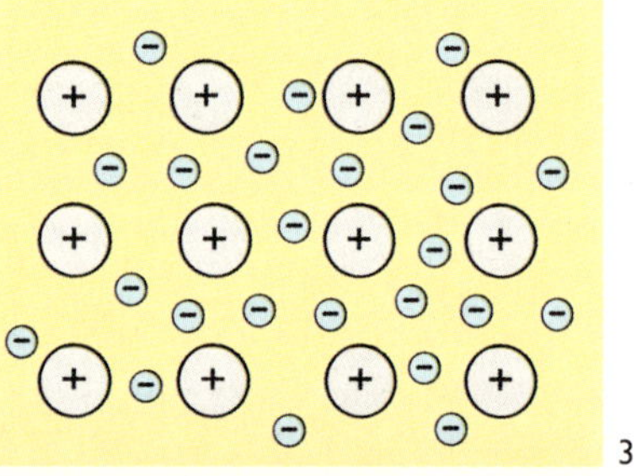
3

Die Annahme, Metalle seien aus Atomen aufgebaut, muss genauer betrachtet werden (Abb. 2). Metallatome haben nur wenige Außenelektronen, die vom Rest des Atoms, dem **Atomrumpf**, nur schwach festgehalten werden. Sie sind zwischen den Atomrümpfen nahezu frei beweglich (Abb. 3). Alle diese beweglichen Außenelektronen nennt man **Elektronengas**. Vergleichbar mit einer sich ausbreitenden Gaswolke umhüllen die Elektronen die Atomrümpfe. Die Außenelektronen sind also nicht mehr an bestimmte Atome im **Metallgitter** gebunden.
Durch das Elektronengas werden die Metallatome zu positiv elektrisch geladenen Metall-Ionen. Diese sind mit den beweglichen Elektronen durch die **Metallbindung** verbunden.

4

Die Metallbindung ist eine Art chemischer Bindung, die durch Anziehungskräfte zwischen Metall-Ionen und beweglichen Elektronen bewirkt wird.

Eigenschaften von Metallen. Eine glänzende Oberfläche, Verformbarkeit sowie gute Wärme- und elektrische Leitfähigkeit gelten als typische Eigenschaften der Metalle (↗ Experimente 1 und 2, S. 22). Mit den im Metall frei beweglichen Elektronen als Ladungsträgern ist die gute elektrische Leitfähigkeit von festen Metallen und Metallschmelzen zu erklären.
Auch die Verformbarkeit der Metalle durch Biegen, Walzen und Hämmern – in der Wärme und bei einigen Metallen auch im kalten Zustand – wird mit diesen Vorstellungen über den Bau der Metalle verständlich. Bei der Verformung durch Zug und Druck gleiten die Metall-Ionen aneinander vorbei. Es kommt jedoch nicht zur Abstoßung der elektrisch gleichgeladenen, positiven Ionen, denn durch das negativ elektrisch geladene Elektronengas wird deren Ladung ausgeglichen. Der Zusammenhalt im Metall bleibt erhalten. So lässt sich Gold (Abb. 4) zu hauchdünnen Folien (Blattgold) auswalzen und zu feinen Drähten (Filigrandraht) verarbeiten.

AUFGABEN

1. Gib für drei Gebrauchsmetalle jeweils zwei Verwendungsmöglichkeiten an!
2. Welche Eigenschaften von Metallen lassen sich mit deren Bau begründen?
3. Wodurch unterscheiden sich elektrische Leitfähigkeit von Metallen und von Salzlösungen?
4. Belege die Aussage, dass Metallatome wenige Außenelektronen haben, an drei Beispielen!

Im Überblick

Bau der Stoffe

ist gekennzeichnet durch:
Art und Anzahl der Teilchen, chemische Bindung zwischen den Teilchen, Anordnung der Teilchen.

Der Bau der Stoffe bestimmt deren Eigenschaften.

Arten der chemischen Bindung

Welche chemische Bindung?	**Ionenbindung**	**Metallbindung**	**Atombindung**
Wodurch wird die chemische Bindung bewirkt?	Anziehung zwischen entgegengesetzt elektrisch geladenen Ionen	Anziehung zwischen positiv elektrisch geladenen Metall-Ionen und nahezu frei beweglichen Elektronen	Gemeinsame Elektronenpaare
Welche Teilchen sind gebunden?	Ionen 	Ionen, Elektronen 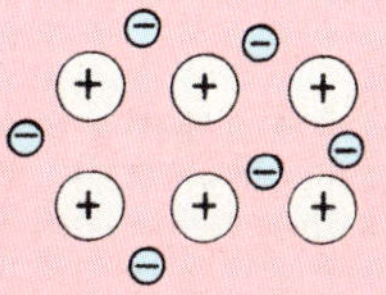	Atome 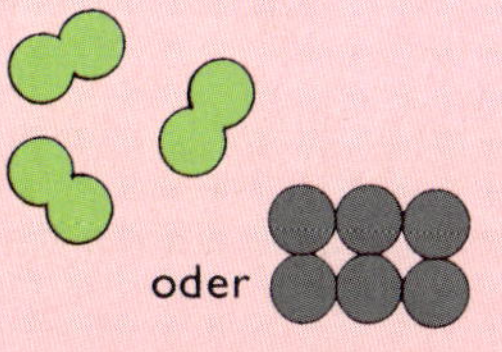
In welchem Kristallgitter fester Stoffe liegt die chemische Bindung vor?	Ionengitter z. B. Natriumchlorid	Metallgitter z. B. Natrium	Molekülgitter z. B. Iod, Eis oder Atomgitter z. B. Diamant

Bei flüssigen und festen Stoffen wirken zwischen den Molekülen oft noch zusätzliche Anziehungskräfte: ***van-der-Waals*-Kräfte** und **Wasserstoffbrücken zwischen Dipolmolekülen**.

Alle **chemischen Bindungen** beruhen auf Wechselwirkungen zwischen den Elektronen von Atomen. Zwischen der **Atombindung** und der **Ionenbindung** gibt es einen Übergang: die **polare Atombindung**.

Chemische Bindung	Beispiel	Merkmale	
Atombindung	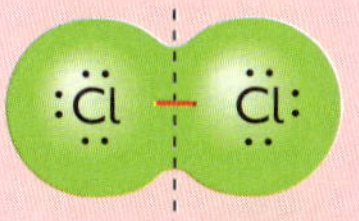	Das Elektronenpaar gehört zu gleichen Anteilen beiden Atomen.	Verlagerung des Elektronenpaares
Polare Atombindung	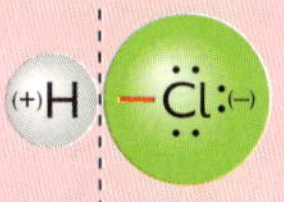	Das Elektronenpaar wird von einem Atom stärker beansprucht als vom anderen.	Zunahme der Polarität der chemischen Bindung
Ionenbindung		Das Elektronenpaar gehört vollständig zu einem Atom.	

9

Saure Lösungen

Zitronensaft ist sehr sauer. Auch in anderen Früchten sind sauer schmeckende Stoffe. Saure Lösungen sind für Lebensprozesse, im Haushalt und in der Industrie bedeutsam. Wie erkennt man saure Lösungen? Welche Stoffe enthalten diese Lösungen? Wie entstehen sie?

Saure Lösungen im Alltag

Beispiele für saure Lösungen. Sauer schmeckende Früchte und Flüssigkeiten (Abb. 1) kennen die Menschen schon seit Jahrtausenden. So wird Essig zum Würzen und Konservieren von Nahrungsmitteln verwendet. Er wurde früher und wird zum Teil auch heute noch durch Gären von Wein oder Obstsäften hergestellt (↗ S. 222). In den Säften mancher Früchte befinden sich sogenannte Fruchtsäuren. Am bekanntesten ist Citronensäure, die im reinen Zustand als fester Stoff und im Zitronensaft gelöst vorliegt. Auch das Vitamin C bildet mit Wasser eine saure Lösung, die allerdings beim Einwirken von Sauerstoff der Luft nicht lange beständig ist. Ameisen sondern aus Drüsen zu ihrer Verteidigung eine saure Lösung ab, die Ameisensäure genannt wird. Molkereiprodukte, wie Jogurt, Quark und Käse, enthalten Milchsäure, die durch biochemische Vorgänge entsteht. Haushaltchemikalien, wie sie zum Entkalken von Kaffeemaschinen oder Waschmaschinen verwendet werden, sind häufig auch saure Lösungen.
Der Magensaft des Menschen ist ebenfalls eine saure Lösung. Er enthält Salzsäure. Salzsäure tötet mit der Nahrung aufgenommene Bakterien ab und ist Voraussetzung für die Wirksamkeit des Pepsins bei der Eiweißverdauung. Überschüssige Salzsäure ruft Sodbrennen hervor.

1
Sauer schmeckende Nahrungsmittel

Nachweis von sauren Lösungen. Für den Nachweis eignen sich **Indikatoren** wie Lackmus (Experiment 1). Bei diesen Stoffen bewirken saure Lösungen eine charakteristische Farbänderung (Abb. 2). Ursprünglich gewann man solche Stoffe aus Pflanzen.
Lackmus ist ein Farbstoff aus einer Gebirgsflechte. Auch Farbstoffe aus Rotkohl, Roten Beten oder Blüten ändern bei Zugabe

Experiment 1
Prüfe Essig, Obstsäfte, saure Milch und Speichel beim Lutschen von Fruchtbonbons mit blauem Lackmuspapier!

von sauren Lösungen die Farbe (Experiment 2). Diese Eigenschaft nutzt man beim Zubereiten von Rotkohl aus. Durch etwas Essig und mitgekochte saure Äpfel färbt sich die Gemüsebeilage besonders rot.
Unbekannte Lösungen können stark saure Lösungen sein (Experiment 3). Sie wirken ätzend. Kommt Zellgewebe mit solchen Lösungen in Berührung, so kann das Gewebe geschädigt oder gar zerstört werden. Deshalb ist bei unbekannten Lösungen nur mit einem Indikator zu prüfen, ob eine saure Lösung vorliegt. Eine Geschmacksprobe kann zu gesundheitlichen Schäden führen.

Saure Lösungen sind wässrige Lösungen. Sie färben Indikatoren charakteristisch und sind dadurch nachweisbar.

2

Farbe von Lackmuslösung in destilliertem Wasser (links), in Essigsäure (rechts)

Umgang mit sauren Lösungen im Haushalt. Im Haushalt verwendete saure Lösungen sind nach Art und Menge des gelösten Stoffes als harmlos oder Vorsicht gebietend einzuordnen. So hat normaler Speiseessig mit etwa 5 % Essigsäure keine gesundheitsschädigende Wirkung. Dagegen wirkt Essigessenz mit 60 ··· 80 % Essigsäure ätzend. Das trifft auch für manche Haushaltchemikalien wie Sanitärreiniger und Entkalkungsmittel zu (Abb. 3). In den Gebrauchsanweisungen auf den Verpackungen wird auf unerlässliche Vorsichtsmaßnahmen hingewiesen (Abb. 3 und Tabelle 1).
Zur Entsorgung im Haushalt werden saure Lösungen von Haushaltchemikalien mit viel Wasser verdünnt und erst dann in den Abfluss gegeben.

Experiment 2 L
Durch Kochen klein geschnittener Rotkohlblätter wird eine Farbstofflösung gewonnen, die anschließend jeweils mit einigen Tropfen Essig, 1%iger Salzsäure und 0,1%iger Natriumhydroxidlösung versetzt wird.

Experiment 3
Vorsicht!
Versetze 1%ige Salzsäure mit einigen Tropfen Lackmuslösung!

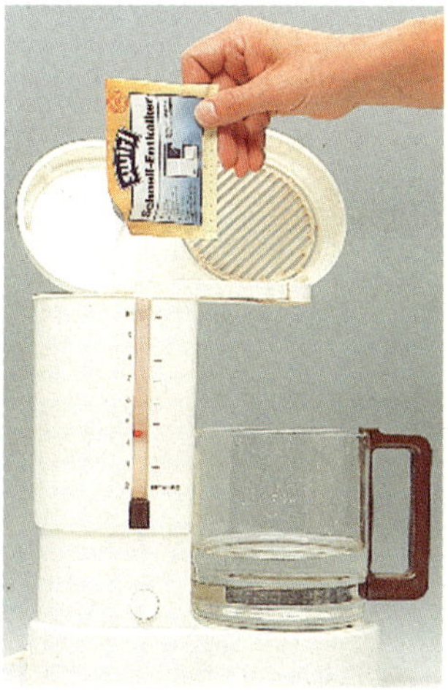

3

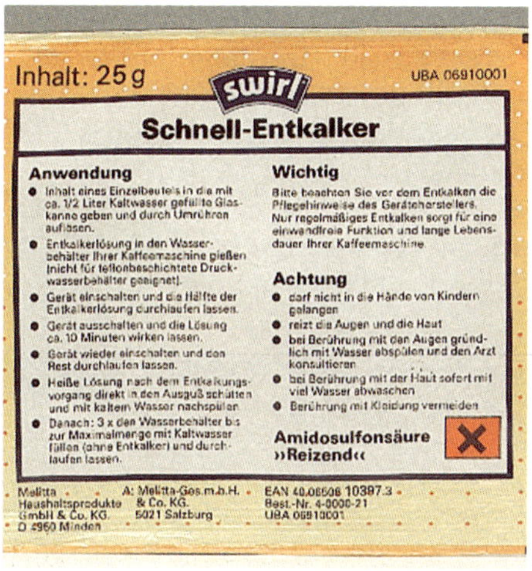

4

Regeln für den Umgang mit stark sauren Lösungen im Haushalt

Gummihandschuhe benutzen!
Augen vor Spritzern schützen!
Verschüttete Chemikalien mit viel Wasser aufnehmen!

1

AUFGABEN

1. Prüfe Haushaltchemikalien, zum Beispiel Glasreinigungsmittel, Entkalkungsmittel, mit Lackmuspapier! Beschreibe die Beobachtung!
2. Lies die Beschriftung auf einer handelsüblichen Essigflasche für den Haushalt! Welche Angaben lassen sich entnehmen?
3. Wie kann bei einer unbekannten Flüssigkeit festgestellt werden, ob es sich um eine saure oder alkalische Lösung handelt?
4. Warum ist die Geschmacksprobe ungeeignet um zu erkennen, ob eine unbekannte Flüssigkeit eine saure Lösung ist?

Lösen von Chlorwasserstoff in Wasser

Chlorwasserstoff. Chlorwasserstoff (Abb. 1) entsteht durch Reaktion von Wasserstoff mit Chlor (↗ S. 134). Beim unkontrollierten Verbrennen von PVC-haltigen Kunststoffabfällen bildet sich ebenfalls Chlorwasserstoff als gefährlicher Luftschadstoff. Er ist aus Molekülen aufgebaut. In jedem Molekül ist ein Wasserstoffatom mit einem Chloratom durch ein gemeinsames Elektronenpaar verbunden (↗ S. 92).

Eigenschaften von Chlorwasserstoff

Gas; Siedetemperatur – 85 °C
stechender Geruch
Löslichkeit: 450 l Gas in 1 l Wasser bei 20 °C

1

Experiment 4 L

Vorsicht!
Die Löslichkeit von Chlorwasserstoff (T, C) in Wasser wird untersucht.

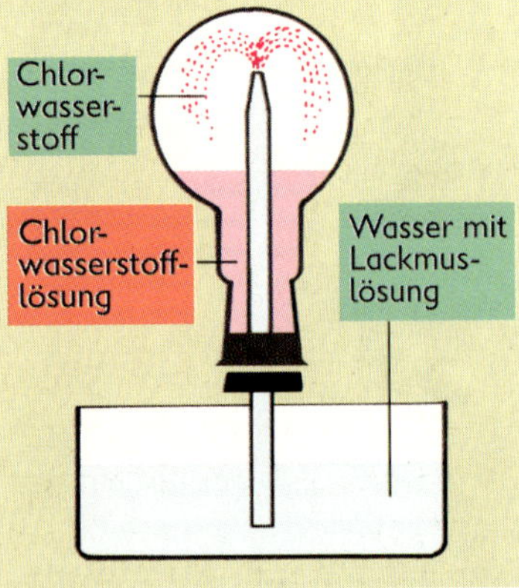

Experiment 5 L

Vorsicht! Abzug!
Chlorwasserstoff (T, C) wird auf feuchte Watte an einem Thermometer geleitet.

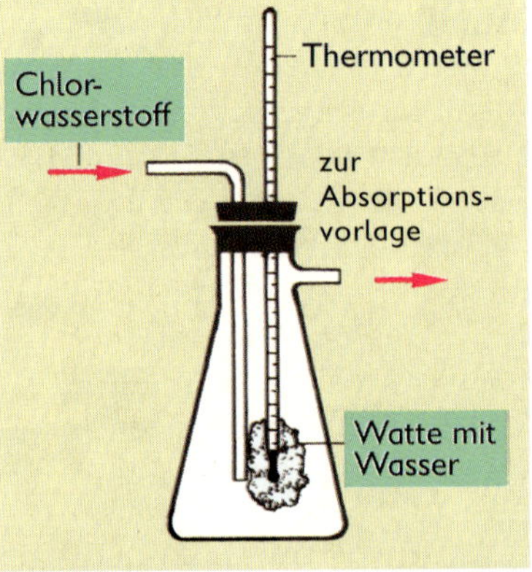

Experiment 6
Vorsicht!
Setze 1%iger wässriger Chlorwasserstofflösung einige Tropfen 1%iger Silbernitratlösung zu!

Experiment 7
Die elektrische Leitfähigkeit 3%iger Salzsäure wird geprüft.

Reaktion von Chlorwasserstoff mit Wasser. Die beim Lösen von Chlorwasserstoff in Wasser entstehende Chlorwasserstofflösung ist eine **saure Lösung** und wird auch als **Salzsäure** bezeichnet (Experiment 4). Sie leitet den elektrischen Strom, folglich müssen in ihr Ionen vorliegen, die sich erst beim Lösen bilden (Experiment 7). Der Lösevorgang verläuft exotherm (Experiment 5). Aus diesen Beobachtungen kann man schlussfolgern:

2

Beim Lösen von Chlorwasserstoff in Wasser findet eine chemische Reaktion statt, bei der sich Chlorwasserstofflösung (Salzsäure) bildet.

In der Chlorwasserstofflösung lassen sich Chlorid-Ionen Cl^- nachweisen (Experiment 6). Die Farbänderung des Indikators bewirken Wasserstoff-Ionen H^+. Diese Ionen bilden sich, indem Chlorwasserstoffmoleküle mit Wassermolekülen reagieren.
Stark vereinfacht kann man dafür schreiben:

$HCl \longrightarrow H^+ + Cl^-$.

Wie in wässrigen Lösungen salzartiger Stoffe (↗ S. 81), so existieren auch in der Chlorwasserstofflösung die Ionen nicht frei. Sie sind stets von Wassermolekülen umhüllt (↗ S. 89) oder mit ihnen verbunden.

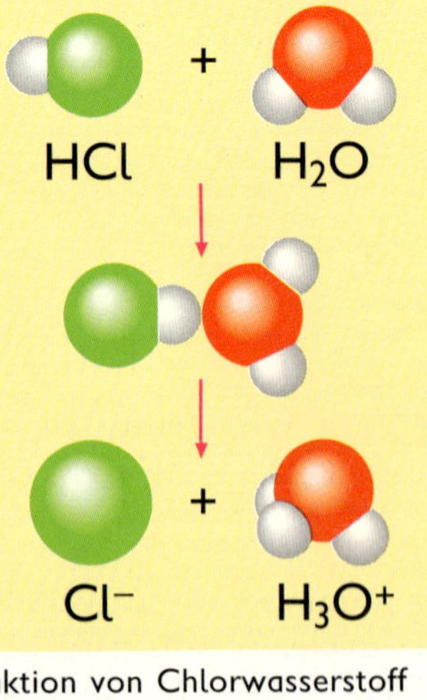

3

Reaktion von Chlorwasserstoff mit Wasser

Reaktion mit Protonenübergang

Bildung des Hydronium-Ions. Das **Wasserstoff-Ion H^+** ist eigentlich ein **Proton**. Es kommt in wässriger Lösung nicht frei vor. Der Grund dafür liegt darin, dass das Wasserstoff-Ion etwa 100000-mal kleiner als andere Ionen ist und demzufolge eine hohe elektrische Ladungsdichte besitzt. Infolge dieser hohen elektrischen Ladungsdichte werden vom Wasserstoff-Ion (Proton) andere Ionen oder Moleküle gebunden. Mit einem Wassermolekül bildet sich das **Hydronium-Ion** mit dem chemischen Zeichen **H_3O^+**. Wie alle Ionen lagert das positiv elektrisch geladene Hydronium-Ion in wässriger Lösung weitere Wassermoleküle an (Abb. 2, S. 98).
Gedanklich läßt sich das Hydronium-Ion in ein Wasserstoff-Ion und ein Wassermolekül $H^+(H_2O)$ zerlegen. Deshalb wird mitunter für das Hydronium-Ion vereinfacht das chemische Zeichen H^+ geschrieben.

Protonenübergang. Das Chlorwasserstoffmolekül und das Wassermolekül sind Dipolmoleküle (↗ S. 93). Beim Lösen von Chlorwasserstoff in Wasser stoßen diese Moleküle aufgrund ihrer unterschiedlichen polaren Eigenschaften so zusammen, dass das Chlorwasserstoffmolekül das Proton seines Wasserstoffatoms abgibt (Abb. 3). Das gemeinsame Elektronenpaar verbleibt beim Chloratom. Aus dem Chloratom wird ein negativ elektrisch geladenes Chlorid-Ion. Das abgegebene Proton wird sofort von einem freien Elektronenpaar am Sauerstoffatom des Wassermoleküls gebunden. Dadurch bildet sich aus dem Wassermolekül das positiv elektrisch geladene Hydronium-Ion.

Bei der Reaktion von Chlorwasserstoff mit Wasser erfolgt Protonenübergang von den Chlorwasserstoffmolekülen zu den Wassermolekülen. Es entstehen Chlorid-Ionen und Hydronium-Ionen.

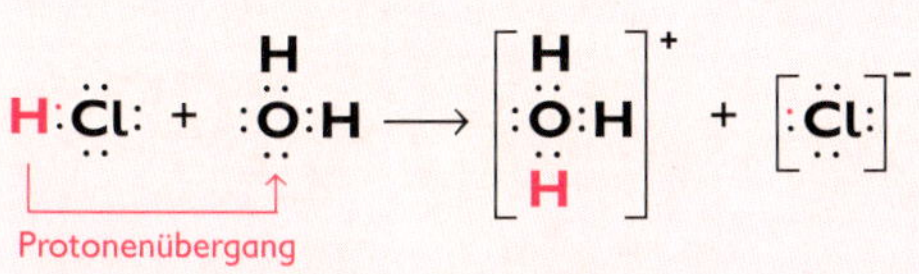

$$HCl + H_2O \longrightarrow H_3O^+ + Cl^-$$

Protonenübergang

Protonendonator und Protonenakzeptor. Bei der Reaktion von Chlorwasserstoff mit Wasser findet zwischen den Teilchen der reagierenden Stoffe ein Protonenübergang statt. Dabei verhalten sich die Chlorwasserstoffmoleküle anders als die Wassermoleküle.

1. Das Chlorwasserstoffmolekül gibt ein Proton ab. Es wirkt als **Protonendonator** (Protonenspender).
2. Das Wassermolekül nimmt ein Proton auf.
   Es ist **Protonenakzeptor** (Protonenempfänger).

AUFGABEN

1. Wie lautet die Elektronenformel für Chlorwasserstoff? Erläutere die chemische Bindung im Chlorwasserstoffmolekül!
2. Warum ist das Lösen von Chlorwasserstoff in Wasser eine chemische Reaktion?
3. Begründe die Rotfärbung von Lackmus durch Salzsäure!
4. Warum leitet Salzsäure den elektrischen Strom?
5. Erläutere die Unterschiede
   a) Wasserstoff-Ion und Wasserstoffatom,
   b) Chlorid-Ion und Chloratom!
6. Warum werden mit Chlorwasserstoff beladene Abgase in Wasser eingeleitet?
7. Wie entsteht aus einem Wassermolekül ein Hydronium-Ion?
8. Vergleiche die Gesamtanzahl der Protonen und Elektronen im Wassermolekül und im Hydronium-Ion!
9. Welche Teilchen liegen bei der Reaktion von Chlorwasserstoff mit Wasser *vor* und *nach* der Reaktion vor? Erläutere die Veränderung der Teilchen!
10. Bromwasserstoffmoleküle reagieren mit Wassermolekülen zu Hydronium-Ionen und Bromid-Ionen. Stelle für die Reaktion die Reaktionsgleichung auf! Begründe, dass ein Protonenübergang erfolgt! Nenne den Protonendonator und den Protonenakzeptor!

Für die **Protonenabgabe** und die **Protonenaufnahme** bei der Reaktion von Chlorwasserstoff mit Wasser können Teilgleichungen entwickelt werden:

1. Protonenabgabe	HCl (Protonendonator)	$\longrightarrow$	H^+	$+ Cl^-$
2. Protonenaufnahme	$H^+ + H_2O$ (Protonenakzeptor)	$\longrightarrow$	H_3O^+	

Protonenübergang $\quad HCl + H_2O \longrightarrow H_3O^+ + Cl^-$

(Protonenabgabe: von HCl zu Cl^-; Protonenaufnahme: von H_2O zu H_3O^+)

Beide Teilreaktionen können nicht getrennt ablaufen, sondern finden stets gleichzeitig statt.

Bei einer chemischen Reaktion mit Protonenübergang finden gleichzeitig die Teilreaktionen Protonenabgabe und Protonenaufnahme statt. Die reagierenden Teilchen wirken entweder als Protonendonator oder als Protonenakzeptor.

Nicht nur Chlorwasserstoff reagiert in der beschriebenen Weise mit Wasser. Auch beim Lösen von Ammoniak in Wasser findet zwischen den Ammoniakmolekülen und den Wassermolekülen ein Protonenübergang statt.

$$NH_3 + H_2O \longrightarrow NH_4^+ + OH^-$$

(Protonenabgabe: von H_2O zu OH^-; Protonenaufnahme: von NH_3 zu NH_4^+)

$$NH_3 + H_2O \longrightarrow NH_4^+ + OH^-$$

(Protonenübergang: von H_2O zu NH_3)

Chemische Reaktionen, bei denen Protonen zwischen den Teilchen übergehen, werden auch als **Protolysen** oder **protolytische Reaktionen** bezeichnet (↗ Säure-Base-Reaktion, S. 115).

Mehrstufige Protonenabgabe. Es gibt Moleküle von Säuren, die mehr als ein Proton abgeben können. Dazu gehören zum Beispiel die Moleküle von Schwefelsäure H_2SO_4, Kohlensäure H_2CO_3 und Phosphorsäure H_3PO_4. Solche Säuren werden als **mehrprotonige Säuren** bezeichnet. Die Protonenabgabe der Moleküle mehrprotoniger Säuren verläuft stufenweise, zum Beispiel:

1. Stufe: Das Schwefelsäuremolekül gibt das erste Proton ab. Es bildet sich das **Hydrogensulfat-Ion HSO_4^-.**

$H_2SO_4 \longrightarrow H^+ + HSO_4^-$

2. Stufe: Das Hydrogensulfat-Ion gibt das zweite Proton ab. Es bildet sich das **Sulfat-Ion SO_4^{2-}**.

$HSO_4^- \longrightarrow H^+ + SO_4^{2-}$

Vergleich von Proton und Natrium-Ion

Proton p (H^+)		
Masse	m	$1{,}67 \cdot 10^{-27}$ kg
Radius	r	$1{,}0 \cdot 10^{-15}$ m
Elektrische Ladung	Q	$1{,}6 \cdot 10^{-19}$ As
Natrium-Ion Na^+		
Masse	m	$38{,}5 \cdot 10^{-27}$ kg
Radius	r	$2{,}0 \cdot 10^{-10}$ m
Elektrische Ladung	Q	$1{,}6 \cdot 10^{-19}$ As

2

AUFGABEN

1. Vergleiche Proton und Natrium-Ion hinsichtlich Masse, Radius und elektrischer Ladung durch Angabe eines Zahlenverhältnisses (Tabelle 2)!
2. Entwickle für die in Aufgabe 10, S. 99, angegebene Reaktion die Teilgleichungen für die Protonenabgabe und die Protonenaufnahme!
3. Entwickle die Teilgleichungen für den Protonenübergang bei der Reaktion von Ammoniak mit Wasser!
4. Vergleiche das Verhalten der Wassermoleküle bei der Reaktion mit Chlorwasserstoff mit dem bei der Reaktion mit Ammoniak!
5. Beim Erhitzen von Chlorwasserstofflösung entstehen Chlorwasserstoff und Wasser. Entwickle die Reaktionsgleichung! Begründe, dass ein Protonenübergang stattfindet! Stelle für die Reaktion die Teilgleichungen auf! Nenne Protonendonator und Protonenakzeptor!

Aus der Welt der Chemie

1

2

Saurer Regen

Luftverunreinigungen, wie Chlorwasserstoff, Schwefeldioxid und Stickstoffoxide, lösen sich in geringem Maße im Regenwasser. Es entstehen saure Lösungen. Daher kommt die Bezeichnung **saurer Regen**. Aus Chlorwasserstoff, Schwefeldioxid und Stickstoffoxiden bilden sich durch Luftfeuchtigkeit und den Einfluss von Sauerstoff im Niederschlagswasser Salzsäure, schweflige Säure, Schwefelsäure beziehungsweise Salpetersäure. Das führt zur Bodenversauerung, wodurch den Pflanzen Nährstoffe entzogen und wurzelschädigende Stoffe als eine Ursache für das Waldsterben frei werden (Abb. 3). Saurer Regen zerstört auch Bau- und Kunstwerke aus Sandstein und Marmor (Abb. 4). Eine natürliche Quelle für Schwefeldioxid sind Vulkane, die davon jährlich etwa 10 bis 20 Mill. Tonnen ausstoßen. Stickstoffoxide entstehen bei Gewitter durch hohe Temperaturen im Blitzkanal (Abb. 1). Bedenklich sind die Luftverunreinigungen, die der Mensch verursacht (Abb. 2). So entstehen Schwefeldioxid und Stickstoffoxide beim Verbrennen von Kohlen und Erdölprodukten. Abgasreinigungsanlagen, Umstellung der Hausheizungen von Kohle auf Erdgas, richtige Vergasereinstellung, Fahren mit Richtgeschwindigkeit sind wichtige Maßnahmen zum Eindämmen der Schadwirkung durch sauren Regen.

3

4

Säuren

Wässrige Säurelösungen. Außer Chlorwasserstoff bilden noch andere Stoffe mit Wasser saure Lösungen. Zu ihnen gehören **Schwefelsäure**, **schweflige Säure**, **Kohlensäure** und **Phosphorsäure**, aber auch die in Pflanzen vorkommende Oxalsäure (Abb. 1) und Citronensäure. In den wässrigen Lösungen dieser Stoffe liegen **Hydronium-Ionen** vor, demzufolge färben diese Lösungen Lackmus rot (Experiment 8 und 9). Neben Hydronium-Ionen sind in den Lösungen noch **Säurerest-Ionen** vorhanden (Tabelle 3).

1
Uhrglasschale mit Oxalsäure (Kleesäure)

Säure		Ionen in der wässrigen Säurelösung		
Namen	Formel	Hydronium-Ion	Säurerest-Ion	
Chlorwasserstoff	HCl	H_3O^+	Cl^-	Chlorid-Ion
Schwefelsäure	H_2SO_4	H_3O^+	HSO_4^-	Hydrogensulfat-Ion
			SO_4^{2-}	Sulfat-Ion
Schweflige Säure	H_2SO_3	H_3O^+	HSO_3^-	Hydrogensulfit-Ion
			SO_3^{2-}	Sulfit-Ion
Kohlensäure	H_2CO_3	H_3O^+	HCO_3^-	Hydrogencarbonat-Ion
			CO_3^{2-}	Carbonat-Ion
Salpetersäure	HNO_3	H_3O^+	NO_3^-	Nitrat-Ion
Phosphorsäure	H_3PO_4	H_3O^+	$H_2PO_4^-$	Dihydrogen-phosphat-Ion
			HPO_4^{2-}	Hydrogenphosphat-Ion
			PO_4^{3-}	Phosphat-Ion

3

Im Alltag werden wässrige Säurelösungen auch einfach als Säuren bezeichnet. So sagt man für „Schwefelsäurelösung" kurz „Schwefelsäure".

Die wässrigen Lösungen von Säuren enthalten Hydronium-Ionen und Säurerest-Ionen.

2

3

Experiment 8
Vorsicht!
Prüfe 1%ige wässrige Lösungen von Salpetersäure, Schwefelsäure und Phosphorsäure mit blauem Lackmuspapier!

Experiment 9
Lege einige Citronensäurekristalle
a) auf trockenes,
b) auf angefeuchtetes blaues Lackmuspapier!

Experiment 10 L
Vorsicht! Abzug!
Schwefel wird verbrannt und das entstehende Gas (T) in destilliertem Wasser gelöst. Danach wird Lackmuslösung zugegeben.

Experiment 11 L
Vorsicht! Abzug!
Roter Phosphor (F, N) wird in einem mit Sauerstoff gefüllten Rundkolben verbrannt. Anschließend wird das Reaktionsprodukt (C) in destilliertem Wasser gelöst. Die wässrige Lösung wird mit Indikatorlösung versetzt sowie auf elektrische Leitfähigkeit geprüft.

Experiment 12
Vorsicht!
Gib einige Tropfen Rostumwandler (Xi) auf Lackmuspapier oder in etwas Lackmuslösung!

Salzsäure. Früher nannte man Salzsäure Salzgeistlösung (spiritus sali). Aus Steinsalz wurde mit Vitriolöl (Schwefelsäure) der „Salzgeist“ (Chlorwasserstoff) ausgetrieben und in Wasser gelöst. Heute wird Salzsäure aus Chlor, Wasserstoff und Wasser hergestellt (↗ S. 134). Salzsäure wird zum Ätzen von Metallen, Entfernen von Kessel- und Wasserstein, als Bestandteil von Lötwasser zum Entfernen von Metalloxidschichten (Abb. 2) und zur Beseitigung von Mörtelresten an Mauerwerk (Abb. 3) verwendet.

Schwefelsäure. Sie kommt im Magensaft bestimmter Schneckenarten und im sauren Regen vor. In 25 Verbraucherbereichen der Wirtschaft ist sie eine wichtige Grundchemikalie. .
Schwefelsäure wird zum Beispiel verwendet zur Herstellung von Phosphatdüngemitteln (Superphosphat), Kunstseide, Arzneimitteln, Farbstoffen, Waschmitteln, als Beizmittel für Metalle, als Akkusäure, als Trockenmittel und als Raffinationsmittel für Erdöl und gebrauchte Mineralöle (Altöl).

Salpetersäure. Der Name Salpeter geht auf salzartige Ausblühungen an Steinen oder Felsen zurück (lateinisch: sal petrae = Felsensalz). Daraus wurde früher Salpetersäure hergestellt. Sie kann Stoffe, wie Holzwolle oder Stroh, entzünden. Salpetersäure wird in braunen Flaschen aufbewahrt, weil Licht sie zersetzt. Salpetersäure wird verwendet zur Herstellung von Stickstoffdüngemitteln, Farbstoffen, Explosivstoffen (Dynamit, Schießbaumwolle, Trinitrotoluol – TNT), als Ätzmittel für Metalle (Entrosten, Reliefätzen) und als Oxidationsmittel für Raketentreibstoffe.

Schweflige Säure aus Schwefeldioxid. Wird Schwefeldioxid in Wasser gelöst, dann reagiert eine geringe Menge mit Wasser zu schwefliger Säure H_2SO_3 (↗ Experiment 10, S. 102). Sie existiert jedoch nicht in reiner Form, sondern nur als wässrige Lösung, in der Hydronium-Ionen und Sulfit-Ionen vorliegen. Aus natürlichen Quellen und von Abgasen stammendes Schwefeldioxid reagiert in gleicher Weise mit Wassertropfen in der Luft.
Schweflige Säure ist im sauren Regen enthalten. Sie reagiert teilweise mit dem Sauerstoff aus der Luft zu Schwefelsäure.
Schweflige Säure wirkt bleichend, desinfizierend und konservierend. „Ausgeschwefelte“ Weinfässer werden anschließend mit Wein gefüllt, wobei sich etwas Schwefeldioxid im Wein löst und zu dessen Konservierung beiträgt. Die Höchstmenge gelösten Schwefeldioxids ist gesetzlich vorgeschrieben.

Phosphorsäure. Sie bildet in reiner Form farblose Kristalle mit einer Schmelztemperatur von 42,4 °C. Handelsübliche konzentrierte Phosphorsäurelösung ist eine sirupartige Flüssigkeit. Phosphorsäure entsteht bei der Reaktion von Phosphor(V)-oxid mit Wasser (↗ Experiment 11, S. 102).
Technische Bedeutung besitzt Phosphorsäure unter anderem als Bestandteil von Rostumwandlern (Experiment 12). Die Phosphorsäure reagiert mit der teilweise korrodierten Metalloberfläche unter Bildung einer Phosphatschicht, die als Haftgrund für nachfolgend aufgetragene Farbe dient (Abb. 1 und Abb. 2, S. 104).

4

In der Industrie fällt häufig Schwefelsäure als sogenannte Dünnsäure an. Sie wird teilweise heute noch im Meer „verklappt“. Das schadet den Meereslebewesen. Durch Spaltung der Dünnsäure bei 1000 °C in Schwefeldioxid, Wasser und Sauerstoff kann aus Schwefeldioxid wieder Schwefelsäure hergestellt werden.

AUFGABEN

1. Wie kann Natronlauge von Salzsäure experimentell unterschieden werden? Begründe deine Aussage!
2. Welche Ionen bilden sich bei der Reaktion von Schwefelsäuremolekülen mit Wassermolekülen? Gib Reaktionsgleichungen an!
3. Vergleiche die verschiedenen Säurerest-Ionen von schwefliger Säure, Schwefelsäure und Phosphorsäure hinsichtlich ihrer Zusammensetzung und ihrer elektrischen Ladung!
4. Konzentrierte Salpetersäure wird auch zum Verbrennen von Raketentreibstoff verwendet. Welchen Stoff muss sie dabei abgeben?

1

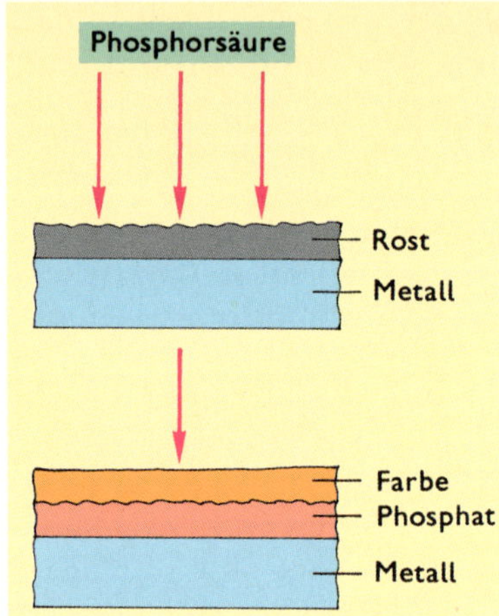

2

Phosphorsäure wird verwendet zur Herstellung von Phosphatdüngemitteln, Arzneimitteln, Insektiziden, Porzellankitt, Emaillen, als Färbereihilfsstoff, Rostumwandler, Phosphatiermittel für Metalle und als Zusatz für Limonaden.

Oxide von Nichtmetallen reagieren mit Wasser zu Säurelösungen.

Experiment 13 L
Vorsicht!
Schutzbrille! Schutzhandschuhe!
Holz, Zucker und verschiedene Textilgewebe werden mit konzentrierter Schwefelsäure (C) betropft.

Umgang mit Säuren

Säurelösungen als gefährliche Stoffe. Die wässrigen Lösungen der meisten Säuren sind giftig, wirken ätzend und zerstören viele Materialien. Deshalb gehören sie zu den Gefahrstoffen. Konzentrierte Schwefelsäure zersetzt Holz, Zucker und textiles Gewebe (Experiment 13). Für den Umgang mit solchen Stoffen gelten gesetzliche Bestimmungen für Schutzmaßnahmen (Abb. 3).

3

Beim Arbeiten mit den meisten Säuren und deren Lösungen sind vor allem Augen, Hände und Kleidung zu schützen und keine Dämpfe einzuatmen.

Verdünnte und konzentrierte Säuren. Für das Arbeiten mit Säuren und deren Einstufung als Gefahrstoffe mit Reizwirkung oder mit Ätzwirkung (Tabelle 4) ist die Angabe des Massenanteils (↗ S. 14) oder der Stoffmengenkonzentration einer Säurelösung wichtig. Die **Stoffmengenkonzentration c** eines Stoffes B ist der Quotient aus der Stoffmenge n des gelösten Stoffes B und dem Volumen der Lösung V(Ls). Die übliche Einheit der Stoffmengenkonzentration ist mol/l.

$$\textbf{Stoffmengenkonzentration } c\,\textbf{(B)} = \frac{\textbf{Stoffmenge des gelösten Stoffes } n\,\textbf{(B)}}{\textbf{Volumen der Lösung } V\,\textbf{(Ls)}}$$

Aufgabe: 100 ml Salzsäure enthalten 0,5 mol Chlorwasserstoff. Berechne die Stoffmengenkonzentration der Salzsäure!

$$c\,(\mathrm{HCl}) = \frac{0{,}5\ \mathrm{mol}}{0{,}1\ \mathrm{l}} = \underline{\underline{5\ \frac{\mathrm{mol}}{\mathrm{l}}}}$$

Die Stoffmengenkonzentration der Salzsäure beträgt c = 5 mol/l.

Die Stoffmengenkonzentration wird häufig nicht nur von Säurelösungen, sondern auch von alkalischen Lösungen und Salzlösungen angegeben.

Die Stoffmengenkonzentration eines Stoffes ist der Quotient aus der Stoffmenge des gelösten Stoffes und dem Volumen der Lösung.

Säurelösung	Einstufung als Gefahrstoff		
Name	Formel	Xi, reizend	C, ätzend
Salzsäure	HCl	10 ··· 25 %	≥ 25 %
Salpetersäure	HNO_3		≥ 5 %
Schwefelsäure	H_2SO_4	5 ··· 15 %	≥ 15 %
Phosphorsäure	H_3PO_4	10 ··· 25 %	≥ 25 %
Essigsäure	CH_3COOH	10 ··· 25 %	≥ 25 %

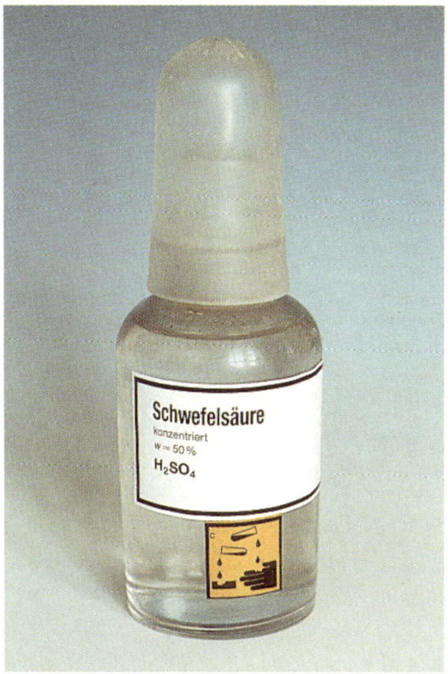

4

Aufbewahrungsgefäße für Säurelösungen sind entsprechend zu kennzeichnen (Abb. 4). Es ist verboten, Säurelösungen in Flaschen und Gefäße für Nahrungs- und Genußmittel abzufüllen. Dadurch werden schwere Unfälle vermieden. Beim **Verdünnen konzentrierter Säuren** erwärmen sich die Lösungen meist sehr stark. Deshalb ist unter Umrühren konzentrierte Säure in das Wasser zu gießen, sonst kann durch Überhitzen Säure herausspritzen oder das Glas zerspringen (Experiment 14).

Merke: Erst das Wasser, dann die Säure – sonst geschieht das Ungeheure!

Experiment 14 L

Vorsicht! Schutzbrille! Schutzhandschuhe!

Konzentrierte Schwefelsäure (C) wird langsam unter Umrühren in Wasser gegossen. Die Temperaturen des Wassers und der entstandenen Lösung werden gemessen.

AUFGABEN

1. Phosphorsäuremoleküle reagieren stufenweise mit Wassermolekülen.
   a) Entwickle dafür die Reaktionsgleichungen!
   b) Kennzeichne jeweils Protonendonator und Protonenakzeptor!
   c) Benenne die Säurerest-Ionen!
2. Warum leitet eine Lösung von Schwefeldioxid in Wasser den elektrischen Strom?
   Welche Teilchen liegen in der Lösung vor?
3. Welche Angaben muss ein Etikett einer Salzsäureflasche haben, wenn $c(HCl) = 3$ mol/l ist?
4. Auf einer Essigflasche stehen die folgenden Angaben: „Firmenname; Branntweinessig; 0,75 l; 10 % Säure".
   a) Berechne die Masse der gelösten Essigsäure (1 cm^3 Lösung hat die Masse von 1 g).
   b) Berechne die Stoffmengenkonzentration der Essigsäurelösung!
   c) Ist dieser Essig als Gefahrstoff zu kennzeichnen? Begründe!
5. Die Stoffmengenkonzentration einer Silbernitratlösung beträgt $c(AgNO_3) = 0,1$ mol/l.
   Berechne die Masse an Silber, die als Silber-Ionen in 1 l Lösung vorliegt!
6. Im Magensaft sind etwa 0,3 % Chlorwasserstoff gelöst.
   Welche Masse an Chlorwasserstoff enthält die tägliche Magensaftmasse von 1500 g?
   Berechne die entsprechende Stoffmenge an Chlorwasserstoff!
7. Warum hilft Wassertrinken gegen Sodbrennen?
8. Berechne die Masse an Natriumhydroxid zum Herstellen von 250 ml Natronlauge, bei der die Stoffmengenkonzentration $c(NaOH) = 0,5$ mol/l betragen soll!

Reaktionen von Säurelösungen

Einwirken von Säurelösung auf Metalle. Verschiedene Metalle, wie Magnesium, Zink und Eisen, reagieren mit verdünnten Säurelösungen (Experiment 15). Metalle, die mit verdünnten Säurelösungen reagieren, werden als **unedle Metalle** bezeichnet. Bei der Reaktion entstehen eine Salzlösung und Wasserstoff. So reagieren Zink und Salzsäure zu Zinkchloridlösung und Wasserstoff.

$Zn + 2\,HCl \longrightarrow ZnCl_2 + H_2$

Das Zinkchlorid liegt in der Lösung als Zink-Ionen und Chlorid-Ionen vor. Erst beim Eindampfen entsteht das Salz Zinkchlorid.

Verdünnte Säurelösungen reagieren mit unedlen Metallen unter Bildung einer Salzlösung und Wasserstoff.

Experiment 15
Vorsicht! Schutzbrille!
Zink, Magnesium (F) und Eisen werden nacheinander mit 15%iger Salzsäure (Xi) versetzt.

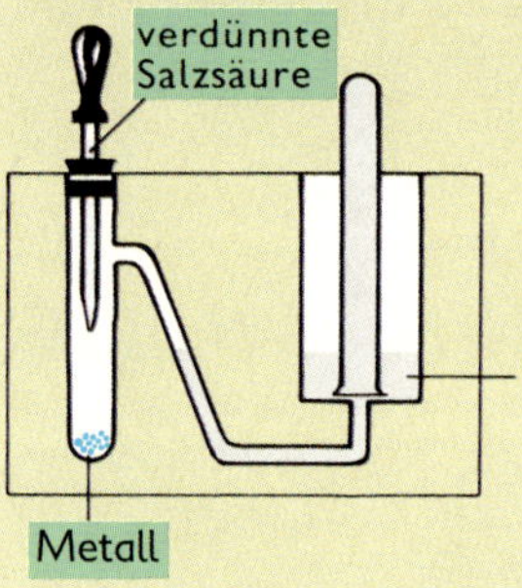

Kupfer und Silber reagieren nicht mit verdünnten Säuren, Gold und Platin auch nicht mit konzentrierten Säuren (Experiment 16). Deshalb werden Laborgeräte für besondere Zwecke aus Platin hergestellt (Abb. 1). Die Reaktion von verdünnter Salzsäure mit Zink nutzt man im Labor auch zur Herstellung von Wasserstoff.

Experiment 16 L
Vorsicht!
Ein Zink- und ein Kupferblech werden in 10%ige Schwefelsäure (Xi) gestellt.

Experiment 17
Vorsicht! Schutzbrille!
Versetze Kupfer(II)-oxidpulver mit 15%iger Salzsäure (Xi) und erwärme vorsichtig! Filtriere die wieder erkaltete Lösung und lasse das Wasser verdunsten!

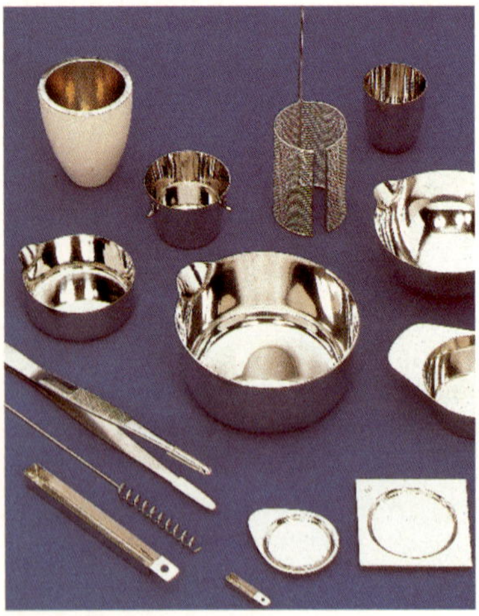
1
Laborgeräte aus Platin

2
Kupferblech in einer Säurelösung

Einwirken von Säurelösung auf Metalloxide. Verdünnte Salzsäure reagiert nicht mit Kupfer, jedoch mit Kupfer(II)-oxid (Experiment 17). Dabei entstehen eine Kupfer(II)-chloridlösung und Wasser (Abb. 2).

$CuO + 2\,HCl \longrightarrow CuCl_2 + H_2O$

In der Lösung sind außer Wassermolekülen Kupfer(II)-Ionen und Chlorid-Ionen enthalten. Durch Eindampfen oder Verdunsten des Wassers erhält man das Salz Kupfer(II)-chlorid.

Verdünnte Säurelösungen reagieren mit Metalloxiden unter Bildung von Salzlösungen und Wasser.

Was sind Scheidewasser und Königswasser?

Die Alchemisten nannten konzentrierte Salpetersäure *Scheidewasser.* Sie schieden damit vor allem aus Gold-Silber-Legierungen das Gold ab. Das Silber ging in Lösung.
Eine Mischung aus konzentrierter Salz- und Salpetersäure nannten sie *Königswasser.* Hierin lösen sich auch Gold und Platin. Bei diesen Reaktionen entsteht jedoch kein Wasserstoff als Reaktionsprodukt.

AUFGABEN

1. Gib die Reaktionsgleichung für die Reaktion von Magnesium mit verdünnter Salpetersäure an!
2. Das Salz Eisen(III)-chlorid soll hergestellt werden. Wie könnte vorgegangen werden? Entwickle Reaktionsgleichungen!
3. Oxidiertes, schwarzfarbenes Kupferblech wird blank durch Eintauchen in warme, verdünnte Salpetersäure und anschließendes Abspülen. Erkläre diese Reaktion!
4. Abwasser einer Metallbeizerei enthält Eisen-Ionen, Hydrogensulfat-Ionen, Sulfat-Ionen und Hydronium-Ionen. Wie ist das Vorliegen dieser Ionen zu erklären?
5. Physiologische Kochsalzlösung ist 0,9%ig. Berechne die Masse an Natriumchlorid und das Volumen des Wassers zur Herstellung von 1000 g dieser Kochsalzlösung!

Im Überblick

Darstellung von Säurelösungen

Säurelösungen	Salzsäure	Schweflige Säure
Ausgangsstoffe	Chlorwasserstoff und Wasser	Schwefeldioxid und Wasser
Reaktionsgleichung	$HCl + H_2O \longrightarrow H_3O^+ + Cl^-$	$SO_2 + H_2O \longrightarrow H_2SO_3$ $H_2SO_3 + 2\,H_2O \longrightarrow 2\,H_3O^+ + SO_3^{2-}$
Ionen in der Lösung	Hydronium-Ion H_3O^+ Säurerest-Ion Cl^-	Hydronium-Ion H_3O^+ Säurerest-Ion SO_3^{2-}

Reaktion mit Protonenübergang

Teilreaktionen Protonenabgabe und Protonenaufnahme finden gleichzeitig statt.

Reagierende Teilchen Protonendonator (Protonenspender)
Protonenakzeptor (Protonenempfänger)

Protonenübergang

Protonenabgabe

$$HNO_3 + H_2O \longrightarrow H_3O^+ + NO_3^-$$

Protonendonator (HNO_3), Protonenakzeptor (H_2O)

Protonenaufnahme

Reaktionen verdünnter Säurelösungen

Reaktionspartner		Beispiele	Bedeutung
Verdünnte Säurelösungen	Unedles Metall	$Zn + H_2SO_4 \longrightarrow ZnSO_4 + H_2$ $Mg + 2\,HNO_3 \longrightarrow Mg(NO_3)_2 + H_2$	Herstellung von Wasserstoff und Herstellung von Salzlösungen
	Metalloxid	$CuO + 2\,HNO_3 \longrightarrow Cu(NO_3)_2 + H_2O$ $Fe_2O_3 + 6\,HCl \longrightarrow 2\,FeCl_3 + 3\,H_2O$	Oberflächenbehandlung von Metallen und Herstellung von Salzlösungen

10

Säure-Base-Reaktion

Heidelbeersträucher wachsen auf sehr saurem Boden, Rosskastanien auf schwach saurem bis schwach alkalischem Boden.
Lassen sich bei sauren und alkalischen Lösungen Abstufungen feststellen?

Saure, alkalische und neutrale Lösungen

Neutrale Lösung. Natriumchloridlösung ändert bei Zugabe von Lackmuslösung nicht deren Farbe. Sie ist weder eine saure noch eine alkalische, sondern eine **neutrale Lösung** (Experiment 1).

In neutralen Lösungen sind weder Hydronium-Ionen noch Hydroxid-Ionen mit einem Indikator nachweisbar.

***p*H-Wert.** Er ist eine Zahlenangabe zur genaueren Kennzeichnung saurer, alkalischer und neutraler Lösungen. **Universalindikatoren** (Abb. 1) zeigen durch unterschiedliche Farbänderungen den ***p*H-Wert** einer Lösung an (Experimente 2 bis 4). Der *p*H-Wert kann auch mit einem *p*H-Meter gemessen werden (Abb. 2).

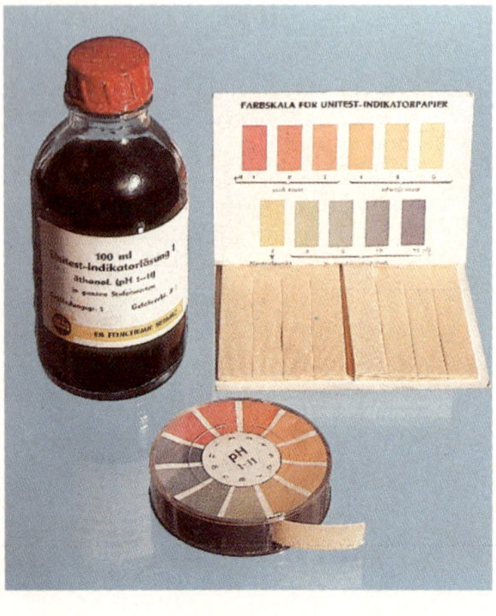

1

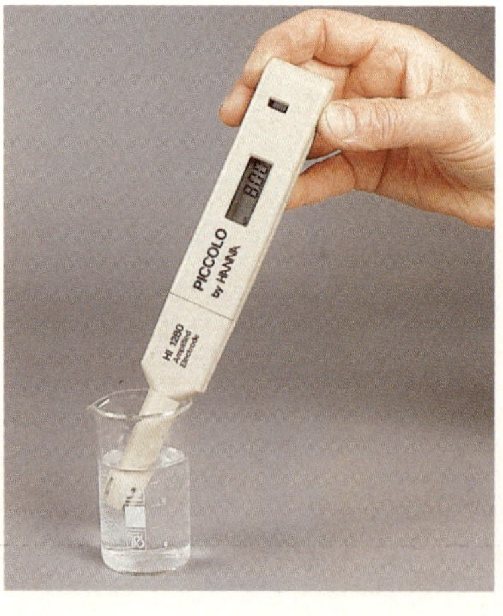

2

Experiment 1
Vorsicht!
Prüfe wässrige Natriumchloridlösung, 1%ige Natronlauge (Xi) und 1%ige Salzsäure mit Lackmuspapier!

Experiment 2
Vorsicht!
Prüfe Mineralwasser, Seifenlösung, Milch, Obstsaft, Rostumwandler (Xi) und Fensterputzmittel mit Universalindikator!

Experiment 3
Schüttle jeweils zwei verschiedene Bodenproben einige Zeit mit destilliertem Wasser, filtriere danach und ermittle den *p*H-Wert der Filtrate!

Experiment 4
Regenwasser wird gesammelt und dann in ein Becherglas gegeben. Sein *p*H-Wert wird mit einem Universalindikator oder einem *p*H-Meter festgestellt.

Die Größe des *p*H-Wertes einer Lösung ist abhängig von der Stoffmengenkonzentration der Hydronium-Ionen oder der Hydroxid-Ionen. So gilt bei sauren Lösungen: Wird die Stoffmengenkonzentration der Hydronium-Ionen verzehnfacht, dann fällt der *p*H-Wert um den Zahlenwert 1. Die Lösung wird stärker sauer. Vergrößert sich in einer alkalischen Lösung die Stoffmengenkonzentration der Hydroxid-Ionen um den Faktor 10, dann steigt der *p*H-Wert um den Zahlenwert 1. Die Lösung wird alkalischer.
Eine neutrale Lösung enthält stets noch die sehr geringe, jedoch gleiche Stoffmenge an Hydronium- und Hydroxid-Ionen von 0,0000001 mol je Liter (Tabelle 1).

*p*H-Wert	0 1 2	3 4 5 6	7	8 9 10	11 12 13 14
Eigenschaft der Lösung	stark sauer	schwach sauer	neutral	schwach alkalisch	stark alkalisch
Ionen	Hydronium-Ionen H_3O^+			Hydroxid-Ionen OH^-	

1

Der *p*H-Wert kennzeichnet alkalische, saure und neutrale Lösungen. Neutrale Lösungen besitzen den *p*H-Wert 7.

Der *p*H-Wert ist von großer praktischer Bedeutung. Kulturpflanzen benötigen Boden mit bestimmten *p*H-Werten: Weizen von 6,5 bis 7,8 (Abb. 5), Zuckerrüben von 7 bis 8. Bodenwasser in Hochmooren (Abb. 6) besitzt *p*H-Werte bis 3,5. Hier existieren nur besonders angepasste Organismen. Fäulnisprozesse sind eingeschränkt. Deshalb findet man im Moor auch häufig gut erhaltene Pflanzen- und Tierreste.
Beim Menschen liegt der *p*H-Wert des Blutes bei 7,4, der von Magensaft zwischen 0,9 und 1,5. Krankheiten verändern die *p*H-Werte von Körperflüssigkeiten. Der *p*H-Wert beeinflusst auch die Qualität von Lebensmitteln. Der Geschmack des Käses hängt unter anderem besonders vom *p*H-Wert beim Reifeprozess ab. Liegt der *p*H-Wert des Wassers von Aquarien nicht zwischen 6,7 und 7,5, kann bei den Fischen „Säure-" oder „Laugenkrankheit" auftreten (Abb. 3). In Flüsse eingeleitete Industrieabwässer sind nur bei *p*H-Werten zwischen 5 und 9 umweltverträglich (Abb. 4).

5

6

3

4

AUFGABEN

1. Wie ändert sich der *p*H-Wert von Milch, wenn sie sauer wird?
2. Warum müssen Waschmittellösungen für Wolle den *p*H-Wert 7 haben?
3. Nenne Beispiele für die Bedeutung des *p*H-Wertes!
4. Die gesunde Haut des Menschen besitzt einen Säureschutzmantel u.a. gegen bakterielle Einflüsse. Manche Waschlotion nennt sich „*p*H-neutral".
   Wie ist das zu verstehen?
5. Welche *p*H-Werte sind unter a) Rosskastanien, b) Heidelbeeren zu erwarten?

Neutralisation

Reaktion von Salzsäure mit Natriumhydroxidlösung. Wird zu verdünnter Salzsäure, die einen Indikator enthält, tropfenweise verdünnte Natriumhydroxidlösung gegeben, so ändert sich die Indikatorfarbe bis zu der Farbe für neutrale Lösungen (Experiment 5). Außerdem ist bei dieser Reaktion eine Wärmeabgabe zu beobachten (Experiment 6).

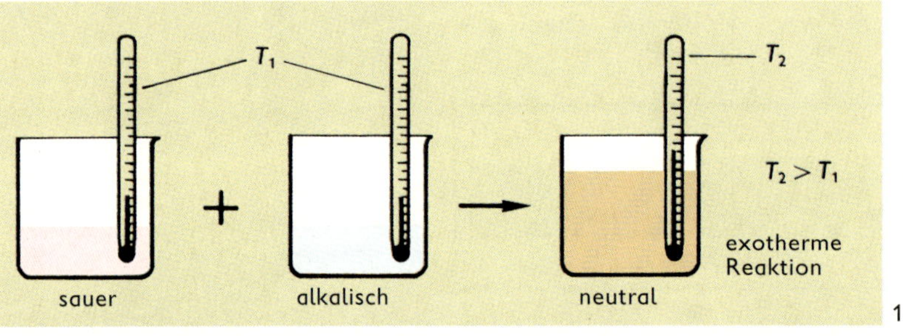

1

In der Salzsäure ist eine bestimmte Stoffmenge Chlorwasserstoff gelöst. Entspricht die zugegebene Stoffmenge Natriumhydroxid der Stoffmenge Chlorwasserstoff in der Salzsäure, dann entsteht aus der sauren und aus der alkalischen Lösung eine neutrale Lösung. Solche chemischen Reaktionen bezeichnet man als **Neutralisation**.

Die entstandene neutrale Lösung ist Natriumchloridlösung. Aus ihr scheidet sich beim Eindampfen festes Natriumchlorid ab (Experiment 7).

$NaOH + HCl \longrightarrow NaCl + H_2O$; exotherm

Die Neutralisation ist die chemische Reaktion zwischen einer sauren und einer alkalischen Lösung. Sie verläuft exotherm.

Wenn bei der Neutralisation einer sauren Lösung Hydroxid-Ionen im Überschuss zugegeben werden, dann verbleiben diese in der Lösung. Die zunächst neutrale Lösung wird folglich alkalisch.

Experiment 5
Vorsicht! Schutzbrille!
Gib zu 1%iger Salzsäure Universalindikator und tropfenweise 1%ige Natriumhydroxidlösung (Xi)!

Experiment 6 L
Vorsicht! Schutzbrille!
Je 100 ml 10%ige Salzsäure (Xi) und 10%ige Natriumhydroxidlösung (C) mit gleicher Ausgangstemperatur werden zusammengegeben.
Die Temperatur der entstandenen Lösung wird gemessen (Abb. 1).

Experiment 7 L
Ein geringes Volumen der bei Experiment 6 entstandenen Lösung wird eingedampft.

Experiment 8 L
Nach der Experimentieranordnung in Abbildung 2 wird zu 200 ml Salzsäure (c = 0,005 mol/l) tropfenweise Natriumhydroxidlösung (c = 0,1 mol/l) gegeben. Dabei wird die Stromstärke I (in mA) in Abhängigkeit vom Volumen V (in ml) der zugegebenen Natriumhydroxidlösung gemessen. Die angelegte Wechselspannung U beträgt 4 ··· 6 V.

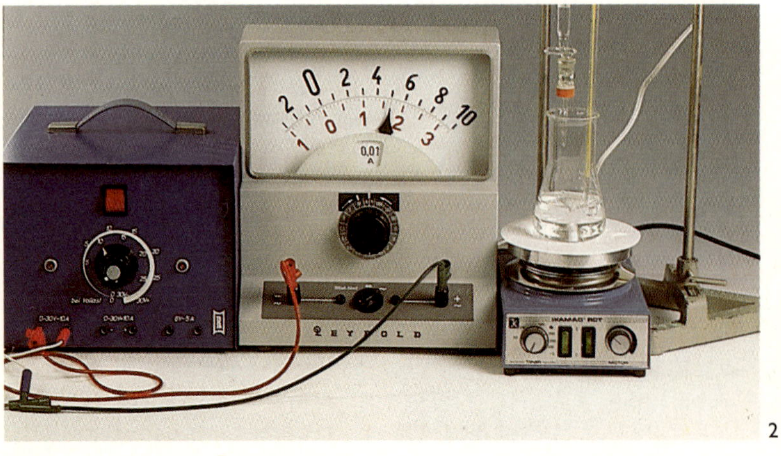
2

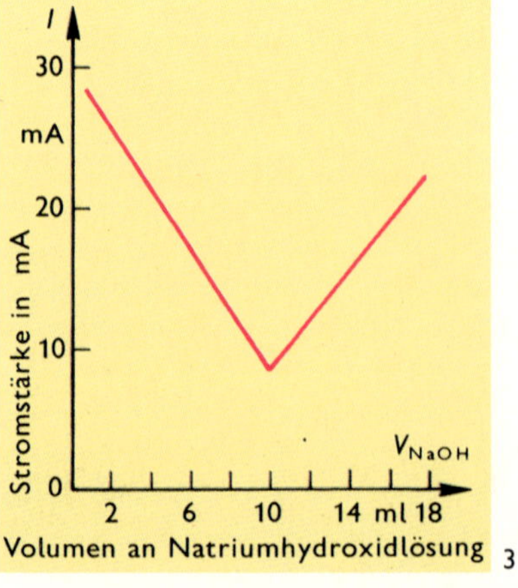

3

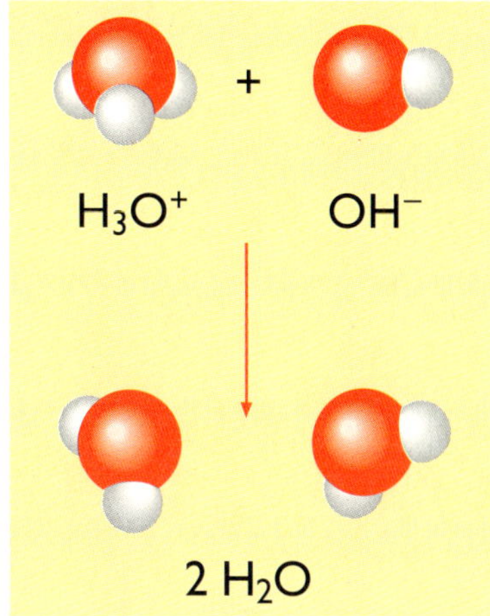

4

Protonenübergang bei der Neutralisation. Bei der Neutralisation von Salzsäure mit Natriumhydroxidlösung ändert sich die elektrische Leitfähigkeit der entstehenden Lösung (Experiment 8). Sie nimmt bis zu einem bestimmten Punkt stetig ab (Abb. 3). Die Erklärung dafür ist folgende: Die sehr beweglichen Hydronium-Ionen reagieren mit den ebenso gut beweglichen Hydroxid-Ionen zu Wassermolekülen (Abb. 4). In der Lösung nehmen deshalb die Stoffmengenkonzentrationen dieser Ladungsträger bis auf 0,0000001 mol/l ab. Die Lösung ist neutral. Die geringere elektrische Leitfähigkeit der neutralen Lösung beruht vor allem auf den weniger beweglichen Natrium- und Chlorid-Ionen.
Bei der Reaktion von Hydronium-Ionen mit Hydroxid-Ionen zu Wassermolekülen gibt jeweils ein Hydronium-Ion ein Proton an ein Hydroxid-Ion ab. Durch diesen **Protonenübergang** bilden sich zwei Wassermoleküle.

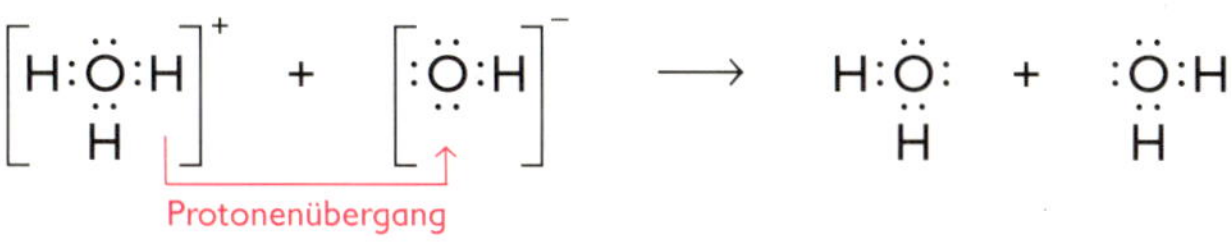

Bei der Neutralisation reagieren Hydronium-Ionen mit Hydroxid-Ionen zu Wassermolekülen. Bei dieser Reaktion findet ein Protonenübergang statt.

Die in der neutralen Lösung noch vorhandenen sehr geringen Stoffmengenkonzentrationen an Hydronium- und Hydroxid-Ionen bewirken bei einem Indikator keine Farbänderung.
Ihr Vorhandensein ist damit zu erklären, dass wenige Wassermoleküle wieder zu Hydronium- und Hydroxid-Ionen reagieren. In der wässrigen Lösung finden ständig eine Hinreaktion und eine Rückreaktion statt. Es bildet sich ein chemisches Gleichgewicht aus (↗ S. 291). Der Doppelpfeil in einer Reaktionsgleichung kennzeichnet diesen Zustand. Die Ionengleichung für die Neutralisation lautet:

$H_3O^+ + OH^- \rightleftharpoons 2\,H_2O$.

AUFGABEN

1. Welche Beobachtung ist zu erwarten, wenn bei Experiment 5 ein zu großes Volumen an Natriumhydroxidlösung zugegeben wird?
2. Calciumhydroxidlösung soll neutralisiert werden. Gib einen möglichen Reaktionspartner und die Reaktionsgleichung an!
3. Nach einer Neutralisation sind in der Lösung unter anderem Barium-Ionen und Nitrat-Ionen vorhanden.
   Von welchen Reaktionspartnern wurde vermutlich ausgegangen? Entwickle die Reaktionsgleichung!
4. 50 ml Kaliumhydroxidlösung ($c = 0{,}1$ mol/l) sollen neutralisiert werden.
   Welches Volumen an Salzsäure ist zuzugeben, wenn die Salzsäure eine Stoffmengenkonzentration von a) $c_1 = 0{,}1$ mol/l, b) $c_2 = 1{,}0$ mol/l und c) $c_3 = 0{,}5$ mol/l besitzt?
5. Warum nimmt die elektrische Leitfähigkeit bei der Neutralisation erst ab und von einem bestimmten Punkt an wieder zu (Abb. 3)?
6. Welche Teilchen sind bei der Neutralisation Protonendonatoren und welche Protonenakzeptoren?

Bedeutung der Neutralisation. Saure und alkalische Industrieabwässer werden in Neutralisationsanlagen so aufbereitet, dass ihr *p*H-Wert zwischen 6,0 und 6,5 liegt, um Abwasseranlagen und Flüsse möglichst nicht zu schädigen (Abb. 1). Neutralisationsmittel sind häufig Schwefel- oder Salzsäure sowie Natronlauge oder Kalkmilch.

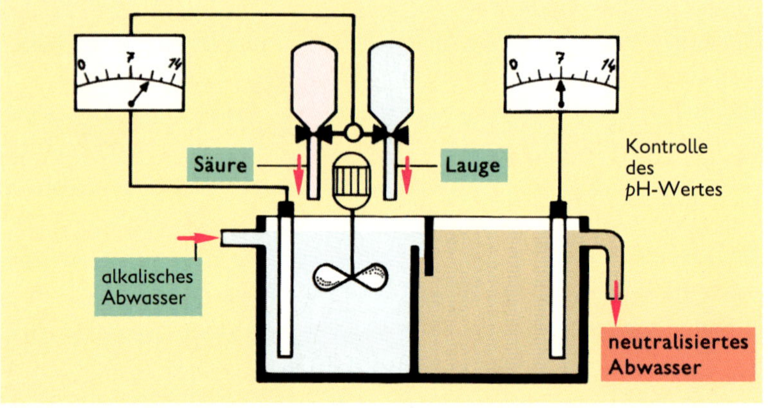

1

Schema einer Neutralisationsanlage für Industrieanbwässer mit automatischer *p*H-Wert-Regelung

Bei der Rauchgasentschwefelung durch „Laugenwäsche" wird die saure Lösung, die aus Schwefeldioxid im Rauchgas und Wasser entsteht, durch kalkhaltige alkalische Lösungen neutralisiert und mit Sauerstoff aus der Luft zu Gips umgesetzt.

Der *p*H-Wert im Boden sinkt in einer Vegetationsperiode unter anderem durch Säuren aus Pflanzenwurzeln und saure Niederschläge. Diese Bodenversauerung schränkt bei Nutzpflanzen die Aufnahme wichtiger Mineralsalze ein. Kalkdünger neutralisieren die sauren Bodenbestandteile und stellen wieder günstige *p*H-Werte ein (Abb. 2).

Bei der Wiederaufarbeitung von Altöl werden darin enthaltene saure und alkalische Stoffe neutralisiert.

Medikamente gegen überschüssige Magensäure enthalten unter anderem Aluminiumhydroxid $Al(OH)_3$ und Magnesiumhydroxid $Mg(OH)_2$ als Neutralisationsmittel (Abb. 3).

2

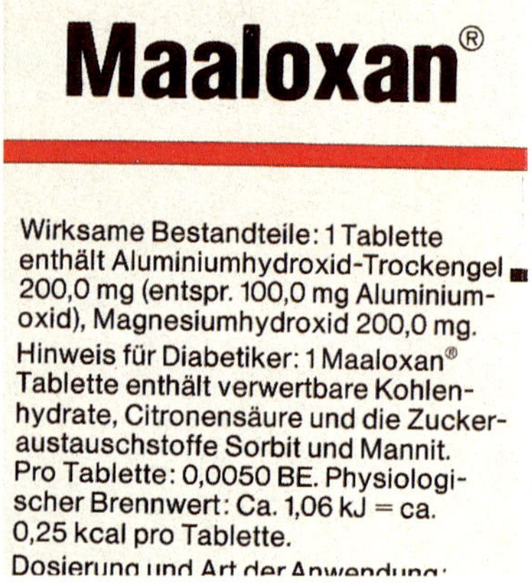

3

Zusammensetzung und Namen von Salzen. Durch Reaktion von Säurelösungen mit unedlen Metallen, mit Metalloxiden oder mit Metallhydroxidlösungen können **Salzlösungen** entstehen (Experiment 9). Durch Eindampfen der entsprechenden Salzlösung wird das Salz erhalten. Salze setzen sich aus Kationen und Anionen zusammen. Die Kationen sind in vielen Fällen Metall-Ionen und die Anionen stets Säurerest-Ionen. Aus den Namen dieser Ionen wird der wissenschaftliche **Name des Salzes** gebildet (Tabelle 2).

Der Name eines Salzes wird aus dem Namen des Kations und dem des Anions gebildet, aus denen das Salz zusammengesetzt ist.

Salz	
Calciumnitrat $Ca(NO_3)_2$	
Kation z.B. Metall-Ion	Anion Säurerest-Ion
Calcium-Ion Ca^{2+}	Nitrat-Ion NO_3^-
Salz	
Natriumhydrogencarbonat $NaHCO_3$	
Kation z. B. Metall-Ion	Anion Säurerest-Ion
Natrium-Ion Na^+	Hydrogencarbonat-Ion HCO_3^-

2

Es gibt auch einige Salze, bei denen das Kation kein Metall-Ion ist (↗ S.157). Salze tragen häufig auch andere Namen. So wird in der Landwirtschaft Calciumnitrat als Kalksalpeter bezeichnet. Natriumhydrogencarbonat kennt man als Natron, Natriumcarbonat als Soda. In der Natur sind schöne Kristalle zu finden, die sich aus Metall- und Säurerest-Ionen zusammensetzen. Türkis (Abb. 5) besteht zum Beispiel aus Kupfer-, Aluminium- und Phosphat-Ionen.

Nachweis von Säurerest-Ionen. Einige Säurerest-Ionen verbinden sich mit Metall-Ionen zu schwer löslichen Salzen. Sie fallen aus Lösungen als **Niederschlag** aus: Diese Eigenschaft wird zum **Nachweis von Säurerest-Ionen**, zum Beispiel Chlorid-, Sulfat- und Phosphat-Ionen, genutzt (Experiment 10). Manche Säurerest-Ionen, wie Nitrat-Ionen, können auch durch Farbreaktion an Teststreifen nachgewiesen werden (Abb. 4).

Experiment 9 **L**
Zu Magnesium (F), Magnesiumoxid und Magnesiumhydroxid wird Wasser und anschließend 10%ige Salzsäure (Xi) gegeben. Dann wird eingedampft.

Experiment 10
Gib zu einer Natriumchlorid- und zu einer Natriumphosphatlösung einige Tropfen 1%ige Silbernitratlösung!

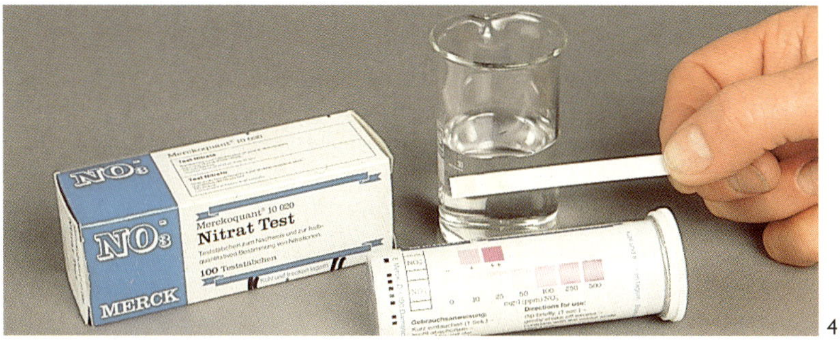

4

5

AUFGABEN

1. Wie groß ist die Stoffmenge an Hydroxid-Ionen in einer Calciumhydroxidlösung, in der 0,01 mol Calciumhydroxid gelöst ist?
   Welche Stoffmenge Chlorwasserstoff ist für die Neutralisation der Lösung erforderlich?
2. Warum tritt bei Zugabe von Universalindikator zu einer neutralen Lösung keine Farbänderung auf?
3. Die Neutralisation ist eine chemische Reaktion. Leite die Aussage aus Experimentbeobachtungen ab!
4. Begründe, dass die Neutralisation eine Reaktion mit Protonenübergang ist!
5. In einem Betrieb fällt beim Metallätzen salpetersäurehaltiges Abwasser an. Es wird mit Kalkwasser $Ca(OH)_2$ behandelt.
   Warum? Welcher Vorgang spielt sich ab?
6. Beschreibe die Arbeitsweise einer Neutralisationsanlage für Abwässer anhand der Abbildung 1 (↗ S.112)!
7. Erläutere die Notwendigkeit der Kalkdüngung auf Ackerböden!
8. Beschreibe die Reaktion beim Behandeln überschüssiger Magensäure mit Medikamenten, die Magnesiumhydroxid und Aluminiumhydroxid enthalten! Entwickle die Reaktionsgleichungen!
9. Wie wirkt Seifenlösung auf den Säureschutzmantel der Haut?
10. Nenne Möglichkeiten zur Darstellung von Zinksulfat. Entwickle dafür Reaktionsgleichungen!
11. Benenne folgende Salze: $Mg(NO_3)_2$, $BaSO_4$, $AlCl_3$, $KHSO_4$, $AgNO_3$, $Ca(HCO_3)_2$!
12. Bariumchlorid, Natriumnitrat, Kaliumhydrogensulfit dissoziieren beim Lösen in Wasser. Wie lauten dafür die Ionengleichungen?
13. Vergleiche Natriumchloridlösung, Natriumhydroxidlösung und Salzsäure hinsichtlich a) vorliegender Teilchen, b) Eigenschaften, c) Möglichkeiten zur Darstellung!
14. Barium-Ionen bilden mit Sulfat-Ionen einen Niederschlag.
    Gib die Ionengleichung dafür an!

Säure-Base-Theorie von *Brönsted*

Die Begriffe Säure und Base. Auf die historische Entwicklung in der Chemie ist zurückzuführen, dass unter Säuren und Basen im allgemeinen Stoffe mit besonderen Eigenschaften verstanden werden. Heute ist bekannt, dass bei Reaktionen dieser Stoffe Teilchen, z. B. Moleküle und Ionen, miteinander reagieren. Deshalb ging der dänische Chemiker *Brönsted* (Abb. 1) bei seiner Definition der Säure und der Base vom Reaktionsverhalten der Teilchen bei einer Reaktion mit **Protonenübergang** (↗ S. 99 f.) aus.

Säuren sind Moleküle oder Ionen, die Protonen abgeben.
Säure = Protonendonator (Protonenspender)
Basen sind Moleküle oder Ionen, die Protonen aufnehmen.
Base = Protonenakzeptor (Protonenempfänger)

So ist bei der chemischen Reaktion von Chlorwasserstoff mit Wasser (↗ S. 100) das Chlorwasserstoffmolekül der Protonendonator und damit Säure, dagegen das Wassermolekül der Protonenakzeptor und somit Base.

Protonendonator: $HCl \longrightarrow Cl^- + H^+$ (HCl: **Säure**)

Protonenakzeptor: $H_2O + H^+ \longrightarrow H_3O^+$ (H_2O: **Base**)

Beim Erwärmen von wässriger Chlorwasserstofflösung (Experiment 11) bilden sich wieder gasförmiger Chlorwasserstoff und Wasser. Die **Reaktion** verläuft **in umgekehrter Richtung**. Das bedeutet: Das Hydronium-Ion ist jetzt als Säure (Protonendonator) zu verstehen und das Chlorid-Ion dagegen als Base (Protonenakzeptor).

$HCl \longleftarrow Cl^- + H^+$ (Cl^-: **Base**)

$H_2O + H^+ \longleftarrow H_3O^+$ (H_3O^+: **Säure**)

Das Reaktionsverhalten dieser Teilchen lässt sich zusammengefaßt unter Verwendung eines Doppelpfeils wie folgt formulieren (Tabelle 3):

Säure-Base-Paare

$$HCl \rightleftharpoons Cl^- + H^+$$

$$H_3O^+ \rightleftharpoons H_2O + H^+$$

$$\textbf{Säure} \underset{\text{Protonenaufnahme}}{\overset{\text{Protonenabgabe}}{\rightleftharpoons}} \textbf{Base + Proton}$$

3

Jede Säure besitzt eine zugehörige (korrespondierende) Base und umgekehrt. Beide sind durch Protonenabgabe beziehungsweise Protonenaufnahme miteinander verbunden. Sie bilden ein korrespondierendes Säure-Base-Paar.

1

Johannes Nicolaus Brönsted (1879 bis 1947) dänischer Professor für physikalische Chemie
Brönsted formuliert in einem Beitrag für eine wissenschaftliche Zeitschrift 1923:
„Säuren und Basen sind Stoffe, die zu einer Abspaltung bzw. Anlagerung von Wasserstoff-Ionen fähig sind."
„Aus der allgemeinen Definition des Säure- und Basenbegriffs ergibt sich somit, dass auch Ionen als Säure oder Base auftreten können."

Experiment 11 **L**
Vorsicht! Aufsteigende Gase wirken ätzend! Abzug!
Über die Mündung eines Reagenzglases mit 2%iger Salzsäure werden ein Streifen Universalindikatorpapier und ein Glasstab mit einem Tropfen 1%iger Silbernitratlösung gehalten. Danach wird diese Prüfung wiederholt und dabei die Salzsäure vorsichtig erwärmt.

Verschiedene Säure-Base-Paare. Sowohl neutrale Moleküle als auch Kationen oder Anionen können Säure-Base-Paare bilden. Bei einigen überwiegt stärker die Protonenabgabe, bei anderen dagegen die Protonenaufnahme. Danach lassen sich Säure-Base-Paare ordnen (Tabelle 4).

	Säure	⇌	Base	+ Proton	
Protonen-abgabe überwiegt ↑	HCl	⇌	Cl^-	$+ H^+$	↓ Protonen-aufnahme überwiegt
	H_2SO_4	⇌	HSO_4^-	$+ H^+$	
	H_3O^+	⇌	H_2O	$+ H^+$	
	HNO_3	⇌	NO_3^-	$+ H^+$	
	HSO_4^-	⇌	SO_4^{2-}	$+ H^+$	
	H_2CO_3	⇌	HCO_3^-	$+ H^+$	
	NH_4^+	⇌	NH_3	$+ H^+$	
	HCO_3^-	⇌	CO_3^{2-}	$+ H^+$	
	H_2O	⇌	OH^-	$+ H^+$	
	OH^-	⇌	O^{2-}	$+ H^+$	

4

Reaktion von Säure-Base-Paaren. Bei der Reaktion von Chlorwasserstoff mit Wasser kann nur deshalb das Chlorwasserstoffmolekül als Säure reagieren, weil das Wassermolekül das abgegebene Proton aufnimmt und damit die Base ist. Es sind an der Reaktion zwei Säure-Base-Paare beteiligt.

1. Säure-Base-Paar: $\underset{\text{Säure}}{HCl}$ ... $\underset{\text{zugehörige Base}}{Cl^-}$

$$HCl + H_2O \rightleftharpoons H_3O^+ + Cl^-$$

2. Säure-Base-Paar: $\underset{\text{Base}}{H_2O}$ ... $\underset{\text{zugehörige Säure}}{H_3O^+}$

An einer Säure-Base-Reaktion (Protolyse) sind stets zwei Säure-Base-Paare beteiligt.

Die Reaktion von Chlorwasserstoff mit Wasser zeigt, dass Säure-Base-Reaktionen umkehrbare Reaktionen sind (↗ S. 114). Dadurch verlaufen sie nicht vollständig in eine Richtung, sondern auch in die Gegenrichtung, wodurch sich ein chemisches Gleichgewicht (↗ S. 291) einstellt. Es wird von den Reaktionsbedingungen und davon beeinflusst, ob die beteiligten Säure-Base-Paare überwiegend Protonen abgeben oder aufnehmen.

Neutralisation. Die Neutralisation ist ein Beispiel für eine Säure-Base-Reaktion. Im 1. Säure-Base-Paar wirkt das Hydronium-Ion als Säure und im 2. Säure-Base-Paar das Hydroxid-Ion als Base.

1. Säure-Base-Paar: $H_3O^+ \rightleftharpoons H^+ + H_2O$
2. Säure-Base-Paar: $OH^- + H^+ \rightleftharpoons H_2O$

Säure-Base-Reaktion: $\underset{\text{Säure 1}}{H_3O^+} + \underset{\text{Base 2}}{OH^-} \rightleftharpoons \underset{\text{Säure 2}}{H_2O} + \underset{\text{Base 1}}{H_2O}$

Geschichte des Säurebegriffs

Boyle (1663):
Säuren sind Stoffe, die u. a. Pflanzenfarbstoffe verfärben.

Lavoisier (1781):
Säuren sind Stoffe, die einen „sauer machenden Stoff“, den Sauerstoff, enthalten.

Liebig (1838):
Säuren sind Wasserstoffverbindungen, in denen Wasserstoff durch Metall ersetzbar ist.

Arrhenius (1883):
Säuren sind Verbindungen, die in Wasser unter Bildung von Wasserstoff-Ionen zerfallen.

Brönsted (1923):
Säuren sind Teilchen, die bei einer Reaktion Wasserstoff-Ionen (Protonen) an andere Teilchen abgeben. „Bei der Mischung von zwei einfachen Systemen entsteht ein doppeltes Säure-Base-System…:
$\text{Säure}_1 + \text{Base}_2 \rightleftharpoons \text{Säure}_2 + \text{Base}_1$.“

AUFGABEN

1. Folgende Teilchen können bei einer chemischen Reaktion als Säure wirken: H_3O^+, HCl, HBr, NH_4^+, HSO_4^-.
   a) Nenne die jeweils zugehörige (korrespondierende) Base!
   b) Entwickle die Gleichungen für die Säure-Base-Paare!
2. Chlorwasserstoff kann aus Natriumchlorid und konzentrierter Schwefelsäure hergestellt werden. Als Reaktionsgleichung wird angegeben:
   $Cl^- + H_2SO_4 \rightleftharpoons HSO_4^- + HCl$
   Welche Säure-Base-Paare sind beteiligt?

Autoprotolyse des Wassers. Wasser ist eine Molekülsubstanz. Es dürfte deshalb den elektrischen Strom nicht leiten. Jedoch zeigt selbst hochreines Wasser geringe elektrische Leitfähigkeit. Das ist nur damit erklärbar, dass einige wenige Wassermoleküle mit sich selbst unter Bildung von Hydronium-Ionen und Hydroxid-Ionen reagieren.

Protonenabgabe

$$H_2O + H_2O \rightleftharpoons H_3O^+ + OH^-$$

Protonenaufnahme

Die Säure-Base-Reaktion zwischen Wassermolekülen bezeichnet man als **Autoprotolyse des Wassers**. Sie erfolgt auch in umgekehrter Richtung. Es liegt ein chemisches Gleichgewicht vor.
Ein Vergleich der elektrischen Leitfähigkeit unter gleichen Messbedingungen ergibt, dass die Leitfähigkeit von 5%iger Salzsäure etwa das 10-Millionenfache und die von Kupfer etwa das 17-Billionenfache der Leitfähigkeit von Wasser beträgt.

Wassermoleküle als Säure oder Base. Wassermoleküle können die Funktion einer Säure besitzen und Protonen abgeben oder die einer Base haben und Protonen aufnehmen. Welche **Funktion** die **Wassermoleküle** bei einer Säure-Base-Reaktion annehmen, hängt vom jeweiligen Reaktionspartner ab.

Beispiele für Wassermoleküle als Säure
Beim Lösen von Natriumcarbonat in Wasser geben die Wassermoleküle Protonen ab. Es bilden sich Hydrogencarbonat-Ionen und Hydroxid-Ionen (Experiment 12).

Säure Base
$$H_2O + CO_3^{2-} \rightleftharpoons HCO_3^- + OH^-$$

Auch beim Lösen von Calciumoxid in Wasser wirken Wassermoleküle als Säure. Dadurch bilden sich aus Oxid-Ionen Hydroxid-Ionen (↗ S. 86, Experiment 17).

Säure Base
$$H_2O + O^{2-} \rightleftharpoons OH^- + OH^-$$

Beispiele für Wassermoleküle als Base
Beim Verdünnen konzentrierter Schwefelsäure mit Wasser im Überschuss reagieren weitere Schwefelsäuremoleküle mit Wassermolekülen. Die chemische Reaktion verläuft stark exotherm (↗ S. 105, Experiment 14). Dabei nehmen Wassermoleküle Protonen auf.

Säure Base
1. Stufe: $H_2SO_4 + H_2O \rightleftharpoons H_3O^+ + HSO_4^-$

2. Stufe: $HSO_4^- + H_2O \rightleftharpoons H_3O^+ + SO_4^{2-}$

Wassermoleküle können je nach Reaktionspartner die Funktion einer Säure oder einer Base haben. Solche Teilchen bezeichnet man als Ampholyte.

Experiment 12
Eine kleine Spatelspitze Natriumcarbonat (Xi) wird in einem Reagenzglas in etwa 20 Tropfen destilliertem Wasser gelöst. Danach werden 2 Tropfen Universalindikator zugesetzt.

AUFGABEN

1. Warum dürfte Wasser als Molekülsubstanz den elektrischen Strom nicht leiten? Worauf ist die sehr geringe Leitfähigkeit des Wassers zurückzuführen?
2. Welche Säure-Base-Paare sind an der Autoprotolyse des Wassers beteiligt?
3. Entwickle die Teilgleichungen für die Protonenabgabe und die Protonenaufnahme bei der Autoprotolyse des Wassers!
4. Welche Säure-Base-Paare liegen bei der Reaktion von Carbonat-Ionen mit Wassermolekülen vor? Kennzeichne an der Reaktionsgleichung Protonenabgabe und Protonenaufnahme!
5. Gib anhand der Tabelle 4, (↗ S. 115) Teilchen an, die Ampholyte sind!
6. Vergleiche die Autoprotolyse des Wassers mit der Neutralisation hinsichtlich der beteiligten Säure-Base-Paare, des Protonenübergangs und auftretender Reaktionswärme!

Im Überblick

*p*H-Wert von Lösungen

Lösungen	Saure Lösung	Neutrale Lösung	Alkalische Lösung
***p*H-Wert**	$pH < 7$	$pH = 7$	$pH > 7$
Stoffmengen-konzentrationen	$c(H_3O^+) > c(OH\ )$	$c(H_3O^+) = c(OH^-)$	$c(OH^-) > c(H_3O^+)$
Nachweis			
Lackmus	rot	keine Farbänderung	blau
Universalindikator	$pH < 7$	$pH = 7$	$pH > 7$
*p*H-Meter	$pH < 7$	$pH = 7$	$pH > 7$

Neutralisation

Saure Lösung H_3O^+ + Alkalische Lösung OH^- → Neutrale Lösung $2\ H_2O$

Säure-Base-Reaktion

Definitionen nach *Brönsted*

Säure = Protonendonator (Protonenspender)

Base = Protonenakzeptor (Protonenempfänger)

Korrespondierendes Säure-Base-Paar

S ⇌ B + Proton

Säure	⇌	Base	+ Proton	Base	+ Proton	⇌	Säure
HCl	⇌	Cl^-	$+ H^+$	Cl^-	$+ H^+$	⇌	HCl
H_3O^+	⇌	H_2O	$+ H^+$	H_2O	$+ H^+$	⇌	H_3O^+
HSO_4^-	⇌	SO_4^{2-}	$+ H^+$	SO_4^{2-}	$+ H^+$	⇌	HSO_4^-

Reaktion von zwei Säure-Base-Paaren

Säure 1 + Base 2 ⇌ Säure 2 + Base 1

$$HCl + H_2O \rightleftharpoons H_3O^+ + Cl^-$$

Protonenübergang

$$H_2O + NH_3 \rightleftharpoons NH_4^+ + OH^-$$

Protonenübergang

Autoprotolyse des Wassers

$$H_2O + H_2O \rightleftharpoons H_3O^+ + OH^-$$

Protonenübergang

Atombau – Periodensystem der Elemente

Aus Beziehungen zwischen dem Atombau und dem Periodensystem der Elemente können Voraussagen und Erklärungen für viele chemische Erscheinungen abgeleitet werden.

Atomkern und Atomhülle

Atomkern – Neutronen. Atome eines chemischen Elementes enthalten in ihren Atomkernen stets die gleiche Anzahl positiv elektrisch geladener **Protonen** (↗ S. 77). Gleichzeitig können aber auch noch elektrisch neutrale Teilchen, die **Neutronen**, am Bau der Atomkerne beteiligt sein. Protonen und Neutronen als Elementarteilchen des Atomkerns werden als **Nukleonen** (lateinisch: nucleus = Kern) bezeichnet.
Während Atomkerne eines chemischen Elementes stets die gleiche Anzahl Protonen enthalten, kann die Anzahl der Neutronen schwanken. Man spricht dann von verschiedenen **Isotopen** eines Elementes (Tabelle 1).
Atome des Elementes Kohlenstoff enthalten zum Beispiel stets 6 Protonen. In den meisten von ihnen (98,89 %) sind auch 6 Neutronen enthalten. Es gibt aber auch Isotope des Elementes Kohlenstoff mit 7 oder 8 Neutronen im Atomkern. Isotope eines Elementes unterscheiden sich durch ihre Masse.

Atommasse. Die Masse von Atomen ist unvorstellbar klein. Da die Angabe der Masse eines Atoms in Gramm (Tabelle 2) unzweckmäßig ist, wurde die **atomare Masseneinheit u** (englisch: unit = Einheit) eingeführt und festgelegt:
$1\ u = 0{,}000000000000000000000001661\ g = 1{,}661 \cdot 10^{-24}\ g$.
Die **Atommasse** des Elementes Wasserstoff $m_A(H)$ beträgt dann 1,0078 u, die des Sauerstoffs 16,00 u und die des Magnesiums 24,31 u (↗ Periodensystem am Ende des Buches).
Zwischen den Atommassen in g und in u besteht Proportionalität: $1\ g = 6{,}022 \cdot 10^{23} \cdot 1\ u$. Der Proportionalitätsfaktor $6{,}022 \cdot 10^{23}$ ist der Zahlenwert der *Avogadro*-Konstanten (↗ S. 274 und 281).

Einige Elemente mit Isotopen

Element	Protonen	Neutronen	Isotope
Wasserstoff	1	0	99,99 %
		1	0,01 %
Sauerstoff	8	8	99,76 %
		9	0,04 %
		10	0,20 %
Magnesium	12	12	79,0 %
		13	10,0 %
		14	11,0 %
Chlor	17	18	75,4 %
		20	24,6 %

1

Masse einiger Atome

$m_A(H) = 0{,}00000000000000000000000167\ g$
$m_A(O) = 0{,}00000000000000000000002657\ g$
$m_A(Mg) = 0{,}00000000000000000000004037\ g$

2

Elementarteilchen	Symbol	Masse
Proton	p^+	1,0073 u
Neutron	n	1,0087 u
Elektron	e^-	0,0005 u

3

Elektronenschalen. Bei der Betrachtung eines Modells vom Bau der Atomhülle sind bisher nur die Außenelektronen besonders beachtet worden (↗ S. 78). *Wo befinden sich die übrigen Elektronen?* Da sich alle Elektronen in unterschiedlicher Entfernung vom Atomkern bewegen, hat es sich als nützlich erwiesen, Elektronen mit ähnlicher Entfernung vom Atomkern einzelnen **Elektronenschalen** zuzuordnen. Die Außenelektronen würden sich dann in der äußeren Elektronenschale aufhalten.
Die Elektronenschalen werden von innen nach außen nummeriert. Bei einem Modell vom Magnesiumatom können beispielsweise drei Elektronenschalen unterschieden werden.
Die 1. und 2. Elektronenschale sind mit 2 bzw. 8 Elektronen maximal besetzt. Die beiden Außenelektronen befinden sich in der 3. Elektronenschale (Abb. 1).

Elektronenschale n	Maximale Elektronenanzahl $2n^2$
1	2
2	8
3	18
4	32
5	50

4

Elektronenschalen sind Aufenthaltsräume von Elektronen mit ähnlicher Entfernung vom Atomkern.

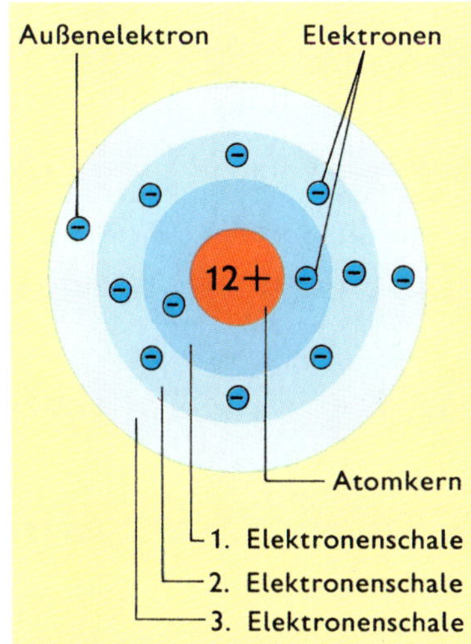

1

Modell eines Magnesiumatoms

Bau der Atomhülle. Die Elektronenschalen der Atome werden mit steigender Protonenanzahl schrittweise mit Elektronen aufgefüllt (Abb. 2). Jede Elektronenschale hat aber nur begrenzte Aufnahmemöglichkeiten (Tabelle 4). In der äußeren Elektronenschale können sich höchstens 8 Elektronen bewegen.
Besonders stabil ist die Elektronenanordnung der Atome mit 8 Außenelektronen (Elektronenoktett). Die Atome der **Edelgase** besitzen diese Elektronenanordnung.
Wasserstoff- und Heliumatome haben jeweils 1 Elektron bzw. 2 Elektronen in der 1. Elektronenschale. Bei den Lithiumatomen beginnt der Aufbau der 2. Elektronenschale. Bei Atomen des Edelgases Neon ist die 2. Elektronenschale mit 8 Außenelektronen voll besetzt (Abb. 2). Nun wird die 3. Elektronenschale bis zum Elektronenoktett aufgebaut. Es folgt zunächst bei den Atomen der Elemente Kalium und Calcium der Aufbau der 4. Elektronenschale. Dann erst wird die 3. Elektronenschale ergänzt.

AUFGABEN

1. Erläutere die Darstellung des Atombaus einzelner Elemente anhand der Abbildung 2!

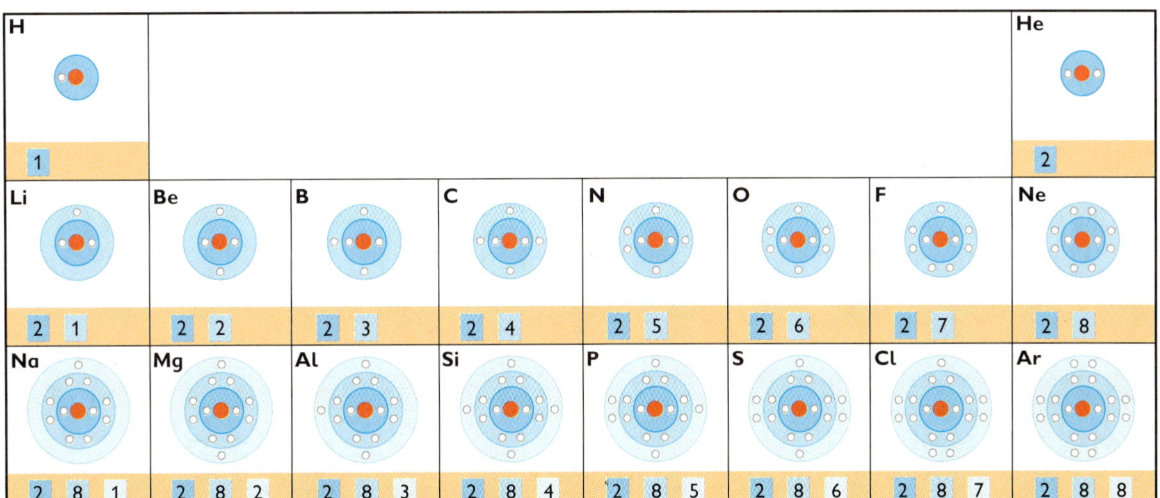

2

Atombau der ersten 18 Elemente mit Elektronenanordnung

Periodensystem der Elemente

Ordnungszahl. In der Mitte des 19. Jahrhunderts waren über 60 chemische Elemente bekannt. Viele Chemiker versuchten, diese Elemente sinnvoll zu ordnen. In den Jahren 1869 bis 1870 entwickelten der Russe *D. I. Mendelejew* (Abb. 1) und der Deutsche *L. Meyer* (Abb. 5) unabhängig voneinander einen Vorschlag für die systematische Anordnung der Elemente in einer Tabelle, das **Periodensystem der Elemente** (↗ S. 126). Die Reihenfolge der chemischen Elemente kann mit den Erkenntnissen vom Atombau begründet werden.
Im Periodensystem der Elemente sind die einzelnen chemischen Elemente nach steigender Anzahl der Protonen in ihren Atomen angeordnet. Jedes Element hat in der Reihenfolge, in der es in das System eingeordnet worden ist, eine **Ordnungszahl** erhalten. Diese Ordnungszahl entspricht der Anzahl der Protonen in den Atomkernen (deshalb auch als „Kernladungszahl" bezeichnet). Da die Anzahl der Protonen und Elektronen in einem Atom gleich ist, gibt die Ordnungszahl auch die Elektronenanzahl an.

1 *Dimitri Iwanowitsch Mendelejew* (1834 bis 1907), Professor in St. Petersburg. Sein besonderes Interesse galt der Ordnung der Elemente.

Ordnungszahl ≙ Protonenanzahl = Elektronenanzahl

Anordnung der Elemente. Für jedes chemische Element ist im Periodensystem der Elemente ein Feld vorgesehen. (Abb. 2).
Die Felder für die einzelnen Elemente sind im Periodensystem in 7 waagerechten Reihen, den **Perioden**, angeordnet. Die Nummerierung der Perioden (Abb. 3) entspricht dabei der Anzahl der Elektronenschalen in der Atomhülle von Atomen solcher Elemente, die in dieser Periode stehen (↗ Abb. 2, S. 119).

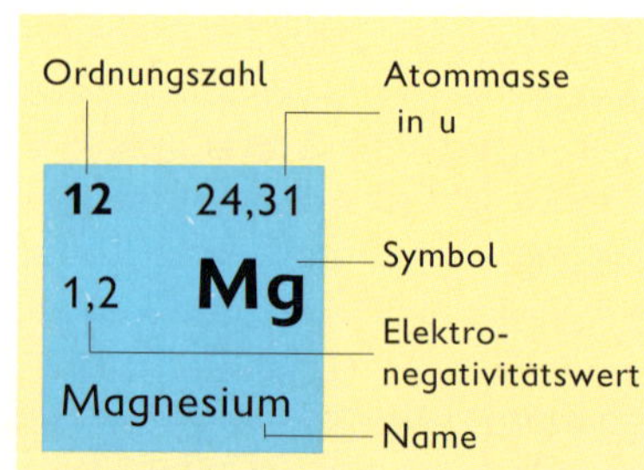

2

Nummer der Periode ≙ Anzahl der Elektronenschalen ≙ Nummer der äußeren Elektronenschale

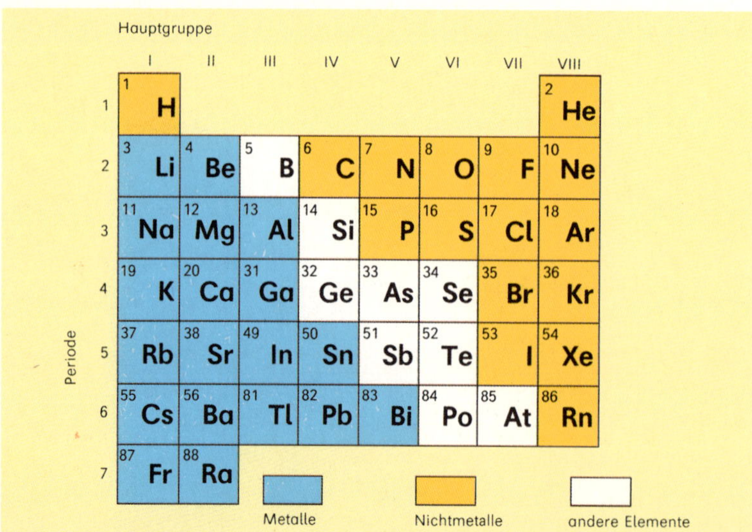

3 Auszug aus dem Periodensystem der Elemente (Hauptgruppen)

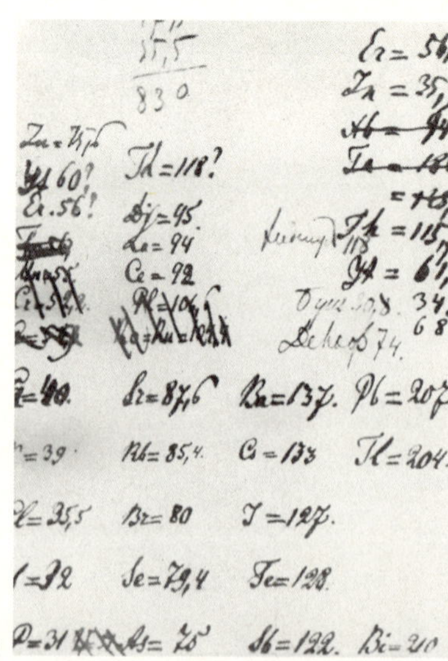

4 Notizen von *Mendelejew*

Die Anordnung in den Perioden erfolgt so, dass chemische Elemente mit ähnlichen Eigenschaften senkrecht untereinander stehen. Solche senkrechen Spalten mit einander ähnlichen Elementen werden als **Gruppen** bezeichnet. **Hauptgruppen** und **Nebengruppen** können unterschieden werden. In den Hauptgruppen stehen Elemente untereinander, deren Atome die gleiche Anzahl Außenelektronen haben (↗ Abb. 2, S. 119).

Nummer der Hauptgruppe ≙ Anzahl der Außenelektronen

Atombau und Gesetz der Periodizität. In der 1. Periode ist bei den Heliumatomen die 1. Elektronenschale mit 2 Elektronen voll besetzt. Jede folgende Periode beginnt mit einem Element der I. Hauptgruppe, dessen Atome 1 Außenelektron besitzen. Den Abschluss einer Periode bildet ein Element der VIII. Hauptgruppe mit 8 Elektronen auf der äußeren Elektronenschale.

Werden chemische Elemente nach steigender Anzahl der Protonen in ihren Atomen geordnet, so zeigt sich eine regelmäßige (periodische) Wiederkehr von Elementen mit ähnlichem Bau der Atomhülle.

In diesem Zusammenhang äußert sich das dem Periodensystem zugrunde liegende **Gesetz der Periodizität** (Abb. 6).
In der 4. Periode folgen nach den Elementen Kalium und Calcium 10 **Nebengruppenelemente**, bei deren Atomen zunächst die 3. Elektronenschale auf die maximale Anzahl von 18 Elektronen aufgefüllt wird. Danach folgen wieder Hauptgruppenelemente.

5

Lothar Meyer (1830 bis 1895) schlug eine Ordnung der Elemente vor, die dem Periodensystem der Elemente weitgehend entsprach.

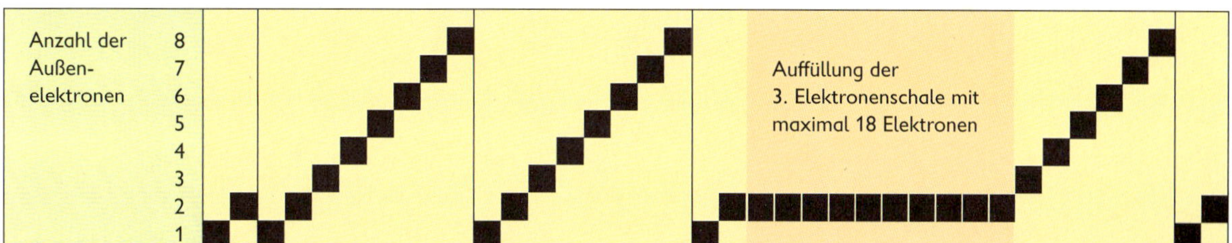

Ordnungszahl	1	2	3	4	5	6	7	8	9	10	11	12	13	14	15	16	17	18	19	20	21	22	23	24	25	26	27	28	29	30	31	32	33	34	35	36	37	38
Elementsymbol	H	He	Li	Be	B	C	N	O	F	Ne	Na	Mg	Al	Si	P	S	Cl	Ar	K	Ca	Sc	Ti	V	Cr	Mn	Fe	Co	Ni	Cu	Zn	Ga	Ge	As	Se	Br	Kr	Rb	Sr
Hauptgruppe	I	II	I	II	III	IV	V	VI	VII	VIII	I	II	III	IV	V	VI	VII	VIII	I	II	Nebengruppenelemente										III	IV	V	VI	VII	VIII	I	II
Periode	1		2								3								4																		5	

6

AUFGABEN

1. Leite die Namen und alle möglichen Angaben zum Atombau der Elemente mit den Ordnungszahlen 6, 9, 13, und 19 aus dem Periodensystem ab!
2. Belege am Beispiel von Beryllium, Magnesium und Calcium das Gesetz der Periodizität!
3. Begründe die Einordnung der Elemente
   a) Kohlenstoff und Stickstoff in die 2. Periode,
   b) Silicium und Schwefel in die 3. Periode des Periodensystems!
4. Leite Angaben über a) Calcium, b) Brom aus der Stellung im Periodensystem ab!

Periodizität bei den Eigenschaften der Elemente

Ionen der Hauptgruppenelemente. Viele Atome der Hauptgruppenelemente können durch Abgabe oder Aufnahme von Elektronen Ionen bilden (↗ S. 131).
Atome der links im Periodensystem stehenden Elemente besitzen nur wenige Elektronen in der äußeren Elektronenschale. Sie können durch deren Abgabe die stabile Elektronenanordnung eines Edelgases erreichen. Dabei entstehen positiv elektrisch geladene Ionen.
Zum Beispiel können Magnesiumatome die beiden Außenelektronen abgeben und so zur Elektronenanordnung der Neonatome gelangen. Es entstehen auf diese Weise zweifach positiv elektrisch geladene Magnesium-Ionen (Abb. 1).
Atome der rechts im Periodensystem stehenden Elemente besitzen mehr als 4 Elektronen in der äußeren Elektronenschale. Zum Beispiel können Chloratome mit 7 Elektronen auf der 3. Elektronenschale durch Aufnahme eines weiteren Elektrons die stabile Elektronenanordnung der Argonatome erreichen. Dabei entstehen einfach negativ elektrisch geladene Chlorid-Ionen (Abb. 2).
Vor allem Atome der Elemente der I. und II. Hauptgruppe bilden positiv elektrisch geladene Ionen. Negativ elektrisch geladene Ionen bilden sich besonders bei den Atomen der Elemente der V. bis VII. Hauptgruppe des Periodensystems (Abb. 3).

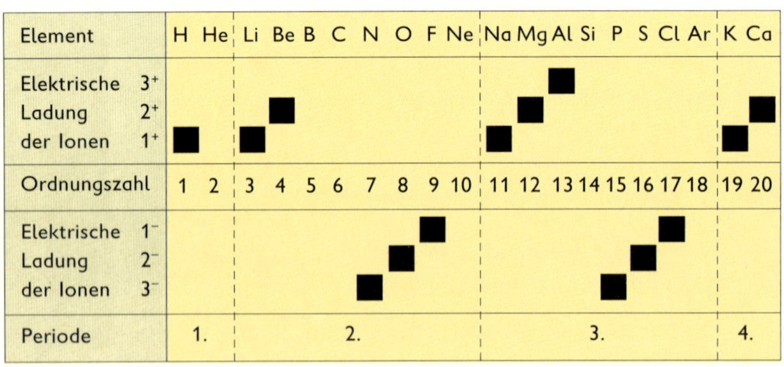

3

Art und Anzahl der elektrischen Ladungen von Ionen der Hauptgruppenelemente ändern sich periodisch.

Metalle und Nichtmetalle. Im Periodensystem bilden die links stehenden Elemente mit Ausnahme des Wasserstoffs Elementsubstanzen, die zu den Metallen gehören. Alle Elementsubstanzen der Nebengruppenelemente sind Metalle. Aufgrund der wenigen Außenelektronen in den Atomen dieser Elemente bilden sich zwischen den Atomen Metallbindungen. Nach rechts nehmen in den Perioden jedoch die metallischen Eigenschaften der Elementsubstanzen ab. Die nichtmetallischen Eigenschaften nehmen zu (Tabelle 5). Beim Übergang in die nächste Periode folgt auf das Edelgas wieder ein Metall.

Magnesium-Ion Mg^{2+}

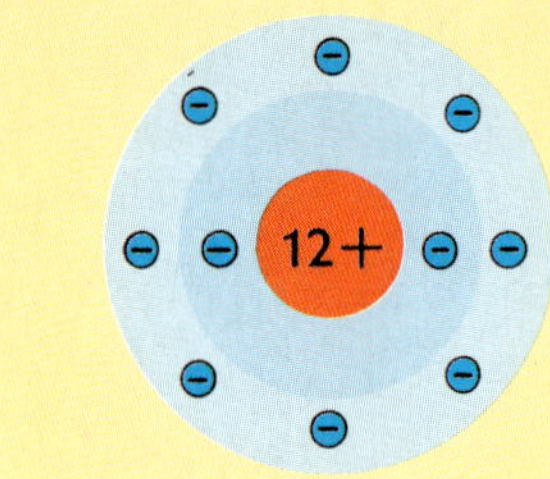

Anzahl und Art der elektrischen Ladungen im Atomkern	12+
Anzahl und Art der elektrischen Ladungen in der Atomhülle	10−
Elektrische Ladung des Ions	2+

1

Chlorid-Ion Cl^-

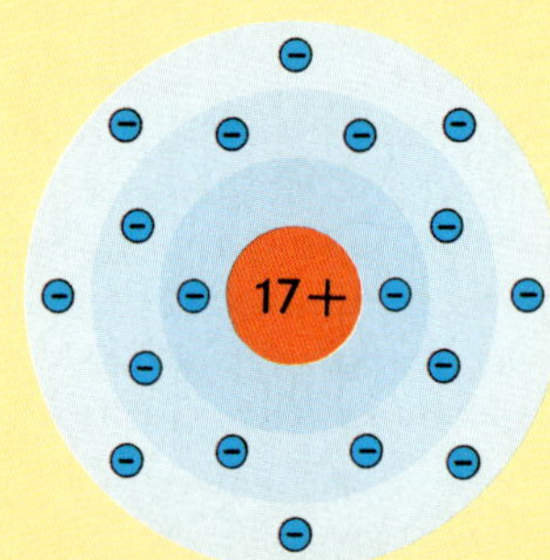

Anzahl und Art der elektrischen Ladungen im Atomkern	17+
Anzahl und Art der elektrischen Ladungen in der Atomhülle	18−
Elektrische Ladung des Ions	1−

2

Eigenschaften der Elementsubstanzen von Elementen der 3. Periode

Na	Mg	Al	Si	P	S	Cl	Ar
Metalle			Elementsubstanz mit metallischen und nichtmetallischen Eigenschaften	Nichtmetalle			

← Metallische Eigenschaften nehmen zu.

Nichtmetallische Eigenschaften nehmen zu. →

5

Experiment 1
Das Filtrat einer Magnesiumoxid-Aufschlämmung und Lösungen von jeweils 2 Tropfen 4%iger Natronlauge (C), 4%iger Phosphor- und 4%iger Schwefelsäure in 2 ml Wasser werden mit Universalindikator geprüft.

Experiment 2
Vorsicht! Frisch gefälltes Aluminiumhydroxid wird a) mit 4%iger Salzsäure, b) mit 20%iger Natronlauge (C) versetzt.

Metallische und nichtmetallische Eigenschaften der Elementsubstanzen ändern sich mit steigender Ordnungszahl der Elemente periodisch.

Oxide und ihre Lösungen in Wasser. Metalle und Nichtmetalle bilden mit Sauerstoff Oxide, die zum Teil mit Wasser reagieren. Diese wässrigen Lösungen sind alkalisch bzw. sauer.
Oxide von Elementen der I. bis III. Hauptgruppe können mit Wasser zu Hydroxiden reagieren (↗ S. 86). Bringt man diese Hydroxide in Wasser, so lösen sie sich teilweise. Dabei bilden sich unterschiedlich starke alkalische Lösungen.
Oxide von Nichtmetallen können mit Wasser saure Lösungen bilden (↗ S. 103). Besonders ausgeprägt ist das bei den Oxiden von Elementen der V. bis VII. Hauptgruppe.
Bei den Elementen der 3. Periode bilden Natrium- und Magnesiumhydroxid in Wasser alkalische Lösungen. Phosphor- und Schwefelsäurelösungen sind deutlich sauer. Wird der *p*H-Wert solcher Lösungen verglichen, zeigen sich Abstufungen (Experiment 1).
Aluminiumhydroxid hat eine Zwischenstellung. Es bildet mit Säuren wie andere Hydroxide Salzlösungen. Aluminiumhydroxid reagiert aber auch mit Natronlauge wie eine Säure (Experiment 2).
Alkalische und saure Eigenschaften der wässrigen Lösungen von Oxiden einzelner Elemente ändern sich ebenfalls periodisch mit steigender Ordnungszahl (↗ Periodensystem der Elemente am Ende des Buches).

AUFGABEN

1. Vergleiche die Elektronenanordnung in den Atomen und Ionen von Chlor, Magnesium, Kalium, Brom!
2. Vergleiche die Elektronenanordnung von a) Fluor- und Natrium-Ionen mit der von Neonatomen,
   b) Schwefel- und Calcium-Ionen mit der von Argonatomen!
3. Leite aus dem Periodensystem Aussagen über das Element Strontium ab!
4. Belege die Gültigkeit des Gesetzes der Periodizität für Eigenschaften der Elementsubstanzen von Elementen der 2. und 3. Periode!

Eigenschaften einiger Verbindungen der Elemente der 3. Periode

Hauptgruppe	I	II	III	IV	V	VI	VII
Element	Na	Mg	Al	Si	P	S	Cl
Oxid	Na_2O	MgO	Al_2O_3	SiO_2	P_2O_5	SO_3	Cl_2O_7
Hydroxid	$NaOH$	$Mg(OH)_2$	$Al(OH)_3$				
Säure				H_4SiO_4	H_3PO_4	H_2SO_4	$HClO_4$
Saure Eigenschaften der Lösung				zunehmend →			
Alkalische Eigenschaften der Lösung	← zunehmend						

6

Gruppeneigenschaften und Periodensystem

Gruppeneigenschaften. So wie in den Perioden bestehen auch in den Gruppen des Periodensystems viele Beziehungen zwischen den Elementen. Eigenschaften der Elementsubstanzen und ihrer Verbindungen sind ähnlich. Verbindungen weisen gleiche Zusammensetzung auf. Andererseits sind auch oft deutliche Abstufungen in den Eigenschaften innerhalb der Gruppe erkennbar.

Edelgase. Die farblosen und geruchlosen Edelgase Helium, Neon, Argon, Krypton und Xenon kommen in geringen Spuren in der Luft vor. Die Atome des Heliums besitzen mit 2 Außenelektronen, die Atome der anderen Edelgase mit 8 Außenelektronen sehr stabile Atomhüllen. Die Edelgase reagieren deshalb unter normalen Bedingungen kaum mit anderen Stoffen und kommen atomar vor. Auf der Reaktionsträgheit der Edelgase beruht die Verwendung als Schutzgas beim Schweißen, als Füllgas für Glühlampen und beim Helium als sehr leichtes, unbrennbares Füllgas für Ballone. Neon leuchtet in Gasentladungsröhren intensiv rot und dient zur Lichtreklame (Abb. 1).

Alkalimetalle. Die Elemente der I. Hauptgruppe, Lithium, Natrium, Kalium, Rubidium und Caesium, bilden die **Alkalimetalle**. Ihre Atome haben ein Außenelektron und bilden einfach positiv elektrisch geladene Ionen. Es sind sehr unedle Metalle, die leicht mit dem Sauerstoff der Luft reagieren, Rubidium und Caesium sogar unter Selbstentzündung. Sie werden deshalb unter sauerstofffreien Flüssigkeiten, z. B. Paraffinöl, aufbewahrt (Abb. 2). Alle Alkalimetalle reagieren mit Wasser unter Wasserstoffentwicklung (Experiment 3), wobei die Heftigkeit von Lithium bis zum explosionsartigen Verlauf bei Rubidium und Caesium zunimmt. Es bilden sich Hydroxidlösungen, die zunehmend stärker alkalisch sind (Tab. 8). Alkalimetallsalze lösen sich meist leicht in Wasser. Charakteristisch ist die **Flammenfärbung** durch Verbindungen der Alkalimetalle (Experiment 4). Diese Erscheinung wird zum **Nachweis** der Alkalimetalle benutzt (Abb. 3; Tabelle 7).

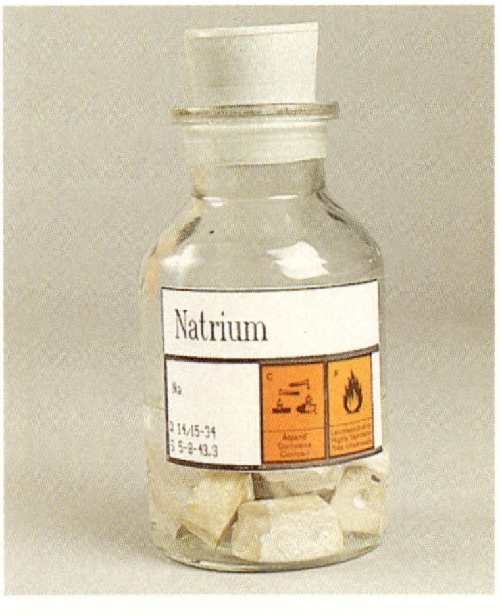

2

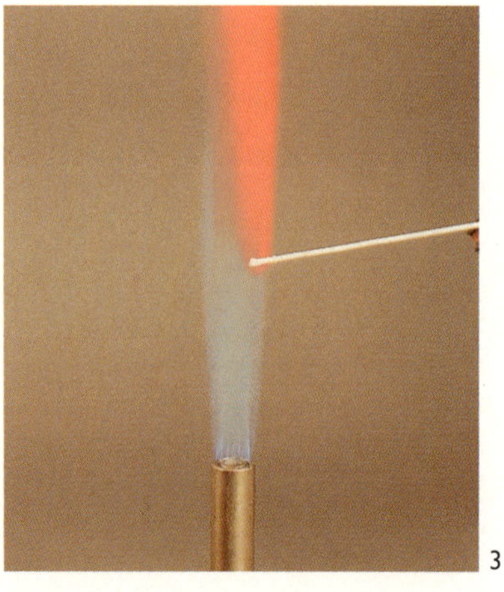
3

Experiment 3 L

Vorsicht! Erbsengroße Stückchen Natrium (F, C) und Kalium (F, C) werden auf Wasser in einer Kristallisierschale gebracht.

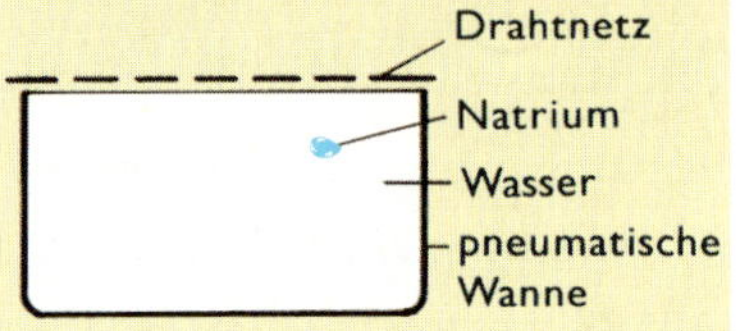

Experiment 4

Mit einem Magnesiastäbchen werden Proben von Lithium-(Xn), Kalium- und Natriumchlorid sowie Calcium-(Xi) und Strontiumchlorid in die nicht leuchtende Brennerflamme gebracht.

1

Neonlichtreklame (rot)

4

Kostbare Smaragde enthalten das Element Beryllium.

Flammenfärbungen

Element	Farbe
Lithium	karminrot
Natrium	gelb
Kalium	hellviolett
Rubidium	rotviolett
Calcium	ziegelrot
Strontium	karminrot
Barium	fahlgrün

7

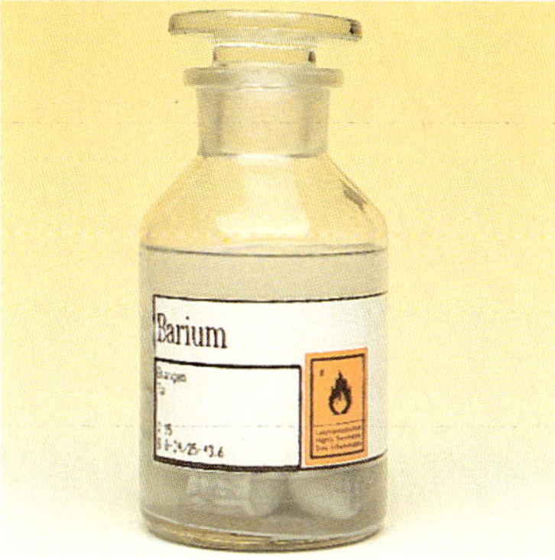

5

Metallisches Barium

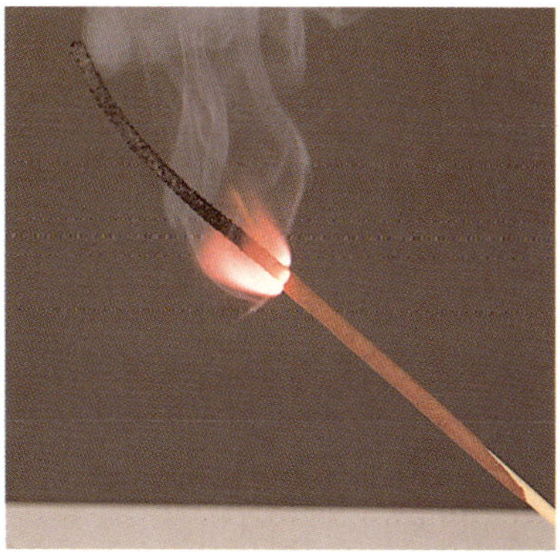

6

Bengalisches Feuer (Strontiumsalze)

Erdalkalimetalle. Die Elemente der II. Hauptgruppe, Beryllium, Magnesium, Calcium, Strontium und Barium, bilden die **Erdalkalimetalle**. Sie kommen in der Natur nur in Verbindungen vor und sind Bestandteil vieler Mineralien (Abb. 4). So ist zum Beispiel das Element Calcium im Kalkstein enthalten (↗ S. 172).
Bei allen Erdalkalimetallen handelt es sich um Metalle (Abb. 5). Während Beryllium recht beständig ist, nimmt vom Magnesium bis zum Barium die Reaktionsfähigkeit mit dem Sauerstoff zu. Beryllium reagiert mit Wasser überhaupt nicht, Magnesium nur in der Hitze (Experiment 5). Calcium, Strontium und Barium reduzieren das Wasser schon in der Kälte zunehmend heftiger zu Wasserstoff. Die dabei entstehenden Hydroxide der Erdalkalimetalle reagieren nicht so leicht mit Wasser wie die der Alkalimetalle. Die alkalischen Eigenschaften der Oxide und Hydroxide der Erdkalkalimetalle nehmen vom Magnesium zum Barium zu (Experiment 6 und Tabelle 8).
Da die Atome der Erdalkalimetalle zwei Außenelektronen besitzen, bilden sie zweifach positiv elektrisch geladene Kationen. Viele Verbindungen dieser Elemente sind Ionensubstanzen. Chloride und Nitrate der Erdalkalimetalle sind leicht in Wasser löslich. Bei den Sulfaten und Carbonaten nimmt die Löslichkeit vom Magnesium zum Barium hin ab. Einige Salze der Erdalkalimetalle zeigen Flammenfärbungen (Abb. 6, Experiment 4, Tabelle 7).

Experiment 5
Bringe in einem Reagenzglas ein Magnesiumspan (F) in kaltes Wasser! Erwärme und beobachte! Setze schließlich einen Tropfen Universalindikator zu!

Experiment 6
Je eine Spatelspitze Magnesium- und Calciumoxid (C) werden mit 5 ml Wasser geschüttelt, und filtriert. Das Filtrat ist mit einem Tropfen Universalindikator zu versetzen.

Gruppeneigenschaften der Elementsubstanzen der I. und II. Hauptgruppe

Eigenschaften der Elementsubstanzen	I. Hauptgruppe Li Na K Rb Cs	II. Hauptgruppe Be Mg Ca Sr Ba
Metallische Eigenschaften	zunehmend →	zunehmend →
Reaktion mit Sauerstoff	zunehmend heftiger →	zunehmend heftiger →
Löslichkeit der Hydroxide	leicht löslich →	zunehmend löslich →
Alkalische Eigenschaften der Hydroxide	zunehmend →	zunehmend →
Löslichkeit der Salze	leicht löslich →	abnehmend löslich →
Formeln der Hydroxide	MeOH	$Me(OH)_2$

8

AUFGABEN

1. Stelle Angaben über den Atombau der Elemente der I. und II. Hauptgruppe sowie der Edelgase zusammen! Stelle Vergleiche an!
2. Entwickle Reaktionsgleichungen für die Reaktion mit Wasser von a) Natrium und Kalium, b) Calcium!
3. Stelle Gemeinsamkeiten und Unterschiede zwischen Alkali- und Erdalkalimetallen zusammen!
4. Alkalimetalle reagieren sehr heftig mit Sauerstoff. Versuche, das zu begründen!

Wie entstand das Periodensystem der Elemente?

Am Beginn des 19. Jahrhunderts wurden immer mehr chemische Elemente entdeckt. Chemiker bemühten sich, diese nach Merkmalen zu ordnen. 1829 beschrieb *Johann Wolfgang Doebereiner* (Abb. 1), Chemiker in Jena, Gruppen von je drei in ihren Eigenschaften ähnlichen Elementen, bei denen die Atommasse des mittleren jeweils das arithmetische Mittel der beiden anderen war.

Triaden von *Doebereiner*

Lithium	Calcium	Chlor	Schwefel
Natrium	Strontium	Brom	Selen
Kalium	Barium	Iod	Tellur

9

Atommasseberechnung

Element	Atommasse	Arithmetisches Mittel
Li	6,9 u	$\frac{6{,}9 + 39{,}1}{2} = 23\,u$
Na	23,0 u	
K	39,1 u	

10

Der Engländer *John A. R. Newlands* (1838 bis 1898) stellte 1865 eine Übersicht von 62 Elementen zusammen, die er nach den Atommassen geordnet hatte (Abb. 2). Er fand dabei, dass nach jeweils 7 Elementen eines auftritt, das dem ersten ähnlich ist. *Newlands* berücksichtigte bei seinen „Oktaven" jedoch nicht, dass noch nicht alle Elemente bekannt waren.

1869 wurden von dem deutschen Chemiker *Lothar Meyer* (1830 bis 1895) und dem russischen Chemiker *Dimitri Iwanowitsch Mendelejew* (1834 bis 1907) unabhängig voneinander Tafeln der Elemente entwickelt, die dem heute gebräuchlichen Periodensystem der Elemente entsprechen. Beide berücksichtigten, dass noch nicht alle Elemente entdeckt sein konnten, und ließen Plätze dafür frei. *Mendelejew* machte sogar Voraussagen über Eigenschaften noch unbekannter Elemente (Tabelle 11).

Als der deutsche Chemiker *Clemens Winkler*, Professor an der Bergakademie Freiberg in Sachsen, 1886 das Element Germanium auffand, dessen Eigenschaften weitgehend mit den Voraussagen *Mendelejews* für das Eka-Silicium (unter Silicium stehend) übereinstimmten, war das eine Bestätigung für die Zweckmäßigkeit des Periodensystems (Tabelle 11). Seine Begründung durch den Atombau erfolgte erst ein halbes Jahrhundert später.

1

Johann Wolfgang Doebereiner (1780 bis 1849)

	No.		No.		No.		No.		No.
H	1	F	8	Cl	15	Co & Ni	22	Br	29
Li	2	Na	9	K	16	Cu	23	Rb	30
G	3	Mg	10	Ca	17	Zn	24	Sr	31
Bo	4	Al	11	Cr	19	Y	25	Ce & La	33
C	5	Si	12	Ti	18	In	26	Zr	32
N	6	P	13	Mn	20	As	27	Di & Mo	34
O	7	S	14	Fe	21	Se	28	Ro & Ru	35

2

Oktaven von *Newlands* (1865)

Voraussage und Entdeckung eines Elements

Eigenschaften	1871 von *Mendelejew* vorausgesagt Eka-Silicium Es	1886 von *Winkler* gefunden Germanium Ge
Relative Atommasse	72	72,6
Dichte in g/cm^3	5,5	5,4
Formel und Dichte des Oxids	EsO_2; 4,7 g/cm^3	GeO_2, 4,70 g/cm^3
Formel und Eigenschaften des Chlorids	$EsCl_4$; flüssig; Siedetemperatur: 100 °C; Dichte: 1,9 g/cm^3	$GeCl_4$; flüssig; Siedetemperatur: 84 °C; Dichte: 1,84 g/cm^3

11

Im Überblick

Atombau

Atommasse

Sie wird für die einzelnen Elemente in **atomaren Masseneinheiten u** angegeben.
Es gilt: 1 u = 1,661 · 10^{-24} g.

Teilchen im Atom

Elementarteilchen	Proton	Neutron	Elektron
Symbol	p^+	n	e^-
Masse in u	1,0073	1,0087	0,0005
Elektrische Ladung	+1	0	–1

Gesetz der Periodizität

Werden die chemischen Elemente nach steigender Anzahl der Protonen geordnet, so zeigt sich eine regelmäßige (periodische) Wiederkehr von Elementen mit ähnlichem Bau der Atomhülle und damit zusammenhängenden Eigenschaften der entsprechenden Elementsubstanzen.

Periodensystem und Atombau

Stellung der Elemente im Periodensystem	Abgeleitete Aussagen zum Atombau der Elemente
Ordnungszahl	Anzahl der Protonen im Atomkern Anzahl der Elektronen in der Atomhülle
Nummer der Hauptgruppe	Anzahl der Außenelektronen in der Atomhülle Anzahl der elektrischen Ladungen positiver Ionen
Nummer der Periode	Anzahl der Elektronenschalen in der Atomhülle Nummer der äußeren Elektronenschale in der Atomhülle

Beziehungen im Periodensystem

In einer **Periode** bei steigender Ordnungszahl (von links nach rechts)
- ist die Anzahl der Elektronenschalen gleich,
- steigt die Anzahl der Außenelektronen von 1 bis 8,
- verkleinert sich der Atomradius,
- nehmen die metallischen Eigenschaften ab und die nichtmetallischen Eigenschaften zu,
- nimmt die Neigung zur Elektronenabgabe ab und die zur Elektronenaufnahme zu,
- nimmt die Stärke von Hydroxidlösungen ab,
- nimmt die Stärke von Säurelösungen zu.

In einer **Hauptgruppe** bei steigender Ordnungszahl (von oben nach unten)
- steigt die Anzahl der Elektronenschalen von 1 bis 6,
- ist die Anzahl der Außenelektronen gleich,
- nimmt der Atomradius zu,
- nehmen die metallischen Eigenschaften zu und die nichtmetallischen Eigenschaften ab,
- haben Verbindungen der Elemente übereinstimmende Zusammensetzung,
- nimmt die Stärke von Hydroxidlösungen zu,
- nimmt die Stärke von Säurelösungen ab.

12 Halogene

Halogenscheinwerfer ermöglichen mehr Sicherheit im Auto, denn Fahrbahnen werden gut ausgeleuchtet. Halogenstrahler rücken einen wertvollen Kunstgegenstand im Museum ins rechte Licht. Halogene und Lichttechnik? Was sind Halogene für Stoffe?

Elemente der VII. Hauptgruppe

Ein Blick ins Periodensystem der Elemente. Fluor, Chlor, Brom und Iod sind Elemente der VII. Hauptgruppe des Periodensystems. Zusammen werden sie als **Halogene** bezeichnet. Die Bezeichnung deutet darauf hin, dass diese in der Natur nur in ihren Verbindungen vorkommenden nichtmetallischen Stoffe (Abb. 1) bei chemischen Reaktionen Salze bilden (griechisch: hals = Salz; gennan = bilden) können. Außer dem bekannten Salz Natriumchlorid gibt es viele salzartige Stoffe, in denen die Elemente Chlor, Brom oder Iod enthalten sind. Als Elementsubstanzen sind die Halogene aus zweiatomigen Molekülen aufgebaut.

Gemeinsamkeiten und Unterschiede im Atombau. In den Atomen der Halogene nimmt die Anzahl der Elektronen in der Reihenfolge Fluor, Chlor, Brom, Iod zu. Mit 7 Außenelektronen fehlt den **Halogenatomen** ein Elektron, um die besonders stabile Elektronenanordnung eines Elektronenoktetts zu erreichen. Die **Halogenid-Ionen** dagegen weisen mit jeweils einem Elektron mehr als die entsprechenden Atome diese stabile Elektronenanordnung auf.

Bedeutung und Eigenschaften von Halogenen. Die Halogene sind sehr giftige, ätzend wirkende Gefahrstoffe. Andererseits enthalten Medikamente zur Behandlung und Diagnose verschiedener Erkrankungen Verbindungen der Halogene (Abb. 2).
Ungiftige, unbrennbare Fluor-Chlor-Kohlenwasserstoffe (FCKW) schienen gut geeignet als Treibgase in Spraydosen, als Lösungs- und Kühlmittel, bis entdeckt wurde, dass sie die Ozonschicht gefährlich verändern und Umweltschäden verursachen (↗ S. 192).

1
Chlor (oben links), Brom (oben rechts), Iod (unten)

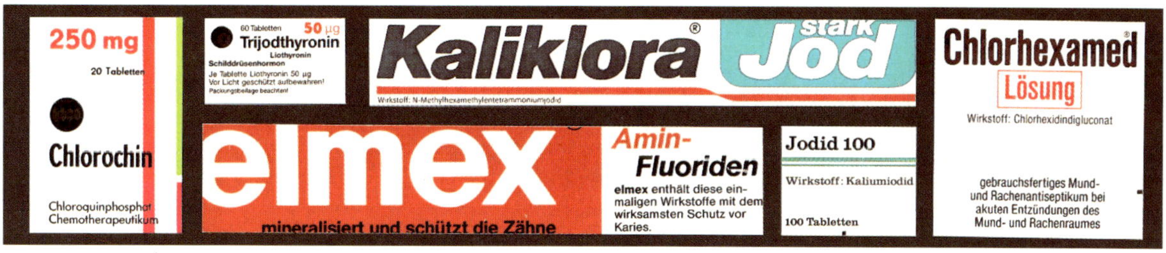

2

Fluor. Fluorhaltige Verbindungen bei der Trinkwasseraufbereitung und als Zusatz zu Zahncremes wirken dem Befall durch Karies besonders bei Kindern und Jugendlichen entgegen. Zum Aufbau des Knochenskeletts benötigt der Mensch täglich 1 ··· 2 mg Fluorid.

Chlor. Das grüngelbe Gas (griechisch: chloros = grün) hat einen stechenden Geruch (Experiment 1). Es löst sich gut in Wasser, die wässrige Lösung heißt Chlorwasser.
Chlor (Abb. 1) ist giftig, reizt die Schleimhäute und schädigt die Atmungsorgane (Abb. 3). Bereits ein Anteil von 2,5 mg Chlor je Liter Luft wirkt tödlich. Beim Arbeiten mit Chlor in der Industrie und in Laboratorien sind deshalb die Richtlinien über den Umgang mit Gefahrstoffen besonders sorgfältig zu beachten. Im I. Weltkrieg hatte der Einsatz von Chlor als Kampfgas verheerende gesundheitliche Folgen für Tausende von Soldaten.
Weltweit werden gegenwärtig jährlich etwa 33 Millionen Tonnen Chlor hergestellt und zu Polyvinylchlorid (PVC), anderen Kunststoffen und Lösungsmitteln verarbeitet. Auch das für die Elektronik unentbehrliche, hochreine Silicium wird unter Verwendung von Chlor gewonnen. Besonders in jüngster Zeit sollen umfangreiche Untersuchungen zur Giftigkeit chlorhaltiger Produkte sicherstellen, dass nur solche eingesetzt werden, die sich als umweltverträglich erweisen.

Brom. Brom (Abb. 1), die dunkelrotbraune Flüssigkeit von erstickendem, unangenehmen (griechisch: bromos = stinkend) Geruch, verflüchtigt sich leicht und entwickelt rotbraune Dämpfe. Es ist sehr giftig, ätzt die Schleimhäute und ruft auf der Haut schmerzhafte, schwer heilende Wunden hervor. Brom ist im Wasser löslich, es entsteht das braune Bromwasser.
In der Medizin haben Verbindungen von Brom Bedeutung als Beruhigungsmittel. Halogenlampen enthalten wie normale Glühlampen eine Edelgasfüllung, aber zusätzlich etwas Brom oder Iod. Werden bei üblichen Glühlampen nur ungefähr 5 % der aufgewendeten elektrischen Energie als Licht abgestrahlt, beträgt die Lichtausbeute bei Halogenlampen (↗ S. 133) etwa das Vierfache.

Iod. Die grauschwarz glänzenden Kristalle des Iods (Abb. 1) gehen beim Erwärmen direkt in blauvioletten Dampf über (griechisch: ioeides = veilchenfarbig). Iod sublimiert. Ioddämpfe sind gesundheitsschädlich und rufen Entzündungen der Nasen- und Augenschleimhaut hervor. Das Element Iod ist aber unentbehrlicher Bestandteil des menschlichen und tierischen Körpers. Iodmangel im Körper führt zu Schilddrüsenerkrankungen.

Experiment 1 L

Vorsicht! Abzug! Schutzhandschuhe! Schutzbrille!
In einem Gasentwickler lässt man 25%ige Salzsäure (C) auf Kaliumpermanganat (O, Xn, N) tropfen. Das entstehende Gas (T, N) wird im abgedeckten Standzylinder aufgefangen, weiteres in Wasser gelöst und mit gesättigter Natriumthiosulfatlösung umgesetzt.

Schulklasse im Bad vergiftet

Opfer eines „Versehens“, so das Bäderamt der Stadt Leipzig, wurden gestern 16 Schüler und fünf Erwachsene in der Schwimmhalle Südost. Mit Verdacht auf Chlorgasvergiftung wurde die Schulklasse, deren Lehrer und das Personal des Bades in Krankenhäuser gebracht.
Nach Angaben des Abteilungsleiters Bäder hatte gegen acht Uhr ein Mitarbeiter des Bades mit einer Chlorbleichlauge die Toilettenbecken gereinigt. Währenddessen habe der Bademeister mit einer Säure die Schwimmhalle geputzt. In der Kanalisation trafen die beiden Chemikalien aufeinander, reagierten und bildeten das giftige Chlorgas.

3

AUFGABEN

1. Salzabbau, -gewinnung oder -handel in früheren Zeiten spiegeln sich im Namen (Silbe „hal“!) mancher Orte wider. Nenne solche Orte in deutschsprachigen Ländern!
2. Beschreibe den Bau der Halogenatome!

Chemische Reaktionen von Halogenen mit Metallen

Halogene – die „Salzbildner". Die chemische Ähnlichkeit der Halogene zeigt sich am deutlichsten in ihrem Verhalten gegenüber Metallen.
Chlor reagiert unter intensiver Feuererscheinung mit Natrium (Experiment 2).

$2\ Na + Cl_2 \longrightarrow 2\ NaCl$; exotherm

Aluminiumchlorid ist das Reaktionsprodukt der chemischen Reaktion von Aluminium mit Chlor (Experiment 3).

$2\ Al + 3\ Cl_2 \longrightarrow 2\ AlCl_3$; exotherm

Ähnlich wie das Chlor verhalten sich auch Brom und Iod gegenüber Aluminium. Die Bildung der Reaktionsprodukte Aluminiumbromid und Aluminiumiodid ist ebenfalls mit deutlich beobachtbaren Wärme- und Lichterscheinungen verbunden.

$2\ Al + 3\ Br_2 \longrightarrow 2\ AlBr_3$; exotherm
$2\ Al + 3\ I_2 \longrightarrow 2\ AlI_3$; exotherm

Wie Chlor reagieren Brom und Iod zum Beispiel auch mit Natrium, Eisen, Magnesium oder Zink direkt unter Bildung von **Bromiden** beziehungsweise **Iodiden** (Experiment 4). Die heißen Metalle glühen in der Halogenatmosphäre auf. Es erscheint ein weißer oder farbiger Rauch, der sich als Belag am Reaktionsgefäß absetzt. Die festen, kristallinen Reaktionsprodukte, die **Halogenide**, sind salzartige Stoffe (↗ S. 76).

Halogene reagieren mit den meisten Metallen direkt unter Bildung von Halogeniden.

In den natürlichen Lebensräumen von tierischen und pflanzlichen Organismen kommen in erheblichem Umfang Halogenide vor.
Als Salze sind sie in Mineralien, Böden und Gewässern enthalten. Lebewesen beziehen von dort die Halogene in ihren Stoffwechsel ein. So wandeln zum Beispiel einige Pilze Chloride aus Mineralien, die ihnen das Regenwasser zuführt, in chlorhaltige Stoffwechselprodukte um. Durch die Bildung dieser organischen Naturstoffe schrecken sie Fressfeinde ab und behaupten ihren Lebensraum.

Häufigkeit der Halogene in der Natur

Elemente	Erdkruste in g/kg	Flusswasser in mg/l	Meerwasser in mg/l
Fluor	0,63	0,1	1,4
Chlor	0,13	10	2000
Brom	0,0025	0,02	70
Iod	0,0005	0,005	0,06

Experiment 2 L
Vorsicht! Abzug!
Schutzbrille!
Ein kleines Stück Natrium (F, C) wird in einem Standzylinder mit Chlor (T, N) zur Reaktion gebracht.

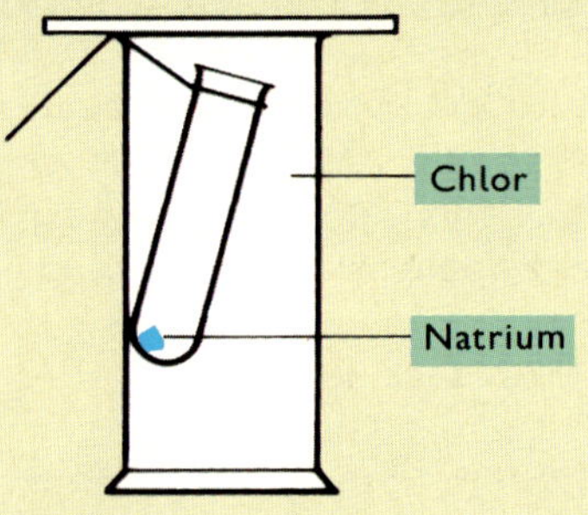

1

Experiment 3 L
Vorsicht! Abzug! Schutzbrille!
In ein trockenes, mit Chlor (T, N) gefülltes großes Reagenzglas werden Stücke von Aluminiumfolie gegeben. Danach ist das Reagenzglas mit einem Wattebausch zu verschließen und am Boden kräftig zu erhitzen. Beim Aufglühen des Aluminiums wird das Reagenzglas aus der Flamme genommen.

Experiment 4 L
Vorsicht! Schutzbrille!
Auf Zinkpulver in einem Reagenzglas wird Wasser gegeben. Einige Iodkristalle (Xn, N) werden hinzugefügt.

AUFGABEN

1. Wie könnte aus Zinkpulver und Bromwasser festes Zinkbromid dargestellt werden?
2. Welche Stoffe leiten den elektrischen Strom: festes Magnesiumchlorid, Natriumbromidlösung, flüssiges Brom?

Elektronenübergang – Ionenbildung. Aus einigen Metallen und den aus Molekülen aufgebauten Halogenen entstehen bei chemischen Reaktionen miteinander salzartige Stoffe, Ionensubstanzen. Stoffe mit ganz unterschiedlichem Bau sind an der Reaktion beteiligt. Teilchen der Stoffe ordnen sich nicht nur um, sondern sie verändern sich auch.

Bei der Reaktion von Natrium mit Chlor bilden sich aus den Atomen des Natriums Natrium-Ionen; aus den Atomen der Chlormoleküle bilden sich Chlorid-Ionen. Elektronen werden von Teilchen abgegeben und von anderen Teilchen aufgenommen (Abb. 1).

$$Na \xrightarrow{\text{Elektronenabgabe}} Na^+ + e^-$$

$$Cl + e^- \xrightarrow{\text{Elektronenaufnahme}} Cl^-$$

Elektronenabgabe

$$2\,Na + Cl_2 \longrightarrow 2\,NaCl$$

Elektronenaufnahme

Bei dieser chemischen Reaktion findet durch die gleichzeitige Abgabe und Aufnahme von Elektronen ein **Elektronenübergang** statt.

$$2\,Na \quad + \quad Cl_2 \longrightarrow 2\,NaCl$$

Elektronenübergang

Mit dem Elektronenübergang sind Energieumwandlungen verbunden, die zu der stark exothermen Reaktion führen. Obgleich aus dem festen Metall zunächst durch Verdampfen (Wärmezufuhr) freie Metallatome entstehen und auch die Moleküle des Halogens nur unter Energieaufwand gespalten werden, überwiegt die Wärmeabgabe, wenn sich die einzelnen freien Ionen infolge ihrer gegenseitigen Anziehung zum Ionenkristall ordnen (Abb. 2).

Bei der chemischen Reaktion eines Metalls mit einem Halogen findet zwischen den Teilchen der reagierenden Stoffe ein Elektronenübergang statt.

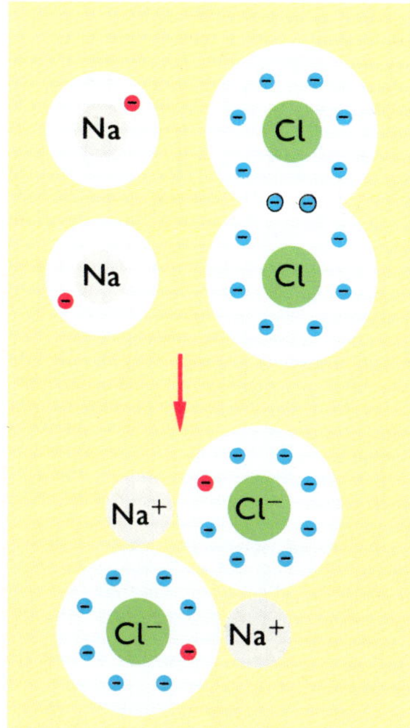

1

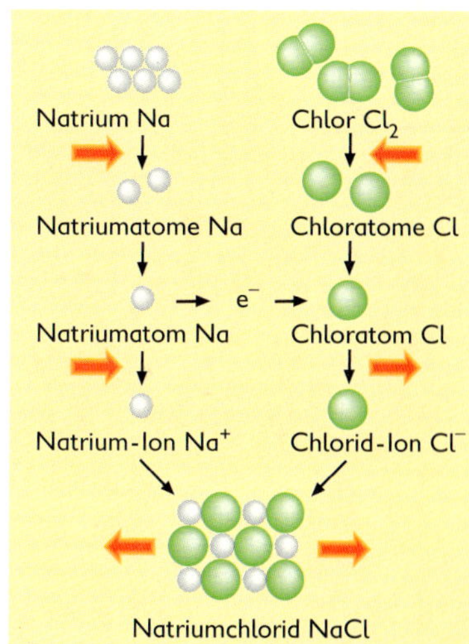

2

AUFGABEN

1. Welche Vorsichtsmaßnahmen trifft der Chemielehrer beim Arbeiten mit Chlor und Brom im Unterricht?
2. Silberbromid wird durch Licht in Silber und Brom zersetzt.
   Entwickle die Reaktionsgleichung!
   Wo hat diese Reaktion praktische Bedeutung?
3. Erläutere die Stoff- und Energieumwandlung sowie die Veränderung der Teilchen bei der chemischen Reaktion von Magnesium mit Iod!
4. Gib an, wie die Art und die Anzahl der elektrischen Ladungen für Chlorid-, Bromid- und Iodid-Ionen zu ermitteln sind?
5. Es gibt Sonnenbrillen, die je nach Lichteinfall abdunkeln und wieder aufhellen. Versuche, die Erscheinung zu erklären!
6. Kaliumiodid-Stärke-Papier wird zum Nachweis von Chlor verwendet. Iod und Stärke bilden eine blauschwarze Verbindung. Erläutere!
   $2\,I^- + Cl_2 \longrightarrow I_2 + 2\,Cl^-$

Halogenide

Löslichkeit. Halogenide sind meist leicht in Wasser löslich. In den wässrigen Lösungen liegen Halogenid-Ionen und Metall-Ionen vor. Die gute Löslichkeit von Natriumchlorid, Kaliumchlorid und Kaliumbromid in Wasser wird beim Abbau dieser Salze ausgenutzt (↗ S. 75). Um Natriumchlorid als Speisesalz und Kaliumchlorid als Düngesalz zu verwenden, ist deren gute Löslichkeit in Wasser eine Voraussetzung (Abb. 1 und 2).
Blei- und Silberhalogenide sind dagegen schwer bis sehr schwer in Wasser löslich. Diese Halogenide weisen keine ausgeprägte Ionenbindung auf. Die Schwerlöslichkeit von Silberchlorid, Silberbromid und Silberiodid ermöglicht das Nachweisen von Halogenid-Ionen oder von Silber-Ionen.

Löslichkeit einiger Halogenide in Wasser bei 20 °C

Formel	Gramm Halogenid in 100 g Wasser
NaCl	35,85
KCl	34,35
KBr	65,6
KI	144,5
$PbCl_2$	0,97
AgCl	0,0002
AgBr	0,0001
AgI	0,000002

2

Nachweis von Halogenid-Ionen. Bei Zugabe einer Silbernitratlösung zu einer Lösung, die Halogenid-Ionen enthält, bilden sich farbige Niederschläge von Silberhalogeniden. Diese charakteristischen Niederschläge dienen zum Nachweisen von Chlorid-, Bromid- und Iodid-Ionen (Tabelle 3).

Nachzuweisendes Ion	Nachweismittel	Erscheinung: Niederschlagsbildung	Reaktionsgleichung in Ionenschreibweise
Chlorid-Ion Cl^-	Silbernitratlösung	weißes Silberchlorid	$Ag^+ + Cl^- \rightarrow AgCl$
Bromid-Ion Br^-	Silbernitratlösung	hellgelbes Silberbromid	$Ag^+ + Br^- \rightarrow AgBr$
Iodid-Ion I^-	Silbernitratlösung	tiefgelbes Silberiodid	$Ag^+ + I^- \rightarrow AgI$

3

Bei der Herstellung von Filmen und Fotopapieren wird fein verteiltes, lichtempfindliches Silberbromid durch die Reaktion von Silber- und Bromid-Ionen in die fotografische Schicht gebracht, die sich bei Filmen auf durchsichtigem Trägermaterial befindet.

1 Der seltsame Salzfelsen des Wadi el-Melah in Algerien gibt Geologen Rätsel auf. Er besteht aus Steinsalz (Natriumchlorid) und müsste wegen der großen Löslichkeit des Salzes längst abgetragen sein.

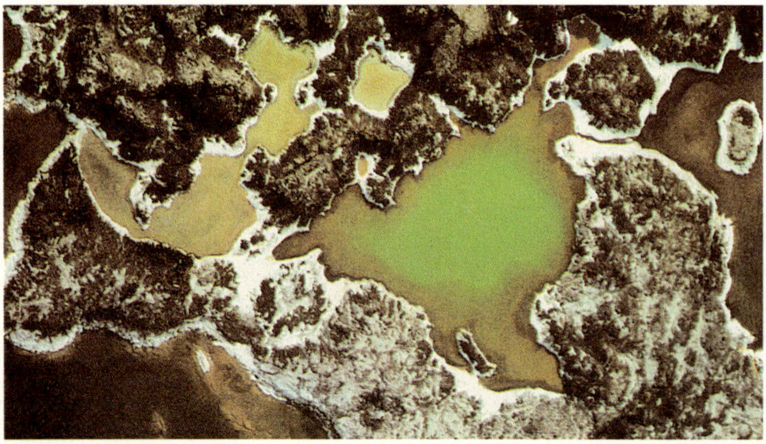

2 Der Assalsee, in einem entlegenen Wüstengebiet Ostafrikas 173 m unter dem Meeresspiegel gelegen, bedeckt eine Fläche von 54 km². Mit einem Salzgehalt von 34,8 % ist der Assalsee das wohl salzigste Gewässer der Erde. Kubische Salzkristalle verkrusten zu meterdicken Salzplatten.

Aus der Welt der Chemie

Halogene und Licht

Halogenlampen. In einer mit wenig Brom oder Iod gefüllten Halogenlampe (Abb. 1) reagiert das bei hohen Temperaturen verdampfte Wolfram der Glühwendel mit dem Halogen. An der Kolbenwand bildet sich bei tiefer Temperatur Wolframhalogenid, das an der heißesten Stelle der Wendel thermisch wieder zersetzt wird. Das abgeschiedene Wolfram „heilt" damit auch dünne Stellen der Wendel aus.

$$W + Br_2 \underset{2000\,°C}{\overset{400\,°C}{\rightleftharpoons}} WBr_2$$

Lichtausbeute und Lebensdauer können so erhöht werden.

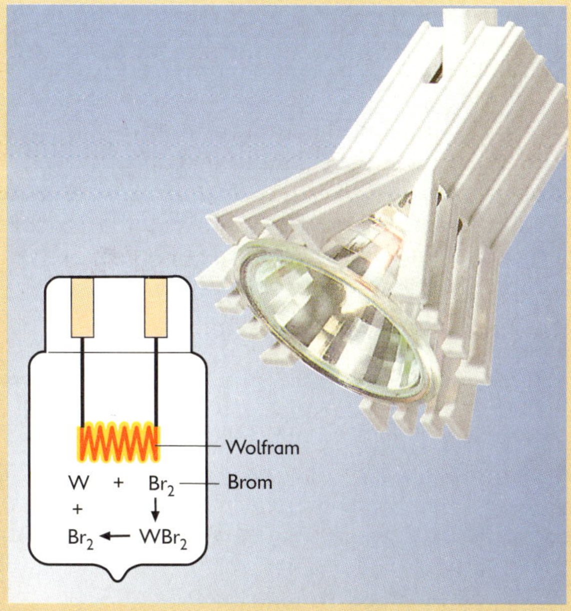

1

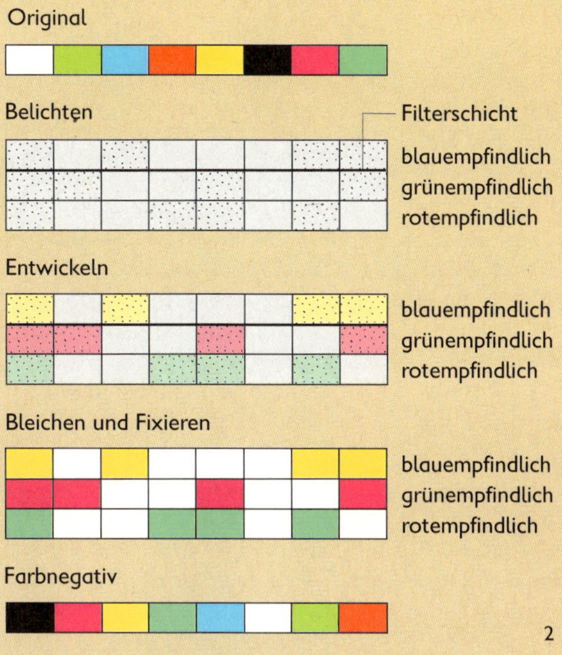

2

Ein Foto entsteht. 150 Jahre Silberhalogenid-Fotografie liegen zwischen den ersten Aufnahmen des Franzosen *L. J. M. Daguerre* und heutigen Fotografien. Enorm lichtempfindliches Filmmaterial steht zur Verfügung. Brilliante Farbbilder und Sofortbilder sind möglich. Bei sehr schnellen oder langsamen Vorgängen überschreitet die Fotografie Grenzen unserer Sinneswahrnehmung. Heute wie damals ist die Zersetzung von Silberhalogenid durch Licht die chemische Grundreaktion für die „mit Licht gemalten Bilder". Bei der Farbfotografie sind an Farbstoffe gebundene Silberhalogenid-Schichten jeweils für eine der drei Grundfarben Blau, Grün, Rot lichtempfindlich. Durch Belichten, Entwickeln, Bleichen und Fixieren entsteht auf dem Film das Farbnegativ (Abb. 2) in den Komplementärfarben Gelb, Purpur, Blaugrün. Auf dem „Abzug" – Belichten, Entwickeln, Fixieren des Negativs (Abb. 3, oben) – erscheint das fotografische Original (Abb. 3, unten).

„Christo und Jeanne Claude: Verhüllter Reichstag, Berlin 1971 bis 1995"
3

Chemische Reaktionen von Halogenen mit Wasserstoff

Bildung von Halogenwasserstoffen. In der chemischen Industrie fallen die Gase Chlor und Wasserstoff in relativ großen Mengen an. Bei der Herstellung von Natronlauge entstehen beide Gase gleichzeitig (↗ S. 306). Diese beiden Gase können unter Flammenerscheinung miteinander lebhaft zu gasförmigem Chlorwasserstoff reagieren (Experiment 5).

$H_2 + Cl_2 \longrightarrow 2\,HCl$;   exotherm

Ein Gemisch von Wasserstoff und Chlor ist ein explosibles Gasgemisch, „Chlorknallgas" genannt. Auch Brom und Iod reagieren mit Wasserstoff.

$H_2 + Br_2 \longrightarrow 2\,HBr$; $H_2 + I_2 \longrightarrow 2\,HI$

Diese Reaktionen verlaufen nicht so heftig wie die Chlorwasserstoffsynthese. Chlorwasserstoff, Bromwasserstoff und Iodwasserstoff sind **Halogenwasserstoffe**.
Zweiatomige Halogenwasserstoffmoleküle entstehen bei der chemischen Reaktion aus Wasserstoffmolekülen und Halogenmolekülen. Im Halogenwasserstoffmolekül ist jeweils ein Wasserstoffatom an ein Halogenatom durch Atombindung gebunden.

Bau und Eigenschaften von Halogenwasserstoffen. In ihrem Bau und folglich auch in ihren Eigenschaften sind sich die Halogenwasserstoffe sehr ähnlich (Tabelle 4).

Stoffe	Chlorwasserstoff HCl Bromwasserstoff HBr Iodwasserstoff HI
Aggregatzustand	gasförmig
Farbe	farblos
Geruch	stechend
Dichte im Vergleich zu Luft	größer
Löslichkeit in Wasser	leicht löslich
Art der Teilchen	zweiatomige Moleküle
Chemische Bindung in den Molekülen	Atombindung, polar
Anziehung zwischen den Molekülen	gering, Dipol-Dipol-Wechselwirkungen

4

Den Halogenwasserstoffen gemeinsam ist auch, dass sie beim Lösen in Wasser saure Lösungen bilden.
Diese Lösungen zeigen elektrische Leitfähigkeit. Durch chemische Reaktion der Halogenwasserstoffe mit Wasser liegen in den wässrigen Lösungen Wasserstoff-Ionen (bzw. Hydronium-Ionen) und Halogenid-Ionen vor. Sie sind mit einem Indikator beziehungsweise mit Silber-Ionen nachweisbar. Die bekannte Salzsäure (S. 98), die Bromwasserstoffsäure und die Iodwasserstoffsäure sind die sauren Lösungen des entsprechenden gasförmigen Halogenwasserstoffs.

Experiment 5 L
Vorsicht! Abzug! Schutzbrille!
Eine Wasserstoffflamme (F+) ist in einen mit Chlor (T, N) gefüllten Standzylinder einzuführen.

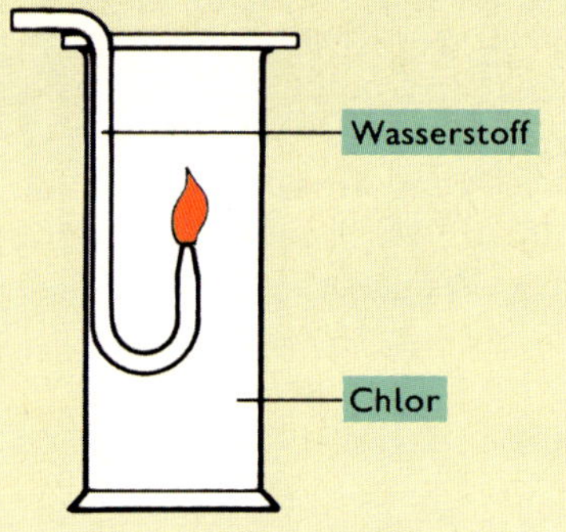

AUFGABEN

1. Beschreibe den Bau des Bromwasserstoffmoleküls!
2. Drei Reagenzgläser enthalten verdünnte Schwefelsäure, die wässrige Lösung von Chlorwasserstoff und Natriumchloridlösung. Wie ist herauszufinden, welche Lösung sich in welchem Reagenzglas befindet?
3. Welcher Unterschied besteht zwischen Bromwasser, Bromwasserstoffsäure und Bromwasserstoff?
4. Stelle Gemeinsamkeiten und Unterschiede im Bau der Halogenatome fest!
5. Vergleiche die Halogene hinsichtlich ihrer Dichte und ihres Aggregatzustandes!
6. Beim Einwirken von konzentrierter Schwefelsäure auf festes Natriumchlorid entsteht ein farbloses, stechend riechendes Gas.
   Um welches Gas handelt es sich?

Im Überblick

Halogene – eine Elementgruppe im Periodensystem

Name	Fluor	Chlor	Brom	Iod
Schmelztemperatur	–220 °C	–101 °C	–7 °C	114 °C
Siedetemperatur	–188 °C	–35 °C	58 °C	183 °C
Farbe bei 0 °C	schwach grünlich	grüngelb	dunkelrotbraun	grauschwarz glänzend
Farbe im Gaszustand	schwach grünlich	grüngelb	dunkelrotbraun	blauviolett

Die Elemente der VII. Hauptgruppe ähneln sich

im Bau ihrer Atome

Halogenatome haben 7 Außenelektronen (Abb. 1).
In Verbindungen liegen die Elemente meist in Form einfach negativ elektrisch geladener Ionen vor (Abb. 2).

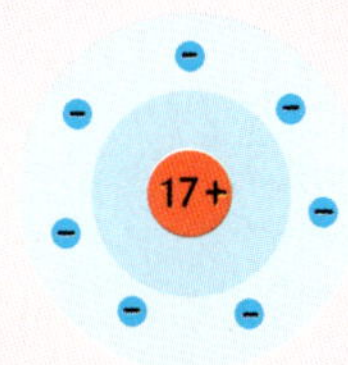

Chloratom Cl 1

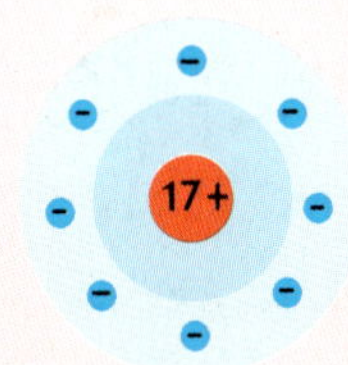

Chlorid-Ion Cl^- 2

im Bau der zugehörigen Elementsubstanzen (Abb. 3)

Name	Fluor	Chlor	Brom	Iod
Formel	F_2	Cl_2	Br_2	I_2
Formel in Elektronenschreibweise	$:\underset{..}{\overset{..}{F}}-\underset{..}{\overset{..}{F}}:$	$:\underset{..}{\overset{..}{Cl}}-\underset{..}{\overset{..}{Cl}}:$	$:\underset{..}{\overset{..}{Br}}-\underset{..}{\overset{..}{Br}}:$	$:\underset{..}{\overset{..}{I}}-\underset{..}{\overset{..}{I}}:$
Art der Teilchen in den Stoffen	Moleküle, zwischen denen schwache Anziehungskräfte wirken			
Chemische Bindung	Atombindung in den Molekülen (*van-der-Waals*-Kräfte zwischen Molekülen)			

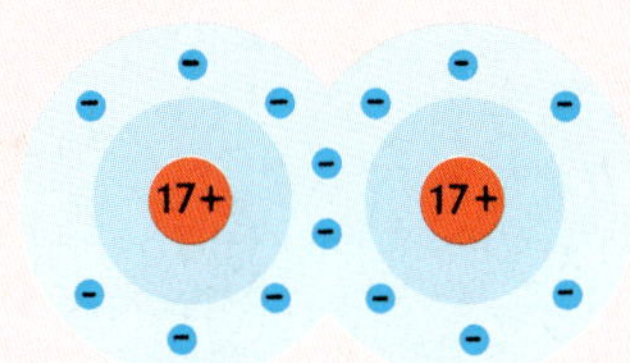

Chlormolekül Cl_2 3

in den Reaktionen der Elementsubstanzen

Metall + **Halogen** ⟶ **Halogenid**

Elektronenübergang (von Metall zu Halogen)

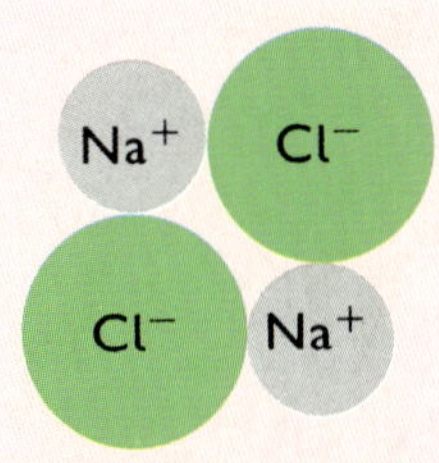

Natriumchlorid NaCl 4

Viele Metalle reagieren mit Halogenen heftig unter Freisetzen von Wärme (exotherme Reaktion). Die Reaktionsprodukte sind Halogenide, meist salzartige Stoffe (Abb. 4). Bei diesen chemischen Reaktionen entstehen aus **Atomen** in den Ausgangsstoffen durch **Elektronenübergang Ionen** im Reaktionsprodukt.

Wasserstoff + **Halogen** ⟶ **Halogenwasserstoff**

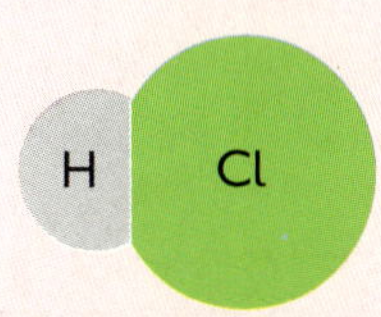

Chlorwasserstoffmolekül HCl 5

Halogenwasserstoffe sind aus zweiatomigen Molekülen (Abb. 5) aufgebaute Stoffe (Molekülsubstanzen). Sie lösen sich gut in Wasser unter Bildung saurer Lösungen.

13

Redoxreaktionen

Reinstes Silicium ist Material für die Energie aus Solarzellen, für hochintegrierte Schaltungen als Bauelemente jedes Computers. Als zweithäufigstes Element kommt Silicium in der Natur nur gebunden vor. Redoxreaktionen dienen zu seiner Herstellung.

Redoxreaktionen – Elektronenübergang

Redoxreaktionen auch ohne Sauerstoff? Nutzbare Energie wird aus fossilen Brennstoffen bereitgestellt. Metallische Werkstoffe sind aus oxidischen oder sulfidischen Erzen zu gewinnen. Kupfer, Eisen, Aluminium entstehen bei Redoxreaktionen. Nicht immer ist jedoch Sauerstoff an diesen Reaktionen beteiligt.

Ursprünglich galten als Redoxreaktionen (↗ S. 58 f.) nur solche, bei denen das Element Sauerstoff von einem auf einen anderen Reaktionspartner übertragen wurde.

Oxidiert wurde ein Stoff bei der chemischen Reaktion mit Sauerstoff (↗ S. 55 f.). Das *Reduzieren* eines Stoffes hieß, ihm gebundenen Sauerstoff durch chemische Reaktion wieder zu entziehen (↗ S. 58). Die Teilreaktionen Oxidation und Reduktion laufen dabei gleichzeitig ab.

Oxidation: Al → Al_2O_3

$$3\,Fe_3O_4 + 8\,Al \longrightarrow 9\,Fe + 4\,Al_2O_3$$

Reduktion: Fe_3O_4 → Fe

Die Verbrennung von Metallen wurde als Oxidation bezeichnet. Reagiert Magnesium mit Sauerstoff, so entsteht Magnesiumoxid (Experiment 1).

Viele Metalle reagieren ähnlich heftig unter Licht- und Wärmeabgabe auch mit Chlor, Brom, Iod (↗ S. 130) oder Schwefel (↗ S. 142) zu Halogeniden beziehungsweise Sulfiden.

Magnesium zum Beispiel verbrennt in Chlor unter Bildung von Magnesiumchlorid (Experiment 2).

Magnesiumoxid und Magnesiumchlorid sind salzartige, aus Ionen aufgebaute Stoffe (↗ S. 86).

Experiment 1

Vorsicht! Schutzbrille!

Ein Magnesiumspan (F) wird brennend in einen Standzylinder gebracht, auf dessen Boden sich etwas Sand befindet.

Experiment 2 L

Vorsicht! Abzug! Schutzbrille!

Ein brennender Magnesiumspan (F) wird in einen mit Chlor (T, N) gefüllten, vorher abgedeckten Standzylinder getaucht, auf dessen Boden sich etwas Sand befindet.

Elektronenübergänge bei chemischen Reaktionen. Die Ähnlichkeit beider chemischer Reaktionen des Magnesiums (Experimente 1 und 2) wird im Bereich der Teilchen besonders deutlich. Sowohl bei der Reaktion mit Sauerstoff als auch bei der mit Chlor liegen in den Reaktionsprodukten zweifach positiv elektrisch geladene Magnesium-Ionen vor. Diese bilden sich durch **Elektronenabgabe** aus Magnesiumatomen.

$$Mg \xrightarrow{\text{Elektronenabgabe}} Mg^{2+} + 2\,e^-$$

Die Elektronenabgabe ist stets mit einer Elektronenaufnahme durch einen Reaktionspartner verbunden (↗ S. 131). Sauerstoff- und Chloratome nehmen jeweils die Elektronen auf. Oxid-Ionen und Chlorid-Ionen bilden sich durch **Elektronenaufnahme**.

$$O + 2\,e^- \xrightarrow{\text{Elektronenaufnahme}} O^{2-}$$

$$Cl + e^- \xrightarrow{\text{Elektronenaufnahme}} Cl^- \quad (Cl_2 + 2\,e^- \longrightarrow 2\,Cl^-)$$

Bei der Reaktion zwischen Magnesium und Zinkoxid ist nicht nur die Übertragung des Elementes Sauerstoff von einem auf den anderen Reaktionspartner, sondern ebenso ein **Elektronenübergang** festzustellen.

Oxidation

$$Mg + ZnO \longrightarrow MgO + Zn$$

Reduktion

Das Magnesium wird oxidiert; aus Magnesiumatomen entstehen zweifach positiv elektrisch geladene Magnesium-Ionen durch Elektronenabgabe. Zweifach positiv elektrisch geladene Zink-Ionen des Zinkoxids werden durch Elektronenaufnahme zu Zinkatomen. Die Zink-Ionen werden reduziert. Die Oxid-Ionen ändern ihre elektrische Ladung bei der Reaktion nicht.
Die festgestellte Übereinstimmung zwischen den betrachteten Reaktionen im Bereich der Teilchen hat dazu geführt, dass der Begriff **Redoxreaktion** neu bestimmt wurde (1916, *W. Kossel*):

Oxidation ≙ **Elektronenabgabe**
Reduktion ≙ **Elektronenaufnahme**
Redoxreaktion ≙ **Elektronenübergang**

Redoxreaktion beim Einwirken einer Säure auf ein unedles Metall. Säuren reagieren mit unedlen Metallen. Zink und Eisen zum Beispiel lösen sich in Salzsäure unter Wasserstoffentwicklung (↗ S. 106). Die Reaktion beruht darauf, dass von den Metallatomen auf die Hydronium-Ionen Elektronen übergehen. Chlorid-Ionen in der Lösung ändern dabei ihre elektrische Ladung nicht, wohl aber die anderen Teilchen (Abb. 1).

Elektronenabgabe
Oxidation

$$Mg + 2\,H_3O^+ + 2\,Cl^- \longrightarrow Mg^{2+} + 2\,Cl^- + H_2 + 2\,H_2O$$

Elektronenaufnahme
Reduktion

Zwischen einem unedlen Metall und einer Säurelösung findet eine Redoxreaktion statt (↗ S. 299).

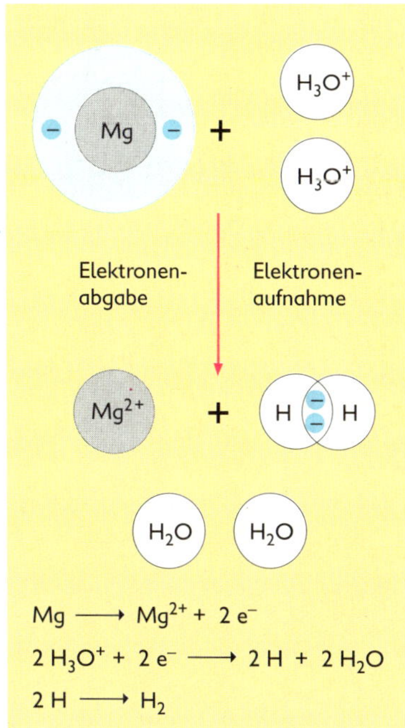

1

AUFGABEN

1. Entwickle die Reaktionsgleichung für die Reaktion von Eisen(II)-oxid mit Kohlenstoffmonooxid! Kennzeichne die Teilreaktionen!
2. Kennzeichne die Teilchenveränderung bei der chemischen Reaktion von Eisen mit verdünnter Schwefelsäure!
   $Fe + 2\,H_3O^+ + SO_4^{2-} \longrightarrow$
   $Fe^{2+} + SO_4^{2-} + H_2 + 2\,H_2O$
3. Zum Verschweißen einer Bruchstelle in einer Schiene werden etwa 3 kg Eisen benötigt. Welche Masse an Thermit-Gemisch (Eisen(III)-oxid und Aluminium) muss dafür eingesetzt werden?

Oxidationsmittel und Reduktionsmittel. Das gleichzeitige Ablaufen von Oxidation und Reduktion – oder anders gesagt von Elektronenabgabe und Elektronenaufnahme – bei einer Redoxreaktion kann nur geschehen, wenn Teilchen von Stoffen existieren, die den Elektronenübergang ermöglichen.
Ein Atom, Ion oder Molekül, das Elektronen aufzunehmen vermag, heißt **Oxidationsmittel**, weil es den Reaktionspartner oxidiert. **Reduktionsmittel** reduzieren Teilchen, indem sie an diese Elektronen abgeben.
Bei der chemischen Reaktion von Magnesium mit Salzsäure sind Hydronium-Ionen ein Oxidationsmittel. Hydronium-Ionen können Elektronen aufnehmen, als **Elektronenakzeptoren** (Elektronenempfänger) wirken. Hingegen sind Magnesiumatome Reduktionsmittel. Sie vermögen Elektronen abzugeben, als **Elektronendonatoren** (Elektronenspender) zu wirken. Demzufolge reduzieren sie den Reaktionspartner (Abb. 1).

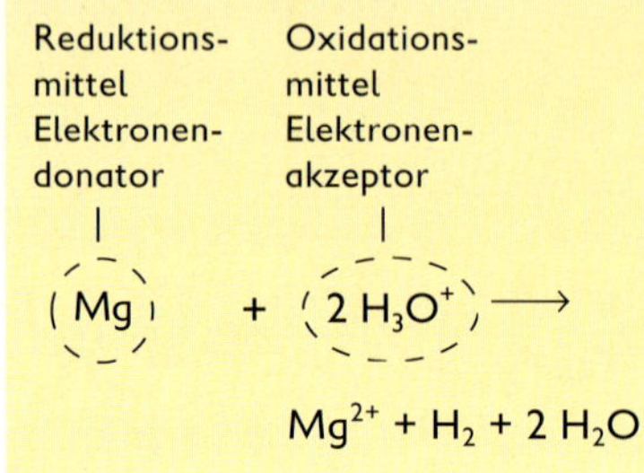

1

Bei einer Redoxreaktion wirkt der Elektronen liefernde Reaktionspartner (Elektronendonator) als Reduktionsmittel, der Elektronen aufnehmende Reaktionspartner (Elektronenakzeptor) als Oxidationsmittel.

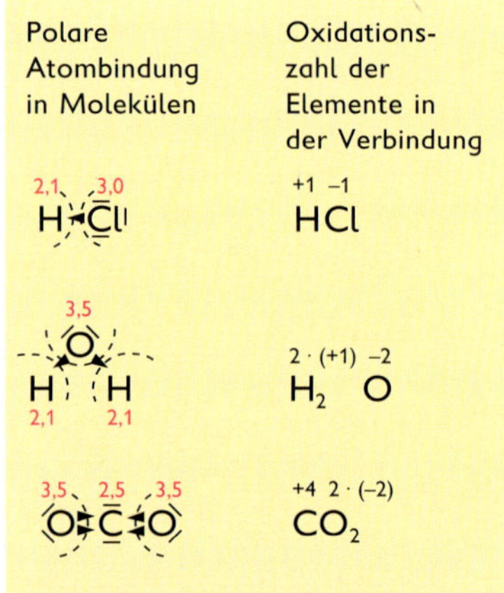

2

Redoxreaktion – Änderung von Oxidationszahlen

Oxidationszahlen. Bei einigen chemischen Reaktionen, die zu den Redoxreaktionen zählen, ist ein Elektronenübergang nicht festzustellen (↗ Experimente 3 und 6, S. 58).
An diesen Reaktionen nehmen auch Stoffe teil, die aus Molekülen aufgebaut sind. Die Atombindungen in diesen Molekülen sind meist polar (↗ S. 92). Das bedeutet: Elektronen werden jeweils durch das elektronegativere Atom im Molekül stärker angezogen (Abb. 2). Um auch solche Reaktionen als Redoxreaktionen zu verstehen, erscheint es zweckmäßig, die Elektronen einer polaren Atombindung ganz dem elektronegativeren Atom zuzuordnen. Moleküle werden so betrachtet, als seien sie nur aus einfachen Ionen aufgebaut. Die elektrischen Ladungen, die diese Ionen hätten, werden durch Oxidationszahlen angegeben. **Oxidationszahlen** sind gedachte elektrische Ladungen, wirkliche Bindungsverhältnisse spiegeln sie nicht wider.
Die Oxidationszahlen werden jeweils in Ziffern über die Elementsymbole in einer Formel geschrieben. Je nach dem Elektronegativitätswert der Elemente (↗ S. 92) im Vergleich zueinander erhalten die Oxidationszahlen ein positives oder negatives Vorzeichen (Abb. 2). Für die Festlegung der Oxidationszahlen ist eine Reihenfolge einfacher Regeln zu beachten (Tabelle 1).

Die Oxidationszahl eines Elements in einer Verbindung gibt Art und Anzahl elektrischer Ladungen an, die das Element hätte, wäre die Verbindung aus Ionen aufgebaut.

Regeln zur Bestimmung von Oxidationszahlen

1. Alle Metallatome erhalten positive Oxidationszahlen.
2. Wasserstoffatome haben meist die Oxidationszahl +1.
3. Sauerstoffatome erhalten die Oxidationszahl −2.
4. In Elementsubstanzen beträgt die Oxidationszahl der Atome ±0.
5. Die Summe der Oxidationszahlen der Elemente in den Teilchen einer Verbindung ist stets null.

1

Änderung von Oxidationszahlen – Kennzeichnen von Redoxreaktionen. Oxidationszahlen machen es möglich, Redoxreaktionen zu erkennen, auch wenn kein vollständiger Übergang von Elektronen zwischen reagierenden Teilchen stattfindet.

Experiment 3
Vorsicht!
Schutzbrille!
Wasserdampf wird über glühendes Magnesium (F) geleitet.

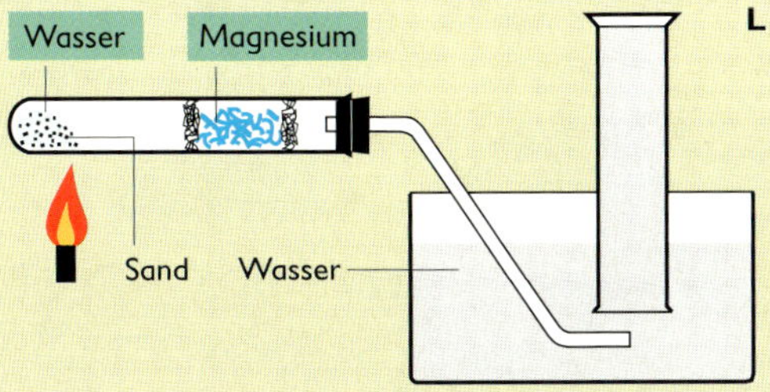

Oxidationszahl wird größer – Oxidation

$$\overset{\pm0}{Mg} + \overset{2\cdot(+1)\,-2}{H_2O} \longrightarrow \overset{+2\;-2}{MgO} + \overset{\pm0}{H_2}$$

Oxidationszahl wird kleiner – Reduktion

Nur bei Redoxreaktionen treten Änderungen der Oxidationszahlen der Elemente auf. Der Teilreaktion **Oxidation** entspricht eine **Erhöhung** der Oxidationszahl für das jeweils an der Reaktion beteiligte Element. Der Teilreaktion **Reduktion** entspricht eine **Verminderung** der Oxidationszahl.

AUFGABEN

1. Entscheide, ob es sich bei den angegebenen Reaktionen um Redoxreaktionen handelt:
   a) Bilden von Kupfersulfid aus Kupfer und Schwefel,
   b) Verbrennen von Calcium,
   c) Reaktion zum aluminothermischen Schweißen zwischen Eisen(III)-oxid und Aluminium,
   d) Einwirken von Calciumhydroxid auf Salzsäure!
2. Beim Versetzen einer Iodidlösung mit Chlorwasser findet eine Redoxreaktion statt. Begründe!
3. Ermittle die Oxidationszahlen für die Elemente in folgenden Verbindungen: $FeCl_3$, CO, FeS, NH_3!

Im Überblick

Redoxreaktion – gleichzeitiges Ablaufen von Oxidation und Reduktion

Sauerstoffübergang

Oxidation

$$Fe_2O_3 + 2\,Al \longrightarrow 2\,Fe + Al_2O_3$$

Reduktion

Chemische Reaktion, bei der Bindung von Sauerstoff (Oxidation) und Entzug von Sauerstoff (Reduktion) gleichzeitig ablaufen.

Elektronenübergang

Elektronenabgabe – Oxidation

$$Zn + 2\,H_3O^+ \longrightarrow Zn^{2+} + H_2 + 2\,H_2O$$

Elektronenaufnahme – Reduktion

Chemische Reaktion, bei der Elektronen abgegeben werden (Oxidation), die gleichzeitig von anderen reagierenden Teilchen aufgenommen werden (Reduktion).

Änderung von Oxidationszahlen

Oxidationszahl wird größer – Oxidation

$$\overset{\pm0}{H_2} + \overset{+2\;-2}{CuO} \longrightarrow \overset{2\cdot(+1)\,-2}{H_2O} + \overset{\pm0}{Cu}$$

Oxidationszahl wird kleiner – Reduktion

Chemische Reaktion, bei der die Oxidationszahl mindestens eines Elementes größer wird (Oxidation) und gleichzeitig die Oxidationszahl mindestens eines anderen Elementes kleiner wird (Reduktion).

Jede Redoxreaktion erfordert geeignete Reaktionspartner, die entweder als **Oxidationsmittel** (Elektronenakzeptoren) oder **Reduktionsmittel** (Elektronendonatoren) wirken. Atome, Ionen oder Moleküle von reagierenden Stoffen konkurrieren um Elektronen.

14

Schwefel und Schwefelverbindungen

In Deutschland werden jährlich etwa 3 Millionen Tonnen Schwefelsäure hergestellt. Welche Rohstoffe werden dazu benötigt?
Wie kann man bei der Herstellung die Umwelt möglichst wenig belasten?

Elemente der VI. Hauptgruppe

Namen. Sauerstoff O, Schwefel S, Selen Se, Tellur Te und Polonium Po sind die Elemente der VI. Hauptgruppe des Periodensystems der Elemente. Sie werden als **Chalkogene** (Erzbildner) bezeichnet (griechisch: chalkos = Erz; gennan = erzeugen), weil sie häufig in Erzen, zum Beispiel in Oxiden und Sulfiden (↗ S. 141), vorkommen.
Der Atombau der Elemente und die Eigenschaften der Stoffe ändern sich gesetzmäßig (↗ S. 121).

Verwendung. Neben Sauerstoff (↗ S. 39) und Schwefel (↗ S. 141) werden auch Selen und Tellur vielfältig verwendet, zum Beispiel zur Herstellung von Fotozellen, Belichtungsmessern, Lasern, Legierungen, Katalysatoren und hitzebeständigen Pigmentfarbstoffen (Selen), Transistoren, Generatoren zur Stromversorgung von Erdsatelliten, modernen Infrarot-Kameras, Legierungen und Leuchtstoffen für Leuchtstoffröhren (Tellur).

Experiment 1
Vorsicht! Schutzbrille!
Fülle ein Reagenzglas zu einem Drittel mit Schwefelpulver und erwärme es über der Brennerflamme!
Beobachte die auftretenden Farbveränderungen und prüfe durch Schütteln des Reagenzglases von Zeit zu Zeit die Viskosität der Schmelze!
Gieße die siedende Schmelze in einen Becher mit Wasser!
Nimm den Schwefel aus dem Becher heraus und untersuche seine Festigkeit (Abb. 3).

1

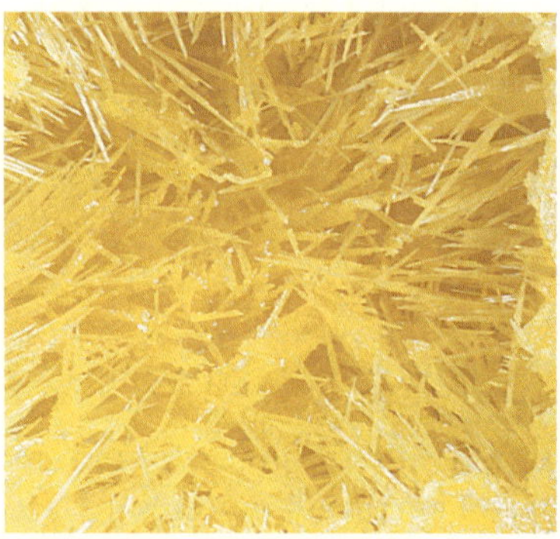
2

3

Schwefel

Modifikationen. Schwefelkristalle, die natürlich vorkommen, haben eine rhombische Form (Abb. 1). Der **rhombische Schwefel** besteht aus ringförmigen S_8-Molekülen (↗ S. 56). Aus einer Schwefelschmelze kristallisieren bei 119 °C hellgelbe, nadelförmige Kristalle des **monoklinen Schwefels** aus, die ebenfalls aus S_8-Molekülen bestehen (Abb. 2). Unterhalb von 95,6 °C werden die nadelförmigen Kristalle langsam trübe, weil sie sich in viele kleine rhombische Kristalle umwandeln. Rhombischer Schwefel ist also unterhalb 95,6 °C, monokliner Schwefel oberhalb 95,6 °C beständig.
Es handelt sich um zwei Erscheinungsformen des Schwefels, die man als **Modifikationen** bezeichnet. Sie unterscheiden sich nicht nur in der Kristallform, sondern auch in Eigenschaften wie Dichte oder Schmelztemperatur.
Gießt man eine siedende Schwefelschmelze in kaltes Wasser, so bildet sich **plastischer Schwefel** (Abb. 3), der gummiähnliche Eigenschaften hat (Experiment 1).
Das Auftreten von Modifikationen ist nicht auf die Elementsubstanz Schwefel beschränkt. Es ist zum Beispiel auch beim Kohlenstoff, beim Phosphor oder beim Selen zu beobachten.

Vorkommen und Gewinnung. Auf der Erde kommt Schwefel elementar und in Schwefelverbindungen vor. Große Lagerstätten von Schwefel befinden sich in Italien (Sizilien), Nordamerika (Louisiana und Texas), Japan (Hokkaido) und in Polen.
Der Schwefel wird entweder im Tagebau gewonnen oder in großer Tiefe aus schwefelhaltigem Gestein herausgeschmolzen und mit Pressluft an die Erdoberfläche gedrückt.
Häufig in der Natur vorkommende Schwefelverbindungen sind **Metallsulfide** (sulfidische Erze), wie Eisenkies (Schwefelkies, Pyrit) FeS_2 (Abb. 4), Kupferkies $CuFeS_2$, Kupferglanz Cu_2S, Bleiglanz PbS, Zinkblende ZnS, und **Sulfate**, wie Calciumsulfat (Gips, Anhydrit) $CaSO_4$ (Abb. 5), Magnesiumsulfat (Bittersalz, Kieserit) $MgSO_4$ und Bariumsulfat (Schwerspat, Baryt) $BaSO_4$.
Pflanzliche und tierische Organismen enthalten ebenfalls Schwefel. Er ist hier ein Bestandteil von Eiweißen.

Verwendung. Schwefel wird zum Vulkanisieren von Kautschuk, zum Beispiel in der Reifenindustrie, benötigt (↗ S. 262). Er ist Ausgangsstoff zur Herstellung von Schwefeldioxid, Schwefeltrioxid, Schwefelsäure, Sulfaten und einer großen Anzahl organischer Schwefelverbindungen.
Ein kleiner Teil Schwefel wird zu pharmazeutischen Präparaten und zu kosmetischen Erzeugnissen verarbeitet.
Das früher verwendete Schießpulver („Schwarzpulver") enthielt neben Holzkohle und Kaliumnitrat Schwefel.

Schwefel kann mehrere Modifikationen bilden. Modifikationen sind unterschiedliche Erscheinungsformen einer Elementsubstanz.

4

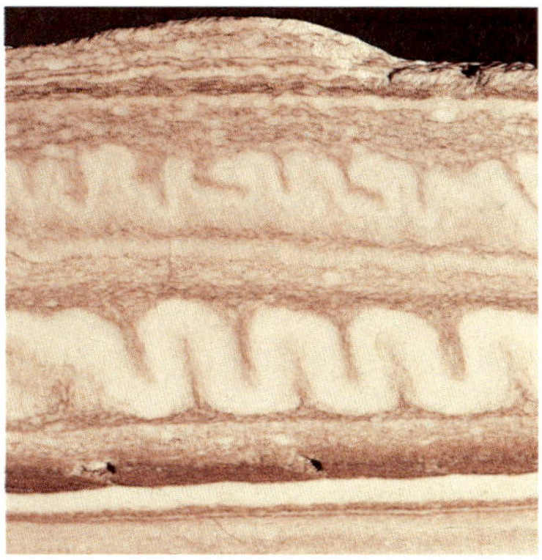
5

AUFGABEN

1. Erläutere den Atombau der Chalkogene!
2. Selen reagiert mit Wasserstoff zu Selenwasserstoff und mit Sauerstoff zu Selendioxid. Entwickle die Reaktionsgleichungen unter Verwendung von Oxidationszahlen!
3. Ermittle Eigenschaften des rhombischen und monoklinen Schwefels!
4. Stelle Eigenschaften von Modifikationen des Kohlenstoffs zusammen!
5. Berechne den Massenanteil an Schwefel in Pyrit und Anhydrit!
6. Erkläre, warum Kohle und Erdöl Schwefel enthalten!
7. Bestimme die Oxidationszahl des Schwefels in Cu_2S, ZnS, PbS, $BaSO_4$!

Sulfide und Schwefelwasserstoff

Bildung von Sulfiden. Schwefel reagiert mit vielen Metallen zu **Sulfiden** (Experiment 2).

$Fe + S \longrightarrow FeS$; exotherm
$2\,Cu + S \longrightarrow Cu_2S$; exotherm

Die Bildung eines Sulfids aus einem Metall und Schwefel ist eine Redoxreaktion (↗ S. 138).

$\overset{\pm 0}{Zn} + \overset{\pm 0}{S} \longrightarrow \overset{+2}{Zn}\overset{-2}{S}$; exotherm

Schwermetallsulfide kommen als sulfidische Erze vor (↗ S. 141).

Schwefelwasserstoff. Einige Metallsulfide reagieren mit Säurelösungen unter Bildung von Schwefelwasserstoff (Experiment 3).

$FeS + 2\,HCl \longrightarrow H_2S + FeCl_2$

Diese Reaktion erfolgt mit Protonenübergang (↗ S. 99).

$\overset{+2}{Fe}\overset{-2}{S} + 2\,H_3O^+ \longrightarrow H_2S + Fe^{2+} + 2\,H_2O$

Schwefelwasserstoff ist ein farbloses, in Wasser lösliches Gas (Experiment 3). Es ist aus Molekülen aufgebaut (Abb. 1). Schwefelwasserstoff hat einen unangenehmen Geruch, ist hochentzündlich und sehr giftig. Schon ein Volumenanteil von 0,05 % Schwefelwasserstoff in der Luft kann bei längerem Einatmen zum Tode führen. Schwefelwasserstoff bildet sich bei der Fäulnis von Eiweißen – typischer Geruch faulender Eier –, kann aber auch direkt aus den Elementsubstanzen hergestellt werden.

$H_2 + S \longrightarrow H_2S$; exotherm

Schwefelwasserstoff reagiert mit Wasser stufenweise (↗ S. 100).

1. Stufe:	$H_2S + H_2O$	$\rightleftharpoons H_3O^+ + HS^-$
2. Stufe:	$HS^- + H_2O$	$\rightleftharpoons H_3O^+ + S^{2-}$
Zusammengefasst:	$H_2S + 2\,H_2O$	$\rightleftharpoons 2\,H_3O^+ + S^{2-}$

Die wässrige Lösung von Schwefelwasserstoff ist sauer; sie wird auch als Schwefelwasserstoffsäure bezeichnet (Experiment 3).
Das Säurerest-Ion S^{2-} heißt Sulfid-Ion, das Säurerest-Ion HS^- Hydrogensulfid-Ion. Die Salze der Schwefelwasserstoffsäure sind **Sulfide** und **Hydrogensulfide**.

Löslichkeit von Sulfiden. Die Sulfide der Alkalimetalle (z. B. Natriumsulfid Na_2S, Kaliumsulfid K_2S) lösen sich leicht in Wasser. Sie sind wie Schwefelwasserstoff sehr giftig. Weitere Sulfide, zum Beispiel des Eisens, Aluminiums oder Zinks sind zwar in Wasser nicht löslich, können jedoch mit Säuren reagieren (Experiment 3). Einige Schwermetallsulfide sind sogar gegenüber Säuren beständig.
Das unterschiedliche Verhalten der Sulfide lässt sich zur Trennung von Stoffen bei der chemischen Analyse nutzen. Werden Lösungen, die Schwermetall-Ionen enthalten, mit sulfidhaltigen Lösun-

Experiment 2
Vorsicht! Schutzbrille! Feuerfeste Unterlage!
Fülle ein vorbereitetes Gemisch aus Eisen- und Schwefelpulver beziehungsweise Kupfer- und Schwefelpulver 3 cm hoch in ein senkrecht eingespanntes Reagenzglas!
Erwärme das Ende eines Eisendrahtes bis zum Glühen und führe es in den oberen Teil des Gemisches ein!

Experiment 3 L
Vorsicht! Abzug! Schutzbrille!
24%ige Salzsäure (Xi) wird auf Eisensulfid getropft; das entstehende Gas (F+, T+, N) wird durch Wasser geleitet.
Die wässrige Lösung (Xn) wird mit Universalindikator geprüft.

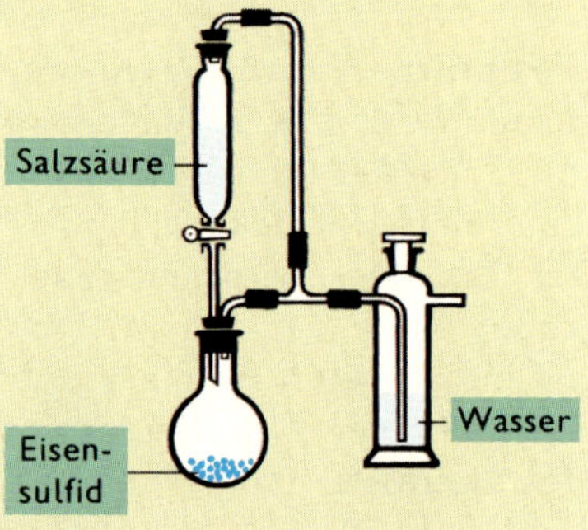

1

Experiment 4 L
Vorsicht! Abzug!
a) Ein Papierstreifen, der mit 1%iger Blei(II)-acetatlösung (T) präpariert wurde, ist mit einer 1%igen Natriumsulfidlösung zu benetzen.
b) Ein Papierstreifen, der wie bei a) präpariert wurde, ist in den Gasraum eines Gefäßes mit gesättigter Schwefelwasserstofflösung (Xn) zu halten.

gen versetzt, so fallen Niederschläge von Schwermetallsulfiden aus, die oft farbig sind (Abb. 2).

Cd^{2+} + $S^{2-} \longrightarrow CdS$ (gelb)
$2\ Sb^{3+} + 3\ S^{2-} \longrightarrow Sb_2S_3$ (orangerot)
Pb^{2+} + $S^{2-} \longrightarrow PbS$ (schwarz)

Die Reaktion mit Blei(II)-Ionen wird zum Nachweis von Sulfid-Ionen und Schwefelwasserstoff genutzt (Experiment 4). Umgekehrt lassen sich in Wasser gelöste Bleisalze mit Sulfidlösungen oder Schwefelwasserstofflösung nachweisen (Experiment 4).

2

Verarbeitung von Schwefelwasserstoff in der Industrie. Erdöl, Erdgas und verschiedene Industriegase enthalten Schwefelverbindungen, die mit Rücksicht auf die Umwelt entfernt werden müssen. Die **Entschwefelung** erfolgt durch katalytische Anlagerung von Wasserstoff (Hydrierung, ↗ S. 196), wobei zum Beispiel Kohlenwasserstoffe und Schwefelwasserstoff entstehen.
Der giftige Schwefelwasserstoff kann nach dem ***Claus*-Verfahren** zu elementarem Schwefel oxidiert werden (Abb. 3).

$2\ H_2S + O_2 \longrightarrow 2\ S + 2\ H_2O$; exotherm

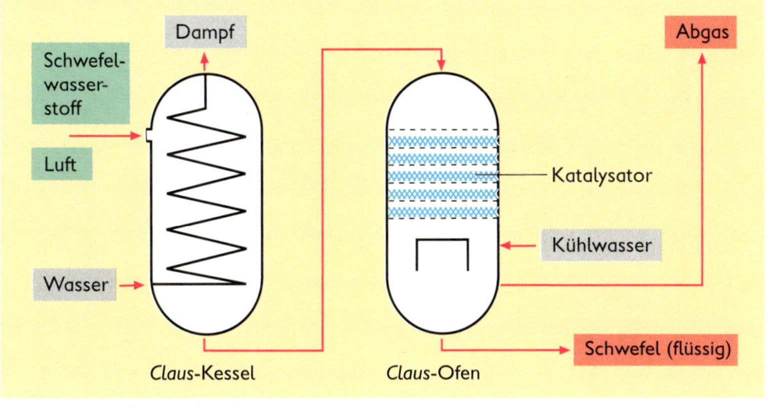

3

Prinzip des *Claus*-Verfahrens

4

Es wird in zwei Verfahrensschritten gearbeitet. Zunächst wird Schwefelwasserstoff zu Schwefeldioxid oxidiert (*Claus*-Kessel).

$2\ H_2S + 3\ O_2 \longrightarrow 2\ SO_2 + 2\ H_2O$; exotherm

Für diesen Verfahrensschritt ist kein Katalysator erforderlich. Die Abwärme wird zur Dampferzeugung genutzt.
Im zweiten Schritt wird Schwefeldioxid mit Schwefelwasserstoff katalytisch zu Schwefel großer Reinheit reduziert (*Claus*-Ofen).

$SO_2 + 2\ H_2S \longrightarrow 3\ S + 2\ H_2O$; exotherm

Der flüssige Schwefel wird sofort verarbeitet, in Kesselwagen abtransportiert oder zu festem Schwefel aufgearbeitet (Abb. 4).

Schwefelwasserstoff ist sehr giftig und hochentzündlich; bildet schwer lösliche Schwermetallsulfide und dient zur Herstellung von Schwefel.

AUFGABEN

1. Entwickle die Reaktionsgleichungen für die Reaktion von Magnesium mit Schwefel und von Magnesiumsulfid mit Schwefelsäure! Entscheide, ob es sich um Redoxreaktionen handelt (Oxidationszahlen nutzen)!
2. Entsteht Schwefelwasserstoff in der Natur?
3. Schwefelwasserstoff bildet mit Kupfersulfatlösung einen schwarzen Niederschlag. Erläutere diese Reaktion anhand der Reaktionsgleichung!
4. Erläutere das *Claus*-Verfahren und seine Bedeutung für den Schutz der Umwelt und die Schonung natürlicher Ressourcen!

Schwefeldioxid

Bildung. Schwefeldioxid (↗ S. 56 und S. 146) wird in großen Mengen zur Herstellung von Schwefelsäure benötigt. Es kann auf verschiedene Weise hergestellt werden.
Schwefeldioxid bildet sich durch **Verbrennen von Schwefel** an der Luft oder in reinem Sauerstoff (Abb. 1).

$S + O_2 \longrightarrow SO_2$; exotherm

Schwefeldioxid kann auch aus Metallsulfiden hergestellt werden (Experiment 5).

1

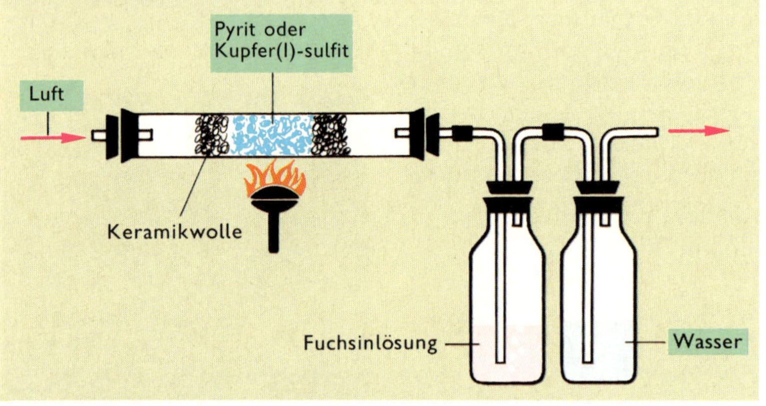

Experiment 5 L
Vorsicht! Abzug!
Eisensulfid (Pyrit) oder Kupfer(I)-sulfid wird im Luftstrom erhitzt. Das Reaktionsprodukt (T) ist durch zwei Gaswaschflaschen mit Fuchsinlösung beziehungsweise Wasser zu leiten.
Nach Beendigung des Experiments ist der Inhalt der zweiten Gaswaschflasche mit Universalindikator zu prüfen.

Viele Metallsulfide reagieren beim Erhitzen mit dem Sauerstoff der Luft zu Metalloxiden und Schwefeldioxid.

$4\,FeS_2 + 11\,O_2 \longrightarrow 8\,SO_2 + 2\,Fe_2O_3$; exotherm
$2\,Cu_2S + 3\,O_2 \longrightarrow 2\,SO_2 + 2\,Cu_2O$; exotherm

In der Industrie werden diese chemischen Reaktionen als **Rösten sulfidischer Erze** bezeichnet.
Die beim Rösten entstehenden Metalloxide können zu Metallen, zum Beispiel Eisen, Kupfer oder Zink, verhüttet werden. Schwefeldioxid kann auch aus Sulfaten, zum Beispiel Calciumsulfat, durch Reaktion mit Kohlenstoff hergestellt werden.

$$2\,\overset{+2}{Ca}\overset{+6}{S}\overset{-2}{O_4} + \overset{\pm 0}{C} \longrightarrow 2\,\overset{+4}{S}\overset{-2}{O_2} + 2\,\overset{+2}{Ca}\overset{-2}{O} + \overset{+4}{C}\overset{-2}{O_2}\text{ ; endotherm}$$

Bei der endothermen, energieaufwendigen Reaktion wird durch Zusatzstoffe als Nebenprodukt Zement gewonnen. Für dieses Verfahren kann Calciumsulfat (Gips) verwendet werden, das bei der Phosphorsäureherstellung oder bei der Entschwefelung von Rauchgasen anfällt.

Schwefeldioxid kann aus Schwefel oder aus Metallsulfiden hergestellt werden.

Schwefeldioxid als Luftschadstoff. Bei der Verbrennung von Kohle und Erdöl entsteht Schwefeldioxid, das neben Stickstoffoxiden den „sauren Regen" bildet (↗ S. 57 und S. 101, Tabelle 1).

Deutschlands Grenzen überschreitende Schwefeldioxidemissionen in 10^3 t (1992, Auswahl)

Länder	Import	Export
Belgien	21,1	10,3
Dänemark	4,3	8,6
Frankreich	49,8	46,6
Großbritannien	57,7	15,6
Irland	1,1	0,9
Italien	13,1	13,0
Litauen	0,4	10,9
Luxemburg	1,6	0,6
Niederlande	11,9	18,3
Österreich	1,5	23,7
Polen	30,3	233,5
Rumänien	1,6	20,4
Russische Föderation	0,4	67,4
Schweden	0,2	32,8
Schweiz	2,4	5,1
Tschechien u. Slowakische Republik	75,4	104,0
Ukraine	1,1	55,2
Ungarn	3,9	15,2
Weißrussland	0,5	19,4

1

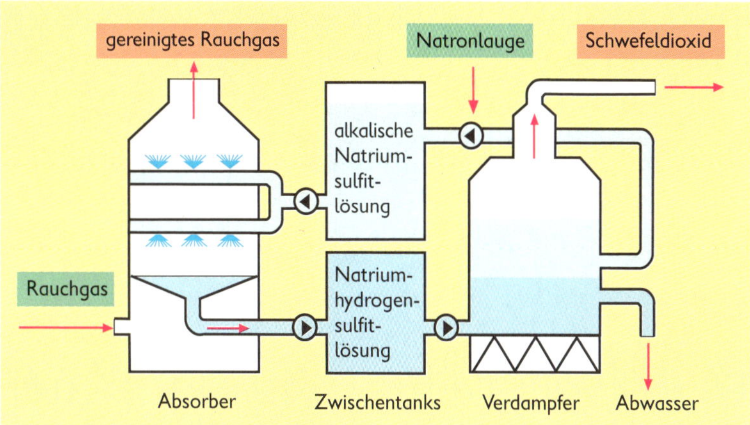

2

Prinzip des *Wellman-Lord*-Verfahrens

3

Entschwefelung von Rauchgasen. Die Entschwefelung von Erdgas und Erdöl lässt sich recht elegant in geschlossenen Anlagen durchführen. Eine Entfernung von Schwefeldioxid aus Rauchgasen, die bei der Verbrennung von Kohle oder schwerem Heizöl entstehen, ist wesentlich schwieriger. Dennoch sind in den letzten Jahrzehnten Verfahren zur Entschwefelung von Rauchgasen entwickelt worden. Das hat zur Senkung der Schwefeldioxidemissionen entscheidend beigetragen (Abb. 2).
Verschiedene Verfahren arbeiten nach einer **Rauchgasentschwefelung mit Gipsbildung.** Dabei wird zum Beispiel Calciumcarbonat als Ausgangsstoff verwendet. Die komplexen chemischen Reaktionen lassen sich wie folgt zusammenfassen:

$$2\ CaCO_3 + 2\ SO_2 + O_2 \longrightarrow 2\ CaSO_4 + 2\ CO_2.$$

Das Reaktionsprodukt Gips kann teilweise zur Herstellung von Baustoffen und von Schwefelsäure verwendet werden.
Ein modernes Entschwefelungsverfahren, bei dem statt Gips Schwefeldioxid anfällt, ist das ***Wellman-Lord*-Verfahren** (Abb. 2 und 3). Dabei wird Schwefeldioxid aus dem Rauchgas durch Natriumsulfitlösung absorbiert. Die entstehende Natriumhydrogensulfitlösung kann durch Erhitzen wieder zu Natriumsulfitlösung und Schwefeldioxid umgesetzt werden (es finden auch Nebenreaktionen statt).

$$SO_2 + Na_2SO_3 + H_2O \rightleftharpoons 2\ NaHSO_3$$

Das gewonnene Schwefeldioxid dient zum Beispiel der Herstellung von Schwefel oder Schwefelsäure.

Vergleich von Verfahren zur Rauchgasentschwefelung			
Gips-Verfahren		*Wellman-Lord*-Verfahren	
690 t Kalkstein täglich	1300 t Gips täglich	19 t Natronlauge täglich	200 t Schwefel täglich
↓	↑	↓	↑
Kraftwerk 350 MW; Brennstoff: salzhaltige Braunkohle			

2

AUFGABEN

1. Erläutere anhand der Reaktionsgleichungen die Stoff- und Energieumwandlung beim Rösten von Pyrit und Kupfersulfid! Begründe, ob es sich um Redoxreaktionen handelt!
2. Beim Einleiten von Schwefeldioxid in Wasser entsteht eine saure Lösung.
Deute diese Erscheinung!
Entwickle eine Reaktionsgleichung!
3. Ermittle die Zusammensetzung von Erdgas, Erdöl, Steinkohle und Braunkohle! Vergleiche den Schwefelgehalt!
4. Begründe, weshalb schwefeldioxidhaltige Niederschläge als „saurer Regen" bezeichnet werden!
5. Bei der Verbrennung von 80 Mill. t Rohbraunkohle entsteht etwa 1 Mill. t Schwefeldioxid. Berechne den Massenanteil an Schwefel in der Braunkohle!
6. Vergleiche Verfahren zur Rauchgasentschwefelung! Erörtere dabei auch Transportprobleme (Tabelle 2; 1 Eisenbahnwaggon: 40 t).

Schwefeltrioxid

1

Eigenschaften und Bau. Unterhalb 17 °C ist **Schwefeltrioxid** ein weißer, fester Stoff (Abb. 1, Tabelle 3), bei höheren Temperaturen dagegen ein farbloses, stark ätzend wirkendes und stechend riechendes, giftiges Gas. Es besteht aus Molekülen (Abb. 2). An der Luft bildet Schwefeltrioxid dichte, weiße Nebel (Abb. 3).

Stoffe	Schwefeltrioxid	Schwefeldioxid
Farbe	farblos	farblos
Geruch	stechend	stechend
Löslichkeit in Wasser	löslich	leicht löslich
Schmelztemperatur in °C	17	–76
Siedetemperatur in °C	45	–10
Dichte	1,93 g/cm³	2,926 g/l

3

2

Bildung. Schwefeltrioxid kann aus Schwefeldioxid durch katalytische Oxidation hergestellt werden (Experiment 6).

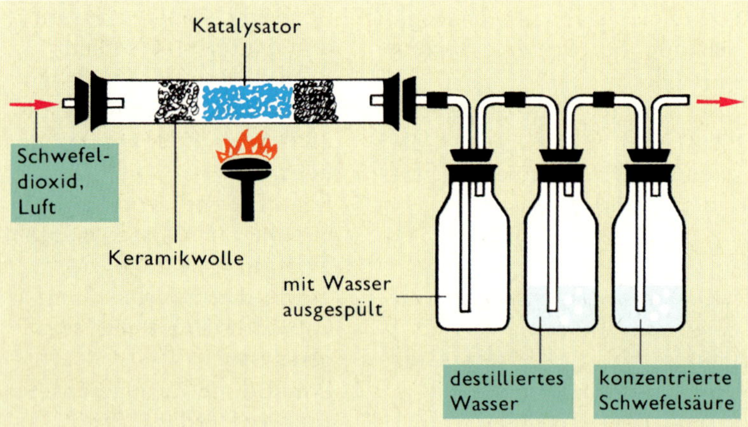

Experiment 6 **L**
Vorsicht! Abzug! Schutzbrille!
Ein Schwefeldioxid-Luft-Gemisch (T) wird über einen erhitzten Katalysator geleitet. Das Reaktionsprodukt (Xi) durchströmt drei Gaswaschflaschen. Etwas Lösung aus der zweiten Gaswaschflasche wird mit Universalindikator untersucht. Ein weiterer Teil Lösung ist mit einigen Tropfen 10%iger Salzsäure (Xi) und mit 2%iger Bariumchloridlösung zu versetzen.

$2\,SO_2 + O_2 \rightleftharpoons 2\,SO_3$; exotherm

In der ersten Gaswaschflasche (Experiment 6) bildet sich ein dichter, weißer Nebel, der auf die Bildung von Schwefeltrioxid hinweist. In der zweiten Gaswaschflasche ist etwas weniger Nebel vorhanden. Ein Teil des Schwefeltrioxids hat mit dem Wasser zu Schwefelsäure reagiert.

$SO_3 + H_2O \longrightarrow H_2SO_4$

Die Lösung ist sauer. Mit Barium-Ionen können Sulfat-Ionen nachgewiesen werden (Experiment 6).
In der dritten Gaswaschflasche ist kein weißer Schwefeltrioxidnebel mehr zu beobachten. Schwefeltrioxid reagiert mit konzentrierter Schwefelsäure zu Dischwefelsäure $H_2S_2O_7$.

Schwefeltrioxid wird durch katalytische Oxidation von Schwefeldioxid dargestellt.

3

Bedeutung der Schwefelsäure

Schwefelsäure und chemische Produktion. Schwefelsäure ist für die Wirtschaft eines Landes von herausragender Bedeutung, da außerordentlich viele Erzeugnisse unter Verwendung von Schwefelsäure hergestellt werden. In der Welt beträgt die Jahresproduktion an Schwefelsäure weit über 100 Mill. t.
Die stürmische Entwicklung der chemischen Industrie im 19. Jahrhundert war unter anderem dadurch möglich, dass ausreichend Schwefelsäure produziert werden konnte. Damals wurde Schwefelsäure mitunter sehr anschaulich als „Blut der Chemie" bezeichnet.

4

Eigenschaften und Verwendung. Die Eigenschaften von verdünnter und konzentrierter Schwefelsäure unterscheiden sich erheblich voneinander. Die konzentrierte Schwefelsäure wirkt ähnlich der konzentrierten Salpetersäure (↗ S. 159) oxidierend. In der Tabelle 4 sind einige Eigenschaften von Schwefelsäure und darauf beruhende Möglichkeiten ihrer Verwendung zusammengestellt.

Schwefelsäure	
Eigenschaften	**Verwendung**
Hygroskopisch (konzentrierte Säure)	Trockenmittel für Gase, Flüssigkeiten und feste Stoffe
Wirkung als Katalysator	Herstellung von Estern, Herstellung von Polyamidfasern
Wasserabspaltende Wirkung (konzentrierte Säure)	Herstellung von Sprengstoffen, Herstellung von Farbstoffen, Herstellung von Arzneimitteln und Kosmetika
Elektrische Leitfähigkeit (verdünnte Säure)	Elektrolytische Raffination von Kupfer, „Akkusäure" in Kraftfahrzeugakkumulatoren
Chemische Reaktion mit unedlen Metallen, Metalloxiden, Metallhydroxiden und Ammoniak	Herstellung von Chemikalien (Hydrogensulfate, Sulfate); Beizen von Metallteilen (Entrosten, Abb. 4); Herstellen von Düngemitteln (Ammoniumsulfat)
Chemische Reaktion mit wasserunlöslichem Calciumphosphat („Aufschluss")	Herstellen von Düngemitteln (Superphosphat) Herstellen von Phosphorsäure
Chemische Reaktion mit wasserunlöslichem Calciumfluorid	Herstellen von Fluorverbindungen
Chemische Reaktion mit Alkoholen (Veresterung)	Herstellen von Waschmitteln

4

AUFGABEN

1. Vergleiche die Eigenschaften von Schwefeltrioxid und Schwefeldioxid!
2. Interpretiere die Reaktionsgleichung zur Oxidation von Schwefeldioxid unter stofflichen, energetischen und teilchenmäßigen Gesichtspunkten!
3. Erläutere den Nachweis von Sulfat-Ionen mit Barium-Ionen!
4. Warum wird Schwefeltrioxid statt in Wasser in konzentrierter Schwefelsäure gelöst?
5. Stelle aus Wirtschaftsstatistiken eine Übersicht über die Schwefelsäureproduktion in verschiedenen Ländern der Erde zusammen!
6. Erläutere für das Verdünnen konzentrierter Schwefelsäure den Spruch: „Erst das Wasser, dann die Säure – sonst geschieht das Ungeheure!"!
7. Erkläre, warum Kleidungsstücke und Schuhe, die mit verdünnter Schwefelsäure bespritzt wurden, erst nach Stunden oder Tagen Schäden aufweisen!

Herstellung von Schwefelsäure

Grundlagen. Die Bildung von Schwefeltrioxid hat für die Wirtschaftlichkeit des technischen Verfahrens zur Herstellung von Schwefelsäure besondere Bedeutung.
Die Oxidation von Schwefeldioxid zu Schwefeltrioxid ist eine umkehrbare chemische Reaktion.

$2\,SO_2 + O_2 \rightleftharpoons 2\,SO_3$; exotherm

Schwefeldioxid und Sauerstoff setzen sich bei dieser Reaktion nicht vollständig um. Der Anteil des gebildeten Schwefeltrioxids wird durch die Reaktionsbedingungen beeinflusst (↗ Chemisches Gleichgewicht, S. 290).
Eine Änderung der **Temperatur** hat eine Änderung der Zusammensetzung des Gemisches aus Schwefeldioxid, Sauerstoff und Schwefeltrioxid zur Folge (Tabelle 5).
Je niedriger die Temperatur, desto mehr Schwefeltrioxid wird gebildet.
Weil chemische Reaktionen bei niedrigen Temperaturen nur langsam ablaufen, muss ein **Katalysator** eingesetzt werden. Er beschleunigt zwar die umkehrbare Reaktion, hat aber keinen Einfluss auf die Zusammensetzung des Gasgemisches (Abb. 1).
Bei erhöhtem **Druck** bildet sich mehr Schwefeltrioxid (↗ S. 293). Wegen der hohen Kosten für Hochdruckanlagen wird jedoch in der Technik darauf verzichtet.
Wird bei der umkehrbaren chemischen Reaktion von Schwefeldioxid mit Sauerstoff zu Schwefeltrioxid das Volumenverhältnis von Schwefeldioxid zu Sauerstoff verändert, ändert sich auch der Anteil an Schwefeltrioxid im Gasgemisch (Tabelle 5).
Eine Erhöhung des Volumenanteils Sauerstoff im Ausgangsgasgemisch führt zu verstärkter Bildung von Schwefeltrioxid.

Die umkehrbare Reaktion von Schwefeldioxid und Sauerstoff zu Schwefeltrioxid wird von den Reaktionsbedingungen Temperatur und Druck sowie vom Volumenverhältnis der Ausgangsstoffe beeinflusst.
Ein Katalysator verkürzt die Reaktionszeit.

Volumenanteil an umgesetztem Schwefeldioxid in % bei einem Druck von 1000 hPa

Temperatur in °C	Ausgangsgemische 66,7 % SO_2 und 33,3 % O_2	33,3 % SO_2 und 66,7 % O_2
400	98,1	99,7
500	91,3	97,3
600	76,3	88,5
700	51,5	65,6
800	30,1	40,4
900	16,0	22,0

5

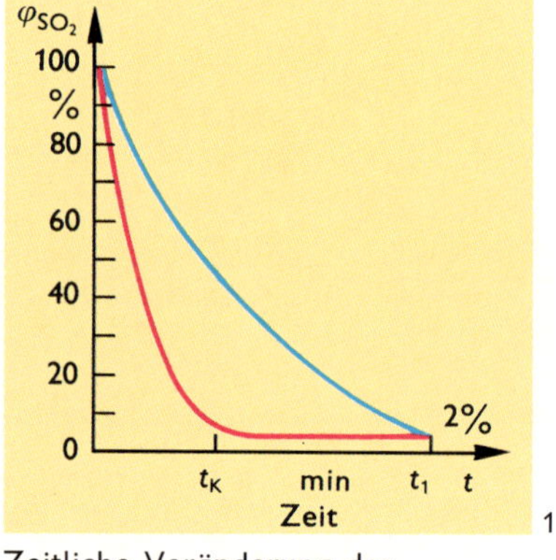

1

Zeitliche Veränderung des Volumenanteils an eingesetztem Schwefeldioxid φ (SO_2) bei konstanter Temperatur mit und ohne Katalysator
rote Kurve: mit Katalysator
blaue Kurve: ohne Katalysator

Technische Durchführung. Der größte Teil Schwefelsäure wird durch katalytische Oxidation von Schwefeldioxid mit Sauerstoff der Luft zu Schwefeltrioxid nach dem **Kontaktverfahren** hergestellt. Das so entstandene Schwefeltrioxid wird in Schwefelsäure gelöst. In der Technik heißt ein fester Katalysator Kontakt.
Die Reaktion von Schwefeldioxid zu Schwefeltrioxid wird bei 420 °C mit einem Vanadiumoxid-Katalysator durchgeführt. Unterhalb 420 °C ist die Wirksamkeit des Katalysators zu gering. Luft wird als billiger Ausgangsstoff im Überschuss verwendet. Günstig ist ein Volumenverhältnis der Ausgangsstoffe von

$V(SO_2) : V(O_2) = 1 : 1{,}1$.

Das Gasgemisch hat etwa folgende Zusammensetzung:
7 % Schwefeldioxid, 10 % Sauerstoff, 83 % Stickstoff.

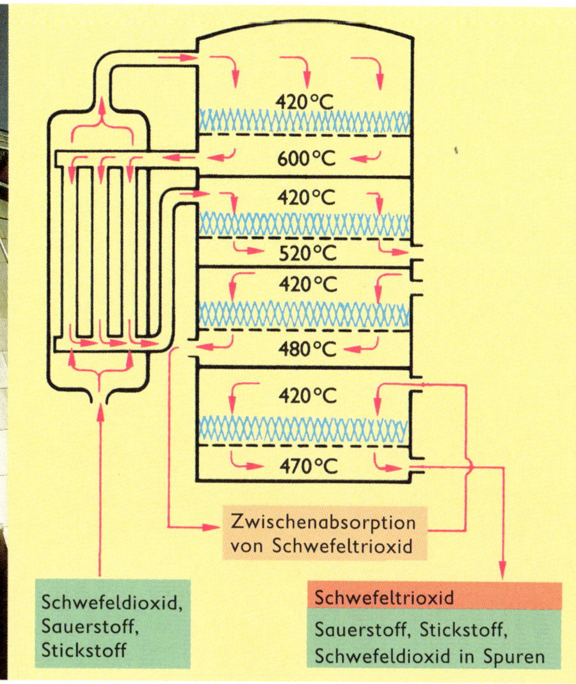

2

Es wird bei einem Druck von 1 bar gearbeitet.
Unter den angegebenen Bedingungen reagieren etwa 99,5 % des eingesetzten Schwefeldioxids zu Schwefeltrioxid.
Die Reaktion von Schwefeldioxid zu Schwefeltrioxid wird in **Kontaktanlagen** durchgeführt. Eine Kontaktanlage (Abb. 2) besteht aus einem Reaktionsapparat, dem Kontaktapparat, und mehreren **Wärmeaustauschern**.
Der Aufbau einer Kontaktanlage ist durch die Wärmeaustauscher recht kompliziert. Sie sind jedoch erforderlich, damit durch Wärmeaustausch die günstige Temperatur von 420 °C eingehalten werden kann. In der Abbildung 2 ist zur besseren Übersichtlichkeit nur ein Wärmeaustauscher dargestellt.
Die Zwischenabsorption von Schwefeltrioxid ermöglicht eine höhere Ausbeute (Doppelkontaktverfahren). So wird eine gute Ausnutzung der eingesetzten Rohstoffe und eine geringe Umweltbelastung durch Abgase (Schwefeldioxid) gewährleistet.
Moderne Kontaktanlagen haben eine Tagesleistung von bis zu 100 t Schwefeltrioxid.
Aus dem Kontaktapparat wird das Gasgemisch, das aus Schwefeltrioxid, Sauerstoff, Stickstoff und wenig Schwefeldioxid besteht, in säurefeste **Rieseltürme** eingeleitet. Dort wird Schwefeltrioxid durch entgegenrieselnde Schwefelsäure aus dem Gasgemisch absorbiert. Es bildet sich in einer umkehrbaren Reaktion Dischwefelsäure $H_2S_2O_7$.

$$SO_3 + H_2SO_4 \rightleftharpoons H_2S_2O_7$$

Dischwefelsäure reagiert mit Wasser (oder mit verdünnter Schwefelsäure) wieder zu Schwefelsäure.

$$H_2S_2O_7 + H_2O \longrightarrow 2\ H_2SO_4$$

AUFGABEN

1. Nenne Vor- und Nachteile von zwei Verfahren zur Herstellung von Schwefeldioxid!
2. Vergleiche die Massen Schwefeldioxid, die sich
   a) aus 1 t Schwefel,
   b) aus 1 t Kupfersulfid
   herstellen lassen (vollständiger Stoffumsatz wird vorausgesetzt)!
3. Erläutere die Eigenschaften eines Katalysators! Woraus ergibt sich sein ökonomischer Nutzen in der Technik?
4. Begründe die Bedingungen für das Schwefelsäure-Kontaktverfahren: 420 °C, Luftüberschuss, Verwendung eines Kontakts!
5. Überlege, warum in den Wärmeaustauschern einer Kontaktanlage das kältere Gas stets dem wärmeren Gas entgegenströmt!

Salze der Schwefelsäure

Hydrogensulfate und Sulfate. Schwefelsäure kann mit Wasser stufenweise reagieren (↗ S. 100).

1. Stufe: $H_2SO_4 + H_2O \rightleftharpoons H_3O^+ + HSO_4^-$

2. Stufe: $HSO_4^- + H_2O \rightleftharpoons H_3O^+ + SO_4^{2-}$

Sie bildet deshalb zwei Reihen von Salzen, die **Hydrogensulfate** (z. B. Kaliumhydrogensulfat $KHSO_4$) und die **Sulfate** (z. B. Kaliumsulfat K_2SO_4).

1

Einige Erzeugnisse, zu deren Herstellung Sulfate verwendet worden sind

Verwendung von Sulfaten. Sulfate haben große Bedeutung für die Industrie, das Handwerk, das Gewerbe und die Landwirtschaft eines Landes (Abb. 1). Ihre vielseitige Verwendung beruht auf ihren unterschiedlichen Eigenschaften (Tabelle 6).

Name	Verwendung
Aluminiumsulfat	Gerben von Häuten („Weißgerberei"), Hilfsmittel beim Färben von Stoffen
Ammoniumsulfat	Stickstoffdüngemittel
Bariumsulfat	Herstellung von Farben, Papierherstellung
Calciumsulfat	Herstellung von Schwefelsäure und Zement, Baustoff (Gips; Abb. 2)
Chromsulfat	Gerben von Häuten (Herstellung von „Chromleder")
Eisensulfat	Herstellen von Tinten, Färberei
Kaliumsulfat	Bestandteil von Kalidüngemitteln
Kupfersulfat	Herstellung galvanischer Kupferüberzüge; kristallwasserfreies Salz zum Nachweis von Wasser
Natriumsulfat	Herstellung von Glas, Farbstoffen, Textilien, Papier

6

2

Gipsmodell (Calciumsulfat) für Steinmetzarbeiten

Nachweis von Sulfaten. Sulfate können neben anderen Salzen in unbekannten Stoffproben nachgewiesen werden (Experimente 7 und 8).

Experiment 7
Vorsicht! Schutzbrille!
Tropfe 10%ige Salzsäure (Xi) auf ein Carbonat und leite das entstehende Gas in eine gesättigte Bariumhydroxidlösung ein (↗ S. 173)! Versetze die Lösung eines Chlorides mit 10%iger Salpetersäure (C) und tropfe anschließend 5%ige Silbernitratlösung (Xi) zu (↗ S. 82)!
Die Lösung eines Sulfates wird nacheinander mit einigen Tropfen 10%iger Salzsäure (Xi) und 2%iger Bariumchloridlösung versetzt (↗ S. 146)!

Experiment 8
Vorsicht! Schutzbrille!
Untersuche, ob eine unbekannte Stoffprobe ein Sulfat, ein Carbonat oder ein Chlorid ist!
Fertige ein Protokoll mit Beobachtungen, Schlussfolgerungen und Reaktionsgleichungen an! Begründe den Zusatz von Säure!

AUFGABEN

1. Ermittle die Formeln der Sulfate, die in Tabelle 6 angegeben sind!
2. Suche nach Möglichkeiten, Bariumsulfat darzustellen!
3. Stelle Düngemittel zusammen!
4. Weshalb ist Schwefel zur Herstellung von Schwefelsäure besonders geeignet?
5. Wenn Salze (Sulfate, Carbonate, Chloride) mit Salzsäure übergossen werden, kann man die Carbonate sofort erkennen! Begründe!
6. Erläutere die Bedeutung von Sulfaten für das Leben der Menschen!

Im Überblick

Vom Schwefel zu Schwefelverbindungen

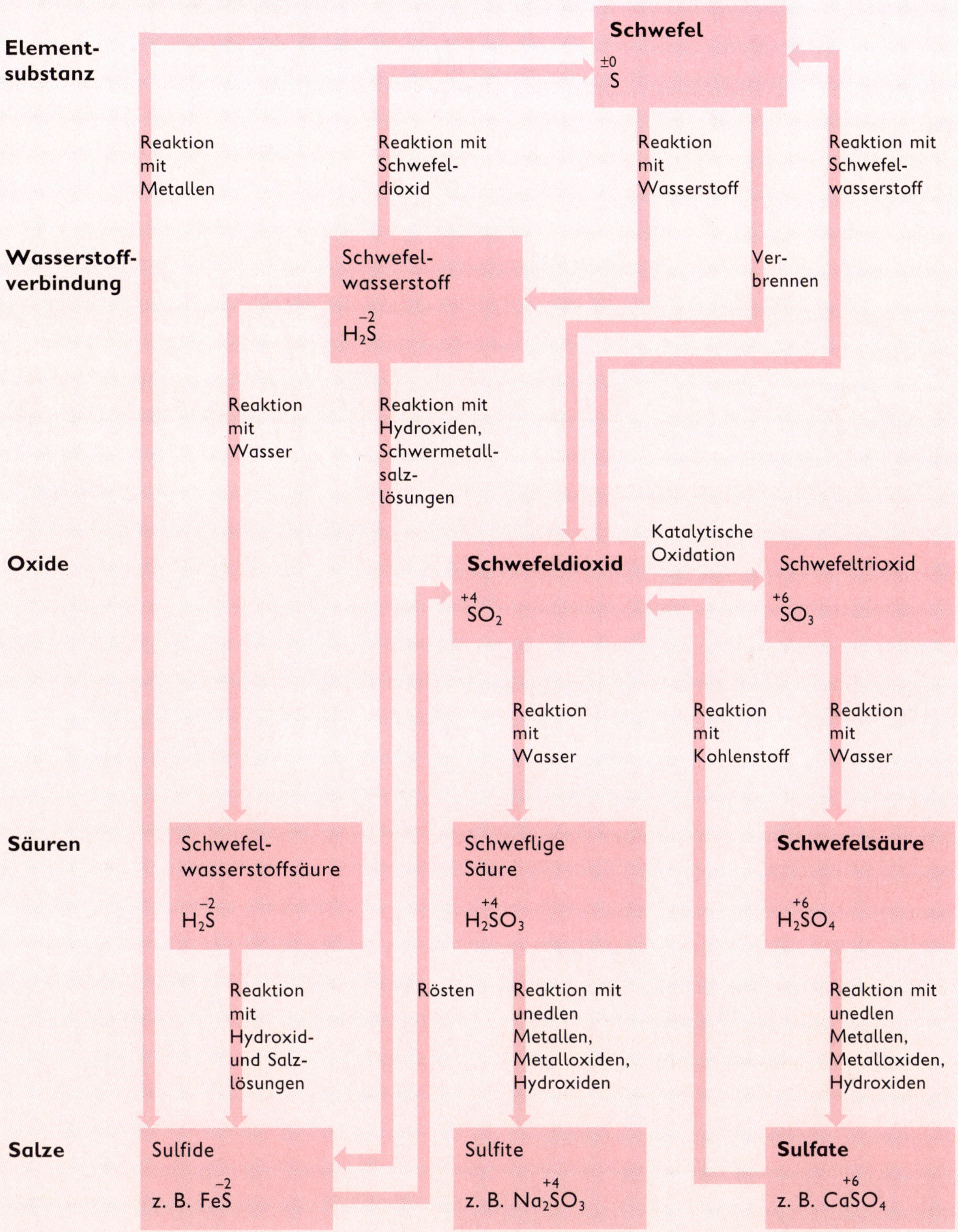

15

Stickstoffverbindungen

Stickstoff ist Bestandteil von Ammoniak, Salpetersäure und Eiweißen. Die Industrie produziert jährlich über 100 Millionen Tonnen Stickstoffdüngemittel und nutzt dazu Stickstoff aus der Luft.
Wie gelangt dieser in Stickstoffdüngemittel?

Elemente der V. Hauptgruppe

Überblick. Stickstoff N, Phosphor P, Arsen As, Antimon Sb und Bismut Bi sind Elemente der V. Hauptgruppe des Periodensystems der Elemente. Stickstoff ist ein Nichtmetall. Weißer und roter Phosphor sind nichtmetallische Modifikationen (↗ S. 141) der Elementsubstanz Phosphor. Der schwarze Phosphor weist metallische Eigenschaften wie Wärme- und elektrische Leitfähigkeit auf. Die Elementsubstanzen Arsen und Antimon treten in einer nichtmetallischen Modifikation (gelb) und in einer beständigeren metallischen Modifikation (grau) auf. Bismut ist ein Metall mit silberweiß-rötlichem Glanz.

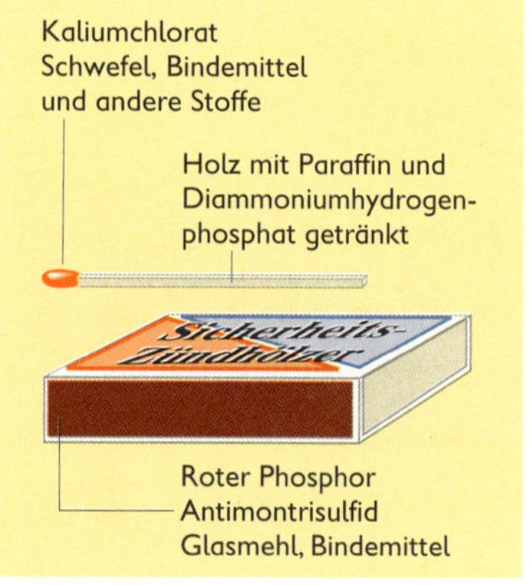

1

Roter Phosphor und Antimontrisulfid Sb_2S_3 sind neben anderen Stoffen zum Anzünden eines Zündholzes erforderlich.

Bedeutung der Elemente. Stickstoff und Phosphor kommen in vielen Naturstoffen und allen Organismen vor. Beide Elemente sind lebensnotwendig für die Ernährung der Pflanzen. Die Stickstoffverbindungen Ammoniak und Salpetersäure sowie die Phosphorverbindung Phosphorsäure sind wichtige Grundchemikalien. Rostumwandler enthalten Phosphorsäure (↗ S. 103).
Arsen, Antimon und Bismut kommen in Mineralien vor, zum Beispiel in Arsenkies FeAsS, Grauspießglanz Sb_2S_3 und Bismutglanz Bi_2S_3. Arsen wird zur Produktion von speziellen Halbleitern benötigt. Arsen und seine Verbindungen sind sehr giftig. Aus vergangenen Jahrhunderten wird berichtet, dass Arsenverbindungen zu Giftmorden benutzt wurden. Arsen, Antimon und Bismut werden vorwiegend als Legierungsmetalle verwendet. Bekannte Antimonlegierungen sind Hartblei, Letternmetall und Lagermetalle. Das „Woodmetall“, eine Bismutlegierung, hat eine Schmelztemperatur von $\vartheta_s = 60{,}5\ °C$. Es wird in Schmelzsicherungen automatischer Feuerlöschanlagen und als „Zaubermetall“ verwendet.

Ammoniak

Vorkommen und Verwendung. Im Pferdestall riecht es intensiv nach Ammoniak. Beim Stoffwechsel der Pferde und der Zersetzung von Eiweißen entsteht Ammoniak. Daher kommt Ammoniak in Spuren in der Luft vor. Ammoniak ist auch Bestandteil der Atmosphären der großen Planeten unseres Sonnensystems. Im Haushalt werden Fensterputzmittel verwendet, in denen Ammoniak (Salmiakgeist) in verdünnter Form enthalten ist. Salpetersäure, Stickstoffdüngemittel, Sprengstoffe, Arzneimittel und Farbstoffe werden aus Ammoniak über Zwischenprodukte hergestellt. In Kälteanlagen von Kunsteisbahnen und Kühlhäusern dient flüssiges Ammoniak als Kältemittel.

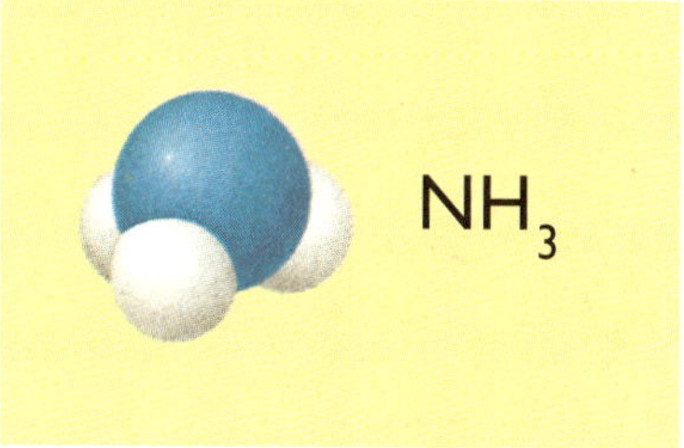

2

Eigenschaften. Ammoniak NH_3 ist ein stechend riechendes Gas, das aus Molekülen besteht (Abb. 2). Es ist gesundheitsschädigend. Die Dichte von Ammoniak ist mit 0,77 g/l geringer als die der Luft. Ammoniak lässt sich durch Anwendung von Druck verflüssigen. Es verbrennt zu Stickstoff und Wasser.

$4\,NH_3 + 3\,O_2 \longrightarrow 2\,N_2 + 6\,H_2O$; exotherm

Ammoniak löst sich sehr gut in Wasser (Experiment 1). Die Löslichkeit bei 20 °C beträgt 750 l Ammoniak je Liter Wasser. Die handelsübliche Ammoniaklösung hat einen Massenanteil von 25 % Ammoniak. Sie färbt Universalindikator blau. Beim Lösen reagieren Ammoniak und Wasser miteinander (Experiment 1).

$NH_3 + H_2O \rightleftharpoons NH_4^+ + OH^-$

Die Blaufärbung des Indikators zeigt an, dass in der Ammoniaklösung ein Überschuss an Hydroxid-Ionen vorhanden ist. Außer den Hydroxid-Ionen sind noch positiv elektrisch geladene **Ammonium-Ionen** (Abb. 3) entstanden. Bei dieser Säure-Base-Reaktion (↗ S. 115) bilden sich aus Ammoniak- und Wassermolekülen durch **Protonenübergang** Ammonium-Ionen und Hydroxid-Ionen (↗ S. 100).

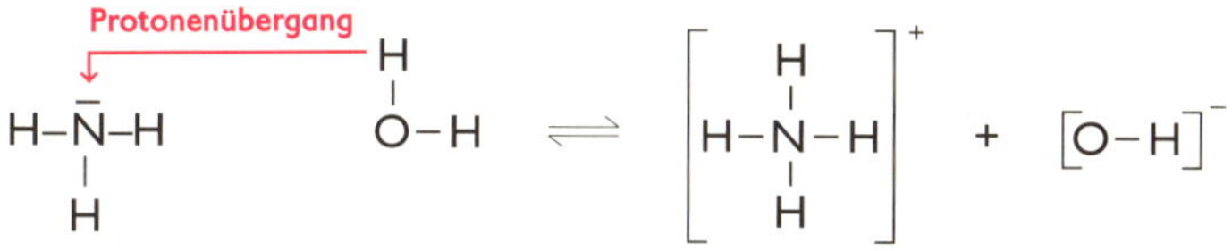

Experiment 1 L

Vorsicht!

Abzug! Schutzbrille!

Die Löslichkeit von Ammoniak (T, N) in Wasser wird untersucht.

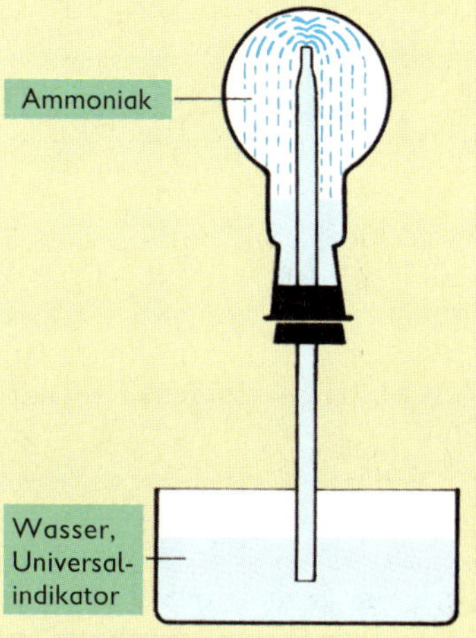

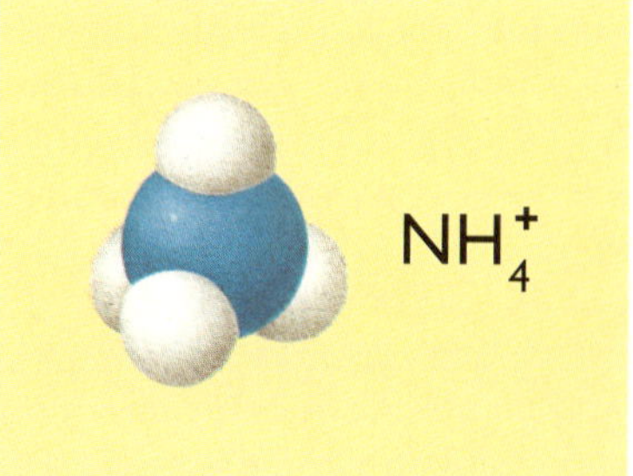

3

AUFGABEN

1. Belege anhand der Elementsubstanzen der V. Hauptgruppe die gesetzmäßige Änderung von Eigenschaften innerhalb dieser Hauptgruppe des Periodensystems!
2. Ermittle die Wertigkeit des Stickstoffs im Ammoniak!
3. Ammoniak wird durch Luftverdrängung trocken im Rundkolben mit der Öffnung nach unten aufgefangen. Gib Gründe an!
4. Interpretiere die Reaktionsgleichung für die Verbrennung von Ammoniak a) teilchenmäßig, b) stofflich und c) energetisch!
5. Vergleiche den Bau eines Ammoniakmoleküls und eines Ammonium-Ions! Gib die Art der chemischen Bindung und die elektrische Ladung an!
6. Welche Säure-Base-Paare sind an der Reaktion von Ammoniak mit Wasser beteiligt?

Herstellung von Ammoniak

Grundlagen. Stickstoff und Wasserstoff reagieren in Anwesenheit eines Katalysators zu Ammoniak (Experiment 2).

$N_2 + 3\,H_2 \rightleftharpoons 2\,NH_3$; exotherm

Der Stoffumsatz bei der chemischen Reaktion von Stickstoff und Wasserstoff zu Ammoniak ist unvollständig. Im Gasgemisch liegen Stickstoff, Wasserstoff und Ammoniak nebeneinander vor. Bei der umkehrbaren Reaktion von Stickstoff und Wasserstoff zu Ammoniak stellt sich ein chemisches Gleichgewicht zwischen den reagierenden Stoffen ein. Der Volumenanteil an Ammoniak im Gasgemisch ist temperatur- und druckabhängig (Tabelle 1).

Volumenanteile an Ammoniak (in %) in Abhängigkeit von Temperatur und Druck

Temperatur ϑ in °C	Druck p in MPa 0,1	10	30	60	100
200	15,3	81,5	89,9	95,4	98,3
300	2,18	52,0	71,0	84,2	92,6
400	0,44	25,1	42,0	65,2	79,8
500	0,13	10,6	26,4	42,2	57,5
600	0,05	4,5	13,8	23,1	31,4
700	0,02	2,2	7,3	12,6	12,9

1

Experiment 2 L

Vorsicht!
Knallgasprobe vor dem Erhitzen durchführen! Stickstoff und Wasserstoff (F+) werden über einen erhitzten Katalysator geleitet.

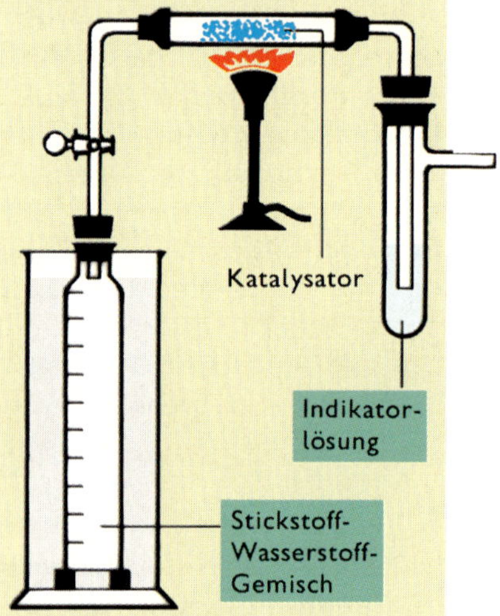

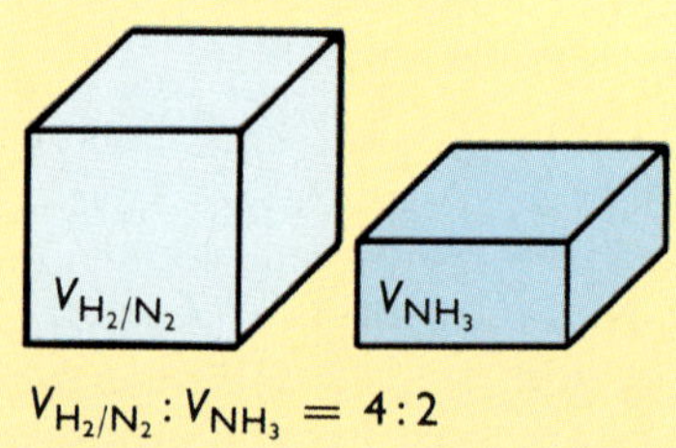

1

Die Ammoniakbildung ist mit einer Volumenabnahme verbunden (Abb. 1). Eine Druckerhöhung fördert die Reaktion mit einer Volumenabnahme (↗ S. 293). Dabei stellt sich das chemische Gleichgewicht so ein, dass die Ausgangsstoffe Stickstoff und Wasserstoff verbraucht werden. Deshalb wird die Ammoniakbildung durch die Anwendung von hohem Druck begünstigt (↗ S. 295).
Die Ammoniakbildung ist eine exotherme Reaktion. Eine Temperaturerniedrigung begünstigt die Reaktion, bei der Wärme abgegeben wird (↗ S. 292). Niedrige Temperaturen verringern jedoch die Reaktionsgeschwindigkeiten der Hin- und Rückreaktion. Durch den Einsatz von Katalysatoren werden Hin- und Rückreaktion gleichermaßen beschleunigt (↗ S. 291). Die bei der Herstellung von Ammoniak eingesetzten Katalysatoren verlieren bei $\vartheta < 450$ °C erheblich an Wirkung. Höhere Temperaturen beschleunigen zwar die Hin- und Rückreaktion, fördern aber auch den endothermen Zerfall von Ammoniak in Stickstoff und Wasserstoff. Deshalb verringert sich bei hohen Temperaturen der Anteil an Ammoniak im Gasgemisch.

Technische Durchführung. Ausgangsstoffe für die Herstellung von Ammoniak (Abb. 2) sind Stickstoff und Wasserstoff im Volumenverhältnis von 1:3. Stickstoff wird aus der Luft nach dem *Linde*-Verfahren (↗ S. 36) gewonnen. Der Wasserstoff kann aus Erdgas, Erdöl oder Kohle hergestellt werden.
Der bei der Ammoniaksynthese verwendete eisenoxidhaltige Mischkatalysator ist erst bei Temperaturen von $\vartheta = 450 \cdots 550$ °C

2
Ammoniakanlage

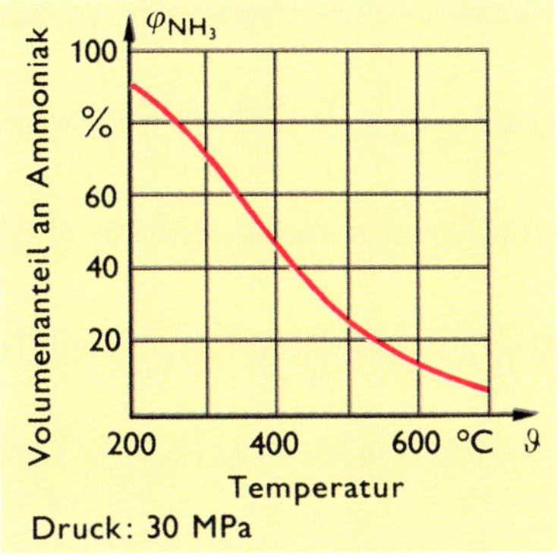

3

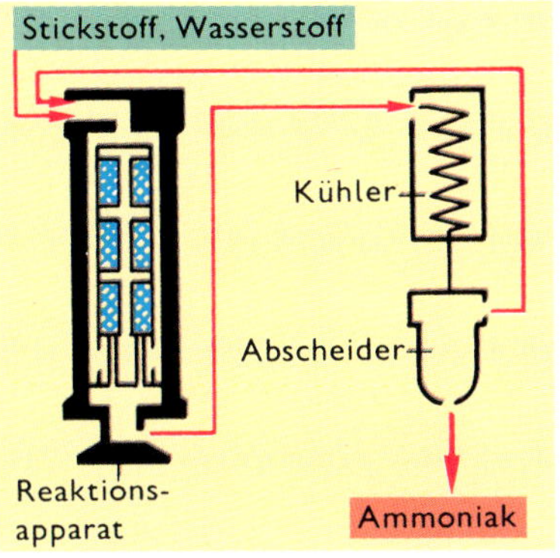

4

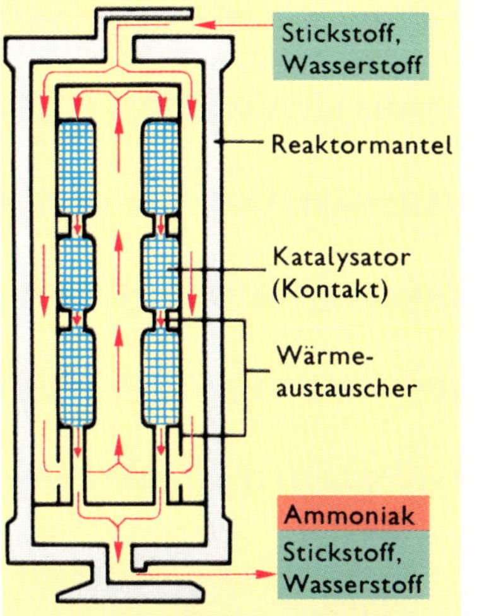

Kontaktapparat (Abb. 7)
Durchmesser: 2 m
Höhe: 60 m
Masse: 200 t
Form: zylindrisch
Leistung je Tag: 1700 t
Material:
Chrom-Molybdän-Stahl
5

am wirksamsten. Um bei diesen Temperaturen noch wirtschaftlich vertretbare Anteile an Ammoniak im Gasgemisch zu erhalten, werden Drücke von 25 ··· 35 MPa angewendet (Abb. 3).
Das kalte Synthesegas tritt unter hohem Druck oben in den Kontaktapparat ein (Abb. 5) und strömt nach unten durch den Wärmeaustauscher. Dort wird das Synthesegas im Gegenstrom vorgewärmt und danach durch Katalysatorenschichten geleitet. An den Katalysatoren erfolgt die exotherme Ammoniaksynthese. Das Gasgemisch aus Wasserstoff, Stickstoff und Ammoniak nimmt die Reaktionswärme auf; die Temperatur steigt an. Das heiße Gasgemisch gibt dann im Wärmeaustauscher seine Wärme an das entgegenströmende kalte Synthesegas ab. Das aus dem Kontaktapparat ausströmende Gasgemisch besteht zu etwa einem Fünftel aus Ammoniak, das durch Verflüssigung entfernt wird. Die noch nicht umgesetzten Gase Stickstoff und Wasserstoff werden mit frischem Synthesegas angereichert und im Kreislauf dem Kontaktapparat erneut zugeführt (Abb. 4).

Die Ammoniaksynthese wird in einem Kontaktapparat bei 450 ··· 550 °C und 25 ··· 35 MPa durchgeführt.

Technische Arbeitsweisen. Aus ökonomischen Gründen werden bei der Herstellung von Ammoniak die **kontinuierliche Arbeitsweise** und der **Wärmeaustausch** im Gegenstrom angewendet. Durch die Nutzung des **Kreislaufprinzips** gelingt es, Stickstoff und Wasserstoff verlustarm zu Ammoniak umzusetzen.

AUFGABEN

1. Interpretiere die chemische Reaktion von Stickstoff und Wasserstoff a) als umkehrbare Reaktion, b) energetisch und c) als Stoffmengenverhältnis!
2. Ermittle anhand der Tabelle 1 die Volumenanteile an Ammoniak bei steigenden Temperaturen und a) $p = 0{,}1$ MPa, b) $p = 30$ MPa, c) $p = 100$ MPa sowie d) einer Temperatur von 500 °C und steigendem Druck!
3. Interpretiere (Abb. 3) die Änderung der Volumenanteile an Ammoniak in Abhängigkeit von der Temperatur beim Druck von 30 MPa!
4. Leite Aussagen über die Abhängigkeit der Ammoniakbildung von a) einer Temperaturerniedrigung und b) einer Druckerhöhung ab! Begründe diese Aussagen!
5. Begründe die Reaktionsbedingungen für die Ammoniaksynthese!

Entwicklung des Verfahrens zur Ammoniakherstellung. Gegen Ende des vorigen Jahrhundert war absehbar, dass sich die Salpeterlagerstätten in Chile erschöpfen würden. Salpeter, Natriumnitrat, war Stickstoffdüngemittel und Rohstoff zur Sprengstoffherstellung. Das Problem, Stickstoffverbindungen aus dem Stickstoff der Luft herzustellen, musste technisch gelöst werden. Die norwegischen Wissenschaftler *Birkeland* und *Eyde* stellten Stickstoffmonooxid aus der Luft mit Hilfe des Lichtbogens her. Den deutschen Wissenschaftlern *Rothe*, *Frank* und *Caro* gelang die Herstellung von Kalkstickstoff aus Calciumcarbid und Stickstoff. Die Ammoniaksynthese wurde durch die Arbeiten der deutschen Chemiker *Fritz Haber* (Abb. 1), *Carl Bosch* (Abb. 2) und *Alwin Mittasch* (Abb. 3) ermöglicht.
Fritz Haber wurde 1868 in Breslau geboren. Er studierte Chemie und promovierte 1891 an der Berliner Universität. In den Jahren bis 1908 erforschte *Haber* wesentliche physikalisch-chemische Grundlagen der Ammoniaksynthese, wofür er 1918 den Nobelpreis für Chemie erhielt. *Haber* übernahm 1911 die Leitung des Instituts für physikalische Chemie und Elektrochemie der Kaiser-Wilhelm-Gesellschaft in Berlin. 1914 wurde er Mitarbeiter im preußischen Kriegsministerium. Er regte die Verwendung von Chlor als chemischen Kampfstoff im 1. Weltkrieg an. *Haber* leitete den ersten Masseneinsatz chemischer Kampfstoffe am 22. 4. 1915 bei Ypern. Er starb 1934 in Basel.
Carl Bosch, *Alwin Mittasch* und andere Mitarbeiter der Badischen Anilin- und Sodafabrik in Ludwigshafen konstruierten und erprobten die technischen Anlagen für die Ammoniaksynthese. Für seine wissenschaftlich-technischen Leistungen auf dem Gebiet der Hochdrucktechnologie wurde *Carl Bosch* 1931 der Nobelpreis verliehen. In aufwendigen Untersuchungen fand *Alwin Mittasch* einen geeigneten Katalysator für die Ammoniaksynthese.
Nach 5 Jahren Forschungs- und Entwicklungsarbeiten nahm 1913 in Ludwigshafen die erste großtechnische Anlage die Produktion von Ammoniak nach dem ***Haber-Bosch*-Verfahren** auf (Abb. 4). Trotz weiterer Fortschritte bei der technischen Entwicklung der Ammoniaksynthese muss dafür im Unterschied zur bakteriellen Stickstoffbindung viel Energie bereitgestellt werden.

1
Fritz Haber
1868 bis 1934

2
Carl Bosch
1874 bis 1940

3
Alwin Mittasch
1869 bis 1950

4

Ammoniumverbindungen

Eigenschaften. Ammoniumverbindungen sind weiße, kristalline Substanzen. Sie lösen sich sehr gut in Wasser. Beim Lösen von einigen Ammoniumsalzen sinkt die Temperatur.
Wirkt Natriumhydroxidlösung auf eine feste Ammoniumverbindung ein, so bildet sich das gasförmige Ammoniak (Experiment 3).

$$NH_4Cl + NaOH \longrightarrow NH_3 + NaCl + H_2O$$

Diese chemische Reaktion wird zum **Nachweis von Ammonium-Ionen** (Tabelle 2) in festen Stoffen genutzt.
Ammoniumchlorid entsteht als weißer Rauch bei der umkehrbaren chemischen Reaktion von Ammoniak mit Chlorwasserstoff.

$$NH_3 + HCl \rightleftharpoons NH_4Cl; \quad \text{exotherm}$$

Ammoniumchlorid wird durch Erhitzen in Ammoniak und Chlorwasserstoff zersetzt. Die Bildung von Ammoniumchlorid dient als **Nachweis von Ammoniak** oder Chlorwasserstoff (Tabelle 2).

Nachweis von	Nachweismittel	Erscheinung
Ammonium-Ion NH_4^+	Natriumhydroxidlösung, Universalindikator	Es entsteht gasförmiges Ammoniak; Universalindikatorpapier färbt sich blau.
Ammoniak NH_3	Chlorwasserwasserstoff	Es entsteht ein weißer Rauch von Ammoniumchlorid.
Chlorwasserstoff HCl	Ammoniak	Es entsteht ein weißer Rauch von Ammoniumchlorid.

2

Experiment 3
Vorsicht! Schutzbrille!
Feuchte Indikatorpapier mit Wasser an! Tropfe 10%ige Natriumhydroxidlösung (C) auf eine Ammoniumverbindung, z. B. Ammoniumchlorid (Xn)! Decke die obere Uhrglasschale auf die untere! Prüfe vorsichtig durch Zufächeln den Geruch!

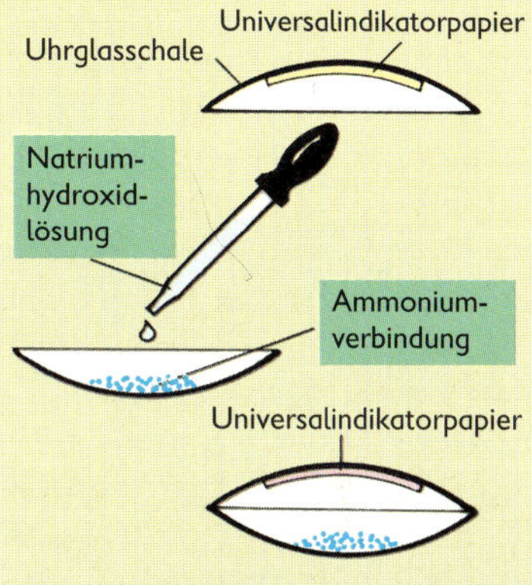

5

Heiße Lötkolbenspitzen werden auf Lötstein aus Ammoniumchlorid gerieben. Bei der termischen Zersetzung entsteht Chlorwasserstoff, der die Kupfer(II)-oxidschicht auf dem Lötkolben beseitigt.

Verwendung. Ammoniumverbindungen werden zum Beispiel in der Landwirtschaft, im Bergbau und in der Industrie benötigt.
Ammoniumchlorid NH_4Cl ist als Stoff in einigen Kältemischungen und Düngemittelgemischen enthalten. Es wird als Lötstein (Abb. 5) und als Elektrolyt in elektrischen Strom liefernden Zellen (↗ S. 302) verwendet.
Ammoniumnitrat NH_4NO_3 wird als Stickstoffdüngemittel (↗ S. 161) und Sicherheitssprengstoff im Bergbau verwendet. Es dient zur Herstellung von Kältemischungen und von Lachgas N_2O (↗ S. 158).
Ammoniumsulfat $(NH_4)_2SO_4$ wird als Stickstoffdüngemittel (↗ S. 161) verwendet. Außerdem ist Ammoniumsulfat in einigen Flammschutzmitteln und Kältemischungen enthalten.
Diammoniumhydrogenphosphat $(NH_4)_2HPO_4$ ist ein wichtiger Bestandteil von Mehrnährstoffdüngemitteln. Es wird auch als Imprägnier- und Flammschutzmittel für Holz eingesetzt.
Ammoniumcarbonat $(NH_4)_2CO_3$ wird als Hilfsmittel in der Wollwäscherei und als Beize beim Textilfärben gebraucht. Ammoniumcarbonat kommt in Feuerlöschern zum Einsatz.
Ammoniumhydrogencarbonat NH_4HCO_3 ist im Gemisch mit anderen Stoffe im Hirschhornsalz enthalten. Das Hirschhornsalz wird als Treibmittel für einige Backwaren verwendet.

AUFGABEN

1. Interpretiere das Lösen von Ammoniumchlorid in Wasser als chemische Reaktion!
2. Interpretiere die Reaktion von Ammoniumchlorid mit Natriumhydroxidlösung!
3. Interpretiere Bildung und Zersetzung von Ammoniumchlorid als a) umkehrbare Reaktion, b) als Reaktion mit Protonenübergang!

Oxide des Stickstoffs

Bildung und Verwendung. Bei Blitzschlag (Abb. 1), im Lichtbogen, in häuslichen und industriellen Feuerungsanlagen und in Kraftfahrzeugmotoren entsteht bei hohen Temperaturen aus Stickstoff und Sauerstoff **Stickstoffmonooxid**.

$$\overset{\pm 0}{N_2} + \overset{\pm 0}{O_2} \rightleftharpoons 2\,\overset{+2\,-2}{NO}\ ; \quad \text{endotherm}$$

Stickstoffmonooxid wird zu **Stickstoffdioxid** oxidiert (Exp. 4).

$$2\,\overset{+2\,-2}{NO} + \overset{\pm 0}{O_2} \rightleftharpoons 2\,\overset{+4\,-2}{NO_2}\ ; \quad \text{exotherm}$$

Gasgemische aus Stickstoffoxiden werden als **nitrose Gase NO_x** bezeichnet. Sie sind starke Atemgifte. Stickstoffmonooxid und Stickstoffdioxid werden zur Herstellung von Salpetersäure verwendet. Distickstoffmonooxid (Lachgas) N_2O entsteht auch bei der mikrobiellen Zersetzung von Nitraten. Lachgas wird als Narkosemittel und als Treibgas in Sahnespraydosen verwendet.

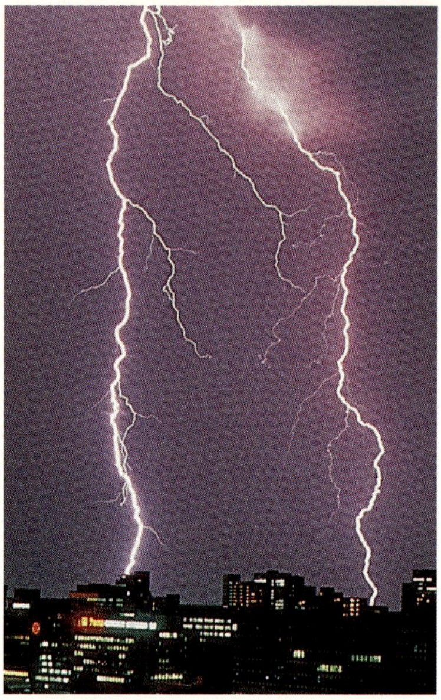

1

Bau und Eigenschaften. Bereits beim Einatmen geringer Volumen von Stickstoffmonooxid und Stickstoffdioxid treten Reizungen und Schädigungen der Atemorgane auf (Tabelle 3).

Experiment 4 L

Vorsicht! Abzug!
Stickstoffmonooxid (T+) wird mit Sauerstoff gemischt.

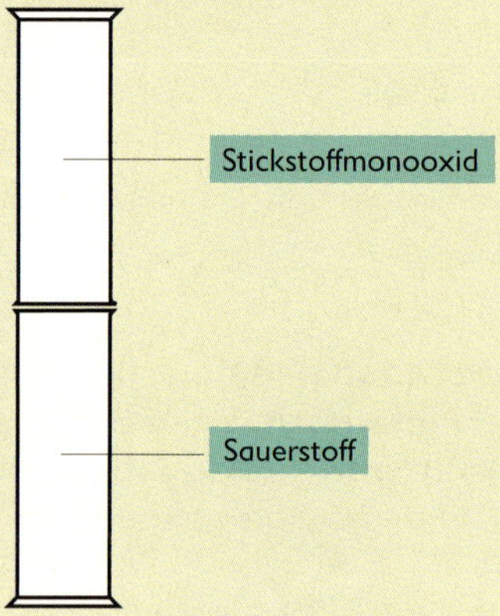

Bau und Eigenschaften von Stickstoffoxiden

Stoffe	**Stickstoffmonooxid**	**Stickstoffdioxid**
Art der Teilchen	 NO	 NO_2
Chemische Bindung	Atombindung	Atombindung
Aggregatzustand bei 20 °C, 0,1 MPa	gasförmig	gasförmig
Farbe	farblos	braun
Gefahrenhinweis	starkes Atemgift (T+)	starkes Atemgift (T+)
Löslichkeit in Wasser	wenig löslich	leicht löslich

3

Salpetersäure

Bildung. Ausgangsstoffe für die Bildung der Salpetersäure nach dem *Ostwald*-Verfahren sind Ammoniak, Luftsauerstoff und Wasser. Ammoniak wird an Platin-Rhodium-Netzen katalytisch durch Luftsauerstoff zu Stickstoffmonooxid und Wasser oxidiert (Abb. 2).

$$4\,\overset{-3}{N}H_3 + 5\,O_2 \rightleftharpoons 4\,\overset{+2}{N}O + 6\,H_2O; \quad \text{exotherm}$$

Stickstoffmonooxid reagiert mit Luftsauerstoff zu Stickstoffdioxid. Dieses bildet mit Wasser und Sauerstoff Salpetersäure.

$$4\,\overset{+4}{N}O_2 + 2\,H_2O + O_2 \longrightarrow 4\,H\overset{+5}{N}O_3$$

Die Grundlagen für die **katalytische Oxidation von Ammoniak** wurden von dem Chemiker *Wilhelm Ostwald* (Abb. 3) erarbeitet.

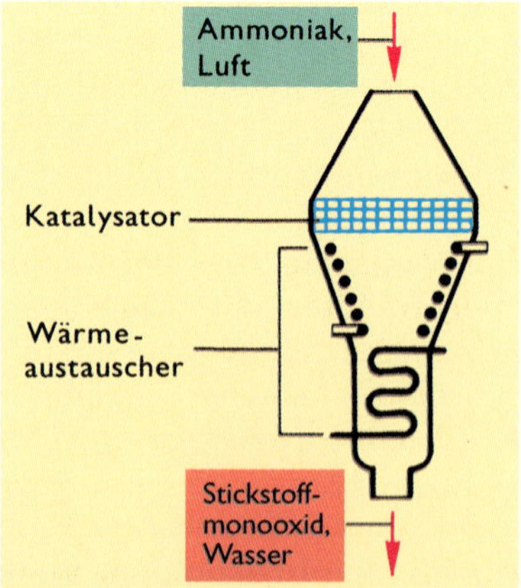

2

Schema eines Ammoniakverbrennungsofens

Eigenschaften. Konzentrierte Salpetersäure reagiert mit Metallen unter Bildung brauner nitroser Gase NO_x und Nitratlösungen.

$$\overset{\pm 0}{Cu} + 4\,H\overset{+5}{N}O_3 \longrightarrow \overset{+2}{Cu}(\overset{+5}{N}O_3)_2 + 2\,H_2O + 2\,\overset{+4}{N}O_2$$

Bei der chemischen Reaktion von halbkonzentrierter Salpetersäure mit Kupfer entsteht neben Kupfernitratlösung vorwiegend Stickstoffmonooxid (Experiment 5).

$$3\,\overset{\pm 0}{Cu} + 8\,H\overset{+5}{N}O_3 \longrightarrow 3\,\overset{+2}{Cu}(\overset{+5}{N}O_3)_2 + 4\,H_2O + 2\,\overset{+2}{N}O$$

Konzentrierte Salpetersäure ist ein starkes Oxidationsmittel (Tabelle 4), das auch Kohlenstoff, Schwefel und Phosphor oxidiert. Eine Mischung aus konzentrierter Salpetersäure und Salzsäure wird als **Königswasser** bezeichnet, das selbst Gold oxidiert und löst. Konzentrierte Salpetersäure zerstört Eiweiße und färbt sie gelb. Diese Reaktion heißt Xanthoproteinreaktion und dient zum **Nachweis von Eiweißen**.

3

Wilhelm Ostwald (1853 bis 1932)
Nobelpreisträger für Chemie 1909

Eigenschaften	Konzentrierte Salpetersäure	Verdünnte Salpetersäure
Farbe, Geruch	gelb, stickig	farblos, geruchlos
Dichte in g/cm^3	1,4	1,04
Massenanteil in %	65	12
Gefahrenhinweis	ätzend (C)	ätzend (C)
Reaktion mit	Silber, Kupfer und unedlen Metallen, Metalloxiden und Hydroxidlösungen. Gold und Platin reagieren nicht.	unedlen Metallen, vielen Metalloxiden, Hydroxidlösungen und Ammoniakwasser unter Bildung von Nitratlösungen

4

Experiment 5 **L**

Vorsicht! Abzug!

Auf Kupfer werden 2 ml etwa 33%ige Salpetersäure (C) getropft! Nach 2 min wird Luft in die Apparatur gedrückt!

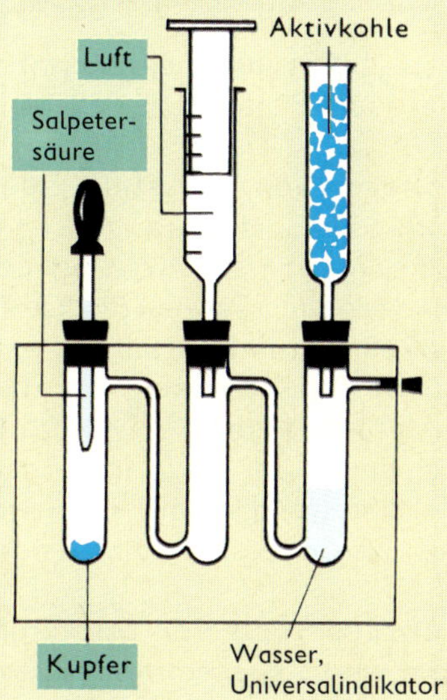

Verwendung. Etwa zwei Drittel der hergestellten Salpetersäure werden zu Düngemitteln verarbeitet. 20 % der Produktion werden zur Sprengstoffherstellung verwendet. Salpetersäure dient zur Herstellung organischer Stickstoffverbindungen, die als Lösungsmittel, Arzneimittel und Farbstoffe Verwendung finden. Salpetersäure wird zum Beizen und Ätzen von Metalloberflächen eingesetzt.

AUFGABEN

1. Vergleiche die Bildung von Stickstoffmonooxid und von Stickstoffdioxid bei natürlichen und technischen Vorgängen!
2. Interpretiere die katalytische Oxidation von Ammoniak als Redoxreaktion!
3. Erkläre die Effekte, die bei dem Experiment 5 zu beobachten sind!
4. Beschreibe die Bildung der Salpetersäure!
5. Interpretiere die chemischen Reaktionen
   a) konzentrierter Salpetersäure und
   b) halbkonzentrierter Salpetersäure mit Kupfer als Redoxreaktionen!
6. Berechne das Volumen an gasförmigem Ammoniak, das im Normzustand zur Herstellung von 1 t Salpetersäure einzusetzen ist! Vollständiger Stoffumsatz wird angenommen.
7. Berechne das Volumen an Stickstoffmonooxid, das aus 1300 t Ammoniak hergestellt werden kann! Vollständiger Stoffumsatz und Normzustand werden angenommen.

Stickstoffoxide als Luftschadstoffe

Wirkung von Stickstoffoxiden. Nach Schätzungen verursachen die Stickstoffoxide zu mehr als 50 % den Abbau von Ozon in der Stratosphäre. Dort reagieren Stickstoffoxide mit dem Ozon zu anderen Stickstoffoxiden und Sauerstoff, zum Beispiel:

$$N_2O + O_3 \longrightarrow 2\,NO + O_2 \quad \text{oder} \quad NO + O_3 \longrightarrow NO_2 + O_2.$$

Ozon absorbiert schädliches UV-Licht, das aber durch den Ozonabbau vermehrt zur Erdoberfläche gelangt und auf sie einstrahlt.
Distickstoffmonooxid absorbiert Infrarotstrahlung. Es gehört zu den „Treibhausgasen" und verweilt durchschnittlich 132 Jahre in der Atmosphäre. Sein Anteil an dem zusätzlichen Treibhauseffekt (durch Menschen verursachte Erderwärmung) beträgt 3 ··· 5 %.
Stickstoffdioxid bildet in der Atmosphäre Salpetersäure, die neben anderen Säuren als saurer Regen (Abb. 1; ↗ S. 101) herabfällt. In bodennahen Luftschichten werden bei intensiver Sonneneinstrahlung Stickstoffdioxidmoleküle durch UV-Licht in Stickstoffmonooxidmoleküle und Sauerstoffatome gespalten. Diese reagieren mit Sauerstoffmolekülen zu Ozonmolekülen.

$$NO_2 \xrightarrow{h \cdot \nu} NO + O \quad \text{und weiter} \quad O + O_2 \longrightarrow O_3$$

Ozon bildet mit anderen Stoffen der Luft den für die Menschen, Tiere und Pflanzen schädlichen „Sommersmog" (Abb. 1).

1 Durch Luftschadstoffe geschädigt!

Emission von Stickstoffoxiden. Hauptquellen der Emission von Stickstoffoxiden (außer Lachgas) sind Kraftfahrzeuge und Feuerungsanlagen. Weltweit werden nach Schätzungen je Jahr etwa 160 Millionen Tonnen Stickstoffoxide an die Luft abgegeben. Der Verkehr hat in Deutschland einen hohen Anteil an der gesamten Stickstoffoxid-Emission von etwa 3 Millionen Tonnen (Abb. 2).
Hauptquelle für die Lachgas-Emission ist die mikrobielle Umwandlung von Nitrat im Boden. Die Landwirtschaft trägt durch die Stickstoffdüngung mit etwa 37 % zur Emission von Lachgas bei. Die Stickstoffoxid-Emission nimmt jährlich um etwa 3 % zu.

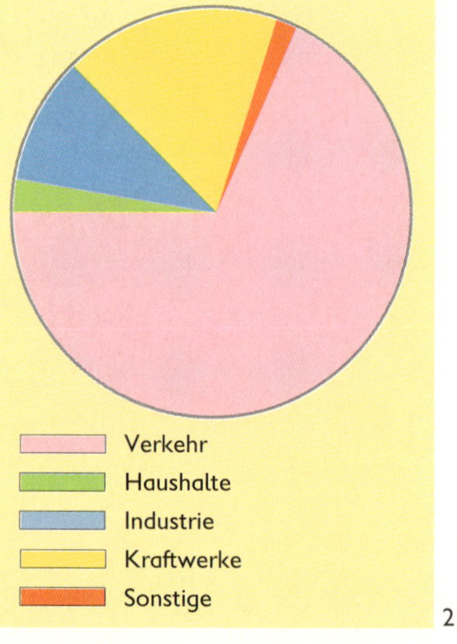

2 Stickstoffoxid-Emission 1991 in Deutschland

Verminderung der Stickstoffoxid-Emission. In den EG-Ländern wird Smog-Alarm ausgelöst, wenn bestimmte Konzentrationen an Luftschadstoffen überschritten werden (↗ S. 311).
Eine Reduzierung der Stickstoffoxid-Emission ist generell durch die Herabsetzung der Verbrennungstemperatur in Verbrennungsanlagen möglich. Die Höhe der Verbrennungstemperatur bei Verbrennungsmotoren ist durch das Kompressionsverhältnis, die Treibstoffart und die Betriebsweise des Motors zu beeinflussen. Die Stickstoffoxid-Emission erhöht sich bei „flotter Fahrweise" mit steigender Geschwindigkeit (↗ Abb. 1, S. 310). Durch Katalysatoren können die Stickstoffoxide NO_x aus dem Abgas entfernt werden. Bei Kraftfahrzeugen mit Dreiwegekatalysator (↗ S. 289) werden am Katalysator zuerst die Stickstoffoxide zu Stickstoff reduziert und danach die Kohlenstoffverbindungen oxidiert.
Die Stickstoffoxide in Rauchgasen werden zum Beispiel in Denox-Anlagen durch Reaktion mit Ammoniak in Stickstoff und Wasser umgewandelt (Abb. 3; ↗ S. 312).

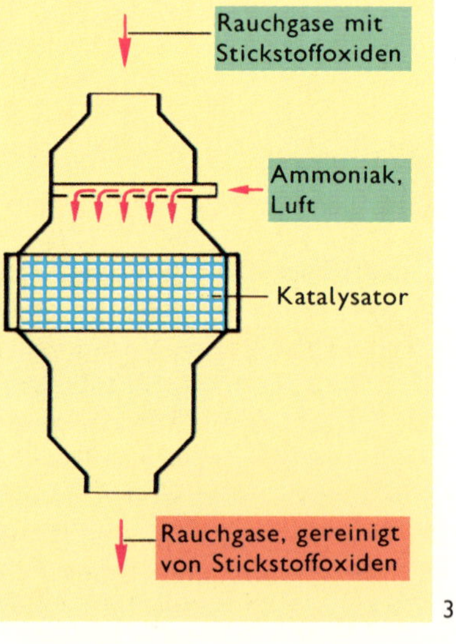

3

Nitrate – Düngemittel

Eigenschaften. Nitrate sind salzartige Ionensubstanzen. Alle Nitrate lösen sich leicht in Wasser. Zum Nachweis von Nitrat-Ionen nutzt man Farbänderungen von Indikatorpapier. Einige Nitrate geben beim Erhitzen Sauerstoff ab (Experiment 6). Sie sind gute Oxidationsmittel, was ihre Verwendung zum Beispiel in Feuerwerkskörpern ermöglicht.

$$2\,Na\overset{+5}{N}O_3 \longrightarrow 2\,Na\overset{+3}{N}O_2 + \overset{\pm 0}{O_2}; \quad \text{endotherm}$$

Bei der thermischen Zersetzung von Natriumnitrat entstehen Sauerstoff und Natriumnitrit, ein Stoff in Pökelsalzen.

Verwendung als Düngemittel. Nitrate werden im großen Umfang zur Deckung des Stickstoffbedarfs der Pflanzen eingesetzt.

Namen der Düngemittel	Formeln der wirksamen Stickstoffverbindung	Ionen	Wirkungsweise
Kalkammonsalpeter	NH_4NO_3	NH_4^+, NO_3^-, Ca^{2+}	schnell, anhaltend
Kalisalpeter	KNO_3	K^+, NO_3^-	schnell
Ammoniumsulfat	$(NH_4)_2SO_4$	NH_4^+	schnell, anhaltend
Harnstoff	$H_2N-CO-NH_2$	–	schnell, anhaltend
Mischdünger	NH_4NO_3	NH_4^+, NO_3^-, K^+, Ca^{2+}, PO_4^{3-}	schnell

5

Die Düngung mit Mineralsalzen wurde durch *Justus von Liebig* begründet (Abb. 4). Seine Arbeiten über „Die Chemie in ihrer Anwendung auf Agrikultur und Physiologie" führten ihn zu der Erkenntnis, „dass der Boden in vollem Maße wieder erhalten muss, was ihm genommen wird . . . Es wird die Zeit kommen, . . . wo man jede Pflanze, die man erziehen will, mit dem ihr zukommenden Dünger versieht, den man in chemischen Fabriken bereitet."

In den letzten Jahren wurden in Mitteleuropa im Durchschnitt 120 kg Stickstoff je Hektar an Düngemitteln ausgebracht. Um schädliche Überdüngungen zu vermeiden und aus Kostengründen sollte der Düngemitteleinsatz überlegt und sparsam erfolgen. Für Wasserschutzgebiete besteht Düngeverbot.

Experiment 6 L

Vorsicht! Abzug! Schutzbrille!
Auf eine Schmelze von Natriumnitrat (O) wird ein erbsengroßes Stück Holzkohle gegeben.

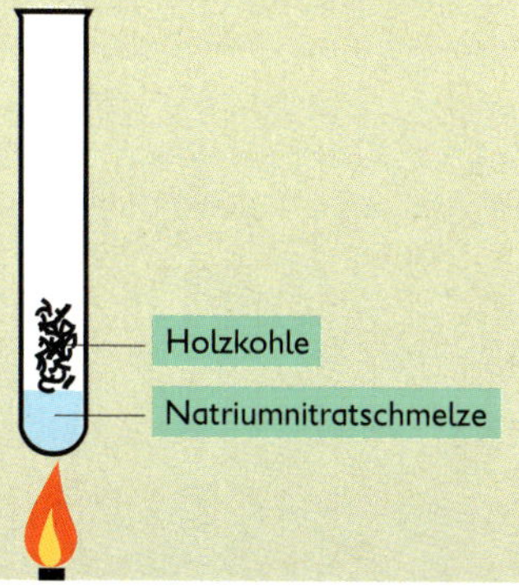

4

Justus von Liebig (1803 bis 1873) hat große Verdienste um die Entwicklung der Wissenschaft Chemie. Seine wissenschaftlichen Erkenntnisse über die Pflanzenernährung ermöglichten eine effektivere Landwirtschaft.
Als Hochschullehrer führte er fortschrittliche Lehrmethoden ein.
Er bildete in seinem Laboratorium an der Universität Gießen (↗ S. 7) erstmals Chemiker systematisch in der analytischen Praxis aus.

AUFGABEN

1. Erläutere die Wirkung der Stickstoffoxide auf die Umwelt und Maßnahmen zur Verminderung der NO_x-Emission!
2. Wie kann der Fahrer eines Kraftfahrzeugs dazu beitragen, dass der Anteil an Stickstoffoxiden in Abgasen so gering wie möglich ist?
3. Ermittle Namen und Formeln von Nitraten der Elemente der I. und II. Hauptgruppe des Periodensystems!
4. Begründe die Düngung mit Mineralsalzen! Wie kommt es zur Überdüngung?
5. Kann der „Sommersmog" verhindert werden?

Phosphate – Düngemittel

Eigenschaften. Phosphate sind Salze der Phosphorsäure H_3PO_4. Die Phosphorsäure bildet als dreiprotonige Säure drei Gruppen von Salzen: Dihydrogenphosphate $Me^+(H_2PO_4)^-$, Hydrogenphosphate $(Me^+)_2(HPO_4)^{2-}$ und Phosphate $(Me^+)_3(PO_4)^{3-}$ (Tabelle 6). Die Löslichkeit der Phosphate in Wasser ist unterschiedlich (Experiment 7, Tabelle 6). Einige Phosphate und Hydrogenphosphate sind in Citronensäure löslich; sie können von Pflanzenwurzeln, die Säuren ausscheiden, gelöst und aufgenommen werden.
Bei der chemischen Reaktion einer verdünnten Phosphatlösung mit Silbernitratlösung tritt ein gelber Niederschlag von Silberphosphat auf, der sich in Salpetersäure löst (Experiment 8).

$$3\,Ag^+ + PO_4^{3-} \longrightarrow Ag_3PO_4$$

Diese Reaktion sowie die Ausfällung von Ammonium-Magnesiumphosphat dienen zum **Nachweis von Phosphat-Ionen**.

Experiment 7
Untersuche die Löslichkeit von einigen Dihydrogenphosphaten, Monohydrogenphosphaten und Phosphaten der Alkalimetalle und Erdalkalimetalle in Wasser!

Experiment 8
Vorsicht! Schutzbrille!
Gib einige Tropfen etwa 5%ige Silbernitratlösung (Xi) zu 1 ml Dinatriumhydrogenphosphatlösung! Beobachte! Tropfe danach 10%ige Salpetersäure (C) hinzu und schüttle vorsichtig das Reagenzglas!

Vorkommen und Gewinnung. Calciumphosphat kommt in der Natur als Phosphorit $Ca_3(PO_4)_2$ und Apatit $Ca_3(PO_4)_2 \cdot$ (F, Cl, OH) vor (Abb. 1). Durch Reaktion mit Schwefelsäure gelingt es, diese Phosphate in wasserlösliche Dihydrogenphosphate umzuwandeln.

$$Ca_3(PO_4)_2 + 2\,H_2SO_4 \longrightarrow Ca(H_2PO_4)_2 + 2\,CaSO_4$$

So wird Superphosphat hergestellt. Reagiert Phosphorsäure mit Calciumphosphat, dann bildet sich Doppelsuperphosphat.

Verwendung. Phosphate werden als Düngemittel in der Landwirtschaft und in der Industrie vielseitig verwendet (Tabelle 6). Die Kennzeichnung von Lebensmitteln mit den Nummern E 338 bis E 341 und E 450 a–c weist auf den Zusatz von Phosphaten z. B. in Cola-Getränken, Schmelzkäse- und Wurstsorten hin. Die Phosphate verbessern Geschmack, Aussehen und Haltbarkeit der Lebensmittel oder sind Hilfsmittel bei deren Herstellung.

1
Apatitmineral, gefunden bei Ehrenfriedersdorf, Sachsen

Namen	Formel	Eigenschaften	Verwendung
Mononatrium-dihydrogenphosphat	$NaH_2PO_4 \cdot 2\,H_2O$	leicht in Wasser löslich, Lösung ist sauer	Herstellung von Wasserenthärtungsmitteln, Reinigungsmittel, Zusatz zum Futter, E 339
Dinatriummono-hydrogenphosphat	$Na_2HPO_4 \cdot 12\,H_2O$	in Wasser löslich, Lösung ist schwach alkalisch	Gewebe-Imprägniermittel, Beschweren von Seide, Phosphatdüngemittel, Futterkalkzusatz, E 339
Trinatriumphosphat	$Na_3PO_4 \cdot 12\,H_2O$	leicht in Wasser löslich, Lösung ist alkalisch	Wasserenthärtungsmittel, in Reinigungs- und Rostschutzmitteln, emulgiert Fette, E 339
Natrium-hexacyclophosphat	$Na_6P_6O_{18}$	in Wasser löslich	bekanntes Wasserenthärtungsmittel
Magnesium-Ammonium-Phosphat	$MgNH_4PO_4$	in verdünnten Säuren löslich	Bestandteil des Guanos (Naturdünger), Phosphatnachweis, Magnesiumnachweis
Superphosphat	$Ca(H_2PO_4)_2$, $CaSO_4$	in Wasser löslich	schnell wirkendes Phosphatdüngemittel
Doppelsuperphosphat	$Ca(H_2PO_4)_2$	in Wasser löslich	gutes Phosphatdüngemittel, Futterkalkzusatz
Glühphosphate	z. B. $CaNaPO_4$	in Citronensäure löslich	Phosphatdüngemittel, langsam und anhaltend
Thomasphosphat	$Ca_3(PO_4)_2 \cdot Ca_2SiO_4$	in Citronensäure löslich	Phosphatdüngemittel, langsam und anhaltend

6

Nitrate und Phosphate als Wasserschadstoffe

Belastung der Gewässer. Die Pflanzen nutzen den Stickstoff aus Düngemitteln nur zu einem Anteil von 35 ··· 70 %. Etwa 15 % des Düngerstickstoffs entweichen gasförmig. Der restliche Düngerstickstoff wird durch den Regen in Form von Nitrat-Ionen aus dem Boden gewaschen und kommt so in das Grund- und Oberflächenwasser. Außerdem gelangen erhebliche Massen an Nitrat-Ionen mit industriellen, kommunalen und landwirtschaftlichen Abwässern in die Flüsse. Der Eintrag von Stickstoff (Nitrat, Ammoniak) in die Oberflächengewässer Deutschlands wird auf 1,05 Millionen Tonnen je Jahr geschätzt. Daran hat die Landwirtschaft einen Anteil von etwa 60 %. Den Stickstoffeintrag in die Ostsee durch Flüsse und Abwässer schätzen Experten für das Jahr 1990 auf 550 kt. Phosphatdüngemittel werden so hergestellt, dass sie den Pflanzen längere Zeit zur Verfügung stehen. Bei stark alkalischer bzw. saurer Bodenreaktion reagieren Phosphat-Ionen mit Calcium- bzw. Aluminium- und Eisen-Ionen zu schwer löslichen Phosphaten. Diese können von den Pflanzen nicht aufgenommen werden. Hauptquellen der Phosphatbelastung der Oberflächengewässer sind ungeklärte Abwässer. Der Eintrag von Phosphaten in die Oberflächengewässer Deutschlands wird auf rund 100 kt je Jahr geschätzt. Der Eintrag von Phosphaten in die Ostsee betrug 1990 nach Schätzungen der Helsinki-Kommission etwa 45 kt .

Wirkung in den Gewässern. In Oberflächengewässern begünstigt ein hoher Nitrat- und Phosphat-Gehalt das Pflanzenwachstum. Das führt zur Minderung der Wasserqualität. Solche Gewässer bezeichnet man als eutrophierte Gewässer. In eutrophierten, nährstoffreichen Gewässern (Abb. 2) ist auch die Fischzucht eingeschränkt. Relativ hohe Konzentrationen von Nitrat-Ionen im Trinkwasser können unter bestimmten Bedingungen durch Bildung von Methämoglobin den Sauerstofftransport im Blut stören. Bei Säuglingen kann das zur Blausucht, einer Sauerstoffmangelerscheinung, führen. Nach EU-Norm sind $\beta = 25$ mg Nitrat/l Trinkwasser als Richtwert und $\beta = 50$ mg Nitrat/l als Höchstwert festgelegt.

Verminderung der Nitrat- und Phosphat-Belastung. Um die Nitrat-Ionen-Konzentration im Grundwasser zu reduzieren, sollten stabilisierte Stickstoffdüngemittel verwendet werden. Diese sind weniger auswaschbar und versorgen die Pflanzen bedarfsgerecht. Eine ökologisch begründete Fruchtfolge und Düngung sowie Verzicht auf Düngung in Wasserschutzgebieten können einem weiteren Anstieg der Nitrat-Konzentrationen in den Gewässern entgegenwirken. Der weitgehende Ersatz von Phosphaten in Waschmitteln hat schon zur spürbaren Verminderung der Phosphat-Ionen-Konzentration in kommunalen Abwässern geführt. Nitrate und Phosphate können in modernen Abwasserkläranlagen durch biologische und chemische Verfahren fast vollständig aus dem Abwasser entfernt werden; Phosphat-Ionen zum Beispiel durch Ausfällung als Aluminiumphosphat oder Eisenphosphat.

2

Eutrophiertes Gewässer

AUFGABEN

1. Ermittle die Formeln von
   a) Magnesiumdihydrogenphosphat,
   b) Magnesiummonohydrogenphosphat und
   c) Trimagnesiumphosphat!
2. Charakterisiere die Eigenschaften von Phosphaten!
3. Erläutere den Aufschluss von Phosphorit mit Schwefelsäure!
4. Erörtere die Verwendung von Phosphaten!
5. Entwickle die Gleichung für die Fällung von a) Aluminium- und b) Eisenphosphat!
6. Erläutere die Wirkung von Nitrat- und Phosphat-Ionen auf die Umwelt!
7. Erörtere Maßnahmen zur Verringerung der Nitrat- und Phosphat-Ionenkonzentration in Gewässern!

Aus der Welt der Chemie

Kreislauf des Stickstoffs in der Natur

Die Lufthülle der Erde enthält etwa $3,9 \cdot 10^9$ Mill. Tonnen Stickstoff, vor allem in molekularer Form. Von dieser Masse wird ständig ein Teil im Boden, in Gewässern und in technisch hergestellten Stickstoffverbindungen gebunden. Andere Prozesse gleichen diese „Verluste“ aber im wesentlichen aus.

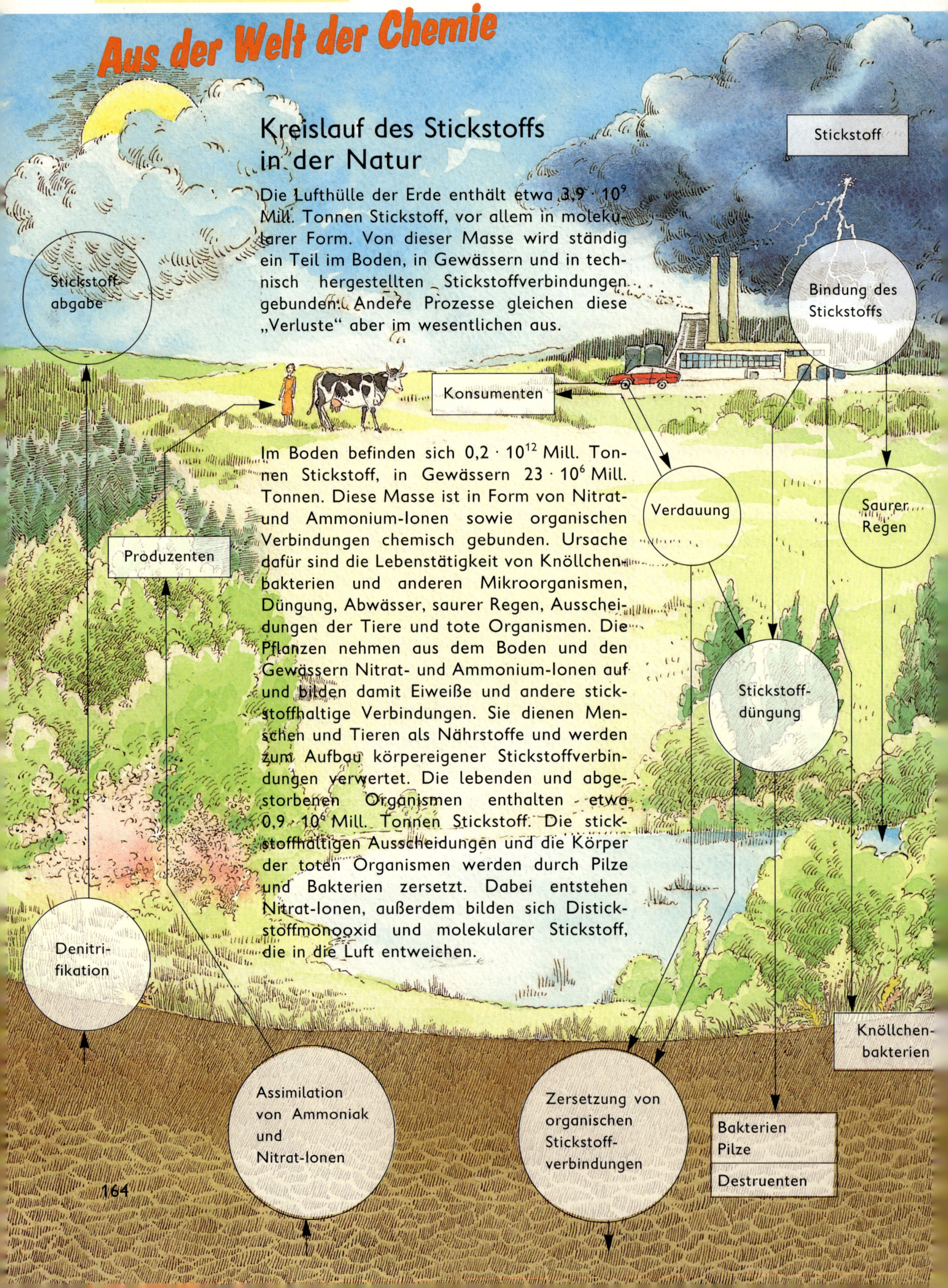

Im Boden befinden sich $0,2 \cdot 10^{12}$ Mill. Tonnen Stickstoff, in Gewässern $23 \cdot 10^6$ Mill. Tonnen. Diese Masse ist in Form von Nitrat- und Ammonium-Ionen sowie organischen Verbindungen chemisch gebunden. Ursache dafür sind die Lebenstätigkeit von Knöllchenbakterien und anderen Mikroorganismen, Düngung, Abwässer, saurer Regen, Ausscheidungen der Tiere und tote Organismen. Die Pflanzen nehmen aus dem Boden und den Gewässern Nitrat- und Ammonium-Ionen auf und bilden damit Eiweiße und andere stickstoffhaltige Verbindungen. Sie dienen Menschen und Tieren als Nährstoffe und werden zum Aufbau körpereigener Stickstoffverbindungen verwertet. Die lebenden und abgestorbenen Organismen enthalten etwa $0,9 \cdot 10^9$ Mill. Tonnen Stickstoff. Die stickstoffhaltigen Ausscheidungen und die Körper der toten Organismen werden durch Pilze und Bakterien zersetzt. Dabei entstehen Nitrat-Ionen, außerdem bilden sich Distickstoffmonooxid und molekularer Stickstoff, die in die Luft entweichen.

AUFGABEN

1. a) Stelle die Namen von Stickstoffverbindungen zusammen, die in der Luft, im Boden, in Gewässern und Organismen vorkommen!
   b) Gib die Bedeutung dieser Stoffe an!
2. Belege die Bedeutung der Organismen für die Umwandlung von Stickstoffverbindungen!
3. Vergleiche die Bildung von Ammoniak mit der Bildung von Salpetersäure hinsichtlich der Ausgangsstoffe und der Reaktionsprodukte!
4. Berechne die Masse an Ammoniak, die zur Herstellung von 1 t Salpetersäure eingesetzt wird! Vollständiger Stoffumsatz wird angenommen. Beachte: $n(NH_3) : n(HNO_3) = 1 : 1$.
5. Erörtere den Kreislauf des Stickstoffs in der Natur (↗ S. 164).
6. Wie kann nachgewiesen werden, dass Kalkammonsalpeter Ammonium-Ionen, Nitrat-Ionen und Carbonat-Ionen enthält?
7. Erörtere am Beispiel der Überdüngung landwirtschaftlicher Nutzflächen mit Stickstoffdüngemitteln und der Stickstoffoxidemissionen den schädigenden Einfluss menschlicher Tätigkeit auf die natürliche Umwelt!
8. Welche Stoffe gehören zu den Wasser- und Luftschadstoffen? Wie kann die Umwelt vor ihnen geschützt werden?

Im Überblick

Herstellung und Verwendung von Ammoniak

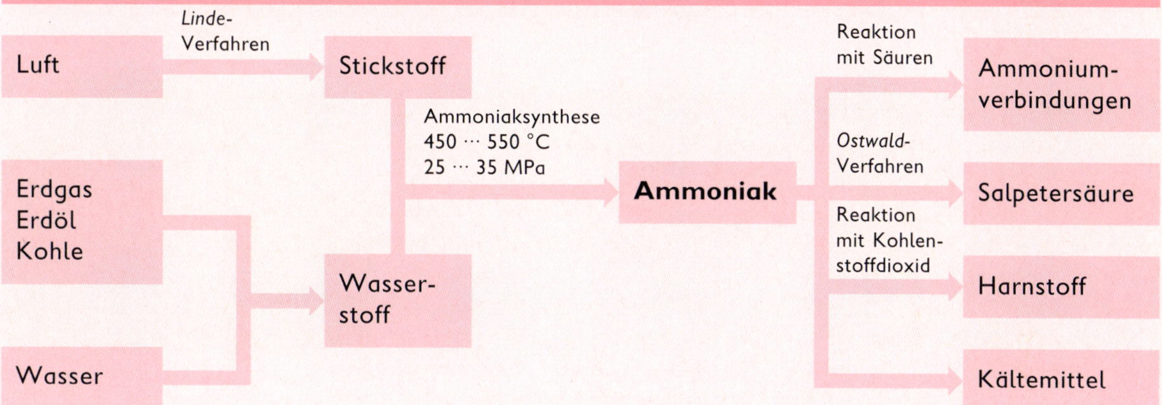

Herstellung und Verwendung von Salpetersäure

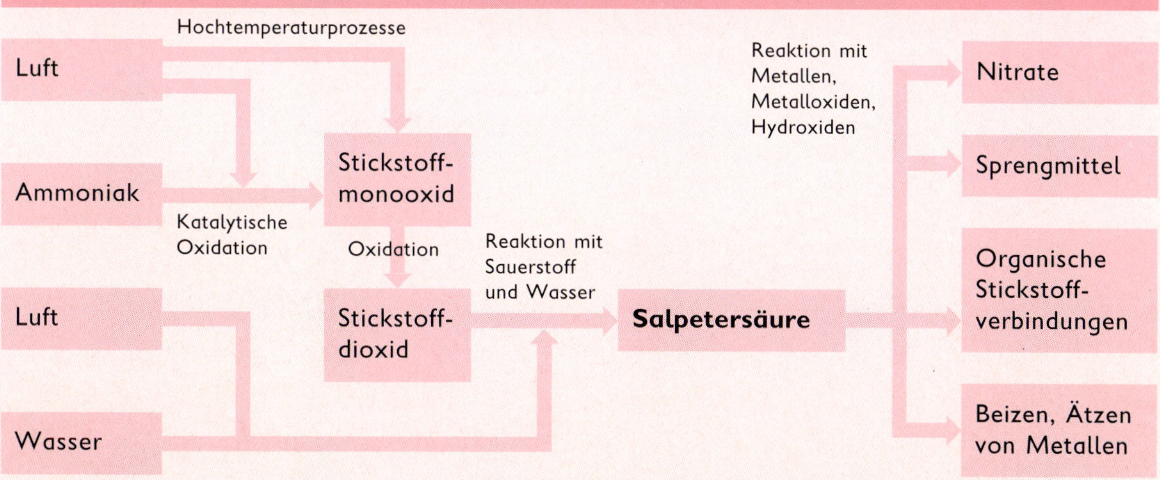

16 Kohlenstoff und Silicium

Kohlenstoff C und Silicium Si sind Elemente der IV. Hauptgruppe des Periodensystems. Kohlenstoff ist Bestandteil vieler in der Natur vorkommender Stoffe wie Kohle, Erdöl, Erdgas und Kalkstein. Aus Kohlefasermaterial werden moderne Rennmaschinen gefertigt.

Kohlen – Energieträger und Rohstoff

Entstehung, Vorkommen, Zusammensetzung von Kohle. Aus dem Holz versunkener Wälder ist Kohle durch Inkohlung entstanden (Abb. 1). Die Stoffumwandlung erfolgte unter Luftabschluss bei hohem Druck und unter Einfluss der Erdwärme. Im Verlaufe von vielen Millionen Jahren bildeten sich Torf, Braunkohle, Steinkohle und Anthrazit. Je weiter die Inkohlung fortgeschritten ist, umso größer ist der Massenanteil an Kohlenstoff im Inkohlungsprodukt (Tabelle 1). Andere Bestandteile der Kohle sind vor allem Sauerstoff, Wasserstoff, Stickstoff und Schwefel.

Steinkohle (Abb. 2) wird fast ausschließlich unter Tage abgebaut (Abb. 3), zum Beispiel im Ruhrgebiet und im Saarland.

Braunkohle hingegen fördert man im Tagebau (Abb. 4). Westlich von Köln, im Raum Halle–Leipzig und in der Lausitz bestimmen mächtige Kohlegruben mit großen Abbaugeräten das Bild der Landschaft. Über den Kohleflözen lagern oft hohe Erdschichten, die mithilfe von riesigen Schaufelradbaggern abgetragen werden müssen. So entstehen große Gruben. Nach dem Abbau der Braunkohle muss die Landschaft unter hohem Kostenaufwand rekultiviert werden.

Verwendung von Kohle. Kohle dient als Brennstoff und damit als Energieträger. In Großfeuerungsanlagen bei Heiz- und Wärmekraftwerken sowie in den Haushalten wird Kohle als Wärmelieferant eingesetzt. Dabei entstehen Luftschadstoffe, wenn nicht durch Einbau teurer Anlagen zur Entstaubung, Entschwefelung und Entstickung für die Luftreinhaltung gesorgt wird. Sparsamer Umgang mit Energie und Einsatz umweltfreundlicherer Energiequellen führen dazu, dass die Luft weniger belastet wird.

1
Fossiles Weichtier in Kohle

Stoff	Massenanteil an Kohlenstoff in %
Holz	50
Torf	56
Braunkohle	60 ··· 70
Steinkohle	80 ··· 90
Anthrazit	über 90

1

2

Kohle ist jedoch auch chemischer Rohstoff. Durch Verfahren der **Kohleveredlung** wird Kohle in Kohlewertstoffe umgewandelt (Tabelle 2). Es ist Vergeudung von Rohstoffen, wenn Kohle nur als Brennstoff verwendet wird.

Verfahren der Kohleveredlung	Ausgangsstoffe	Reaktionsprodukte	Verwendung der Produkte
Entgasung	Kohle	Koks	Brennstoff; Reduktionsmittel
		Teer	Ausgangsstoff zur Herstellung von Farbstoffen, Arzneimitteln und anderen Stoffen
		Gase	Heizgas
Vergasung	Kohle, Luft und Wasserdampf	Mischgas	Heiz- und Synthesegas

2

Kohle ist wie Erdgas und Erdöl ein wertvoller Bodenschatz. Sie dient als Energieträger und Rohstoff.

3

4

Reiner Kohlenstoff – Diamant und Graphit

Reiner Kohlenstoff. Reiner Kohlenstoff tritt in drei Modifikationen (Erscheinungsformen) auf: Diamant, Graphit und Fullerene. **Fullerene** sind aus kugelförmigen Molekülen mit 28 ··· 94 Kohlenstoffatomen aufgebaut (Abb. 3, S. 168).

Eigenschaften und Verwendung von Diamant und Graphit.
Diamant (griechisch: adamas = unbezwingbar) ist einer der härtesten Stoffe (Abb. 5). Er ist farblos (Tabelle 3, S. 168). Geschliffene Naturdiamanten, die man Brillanten (französisch: brillant = glänzend) nennt, glänzen intensiv und funkeln prächtig.
Graphit (griechisch: graphein = schreiben) ist sehr weich, blättrig-schuppig (Abb. 6) und leicht spaltbar. Graphit leitet den elektrischen Strom (↗ Experiment 1, S. 168). Diamant und Graphit verbrennen in reinem Sauerstoff zu Kohlenstoffdioxid.

5

6

AUFGABEN

1. Welche lebensnotwendigen Stoffe enthalten das Element Kohlenstoff?
2. Wieso kann man sogar im Trinkwasser Kohlenstoff nachweisen?
3. Welche Auswirkungen hat der Einsatz fossiler Brennstoffe bei der Erzeugung von Wärme?
4. Warum ist der Heizwert (gemessen in kJ/kg) von Steinkohle (etwa 30000 kJ/kg) größer als der von Braunkohle (etwa 10000 ··· 15000 kJ/kg)?
5. Welche Eigenschaft muss das Mischgas besitzen, wenn dieses Vergasungsprodukt als Heizgas dient?
6. Was bedeutet die Bezeichnung „Synthesegas“?
7. Erläutere den Einsatz von Koks als Reduktionsmittel!

Eigenschaft	Diamant	Graphit
Aussehen	farblos, durchsichtig, stark lichtbrechend	grauschwarz, undurchsichtig, mattglänzend, blättrig-schuppig
Härte	sehr hart, kaum spaltbar	sehr weich, leicht spaltbar
Dichte	3,5 g/cm³	2,3 g/cm³
Elektrische Leitfähigkeit	keine elektrische Leitfähigkeit	gute elektrische Leitfähigkeit (Experiment 1)
Verwendung	Schmucksteine (Abb. 3); Besatz in Bohr-, Schneid- und Schleifwerkzeugen (Abb. 4)	Einsatz als Schmier- und Korrosionsschutzmittel; Bestandteil von Bleistiftminen; Material für Elektroden und Schleifkontakte für Elektromotoren; Material für Kernreaktoren

3

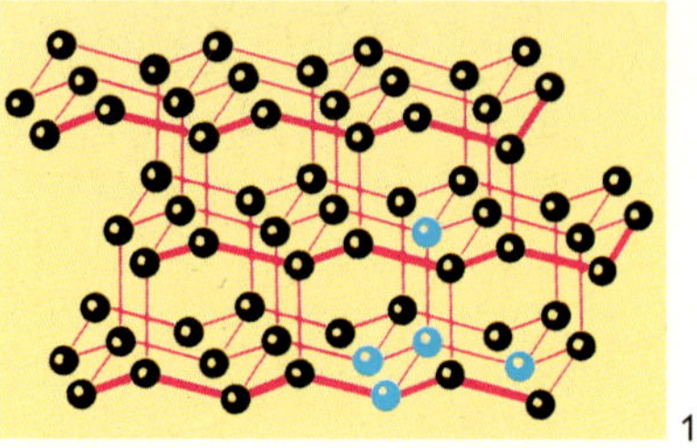

1

Kohlenstoffatome im Diamant

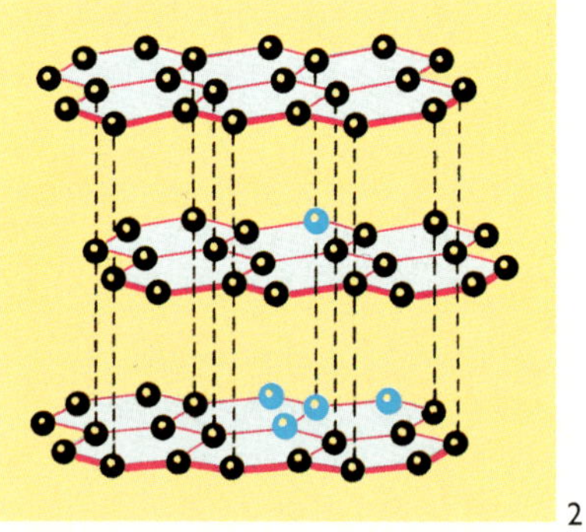

2

Kohlenstoffatome im Graphit

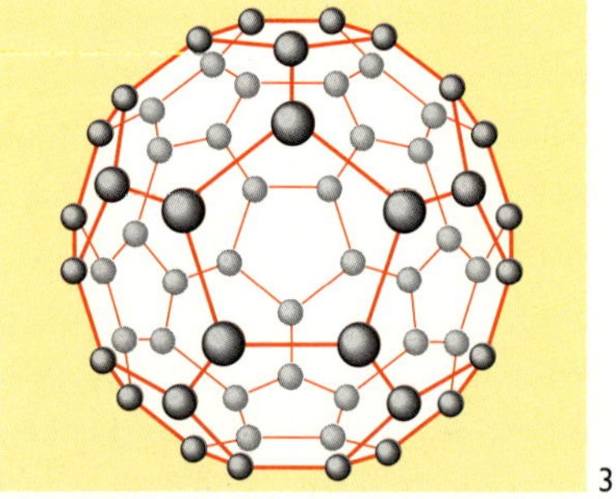

3

Fulleren mit 60 Kohlenstoffatomen

Bau von Diamant und Graphit. Im **Diamant** ist jedes Kohlenstoffatom von vier anderen Kohlenstoffatomen im gleichen Abstand umgeben (Abb. 1). Die Atome sind untereinander durch Atombindungen verbunden. Dieser Zusammenhalt der Kohlenstoffatome ist der Grund für die große Härte von Diamant und seine Eigenschaft, den elektrischen Strom nicht zu leiten. Da eine Vielzahl von Kohlenstoffatomen durch Atombindungen verbunden ist, spricht man bei einer solchen Atomanordnung von „Riesenmolekülen".

Im **Graphit** liegen die Kohlenstoffatome, zu regelmäßigen Sechsecken geordnet, schichtweise übereinander (Abb. 2). Zwischen den Schichten wirken nur schwache Anziehungskräfte. Die Schichten sind so gegeneinander leicht verschiebbar. Das ist der Grund für die leichte Spaltbarkeit und die Schmierwirkung des Graphits. Von jedem Kohlenstoffatom im Graphit bilden drei von vier Außenelektronen mit anderen Kohlenstoffatomen gemeinsame Elektronenpaare. So bleibt jeweils ein Außenelektron beweglich. Dadurch ist die gute elektrische Leitfähigkeit des Graphits bedingt. Auch im Graphit liegen „Riesenmoleküle" vor. Diamant und Graphit gehören zu den **polymeren Stoffen** (griechisch: poly = viel; meros = Teil). Ein polymerer Stoff ist ein Stoff, bei dem die Atome durch Atombindungen zu Riesenmolekülen verbunden sind. Ruß ähnelt in seinem Bau dem Graphit.

Diamant und Graphit haben verschiedene Eigenschaften, weil sie sich in ihrem Bau durch unterschiedliche Anordnung der Kohlenstoffatome unterscheiden.

Experiment 1
Ein Graphitstab wird auf elektrische Leitfähigkeit geprüft.

AUFGABEN

1. Erläutere den Zusammenhang zwischen einigen Eigenschaften und Verwendungen von Diamant und Graphit!
2. Vergleiche Art, Zusammenhalt und Anordnung der Atome in Diamant und Graphit!

Aus der Welt der Chemie

Diamant und Silicium – wertvoll und praktisch

Historischer Brillantschmuck

3

4

Bohrkrone mit Diamanten

Diamant besteht aus reinem Kohlenstoff. In geschliffener Form und in Gold oder Silber gefasst dient er als Brillantschmuck. Der abgebildete Schmuck stammt von einem sächsischen Hofjuwelier aus dem 18. Jahrhundert und gehört zu einer wertvollen Sammlung, die im Grünen Gewölbe in Dresden ausgestellt ist. Rohdiamanten hat man zuerst in Südafrika gefunden. Der größte, der jemals gefunden wurde, ist der Cullinan, benannt nach dem Minenbesitzer. Er hat eine Masse von 3106 Karat (1 Karat = 0,2 g).

Silicium ist am Aufbau der Erdrinde mit einem Massenanteil von 28 % beteiligt. Hochreines Silicium wird kostenaufwendig aus Quarzsand hergestellt. Für die Ausnutzung der Halbleitereigenschaften dieser Elementsubstanz benötigt man ideal gebaute Kristalle mit vollkommen regelmäßiger Anordnung der Atome. Diese Einkristalle sind das Grundmaterial für die Mikroelektronik und Solartechnik. Bauelemente jedes Taschenrechners und Computers sind die Chips (englisch: chip = Schnitzel, Splitter). Der Speicherinhalt des Siliciumchips (Abb. 5) entspricht dem Inhalt eines Taschenbuches. Solarzellen (Abb. 6 und 7) dienen der Energieversorgung in den verschiedensten Geräten. Für Fotowiderstände, Fotodioden, Leuchtdioden zum Bau von Belichtungsmessern, automatischer Kameras oder von Helligkeitssensoren bei Lichtschranken und Dämmerungsschaltern wird hochreines Silicium verwendet.

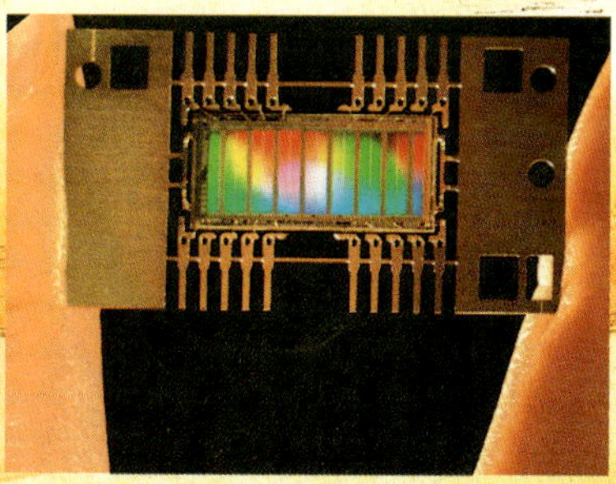

5

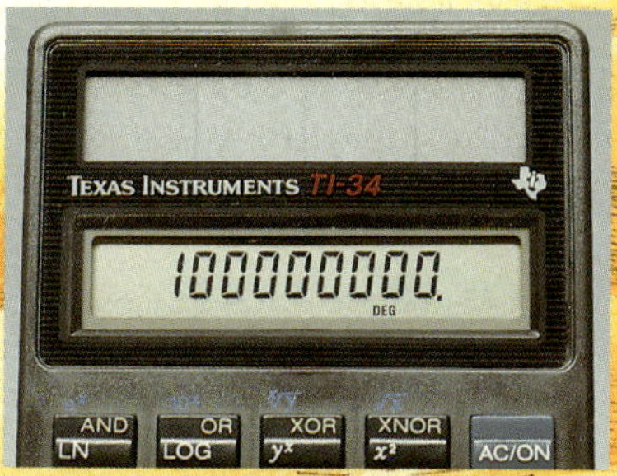

6

7

Oxide des Kohlenstoffs

Kohlenstoffmonooxid CO und **Kohlenstoffdioxid CO_2** sind gasförmige Stoffe, die aus Molekülen bestehen. Sie haben gemeinsame und unterschiedliche Eigenschaften (Tabelle 4).

Eigenschaft	Kohlenstoffmonooxid	Kohlenstoffdioxid
Aggregatzustand bei 20 °C	gasförmig	gasförmig
Farbe	farblos	farblos
Geruch	geruchlos	geruchlos
Wirkung auf den Organismus	giftig	erstickend
Dichte im Vergleich zur Dichte der Luft	kleiner	größer (Experiment 2)
Brennbarkeit	brennbar	nicht brennbar (Experiment 2)

4

Experiment 2
Eine brennende Kerze in einem Standzylinder wird mit Kohlenstoffdioxid übergossen.

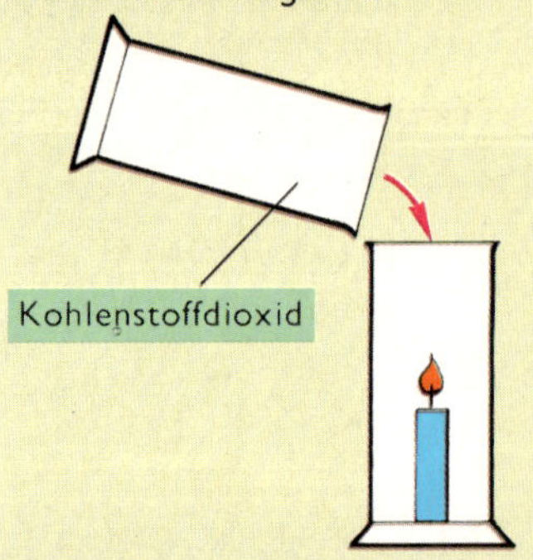

Kohlenstoffdioxid CO_2 entsteht beim Verbrennen von Kohlenstoff (↗ S. 56).

$C + O_2 \longrightarrow CO_2$; exotherm

Diese chemische Reaktion liegt der Verbrennung fossiler Brennstoffe (Kohle, Erdöl, Erdgas) zugrunde. In vulkanischen Gebieten strömt Kohlenstoffdioxid aus der Erde. Auch in Mineralquellen ist es enthalten. Bei vielen biochemischen Prozessen, zum Beispiel der Atmung und der alkoholischen Gärung (↗ S. 208), tritt dieses Gas auf.
Kohlenstoffdioxid im festen Aggregatzustand nennt man „Trockeneis". Das feste Kohlenstoffdioxid (Abb. 1) verdampft leicht und kühlt dabei die Umgebung stark ab. Deshalb wird es als Kühlmittel verwendet. Auch als Feuerlöschmittel (↗ S. 64) kann Kohlenstoffdioxid eingesetzt werden (Abb. 2).

1

Kohlenstoffmonooxid CO bildet sich bei der Reaktion von Kohlenstoffdioxid mit Kohlenstoff (↗ Experiment 20, S. 67).

$CO_2 + C \longrightarrow 2\,CO$; endotherm

Es entsteht auch bei unvollständiger Verbrennung infolge unzureichender Luftzufuhr, zum Beispiel beim Anheizen eines Kohleofens. Kohlenstoffmonooxid ist Bestandteil des Stadtgases und der Abgase in Kraftfahrzeugmotoren.
Kohlenstoffmonooxid verbrennt mit blauer Flamme zu Kohlenstoffdioxid.

$2\,CO + O_2 \longrightarrow 2\,CO_2$; exotherm

Man nutzt diese Eigenschaft beim Einsatz als Heizgas. Aber auch der Abgasreinigung am Katalysator (Kat) eines modernen PKW (↗ S. 37) liegt diese Reaktion zugrunde.

2

Handfeuerlöscher, mit Kohlenstoffdioxid gefüllt

Kohlensäure und Carbonate

Bildung und Zerfall von Kohlensäure. Beim Einleiten von Kohlenstoffdioxid in Wasser löst sich das Gas. Es bildet sich in geringen Anteilen **Kohlensäure H_2CO_3** (Experiment 3).

$$CO_2 + H_2O \rightleftharpoons H_2CO_3$$

Kohlensäure ist eine zweiprotonige Säure (↗ S. 100). Bei der Reaktion mit Wasser erfolgt die Protonenabgabe in zwei Stufen. Dabei bilden sich Hydronium-Ionen H_3O^+, Hydrogencarbonat-Ionen HCO_3^- und Carbonat-Ionen CO_3^{2-}.

1. Stufe: $H_2CO_3 + H_2O \longrightarrow H_3O^+ + HCO_3^-$
2. Stufe: $HCO_3^- + H_2O \longrightarrow H_3O^+ + CO_3^{2-}$

Zusammengefasst: $H_2CO_3 + 2\,H_2O \longrightarrow 2\,H_3O^+ + CO_3^{2-}$

Kohlensäure ist in Mineralwässern, „Selters“ und anderen Getränken enthalten. Sie zerfällt leicht in Kohlenstoffdioxid und Wasser (Abb. 3, Experiment 4).

3

Experiment 3
Prüfe eine Lösung von Kohlenstoffdioxid in Wasser mit einem Indikator!

Experiment 4
Öffne eine Flasche mit Mineralwasser! Erwärme abgestandenes Mineralwasser in einem Becherglas!

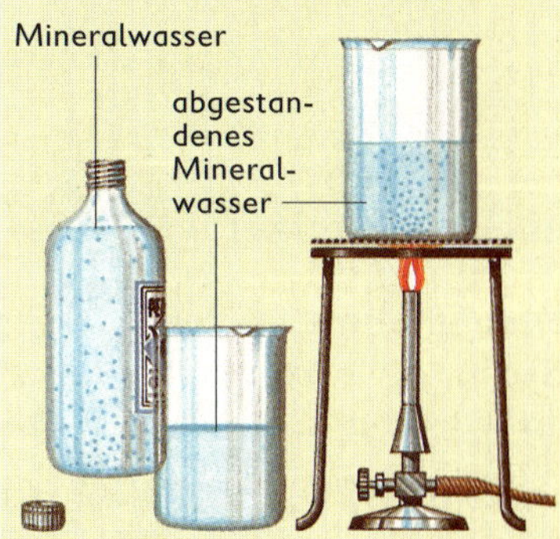

Bedeutung der Kohlensäure. Kohlenstoffdioxid aus der Atmosphäre wird vom Regenwasser aufgenommen. Die entstehende Kohlensäure greift kalkhaltiges Gestein an und bewirkt so Verwitterungsvorgänge (↗ S. 57). Sie fördert auch das Rosten von Eisen sowie die Oberflächenveränderung anderer Metalle. Kupferdächer überziehen sich beispielsweise im Laufe der Zeit mit einer grünen Schicht, die Patina genannt wird (↗ S. 28).

Salze der Kohlensäure. Kohlensäure bildet zwei Reihen von Salzen, die **Carbonate** und die **Hydrogencarbonate**. Einige Carbonate lösen sich leicht in Wasser, z. B. Natriumcarbonat (Soda) Na_2CO_3 und Kaliumcarbonat (Pottasche) K_2CO_3. Die meisten sind jedoch schwer löslich, z. B. Calciumcarbonat $CaCO_3$ und Bariumcarbonat $BaCO_3$. Hydrogencarbonate sind bis auf Natriumhydrogencarbonat (Natron) $NaHCO_3$ leicht wasserlöslich.

Kohlensäure entsteht bei der Reaktion von Kohlenstoffdioxid mit Wasser. Die Salze der Kohlensäure heißen Carbonate und Hydrogencarbonate.

AUFGABEN

1. Begründe die Vorschrift in Kraftfahrzeughallen: „Beim Laufen der Motoren Türen auf!“!
2. Wie lässt sich in Räumen überprüfen, ob Erstickungsgefahr besteht?
3. 0,5 Liter Kohlenstoffmonooxid in einem Kubikmeter Luft sind für den Menschen tödlich. Was weißt du über die Giftwirkung dieses Gases im Organismus?
4. Erläutere die Aussage folgender Reaktionsgleichung: $C + O_2 \longrightarrow CO_2$; exotherm!
5. Warum lässt sich Kohlenstoffdioxid von einem Standzylinder in einen anderen umgießen?
6. Was weißt du über den Treibhauseffekt?
7. Warum lässt sich Kohlenstoffdioxid als Feuerlöschmittel einsetzen?
8. Begründe die Notwendigkeit, Kraftfahrzeuge jährlich einem Abgastest zu unterziehen!
9. Entwickle eine Reaktionsgleichung für die Wirkung von Kohlenstoffmonooxid als Reduktionsmittel beim Hochofenprozess!

Calciumcarbonat

1 Calcit aus St. Andreasberg

Vorkommen und Bedeutung. Reines **Calciumcarbonat $CaCO_3$** kommt in der Natur als Calcit vor (Abb. 1). Kalkstein ist reines oder mit Ton vermengtes Calciumcarbonat, das zum Beispiel im Harz vorkommt (Abb. 2). Gebirge wie die Kalkalpen, der Jura und die Schwäbische Alb bestehen aus Kalkstein. Auch Korallenriffe sind Kalkstein. Die Kreide der Kreidefelsen auf der Insel Rügen (Abb. 3) ist Calciumcarbonat, das sich aus den Gehäusen von Schnecken, Muscheln und anderen Kleinlebewesen gebildet hat. Marmor ist Calciumcarbonat, das durch Zusammenpressen von Sedimenten entstanden ist. In großen Steinbrüchen baut man Marmor in Italien ab (Abb. 4).
Kalkstein und Marmor dienen als Baustoffe. Kalkstein ist Rohstoff für die Zement- und Glasherstellung. Er wird auch als Düngemittel eingesetzt. Bei der Metallherstellung verwendet man Kalkstein als Zuschlagstoff (↗ S. 68).

2

3

4

Bildung von Calciumcarbonat – Nachweis von Kohlenstoffdioxid. Calciumcarbonat entsteht beim Einleiten von Kohlenstoffdioxid in Calciumhydroxidlösung (Kalkwasser).

$$Ca(OH)_2 + CO_2 \longrightarrow CaCO_3 + H_2O$$

Eine milchige Trübung beziehungsweise die Bildung eines weißen Niederschlages zeigt an, dass Calciumcarbonat in Wasser schwer löslich ist. Die Reaktion dient als **Nachweis für Kohlenstoffdioxid** (Experiment 5 und Tabelle 5).
Wird zu Calciumcarbonat in Wasser weiteres Kohlenstoffdioxid zugegeben, bildet sich lösliches Calciumhydrogencarbonat (Experiment 5).

$$CaCO_3 + CO_2 + H_2O \longrightarrow Ca(HCO_3)_2$$

Experiment 5
In einer Waschflasche befindet sich 0,1%iges Kalkwasser. In langsamem Strom wird Kohlenstoffdioxid eingeleitet.

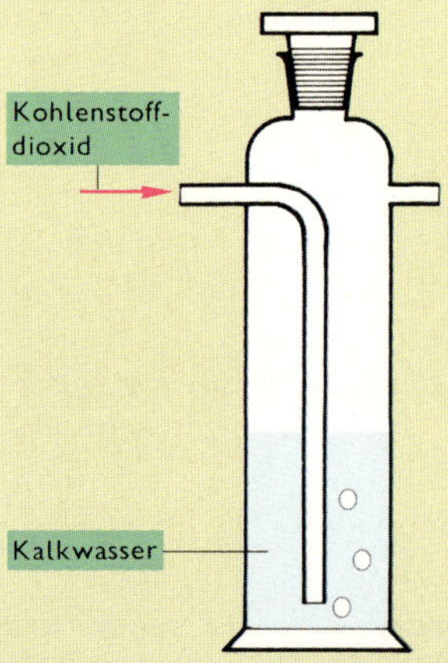

Reaktion der Carbonate mit Säure – Nachweis von Carbonat. Calciumcarbonat reagiert mit Säure, zum Beispiel verdünnter Salzsäure. Es bilden sich Calciumchlorid und Kohlensäure. Die Kohlensäure zerfällt sofort in Kohlenstoffdioxid und Wasser.

$$CaCO_3 + 2\,HCl \longrightarrow CaCl_2 + CO_2 + H_2O$$

Auch andere Carbonate reagieren mit vielen Säuren.

$$CO_3^{2-} + 2\,H_3O^+ \longrightarrow CO_2 + 3\,H_2O$$

Stets bildet sich dabei unter anderm Kohlenstoffdioxid, das nachgewiesen werden kann (Experiment 6 und Tabelle 5).
Die Reaktion der Carbonate mit Säure dient zum **Nachweis von Carbonaten** in festen Stoffen. Man prüft die feste Stoffprobe, indem man sie mit Säure versetzt und das sich bildende Gas in Kalk- oder Barytwasser (Bariumhydroxidlösung) einleitet.
Praktische Bedeutung hat die Reaktion von Carbonaten mit Säure für das **Entkalken** von Geräten im Haushalt beim Auskochen mit Essig oder bei der Verwendung spezieller Entkalkungsmittel. Auch zur Herstellung von Kohlenstoffdioxid für Laborzwecke wird diese Reaktion genutzt.
Back- und Brausepulver bestehen aus einem Gemisch eines Carbonats mit fester Citronensäure. Bei Zugabe von Wasser setzt die Reaktion ein.
Sodbrennen, das durch einen Überschuss an Magensäure verursacht wird, lässt sich durch Einnahme eines carbonathaltigen Haus-mittels, des „Natrons“ (Natriumhydrogencarbonat), beseitigen.

Carbonate reagieren mit Säuren unter Bildung von Kohlenstoffdioxid. Durch Reaktion des Kohlenstoffdioxids mit Calciumhydroxidlösung (oder Bariumhydroxidlösung) bildet sich Calciumcarbonat (bzw. Bariumcarbonat). Die Reaktionen dienen zum Nachweis von Carbonaten in festen Stoffen.

Experiment 6
Weise nach, dass Kohlenstoffdioxid a) in der Atemluft, b) in den Abgasen beim Verbrennen einer Kerze enthalten ist!

Experiment 7
Vorsicht! Schutzbrille!
Untersuche die Einwirkung von Säure auf Carbonate! Prüfe das gasförmige Reaktionsprodukt mit gesättigter Calciumhydroxidlösung oder Bariumhydroxidlösung.

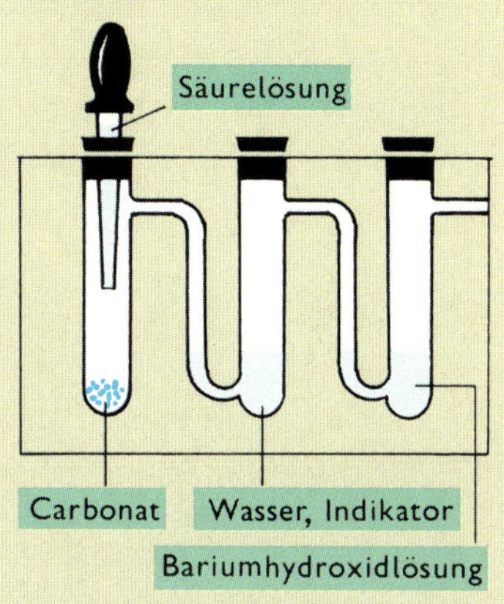

Nachweis von	Nachweismittel	Erscheinungen	Reaktionsgleichung
Kohlenstoffdioxid	Calcium-hydroxidlösung (Kalkwasser)	weiße Trübung (Niederschlag)	$Ca(OH)_2 + CO_2 \longrightarrow CaCO_3 + H_2O$
Carbonat in festen Stoffen	Salzsäure, anschließend	Gasentwicklung	$CO_3^{2-} + 2\,H_3O^+ \longrightarrow CO_2 + 3\,H_2O$
	Calcium-hydroxidlösung (Kalkwasser)	weißer Niederschlag	$Ca(OH)_2 + CO_2 \longrightarrow CaCO_3 + H_2O$

5

AUFGABEN

1. Wo befinden sich Lagerstätten von Kalkstein, Kreide und Marmor?
2. Anstelle von Kalkwasser kann auch Barytwasser zum Nachweis von Kohlenstoffdioxid verwendet werden. Entwickle dazu die Reaktionsgleichung!
3. Mineralwasser wird mit Calciumhydroxidlösung versetzt. Äußere eine Vermutung über die zu erwartende Erscheinung!
4. Beschreibe die chemische Reaktion, die beim Einwirken von verdünnter Schwefelsäure auf Natriumcarbonat stattfindet! Entwickle die Reaktionsgleichung!
5. Wie kann man Kalkstein von anderem Gestein unterscheiden?
6. Bei verschiedenen Bodenproben ist die Gasentwicklung bei der Reaktion mit Säure unterschiedlich stark. Erkläre das!

Hartes und weiches Wasser

Carbonate und Wasser. Calcium- und Magnesiumcarbonat sind in Wasser schwer löslich. Sie lösen sich aber in kohlenstoffdioxidhaltigem Wasser unter Bildung der Hydrogencarbonate. In der Natur löst etwas Calciumcarbonat, wenn zum Beispiel kohlenstoffdioxidhaltiges Regenwasser oder Sickerwasser auf Kalkstein in der Erde trifft. Im kalkhaltigen Gestein bilden sich so allmählich tiefe Furchen oder Höhlen. Beim Verdunsten des Wassers entweicht Kohlenstoffdioxid; schwer lösliches Calciumcarbonat scheidet sich wieder ab. So entstehen Tropfsteinhöhlen (Abb. 1).

1

Wasserhärte. Durch die Wasserhärte wird die Konzentration von Calcium- und Magnesium-Ionen im Wasser angegeben. Man spricht von **hartem Wasser,** wenn im Wasser eine hohe Konzentration dieser Ionen vorliegt. Orte in Gebieten mit Kalksteinvorkommen, zum Beispiel Jena, Tübingen und Würzburg, haben sehr hartes Wasser. In kalkarmer Umgebung tritt **weiches Wasser** auf, das eine geringe Konzentration von Magnesium- und Calcium-Ionen besitzt.

Ein Maß für die Wasserhärte ist der Grad deutscher Härte °dH (Tabelle 6). Mittels Teststreifen lässt sich die Wasserhärte bestimmen. Hartes Wasser erkennt man auch bei Zugabe von Seifenlösung (Experiment 8). Zuerst scheidet sich dabei ein schwer löslicher Stoff ab, der an einer Trübung des Wassers erkennbar ist. Erst danach bildet sich der Schaum. Die Wasserhärte ist bedeutsam für das Dosieren von Waschmitteln (↗ S. 243).

Erhitzt man hartes Wasser häufig in ein und demselben Gefäß, so setzt sich darin eine feste Schicht Calciumcarbonat ab, die **Kesselstein** genannt wird. Kesselstein tritt zum Beispiel im Wasserkessel, am Tauchsieder, im Durchlauferhitzer, im Kaffeeautomaten und in der Waschmaschine auf. In Rohrleitungen (Abb. 2) kann die Bildung von Kesselstein zu Verstopfungen führen. Solche Carbonatablagerungen führen zu hohen Wärmeverlusten, weil Kesselstein ein schlechter Wärmeleiter ist.

Härtebereich des Wassers	Härtegrad in °dH
weich	0 ··· 7
mittelhart	7 ··· 14
hart	14 ··· 21
sehr hart	über 21

6

Experiment 8
Schüttle in einem Reagenzglas jeweils destilliertes Wasser, Regenwasser und Trinkwasser (Leitungswasser) mit einigen Tropfen einer Seifenlösung! Beobachte und vergleiche!

Hartes Wasser ist Wasser, in welchem relativ viel Calcium- und Magnesium-Ionen enthalten sind. Beim Erhitzen von hartem Wasser bilden sich Ablagerungen von festem Calciumcarbonat (Kesselstein).

Hartes Wasser lässt sich enthärten. Das geschieht durch **Ionenaustauscher**. Es sind harzartige organische Stoffe (↗ S. 243), die zum Beispiel Natrium-Ionen locker gebunden enthalten. Wird Wasser mit dem Ionenaustauscher in Berührung gebracht, so ersetzen die Calcium- und Magnesium-Ionen des harten Wassers die im Austauscherharz locker gebundenen Natrium-Ionen. Das durchgelaufene Wasser enthält dann weniger Calcium- und Magnesium-Ionen. Ionenaustauscher können regeneriert werden. Das Austauscherharz in Granulat- oder Pulverform befindet sich im Enthärtungsbehälter. Solche Wasserenthärtungsanlagen werden in Wohngebieten mit hartem Wasser installiert.

2

Kalk und Zement – wichtige Baustoffe

Vom Kalkstein zum abgebundenen Kalkmörtel. Calciumcarbonat wird **durch thermische Zersetzung** in Calciumoxid und Kohlenstoffdioxid umgewandelt.

$CaCO_3 \longrightarrow CaO + CO_2$; endotherm

Diese chemische Reaktion ist die Grundlage für das **Kalkbrennen** (Abb. 3). Branntkalk ist Ausgangsstoff für die Herstellung wichtiger Baustoffe wie Kalkmörtel und Zement.
Kalkmörtel enthält Calciumhydroxid $Ca(OH)_2$. Man nennt diesen Bestandteil auch Kalkhydrat oder Löschkalk, weil er beim **Löschen von Branntkalk** entsteht. „Löschen" ist hier die Reaktion von Calciumoxid mit Wasser.

$CaO + H_2O \longrightarrow Ca(OH)_2$; exotherm

Kalkmörtel ist das verstreichbare Gemisch aus Löschkalk, Sand und Wasser. Er dient beim Mauern als Bindemittel zwischen den Ziegeln und zum Putzen von Wänden (↗ S. 176, Abb. 2).
Beim **Abbinden des Kalkmörtels** nimmt das Calciumhydroxid aus der Luft Kohlenstoffdioxid auf und reagiert zu Calciumcarbonat und Wasser (↗ Tabelle 7, S. 176).

$Ca(OH)_2 + CO_2 \longrightarrow CaCO_3 + H_2O$; exotherm

Das Calciumcarbonat verkittet Sand und Bausteine miteinander.

Zement – Zementmörtel – Beton. Der Baustoff **Zement** besteht vor allem aus Silicaten (↗ S. 177). Er wird bei hohen Temperaturen aus einem Gemisch von Kalkstein und Ton hergestellt. **Zementmörtel** ist eine Mischung von Zement, Sand und Wasser. Ersetzt man den Sand durch groben Kies, Steinsplitt oder Schotter, so erhält man **Beton**. Die Einlagerung von Stahlstäben oder Stahldrahtgeflechten erhöht die Zugfestigkeit des Betons. Dieser Stahlbeton ist Baustoff für Großbauten wie Hochhäuser, Brücken (↗ S. 176, Abb. 1) und Staudämme.
Zementmörtel und Beton binden durch Wasser ab. Baumörtel für den Hausbau ist ein Gemisch aus Zement, Kalk, Sand und Wasser.

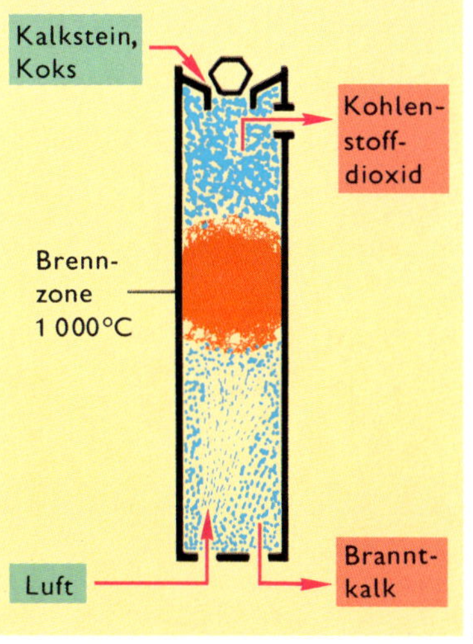

3

Der Kalkschachtofen hat einen zylinderförmigen Schacht. Darin zersetzt sich bei 1000 °C Kalkstein (Calciumcarbonat) zu Branntkalk (Calciumoxid) und Kohlenstoffdioxid. Die Verbrennung von Koks liefert die erforderliche Wärme. Der Wärmeaustausch erfolgt im Gegenstrom.

AUFGABEN

1. Ist destilliertes Wasser „hart" oder „weich"? Erläutere!
2. Ilmenau, Hildesheim und Celle liegen in einer kalkarmen Umgebung. Welche Qualität weist wohl das dort geförderte Brunnenwasser aus, wenn man es nach seiner Wasserhärte beurteilt?
3. Welche nachteilige Wirkung bringt große Wasserhärte mit sich?
4. Wie kann man kalkhaltige Ablagerungen an einem Tauchsieder entfernen?
5. Warum sind frisch verputzte Räume feucht?
6. Warum müssen beim Umgang mit Löschkalk Augen und Hände geschützt werden?
7. Vergleiche die Zersetzung von Calciumcarbonat bei Hitzeeinwirkung mit der Reaktion von Calciumcarbonat und Säure!
8. Kalkmörtel heißt auch Luftmörtel, Zementmörtel auch Wassermörtel. Warum wohl?
9. Warum ist es zweckmäßig, dem Kalkmörtel etwas Zement zuzusetzen?
10. Worin besteht der Unterschied zwischen dem „Brennen" (z. B. von Kalkstein) und dem „Verbrennen" (z. B. von Kohle)?

1

2

Wichtige Baustoffe	Kalkmörtel	Zement, Zementmörtel	Beton
Hauptbestandteil	Calciumhydroxid	Silicate	Silicate
Herstellung	Brennen von Kalkstein und Löschen von Branntkalk; Mischen mit Sand und Wasser	Brennen von Kalkstein und Ton; Mischen mit Sand und Wasser	Mischen von Zement mit Kies, Sand und Wasser
Verwendung	Bindemittel für Mauersteine; Außenputz	Bindemittel und Baustoff	Baustoff (Stahl- und Spannbeton)
Abbinden	Aufnahme von Kohlenstoffdioxid der Luft; Abgabe von Wasser	Aufnahme von Wasser	Aufnahme von Wasser

7

Glas und Keramik

Sand – Ausgangsstoff für Glas und Keramik. Sand enthält Quarz. Quarz ist **Siliciumdioxid SiO_2**. Kristallines Siliciumdioxid kommt in der Natur als Bergkristall vor (Abb. 3). Kristallklar und farbig sind zum Beispiel Rosenquarz (rosa), Citrin (gelb) und Amethyst (violett). Sie sind Material für Schmucksteine. Nichtkristallines Siliciumdioxid besitzt glasartige Eigenschaften. In der Natur kommt es als Achat (Abb. 4), Opal, Jaspis und Onyx vor. Diese Materialien werden ebenfalls zu Schmuck verarbeitet.
Siliciumdioxid ist diamantartig aufgebaut. Es besteht aus „Riesenmolekülen" und ist somit ein polymerer Stoff. Wird Siliciumdioxid bei sehr hohen Temperaturen geschmolzen und schnell abgekühlt, so bleibt die Kristallisation aus. Es entsteht **Glas**.

3

Eigenschaften von Glas. Glas ist ein fester, durchsichtiger, nichtkristalliner Stoff ohne bestimmte Schmelztemperatur. Beim Erhitzen wird es vorübergehend zäh und dickflüssig und geht allmählich vom festen in den flüssigen Aggregatzustand über. Glas ist sehr beständig gegenüber Chemikalien. Es lässt sich schleifen, polieren, einfärben und beschichten. Nach dem Erweichen in der Hitze kann man es biegen (Experiment 9), ziehen, blasen, walzen und pressen. Glas kann wieder eingeschmolzen und erneut verarbeitet werden (Recycling).

4

Experiment 9
Erwärme in der Flamme eines Brenners ein Stück Glasrohr unter Drehen und biege es vorsichtig! Schütze dabei Augen und Hände! Es besteht die Gefahr, dass das Glasrohr bricht und splittert!

5

6

Bis zu 25 % Blei enthält Blei-„Kristallglas“. Es besitzt eine sehr hohe Lichtbrechung. Man verwendet es als geschliffenes Schmuckglas für Schalen und Trinkgläser.

Herstellung und Verwendung von Glas. In Schmelzöfen werden feiner Quarzsand SiO_2, Kalkstein $CaCO_3$, Soda Na_2CO_3 oder Pottasche K_2CO_3 sowie Scherbenglas bei etwa 1400 °C zusammengeschmolzen. Es bilden sich **Silicate**. Silicate sind Stoffe, die die Elemente Silicium und Sauerstoff sowie mindestens ein weiteres Element (z. B. Natrium, Kalium, Calcium, Aluminium) enthalten. Die Glasschmelze wird schnell auf 1200 ··· 900 °C abgekühlt. Anschließend erfolgt die Formgebung.
Glas gehört zu den ältesten Werkstoffen. Heute dient es als Baumaterial (z. B. Fensterglas, Glasbausteine, Abb. 5), als Isolierstoff (z. B. Glaswolle zur Wärmedämmung), zur Herstellung von Gebrauchsgegenständen, Laborgeräten und optischen Erzeugnissen. Glas wird auch kunstvoll verarbeitet (Abb. 6).

Glasarten. Normalglas ist ein Gemisch aus Natrium- und Calciumsilicat. Es hat einen Erweichungsbereich um 700 °C und zerspringt leicht bei raschem Temperaturwechsel. Man verarbeitet es zu Flaschen und Konservengläsern sowie Fensterscheiben. Bei Zugabe von Metalloxiden zur Glasschmelze entstehen farbige Gläser, zum Beispiel grüne und braune Gläser durch unterschiedliche Eisenoxide, blaue Gläser durch Cobaltoxid und rote Gläser durch Kupfer(I)-oxid.
Borosilicatglas enthält Bor. Dieses Glas besitzt größere mechanische Festigkeit und Beständigkeit gegenüber Temperaturveränderungen als Normalglas. Man stellt aus ihm Laborgeräte, feuerfestes Haushaltsgeschirr, Glühlampen und Glasampullen her.
Spezialgläser enthalten andere Zusätze. Bariumverbindungen führen zu leicht schmelzbaren und stark lichtbrechenden Gläsern. Verbindungen mit Beryllium, Lanthan, Niob, Tantal und Germanium verändern optische Eigenschaften des Glases. Auch Bleiverbindungen dienen zur Herstellung von optischem Glas für Linsen und Prismen. Durch Eisenoxid blaugrün gefärbte Gläser absorbieren ultrarote Strahlung; deshalb setzt man solche Gläser zum Wärmeschutz bei Schweißer- und Sonnenbrillen ein. Germaniumoxid verändert die optischen Eigenschaften des Glases so, dass es als Lichtwellenleiter verwendet werden kann (Abb. 7).

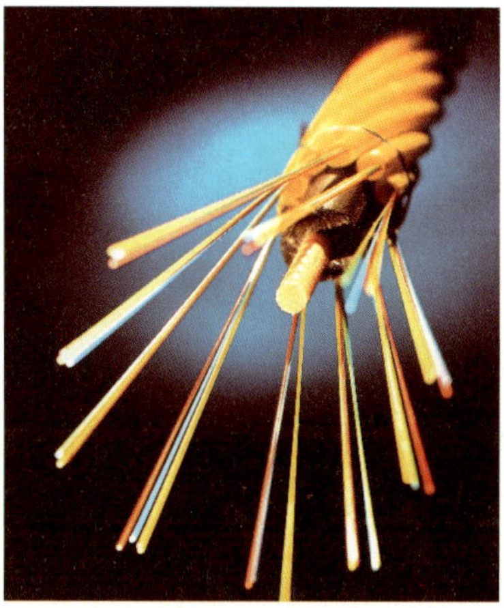
7

Auf einem Faserpaar dieses Lichtwellenleiterkabels können zugleich 7680 Telefongespräche übertragen werden.

Hauptbestandteil vieler Gläser ist das Natrium-Calcium-Silicat. Zusätze in der Glasschmelze bedingen spezifische Eigenschaften der Glassorten. Dadurch werden verschiedenartige Verwendungen ermöglicht.

AUFGABEN

1. Vergleiche Zusammensetzung, Eigenschaften und Verwendung von Glasarten! Entwickle dazu eine Tabelle!
2. Welche Bedeutung hat Glas-Recycling?
3. Wie kommt der Name Blei-„Kristallglas“ zustande? Welcher Trugschluss könnte aus dieser Bezeichnung gezogen werden?
4. Erläutere die Bedeutung von Glas und Keramik!

Aus Spezialglas stellt man Autoglas her. Beim Einscheiben-Sicherheitsglas bilden sich bei Schlageinwirkung viele stumpfkantige Glaskrümel mit geringer Verletzungsgefahr. Frontscheiben am PKW sind aus Verbund-Sicherheitsglas. Sie bestehen aus je zwei Einzelscheiben, zwischen denen eine reißfeste Kunststoffschicht liegt. Beim Zerbersten entsteht ein spinnennetzförmiges Bruchbild (Abb. 1). An der verformbaren Zwischenfolie haften die Glassplitter. Dadurch verringert sich das Verletzungsrisiko.

1

Keramik und keramische Werkstoffe. Rohstoffe für keramische Erzeugnisse sind Ton und Lehm. **Ton** besteht aus Aluminiumsilicaten; **Lehm** ist ein Gemisch aus Ton, Sand und Kalkstein. Besonders reiner Ton ist **Porzellanerde** (Kaolin). Durch Erhitzen auf Temperaturen über 1000 °C („Brennen“) wird aus den Rohstoffen **Keramik** hergestellt. Keramik ist ein Werkstoff, der aus Silicaten besteht und sowohl glasartig als auch kristallin ist.
Keramische Erzeugnisse sind zum Beispiel Töpferwaren (Abb. 2), Ziegel, Steinzeug, zum Beispiel Keramikrohre zur Abwasserkanalisation (Abb. 3), aber auch Porzellan. Eine besondere Form ist Glaskeramik, die man beispielsweise zu Herdplatten für Küchenherde (Abb. 4) verarbeitet und als Material für Prothesen zum Knochenersatz (Gelenke) einsetzt.

2

Ton und Lehm bestehen wie die aus diesen Rohstoffen hergestellte Keramik aus Silicaten.

Andere spezielle Keramik dient dem Wärmeschutz. An der Außenwand der amerikanischen Raumfähren (Abb. 5) bilden Tausende Keramikkacheln einen Hitzeschild. Dieser schützt so den Spaceshuttle vor dem Verglühen, wenn er aus dem Weltraum wieder in die Erdatmosphäre eintaucht.

5

3

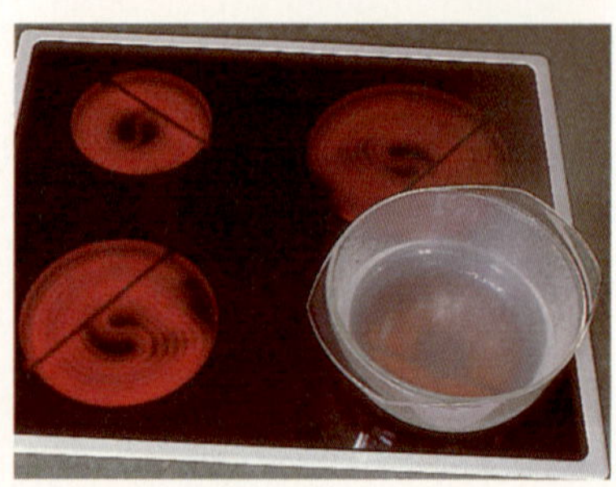
4

AUFGABEN

1. Vergleiche Bau, Eigenschaften und Verwendung von Diamant und Graphit!
2. Vergleiche Art, Zusammenhalt und Anordnung der Teilchen in Diamant und Natriumchlorid!
3. Wie weist man nach, dass ein fester Stoff Carbonat enthält?
4. Welche Bedeutung hat Calciumcarbonat?
5. Erläutere die Bezeichnungen Branntkalk, Löschkalk und Kalk!
   Was ist unter „Kalkbrennen" zu verstehen?
6. Wodurch unterscheiden sich Branntkalk und Zement?
7. Vergleiche Zusammensetzung und Eigenschaften von Kalk- und Zementmörtel!
8. Beschreibe das Verhalten von Calciumcarbonat gegenüber Wasser, verdünnter Salzsäure und bei Einwirkung von Wärme!
9. Nenne gemeinsame und unterschiedliche Eigenschaften von Kohlenstoffmonooxid und Kohlenstoffdioxid!
10. Wie weist man Kohlenstoffdioxid nach?
11. Welche Eigenschaften hat Kohlensäure?
12. Wie verhält sich Kohlensäure gegenüber Wasser, was geschieht beim Erwärmen?
13. 2 l Kohlenstoffdioxid sollen aus Calciumcarbonat hergestellt werden. Welche Masse an Calciumcarbonat ist erforderlich?
14. Wie könnte man in einem Gasgemisch Kohlenstoffmonooxid nachweisen?

Im Überblick

Kohlenstoff

Modifikationen: Diamant, Graphit und Fullerene.
Sie unterscheiden sich in ihrem Bau durch verschiedene Anordnung der Kohlenstoffatome.

Verbindungen des Kohlenstoffs

Kohlenstoffdioxid
CO_2

$CO_2 + H_2O \longrightarrow H_2CO_3$

Kohlensäure
H_2CO_3

$CO_2 + C \longrightarrow 2\,CO$

Kohlenstoffmonooxid
CO

$CO_2 + Ca(OH)_2 \longrightarrow CaCO_3 + H_2O$

Calciumcarbonat
$CaCO_3$
Marmor, Kalkstein, Kreide

Kalkbrennen: $CaCO_3 \longrightarrow CaO + CO_2$

Calciumoxid
CaO

Kalklöschen: $CaO + H_2O \longrightarrow Ca(OH)_2$

Calciumhydroxid
$Ca(OH)_2$

Abbinden von Kalkmörtel:
$Ca(OH)_2 + CO_2 \longrightarrow CaCO_3 + H_2O$

17 Organische Chemie

Gegenwärtig sind mehr als 6000000 organische Stoffe, dagegen nur 100000 anorganische Stoffe bekannt. Viele organische Stoffe kommen nicht in der Natur vor, sondern werden synthetisch hergestellt, wie Arzneimittel, Waschmittel, Kunststoffe und Kraftstoffe.

Der Begriff „Organische Chemie“

Bis in das 19. Jahrhundert trennten die Chemiker den Bereich der lebenden Natur (Tiere und Pflanzen) streng vom Bereich der nicht lebenden Natur (Minerale). Sie teilten die Stoffe in organische und anorganische Stoffe ein und glaubten, dass die organischen Stoffe nur von lebenden Organismen durch die Wirkung einer geheimnisvollen, übernatürlichen „Lebenskraft“ (vis vitalis) erzeugt werden könnten. Der Bereich der Chemie, der sich mit organischen Stoffen beschäftigte, erhielt vom schwedischen Chemiker *Berzelius* die Bezeichnung **Organische Chemie.** Kaum 20 Jahre nach dieser Einteilung der Chemie durch *Berzelius* gelang im Jahre 1824 dem deutschen Chemiker *Friedrich Wöhler* (Abb. 1) erstmals die Herstellung eines organischen Stoffes, der Oxalsäure. Verbindungen der Oxalsäure kommen in Sauerklee, Rhabarber und Äpfeln vor. *Wöhler* konnte 1828 auch den Harnstoff, ein Stoffwechselprodukt des tierischen und menschlichen Organismus, synthetisch darstellen. Damit waren die Auffassungen vom Wirken einer „Lebenskraft“ grundsätzlich widerlegt. Seitdem wurden viele Tausende von organischen Synthesen in der ganzen Welt durchgeführt.

Trotzdem hält man heute noch an der einmal vorgenommenen Zweiteilung der Chemie fest. Es zeigte sich nämlich, dass organische Stoffe sämtlich **Kohlenstoffverbindungen** sind. Nur die Oxide des Kohlenstoffes (↗ S. 170), die Kohlensäure und die Carbonate (↗ S. 171) werden zur Anorganischen Chemie gerechnet.

Die Organische Chemie ist die Chemie der Kohlenstoffverbindungen.

1

Friedrich Wöhler (1800 bis 1882) war Professor für Chemie in Berlin, Kassel und Göttingen. An seinen Freund und Lehrer *Berzelius* schrieb er: „. . . ich kann sozusagen mein chemisches Wasser nicht halten und muss Ihnen sagen, dass ich Harnstoff machen kann, ohne dazu Nieren oder überhaupt ein Tier, sei es Mensch oder Hund, nötig zu haben . . .“

Eigenschaften und Vielfalt organischer Verbindungen

Einige Eigenschaften. Organische Verbindungen bestehen aus Molekülen. Da der Zusammenhalt von Molekülen relativ gering ist, haben organische Verbindungen meistens niedrigere Schmelz- und Siedetemperaturen als anorganische Verbindungen. Viele organische Verbindungen sind brennbar, häufig sogar feuergefährlich, haben oft charakteristischen Geruch und sind wenig wärmebeständig. Weitere charakteristische Eigenschaften gehen aus Untersuchungen von bekannten organischen Verbindungen aus dem Alltag hervor (Tabelle 1).

Stoff	Verhalten beim Erhitzen	Löslichkeit in Wasser	Löslichkeit in Trichlormethan
Traubenzucker	schmilzt, verkohlt	sehr gut	–
Vanillin	schmilzt, verkohlt	–	sehr gut
Kokosfett	verflüssigt sich, Dämpfe brennbar	–	sehr gut
Essigsäure	Dämpfe brennbar	in jedem Verhältnis mischbar	in jedem Verhältnis mischbar
Polystyrol	schmilzt, verkohlt, Dämpfe brennbar	–	quillt auf, kaum löslich

1

Experiment 1
Erhitze jeweils erst vorsichtig, dann kräftiger im Reagenzglas Zucker, Mehl und Puddingpulver! Deute die Veränderungen!

Experiment 2
Weise nach, dass beim Verbrennen von Alkohol (F) Kohlenstoffdioxid und Wasser entstehen! Begründe!

Experiment 3 **L**
Vorsicht! Schutzbrille!
Zu einer Spatelspitze Harnstoff werden etwa 2 ml 50%ige Natronlauge (C) gegeben; dann wird vorsichtig erhitzt!
Die aufsteigenden Dämpfe werden auf Geruch und mit feuchtem Indikatorpapier geprüft!

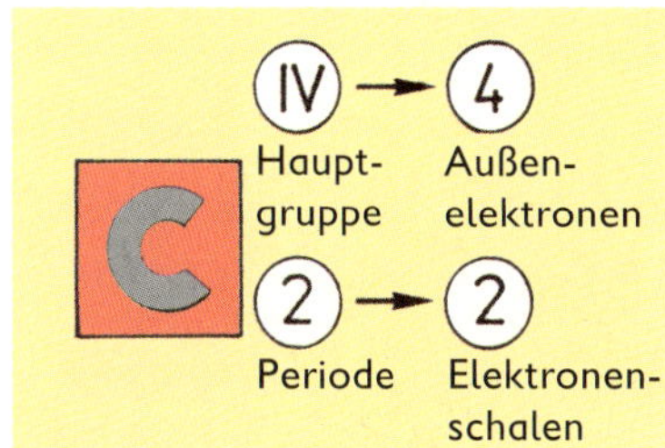

2

Zusammensetzung. Wie Analysen (↗ Kapitel 24, S. 232) von organischen Verbindungen zeigen, sind an ihrem Aufbau nur wenige Elemente beteiligt. Neben dem stets nachzuweisenden Element Kohlenstoff sind vor allem die Elemente Wasserstoff, Sauerstoff und Stickstoff, seltener Schwefel, Phosphor oder Halogene enthalten (Experimente 1, 2 und 3).

Verknüpfungsmöglichkeiten von Kohlenstoffatomen. Aus der Stellung des Elements Kohlenstoff im Periodensystem (Abb. 2) folgt, dass jedes Kohlenstoffatom in der Lage ist, mit weiteren Elektronen von Atomen Elektronenpaare zu bilden. Um eine Edelgasschale (Oktett) zu erreichen, müssen 4 Atombindungen ausgebildet werden. Man sagt, das Kohlenstoffatom ist **vierbindig**. Die Kohlenstoffatome verfügen über die besondere Eigenschaft, sich durch Atombindung miteinander zu verbinden und eine praktisch unbegrenzte Anzahl von ketten- oder ringförmigen Kohlenstoffverbindungen zu bilden.

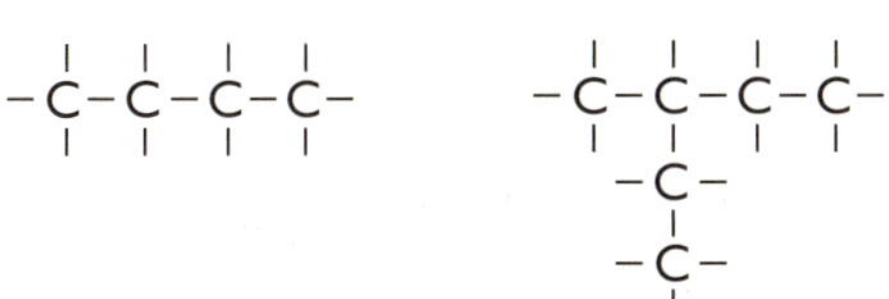

kettenförmig

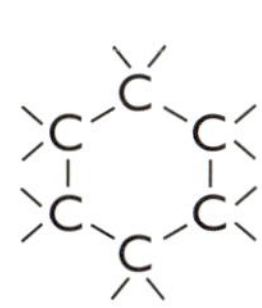

ringförmig

AUFGABEN

1. Erläutere die Entwicklung des Begriffs „Organische Chemie"!
2. Warum verbreiten die organischen Stoffe Benzin und Chloroform im Gegensatz zu Kochsalz einen starken Geruch?
3. Nenne einen Vorgang, an dem zu erkennen ist, dass Fleisch und Milch Kohlenstoffverbindungen enthalten!
4. Warum ist die Bildung von Kohlenstoff-Ionen erschwert?
5. Warum gibt es mehr Kohlenstoffverbindungen als andere Verbindungen?

18

Alkane

Ob man Benzin als Kraftstoff oder Butan als Feuerzeuggas verwendet, die Wohnung mit Erdgas oder Flüssiggas beheizt oder eine Paraffinkerze abbrennt, stets handelt es sich hierbei um Stoffe, die nur aus den Elementen Kohlenstoff und Wasserstoff bestehen. Solche Verbindungen werden „Kohlenwasserstoffe“ genannt.

Alkane in Natur und Technik

Vorkommen und Verwendung von Methan. Methan entsteht überall dort, wo abgestorbene tierische und pflanzliche Reste unter Luftabschluss von Bakterien zersetzt werden. In Sümpfen oder am Grund verschmutzter Gewässer bildet sich **Sumpfgas**, ein Gemisch aus Methan und Kohlenstoffdioxid (Experiment 1). Im Hochsommer kann es zur Entzündung dieses Gases kommen, sodass man nachts kleine Flämmchen über dem Moor sehen kann (Irrlichter).

Bei der Abwasserreinigung fällt in den Kläranlagen Schlamm an, bei dessen Zersetzung **Klär- und Faulgas** entsteht, das bis zu 75 % Methan enthält.

Heute wird durch gezielte bakterielle Fäulnis von pflanzlichem Material (z. B. aus Mist, Gülle, Klärschlamm, organischem Müll) **Biogas** gewonnen. Biogas besteht vorwiegend aus Methan (etwa 60 %) und Kohlenstoffdioxid (etwa 35 %). Außerdem enthält es noch Wasserstoff, Stickstoff und Schwefelwasserstoff. Biogas hat hohen Heizwert. Die Gewinnung von Biogas kann dazu beitragen, dass wertvolle Rohstoffe eingespart und Umweltschäden vermindert werden.

Methan ist der Hauptbestandteil des **Erdgases** (85 ··· 95 %), das im Haushalt zum Kochen und zur Beheizung von Wohnungen eingesetzt wird.

Auch das sich in den Klüften von Steinkohlenlagern sammelnde **Grubengas** enthält hauptsächlich Methan. Bei unzureichender Belüftung der Bergwerksstollen entstehen explosive Methan-Luft-Gemische, die als „Schlagende Wetter“ schwere Zerstörungen verursachen. Bereits ein Kurzschluss in der elektrischen Leitung kann das Methan-Luft-Gemisch zünden (Tabelle 1).

Experiment 1
Vorsicht! Schutzbrille!
Untersuche die Entstehung von Methan (F+)! Lasse die Versuchsapparatur einige Tage stehen! Öffne danach den Quetschhahn und prüfe mit einem brennenden Holzspan!

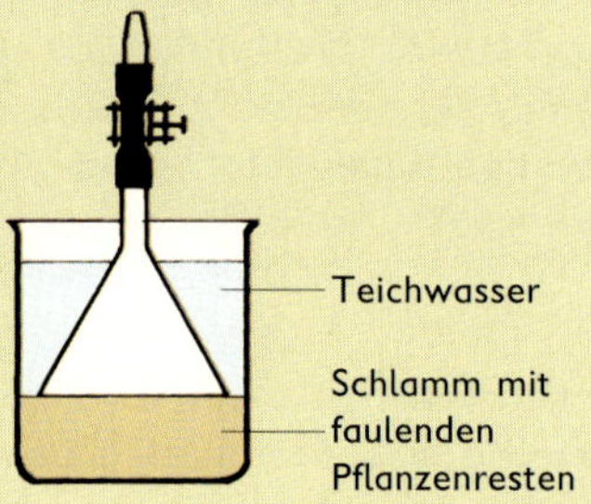

Explosionsgrenzen

Volumenanteil an Methan in der Luft	Erscheinung bei Entzündung
$\varphi = 5 \cdots 15$ %	explodiert heftig
$\varphi > 15$ %	brennt ruhig
$\varphi < 5$ %	nicht entzündbar

1

Eigenschaften des Methans. Methan ist ein farbloses Gas. Während Erdgas, Biogas und Sumpfgas aufgrund von Begleitstoffen typischen Geruch aufweisen, ist reines Methan geruchlos. Es ist in Wasser fast unlöslich und kann unter Wasser aufgefangen werden. Methan bildet mit Luft explosive Gemische (Experiment 2). Bei seiner vollständigen Verbrennung entstehen Kohlenstoffdioxid und Wasser (Experiment 3).

Experiment 2 L
Vorsicht! Schutzbrille! Schutzscheibe!
In einem starkwandigen Standzylinder (höchstens 200 ml) wird ein Methan-Luft-Gemisch gezündet.

Experiment 3
Verbrenne Erdgas (Methan) (F+)! Beobachte die Flamme! Halte über die Flamme ein trockenes Becherglas! Was beweist die Beobachtung?

Struktur des Methanmoleküls. Methan ist die einfachste organische Verbindung mit der Formel CH_4, aus der hervorgeht, dass ein Methanmolekül aus einem Kohlenstoffatom und vier Wasserstoffatomen besteht. Die Wasserstoffatome sind mit dem Kohlenstoffatom jeweils durch eine Atombindung verbunden. Die Atombindungen im Methanmolekül liegen nicht in einer Ebene, sondern sind räumlich nach den Eckpunkten eines regulären Tetraeders gerichtet (Abb. 1a). Das Methanmolekül kann durch das Kugel-Stab-Modell (Abb. 1b) oder das Kalotten-Modell (Abb. 1c) veranschaulicht werden.

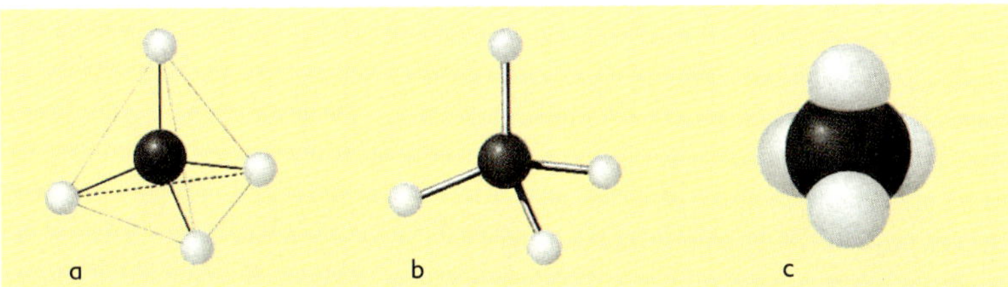

1

CH_4
Summenformel

```
   H
   ..
H :C: H
   ..
   H
```
Elektronenformel

```
   H
   |
H -C- H
   |
   H
```
Strukturformel

2

Stellt man sich das Modell des Methanmoleküls (Abb. 1b) als Projektion in die Ebene vor, so ergibt sich die **Strukturformel** (Abb. 2). Jedes gemeinsame Elektronenpaar ist hier durch einen Strich dargestellt worden. Strukturformeln können für Moleküle entwickelt werden, in denen Atombindungen bestehen. Im Unterschied zu den Strukturformeln bezeichnet man Formeln wie CH_4 als **Summenformeln** (Abb. 2).

Weitere Alkane. Propan und **Butan** kommen neben Methan in geringem Anteil im Erdgas vor und fallen bei der Benzinherstellung an (↗ Tabelle 1, S. 205). Sie sind wichtige Energieträger mit hohem Heizwert, die im Haushalt und beim Camping als Heizgase verwendet werden. Propan und Butan lassen sich durch Druck leicht verflüssigen und kommen in Stahlflaschen oder Kartuschen in den Handel (Abb. 1, ↗ S. 184). Sie werden auch als Flüssiggase bezeichnet.
Hexan und **Octan** haben besondere Bedeutung, sind sie doch Bestandteile der verschiedenen Kraftstoffe und bedingen deren Geruch. Sie sind brennbar, aber nicht mit Wasser mischbar. Hauptbestandteil der meisten technisch verwendeten Wachse ist **Paraffin**, ein Gemisch zahlreicher fester Alkane (↗ Tabelle 4, S. 185). Sie werden heute vor allem aus Erdöl gewonnen und unterscheiden sich je nach Kettenlänge der Moleküle in der Härte und der Schmelztemperatur. Aus Paraffin können Kerzen, Salben, Lippenstifte und Schuhcremes hergestellt werden. Man verwendet sie aber auch zum Einwachsen von Obst.

AUFGABEN

1. Wie kann die Behauptung, dass aus Faulschlamm Methan entweicht, experimentell bewiesen werden?
2. Warum wird bei der Explosion eines Methan-Luft-Gemisches so viel Energie frei?
3. Welche Stoffe entstehen bei der Verbrennung von Propan und Butan? Entwickle die Reaktionsgleichungen!
4. Fertige aus verschiedenfarbigen Plastilinkugeln ein Modell des Methanmoleküls an!
5. Stelle die Strukturformeln für Flüssiggase auf!
6. Nenne Sicherheitsbestimmungen beim Umgang mit Erdgas!

Homologe Reihe der Alkane

Formeln und Namen der Alkane. Außer Methan enthalten alle anderen Kohlenwasserstoffe (↗ S. 203) in ihren Molekülen mehr als ein Kohlenstoffatom (Tabelle 2). Diese Kohlenstoffatome können untereinander Atombindungen ausbilden.

1

Name	Summenformel	Strukturformel	Molekülmodell
Methan	CH_4	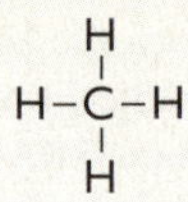	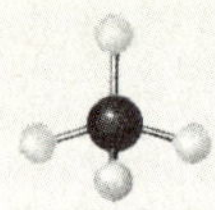
Ethan	C_2H_6	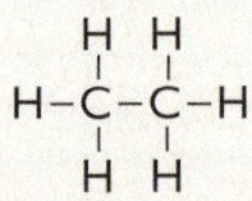	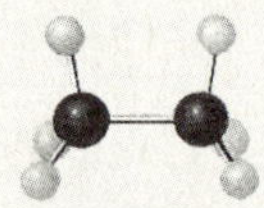
Propan	C_3H_8	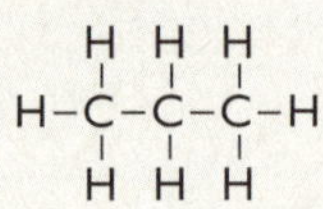	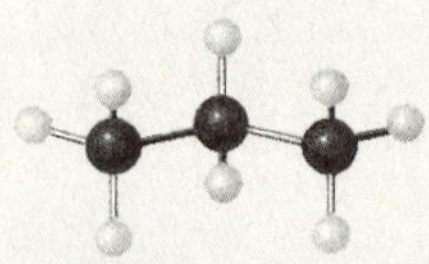
Butan	C_4H_{10}	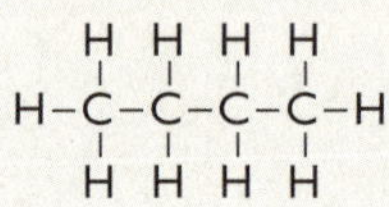	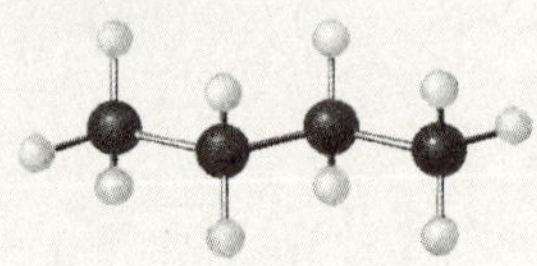

2 Die Kohlenstoffketten sind in den Propan- und Butanmolekülen zickzackförmig gewinkelt, da auch hier die Atombindungen nach den Eckpunkten des Tetraeders gerichtet sind.

Die Kohlenstoffatome in den Molekülen von Ethan, Propan und Butan bilden Ketten (Tabelle 2). Diese Stoffe gehören zu den **kettenförmigen Kohlenwasserstoffen**. Aus Abbildung 2 ist zu erkennen, dass jedes Kohlenstoffatom mit benachbarten Kohlenstoffatomen jeweils durch ein gemeinsames Elektronenpaar verbunden ist (↗ S. 90). Solche Atombindungen werden als **Einfachbindungen** bezeichnet. Kohlenwasserstoffe, bei denen die Kohlenstoffatome jeweils nur durch eine Einfachbindung verknüpft sind, heißen **Alkane**.
In den Molekülen der Alkane sind alle Kohlenstoffatome mit der jeweils größtmöglichen Anzahl an Wasserstoffatomen verbunden. Man sagt, sie sind gesättigt. Alkane gehören damit zu den **gesättigten Kohlenwasserstoffen**.
Die *Namen der Alkane* werden aus einem Wortstamm und der Endung „**-an**" gebildet. Der Wortstamm gibt die Anzahl der Kohlenstoffatome im Molekül an (Tabelle 3). Die Wortstämme von Verbindungen mit fünf oder mehr Kohlenstoffatomen im Molekül leiten sich von griechischen oder lateinischen Zahlwörtern ab.
Ein Vergleich der Strukturformeln von Kohlenwasserstoffmolekülen in Tabelle 2 zeigt, dass sie sich jeweils um eine CH_2-Gruppe unterscheiden. Eine solche Reihe organischer Verbindungen, bei denen sich die Moleküle aufeinander folgender Glieder jeweils um eine CH_2-Gruppe unterscheiden, bezeichnet man als **homologe Reihe** (griechisch: homologos = übereinstimmend).
Die allgemeine Summenformel der Alkane lautet $\mathbf{C_nH_{2n+2}}$.

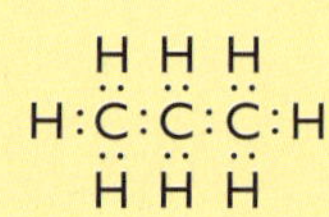

2

Elektronenformel des Propanmoleküls

Wortstamm	Anzahl der Kohlenstoffatome in der Kette
Meth	1
Eth	2
Prop	3
But	4
Pent	5
Hex	6
Hept	7
Oct	8
Non	9
Dec	10

3

Eigenschaften der Alkane. Innerhalb der homologen Reihe zeigen die Alkane eine gesetzmäßige Abstufung ihrer Eigenschaften (Experiment 4, Tabelle 4).

Name	Summenformel	Schmelztemperatur in °C	Siedetemperatur in °C	Aggregatzustand bei 20 °C
Methan	CH_4	−182,5	−161,5	gasförmig
Ethan	C_2H_6	−183,2	− 88,6	
Propan	C_3H_8	−187,1	− 42,2	
Butan	C_4H_{10}	−138,3	− 0,5	
Pentan	C_5H_{12}	−129,7	+ 36,0	flüssig
Hexan	C_6H_{14}	− 94,3	+ 68,7	
Heptan	C_7H_{16}	− 90,5	+ 98,4	
Octan	C_8H_{18}	− 56,8	+125,7	
Nonan	C_9H_{20}	− 53,7	+150,7	
Decan	$C_{10}H_{22}$	− 29,7	+174,0	
⋮	⋮	⋮	⋮	
Pentadecan	$C_{15}H_{32}$	+ 10,0	+268,0	
Hexadecan	$C_{16}H_{34}$	+ 18,1	+287,0	
Heptadecan	$C_{17}H_{36}$	+ 22,0	+303,0	fest
⋮	⋮	⋮	⋮	
Eicosan	$C_{20}H_{42}$	+ 36,4	+345,1	

4

Experiment 4 L

Vorsicht! Schutzbrille!
Siedetemperaturen von flüssigen Alkanen (F, Xn, N) werden ermittelt. Vergleiche mit der Tabelle!

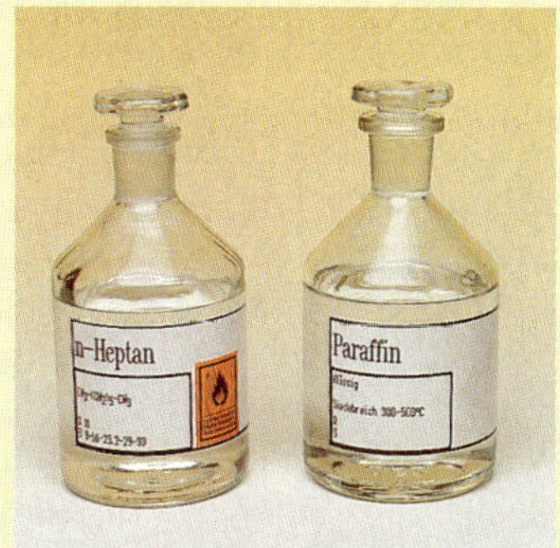

Mit zunehmender Kettenlänge der Moleküle steigen die Siede- und auch meistens die Schmelztemperaturen der Alkane an. Das ist darauf zurückzuführen, dass schwache Anziehungskräfte (*van-der-Waals*-Kräfte) zwischen den unpolaren Molekülen der Alkane wirken (Abb. 3). Diese Kräfte müssen beim Schmelzen und Sieden eines Stoffes durch Energiezufuhr überwunden werden. Die Stärke der *van-der-Waals*-Kräfte hängt von der Oberfläche und damit von der Größe der Moleküle ab (↗ S. 91).

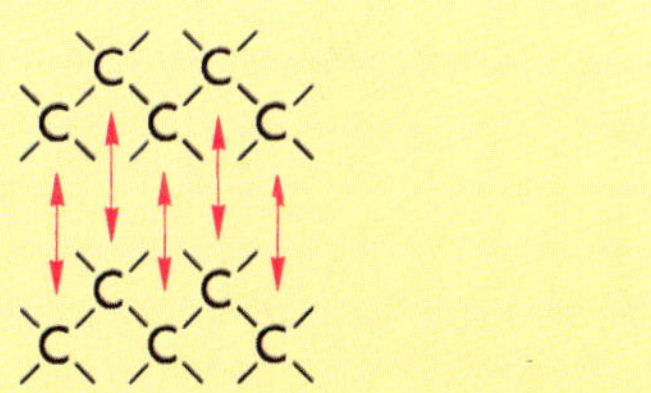

geringe *van-der-Waals*-Kräfte

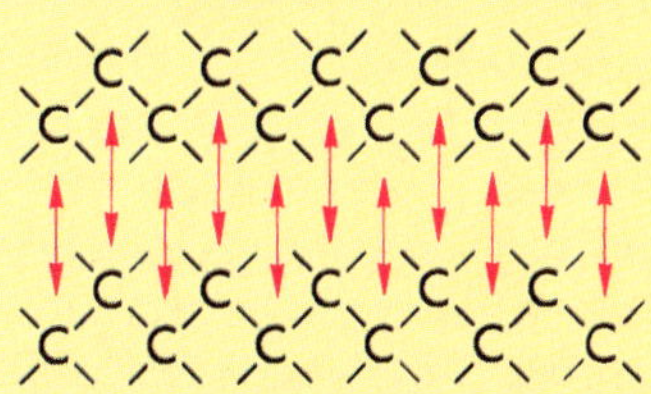

große *van-der-Waals*-Kräfte

3

Unter einer homologen Reihe versteht man eine Gruppe von ähnlichen organischen Verbindungen. In dieser Reihe unterscheiden sich die Moleküle von zwei aufeinanderfolgenden Verbindungen jeweils durch eine CH_2-Gruppe.

AUFGABEN

1. Beschreibe den Bau des Propan- und Butanmoleküls anhand der Strukturformeln und der Molekülmodelle!
2. Begründe die Zuordnung der Alkane zu den gesättigten Kohlenwasserstoffen!
3. Warum haben Alkane bei Zimmertemperatur unterschiedliche Aggregatzustände?
4. Begründe die Aussage: „Die Verwendung der Alkane hängt von ihren Eigenschaften ab!"
5. Stelle die Strukturformeln für die Moleküle folgender Alkane auf und benenne diese: C_7H_{16}, $C_{10}H_{22}$, C_5H_{12}!
6. Nenne die Summenformeln von Alkanmolekülen mit 11, 19 und 24 Kohlenstoffatomen!
7. Begründe, dass es richtig ist, bei den Alkanen von einer homologen Reihe zu sprechen!
8. Erläutere an einem Beispiel die Strukturmerkmale von Kohlenwasserstoffmolekülen!

Gasförmige und feste Alkane sind in reinem Zustand geruchlos. Flüssige Alkane haben benzinähnlichen Geruch.
Kurzkettige Alkane (C_5 bis C_{10}) sind dünnflüssig, Schmieröl (C_{12} bis C_{18}) ist zähflüssig. Die Zähflüssigkeit, auch **Viskosität** genannt, nimmt mit wachsender Kettenlänge der Moleküle zu.
Alkane leiten den elektrischen Strom nicht (Experiment 5). Sie enthalten keine Ladungsträger, sondern nur ungeladene Moleküle.
Die Flammtemperaturen nehmen bei Alkanen mit steigender Siedetemperatur und Kettenlänge zu. Flüssige Alkane (C_5 bis C_8) lassen sich bereits unterhalb der Zimmertemperatur entzünden. Es sind deshalb äußerst feuergefährliche Stoffe. Höhere Alkane entflammen dagegen erst über 45 °C (Experiment 6).
Alkane sind mit Wasser nicht mischbar. Sie sind **hydrophob** (wasserabstoßend). Untereinander sind Alkane aber in jedem Verhältnis mischbar (Experiment 7). Dieses unterschiedliche Lösungsverhalten beruht darauf, dass die Wassermoleküle polar sind (Dipole) (↗ S. 93), die Alkanmoleküle dagegen unpolar (Abb. 1).
Die Dipolmoleküle des Wassers ziehen sich untereinander stark an. Die *van-der-Waals*-Kräfte zwischen den Alkanmolekülen sind dagegen vergleichsweise gering.
Es gilt die Regel: Ähnliches löst sich in Ähnlichem.
Alkane sind im Gegensatz zu Wasser gute Lösungsmittel für Fette, Öle und Harze. Sie sind **lipophil** (fettfreundlich; Experiment 8).

Verhalten beim Umgang mit brennbaren Gasen und Flüssigkeiten. Mit brennbaren Gasen und Flüssigkeiten ist mit größter Vorsicht und Sorgfalt umzugehen. Beim Wahrnehmen von Gasgeruch sind bestimmte Hinweise zu beachten (↗ S. 66). Beim Umgang mit brennbaren Flüssigkeiten darf kein offenes Feuer in der Nähe sein. Funkenbildung ist zu verhindern. Nach Beendigung der Arbeiten sind Behälter mit brennbaren Stoffen sofort zu verschließen und vom Arbeitsort zu entfernen. Mit feuergefährlichen Flüssigkeiten getränkte Lappen dürfen niemals ins Feuer geworfen werden. Brennbare Stoffe sind nur in dicht schließenden und entsprechend gekennzeichneten Behältern aufzubewahren.

Verhalten beim Umgang mit Propangasanlagen

1. Der Standort ist so zu wählen, dass sie keiner Wärmestrahlung ausgesetzt sind. Die Temperatur der Flaschen darf 40 °C nicht überschreiten.
2. Die Aufstellung ist verboten in Räumen, die Schlafzwecken dienen, in Kellerräumen, in der Nähe von Kellerfenstern und Schächten, in Garagen.
3. Die Schlauchanschlüsse am Druckregler und am Gerät müssen mit Schlauchschellen oder Schlauchband gesichert sein.
4. Bei Außerbetriebsetzung der Gasgeräte ist zuerst das Flaschenventil zu schließen.

Experiment 5
Prüfe Pentan (F+, Xn, N), Heptan (F, Xn, N) und Petroleumbenzin (F) auf elektrische Leitfähigkeit!

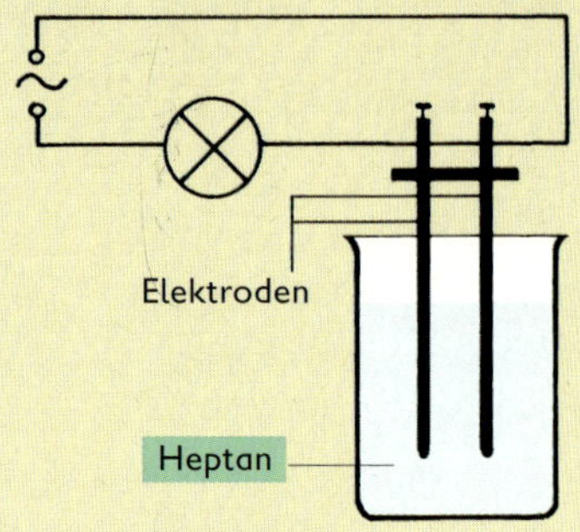

Experiment 6
Vorsicht! Schutzbrille!
Versuche, jeweils 2 ml Heptan (F, Xn, N) und Paraffinöl in einer Porzellanschale mit einem langen brennenden Holzspan zu entzünden!

Experiment 7
Prüfe im Reagenzglas die Mischbarkeit von Heptan (F, Xn, N) mit Octan (F, Xn, N), von Heptan (F, Xn, N) mit Wasser, von Paraffinöl mit Octan (F, Xn, N) und von Paraffinöl mit Wasser!

Experiment 8
Prüfe die Löslichkeit von Speiseöl und Schmalz in Wasser und in Octan (F, Xn, N)!

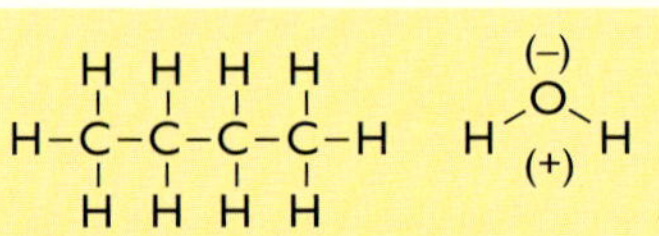

unpolares Molekül | polares Molekül

Lösungsverhalten

wasser-feindlich = hydrophob	fett-feindlich = lipophob

aber

fett-freundlich = lipophil	wasser-freundlich = hydrophil

1

Reaktionen der Alkane

Verhalten gegenüber einigen Chemikalien. Eine wichtige Eigenschaft der Alkane ist ihr reaktionsträges Verhalten (Experiment 9). Sie zeigen gegenüber Säuren, Laugen und unedlen Metallen keine Reaktion. Mit starken Oxidationsmitteln (↗ S. 59) reagieren sie langsam. Alle Alkane wurden deshalb früher auch als **Paraffine** (lateinisch: parum = wenig; affinis = zugeneigt; „wenig reaktionsfähig") bezeichnet.

Verbrennung. Alle Alkane sind brennbar (Experiment 6), als Gemisch mit Luft oder Sauerstoff häufig sogar explosiv (Experiment 2). Bei vollständiger Verbrennung entstehen Kohlenstoffdioxid und Wasser. Dabei wird Wärme abgegeben.

$$CH_4 + 2\,O_2 \longrightarrow CO_2 + 2\,H_2O\,; \quad \text{exotherm}$$

$$2\,C_6H_{14} + 19\,O_2 \longrightarrow 12\,CO_2 + 14\,H_2O\,; \quad \text{exotherm}$$

Ist nicht genügend Sauerstoff vorhanden, kommt es zur unvollständigen Verbrennung, wobei neben Wasser das giftige Kohlenstoffmonooxid oder reiner Kohlenstoff als Ruß entstehen.

$$2\,C_6H_{14} + 13\,O_2 \longrightarrow 12\,CO + 14\,H_2O$$

Bei der Verbrennung verschiedener Alkane an der Luft nehmen mit steigendem Kohlenstoffgehalt des Alkans die Helligkeit der Flamme und die Rußbildung zu, was auf die unvollständige Verbrennung zurückzuführen ist (Abb. 2).

Substitutionsreaktion. Alkane reagieren mit den Halogenen Chlor und Brom bei Zimmertemperatur nicht spontan. Erst bei Zufuhr von Wärme oder unter Einwirkung von Licht reagieren jedoch Hexan und Brom miteinander (Experiment 10). Unter Bildung eines stechend riechenden, farblosen Gases tritt eine Entfärbung des Stoffgemisches ein (Abb. 3).

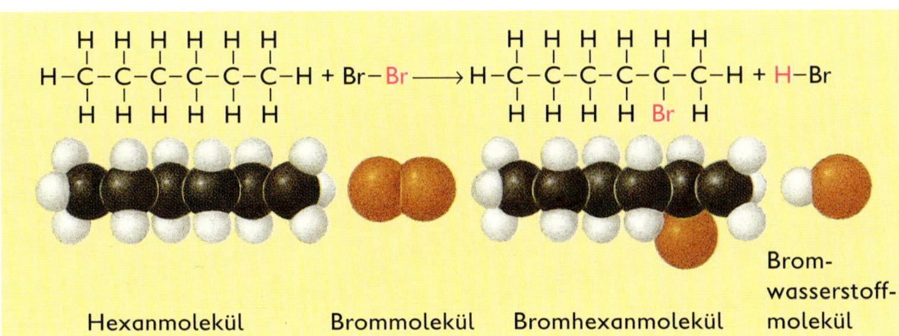

3

Bei dieser Reaktion wird ein Wasserstoffatom eines Hexanmoleküls gegen ein Bromatom eines Brommoleküls ausgetauscht. Die Reaktion wird als **Substitution** (lateinisch: substituere = ersetzen, austauschen) bezeichnet.

Die Substitution ist eine chemische Reaktion, bei der zwischen den Molekülen der Ausgangsstoffe Atome ausgetauscht werden.

Experiment 9
Gib nacheinander einige Tropfen 10%ige Schwefelsäure (Xi), 2%ige Natronlauge (Xi), 30%ige Kaliumpermanganatlösung (Xn) sowie eine Spatelspitze Eisenpulver in je ein Reagenzglas mit Heptan (F, Xn, N) und schüttle!

2

Experiment 10 **L**
Vorsicht! Abzug!
Das sich in einem verschlossenen Gefäß befindende braune Gemisch von Hexan (F, Xn, N) und Brom (T+, C, N) wird intensiv belichtet. Nach einiger Zeit wird angefeuchtetes Indikatorpapier in das Gefäß gehalten.

AUFGABEN

1. Welche Beobachtungen sind zu erwarten bei Zugabe von
   a) Wasser zu Kochsalz,
   b) Pentan zu Kochsalz,
   c) Nonan zu Hexan?
   Begründe!
2. Womit kann man einen Ölfleck aus der Kleidung entfernen?
3. Warum können Metalle wie Natrium unter Petroleum aufbewahrt werden?
4. Welches Volumen Kohlenstoffdioxid entsteht bei der vollständigen Verbrennung von 3 kg Propan?
5. Beschreibe die Reaktion von Propan mit Brom! Entwickle die Reaktionsgleichung!

Isomerie bei Alkanen

Isomere des Butans. Bei gesättigten Kohlenwasserstoffen mit mehr als 3 Kohlenstoffatomen im Molekül ergeben sich unterschiedliche Verknüpfungsmöglichkeiten für die Kohlenstoffatome. So lassen sich für die Summenformel C_4H_{10} zwei verschiedene Molekülstrukturen angeben und es existieren auch 2 Butansorten: das **Normalbutan** und das **Isobutan** (Abb. 1).

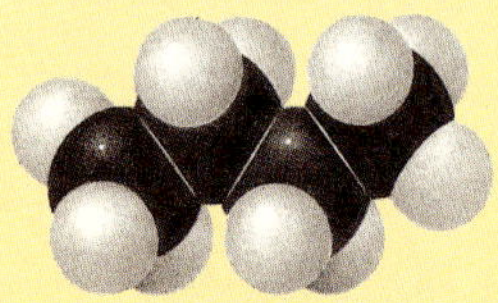
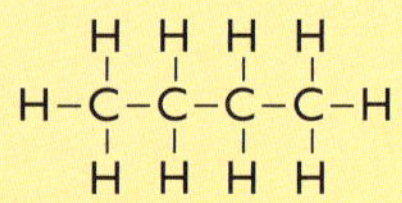

unverzweigte Kette
Normalbutan

Schmelztemperatur: −138,3 °C
Siedetemperatur: −0,5 °C

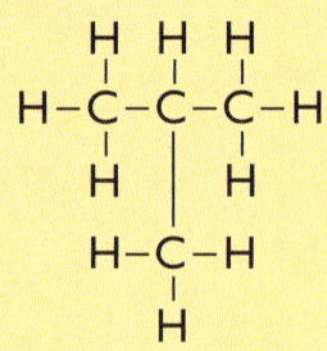

verzweigte Kette
Isobutan (2-Methylpropan)

Schmelztemperatur: −159,6 °C
Siedetemperatur: −11,7 °C

1

Beide Verbindungen enthalten Kohlenstoffatome im Molekül in kettenförmiger Anordnung. In den Molekülen beider Verbindungen liegen Einfachbindungen zwischen den Kohlenstoffatomen vor. In der unverzweigten Kette ist jedes Kohlenstoffatom mit mindestens zwei Wasserstoffatomen verbunden. In der verzweigten Kette ist dagegen ein Kohlenstoffatom mit nur einem Wasserstoffatom verbunden. Beide Verbindungen entsprechen der allgemeinen Formel $\mathbf{C_nH_{2n+2}}$, sind also Alkane. Sie haben bei gleicher Summenformel unterschiedliche Molekülstruktur und werden als **Isomere** (griechisch: isos = gleich; meros = Teil) bezeichnet. Isomere Verbindungen unterscheiden sich infolge verschiedener Molekülstrukturen in ihren Eigenschaften (Abb. 2).

Verbindungen mit gleicher Summenformel, aber unterschiedlicher Strukturformel ihrer Moleküle heißen isomere Verbindungen. Die Erscheinung bezeichnet man als Strukturisomerie. Isomere unterscheiden sich in ihren Eigenschaften.

Namen von Alkylresten. Wird von einem Alkanmolekül ein Wasserstoffatom entfernt, erhält man den **Alkylrest „R"**. Die Endung **„an"** im Namen des Alkans wird durch **„yl"** ersetzt.

Formel	CH_3-	C_2H_5-	C_3H_7-	C_4H_9-	R-
Name	Methyl-	Ethyl-	Propyl-	Butyl-	Alkyl

Isomere Alkane mit fünf Kohlenstoffatomen im Molekül

Strukturformeln

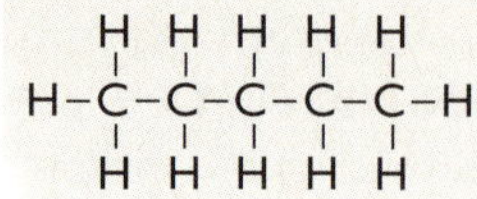

Pentan

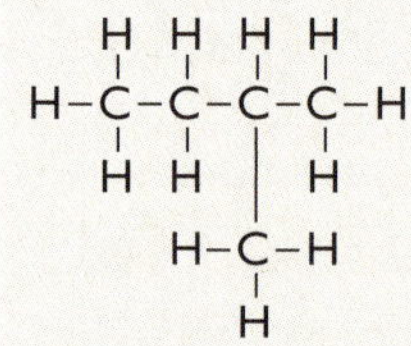

2-Methylbutan

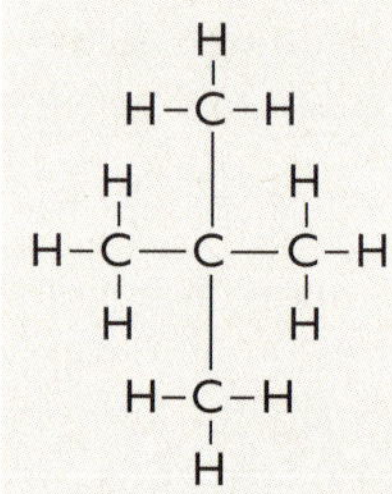

2,2-Dimethylpropan

Verkürzte Strukturformeln

$CH_3-CH_2-CH_2-CH_2-CH_3$

Pentan

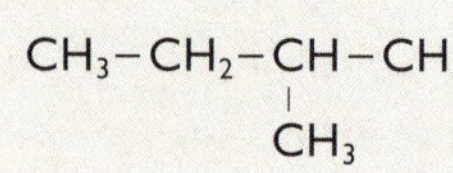

2-Methylbutan

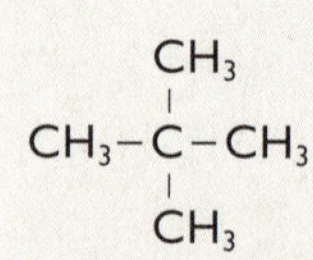

2,2-Dimethylpropan

2

Namen von Isomeren. Alkane mit unverzweigten Molekülketten heißen **Normalalkane** (n-Alkane), mit verzweigten Molekülketten **Isoalkane** (i-Alkane) (Abb. 1). Da die Anzahl der Isomeren mit der Kettenlänge der Alkanmoleküle stark ansteigt (Tabelle 6), wurden zur eindeutigen Benennung der Verbindungen international gültige **Nomenklaturregeln** aufgestellt:

1. Die längste Kohlenstoffkette (Hauptkette) im Molekül wird ermittelt. Die Anzahl ihrer Kohlenstoffatome ergibt den **Stammnamen** der Verbindung.
2. Die **Seitenketten** werden als Alkylreste benannt. Ihre Namen werden alphabetisch geordnet vor den Stammnamen gesetzt.
3. Die **Anzahl der** jeweils gleichen **Alkylreste** wird mit griechischen Zahlwörtern benannt und vor die Namen der Alkylreste gesetzt.
4. Die **Position einer Seitenkette** wird durch die Nummer des Kohlenstoffatoms der Hauptkette, an dem die Verzweigung erfolgt, bezeichnet. Die Nummerierung erfolgt so, dass sich möglichst kleine Zahlen ergeben. Die Zahl wird dem Namen der Seitenkette vorangestellt (Tabelle 5).

Strukturformel	$\overset{1}{CH_3}-\overset{2}{\underset{\displaystyle CH_3}{\underset{\vert}{CH}}}-\overset{3}{CH_2}-\overset{4}{\underset{\displaystyle CH_3}{\underset{\vert}{CH}}}-\overset{5}{CH_3}$		
Positionen der Alkylreste (4.)	Anzahl der Alkylreste (3.)	Name des Alkylrestes (2.)	Stammname der Verbindung (1.)
2,4	Di	methyl	pentan
2,4-Dimethylpentan			

5

Die Octanzahl. Benzin ist ein Gemisch flüssiger Kohlenwasserstoffe, das vorzugsweise n- und i-Alkane, Cycloalkane sowie Aromaten enthält (↗ S. 200). Das „Klopfen" von Benzinmotoren ist ein Zeichen für eine ungleichmäßige Verbrennung des Benzin-Luft-Gemisches im Zylinder. Um das Klopfen zu verhindern, macht man das Benzin durch Zusätze klopffester (Antiklopfmittel). Ethanol, Benzol, Bleitetraethyl sind u. a. solche Antiklopfmittel, deren Anwendung aufgrund ihrer Eigenschaften aber nicht unbedenklich ist und zu Umweltschäden führen kann (↗ S. 206). Als Maß für die Klopffestigkeit des Benzins dient die **Octanzahl OZ**.

Der Begriff Octanzahl ist vom Kohlenwasserstoff 2,2,4-Trimethylpentan (Isooctan) abgeleitet (Abb. 3). **Isooctan** ist besonders klopffest und zündträge. Ihm wird die Octanzahl 100 zugeordnet. Das besonders zündfreudige, stark klopfende n-Heptan hat die Octanzahl 0 erhalten. Die Octanzahl eines Kraftstoffes gibt an, wie viel Prozent Isooctan im Gemisch mit n-Heptan die gleiche Klopffestigkeit ergeben. OZ 95 bedeutet: Es liegt ein Kraftstoff vor, dessen Zündverhalten und Klopffestigkeit dem eines Gemisches aus 95 % Isooctan und 5 % n-Heptan entspricht.

ISOMERIE BEI ALKANEN

Kohlenwasserstoff	Anzahl der Isomere
C_4H_{10}	2
C_5H_{12}	3
C_6H_{14}	5
C_7H_{16}	9
⋮	
$C_{20}H_{42}$	366319
⋮	
$C_{40}H_{82}$	62491178805831

6

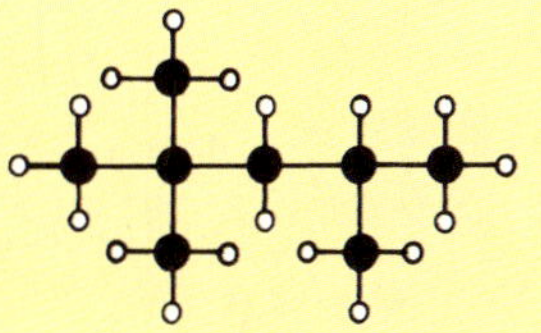

Isooctanmolekül

3

AUFGABEN

1. Nenne Gemeinsamkeiten und Unterschiede bei Isomeren!
2. Warum kann es keine Propanisomere geben?
3. Versuche, die Strukturformeln für die Moleküle aller 5 Isomere des Hexans zu finden! Bestimme ihre Namen!
4. Entwickle die Strukturformel für das 3-Ethyl-4-methylheptanmolekül! Nenne die Summenformel und das n-Alkan!
5. Was bedeutet OZ 92?
6. Erläutere die Aussage: „Benzin ist klopffest!"
7. Warum ist zündträges Benzin für einen Motor geeigneter als zündfreudiges?
8. Superbenzin (OZ 96 bis 98) ist klopffester als Normalbenzin (OZ 90 bis 93). Begründe!
9. Wodurch wird eine hohe Octanzahl erreicht?

Halogenalkane

Bildung von Halogenalkanen. Durch Substitution (↗ S. 187) gebildete Stoffe werden als Abkömmlinge oder **Derivate** (lateinisch: derivare = ableiten) des Ausgangsstoffes bezeichnet. Chlormethan ist ein Chlorderivat des Methans (Abb. 1).

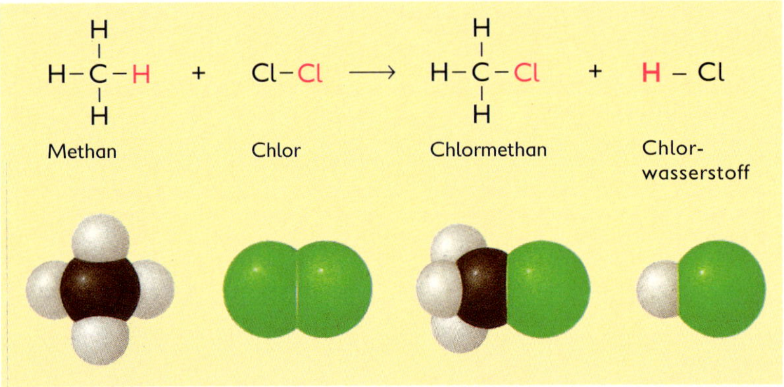

1

2

Die Reaktion zwischen Methan und Chlor kann auch zur Bildung anderer Chlorderivate des Methans führen. Wird ein Wasserstoffatom im Chlormethanmolekül durch ein Chloratom ersetzt, so entsteht Dichlormethan. Durch weitere Reaktionen wird Dichlormethan zu Trichlormethan und schließlich zu Tetrachlormethan umgewandelt (Abb. 2).

$$CH_3Cl + Cl{-}Cl \longrightarrow CH_2Cl_2 + H{-}Cl$$
$$CH_2Cl_2 + Cl{-}Cl \longrightarrow CHCl_3 + H{-}Cl$$
$$CHCl_3 + Cl{-}Cl \longrightarrow CCl_4 + H{-}Cl$$

Bei allen vier Reaktionen wird durch Energieeinwirkung die Atombindung im Chlormolekül gelöst. Die entstehenden Chloratome sind sehr reaktionsfähig und führen stufenweise zur Auflösung der Atombindungen zwischen den 4 Wasserstoffatomen und dem Kohlenstoffatom im Methanmolekül. Es entstehen also Gemische verschiedener Halogenderivate des Methans.
Auch mit anderen Halogenen (Brom, Fluor) verlaufen Substitutionsreaktionen. Jedes Wasserstoffatom eines Alkanmoleküls kann durch ein Halogenatom ersetzt werden. Es gibt deshalb eine Vielzahl von Halogenderivaten der Alkane, die kurz **Halogenalkane** genannt werden.

Experiment 11 L
Vorsicht! Abzug!
Eine kleine Menge von Haarspray (F), Tipp-Ex (F) und Universalkleber (F) werden jeweils auf erkaltetes, ausgeglühtes Kupferblech gegeben. Die Kupferbleche werden in die nicht leuchtende Brennerflamme gehalten.

Nachweis. Organische Halogenverbindungen lassen sich mit der ***Beilstein*-Probe** nachweisen (Abb. 3). Hält man eine kleine Menge eines Halogenalkans auf einem ausgeglühten Kupferblech in die nicht leuchtende Flamme, so wird diese deutlich grün gefärbt. Diese Grünfärbung tritt immer auf, wenn in den so geprüften organischen Verbindungen Halogenatome gebunden sind (Experiment 11).

Friedrich Beilstein (1838 bis 1906) wurde in St. Petersburg geboren. Ab 1853 studierte er Chemie in Heidelberg, München und Göttingen, wo er 1858 promovierte. Er schuf das „Handbuch der organischen Chemie". Es ist als „*Beilsteins* Handbuch" in neuer Auflage bis heute in Gebrauch. *Beilstein* ist Urheber der *Beilstein*-Probe.
3

Eigenschaften. Halogenalkane haben andere Eigenschaften als die Alkane, aus denen sie entstanden sind. So haben sie höhere Siedetemperaturen (Tabelle 8, S. 191) und größere Dichten.

Ursache sind die stärker wirkenden Anziehungskräfte zwischen den Molekülen der Halogenalkane als zwischen denen der Alkane. Halogenalkane sind ineinander und in Alkanen löslich. Sie sind gute Lösungsmittel für Fette. Je mehr Wasserstoffatome in Alkanmolekülen durch Halogenatome ersetzt sind, umso geringer ist die Brennbarkeit des Halogenalkans.
Die meisten Halogenalkane sind sehr giftig. Halogenalkanreste müssen deshalb in dafür bereitgestellten Behältern gesammelt (Abb. 4) und ordnungsgemäß beseitigt oder wieder aufbereitet werden, da es sonst zur Vergiftung des Grund- und Trinkwassers kommen kann. Ihre Schadstoffeigenschaften erfordern aber oft den Ersatz durch andere Stoffe.

Verwendung. Halogenalkane werden in Industrie und Technik vielseitig verwendet (Tabelle 7, Experiment 12).

Name (Trivial- bzw. Handelsname)	Strukturformel	Verwendung
Chlormethan (Methylchlorid)	H H–C–Cl H	Bei Synthesen zur Einführung von Methylgruppen in organische Verbindungen (Methylierungsmittel)
Dichlormethan (Methylenchlorid)	Cl H–C–Cl H	Lösungsmittel für Lacke und Polyvinylchlorid, Extraktionsmittel
Trichlormethan (Chloroform)	Cl H–C–Cl Cl	Lösungsmittel für Fette und Harze; Entfetten von Metallteilen; früher wichtiges Narkosemittel (vermutlich Krebs erregend)
Tetrachlormethan (Tetrachlorkohlenstoff, „Tetra“)	Cl Cl–C–Cl Cl	Gutes lipophiles Lösungsmittel; früher Fleckenreinigungsmittel (Krebs erregend)
Triiodmethan (Iodoform)	I H–C–I I	Antiseptikum (Wundbehandlung), Desinfektionsmittel
Dichlordifluormethan (R 12, ein Frigen)	Cl F–C–Cl F	Kältemittel in Kühlschränken; früher Treibgas in Spraydosen; Verschäumungsmittel (schädigt Ozonschicht)
Bromtrifluormethan (ein Halon)	F F–C–Br F	Früher Feuerlöschmittel (schädigt Ozonschicht)
Chlorethan (Ethylchlorid)	H H H–C–C–Cl H H	Früher zur lokalen Betäubung „Vereisung“; Ausgangsstoff für Benzinzusatz

7

HALOGENALKANE

Name	Smt. °C	Sdt. °C
Methan	–182,5	–161,5
Trichlormethan	– 63,5	60,7
Tetrachlormethan	– 22,9	76,7
Ethan	–183,2	– 88,6
Chlorethan	–136,4	12,3

8

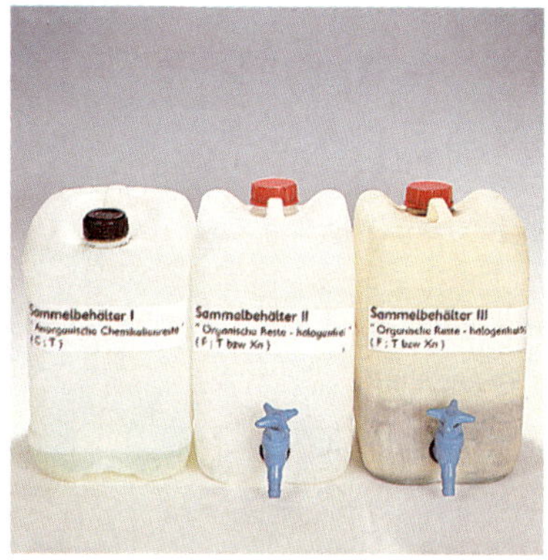

4

Experiment 12 **L**
Vorsicht! Abzug!
Die Spitze eines Thermometers wird mit etwas Watte umwickelt. Darauf wird vorsichtig Ethylchlorid (F+, Xn) gesprüht.

AUFGABEN

1. 1,2-Dichlorethan und 1,1-Dichlorethan sind Isomere. Begründe! Entwickle die Strukturformeln!
2. Begründe, warum es viele Halogenalkane gibt!
3. Entwickle die Reaktionsgleichungen für die Bildung von Chlorethan und von Tribrommethan!
4. Wie kann man überprüfen, ob im Fleckenwasser Halogenalkane enthalten sind?
5. Warum haben Halogenalkane andere Eigenschaften als die entsprechenden Alkane?

Aus der Welt der Chemie

FCKW contra Ozonschicht

Seit einigen Jahren weiß man, dass **Fluorchlorkohlenwasserstoffe FCKW** die Ozonschicht zerstören.

Ozon O_3 „filtert" die für das Leben auf der Erde schädlichen UV-Strahlen aus dem Sonnenlicht und wirkt deshalb als „optischer Schutzschild" für die Erde. Bereits eine geringe Schwächung der Ozonschicht führt zu einer deutlich stärkeren UV-Strahlung auf der Erde, was zu Schäden bei Pflanzen und Tieren und zum Ansteigen von Augenerkrankungen und Hautkrebs beim Menschen führen kann.

Weil die Moleküle der FCKW chemisch so stabil sind, konnten sie in den vergangenen 60 Jahren unverändert in großen Mengen bis in die Stratosphäre gelangen.

Gegenwärtig werden große Anstrengungen unternommen, die FCKW durch andere Stoffe (z. B. Propan-Butan-Gemische als Treibgas) zu ersetzen bzw. eingesetzte wiederzugewinnen (z. B. wie bei der Kühlschrankentsorgung durch Absaugvorrichtungen).

Damit sich die Ozonschicht wieder regenerieren kann, muss weltweit auf die Herstellung von FCKW verzichtet werden.

Nach geltendem EG-Recht dürfen seit 1995 vollhalogenierte („harte") FCKW weder hergestellt noch verbraucht werden.

AUFGABEN

1. Was bedeutet der „Blaue Umweltengel“ auf bestimmten Verpackungen von Produkten?
2. Kann mit der Rückgewinnung von Fluorchlorkohlenwasserstoffen das Ozonproblem gelöst werden? Begründe!
3. Die Ozonschicht muss unbedingt erhalten bleiben. Zeige an Beispielen, wie jeder Einzelne dazu beitragen kann!
4. Leite aus den folgenden Strukturformeln die Summenformeln und die Namen der Halogenalkane ab!

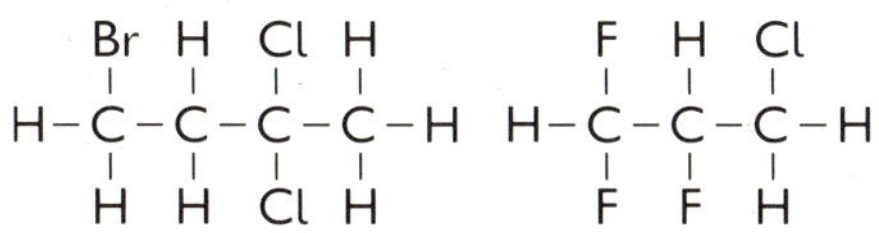

5. Berechne den Massenanteil der Elemente Kohlenstoff, Wasserstoff und Chlor im 1,2-Dichlorethan!
6. Erläutere folgende Reaktionsgleichungen:
   $2\ C_2H_6 + 7\ O_2 \longrightarrow 4\ CO_2 + 6\ H_2O$,
   $C_2H_6 + Br_2 \longrightarrow C_2H_5Br + HBr$!
7. Nenne Kohlenwasserstoffe, die im Alltag verwendet werden! Erläutere!
8. Welche Verbrennungsprodukte müssten beim Abbrennen einer Kerze entstehen?
9. Woran kann man erkennen, dass Heptan mit Brom reagiert?
   Entwickle die Reaktionsgleichung!
   Kennzeichne die Reaktionsart!
10. Erläutere den Begriff „homologe Reihe“!

Im Überblick

Alkane

Organische Verbindungen, die nur aus Kohlenstoff und Wasserstoff bestehen und deren Kohlenstoffatome in den Molekülen jeweils durch eine einfache Atombindung miteinander verbunden sind.

Alkane

Unverzweigte Alkane

z. B. Butan

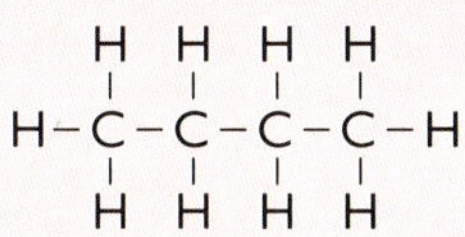

Verzweigte Alkane

z. B. 2-Methylpropan

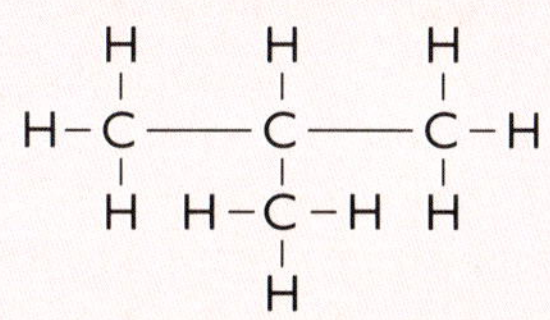

Isomere Verbindungen

Verbindungen, deren Moleküle bei gleicher Summenformel unterschiedliche Strukturformeln haben.

Chemische Reaktionen der Alkane

Vollständige Verbrennung: z. B. $CH_4 + 2\ O_2 \longrightarrow CO_2 + 2\ H_2O$.

Unvollständige Verbrennung:
z. B. $2\ C_6H_{14} + 13\ O_2 \longrightarrow 12\ CO + 14\ H_2O$.

Substitution: Reaktion, bei der zwischen den Molekülen der Ausgangsstoffe Atome ausgetauscht werden, z. B.

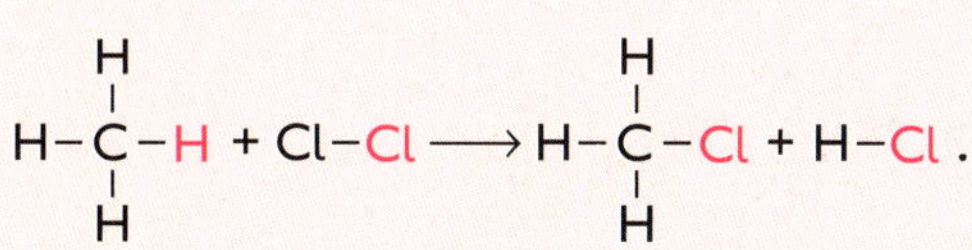

19

Alkene und Alkine

Alkene und Alkine gehören zu den Kohlenwasserstoffen, da sie nur aus Kohlenstoff und Wasserstoff zusammengesetzt sind. Ethin, der einfachste Vertreter der Alkine, wurde früher in Carbidlampen zur Beleuchtung verwendet. Wie ist das möglich?

Alkene

Ethen (Ethylen). Ethen ist bei 20 °C ein farbloses, leicht süßlich riechendes Gas. In Wasser ist es fast unlöslich. Ethen brennt mit rußender Flamme (Exp. 1). Ethen-Luft-Gemische sind explosiv.
Ethen ist wie Ethan ein Kohlenwasserstoff. Das Ethenmolekül enthält aber zwei Wasserstoffatome weniger als das Ethanmolekül. Ethen hat die Summenformel C_2H_4. Im Ethenmolekül sind an jedes Kohlenstoffatom nur zwei Wasserstoffatome gebunden. Der Zusammenhalt der beiden Kohlenstoffatome wird durch zwei gemeinsame Elektronenpaare bewirkt (Abb. 1). Im Ethenmolekül liegt zwischen den beiden Kohlenstoffatomen eine **Doppelbindung** vor. Gemeinsamkeiten und Unterschiede zwischen Ethen und Ethan sind am Molekülbau besonders gut zu erkennen (Abb. 2) (↗ S. 184).
Ethen wird vor allem zur Herstellung von Kunststoffen, Lösungsmitteln (Tabelle 1), Klebstoffen und Medikamenten verwendet. In Reifekellern für Obst wird der Luft Ethen zugemischt, um das Nachreifen bei der Lagerung zu fördern.

Experiment 1 L
Vorsicht! Ethen (F+) wird im Standzylinder verbrannt und die Verbrennungsprodukte werden identifiziert!

C_2H_4

Summenformel

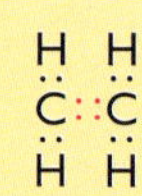

Elektronenformel

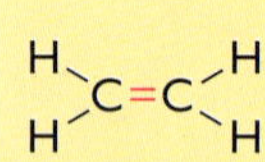

Strukturformel

1

Ethen

2

Die Doppelbindung ist eine Atombindung, die durch zwei gemeinsame Elektronenpaare zwischen zwei Atomen bewirkt wird.

Reinigungssymbol	Lösungsmittel
P	*Vorsicht!* Auch Tetrachlorethen (Perchlorethylen „Per") möglich, gesundheitsschädlich!

1

Homologe Reihe der Alkene. Neben dem Ethen gibt es Kohlenwasserstoffe mit mehr als zwei Kohlenstoffatomen im Molekül, die ebenfalls eine Doppelbindung zwischen zwei Kohlenstoffatomen aufweisen (Tabelle 2).

Name	Summenformel	Strukturformel
Ethen	C_2H_4	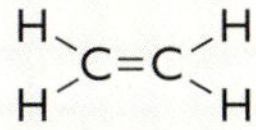
Propen	C_3H_6	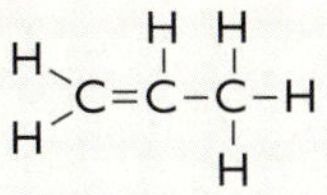
Buten	C_4H_8	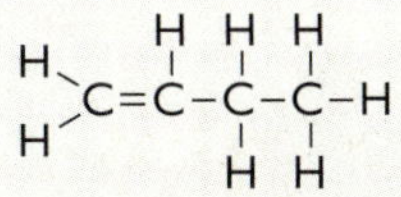
Penten	C_5H_{10}	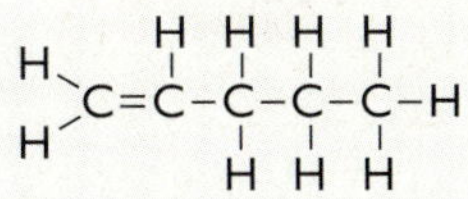

2

Alle diese Verbindungen gehören zur Stoffklasse der **Alkene**. Bei den Alkenen besitzt jedes Molekül zwei Wasserstoffatome weniger als das entsprechende Alkanmolekül. Das charakteristische Strukturmerkmal der Alkene ist eine Doppelbindung im Molekül. Die Alkene bilden wie die Alkane eine homologe Reihe. Die Moleküle aufeinanderfolgender Glieder in der homologen Reihe unterscheiden sich jeweils durch eine CH_2-Gruppe (Tabelle 2). Die allgemeine Summenformel der Alkene lautet demnach $\mathbf{C_nH_{2n}}$.
Die Alkene gehören zu den **ungesättigten Kohlenwasserstoffen**, da ihre Moleküle weniger Wasserstoffatome enthalten, als sie aufgrund der möglichen Elektronenpaarbindungen aufnehmen könnten.
Die Alkene haben im wesentlichen die gleichen physikalischen Eigenschaften wie die Alkane. So steigen zum Beispiel die Siede- und Schmelztemperaturen innerhalb der homologen Reihe, was auf die Zunahme der *van-der-Waals*-Kräfte bei steigender Molekülgröße zurückzuführen ist (Tabellen 3 und 4). Alkene sind in Wasser unlöslich, lösen sich aber gut in unpolaren Lösungsmitteln (↗ S. 186).
Die **Namen der Alkene** werden von denen der Alkane abgeleitet. An die Stelle der Endsilbe -an bei den Alkanen tritt die **Endsilbe -en**. Bei Alkenen mit mehr als drei Kohlenstoffatomen im Molekül muss die Position der Doppelbindung im systematischen Namen mit angegeben werden (↗ isomere Verbindungen, S. 188).

$\overset{1}{C}H_2{=}\overset{2}{C}H-\overset{3}{C}H_2-\overset{4}{C}H_2-\overset{5}{C}H_2-\overset{6}{C}H_3$ 1-Hexen

$\overset{1}{C}H_3-\overset{2}{C}H{=}\overset{3}{C}H-\overset{4}{C}H_2-\overset{5}{C}H_2-\overset{6}{C}H_3$ 2-Hexen

Name	Siedetemperatur in °C
Ethen	−103,7
Propen	− 47,4
Buten	− 6,3
Penten	+ 30,0
Hexen	+ 63,4
Hepten	+ 93,1
Octen	+122,5

3

Name	Schmelztemperatur in °C
Hexadecen	+ 4,0
Heptadecen	+ 10,7
Octadecen	+ 18,0

4

AUFGABEN

1. Vergleiche den Bau der Moleküle von Ethan und Ethen!
2. Erkläre, warum Ethen beim Verbrennen stark rußt!
3. Entwickle die Reaktionsgleichung für die vollständige Verbrennung von Ethen!
4. Leite den Namen des Alkens ab: $CH_3-CH{=}CH-CH_3$!
5. Welchen Aggregatzustand haben Alkene bei 20 °C?
6. Begründe, dass Alkene eine homologe Reihe bilden!
7. Stelle die verkürzten Strukturformeln für die Moleküle von 2-Penten, 4-Octen und 3-Decen auf!
8. Welche Summenformel hat das Alken, wenn seine molare Masse 70 g/mol beträgt? Gib eine mögliche verkürzte Strukturformel an!
9. Nenne Unterschiede zwischen gesättigten und ungesättigten Kohlenwasserstoffen!

Reaktionen der Alkene

Additionsreaktion. Wenn man Bromdampf mit Ethen mischt (Experiment 2), verschwindet die Farbe des Broms sehr schnell. Die beiden Gase bilden ein farbloses Reaktionsprodukt, das 1,2-Dibromethan. Auch beim Einleiten von Ethen in Bromwasser verschwindet die braune Färbung nach kurzer Zeit. Es erfolgt die gleiche chemische Reaktion (Abb. 1).

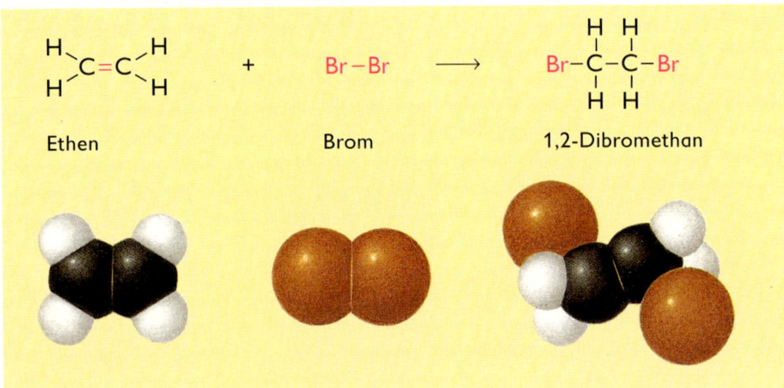

1

Da sich bei dieser Reaktion kein zweites Reaktionsprodukt bildet, müssen sich Ethenmoleküle und Brommoleküle direkt miteinander verbunden haben. Das ist möglich, weil in Ethenmolekülen eine Doppelbindung vorhanden ist. Bei der Reaktion geht die Doppelbindung zwischen den Kohlenstoffatomen in eine Einfachbindung über. Dadurch kann an jedes Kohlenstoffatom im Ethenmolekül jeweils ein Bromatom angelagert werden. Allgemein bezeichnet man die Anlagerung von Atomen oder Atomgruppen an Moleküle mit Doppelbindungen als **Addition**.

Die Entfärbung einer wässrigen Bromlösung gelingt mit allen ungesättigten Kohlenwasserstoffen. Deshalb wird diese chemische Reaktion zum **Nachweis** für ungesättigte Kohlenwasserstoffe genutzt (Experiment 3 sowie Experiment 4).

Die Moleküle der Alkene können nicht nur Brom, sondern auch andere Halogene (z. B. Chlor) oder Halogenwasserstoffe (z. B. Chlorwasserstoff) addieren. Dabei verläuft die Reaktion jeweils in gleicher Weise wie mit Brom (Abb. 2).

Die Addition ist eine chemische Reaktion, bei der sich jeweils ein Molekül zweier Ausgangsstoffe zu einem Molekül des Reaktionsproduktes vereinigen.

Die Addition von Wasserstoff heißt **Hydrierung**. Durch Hydrierung kann ein Alken in ein Alkan umgewandelt werden.

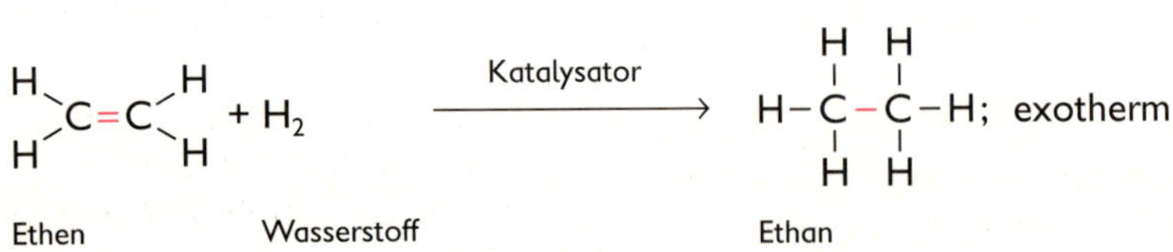

Experiment 2 L

Vorsicht! Abzug!
Ethen (F+) wird mit Bromdampf (T+, C, N) gemischt oder mit 3%igem Bromwasser (T, Xi) versetzt und geschüttelt.

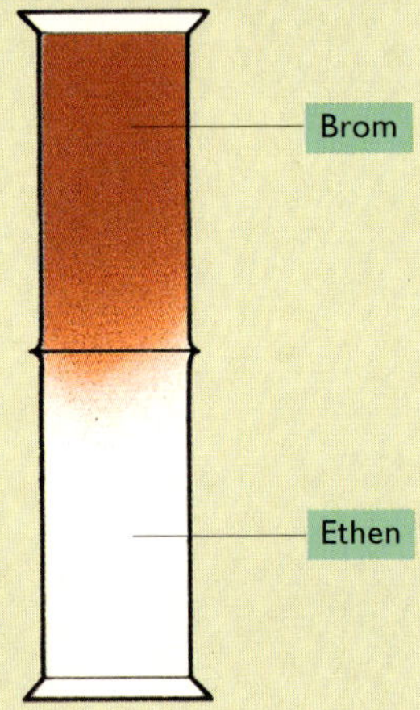

Experiment 3 L

Vorsicht! Abzug!
Petroleumbenzin (F) wird auf ungesättigte Kohlenwasserstoffe geprüft. Dazu werden 10 Tropfen Petroleumbenzin (F) mit 3 Tropfen 3%igem Bromwasser (T, Xi) versetzt und geschüttelt.

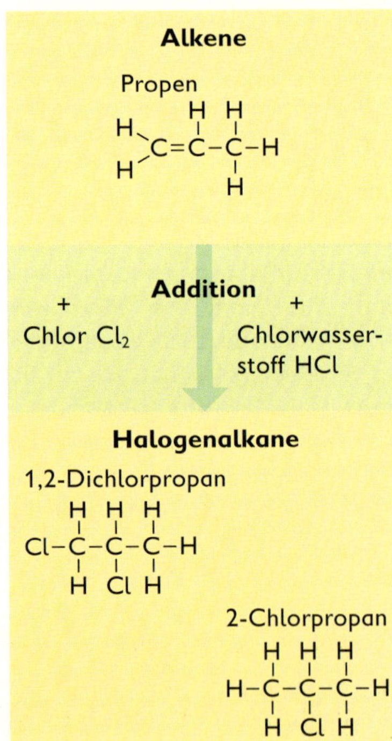

2

Polymerisation. Ethenmoleküle können nicht nur mit Molekülen anderer Stoffe reagieren. Mithilfe geeigneter Katalysatoren können Ethenmoleküle auch miteinander reagieren. Dabei brechen die Doppelbindungen der Ethenmoleküle auf und es entsteht ein Alkan mit sehr langkettigen Molekülen. In diesen sind die Kohlenstoffatome durch Atombindungen (Einfachbindungen) miteinander verbunden. Da die neue Verbindung aus vielen Ethenmolekülen entstanden ist, wird sie **Polyethen** oder **Polyethylen PE** genannt (griechisch: poly = viel). Polyethylen ist ein wichtiger Kunststoff (Abb. 3).

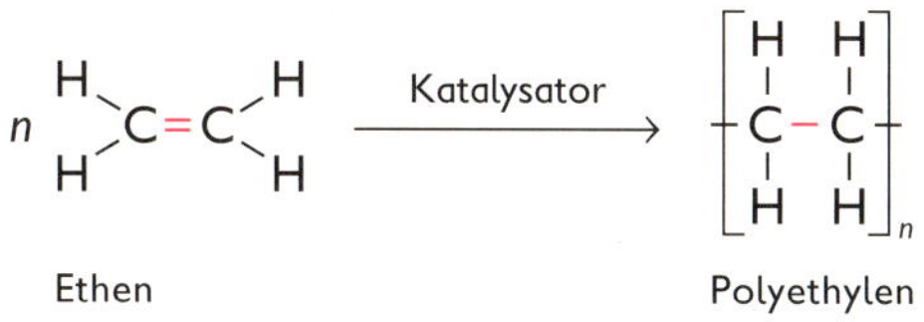

3 Mülltonnen aus Polyethylen

Die Länge der entstehenden Molekülketten richtet sich nach den Reaktionsbedingungen und dem angewandten Verfahren. Solche langkettigen Moleküle werden auch Riesenmoleküle oder **Makromoleküle** (griechisch: makros = lang, groß) genannt.
Die fortlaufende Addition von vielen Einzelmolekülen mit Doppelbindung zu sehr großen Molekülen wird als **Polymerisation** bezeichnet (↗ S. 259).

Bildung von Alkenen. Durch Abspaltung von Wasserstoffatomen aus Alkanmolekülen können unter Verwendung von Katalysatoren Alkene hergestellt werden (Abb. 4). Diese chemische Reaktion wird als **Dehydrierung** bezeichnet.

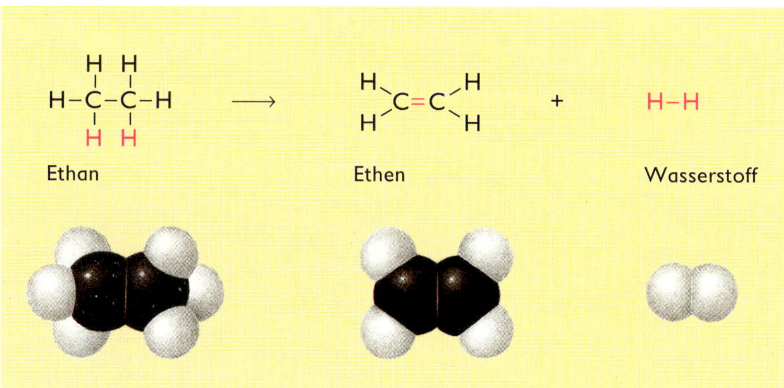

4

Die Dehydrierung ist die Umkehrung der Hydrierung. Auch Brom- oder Chloratome können aus den Molekülen von Halogenalkanen wieder abgespalten werden (Experiment 5). Chemische Reaktionen, bei denen aus Molekülen Atome oder Atomgruppen abgespalten werden, bezeichnet man als **Eliminierungen**.

Die Eliminierung ist eine chemische Reaktion, bei der aus jeweils einem Molekül des Ausgangsstoffes zwei Atome oder Atomgruppen abgespalten werden.

Experiment 4 L
Vorsicht! Abzug!
Hexen (F) wird vorsichtig in einem Reagenzglas mit alkalischer 20%iger Kaliumpermanganatlösung versetzt und geschüttelt.

Experiment 5 L
Vorsicht! Abzug!
Brommethan (F, Xn) wird über kräftig erhitzte Glaswolle geleitet. Die entstehenden Gase werden mit Universalindikator und mit 5%iger Silbernitratlösung (Xi) geprüft.

AUFGABEN

1. Beschreibe Additionsreaktion und Eliminierungsreaktion am Beispiel der Hydrierung und Dehydrierung als entgegengesetzt ablaufende chemische Reaktionen!
2. Was versteht man unter Polymerisation?
3. Nenne Möglichkeiten zur Herstellung von 2-Brompropan! Entwickle die Reaktionsgleichungen und benenne die Reaktionsprodukte!
4. Erläutere am Beispiel den Nachweis von ungesättigten Kohlenwasserstoffen!

Alkine

Ethin (Acetylen). Im Ethinmolekül ist nur ein Wasserstoffatom an jedes Kohlenstoffatom gebunden. Der Zusammenhalt der beiden Kohlenstoffatome wird durch drei gemeinsame Elektronenpaare bewirkt (Abb. 1).
Im Ethinmolekül liegt zwischen den beiden Kohlenstoffatomen eine **Dreifachbindung** vor. Doppelbindungen und Dreifachbindungen werden auch als **Mehrfachbindungen** bezeichnet.

Die Dreifachbindung ist eine Atombindung, die durch drei gemeinsame Elektronenpaare zwischen zwei Atomen bewirkt wird.

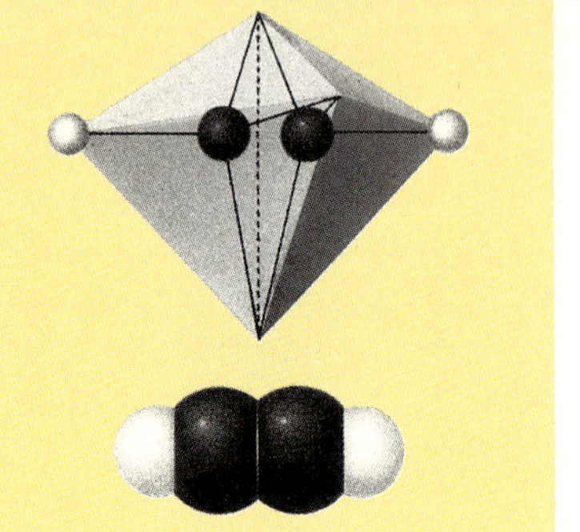
H–C≡C–H
Ethin

1

Ethin ist ein farbloses Gas, das rein fast geruchlos ist. Technisch hergestelltes Ethin riecht dagegen durch Verunreinigungen unangenehm. Es brennt an der Luft mit stark rußender Flamme (Experiment 6). Gemische von Ethin mit Luft oder Sauerstoff sind hochexplosiv. Zur Aufbewahrung wird das Gas in Stahlflaschen mit gelbem Anstrich in Aceton (↗ S. 220) unter geringem Druck gelöst. Acetylen wird in der Autogentechnik als Brenngas zum Gasschweißen und Brennschneiden verwendet. Bei einer Mischung von Acetylen mit Sauerstoff im Verhältnis von 1 : 1,1 (bis 1,5) und der Verbrennung diese Gemisches im Schweißbrenner werden Temperaturen über 3000 °C erreicht (Abb. 2). Ethin war viele Jahre eine der wichtigsten Ausgangsstoffe für organische Stoffe (z. B. Kunstfasern ↗ S. 263). Heute hat Ethin zugunsten von Ethen und Propen an Bedeutung verloren.
Ethin kann aus Erdgas, Erdöl (↗ S. 206), aber auch aus Kalk (↗ S. 175) und Kohle hergestellt werden. Dazu gewinnt man zunächst aus Kalk Calciumoxid und aus Kohle Koks. Aus diesen beiden Produkten wird mithilfe von elektrischem Strom Calciumcarbid CaC_2 hergestellt. Aus Calciumcarbid und Wasser wird dann Ethin gewonnen (Experiment 7).

$$CaC_2 + 2\,H_2O \longrightarrow Ca(OH)_2 + H-C\equiv C-H \text{ ; exotherm}$$

Homologe Reihe der Alkine. Auch die Alkine bilden wie die Alkene eine homologe Reihe (↗ S. 195). Als charakteristisches Merkmal der Alkine enthalten die Moleküle eine Dreifachbindung zwischen zwei Kohlenstoffatomen. Ihre allgemeine Summenformel ist $\mathbf{C_nH_{2n-2}}$. Die **Namen der Alkine** setzen sich aus dem Wortstamm und der **Endsilbe -in** zusammen.

C_2H_2 Ethin C_3H_4 Propin C_4H_6 Butin

Reaktionen der Alkine. Aufgrund der Dreifachbindung in den Molekülen der Alkine sind Additionsreaktionen möglich. So kann Brom addiert werden. Durch diese chemische Reaktion können Dreifachbindungen nachgewiesen werden (Experiment 8).
Alkine können auch Wasserstoff oder Halogenwasserstoffe addieren. Von technischer Bedeutung ist die Bildung von Chlorethen (Vinylchlorid), aus dem der Kunststoff Polyvinylchlorid (↗ S. 259) hergestellt werden kann.

Experiment 6 L
Vorsicht! Schutzscheibe!
Ethin (F+) wird mit einem brennenden Holzspan entzündet. Die Flamme ist zu beobachten und zu beschreiben!

Experiment 7 L
Vorsicht! Abzug!
Ein linsengroßes Stück Calciumcarbid (F) wird tropfenweise mit Wasser versetzt. Das entstehende Gas wird pneumatisch aufgefangen und mit 0,3%igem Bromwasser (Xn) geprüft.

Experiment 8 L
Vorsicht! Abzug! Hexin wird als ungesättigter Kohlenwasserstoff mit Mehrfachbindung im Molekül nachgewiesen.

2

Beim Stahlschneiden wird das Eisen erst auf Weißglut erhitzt und dann mit reinem Sauerstoff verbrannt. Beim Gasschweißen wird dagegen mit einem Überschuss an Acetylen gearbeitet.

AUFGABEN

1. Die Acetylenflamme rußt bei der Verbrennung an der Luft. Sie rußt dagegen nicht bei der Verbrennung in Sauerstoff. Erkläre!
2. Entwickle für die Addition von Brom und Wasserstoff an Ethinmoleküle die Reaktionsgleichung! Benenne die beteiligten Stoffe!
3. Begründe die Zuordnung von Propan, Propen und Propin zu verschiedenen Stoffklassen organischer Stoffe!
4. Welche Eigenschaften der Alkene sind auf die Struktur ihrer Moleküle zurückzuführen?
5. Warum sind Ethen und Vinylchlorid zur Polymerisation geeignet?
6. 100 ml Ethen sollen mit Bromwasser geprüft werden. Welche Masse an Brom darf höchstens im verwendeten Volumen von Bromwasser enthalten sein, damit dieses vollständig entfärbt wird?

Im Überblick

Kohlenwasserstoffe

Gesättigte kettenförmige Kohlenwasserstoffe

- **Alkane C_nH_{2n+2}**
  z. B. Ethan C_2H_6

Ungesättigte kettenförmige Kohlenwasserstoffe

- **Alkene C_nH_{2n}**
  z. B. Ethen C_2H_4
- **Alkine C_nH_{2n-2}**
  z. B. Ethin C_2H_2

Reaktionen der Kohlenwasserstoffe

Substitution
Austausch von Atomen zwischen den Molekülen der Ausgangsstoffe

Addition
Vereinigung von jeweils zwei Molekülen der Ausgangsstoffe zu einem Molekül des Reaktionsprodukts

Eliminierung
Abspaltung von mindestens zwei Atomen aus je einem Molekül des Ausgangsstoffes

Strukturmerkmale der Moleküle und Reaktionen der Kohlenwasserstoffe

Kohlenwasserstoff	Strukturmerkmal der Moleküle	Chemische Reaktion	Reaktionsgleichung für eine chemische Reaktion
Alkan	Einfachbindung	Substitution	$CH_3{-}CH_3 + Cl_2 \rightarrow CH_3{-}CH_2Cl + HCl$
		Eliminierung	$CH_3{-}CH_3 \rightarrow CH_2{=}CH_2 + H_2$
Alken	Doppelbindung	Addition	$CH_2{=}CH_2 + H_2 \rightarrow CH_3{-}CH_3$
Alkin	Dreifachbindung	Addition	$CH{\equiv}CH + H_2 \rightarrow CH_2{=}CH_2$

Umwandlung von Kohlenwasserstoffen

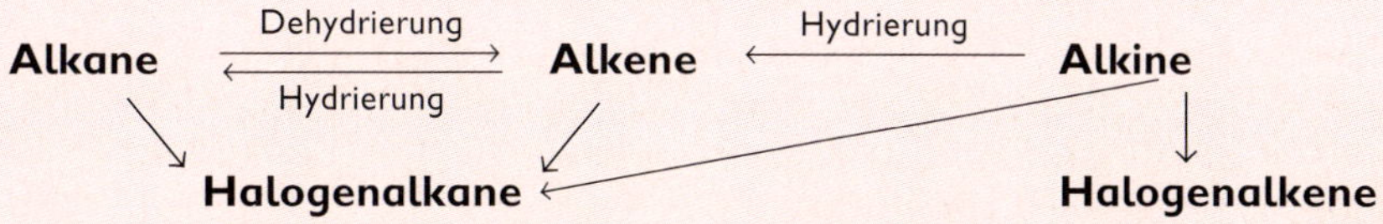

20 Ringförmige Kohlenwasserstoffe

In einer scherzhaften Darstellung sind die Strukturvorstellungen *Kekulés* vom Benzolmolekül wiedergegeben: Sechs Affen, die sich mal so und mal so anfassen. Welche Strukturen sind zu erkennen?

Cycloalkane und Cycloalkene

Cycloalkane. Eines der wichtigsten Cycloalkane ist **Cyclohexan** (Abb. 1), ein Bestandteil des Benzins. Cyclohexan ist eine farblose Flüssigkeit, die in ihren Eigenschaften stark den Alkanen mit kettenförmigen Molekülen mittlerer Länge ähnelt.

Cycloalkene. Wie bei den kettenförmigen Alkenmolekülen gibt es auch ringförmige Moleküle mit Doppelbindungen, die sich in ihren Eigenschaften ähneln. Tropft zum Beispiel zu **Cyclohexen** (Abb. 1) Bromwasser, so beobachtet man eine sofortige Entfärbung. Brom und Cyclohexen reagieren in einer Additionsreaktion zu 1,2-Dibromcyclohexan.

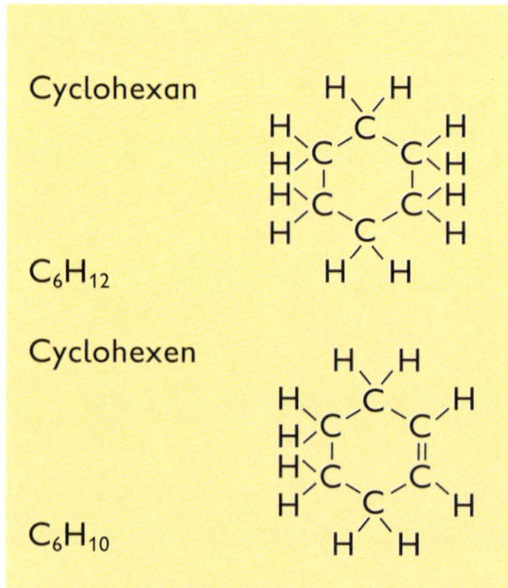

1

Aromatische Kohlenwasserstoffe

Benzol. Benzol wurde 1825 von *Michael Faraday* bei der Destillation von Steinkohlenteer entdeckt und wird heute weitgehend aus Erdöl gewonnen (↗ S. 205). Benzol ist ein wichtiger Grundstoff für die Herstellung von Farbstoffen, Kunststoffen und Medikamenten. Es ist ein typisches Lösungsmittel. Benzol wird auch dem Benzin zugesetzt, um die Klopffestigkeit zu erhöhen (↗ S. 189).

Eigenschaften. Benzol ist eine giftige, farblose Flüssigkeit mit charakteristischem aromatischen Geruch. Es ist nicht mit Wasser mischbar, aber in Alkohol, Ether und Aceton löslich. Benzol lässt sich leicht entzünden und brennt mit stark rußender Flamme. Da Benzol giftig ist und Krebs erregend wirkt, ist beim Umgang mit diesem Stoff größte Vorsicht geboten (Abb. 2).

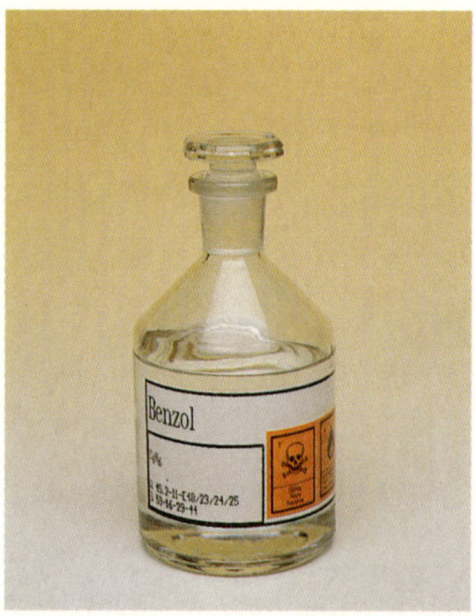

2

Struktur des Benzolmoleküls. Benzol ist der einfachste aromatische Kohlenwasserstoff mit der Summenformel C_6H_6. Erst 40 Jahre nach der Entdeckung des Benzols nahm der deutsche Chemiker *August Kekulé* (Abb. 3) zwei mögliche Strukturformeln („*Kekulé*-Formeln") an, in denen drei Doppelbindungen vorhanden sind (Abb. 4b). Diese Vorstellung von der Molekülstruktur des Benzols ist in den vergangenen Jahrzehnten weiterentwickelt worden (Abb. 4a). Heute weiß man, dass im Benzolmolekül die Kohlenstoffatome jeweils nur mit Einfachbindungen verbunden sind. Die sechs übrigen Elektronen sind frei beweglich und bilden ein **Elektronensextett** (Abb. 4c). Diese Elektronenanordnung ist typisch für Moleküle aromatischer Verbindungen.

3

August Kekulé von Stradonitz (1829 bis 1896) war Professor an der Universität in Bonn.

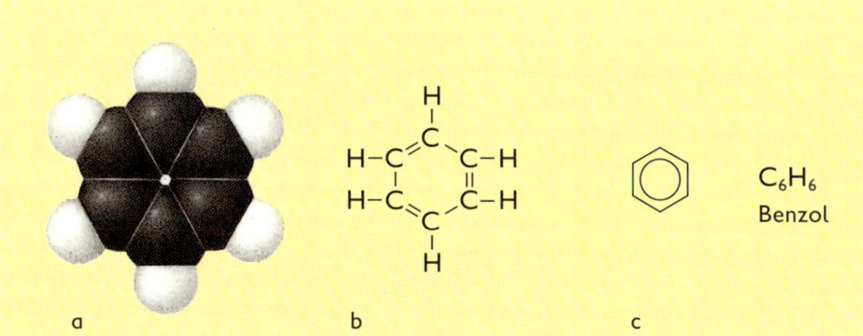

4

Experiment 1 L
Vorsicht! Abzug!
Etwas Toluol (F, Xn) wird mit der doppelten Menge 3%igem Bromwasser (T, Xi) versetzt und geschüttelt.

Experiment 2 L
Vorsicht! Abzug!
Toluol (F, Xn) wird in einem Reagenzglas mit Eisenfeilspänen und etwas Brom (T+, C, N) vermischt und erwärmt.

Die besondere Struktur des Bindungssystems hat Auswirkungen auf die Reaktionen des Benzols. Typisch sind Substitutionen (Experimente 1 und 2). Benzol und Verbindungen, die sich auf die Grundstruktur des Benzolmoleküls zurückführen lassen, gehören zu den **aromatischen Verbindungen** (lateinisch: aroma = Wohlgeruch), auch **Aromaten** genannt.

Einige aromatische Verbindungen. Aromaten sind vor allem Benzolderivate. Die chemische Industrie benötigt viele Aromaten als wichtige Ausgangsstoffe (Tabelle 1). Sie sind aber oft stark giftig, Krebs erregend und chemisch stabil, und so unterliegt ihr Einsatz in Deutschland strengen gesetzlichen Vorschriften, die auch Herstellungsverbote einschließen.

Name	Formel	Verwendung
Toluol	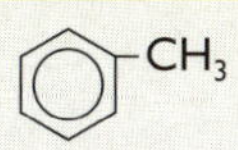	Lösungsmittel, zur Herstellung von Farb- und Sprengstoffen
Styrol	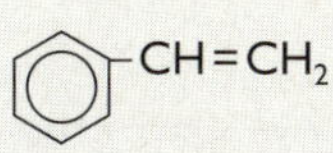	zur Herstellung von Kunststoffen, Synthesekautschuk
Anilin	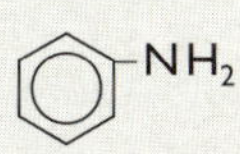	zur Herstellung von Farbstoffen, Arzneimitteln, Polyurethanen
Naphthalin	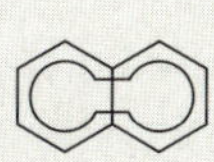	zur Herstellung von Farbstoffen, Arzneimitteln (früher in Mottenkugeln)

1

AUFGABEN

1. Lassen sich Benzolbrände mit Wasser löschen? Begründe!
2. Begründe, dass es sich bei der Reaktion von Toluol mit Brom um eine Substitution handelt! Entwickle die Reaktionsgleichung!
3. Durch welche Reaktion kann man Benzol von Hexen leicht unterscheiden?
4. Im Xylolmolekül sind zwei Wasserstoffatome im Ring durch Methylgruppen ersetzt. Stelle die Strukturformel auf!
5. Nenne Gefahren, die beim Umgang mit Benzol und Benzolderivaten drohen!

Aus der Welt der Chemie

DDT (**D**ichlor-**d**iphenyl-**t**ri-chlorethan) gehört zu den wirksamsten Insektiziden. Es ist ein Fraß- und Kontaktgift, das für sehr viele Insektenarten giftig wirkt. DDT ist auf der ganzen Welt zu finden, da es wie die meisten Halogenkohlenwasserstoffe in der Natur kaum abgebaut wird. Das Gift reichert sich im Fettgewebe an. Wenn auf diese Weise eine bestimmte Giftkonzentration erreicht ist, können gesundheitliche Schäden auftreten. Die Anwendung von DDT wurde deshalb in den Industrieländern schon vor vielen Jahren weitgehend verboten. Für die Bekämpfung der Malaria wird es in Entwicklungsländern noch produziert. Ein weiteres bekanntes Umweltgift ist das Insektizid **Lindan** (Hexachlorcyclohexan), dessen Einsatz in Europa verboten worden ist. Dennoch sind entsprechende Lebensmittelüberwachungen weiterhin erforderlich.

Dioxin oder **TCDD** (**T**etra**c**hlor**d**ibenzo**d**ioxin), bekannt als „Sevesogift", ist eine der giftigsten Substanzen. Schon 0,005 g können Menschen töten. Dioxin, ein Nebenprodukt der chemischen Industrie, ist fast wasserunlöslich, haftet aber an Bodenteilchen und kann so durch Wind verbreitet werden. Als fettlösliche Substanz kann es in die Nahrungskette gelangen.
Die Bildung von Dioxin ist daher unbedingt zu verhindern.

AUFGABEN

1. Erläutere den Begriff aromatische Verbindung!
2. Wie können die Elemente Kohlenstoff und Wasserstoff im Benzol nachgewiesen werden?
3. Nenne mindestens zwei Verbindungen, die mit dem Benzol verwandt sind! Stelle die Strukturformeln für ihre Moleküle auf!
4. Zeige am Beispiel der chemischen Reaktion von Toluol mit Chlor, dass aus diesen Ausgangsstoffen durch Substitution verschiedene Reaktionsprodukte entstehen können!
5. Erläutere an einem Beispiel die Strukturmerkmale von Kohlenwasserstoffmolekülen!
6. Erläutere an je einem Beispiel die Reaktionen Substitution, Eliminierung und Addition!
7. Berechne den Massenanteil des Elements Kohlenstoff im Benzol und im Hexan. Welche Eigenschaft von Benzol wird durch das Ergebnis erklärt?
8. Begründe die Aussage, dass zwischen der Struktur der Moleküle und den Eigenschaften des Stoffes ein Zusammenhang besteht!
9. Benzindämpfe sind schädlich! Begründe!
10. Welche Wirkung hat das Insektizid DDT?
11. Warum sollten Landwirte und auch Hobbygärtner äußerst sparsam und sorgfältig mit Pflanzenschutzmitteln umgehen?
12. Welche Eigenschaften sollten umweltverträgliche Insektizide aufweisen?

Im Überblick

Aromatische Verbindungen

Strukturmerkmal:	mindestens ein Ringsystem (Elektronensextett) im Molekül
Typische Reaktion:	Substitution
Eigenschaften:	aromatischer Geruch, meist giftige, Krebs erregende, farblose, hydrophobe Stoffe
Verwendung:	Herstellung von Lösungsmitteln, Riechstoffen, Farbstoffen, Kunststoffen, Pharmazeutika, Sprengstoffen, Pflanzenschutzmitteln

Kohlenwasserstoffe

Die **Einteilung** erfolgt nach der Struktur ihrer Moleküle.

- **Kohlenwasserstoffe**
  - **Kettenförmige Kohlenwasserstoffe**
    - **Gesättigte Kohlenwasserstoffe**
      - **Alkane** z. B. Hexan
    - **Ungesättigte Kohlenwasserstoffe**
      - **Alkene** z. B. Hexen
      - **Alkine** z. B. Hexin
  - **Ringförmige Kohlenwasserstoffe**
    - **Gesättigte Kohlenwasserstoffe** z. B. Cyclohexan
    - **Ungesättigte Kohlenwasserstoffe** z. B. Cyclohexen
    - **Aromatische Kohlenwasserstoffe** z. B. Benzol

Die **systematischen Namen** kennzeichnen die Anzahl der Kohlenstoffatome sowie Position, Anzahl und Art der Mehrfachbindungen in den Molekülen organischer Stoffe.
Die **Umwandlung von Kohlenwasserstoffen** in andere organische Stoffe ist durch Additionen, Eliminierungen oder Substitutionen möglich.

21

Erdöl und Erdgas

Industriell wird Erdöl erst seit 120 Jahren genutzt. Die Erschließung und Förderung von Erdöl- und Erdgasvorkommen unter dem Meeresspiegel ist besonders aufwendig. Schwierigkeiten bereitet auch die umweltgerechte Entsorgung von Bohrinseln.
Wie kommt man vom Erdöl zu Kraftstoffen?

Vom Erdöl zum Produkt der chemischen Industrie

Entstehung, Lagerstätten, Förderung und Transport. Wie Kohle sind auch **Erdöl** und **Erdgas** aus organischen Stoffen (Plankton) entstanden (Abb. 1). Die Orte der Entstehung waren insbesondere abgeschlossene Meeresteile, Lagunen und Buchten, wo das Wasser wenig Sauerstoff enthielt. Das entstandene Erdöl und Erdgas sammelte sich in porösen Sedimentgesteinen, die von undurchlässigen Schichten umgeben waren (Abb. 2).
Auf der Suche nach Erdöl und Erdgas müssen die Bohrungen bis in die Lagerstätten vorgetrieben werden. Das Erdöl kann dann durch den in der Lagerstätte herrschenden Druck ohne technische Hilfsmittel an die Erdoberfläche gelangen, oder es muss heraufgepumpt werden.
Die größten Erdöl- und Erdgasvorkommen befinden sich im Mittleren Osten, in Nordamerika, in Sibirien und in China. Es ist zu erwarten, dass bei gleichbleibender Förderung die heute bekannten Weltvorräte in absehbarer Zeit erschöpft sind. Deshalb müssen alternative Energie- und Rohstoffquellen erschlossen werden.
Die meisten Erdöl- und Erdgasquellen sind weit von den Verbraucherländern entfernt. Das frisch geförderte Rohöl wird am Ort in großen Tanks gespeichert. Erdöl und Erdgas werden verschifft oder direkt über Rohrleitungen (Pipelines) zu Erdölraffinerien oder zu Verladehäfen transportiert. Vor dem Transport wird das Rohöl entgast (von gelöstem Erdgas befreit), entwässert und, wegen der Korrosionsgefahr für die Transportmittel, auch entsalzt. Erdgas kann bei tiefen Temperaturen verflüssigt und so auch in Spezialschiffen transportiert werden.

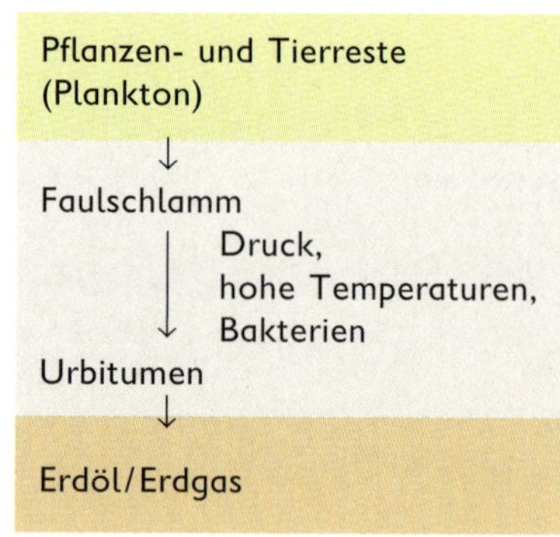

1

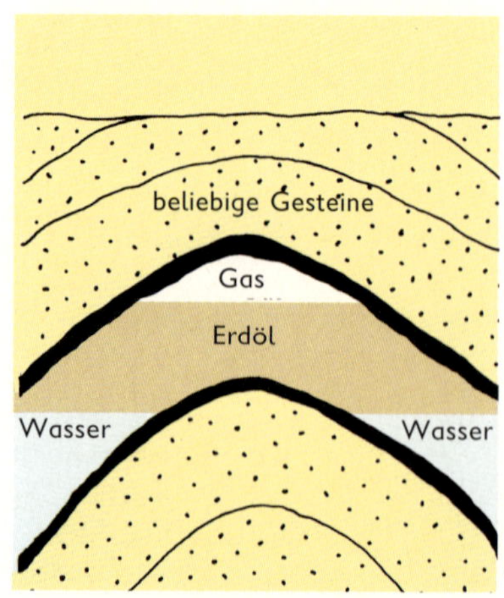

2

Zusammensetzung. Erdgas ist ein Stoffgemisch, das hauptsächlich aus Alkanen wie Methan, Ethan, Propan und Butan besteht. Als weitere Gase können Kohlenstoffdioxid, Schwefelwasserstoff, Stickstoff und Spuren von Edelgasen enthalten sein. Je nach Vorkommen ist die Zusammensetzung unterschiedlich.

Erdöl (Rohöl) ist ein Stoffgemisch verschiedener Kohlenwasserstoffe. Die Zusammensetzung ist je nach Lagerstätte sehr unterschiedlich. Es enthält vor allem flüssige Alkane, Cycloalkane sowie ungesättigte und ringförmige Kohlenwasserstoffe. Außerdem kann ein mehr oder weniger großer Anteil organischer Verbindungen des Schwefels, des Sauerstoffs und des Stickstoffs enthalten sein. Je nach der Zusammensetzung ist Erdöl eine charakteristisch riechende, hellbraune bis schwarzbraune ölige Flüssigkeit.

Verarbeitung des Rohöls. Das geförderte Rohöl kann kaum unmittelbar verwendet werden. Erst durch die Aufarbeitung des Rohöls erhält man die gewünschten Produkte, zum Beispiel Benzin, Heizöl und Schmieröl.

Gemische verschiedener Flüssigkeiten lassen sich durch Destillation (↗ S. 16) trennen (Experiment 1). In der Erdölraffinerie (↗ S. 180) erfolgt das in den bis zu 50 m hohen Destillationstürmen. Da die Siedetemperaturen der Kohlenwasserstoffe sehr dicht beieinander liegen, erhält man bei der Destillation nicht einzelne Reinstoffe, sondern Gemische von Stoffen mit ähnlichen Siedetemperaturen, sogenannte Fraktionen. Diese Fraktionen unterscheiden sich voneinander durch ihre Eigenschaften (Experiment 1). Die Trennung des Erdöls in einzelne Fraktionen wird allgemein **fraktionierte Destillation** genannt (Abb. 3).

Je nach Aufbau des Destillationsturmes und je nach Bedingungen fallen verschiedene Erdölfraktionen an (Tabelle 1).

Wichtige Destillationsprodukte des Erdöls

Erdöl-fraktion	Kohlenstoff-atome je Molekül	Siede-bereich in °C	Verwendung
Gase	1 ··· 4	< 30	Heizgas, „Flüssiggas“
Benzine	5 ··· 12	< 150	Kraftstoff für Otto-motoren, Lösungsmittel
Petroleum / Kerosin	9 ··· 15	150 ··· 250	Düsen- und Turbinen-kraftstoff, Beleuchtung
Dieselöl	> 12	250 ··· 360	Dieselkraftstoff, leichtes Heizöl
Schmieröl	> 20	> 350	schweres Heizöl, Schmiermittel, Kerzen, Salben
Rückstand (Bitumen)			Straßenbelag (Asphalt, Teer), Dachanstriche

1

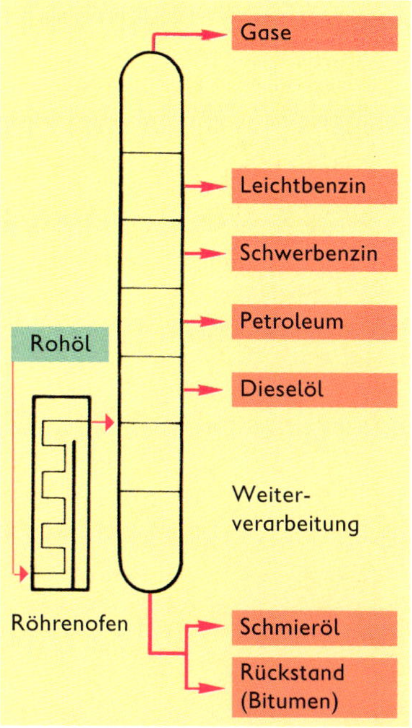

3

Experiment 1 **L**

Vorsicht!

Etwa 40 ml Erdöl werden destilliert. Die entstehenden Fraktionen (F) sind auf Aussehen, Geruch, Viskosität und Entflammbarkeit zu untersuchen!

AUFGABEN

1. Warum gibt es für Erdöl und Erdgas keine einheitliche Formel?
2. Wie kann experimentell nachgewiesen werden, dass Erdgas Kohlenwasserstoffe enthält?
3. Was versteht man unter „fraktionierter Destillation“?
4. Welcher Zusammenhang ist zwischen dem Siedebereich der Fraktionen und der Anzahl der Kohlenstoffatome in den Molekülen zu erkennen?
5. Erläutere an Beispielen die Bedeutung des Erdöls als Energieträger und als chemischen Rohstoff!

Veredlung von Erdöl

Die bei der Erdöldestillation anfallenden Fraktionen müssen noch weiter verarbeitet werden.

Vakuumdestillation. Die Verbindungen des Rückstandes, die sich am Boden des Destillationsturmes sammeln, würden sich bei normalem Druck und Temperaturen über 400 °C zersetzen. Deshalb leitet man den Rückstand in einen anderen Destillationsturm, in dem ein verminderter Druck herrscht. Dadurch vermindern sich auch die Siedetemperaturen des Rückstandes und er kann in weitere Fraktionen getrennt werden. Durch Vakuumdestillation werden Schmieröle, feste Kohlenwasserstoffe und das Bitumen gewonnen.

Cracken. Der Anteil an Benzin, Dieselkraftstoff und leichtem Heizöl ist im Erdöl wesentlich niedriger als der Bedarf an diesen Produkten. Deshalb müssen die in ausreichender Menge vorliegenden höher siedenden Destillationsprodukte in niedrig siedende umgewandelt werden. Das ist durch verschiedene **Crackverfahren** (englisch: to crack = zerbrechen, spalten) möglich. Dabei werden Kohlenwasserstoffe mit langkettigen Molekülen in gesättigte und ungesättigte Kohlenwasserstoffe mit kurzkettigen Molekülen aufgespalten (Abb. 1). Beim **thermischen Cracken** geschieht das bei etwa 800 °C. Dieses Verfahren ist sehr energieaufwendig. Das **katalytische Cracken** erfolgt bei etwa 500 °C mithilfe eines Katalysators, wobei eine bessere Qualität der Spaltprodukte erreicht wird (Experiment 2). Beim Cracken entsteht kein einheitliches Spaltprodukt.

Reformieren. Minderwertige Benzinsorten werden durch **Reformingverfahren** (lateinisch: reformare = umgestalten) zu Reformatbenzin veredelt, sodass sie klopffester werden. Dabei werden unverzweigte kettenförmige Kohlenwasserstoffe in verzweigte oder ringförmige Kohlenwasserstoffe umgewandelt.

Raffinieren. Bei den **Raffinationsverfahren** (französisch: raffiner = verfeinern) befreit man Kohlenwasserstoffe von unerwünschten Bestandteilen, z. B. von Schwefel (Entschwefelung).

Umweltgefährdung durch Erdölprodukte. Die Auspuffgase der Benzinmotoren enthalten neben ungiftigen Stoffen (Kohlenstoffdioxid, Wasser) auch giftige (Kohlenstoffmonooxid, Stickstoffoxide), unverbrannte Kohlenwasserstoffe und oft Blei. Am besten lassen sich die Schadstoffe durch einen geregelten Katalysator vermindern (↗ S. 289). Auch umweltbewusstes Fahren und Tanken von bleifreiem Benzin verringern die Schadstoffbelastung der Atmosphäre. Aus der Zusammensetzung des Benzins ergeben sich noch weitere Gefährdungen. Im Benzin können bis zu etwa 4 % Benzol enthalten sein (↗ S. 200 f.). Beim Tanken sollte man deshalb keine Kraftstoffdämpfe einatmen. Moderne Zapfpistolen verhindern das Austreten von Kraftstoffdämpfen. Unfälle beim Erdöltransport führen oft zu Katastrophen (Abb. 2).

Experiment 2 L

Vorsicht! Abzug!
Paraffinöl wird langsam auf stark erhitzte Stahlwolle getropft. Die entstehenden flüssigen und gasförmigen Produkte werden aufgefangen und mit 3%igem Bromwasser (T, Xi) geprüft!

$C_{16}H_{34}$ Hexadecan

↓ **Cracken** ↓

$CH_2{=}CH_2$
Ethen

$+\ CH_3{-}CH_2{-}CH_2{-}CH_3$
Butan

$+\ CH_2{=}CH{-}CH_3$
Propen

$+\ CH_2{=}CH{-}(CH_2)_4{-}CH_3$
1-Hepten

1

2

Durch die Ölpest verenden jedes Jahr Hunderttausende Wasservögel. Nur 1 Liter Erdöl verseucht 5 000 000 l Wasser. Maßnahmen zum Schutz des Meeres vor Öleintrag sind festgelegt. Ihre Einhaltung ist eine internationale Aufgabe, die streng überwacht werden muss.

AUFGABEN

1. Vergleiche die Trennverfahren Filtrieren, Eindampfen und fraktioniertes Destillieren! Welche physikalischen Eigenschaften werden bei der Trennung genutzt?
2. „Wer tiefer spaltet, hat mehr vom Erdöl!“ Begründe diese Aussage!
3. Warum entstehen beim Cracken auch ungesättigte Kohlenwasserstoffe? Wie kann man diese nachweisen?
4. Welche Umweltgefährdungen drohen Luft und Wasser durch Rohöl und Rohölprodukte?
5. Was versteht man unter „Ölpest“?

Im Überblick

Erdöl Gemisch verschiedener Kohlenwasserstoffe, bedeutender Energieträger und Rohstoff für die chemische Industrie

Erdgas Gemisch, hauptsächlich aus Methan, Ethan, Propan und Butan bestehend, wichtiges Heizgas und Rohstoff für die chemische Industrie

Bereiche der Erdölchemie

Fraktionierte Destillation, Cracken, Reformieren, Raffination:
Gewinnung verschiedener Gemische von Kohlenwasserstoffen aus dem Rohöl

Petrochemie:
Herstellung von Chemikalien aus Erdölprodukten

Obwohl heute alle Fraktionen des Rohöls als *Ausgangsstoffe für die Petrochemie* eingesetzt werden können, sind es meist nur Fraktionen mit einem Siedebereich von 40 ··· 170 °C.

Produkte der Petrochemie

Primärchemikalien		Zwischen- bzw. Endprodukte	Beispiele für Verwendung
Rohbenzin	Ethen	Polyethylen	Folien, Verpackungsmittel, Flaschen, Haushaltsartikel, Spritzgussteile
		Ethylenoxid	Wasch- und Reinigungsmittel, Frostschutzmittel, Lacke, Farbstoffe, Faserrohstoffe
		Ethanol	Lösungsmittel, Lacke, Zwischenprodukte für Pharmazeutika
	Propen	Acrylnitril	Polyacrylnitrilfaserstoffe, Synthesekautschuk
	C_4-Alkene	Butadien	Synthesekautschuk, zum Beispiel für Autoreifen
Reformatbenzin	Benzol	Xylol, Phthalsäure, Terephthalsäure	Synthesefasern (Polyester), Weichmacher für Kunststoffe
		Phenol, Aceton Stryrol, Cyclohexan	Kunststoffe (Bakelit, Polystyrol), Sprengstoffe, Farbstoffe, Arzneimittel, Lösungsmittel, Synthesefasern (Polyamide)

22

Alkohole – Aldehyde – Ketone

Alkoholische Getränke werden seit vielen Jahrtausenden hergestellt. Diese Getränke enthalten Ethanol.
Wie können sie hergestellt werden?
Ist Alkohol gleich Ethanol?

Ethanol

Alkoholische Gärung. Für die Herstellung von Bier, Wein oder auch Branntwein werden zucker- und stärkehaltige Naturstoffe verwendet. Die Umwandlung dieser Stoffe erfolgt über einen Gärprozess. So wird zum Beispiel aus Gerste Bier, aus Trauben Wein und aus Honig Met hergestellt.
Die Vergärung zuckerhaltiger Stoffe wird als **alkoholische Gärung** bezeichnet. Der Name kommt vom Hauptprodukt, das beim Vergären zuckerhaltiger Stoffe entsteht, dem Alkohol. Der systematische Name für diesen Stoff ist **Ethanol.** Als Nebenprodukt entsteht Kohlenstoffdioxid. Die Gärung verläuft ohne Sauerstoffzufuhr und wird von einzelligen, kugelförmigen Hefepilzen bewirkt. In Zuckerlösungen vermehren sie sich rasch und produzieren Wirkstoffe, die sogenannten Enzyme. Diese wirken als Biokatalysatoren. Auf Äpfeln, Birnen oder Trauben sind Hefepilze vorhanden (Experiment 1).

$$\underset{\text{Glucose}}{C_6H_{12}O_6} \xrightarrow{\text{Enzyme}} 2\ \underset{\text{Ethanol}}{C_2H_5OH} + 2\ \underset{\text{Kohlenstoffdioxid}}{CO_2}$$

Nach Ablauf der alkoholischen Gärung enthält das Produkt höchstens einen Volumenanteil von 15 ··· 18 % Ethanol. Die Enzyme der Hefen sind bei einem höheren Alkoholanteil nicht mehr wirksam, die Hefepilze sterben ab. Sollen „hochprozentige" alkoholische Getränke oder fast reiner Alkohol hergestellt werden, so wird das Ethanol durch Destillation (↗ S.16) aus dem Gärprodukt herausgetrennt. Dabei lässt sich der Volumenanteil an Ethanol auf etwa 96 % erhöhen. Durch Zusatz von Vergällungsmitteln (Petrolether) kann Alkohol ungenießbar gemacht und dann als Brennspiritus verkauft werden.

Experiment 1
20 g Zucker, 200 ml Wasser und etwas Hefe werden in einen Kolben gegeben und dieser mit einem Gärröhrchen, gefüllt mit Kalkwasser, verschlossen.
Die Apparatur wird für einige Tage an einen warmen Ort gestellt; danach wird die Füllung des Kolbens destilliert.

Ethanol kann durch Vergärung zuckerhaltiger Naturstoffe entstehen. Ethanol ist in alkoholischen Getränken enthalten.

1

Sudpfanne zum Kochen von Bierwürze mit Hopfen

Bierherstellung. Bier wird streng nach dem deutschen Reinheitsgebot von 1516 gebraut. Danach sind als Zutaten nur Gerste, Hopfen und Wasser gestattet. Die Gerstenkörner werden in Wasser 2 bis 6 Tage gequollen und bei ausreichender Sauerstoffzufuhr in 7 bis 12 Tagen zum Keimen gebracht. Das so entstehende **Grünmalz** hat einen hohen Massenanteil an Malzzucker. Es wird aus Gründen der Haltbarkeit, des Keimungsabbruchs und der Farbgebung bei 80 ··· 105 °C getrocknet, gedarrt. Das **Darrmalz** ist haltbar und lagerfähig. Für die Bierherstellung wird das Darrmalz geschrotet und mit Wasser im Maischbottich vermischt. Die Enzyme im Malzschrot bewirken die Spaltung weiterer noch vorhandener Stärke zu Malzzucker. Danach wird die Maische geläutert. Aus geläuterter Maische und Hopfen entsteht in der Sudpfanne die **Bierwürze**, die Zucker, Aromastoffe und Eiweißstoffe enthält (Abb. 1).
Die alkoholische Gärung setzt ein, wenn der Bierwürze Hefe zugegeben wird. Dies erfolgt in großen Gärbottichen (Abb. 2) bei Temperaturen zwischen 5 ··· 10 °C. Innerhalb einer Woche entstehen aus Malzzucker Alkohol und Kohlenstoffdioxid. In Tanks gärt das Bier bei 1 ··· 3 °C etwa 3 Monate lang nach.
Wird neben dem Gerstenmalz auch Weizenmalz zum Brauen verwendet, entsteht Weizenbier.
Die Anteile der aus dem Malz gewonnenen Stoffe in der unvergorenen Würze werden durch den Stammwürzegehalt angegeben. Schankbier, wie zum Beispiel das Weißbier, hat einen Stammwürzegehalt von 9 %. Bockbier oder Porter, sogenannte Starkbiere, haben einen doppelt so hohen Stammwürzegehalt. Bier enthält je nach Sorte 4 ··· 5 % Alkohol.

2

Gärbottich zur Bierherstellung

AUFGABEN

1. Welche Bedeutung hat der Aufdruck 45 Vol.% auf Etiketten von Spirituosenflaschen?
2. Wie kann man Gärungen verhindern?
3. Bei der alkoholischen Gärung entsteht ein Gas.
   a) Welches Gas bildet sich?
   b) Entwickle eine Experimentieranordnung zum Nachweis des Gases!
4. Durch welches Verfahren kann Ethanol von Wasser getrennt werden? Begründe die Aussage!

Physiologische Wirkung. Alkoholische Getränke wirken sofort, denn der enthaltene Alkohol (Ethanol) geht direkt ins Blut über. Schon nach 30 min ist der größte Teil des Alkohols vom Blut aufgenommen und wird im ganzen Körper verteilt.
Geringe Mengen alkoholischer Getränke können anregend, enthemmend und für sehr kurze Zeit auch leistungssteigernd wirken. In welcher Weise sie wirken, ist von verschiedenen Faktoren wie Körpergewicht, Körperverfassung und von der Gewöhnung an Alkohol abhängig. Schon geringer Alkoholkonsum führt zu Sorglosigkeit, Gleichgültigkeit und Überschätzung der eigenen Kräfte. Alkohol stört die Funktion der Nervenzellen, da er sich in den fetthaltigen Nervenzellen gut löst. Die Folge sind vermindertes logisches Denken, verringerte Gedächtnisleistungen und geringe Konzentrationsfähigkeit (Tabelle 1).
Streng genommen ist Alkohol ein Gift. Übermäßiger und ständiger Konsum von Alkohol führt zum Absterben der Hirnzellen und zu schwerwiegenden Schädigungen der inneren Organe. Bei einem Jugendlichen bewirken schon 40 ml Alkohol je Tag nicht reparable Organschädigungen.
Alkohol wird im Körper nur langsam abgebaut (Abb. 1). Mit den Angaben in Abbildung 2 und der Berechnung nach Abbildung 1 kann ermittelt werden, wie hoch der Massenanteil an Alkohol im Blut nach Beendigung des Alkoholkonsums ist.

Alkoholgehalt in Promille	Alkoholwirkung
bis 1,0	wohlige Enthemmung
1 ··· 2	Rausch
2 ··· 3	Betäubung
3 ··· 5	Lähmung

1

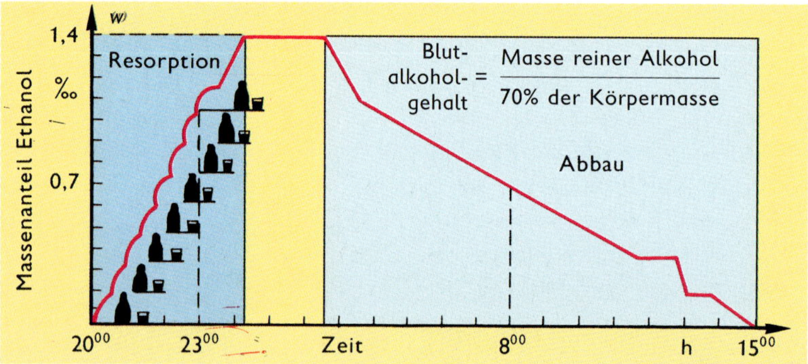

1

2

Alkoholische Getränke enthalten unterschiedliche Volumenanteile reinen Alkohols.

„Alkohol am Steuer“ gefährdet das eigene Leben und das von anderen Menschen. Allein ein Viertel der im Straßenverkehr Getöteten sind Opfer alkoholbedingter Verkehrsdelikte. Auch wenn in einigen Ländern die Grenze der Fahrtüchtigkeit bei 0,8 Promille festgelegt wurde, wissen viele Autofahrer nicht, dass diese Grenze nur für so genannte „folgenlose Fahrten“ gilt. Folgenlos heißt in diesem Fall kein Unfall, aber auch keine Fahrunsicherheit, wie zum Beispiel „Schlangenlinie fahren“. Bei Unfall oder Fahrfehlern ist schon ab 0,3 Promille eine strafrechtliche Verurteilung möglich! Bei Verdacht auf „Alkohol am Steuer“ werden Kontrollen mit Hilfe von Alcoteströhrchen durchgeführt (Abb. 3). Dabei wird der Alkoholanteil in der ausgeatmeten Luft bestimmt.

3

Ethanol wirkt im menschlichen und tierischen Organismus als Nervengift.

Struktur des Ethanolmoleküls. Bei der Verbrennung von Ethanol entstehen Wasser und Kohlenstoffdioxid. Das lässt auf das Vorhandensein der Elemente Kohlenstoff und Wasserstoff schließen. Bei der Reaktion von erhitztem Magnesium mit Ethanoldampf entsteht unter anderem Magnesiumoxid (Experiment 2). Ethanol muss daher auch das Element Sauerstoff enthalten. Die Summenformel des Ethanols lautet C_2H_6O.
Das mit dem Sauerstoffatom verbundene Wasserstoffatom ist sehr reaktionsfähig. Um dies hervorzuheben, schreibt man die verkürzte Strukturformel C_2H_5OH. Die OH-Gruppe wird als **Hydroxylgruppe** bezeichnet (Abb. 4).

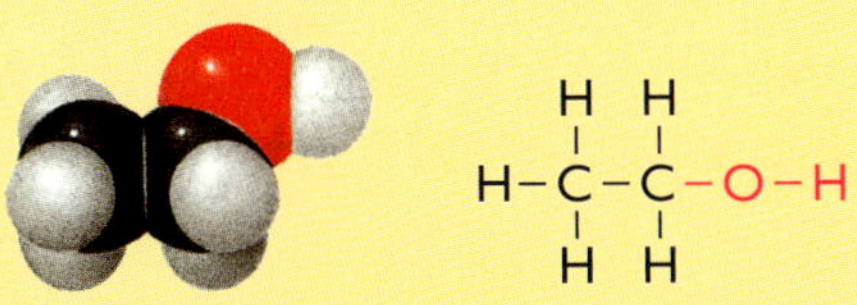

C_2H_5OH

Ethanol (Ethylalkohol)

Räumliches Modell und Formeln eines Ethanolmoleküls

Die Hydroxylgruppe der Moleküle des Ethanols bestimmt seine Eigenschaften. Sie wird deshalb als **funktionelle Gruppe** bezeichnet.

Die Hydroxylgruppe ist das charakteristische Strukturmerkmal des Ethanolmoleküls.

Eigenschaften. Ethanol ist bei 20 °C flüssig, brennbar und mit Wasser unbegrenzt mischbar. Wässrige Ethanollösung leitet den elektrischen Strom nicht (Experiment 3). Die Hydroxylgruppe ist durch eine Atombindung an eines der Kohlenstoffatome gebunden. Diese Atombindung wird beim Mischen in Wasser nicht gespalten (Experiment 4). Im Unterschied zu Kohlenwasserstoffen reagiert Ethanol mit Natrium (Experiment 5). Es bildet sich Wasserstoff, da in den Ethanolmolekülen das Wasserstoffatom der Hydroxylgruppe gegen ein Natriumatom ausgetauscht wird.

$$2\,Na + 2\,C_2H_5OH \longrightarrow H_2 + 2\,C_2H_5ONa$$

Verwendung. Ethanol wird aufgrund seiner Eigenschaften sehr vielseitig verwendet (Tabelle 2). Für die chemische Industrie ist Ethanol ein wichtiger Ausgangsstoff. Aus Ethanol werden viele andere chemische Verbindungen hergestellt.

Verwendung	Beispiel
in Pharmazeutika	Hustensaft, Pflegesalben
in Haushaltsprodukten	Möbelpolitur, Brennspiritus
als Genussmittel	Bier, Wein, Pralinen
in der Industrie	Lösungsmittel, Kraftstoff
in Kosmetika	Parfüm, Erfrischungstücher
als Kraftstoff	„Biosprit“

2

Experiment 2 L
Gasförmiges Ethanol (F) wird über erhitzte Magnesiumspäne (F) geleitet.

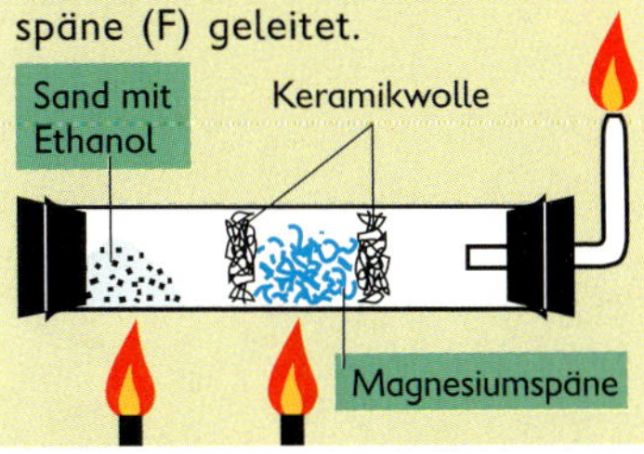

Experiment 3
Ethanol (F), Petroleumbenzin (F) und Wasser werden auf elektrische Leitfähigkeit geprüft!

Experiment 4
5%ige Natriumhydroxidlösung (C) und Ethanollösung (F) werden mit Universalindikator geprüft!

Experiment 5 L
Vorsicht! Eine kleine Probe Natrium (F, C) wird in einige Milliliter 95%iges Ethanol (F) gegeben. Das gasförmige Reaktionsprodukt (F+) wird nachgewiesen.

AUFGABEN

1. Entwickle die Reaktionsgleichung für die vollständige Verbrennung von Ethanol!
2. Warum reagiert Ethanol im Gegensatz zu Ethan mit Natrium?
3. Entwickle eine Tabelle, mit der die Eigenschaften von Ethan und Ethanol gegenübergestellt werden können!
4. Welche Ursachen können dafür infrage kommen, dass eine Vielzahl von Mitmenschen vom Alkohol abhängig und alkoholkrank wird?
5. Ethanol ist ein wichtiger Grundstoff für die Industrie. Begründe!

Weitere Alkohole

Methanol. Methanol CH_3OH (Abb. 2) ist ein gefährliches Gift. In vielen Eigenschaften unterscheidet es sich kaum von Ethanol. Die Verwechslung beider Stoffe kann für den Menschen tödliche Folgen haben.
Schon 20 ··· 50 ml Methanol wirken tödlich. Erblindung und Hirnschädigungen treten schon bei einer Einnahme von nur 5 ··· 10 ml auf. Nach der Einnahme von Methanol zeigt sich zunächst eine ähnliche Wirkung wie bei Alkoholgenuss. Erst nach etwa 20 Stunden setzt die Giftwirkung ein.
Durch die Reaktion mit Borsäure ist es möglich, Methanol und Ethanol zu unterscheiden. Nach Zugabe von Borsäure brennt Methanol mit grüner Flamme, die Ethanolflamme hat höchstens einen grünen Saum (Experiment 6).
Reines Methanol brennt mit blauer Flamme. Die dabei frei werdende Energie kann zum Betreiben von Kraftfahrzeugen genutzt werden. Methanol-Benzin-Gemische als Kraftstoff werden zur Zeit mit Erfolg erprobt. Von Vorteil ist, dass Methanol kostengünstig und in den notwendigen Mengen produziert werden kann. Der Einsatz von Kraftstoffen mit Methanolanteil wird davon abhängen, wie die ungünstigen Eigenschaften des Methanols, wie Giftigkeit, geringere Verdunstung im Vergleich zu Benzin, beeinflusst werden können. Die Verbrennung von Methanol-Luft-Gemischen im Motor ist weniger umweltschädigend als die von Benzin-Luft-Gemischen.

Experiment 6 L
In jeweils eine Porzellanschale wird zu je 5 ml Methanol (F, T) und Ethanol (F) eine Spatelspitze Borsäure gegeben. Die Proben werden entzündet.

Experiment 7 L
Die Löslichkeit von Methanol (F, T) und Ethanol (F) in Wasser und Petroleumbenzin (F) wird geprüft!

Herstellung von Methanol. Bis 1923 wurde Methanol durch trockene Destillation von Holz hergestellt. Dabei entsteht neben Holzkohle, Holzgas und anderen Stoffen auch eine als Holzgeist bezeichnete Flüssigkeit. *Robert Boyle* entdeckte um 1660 darin das Methanol.
Nach 1923 gelang es, Methanol synthetisch herzustellen. Die Ausgangsstoffe dabei sind Kohlenstoffmonooxid und Wasserstoff. Die Herstellung von Methanol wird als Methanolsynthese bezeichnet. Dabei arbeitet man bei einem Druck von 20 MPa, mit einem Katalysator und bei Temperaturen von 380 °C. Im Verlauf der chemischen Reaktion stellt sich ein chemisches Gleichgewicht ein (↗ S. 290).

$$CO + 2\,H_2 \rightleftharpoons CH_3OH;\ \text{exotherm}$$

Die Synthese von Methanol ist eine chemische Reaktion, die von der Temperatur und vom Druck abhängig ist.

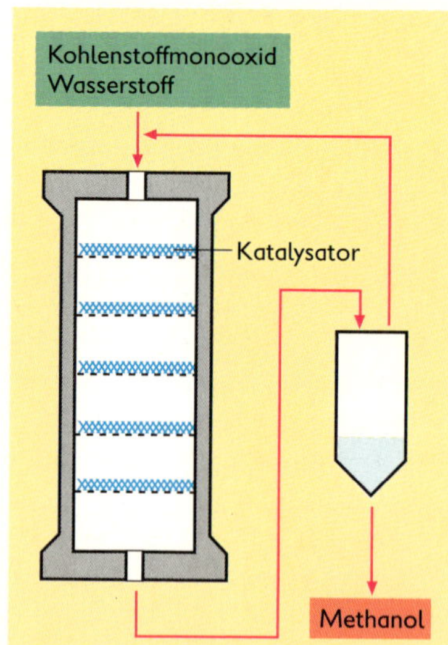

Anlage zur Methanolsynthese

Bei den oben genannten Reaktionsbedingungen ist eine Erhöhung der Ausbeute an Methanol möglich, wenn ein Ausgangsstoff im Überschuss eingesetzt wird. Dieser Überschuss eines Ausgangsstoffes bewirkt einen erhöhten Umsatz des anderen Ausgangsstoffes und begünstigt gleichzeitig die Bildung des gewünschten Reaktionsproduktes. Kohlenstoffmonooxid und Wasserstoff werden deshalb im Volumenverhältnis 1 : 2,2 gemischt.

2
Modell und Strukturformel eines Methanolmoleküls

Homologe Reihe. Propanol, Butanol und Pentanol sind weitere organische Stoffe, die eine Hydroxylgruppe in ihren Molekülen aufweisen. Sie lassen sich wie Methanol und Ethanol von den Alkanen ableiten.
Alkohole, die von den Alkanen abgeleitet werden können, heißen **Alkanole**. Die Hydroxylgruppe ist bei den Alkanolen an einen Alkylrest gebunden. Alkylreste sind Molekülreste von Alkanmolekülen. Sie unterscheiden sich von diesen durch ein Wasserstoffatom (↗ S. 188).
Alkanole bilden eine homologe Reihe, deren benachbarte Glieder sich jeweils durch eine CH_2-Gruppe unterscheiden (Tabelle 3).

Alkanole sind gesättigte kettenförmige organische Stoffe, deren Moleküle eine Hydroxylgruppe enthalten. Alkanole bilden eine homologe Reihe. Die allgemeine Formel der Alkanole lautet $C_nH_{2n+1}OH$. Die Hydroxylgruppe ist die funktionelle Gruppe aller Alkanolmoleküle.

Zusammenhang zwischen Struktur und Eigenschaften bei Alkanolen. Die Eigenschaften der Alkanole werden durch die Alkylgruppe und durch die Hydroxylgruppe bestimmt. Die unterschiedliche Kettenlänge der Moleküle bedingt unterschiedliche physikalische Eigenschaften (Tabelle 4).

Physikalische Eigenschaften von Alkanolen

Stoff	Siedetemperatur in °C	Schmelztemperatur in °C	Dichte in g/cm³
Methanol	64,5	−97,7	0,787
Ethanol	78,3	−114,1	0,785
2-Propanol	82,3	−88,5	0,781
1-Dodecanol	258	23,8	0,8234
1-Hexadecanol	340	50 ··· 51	0,8042

4

Die ersten Kettenglieder der homologen Reihe sind leicht bewegliche, farblose Flüssigkeiten mit schwachem Geruch. Die mittleren Kettenglieder sind mehr ölig und besitzen meist einen unangenehmen Geruch. Höhere Alkanole sind fest, wachsartig, geruchlos und geschmacksfrei. Die Löslichkeit der Alkanole in Wasser nimmt mit steigender Kettenlänge stark ab (Experiment 8). Die Anfangsglieder der homologen Reihe der Alkanole sind mit Wasser in jedem Verhältnis mischbar. Alkanole reagieren mit Natrium. Die Reaktionsgeschwindigkeit der chemischen Reaktionen verschiedener Alkanole mit Natrium unterscheiden sich deutlich voneinander (Experiment 9). Die Reaktionsgeschwindigkeit wird durch die Kettenlänge der Moleküle beeinflusst.

Die Eigenschaften der Alkanole werden durch die funktionelle Gruppe und die Kettenlänge der Moleküle bestimmt.

Alkanole

Strukturformel	Verkürzte Strukturformel
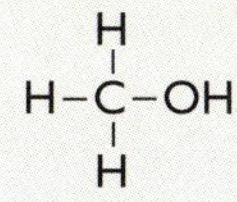 Methanol	CH_3OH
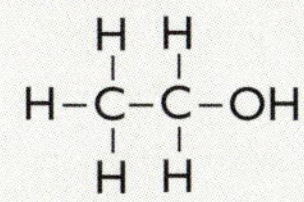 Ethanol	C_2H_5OH
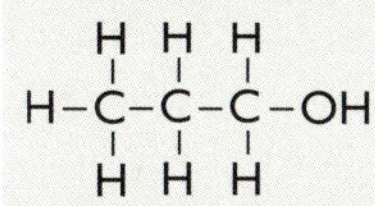 1-Propanol	C_3H_7OH
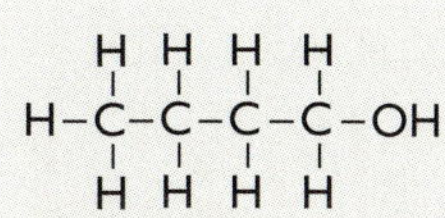 1-Butanol	C_4H_9OH

3

Experiment 8
Ethanol (F), 1-Propanol (F) und 1-Pentanol (Xn) werden auf Löslichkeit in Petroleumbenzin (F) und Wasser geprüft.
Jeweils 5 ml des Lösungsmittels werden im Reagenzglas vorgelegt und die Stoffproben werden unter Schütteln tropfenweise zugegeben.

Experiment 9 **L**
In Kristallisierschalen auf dem Overheadprojektor werden jeweils gleiche Volumen Methanol (F, T), 1-Propanol (F) und 1-Hexanol (Xn) gegeben. Nach Zugabe jeweils gleicher Massen Natrium (F, C) wird die Zeit bis zur Beendigung der Reaktion gemessen.
Formuliere eine Voraussage für die in diesem Experiment zu erwartenden Ergebnisse!

Isomere Alkohole. Wie bei den Alkanen (↗ S. 182) tritt auch bei den Alkoholen mit mehr als zwei Kohlenstoffatomen im Molekül Isomerie auf. So kann die Hydroxylgruppe in Alkoholmolekülen an verschiedene Kohlenstoffatome gebunden sein. Dies hat zur Folge, dass es zum Beispiel für Propanol mit der Summenformel C_3H_8O zwei Isomere (Tabelle 4) und für Butanol ($C_4H_{10}O$) vier Isomere gibt. Je nachdem, ob das die Hydroxylgruppe tragende Kohlenstoffatom mit einem, zwei oder drei Kohlenstoffatomen verbunden ist, wird zwischen **primären**, **sekundären** und **tertiären Alkoholen** unterschieden (Tabelle 5).

Isomere Propanole

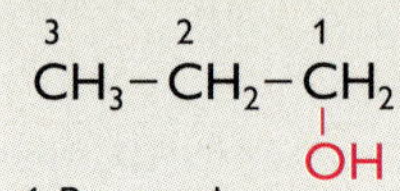

1-Propanol

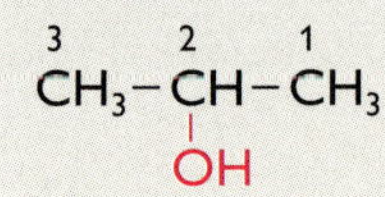

2-Propanol

4

Isomere Alkohole		Isomerie eines Alkanols (Butanol)		Schmelztemperatur in °C	Siedetemperatur in °C
Name	Allgemeine Formel	Verkürzte Strukturformel und Name	Molekülmodell		
Primärer Alkohol	$R-CH_2-OH$	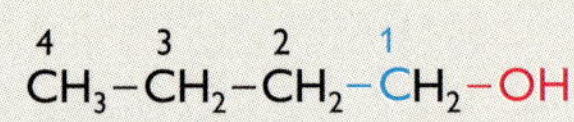 1-Butanol	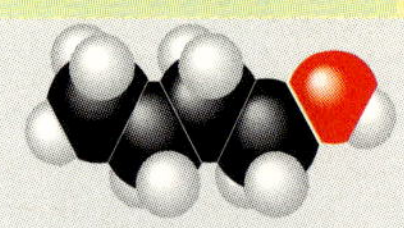	– 84	118
Sekundärer Alkohol	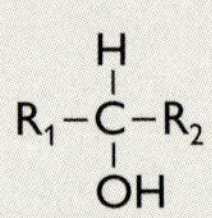	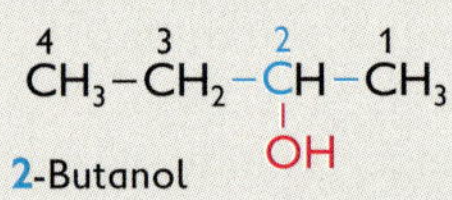 2-Butanol		– 115	100
Tertiärer Alkohol	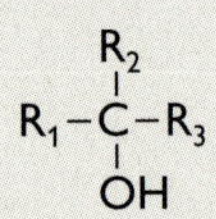	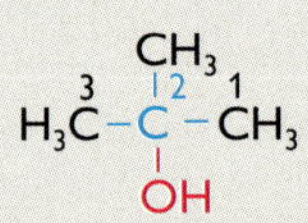 2-Methyl-2-propanol	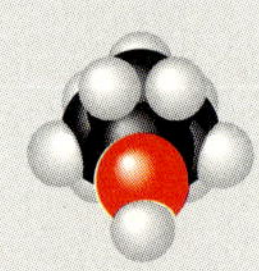	26	83

5

Aufgrund der unterschiedlichen Strukturen der Moleküle haben die drei Alkoholtypen auch unterschiedliche physikalische und chemische Eigenschaften, zum Beispiel bei der Reaktion mit Säuren bezüglich der Reaktionsgeschwindigkeit und im Verhalten gegenüber Oxidationsmitteln. Insbesondere durch ihre Reaktionsfähigkeit gegenüber Oxidationsmitteln lassen sich primäre, sekundäre und tertiäre Alkohole unterscheiden.
Ein primärer Alkohol wird bei schonender Durchführung der Reaktion stufenweise oxidiert. Als Produkt entsteht zunächst ein Aldehyd (↗ S. 217), der weiter zu einer Säure oxidiert werden kann. Oxidationsprodukte der sekundären Alkohole sind die Ketone (↗ S. 220). Tertiäre Alkohole lassen sich nur bei Einsatz stärkerer Oxidationsmittel oder durch stärkeres Erhitzen oxidieren. Dabei werden C–C-Bindungen gespalten.

Verwendung einiger isomerer Alkohole
2-Propanol (Isopropanol): Zusatz zum Vergaserkraftstoff, als Frostschutzmittel, Desinfektionsmittel für Wunden
2-Butanol und 2-Methyl-2-propanol (tert-Butanol): Lösungsmittel für die Lackindustrie

6

Aufgrund der Stellung der Hydroxylgruppe in den Molekülen der Alkohole wird zwischen primären, sekundären und tertiären Alkoholen (Alkanolen) unterschieden. Isomere Alkohole gleicher Summenformel haben unterschiedliche Molekülstrukturen und damit unterschiedliche Eigenschaften.

Ethylenglykol und Glycerin. Glycerin (Glycerol) ist eine ölige, ungiftige Flüssigkeit mit süßem Geschmack. Es ist hygroskopisch (wasseranziehend) und in Petroleumbenzin nicht löslich (Experiment 10). Ethylenglykol (Glykol) ist hygroskopisch, aber eine gesundheitsschädliche, süß schmeckende Flüssigkeit. Beide werden als Frostschutzmittel und bei der Kunststoffherstellung verwendet.
Weil Glycerin hygroskopisch ist, dient es auch zum Feuchthalten von Druck- und Stempelfarben sowie als Hautpflegemittel. Die Industrie benötigt Glycerin zum Beispiel zur Herstellung von Sprengstoffen (Dynamit). Glycerin und Ethylenglykol sind organische Stoffe, bei denen mehrere Hydroxylgruppen im Molekül gebunden sind. An den systematischen Namen 1,2-Ethandiol und 1,2,3-Propantriol ist zu erkennen, dass diese Stoffe vom Ethan beziehungsweise vom Propan abgeleitet sind und zwei bzw. drei Hydroxylgruppen im Molekül enthalten (Abb. 1). Beide gehören wie die Alkanole zu den Alkoholen.

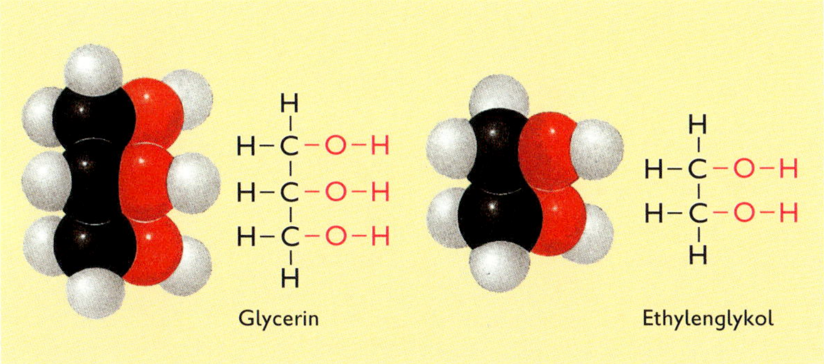

1

Räumliches Modell und Strukturformel für ein Glycerin- und ein Ethylenglykolmolekül

Die Anzahl funktioneller Gruppen der Alkanole bestimmt die Reaktionsfähigkeit der Stoffe. Je mehr Hydroxylgruppen im Molekül sind, desto stärker wirkt der Stoff reduzierend (Experimente 11 und 12).
Sorbit (ein Hexanhexol), ein Alkohol mit 6 Hydroxylgruppen im Molekül, wird als Diabetiker-Süßstoff verwendet (Abb. 2).

Experiment 10
Glycerin wird auf Löslichkeit in Wasser und in Petroleumbenzin (F) sowie auf Brennbarkeit geprüft.

Experiment 11
Zu 2%iger Silbernitratlösung werden einige Tropfen 25%ige Ammoniaklösung (C) gegeben, bis sich der zuerst gebildete Niederschlag auflöst. Glycerin wird hinzugegeben und vorsichtig erwärmt.

Experiment 12
Das Experiment 11 wird mit Ethanol (F) wiederholt. Die 2%ige Silbernitratlösung wird nach dem Ammoniakzusatz (C) mit 20%iger Natronlauge (C) versetzt, bis eine alkalische Lösung vorliegt.

2

Diabetiker-Süßstoff Sorbit

AUFGABEN

1. Welche Eigenschaften der Alkanole bewirkt die Hydroxylgruppe im Molekül ?
2. Gib die Strukturformel für je ein Molekül 1-Octanol, 1-Pentanol und 2-Methyl-2-propanol an!
3. Benenne die Alkanole mit 1 bis 10 Kohlenstoffatomen im Molekül. Vergleiche die Eigenschaften der in Tabelle 3 (↗ S. 213) aufgeführten Alkanole!
4. Erläutere den Zusammenhang zwischen Siedetemperaturen der Stoffe und Struktur der Moleküle bei a) Alkanen, b) Alkanolen!
5. Begründe folgende Aussagen:
   a) Ethanol ist ein Alkohol und Alkanol,
   b) Glycerin ist ein Alkohol, aber kein Alkanol!
6. Erläutere den Zusammenhang zwischen Eigenschaften und Verwendung von Glycerin!
7. Warum können flüssige Alkanole zur gefahrlosen Beseitigung kleiner Reste von Natrium im Labor verwendet werden?
8. Vergleiche die Löslichkeit von Propan, Propanol und Glycerin in Wasser!
   Gib Ursachen für die Gemeinsamkeit und Unterschiede an!

Phenol

Struktur. Phenol ist die einfachste aromatische Hydroxylverbindung mit der verkürzten Strukturformel C_6H_5OH. Der Name Phenol leitet sich aus der alten Bezeichnung für Benzol, dem Wort „Phen“, ab. Die Endung „ol“ ist kennzeichnend für die Hydroxylgruppe, die direkt an das Ringsystem des Benzolmoleküls gebunden ist (Abb. 1). Phenol unterscheidet sich trotz gleicher funktioneller Gruppe im Molekül in seinen Eigenschaften von den Alkanolen.

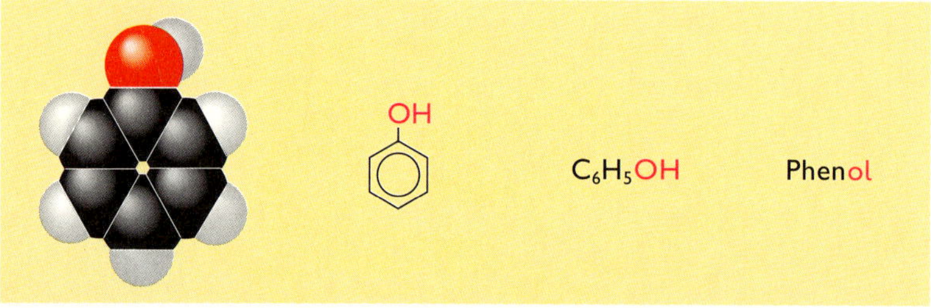

1

Modell und vereinfachte Strukturformeln eines Phenolmoleküls

Eigenschaften. Phenol ist ein farbloser, kristalliner und giftiger Stoff mit eigenartigem Geruch. Bereits 10 ··· 30 g wirken tödlich. An der Luft färben sich die farblosen Kristalle rötlich. Gelangt Phenol auf die Haut, wirkt es stark ätzend und zugleich betäubend.
Phenol ist in Wasser nur begrenzt, in Ethanol und Diethylether sehr gut löslich. Ein Gemisch von Phenol und Wasser bleibt deshalb meist trüb. Phenol reagiert mit Hydroxidlösungen wie eine Säure. Bei der chemischen Reaktion von Phenol mit Natriumhydroxidlösung entsteht ein Salz, das Natriumphenolat. Die Salze des Phenols heißen **Phenolate**.

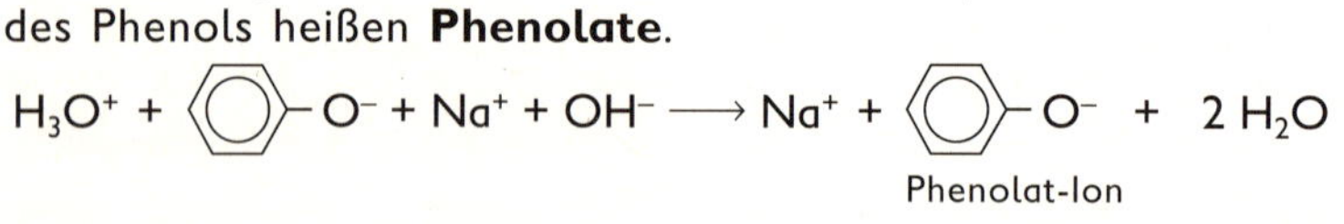

Phenolate sind in Wasser leichter löslich als Phenol. Deshalb wird ein Gemisch von Phenol und Wasser bei Zugabe von Hydroxidlösung klar.

Verwendung. Phenol wird vielseitig verwendet. Es ist ein wichtiger Ausgangsstoff für die Herstellung von Kunststoffen, Faserstoffen, Holzschutzmitteln, Gerbstoffen, Farbstoffen und Arzneimitteln (Tabelle 7).
Eine 5%ige wässrige Lösung von Phenol (Carbolsäure) wurde früher als Desinfektionsmittel verwendet. 1834 wurde Phenol von *Runge* im Steinkohlenteer entdeckt. Noch heute wird es daraus gewonnen. Synthetische Verfahren erlangen jedoch zunehmend größere Bedeutung.

Phenole sind aromatische Verbindungen, deren Hydroxylgruppen direkt an das Ringsystem des Benzolmoleküls gebunden sind. Die Salze des Phenols heißen Phenolate.

Aromatische Hydroxylverbindungen

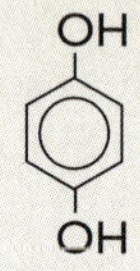

Hydrochinon (1.4-Dihydroxybenzol)
Verwendung: fotografischer Entwickler

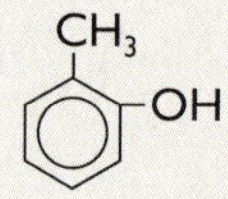

o-Kresol (2-Hyxdroxytoluol)
Verwendung: Desinfektionsmittel

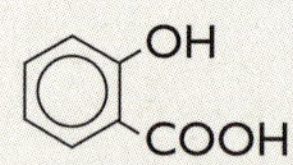

Salicylsäure
Verwendung: Ausgangsstoff für Arzneimittelherstellung

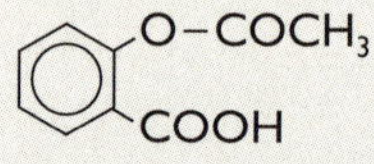

Acetylsalicylsäure
Verwendung: Arzneimittel – Aspirin

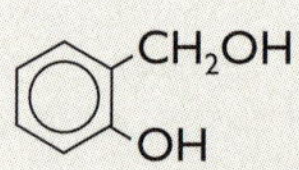

o-Methylol
Zwischenprodukt bei der Phenoplastherstellung

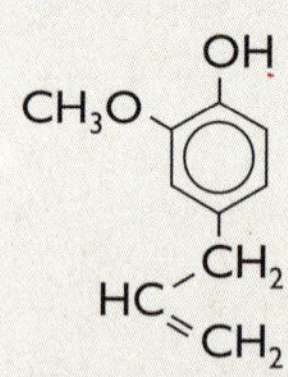

Eugenol
Vorkommen: in Lorbeer- und Nelkenöl

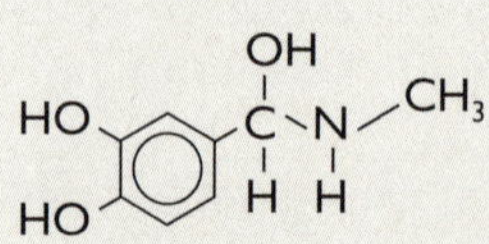

Adrenalin
Vorkommen: im Hormon der Nebennierenrinde

7

Aldehyde

Methanal. Methanal kann durch Oxidation von Methanol am Kupferkatalysator dargestellt werden. Methanal wird auch als Formaldehyd bezeichnet.
Wird Methanol über glühendes Kupfer geleitet, so findet eine **Dehydrierung** des Methanols statt. Kupfer wirkt bei dieser Reaktion als Katalysator (Experiment 13). Aus einem primären Alkohol entsteht ein Aldehyd.

Methanol — Methanal

Im Vergleich zum Methanolmolekül enthält das Methanalmolekül zwei Wasserstoffatome weniger. Das Sauerstoffatom ist durch Doppelbindung an das Kohlenstoffatom gebunden. Bei der Dehydrierung von Methanol werden zwei Wasserstoffatome des Moleküls aus der Atomgruppe $-CH_2-OH$ abgespalten. Es entsteht die Atomgruppe 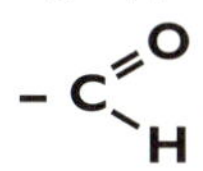, die **Aldehydgruppe** (Abb. 2).

Methanal (Formaldehyd) ist ein farbloses, stechend riechendes Gas. Es reizt die Schleimhäute, ist wasserlöslich und giftig. Die wässrige Lösung (Formalin) wird als Desinfektionsmittel, zum Beispiel in Fußsprühanlagen in Schwimmbädern, verwendet. Da Methanal Eiweiß härtet, dient es als Konservierungsmittel für biologische Präparate (↗ Abb. 2, S. 218).
In der Kunststoffindustrie wird Methanal zur Herstellung von Phenoplasten (Duroplaste) eingesetzt. Bei der Holzverarbeitung dient es als Bindemittel. Weiterhin findet es Anwendung bei der Herstellung von Lacken, Lösungsmitteln, Arzneimitteln und Waschmitteln.
Seit 1984 besteht nach Tierversuchsergebnissen der Verdacht, dass Methanal Krebs erregend wirken kann. Daher soll die Verwendung von Methanal eingeschränkt werden. Es gibt Vorschriften, wie viel Anteile Methanal in der Atemluft am Arbeitsplatz enthalten sein dürfen. Die maximale Arbeitsplatzkonzentration MAK für 8 Stunden darf 1 ppm, das entspricht 1,25 mg Methanal je Kubikmeter Luft, betragen. In Wohnungen sollte nur ein Zehntel dieses Wertes vorhanden sein, da schon ab 0,1 ppm je Kubikmeter Luft Reizwirkungen auf Schleimhäute eintreten können und der Aufenthalt in der Wohnung länger als 8 Stunden dauert.

Experiment 13 **L**
Vorsicht!
Ein erhitztes Kupferdrahtnetz wird mehrmals in ein mit 10 ml Ethanol (F) gefülltes Becherglas getaucht.

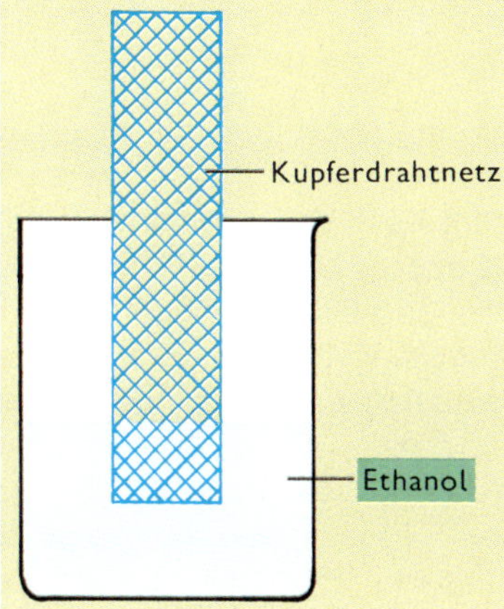

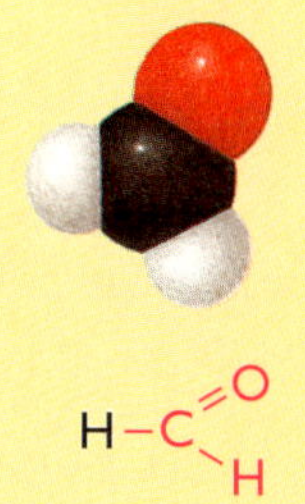

Methanal (Formaldehyd)

2 Modell und Strukturformel eines Methanalmoleküls

AUFGABEN

1. Entwickle die Reaktionsgleichung für die Reaktion von Phenol mit Kaliumhydroxid!
2. Fertige eine Tabelle über Eigenschaften und Verwendung von Phenol an!
3. Vergleiche Methanol und Methanal!
4. Welche Bedeutung besitzen Phenole in der Natur?
5. Wie kann man Methanol- und Methanallösung unterscheiden?
   Gib Reaktionen der Stoffe an!

Ethanal. Ethanol kann auf die gleiche Weise wie Methanol dehydriert werden (↗ Experiment 13, S. 217). Als Reaktionsprodukt entsteht Ethanal, auch Acetaldehyd genannt (Abb. 1).

Ethanol → Ethanal $+ H_2$

Ethanal (Acetaldehyd) ist ein farbloser, giftiger und stechend riechender Stoff. Er ist wasserlöslich und siedet bei 20 °C. Im menschlichen Organismus erfolgt die Oxidation von genossenem Ethanol über das giftige Ethanal in der Leber. Ethanal ist ein Zwischenprodukt bei der Herstellung von Ethanol aus Ethin und von Ethansäure aus Ethanol. Es wird zur Herstellung von Farbstoffen, Arzneimitteln und synthetischem Kautschuk verwendet.

Alkanale. Methanal und Ethanal sind die systematischen Namen von Formaldehyd und Acetaldehyd. Sie gehören zur Gruppe der Alkanale. Die Endung „al" kennzeichnet die Aldehydgruppe im Molekül. Die Alkanale gehören zu den Aldehyden. Alkanale lassen sich durch Rotfärbung von fuchsinschwefliger Säure nachweisen (Experiment 14). Viele Alkanale werden bereits beim Stehenlassen an der Luft oxidiert und es entstehen Alkansäuren.
Durch die Reaktion mit Silbernitratlösung und die Reaktion mit fehlingscher Lösung kann die reduzierende Wirkung der Aldehydgruppe nachgewiesen werden. Beim Erhitzen von fehlingscher Lösung mit Ethanal verschwindet schnell die tiefblaue Färbung und ein ziegelroter Niederschlag wird sichtbar (Experiment 15). Bei der Reaktion von Alkanalen mit Silbernitratlösung bildet sich im Reagenzglas ein glänzender Silberspiegel (Experiment 16, Abb. 3).

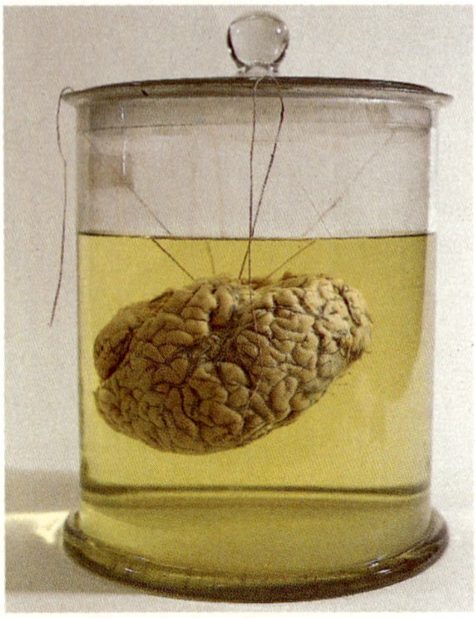
2
Konservierung mit Formalin

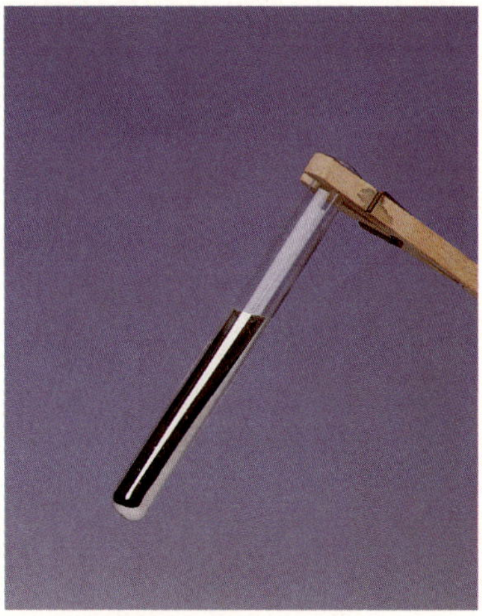
3
Silberspiegelprobe

Aldehyde sind organische Stoffe, die eine Aldehydgruppe im Molekül enthalten.

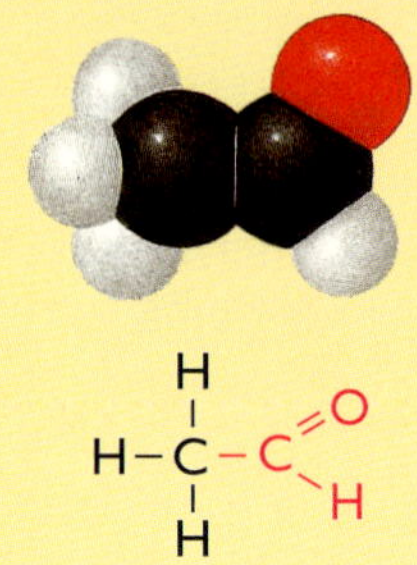

Ethanal (Acetaldehyd)

1
Modell und Strukturformel eines Ethanalmoleküls

Experiment 14 L
Zu einer 20%igen Ethanallösung (Xn) werden einige Tropfen fuchsinschweflige Säure (auch *Schiff*-Reagens genannt) gegeben.

Experiment 15 L
Fehlingsche Lösung I und II (C) werden vermischt und einige Tropfen 20%ige Ethanallösung (Xn) werden hinzugegeben. Anschließend wird erhitzt.

Experiment 16 L
3 ml 2 %ige Silbernitratlösung werden mit einer 25 %igen Ammoniaklösung (C) versetzt, bis eine klare Lösung entsteht. Danach wird 1 ml 20%ige Ethanallösung (Xn) hinzugegeben und vorsichtig ohne zu schütteln erwärmt.

Vergleich der Moleküle von Ethanal und Ethanol

Strukturformel des Moleküls	Typische Strukturmerkmale
Ethanalmolekül 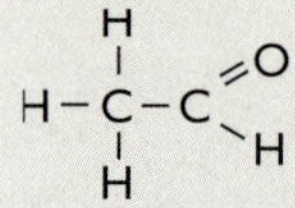	Aldehydgruppe 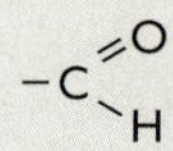
Ethanolmolekül 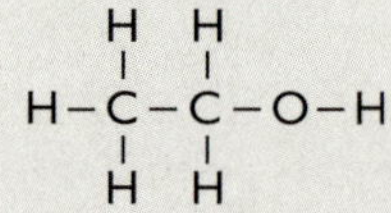	Hydroxylgruppe –O–H

8

Ether

Struktur. Ether lassen sich von den Alkoholen ableiten. Durch Abspaltung eines Wassermoleküls aus zwei Alkoholmolekülen entsteht ein Ethermolekül. In den Ethermolekülen sind über ein Sauerstoffatom zwei Alkylgruppen gebunden. Die allgemeine Formel lautet $R_1{-}O{-}R_2$. Die beiden Alkylgruppen (R_1, R_2) der Ether können gleich oder unterschiedlich sein.
Die C–O–C-Gruppierung stellt die reaktionsfähige Stelle im Molekül dar. Sie wird auch als funktionelle Gruppe bezeichnet.

Eigenschaften. In der Mehrzahl sind die niedermolekularen Ether leicht bewegliche Flüssigkeiten. Ether besitzen eine größere Flüchtigkeit als Alkohole und Phenole mit der gleichen Anzahl von Kohlenstoffatomen im Molekül. Ihre Dichte ist geringer als die von Wasser, und mit wenigen Ausnahmen lösen sie sich wenig oder nicht in Wasser. Viele Ether besitzen einen angenehmen Geruch, sodass einige zur Herstellung von Parfümkompositionen verwendet werden. Der wichtigste Ether ist der Diethylether.

Diethylether ist bei Zimmertemperatur eine farblose, leicht bewegliche Flüssigkeit, die rasch verdunstet und schon bei 34,6 °C siedet. Er hat einen starken und typischen Geruch. Diethylether ist sehr leicht entzündbar. Die Dämpfe sind schwerer als Luft. Bereits bei einem Volumenanteil von 1,8 % Diethylether in der Luft liegt ein Gemisch vor, das schon durch einen Funken explosionsartig reagiert. Beim Umgang mit diesem Ether ist äußerste Vorsicht geboten, nicht nur wegen der Brand- und Explosionsgefahr.
Diethylether entsteht aus Ethanol bei Zugabe von Schwefelsäure, die als Katalysator wirkt (Experiment 17). Aus jeweils 2 Ethanolmolekülen wird ein Wassermolekül abgespalten. Ein Sauerstoffatom verbindet die beiden Ethylreste. Diese Bindung zwischen Alkylresten ist für alle Ethermoleküle charakteristisch.

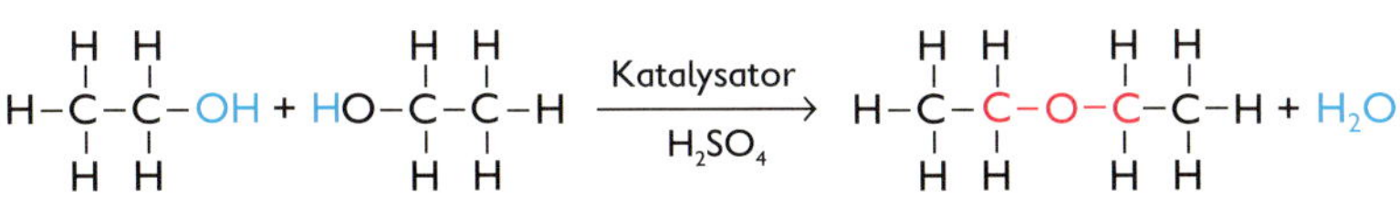

Ethanol Ethanol Diethylether Wasser

Beim längeren Einatmen von Dämpfen des Diethylethers tritt Bewusstlosigkeit ein, die Muskulatur erschlafft, Schmerz wird nicht mehr empfunden. Reiner Diethylether wurde daher bei Operationen als Narkosemittel eingesetzt. Nach einer Ethernarkose können aber Kopfschmerzen, Übelkeit oder Erbrechen auftreten. Narkosemittel werden heute für jeden Patienten individuell kombiniert und dosiert (Abb. 4).
Diethylether ist mit Wasser nicht mischbar. Er löst Fette und Öle und eignet sich als Extraktions- und Lösungsmittel für organische Stoffe.

Ether sind organische Stoffe, deren Moleküle eine C–O–C-Gruppe enthalten.

Experiment 17 L
Vorsicht! Gleiche Volumen (15 ml) an Ethanol (F) und Schwefelsäure (C) werden auf etwa 140 °C in einem Rundkolben erhitzt und destilliert.

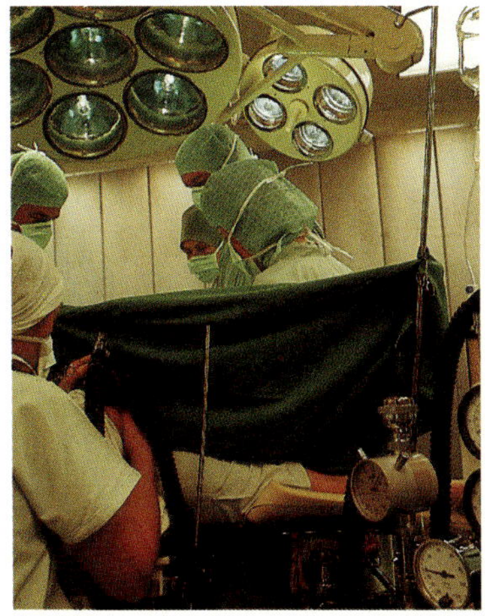
4

AUFGABEN

1. Vergleiche die Moleküle von Ethanol und Ethanal!
2. Schreibe Namen und Strukturformeln der ersten sieben Vertreter der Alkanale auf!
3. Welche Reaktionsprodukte entstehen, wenn
   a) Ethanol an der Luft verbrennt und
   b) Ethanol katalytisch oxidiert wird?
4. Vergleiche bekannte organische Stoffe mit einem Sauerstoffatom im Molekül hinsichtlich der Struktur der Moleküle und der Eigenschaften der Stoffe (Aggregatzustand bei 20 °C und Mischbarkeit mit Wasser)!
5. Entwickle die Strukturformel für Dimethylether und Diphenylether!
6. Begründe, warum Phenol nicht den Alkanolen zugeordnet werden kann!

Ketone

Struktur. Ketone sind Oxidationsprodukte sekundärer Alkohole. Ketone, die von den Alkanen abgeleitet werden können, heißen **Alkanone**. Die Moleküle der Stoffe enthalten die **Ketogruppe** $>C=O$ als funktionelle Gruppe. An die funktionelle Gruppe sind zwei gleiche oder verschiedene Alkanreste gebunden. Die $>C=O$-Gruppe wird auch als **Carbonylgruppe** bezeichnet. Sie kommt auch in Molekülen der Aldehyde (↗ S. 217) vor. Deshalb werden Aldehyde und Ketone auch als Carbonylverbindungen bezeichnet.

Physikalische Eigenschaften einiger Ketone

Name	Sdt. °C	Smt. °C
2-Propanon	56,1	−95,0
2-Butanon	79,6	−86,4
Cyclohexanon	156,7	−31,2
Benzophenon	305,4	49,0

9

Eigenschaften. Niedermolekulare Alkanone sind leicht bewegliche farblose Flüssigkeiten, höhermolekulare Alkanone sind dagegen feste Stoffe.
Die Alkanone bilden eine homologe Reihe. Sie wirken nicht reduzierend und reagieren somit nicht mit fehlingscher Lösung. Mit Hilfe der *Fehling*-Probe ist es deshalb möglich, zwischen Alkanalen und Alkanonen zu unterscheiden, weil eine weitere Oxidation der Alkanone nicht möglich ist. Dies liegt darin begründet, dass die Moleküle der Alkanone kein an die Carbonylgruppe gebundenes Wasserstoffatom enthalten.
Die Reaktionsfähigkeit der Alkanone ist geringer als die der Aldehyde. Zum Beispiel polymerisieren sie nicht.
Ketone lassen sich durch Dehydrierung von sekundären Alkoholen herstellen.

Experiment 14
Vorsicht!
Aceton (F, Xi) wird mit fehlingscher Lösung (C) versetzt.

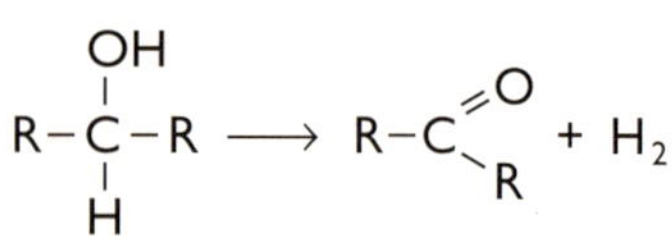

Sekundärer Alkohol — Keton

Aceton. Aceton ist eine farblose, leicht brennbare und angenehm riechende Flüssigkeit, die sich in jedem Verhältnis mit Wasser mischt. In der chemischen Fachsprache wird Aceton als **Dimethylketon** oder **Propanon** bezeichnet (Abb. 1 und 2). Es ist das einfachste und wichtigste Keton.
Aceton kann durch Dehydrierung von 2-Propanol und durch katalytische Oxidation von Propen hergestellt werden.

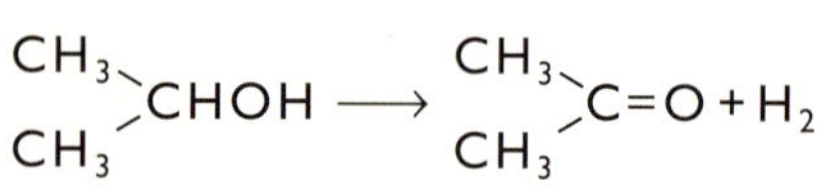

2-Propanol — Propanon (Aceton)

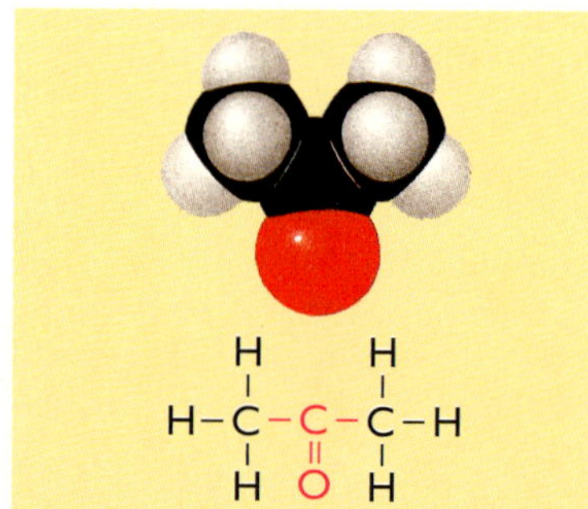

1
Modell und Strukturformel eines Acetonmoleküls

Es wird als Lösungsmittel für Lacke, Kunstharze, Kunstseide, Klebstoffe und Plexiglas genutzt. Als Stoffwechselprodukt tritt Aceton vor allem im Harn von Zuckerkranken (Acetonurie) auf. Bei Harnuntersuchungen wird deshalb auch der Acetonanteil überprüft.

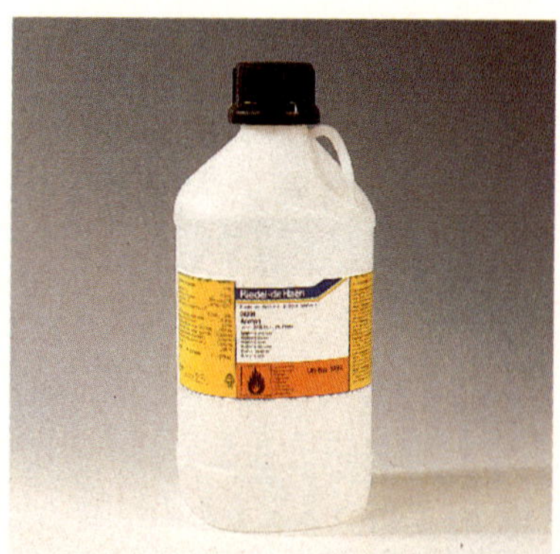

2
Flasche mit Aceton

Ketone sind organische Stoffe, die eine Ketogruppe im Molekül enthalten.

Im Überblick

Alkohole

Organische Stoffe, die mindestens eine Hydroxylgruppe –OH im Molekül haben. Werden sie von den Alkanen abgeleitet, bezeichnet man sie auch als **Alkanole**. Aufgrund der Stellung der Hydroxylgruppe im Molekül wird zwischen „primären“, „sekundären“ und „tertiären“ Alkoholen unterschieden.

Phenole

Aromatische Verbindungen, deren Hydroxylgruppen in den Molekülen direkt an das Ringsystem des Benzolmoleküls gebunden sind.

Aldehyde

Organische Stoffe, die eine Aldehydgruppe $-\mathrm{C}\genfrac{}{}{0pt}{}{\diagup\!\!\!\!=O}{\diagdown H}$ im Molekül besitzen. Durch die Dehydrierung von Alkoholen mit endständigen Hydroxylgruppen im Molekül lassen sich Aldehyde herstellen.

Ether

Organische Stoffe, deren Moleküle eine C–O–C-Gruppe enthalten.

Ketone

Organische Stoffe, die eine Ketogruppe $\rangle\mathrm{C=O}$ im Molekül haben.

Vergleich von Alkoholen, Aldehyden und Ketonen

Stoffklasse	**Alkohole** Alkanole	**Aldehyde** Alkanale	**Ketone** Alkanone
Wichtige Vertreter	Ethanol (Ethylalkohol)	Ethanal (Acetaldehyd)	Propanon (Aceton)
Strukturmerkmal des Moleküls	eine Hydroxylgruppe, kettenförmig	eine Aldehydgruppe, kettenförmig	eine Ketogruppe, kettenförmig
Funktionelle Gruppe	–OH	$-\mathrm{C}\genfrac{}{}{0pt}{}{\diagup\!\!\!\!=O}{\diagdown H}$	$\rangle\mathrm{C=O}$
Verkürzte Strukturformel	CH_3-CH_2-OH	CH_3-CHO	$CH_3-CO-CH_3$
Homologe Reihe Allgemeine Formel	$C_nH_{2n+1}OH$	$C_nH_{2n+1}CHO$	$C_nH_{2n+2}CO$
Eigenschaften und Nachweis	reduzierende Wirkung	reduzierende Wirkung Reaktion mit fehlingscher Lösung, Silbernitratlösung und fuchsinschwefliger Säure	wirken nicht reduzierend
Verwendungsbeispiele	alkoholische Getränke, Hustensaft, Pralinen, Lösungsmittel	Desinfektionsmittel, Kunstharze	Lösungsmittel für Lacke, Plexiglas, Kunstseide

23

Carbonsäuren – Ester

Wer denkt schon beim Verzehren eines Salates oder eines Butterkekses, beim Riechen an einer Hyazinthe oder nach Bekanntschaft mit Brennnesselhaaren an Carbonsäuren oder an Ester? Welche Rolle spielen diese Verbindungen in unserem Leben?

Essigsäure

Aus Wein wird Essig. Wein, der längere Zeit offen steht, riecht unangenehm und schmeckt sauer. Dieser Wein ist zu Essig geworden. Hervorgerufen wird der Vorgang durch Essigbakterien. Sie bilden Enzyme, die Ethanol katalytisch mit dem Sauerstoff der Luft zu Essigsäure oxidieren.

$$\underset{\text{Ethanol}}{CH_3{-}CH_2OH} + O_2 \xrightarrow{\text{Enzyme}} \underset{\text{Essigsäure}}{CH_3{-}COOH} + H_2O$$

Schon im Altertum wurde so Essig hergestellt. Heute wird diese Reaktion zur Herstellung von Essigsäure im **Schnellessigverfahren** angewandt. Dabei werden ethanolhaltige Flüssigkeiten wie Wein über mit Essigbakterien geimpfte Buchenholzspäne gerieselt; von unten strömt Luft entgegen (Abb. 1). Nach einem anderen Verfahren wird in Bottichen Schaum erzeugt, der auf seiner großen Oberfläche noch mehr Essigbakterien aufnehmen kann als Buchenholzspäne.

Der bei diesen Verfahren hergestellte Essig hat einen Volumenanteil an Essigsäure von höchstens 15,5 %. Essigsäure höherer Konzentration wird durch katalytische Oxidation von Ethanal (Experiment 1) gewonnen.

$$2\ \underset{\text{Ethanal}}{CH_3{-}CHO} + O_2 \xrightarrow{\text{Katalysator}} 2\ \underset{\text{Essigsäure}}{CH_3{-}COOH}$$

Essigsäure wird industriell durch enzymatische Oxidation aus Ethanol oder durch katalytische Oxidation von Ethanal hergestellt.

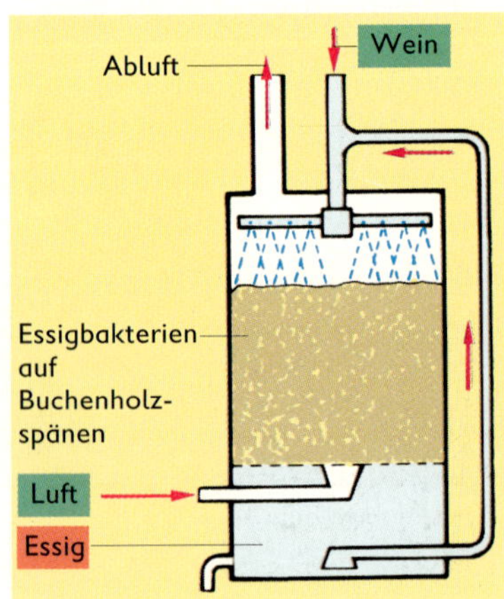

1

Experiment 1 L

Eine glühende Kupferspirale wird in 30%ige Ethanallösung (Xn) getaucht.

Bau des Essigsäuremoleküls. In einem Molekül Essigsäure sind zwei Kohlenstoffatome enthalten. Das endständige Kohlenstoffatom bildet mit den beiden Sauerstoffatomen und einem Wasserstoffatom die funktionelle Gruppe der Essigsäure. Diese Atomgruppe wird als **Carboxylgruppe** bezeichnet (Abb. 2 und 3). Sie bestimmt die charakteristischen Eigenschaften der Säure. Da die Essigsäuremoleküle wie die Ethanmoleküle zwei Kohlenstoffatome haben, wird Essigsäure auch als **Ethansäure** bezeichnet.

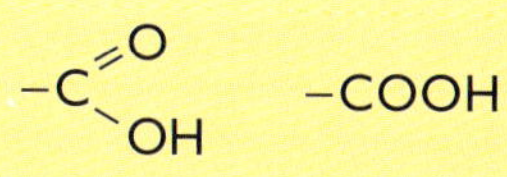

Carboxylgruppe

2

Eigenschaften der Essigsäure. Reine Essigsäure ist eine farblose, stark ätzende und stechend riechende Flüssigkeit, die bei 118,5 °C siedet und bereits unter 17 °C zu festen, eisähnlichen Kristallen erstarrt. Diese Form der Essigsäure wird deshalb als **Eisessig** bezeichnet.
Essigsäure löst sich unbegrenzt in Wasser. Die dabei gebildete verdünnte Essigsäure riecht auch stechend und schmeckt sauer. Sie leitet im Unterschied zu reiner Essigsäure den elektrischen Strom und reagiert sauer (Experiment 2).

$$CH_3-COOH + H_2O \longrightarrow H_3O^+ + \underset{\text{Acetat-Ionen}}{CH_3-COO^-}$$

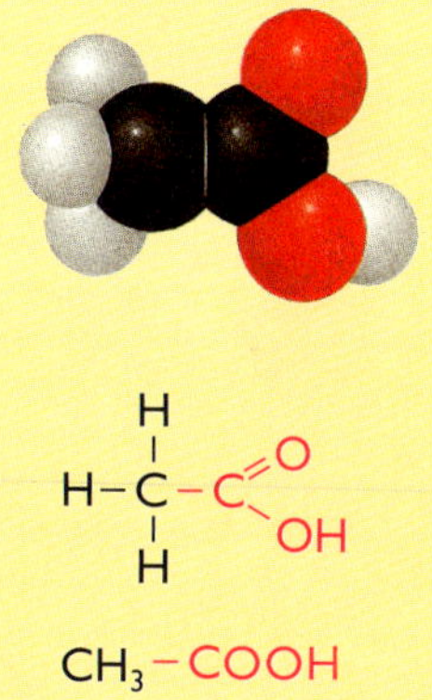

3

Modell und Strukturformeln eines Essigsäuremoleküls

Verdünnte Essigsäure reagiert wie andere Säuren mit unedlen Metallen (Experiment 2), Metalloxiden und Hydroxidlösungen zu Salzlösungen.

$$2\,CH_3-COOH + Zn \longrightarrow \underset{\text{Zinkacetat}}{(CH_3-COO)_2Zn} + H_2$$

$$2\,CH_3-COOH + CuO \longrightarrow \underset{\text{Kupferacetat}}{(CH_3-COO)_2Cu} + H_2O$$

$$CH_3-COOH + NaOH \longrightarrow \underset{\text{Natriumacetat}}{CH_3-COONa} + H_2O$$

Die Salze der Essigsäure heißen **Acetate**. Viele Acetate sind leicht wasserlöslich und giftig. Deshalb sollten mit Essig zubereitete Speisen und Salate nicht in Zink- oder Kupfergefäßen serviert oder aufbewahrt werden; anderenfalls kann sich giftiges Zink- beziehungsweise Kupferacetat (Grünspan) bilden.

Verdünnte Essigsäure reagiert sauer und leitet den elektrischen Strom. Die Salze der Essigsäure heißen Acetate.

Experiment 2
Prüfe 10%ige Essigsäure (Xi) auf Leitfähigkeit des elektrischen Stroms und auf ihr Verhalten gegenüber Universalindikatorlösung und unedlen Metallen!

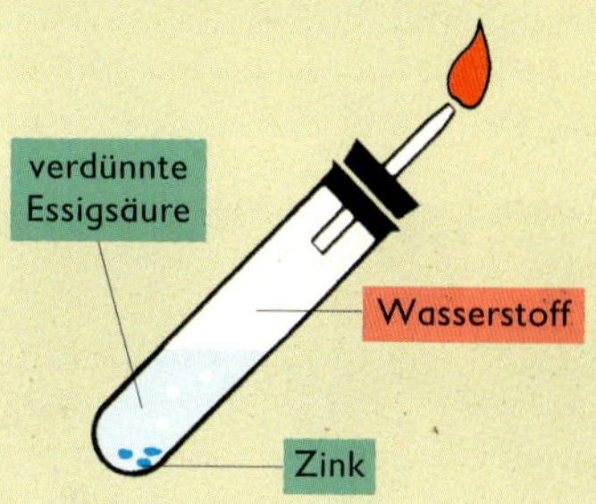

AUFGABEN

1. Entwickle für die im Experiment 1 abgelaufene chemische Reaktion die Reaktionsgleichung!
2. Leite aus dem Modell des Essigsäuremoleküls Aussagen über die Struktur ab!
Gib an, welche Aussagen über die Essigsäuremoleküle aus diesem Modell nicht ableitbar sind!
3. Warum sollten Salatbestecke nicht aus Neusilber (Kupfer-Nickel-Zink-Legierung) hergestellt werden?
4. Essigsäure reagiert mit Magnesium und mit Magnesiumoxid zu Magnesiumacetat. Entwickle die Reaktionsgleichungen! Bestimme die Reaktionsarten und nenne deren Merkmale!

Verwendung von Essigsäure. Eine wässrige Essigsäurelösung mit einem Volumenanteil an Essigsäure zwischen 5 % und 8 % wird als **Essig** bezeichnet und dient ebenso wie Essigessenz mit einem Volumenanteil an Essigsäure von 25 % als Speisewürze (Abb. 1). Essigsäure und einige ihrer Salze sind wichtige Konservierungsstoffe (↗ S. 226), da sie bakterientötend wirken. Wegen dieser Eigenschaft und der gesundheitlichen Unbedenklichkeit wird Essigsäure bei der Herstellung von Reinigungsmitteln verwendet. Essigsäure findet auch Verwendung als Ausgangsstoff zur Herstellung von Lacken und Farben, Arzneimitteln, Lösungsmitteln, Kunststoffen und Kunstfasern.

1

Weitere Alkansäuren

Ameisensäure. Ameisensäure (Methansäure) ist die einfachste organische Säure, da sie nur ein Kohlenstoffatom im Molekül aufweist (Abb. 2). In reinem Zustand ist sie farblos, stechend riechend und stark ätzend. Im Gegensatz zu anderen Alkansäuren reduziert Ameisensäure ammoniakalische Silbernitratlösung (Experiment 3) und wird dabei selbst zu Kohlenstoffdioxid und Wasser oxidiert. Diese Eigenschaft ergibt sich aus der Molekülstruktur (Abb. 3).
Methansäure ist in den Drüsen von Ameisen (Abb. 4), den Nesselkapseln von Quallen und Polypen, in Raupen, Bienen und verschiedenen Laufkäfern sowie in den Brennhaaren von Brennnesseln (Abb. 5, Experiment 4) und zahlreichen Früchten nachweisbar. Ameisensäure wird im Labor zur Darstellung von Kohlenstoffmonooxid verwendet. Ameisensäure und einige ihrer Salze, die **Formiate**, eignen sich zum Konservieren von Fruchtsäften, Salaten und Silofutter. Sie dienen dem Entkalken von Wasserboilern, Kaffeemaschinen, Tauchsiedern oder Heizstäben von Waschmaschinen sowie zur Herstellung von Lösungsmitteln und Imprägniermitteln für die Textilindustrie.

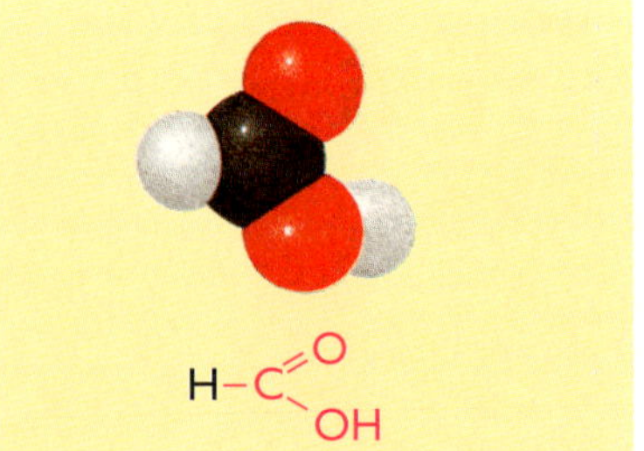

2

Modell und Strukturformel eines Ameisensäuremoleküls

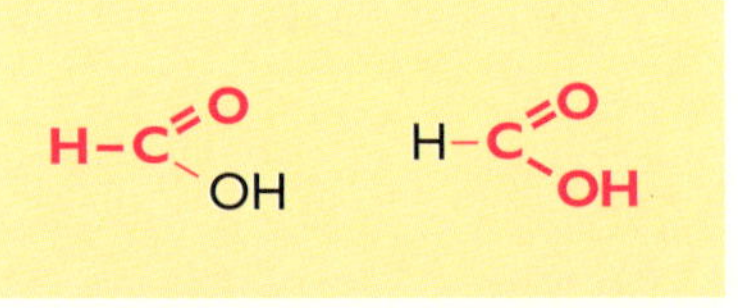

3

Strukturmerkmale eines Methansäuremoleküls

4

5

Experiment 3
3 ml 2%ige Silbernitratlösung werden mit 10%iger Ammoniaklösung (C) bis zum Vorliegen einer klaren Lösung versetzt. Danach wird 1 ml 30%ige Ameisensäurelösung (C) zugegeben und vorsichtig erwärmt.

Experiment 4
Untersuche eine Brennnessel! Betrachte die Brennhaare unter einer Lupe! Drücke ein Brennhaar gegen einen Objektträger! Prüfe die Reaktion des Flüssigkeitstropfens mit einem Indikator!

Homologe Reihe der Alkansäuren. Ameisensäure und Essigsäure sind die ersten Glieder der homologen Reihe der Alkansäuren. Die Moleküle der Alkansäuren enthalten eine Carboxylgruppe und einen Alkylrest (R) (Abb. 4). Alkansäuren zeigen gleiche chemische Reaktionen: Redoxreaktionen, Protolysen und Reaktionen mit Alkoholen. Mit steigender Kettenlänge der Moleküle nimmt die Reaktionsfähigkeit der Alkansäuren ab. Die niederen Alkansäuren sind flüssig, wasserlöslich und riechen stechend (C_1 bis C_3) oder schweißartig ranzig (C_4 bis C_9). Höhere Alkansäuren sind fest, wasserunlöslich und geruchlos (Tabelle 1).
Da die O–H-Bindung der Carboxylgruppe eine große Polarität besitzt, bilden niedermolekulare Alkansäuren **dimere Assoziate** (Abb. 5). Diese werden erst bei großer Verdünnung oder hohen Temperaturen gespalten. Ihre Moleküle bilden mit Wassermolekülen Wasserstoffbrückenbindungen (↗ S. 93) aus; deshalb sind diese Alkansäuren in jedem Verhältnis mit Wasser mischbar.

Allgemeine Formeln der Alkansäuren

R–COOH

Wasserstoffatom oder Alkylrest	Carboxylgruppe

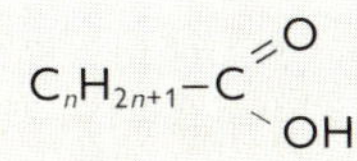

4

Name der Alkansäure	Verkürzte Strukturformel	Vorkommen
Ameisensäure (Methansäure)	$H-COOH$	in Giftdrüsen von Ameisen und anderen Insekten, in vielen Pflanzen und Früchten
Essigsäure (Ethansäure)	CH_3-COOH	in einigen Pflanzen und Früchten, in tierischen Sekreten; Stoffwechselprodukt
Buttersäure (Butansäure)	$CH_3-CH_2-CH_2-COOH$	als Ester in Butter und Milchfett; in Schweiß, Produkt beim Faulen von Eiweiß
Palmitinsäure (Hexadecansäure)	$CH_3-(CH_2)_{14}-COOH$	als Ester in fast allen Naturfetten, z. B. Palmfett, Olivenöl, Talg, Schmalz, Kakaobutter
Stearinsäure (Octadecansäure)	$CH_3-(CH_2)_{16}-COOH$	als Ester in fast allen Naturfetten; in Hopfen, Rindergalle, im menschlichen Gehirn

1

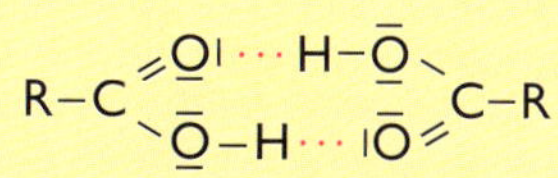

5

Dimeres Assoziat einer Alkansäure

AUFGABEN

1. Erläutere am Beispiel der homologen Reihe der Alkansäuren den Zusammenhang zwischen Struktur der Moleküle und Eigenschaften der Stoffe!
2. Erläutere die Begriffe „funktionelle Gruppe" und „homologe Reihe" am Beispiel der Alkansäuren!
3. Erkläre, warum Alkansäuren gleiche chemische Reaktionen eingehen!
4. Eine Kaffeemaschine kann mit Ameisen- oder Essigsäure entkalkt werden. Entwickle entsprechende Reaktionsgleichungen!
5. Alkansäuren können durch chemische Reaktion aus entsprechenden Alkanalen und diese wiederum aus entsprechenden Alkanolen hergestellt werden.
Entwickle, ausgehend von einem selbstgewählten Alkanol, die Reaktionsgleichungen bis zur Alkansäure!
Stelle fest, welche Reaktionsarten vorliegen und begründe die Ergebnisse!
6. Gib Beispiele für das Vorkommen von Alkansäuren in pflanzlichen und tierischen Lebewesen an!

Weitere organische Säuren

Wichtige organische Säuren. Neben Alkansäuren gibt es weitere organische Stoffe mit der Carboxylgruppe im Molekül. Da sie sich in Art, Anzahl und Anordnung von Strukturmerkmalen unterscheiden können, gibt es eine Vielzahl von Carbonsäuren. Carbonsäuren mit Mehrfachbindungen im Molekül werden als **ungesättigte Carbonsäuren** bezeichnet. Eine davon ist die **Ölsäure**, deren Moleküle eine Doppelbindung zwischen zwei Kohlenstoffatomen haben. Andere Carbonsäuren enthalten mehrere gleiche oder unterschiedliche funktionelle Gruppen im Molekül. **Oxalsäure** als eine Dicarbonsäure hat zwei Carboxylgruppen im Molekül. **Milchsäure** oder **Weinsäure** enthalten neben Carboxylgruppen auch Hydroxylgruppen im Molekül. Sie werden deshalb als Hydroxycarbonsäuren bezeichnet.
Andere Carbonsäuren weisen neben der Carboxylgruppe die Aminogruppe $-NH_2$ in ihren Molekülen auf; es sind dies die **Aminocarbonsäuren**, vereinfacht Aminosäuren genannt (↗ S. 253)
Carboxylgruppen können auch in ringförmigen Molekülen (Abb. 1) vorkommen. Ein wichtiger Vertreter der Cyclocarbonsäuren ist die **Benzoesäure**. Da Benzol zur Gruppe der aromatischen Kohlenwasserstoffe gehört, wird diese Säure auch als aromatische Carbonsäure bezeichnet.

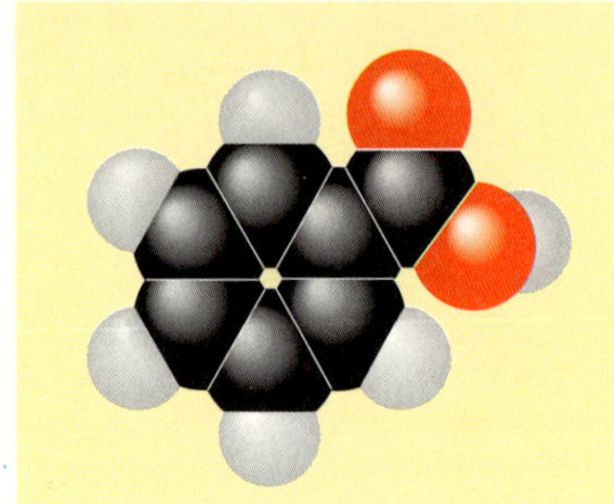
1
Modell eines Benzoesäuremoleküls

2

Carbonsäuren als Konservierungsmittel. Carbonsäuren und einige ihrer Salze sind gute chemische Konservierungsmittel, da sie in der Lage sind, Bakterien und Pilze zu zerstören ohne die menschliche Gesundheit zu beeinträchtigen (Abb. 2). Die Anwendung von Konservierungsmitteln ist kennzeichnungspflichtig unter der Angabe einer EU-Nummer, die für alle Länder der Europäischen Union verbindlich ist (Tabelle 2). Für alle chemischen Konservierungsmittel sind Höchstmengen in Lebensmitteln festgelegt.

EU-Nr.	Stoff	Konservierungsmittel für
E 200	Sorbinsäure	Fischmarinaden, flüssiges Vollei und Eigelb, Speisesenf, Gewürzsoßen, Schnittbrot
E 201	Na-Salz	
E 202	K-Salz	
E 210	Benzoesäure	Fischmarinaden, Mayonnaisen, Tunken, Margarine, Obstpulpen, Obstmark, Sauergemüse, Tabak
E 211	Na-Salz	
E 212	K-Salz	
E 236	Ameisensäure	Fruchtrohsäfte, Salate, alkoholhaltige Erfrischungsgetränke, Silofutter
E 237	Na-Salz	
E 238	Ca-Salz	
E 260	Essigsäure	Fruchtrohsäfte, Salate, Sauergemüse, Hefebrotteig
E 261	K-Salz	
E 262	Na-Salz	
E 270	Milchsäure	Limonaden, Essenzen, Salben, Mundwässer
E 280	Propionsäure	Einwickelpapier für Brot, Butter und Käse, Fruchtsäfte, Blut
E 281	Na-Salz	

2

AUFGABEN

1. Nenne Namen, Vorkommen und Verwendung wichtiger Carbonsäuren!
2. Was sind Konservierungsstoffe und wie müssen diese gekennzeichnet sein?
3. Welche Arten chemischer und physikalischer Konservierung von Lebensmitteln sind gebräuchlich? Nenne Beispiele für auf diese Weise konservierte Lebensmittel!
4. Linolsäure und Linolensäure sind ungesättigte Fettsäuren (↗ S. 247). Erläutere diesen Begriff!
5. Begründe, weshalb es zahlreiche Carbonsäuren gibt!
6. Nenne wichtige Gruppen von Carbonsäuren und Strukturmerkmale ihrer Moleküle!
7. Wodurch unterscheiden sich gesättigte und ungesättigte Carbonsäuren?

Vorkommen und Verwendung. In der Tabelle 3 sind einige wichtige organische Säuren zusammengestellt.

Säure	Strukturformel	Vorkommen und Verwendung
Gesättigte Monocarbonsäuren		
Ameisensäure	$H-COOH$	in Giftdrüsen verschiedener Insekten, in Pflanzen und Früchten Konservierungs-, Entkalkungs-, Lösungsmittel, zum Imprägnieren von Textilien
Essigsäure	CH_3-COOH	in Pflanzen, Früchten und tierischen Sekreten; Zwischenprodukt des Stoffwechsels Konservierungs-, Lösungs-, Beizmittel, zur Herstellung von Farben, Lacken, Riechstoffen und Pharmazeutika
Palmitinsäure Stearinsäure	$C_{15}H_{31}-COOH$ $C_{17}H_{35}-COOH$	in pflanzlichen und tierischen Fetten Nahrungsmittel, zur Herstellung von Seifen, Kerzen, Kosmetika, Pharmazeutika, Imprägnier- und Schmiermitteln
Ungesättigte Monocarbonsäuren		
Ölsäure Linolsäure Linolensäure	$C_{17}H_{33}-COOH$ $C_{17}H_{31}-COOH$ $C_{17}H_{29}-COOH$	in pflanzlichen und tierischen Fetten und Ölen Nahrungsmittel, zur Herstellung von Seifen, Farbstoffen und Kosmetika
Carbonsäuren mit mehreren funktionellen Gruppen im Molekül		
Oxalsäure	$HOOC-COOH$	im Sauerklee, Sauerampfer, Rhabarber, Spinat; Stoffwechselprodukt des Menschen im Urin Bleichmittel, Rohstoff für Färbereien und Tintenherstellung, zur Entfernung von Tinten- und Rostflecken, Analysensubstanz
Milchsäure	$CH_3-\underset{\displaystyle OH}{\underset{\mid}{C}H}-COOH$	in Milch, im Fleischsaft, in Sauergemüse; Zwischenprodukt des menschlichen Stoffwechsels (Muskelkater) Desinfektions- und Beizmittel, zur Herstellung von Limonaden, Essenzen, Salben und Mundwässern, Hilfsstoff in Woll- und Lederfärbereien
Citronensäure	$HOOC-CH_2-\overset{\displaystyle COOH}{\overset{\mid}{\underset{\displaystyle OH}{\underset{\mid}{C}}}}-CH_2-COOH$	in Citrusfrüchten, Beerenobst, Milch; Zwischenprodukt des menschlichen Stoffwechsels im Blut Textilhilfsmittel, zur Herstellung von Likören, Salaten, Essenzen, Limonaden und Säuglingsnahrung
Alanin	$CH_3-\underset{\displaystyle NH_2}{\underset{\mid}{C}H}-COOH$	in natürlichen Proteinen (Naturseide), in Steinpilzen, in Milchsäurebakterien; Produkt des menschlichen Stoffwechsels zur Entfernung von Schwefelwasserstoff aus Gasen
Aromatische Carbonsäuren		
Benzoesäure	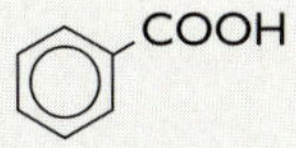	in Früchten, Obstschalen, Blättern und Rinden zur Herstellung von Seifen, Klebstoffen und Farbstoffen; Konservierungsmittel, Analysensubstanz
Phthalsäure	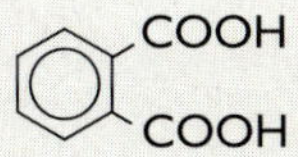	wird synthetisch hergestellt Ausgangsstoff organischer Synthesen, zur Herstellung von Farbstoffen, Kunstharzen und Kunstfasern

3

Ester

Ester als Duft- und Aromastoffe. Die Menschen fühlen sich besonders wohl, wenn sie von wohlriechenden Düften umgeben sind. Parfüms und Cremes, Backwaren und Getränke – alles soll angenehm riechen. Viele Duftstoffe sind Inhaltsstoffe von Pflanzenblüten und -früchten. Aus diesen wurden sie früher ausschließlich gewonnen. Heute können viele dieser Stoffe synthetisch hergestellt werden (Tabelle 4).
Wenn für die Herstellung eines Produktes statt natürlicher Aromastoffe naturidentische, künstliche verwendet wurden, so ist das auf der Verpackung angegeben. Bereits über 2000 verschiedene Aromastoffe können zur Herstellung naturidentischer Geruchs- oder Geschmacksstoffe synthetisch hergestellt werden, über die Hälfte davon gehören zur Gruppe der **Carbonsäureester**. Aufgrund ihrer Geruchs- und Geschmackseigenschaften werden diese Ester als **Fruchtester** bezeichnet.

In vielen Duft- und Aromastoffen sind Carbonsäureester, die Fruchtester, enthalten.

Bildung von Carbonsäureestern. Carbonsäureester können durch chemische Reaktion aus Carbonsäuren und Alkoholen dargestellt werden. Diese Reaktion benötigt Wärmezufuhr und einen Katalysator, zum Beispiel Schwefelsäure (Experiment 5). Neben dem Ester entsteht als weiteres Reaktionsprodukt Wasser, dessen Moleküle aus der Hydroxylgruppe der Alkohol- und der Carboxylgruppe der Carbonsäuremoleküle gebildet werden. Die chemische Reaktion von Alkoholen mit Säuren wird als **Veresterung** bezeichnet. Die Veresterung kann den **Kondensationsreaktionen** zugeordnet werden, da sich einfache Moleküle zu einem größeren Molekül unter Abspaltung eines kleineren Moleküls, zum Beispiel eines Wassermoleküls, vereinigen.

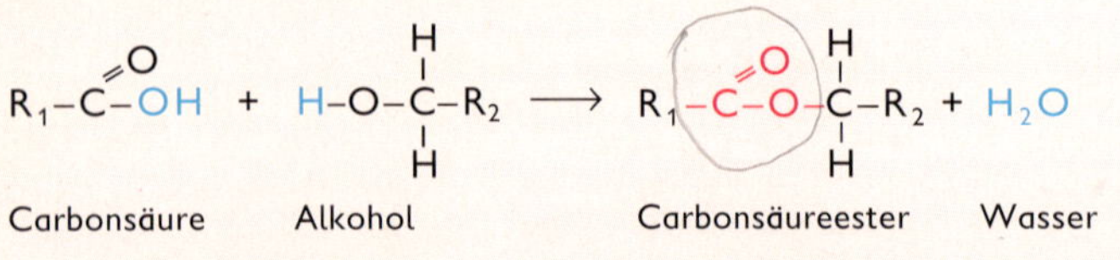

Die Veresterung ist eine Kondensationsreaktion von Säuren mit Alkoholen unter Bildung von Estern und Wasser.

Die Moleküle der Carbonsäureester enthalten als charakteristisches Strukturmerkmal die **Estergruppe** $-C(=O)-O-$ bzw. $-CO-O-$.

Im Ergebnis des Experiments 5 lässt sich feststellen, dass neben den Reaktionsprodukten Ester und Wasser auch noch die Ausgangsstoffe Buttersäure und Ethanol vorliegen. Die Veresterung ist eine umkehrbare Reaktion.

$$C_3H_7-COOH + HO-C_2H_5 \rightleftharpoons C_3H_7-CO-O-C_2H_5 + H_2O$$

Geruch/ Aroma	Fruchtester gebildet aus
Rum	Ameisensäure und Ethanol Propionsäure und i-Butanol
Birne	Buttersäure und i-Pentanol
Banane	Essigsäure und i-Butanol
Erdbeere	Essigsäure und i-Hexanol
Pfirsich	Buttersäure und Ethanol
Apfel	Buttersäure und Methanol Valeriansäure und i-Pentanol
Ananas	Buttersäure und Methanol oder Ethanol
Aprikose	Buttersäure und i-Pentanol
Pfefferminz	Benzoesäure und Ethanol

4

Experiment 5 **L**
Vorsicht! Schutzbrille!
Ein Gemisch aus Buttersäure (C), Ethanol (F) und konzentrierter Schwefelsäure (C) wird erhitzt. Der Geruch des Destillats wird geprüft.

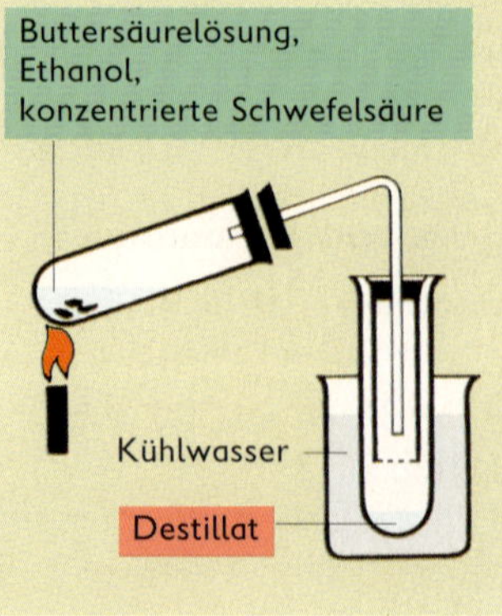

Zwischen Esterbildung und Esterzerfall stellt sich ein chemisches Gleichgewicht (↗ S. 294) ein. Die Einstellzeit des Gleichgewichts lässt sich durch einen Katalysator verkürzen. Im Experiment 5 diente die konzentrierte Schwefelsäure als Katalysator. Da die Esterbildung endotherm verläuft, wird durch hohe Temperatur die Ausbeute vergrößert. Außerdem ist das Gleichgewicht konzentrationsabhängig. So begünstigt das Entfernen von Ester und Wasser durch Destillation die Esterbildung. Damit wird ebenfalls die Ausbeute an Ester erhöht.
Der Name des Esters wird aus den Namen der Ausgangstoffe abgeleitet (Tabelle 5).

$$C_{n-1}H_{2n-1}-\overset{\overset{\displaystyle O}{\|}}{C}-O-C_mH_{2m+1}$$

Allgemeine Formel eines Alkansäure-alkyl-esters

Name der Säure	Name der Alkylgruppe des Alkanols	Name der Stoffgruppe „ester“
Buttersäure	ethyl	ester
Buttersäureethylester		

5

Experiment 6 **L**
Vorsicht! Schutzbrille!
Buttersäureethylester wird unter Zusatz von 10%iger Natronlauge (C) und Rückflusskühlung bis zum Sieden erhitzt. Nach einiger Zeit wird der Geruch geprüft.

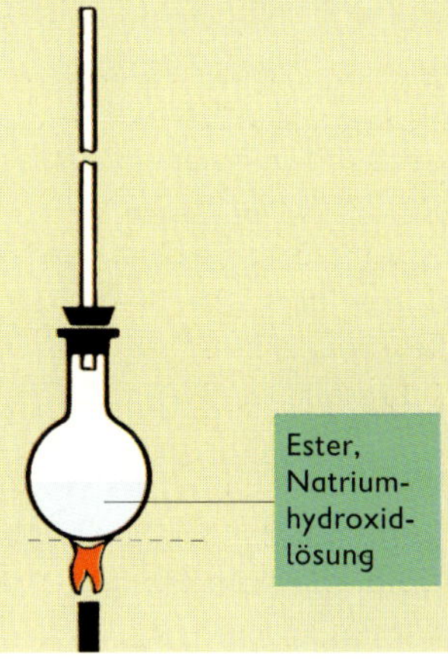

Zerfall von Carbonsäureestern. Wird Buttersäureethylester längere Zeit stehen gelassen oder unter Rückflusskühlung erhitzt (Experiment 6), lässt sich danach feststellen, dass das entstehende Gemisch den elektrischen Strom leitet. Buttersäureethylester leitet aber den elektrischen Strom nicht. Außerdem ist ein unangenehmer Geruch wahrnehmbar und mit einem Indikator eine saure Reaktion feststellbar. Diese Erscheinungen lassen sich auf den Zerfall des Esters in Buttersäure und Ethanol zurückführen.
Die entstandene Buttersäure bewirkt die Leitfähigkeit für den elektrischen Strom, die saure Reaktion und den unangenehmen Geruch. Die Spaltung des Esters wird als **Verseifung** bezeichnet.

$$C_3H_7-CO-O-C_2H_5 + 2\,H_2O \longrightarrow H_3O^+ + C_3H_7-COO^- + C_2H_5-OH$$

$$\textbf{Carbonsäure} + \textbf{Alkohol} \underset{\text{Verseifung}}{\overset{\text{Veresterung}}{\rightleftharpoons}} \textbf{Carbonsäureester} + \textbf{Wasser}$$

AUFGABEN

1. Aus welchen Ausgangsstoffen können die folgenden Ester dargestellt werden: a) Essigsäurepropylester, b) Ameisensäuremethylester, c) Triölsäureglycerinester?
2. Erläutere die Merkmale des chemischen Gleichgewichts am Beispiel der Fruchtesterherstellung!
3. Gib optimale Bedingungen für die Herstellung eines Fruchtesters an und begründe deren Wahl!
4. Vergleiche den Begriff „Kondensation“, der in der Chemie verwendet wird, mit dem physikalischen Begriff „Kondensation“!
5. Erkläre, warum ein Carbonsäureester-Wasser-Gemisch sauer reagiert und den elektrischen Strom leitet, der reine Carbonsäureester sich dagegen nicht so verhält!
6. Entwickle die Reaktionsgleichungen für die Verseifung von a) Essigsäureethylester und b) Propionsäurepropylester!

Weitere Ester. Neben Fruchtestern, die aus niedermolekularen Alkoholen und niedermolekularen Carbonsäuren gebildet werden, können Ester auch aus höhermolekularen Alkoholen und Carbonsäuren sowie aus Alkoholen und anorganischen Säuren entstehen (Tabelle 6).

Ester	Ausgangsstoffe Säure	Alkohol	Verwendung
Fruchtester	niedermolekulare Alkansäuren	niedermolekulare Alkohole	Aromen, Duftstoffe, Lösungsmittel für Lacke und Klebstoffe
Wachse	höhermolekulare Alkansäuren	höhermolekulare Alkohole	Kerzen, Polituren, Schmierstoffe, Imprägniermittel, Kosmetika
Fette/ fette Öle	gesättigte und ungesättigte Fettsäuren	Glycerin	Nahrungsmittel, Herstellung von Glycerin und Seifen
Phosphorsäureester	Phosphorsäure	meist niedermolekulare Alkohole, Glycerin	Weichmacher, Lösungsmittel, zur Lack-, Film- und Kunststoffherstellung, Insektizide, Kampfstoffe, biochemische Energiespeicher
Salpetersäureester	Salpetersäure	niedermolekulare, mehrwertige Alkohole	Sprengstoffe und Schießpulver, zur Herstellung von Lacken, Kunststoffen, Medikamenten
Schwefelsäureester	Schwefelsäure	niedermolekulare oder höhermolekulare Alkohole	Hilfsstoffe für organische Synthesen, zur Herstellung von Waschmitteln

6

Viele Stoffe sind lebensnotwendig, andere können Leben zerstören. Das wird am Beispiel der Stoffgruppe der Ester besonders deutlich. Phosphorsäureester erfüllen lebenswichtige Funktionen, zum Beispiel Adenosintriphosphat (ATP), oder sind wichtige Schädlingsbekämpfungsmittel (Abb. 1). Übermäßiger Einsatz kann jedoch Mensch und Tier schädigen, wenn Insektizidrückstände durch Nahrung oder Trinkwasser aufgenommen werden. Phosphorsäureester eignen sich auch als chemische Kampfstoffe. Für das Verbot von Produktion und Einsatz chemischer Kampfstoffe treten die Vereinten Nationen ein. Salpetersäureester, zum Beispiel Nitroglycerin, dienen als Sprengstoffe im Bergbau, Straßenbau und in der Bauindustrie, aber auch als Schieß- und Sprengstoffe zum Töten von Menschen.

1
Einsatz von Insektiziden

2
Alfred Nobel (1833 bis 1896)
Dem schwedischen Chemiker gelang es 1867, das schon bei geringen Erschütterungen, Stößen oder beim Erhitzen explodierende Nitroglycerin als Sprengmittel verwendungsfähig zu machen. Durch Aufsaugen von Nitroglycerin in Kieselgur stellte er erstmalig „Dynamit" her.
Nobel produzierte in eigenen Fabriken Dynamit und erzielte durch dessen Verkauf ein riesiges Vermögen. Aus den Zinsen des Vermögens finanziert die von ihm gegründete Stiftung den Nobelpreis, der seit 1901 jährlich für hervorragende Leistungen auf den Gebieten Chemie, Physik, Medizin und Literatur sowie für die Förderung des Friedens verliehen wird.

AUFGABEN

1. Gib am Beispiel der Essigsäure einen Überblick über Eigenschaften von Säurelösungen! Entwickle für mögliche chemische Reaktionen entsprechende Reaktionsgleichungen!
2. „Essigsaure Tonerde“ ist alkalisches Aluminiumacetat $(CH_3COO)_2Al(OH)$. Sie wird als Hausmittel für Umschläge gegen Prellungen und Verstauchungen angewendet.
   Erläutere eine Möglichkeit zur experimentellen Darstellung von Aluminiumacetat!
3. Kennzeichne die Reaktionsarten, mit denen, ausgehend vom Ethanol, Essigsäureethylester dargestellt werden kann!
4. Einige niedermolekulare Ester (z. B. Essigsäureethylester) sind gute Lösungsmittel. Unterbreite Vorschläge zur experimentellen Überprüfung dieser Aussage!
5. Im Kaugummi befindet sich ein Aroma, das aus Salicylsäure und Methanol hergestellt werden kann. Entwickle die Reaktionsgleichung!

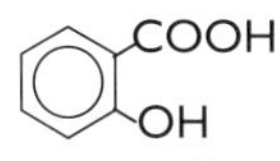

Salicylsäure

6. Erkläre, warum es bei der Darstellung von Estern im Labor nicht zu einer 100%igen Ausbeute kommt!
7. Nenne wichtige Verwendungen von Estern!

Im Überblick

Carbonsäuren

Organische Säuren mit mindestens einer Carboxylgruppe im Molekül. Die Carboxylgruppe –COOH ist die funktionelle Gruppe der Carbonsäuremoleküle.

Ester

Organische Stoffe, die durch Kondensationsreaktionen aus Säuren und Alkoholen dargestellt werden können.

Carbonsäureester

Besitzen als typisches Strukturmerkmal die Estergruppe –CO–O–, können durch Reaktion mit Säure- oder Hydroxidlösungen in ihre Ausgangsstoffe zerlegt werden. Diese Umkehrung der Veresterung wird als Verseifung bezeichnet.

Reaktionen vom Alkanol zum Alkansäureester

Alkanol

Oxidation

$$2\,R-CH_2-OH + O_2 \longrightarrow 2\,R-C\begin{matrix}=O\\ -H\end{matrix} + 2\,H_2O$$

Hydroxylgruppe; Aldehydgruppe

Alkanal

Oxidation

$$2\,R-C\begin{matrix}=O\\ -H\end{matrix} + O_2 \longrightarrow 2\,R-C\begin{matrix}=O\\ -OH\end{matrix}$$

Carboxylgruppe

Alkansäure

Veresterung

$$R-C\begin{matrix}=O\\ -OH\end{matrix} + R-CH_2-OH \underset{\text{Verseifung}}{\overset{\text{Veresterung}}{\rightleftharpoons}} R-C\overset{O}{\overset{\Vert}{}}-O-CH_2-R + H_2O$$

Estergruppe

Alkansäureester

24

Qualitative und quantitative Zusammensetzung organischer Stoffe

Die Analyse eines unbekannten Stoffes schließt die Ermittlung seiner Zusammensetzung aus den Elementen und seiner Strukturmerkmale ein.

Qualitative Analyse organischer Stoffe

Qualitative Elementaranalyse. Ziel der qualitativen Elementaranalyse ist, experimentell festzustellen, welche chemischen Elemente in einer organischen Verbindung enthalten sind.
Neben den Kohlenstoffatomen, die in allen organischen Molekülen vorkommen, sind am häufigsten Wasserstoff-, Sauerstoff- und Stickstoffatome an ihrem Aufbau beteiligt. Daneben sind in vielen organischen Molekülen auch Halogen-, Schwefel- und Phosphoratome gebunden (Tabelle 1).

Kohlenstoff. Der Nachweis des Elementes Kohlenstoff ist einfach, wenn der organische Stoff beim Erhitzen verkohlt oder mit rußender Flamme verbrennt (Experiment 1). Bei brennbaren organischen Verbindungen kann das Element Kohlenstoff auch indirekt über das bei der Verbrennung entstehende Kohlenstoffdioxid nachgewiesen werden. Anstelle von Luft oder reinem Sauerstoff lässt sich auch ein Oxidationsmittel, zum Beispiel Kupfer(II)-oxid, verwenden (↗ S. 59). Das sich bildende Kohlenstoffdioxid wird durch Einleiten in Calciumhydroxidlösung (Kalkwasser) nachgewiesen, wobei ein weißer Niederschlag von Calciumcarbonat ausfällt (Experimente 2 und 3).
Für den Nachweis des Elementes Kohlenstoff im Heptan können folgende Reaktionsgleichungen formuliert werden:

$$C_7H_{16} + 22\ CuO \longrightarrow 7\ CO_2 + 8\ H_2O + 22\ Cu$$
$$CO_2 + Ca^{2+} + 2\ OH^- \longrightarrow CaCO_3 + H_2O.$$

Wasserstoff. Der Nachweis des Elements Wasserstoff in einem organischen Stoff erfolgt durch die Verbrennung oder Oxidation des Stoffes und den Nachweis des als Reaktionsprodukt gebilde-

Experiment 1
Erhitze jeweils erst vorsichtig, dann kräftiger in einem trockenen Reagenzglas wenig Stärke, Sägespäne, Traubenzucker und zum Vergleich Natriumchlorid!

Experiment 2 L
Vorsicht! Schutzbrille!
Erdgas (F+), Feuerzeuggas (F+) und Heptan (F, Xn, N) werden entzündet. Über die Flamme wird ein mit gesättigtem Kalkwasser ausgeschwenktes Becherglas gehalten.

Experiment 3
Getrockneter Traubenzucker wird mit getrocknetem Kupfer(II)-oxid (Mischungsverhältnis 1 : 10) vermischt. Das Gemisch wird in einem schwer schmelzbaren Reagenzglas, auf das ein in gesättigtes Kalkwasser tauchendes Gasableitungsrohr gesetzt ist, erhitzt.

ten Wassers. Das Wasser lässt sich mit blauem Cobalt(II)-chloridpapier, das sich rosa färbt, oder mit entwässertem, weißem Kupfer(II)-sulfat, das eine blaue Farbe annimmt, nachweisen (Experiment 4).

Sauerstoff. Der Nachweis des Elements Sauerstoff in organischen Stoffen ist im allgemeinen recht schwierig durchzuführen. Eine Ausnahme besteht bei den Stoffen, die beim Erhitzen unter Luftabschluss Wasser abspalten (z. B. Zucker). Dass am Aufbau dieser Stoffe Sauerstoff beteiligt ist, kann außerdem noch mithilfe von Magnesium überprüft werden. Bei der Zersetzung des sauerstoffhaltigen organischen Stoffes unter Luftabschluss in Gegenwart von Magnesium bildet sich Magnesiumoxid. Mit angefeuchtetem Universalindikatorpapier reagiert Magnesiumoxid alkalisch. Ist eine alkalische Reaktion erkennbar, so kann daraus geschlossen werden, dass der untersuchte Stoff Sauerstoff enthält.

Stickstoff. Aus vielen stickstoffhaltigen organischen Stoffen bildet sich bei der Reaktion mit konzentrierter Natronlauge Ammoniak, das feuchtes Universalindikatorpapier blau färbt (Experiment 5).

Halogene. Einen Hinweis, dass ein Halogen in einem organischen Stoff enthalten ist, liefert die Beilsteinprobe (↗ S. 190). Die grüne Flammenfärbung wird durch die dabei entstehenden Kupferhalogenide hervorgerufen (Experimente 6 und 7).

Schwefel. Aus vielen schwefelhaltigen organischen Stoffen lässt sich durch Erhitzen Schwefelwasserstoff austreiben. Dieser ist an seinem Geruch nach faulenden Eiern erkennbar. Die Sulfid-Ionen sind mit Blei(II)-acetatpapier nachweisbar. Dieses färbt sich durch das dabei entstehende Bleisulfid braunschwarz (Experiment 8).

Massenanteile der Elemente einiger organischer Stoffe (w in %)

Stoffe	C	H	O	N	S	P	Cl
Butan	82,8	17,2	–	–	–	–	–
Dichlormethan	14,1	2,4	–	–	–	–	83,5
Ethanol	52,2	13,0	34,8	–	–	–	–
Harnstoff	20,0	6,7	26,7	46,6	–	–	–
Rohrzucker	42,1	6,4	51,5	–	–	–	–
Protein (Eidotter)	51,2	7,2	23,5	16,1	1,0	1,0	–

1

Experiment 4 L

Vorsicht!
In einer Porzellanschale werden 5 ml Ethanol (F) entzündet. Über die Flamme wird ein trockenes Becherglas gehalten. Der Beschlag wird mit Cobalt(II)-chloridpapier oder wasserfreiem Kupfer(II)-sulfat (Xn, N) untersucht!

Experiment 5 L

Vorsicht! Abzug! Schutzbrille!
Harnstoff wird mit konzentrierter Natriumhydroxidlösung (C) im Reagenzglas erhitzt. Das entweichende Gas (T, N) wird mit angefeuchtetem Universalindikatorpapier geprüft!

Experiment 6 L

Vorsicht! Abzug!
Auf ein ausgeglühtes Kupferblech wird ein Tropfen Trichlormethan (Xn) gegeben und anschließend in eine entleuchtete Brennerflamme gehalten!

Experiment 7 L

Vorsicht! Abzug!
Natriumchloridlösung wird mit 5%iger Salpetersäure (Xi) angesäuert und mit 5%iger Silbernitratlösung (Xi) versetzt. Eine 5%ige Trichlormethanlösung in Aceton (F, Xi) ist auch mit 5%iger Silbernitratlösung (Xi) zu prüfen.

Experiment 8 L

Vorsicht! Abzug!
Getrocknetes Hühnereiweiß oder etwas getrockneter Käse wird in einem trockenen Reagenzglas kräftig erhitzt. Die entstehenden Dämpfe werden mit angefeuchtetem Blei(II)-acetatpapier geprüft!

AUFGABEN

1. In einem verschlossenen Reagenzglas wird Stärke erhitzt. Welche Elemente können in der Stärke nachgewiesen werden?
2. Bestimme die Massenanteile der Elemente in Cystein (↗ S. 253)!
3. 1 mol Pentan wird vollständig verbrannt.
   a) Stelle die Reaktionsgleichung auf!
   b) Berechne das Volumen an Sauerstoff!
   c) Wie können die Reaktionsprodukte nachgewiesen werden?

Ermittlung der Summenformel organischer Stoffe

Quantitative Elementaranalyse. Ziel der quantitativen Elementaranalyse ist die Ermittlung der quantitativen Zusammensetzung eines Stoffes. Die Massenanteile der chemischen Elemente werden für die Bestimmung der Anzahl der Atome der einzelnen Elemente in den Molekülen und damit für die Ermittlung der Summenformel des zu untersuchenden Stoffes benötigt.

Das erste Verfahren zur quantitativen Elementaranalyse wurde 1831 von *Justus von Liebig* (Abb. 1) eingeführt. Die Elementaranalyse nach *Liebig* (Abb. 2) ist eine **Verbrennungsanalyse**, wobei der zu analysierende organische Stoff durch Kupfer(II)-oxid oxidiert wird (↗ S. 232).

Für einen organischen Stoff, der außer den Elementen Kohlenstoff und Wasserstoff kein weiteres Element enthält, lässt sich folgende **allgemeine Reaktionsgleichung** angeben:

$$C_xH_y + \left(2x + \frac{y}{2}\right) CuO \longrightarrow x\,CO_2 + \frac{y}{2} H_2O + \left(2x + \frac{y}{2}\right) Cu\,.$$

Das bei der Elementaranalyse entstehende Wasser wird von wasserfreiem Calciumchlorid, das Kohlenstoffdioxid von Natronkalk absorbiert. Die Masse des organischen Stoffes als Ausgangsstoff sowie die Massen Kohlenstoffdioxid und Wasser als Reaktionsprodukte sind durch Wägung zu ermitteln. Aus den Massen Kohlenstoffdioxid und Wasser lassen sich die Massen von Kohlenstoff und Wasserstoff berechnen. Besteht der organische Stoff aus den Elementen Kohlenstoff, Wasserstoff und Sauerstoff, so ergibt sich die Masse des Sauerstoffs als Differenz aus der eingewogenen Masse des organischen Stoffes und der Summe der berechneten Massen von Kohlenstoff und Wasserstoff.

Bei diesem Verfahren werden die Massen der Reaktionsprodukte Kohlenstoffdioxid und Wasser mit einer Waage bestimmt. Eine solche Methode wird wissenschaftlich als **gravimetrische Analyse** bezeichnet (Gravimetrie = Gewichtsanalyse; lateinisch: gravis = schwer; griechisch: metron = Maß).

Die Elementaranalyse von *Liebig* als wissenschaftliche Methode förderte die Entwicklung der organischen Chemie. *Liebig* benötigte etwa 1 g Analysensubstanz. Heute lassen sich solche Analysen bei Verwendung von Analyseautomaten mit wenigen Milligramm schnell und mit hoher Genauigkeit durchführen.

1

Justus von Liebig (1803 bis 1873) studierte von 1820 bis 1824 Chemie in Bonn, Erlangen und Paris. 1824 wurde er Professor für Chemie in Gießen, ab 1851 in München. Er bildete viele berühmte Chemiker aus wie *Kekulé*, *Merck*, *Erlenmeyer* und *Kopp*.
Liebig entwickelte auch Laborgeräte, zum Beispiel das Fünfkugelrohr (Abb. 3), und schuf damit die Voraussetzungen für die Durchführung der quantitativen Analyse.
Liebig arbeitete in den verschiedensten Gebieten der Chemie: der Analytik, der Radikaltheorie sowie der Ernährung von Pflanze, Tier und Mensch.

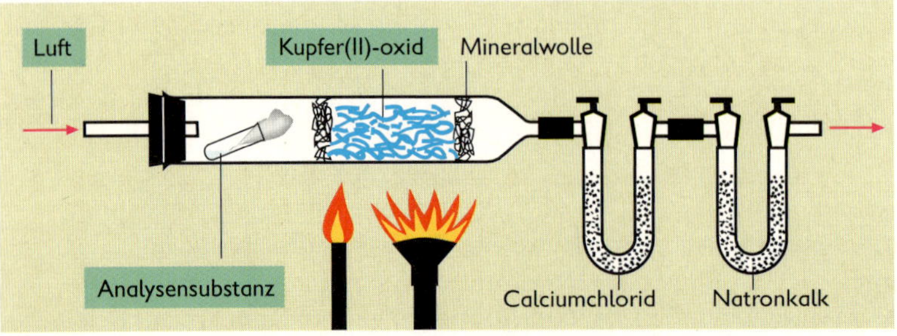

2

Apparatur zur Elementaranalyse nach *Liebig*

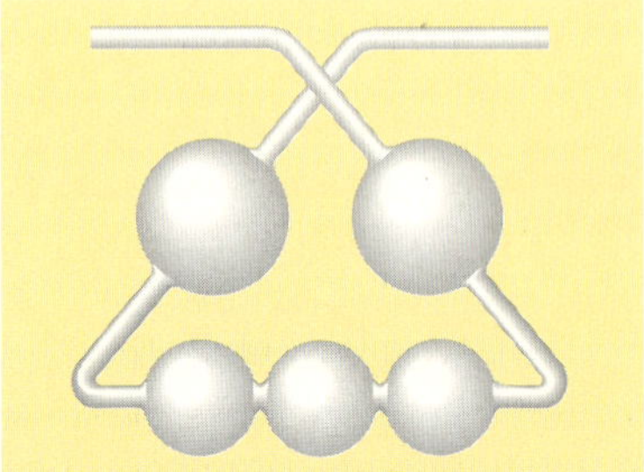

3

Fünfkugelrohr von *Liebig*

Ermittlung der Summenformel von Feuerzeuggas. Die qualitative Elementaranalyse von Feuerzeuggas ergibt, dass es sich um einen Kohlenwasserstoff handelt, der nur aus den Elementen Kohlenstoff und Wasserstoff besteht (Experimente 2 und 4, S. 232 f.). Demnach hat Feuerzeuggas die **allgemeine Formel** $\mathbf{C_xH_y}$, wobei *x* die Anzahl der Kohlenstoffatome und *y* die Anzahl der Wasserstoffatome in einem Molekül ist. Für die Ermittlung der Art und Anzahl der einzelnen Atome in den Molekülen gibt es unterschiedliche Methoden. Eine geht von der experimentellen **Ermittlung der molaren Masse** des Stoffes durch Bestimmung von Masse und Volumen einer Gasportion aus (Experiment 9).

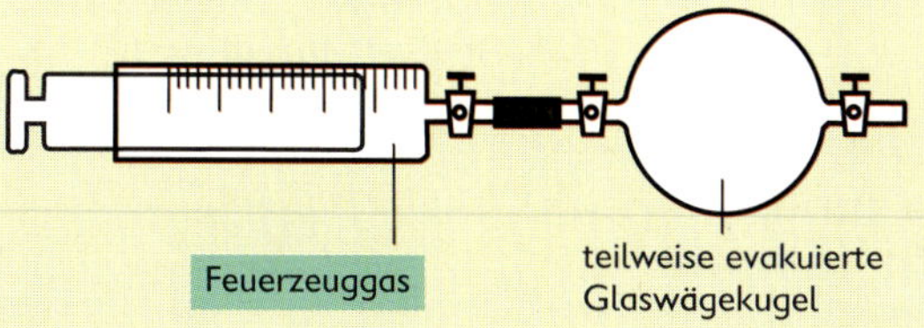

Messergebnisse von Experiment 9

z.B.
V = 0,100 l
m = 0,237 g
p = 1020 hPa
T = 298 K

Experiment 9 L

Vorsicht! Schutzbrille!
Eine Gaswägekugel wird mittels Kolbenprober teilweise evakuiert und gewogen. Anschließend wird dem Vorratsgefäß mittels Kolbenprober ein bestimmtes Volumen Feuerzeuggas (F+) entnommen und vorsichtig in die Gaswägekugel überführt. Diese wird erneut gewogen und die Massendifferenz ermittelt.

Die molare Masse wird aus den ermittelten Größen berechnet. Die ermittelte Massezunahme der Gaswägekugel entspricht der Masse *m* der Stoffportion Feuerzeuggas. Das unter Laborbedingungen gemessene Volumen *V* dieser Gasportion muss auf Normbedingungen umgerechnet werden (↗ S. 278).
Experimentell könnte beispielsweise für 100 ml Feuerzeuggas bei einer Temperatur von 25 °C und einem Luftdruck von 1020 hPa eine Masse von 0,237 g bestimmt werden. Das Volumen der Gasportion unter Normbedingungen beträgt:

$$V_n = \frac{p \cdot V \cdot T_n}{T \cdot p_n} = \frac{1020\,\text{hPa} \cdot 0{,}100\,\text{l} \cdot 273\,\text{K}}{298\,\text{K} \cdot 1013\,\text{hPa}} = 0{,}092\,\text{l}\,.$$

Für die Stoffmenge von Gasportionen gelten die Beziehungen:
$n = \frac{m}{M}$ und $n = \frac{V_n}{V_{m,n}}$. Daraus ergibt sich für die molare Masse

$$M(C_xH_y) = \frac{m \cdot V_{m,n}}{V_n} = \frac{0{,}237\,\text{g} \cdot 22{,}4\,\text{l} \cdot \text{mol}^{-1}}{0{,}092\,\text{l}} = 57{,}7\,\frac{\text{g}}{\text{mol}}\,.$$

Die experimentell ermittelte **molare Masse von Feuerzeuggas** beträgt etwa 58 g · mol^{-1}.
Aus der molaren Masse von Feuerzeuggas können **Vermutungen über die mögliche Summenformel** abgeleitet werden:

$$M(C_xH_y) = x \cdot M(C) + y \cdot M(H)$$
$$58\,\text{g} \cdot \text{mol}^{-1} = x \cdot 12\,\text{g} \cdot \text{mol}^{-1} + y \cdot 1\,\text{g} \cdot \text{mol}^{-1}$$
$$58\,\text{g} \cdot \text{mol}^{-1} = 4 \cdot 12\,\text{g} \cdot \text{mol}^{-1} + 10 \cdot 1\,\text{g} \cdot \text{mol}^{-1}\,.$$

Nur bei der Annahme von 4 Kohlenstoffatomen im Molekül ergibt sich eine „sinnvolle" Anzahl an Wasserstoffatomen im Molekül. Die **mögliche Summenformel von Feuerzeuggas** lautet also C_4H_{10}.

Bedingungen des Normzustands
T_n = 273 K (Normtemperatur)
p_n = 1013 hPa (Normdruck)

Molares Normvolumen von Gasen
$V_{m,n} \approx 22{,}4$ l · mol^{-1}

AUFGABEN

1. Begründe, warum die Elementaranalyse von *Liebig* für die Entwicklung der Chemie so bedeutungsvoll war!
2. Berechne die molare Masse von Methanol aus den experimentell ermittelten Werten:
   m = 0,072 g
   V = 56 ml
   T = 294 K
   p = 1023 hPa!

Bestätigung der vermuteten Summenformel von Feuerzeuggas. Die Summenformel C_4H_{10} wird bestätigt, indem man experimentell die Anzahl der Kohlenstoffatome und der Wasserstoffatome im Molekül bestimmt.
Die Ermittlung der **Anzahl der Kohlenstoffatome *x*** in den Molekülen des Feuerzeuggases erfolgt mithilfe der Verbrennungsanalyse (Experiment 10), indem das Volumen des Reaktionsproduktes Kohlenstoffdioxid bestimmt wird. Das bei der chemischen Reaktion entstandene Wasser muss dabei kondensiert sein.
Grundlage der Auswertung der Verbrennungsanalyse ist wieder die allgemeine Reaktionsgleichung (↗ S. 234):

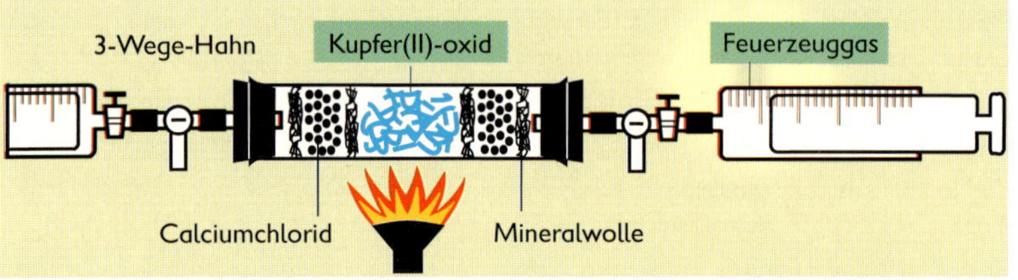

$$C_xH_y + \left(2x + \frac{y}{2}\right) CuO \longrightarrow x\, CO_2 + \frac{y}{2} H_2O + \left(2x + \frac{y}{2}\right) Cu\,.$$

Für das Verhältnis der Stoffmenge des eingesetzten Feuerzeuggases zur Stoffmenge des gebildeten Kohlenstoffdioxids gilt:

$$n(C_xH_y) : n(CO_2) = 1 : x$$

$$x = \frac{n(CO_2)}{n(C_xH_y)} = \frac{V_n(CO_2) \cdot V_{m,n}}{V_{m,n} \cdot V_n(C_xH_y)} = \frac{V(CO_2)}{V(C_xH_y)}\,.$$

Da beide Volumen, aus denen der Quotient gebildet wird, unter gleichen Bedingungen gemessen werden, kann die Umrechnung auf Normbedingungen entfallen. Beim Einsatz von 20 ml Feuerzeuggas entstehen etwa 80 ml Kohlenstoffdioxid (Experiment 10). Die Anzahl der Kohlenstoffatome *x* kann somit nach dem Einsetzen der Volumen direkt berechnet werden:

$$x = \frac{80\text{ ml}}{20\text{ ml}} = 4\,.$$

Am Aufbau eines Moleküls des Feuerzeuggases sind also 4 Kohlenstoffatome beteiligt. Zur Bestimmung der Anzahl der Wasserstoffatome *y* in den Molekülen des Feuerzeuggases wird das Feuerzeuggas thermisch vollständig gespalten (Experiment 11):

$$C_xH_y \longrightarrow x\,C + \frac{y}{2} H_2\,.$$

Aus den ermittelten Messwerten geht hervor, dass sich aus 20 ml Feuerzeuggas etwa 98 ml Wasserstoff bilden. Unter Beachtung der Stoffmengenverhältnisse ergibt sich für $y = 10$. Ein Molekül des Feuerzeuggases enthält damit 10 Wasserstoffatome.
Diese Experimente belegen, dass die Summenformel von Feuerzeuggas C_4H_{10} ist. Das ist die Summenformel für Butan. Feuerzeuggas ist also Butan.

Experiment 10 L
Vorsicht! Schutzbrille!
Aus dem Vorratsgefäß werden 20 ml Feuerzeuggas (F+) über den Dreiwegehahn in den benachbarten Kolbenprober gefüllt. Das Kupfer(II)-oxid wird auf Rotglut erhitzt. Dann wird das Feuerzeuggas mehrmals über das erhitzte Kupfer(II)-oxid hin- und hergeleitet, bis keine Volumenänderung mehr stattfindet. Nach dem Abkühlen auf Zimmertemperatur wird das Gasvolumen abgelesen.

Experiment 11 L
Vorsicht! Schutzbrille!
Analog dem Experiment 10 werden in einem Kolbenprober 20 ml Feuerzeuggas (F+) gegeben, das dann mehrmals über die auf Rotglut erhitzten Eisenfeilspäne geleitet wird, bis sich das Volumen nicht mehr ändert. Nach dem Abkühlen auf Zimmertemperatur wird das Gasvolumen abgelesen.

Messergebnisse von Experiment 11
z. B.:
$V(C_xH_y) = 20$ ml
$V(H_2) \quad = 98$ ml

Auswertung

$$n(C_xH_y) : n(H_2) = 1 : \frac{y}{2}$$

$$y = 2 \cdot \frac{n(H_2)}{n(C_xH_y)}$$

$$y = 2 \cdot \frac{V(H_2)}{V(C_xH_y)} = 2 \cdot \frac{98\text{ ml}}{20\text{ ml}}$$

$$y = 9{,}8$$

Ermitteln der Summenformel von Ethanol. Mithilfe der qualitativen Elementaranalyse lässt sich bei Ethanol neben den Elementen Kohlenstoff und Wasserstoff auch noch das Element Sauerstoff nachweisen (↗ S. 232f.). Dazu wird Ethanol gasförmig, aber luftfrei, über erhitztes Magnesium geleitet.
Für Ethanol gilt die **allgemeine Formel $C_xH_yO_z$**. Um die Anzahl der Kohlenstoffatome, der Wasserstoffatome und der Sauerstoffatome im Ethanolmolekül ermitteln zu können, wird von der **Bestimmung der molaren Masse** von Ethanol ausgegangen. Bei leicht verdampfbaren Flüssigkeiten wie Ethanol misst man dabei das Volumen, das eine Stoffportion der Flüssigkeit nach dem Verdampfen im gasförmigen Zustand einnimmt. Aus der Masse der Stoffportion und dem Volumen des Stoffes im gasförmigen Zustand kann die molare Masse berechnet werden.
Im Experiment wurde beispielsweise ermittelt, dass 0,094 ml flüssiges Ethanol bei einer Temperatur von 25 °C und einem Luftdruck von 1002 hPa im gasförmigen Zustand ein Volumen von 40 ml einnehmen. Die Masse der Stoffportion Ethanol kann mit der Dichte von Ethanol ($\varrho = 0{,}789\ \text{g} \cdot \text{ml}^{-1}$) berechnet werden. Damit ergibt sich für die molare Masse von Ethanol:

$$M = \frac{m \cdot V_{m,n}}{V_n} = \frac{0{,}074\ \text{g} \cdot 22400\ \text{ml} \cdot \text{mol}^{-1}}{36{,}25\ \text{ml}} = 45{,}73\ \text{g} \cdot \text{mol}^{-1}\ .$$

Die experimentell bestimmte molare Masse von Ethanol beträgt $45{,}73\ \text{g} \cdot \text{mol}^{-1}$, der Tabellenwert ist $46\ \text{g} \cdot \text{mol}^{-1}$.
Entsprechend der molaren Masse von Ethanol ergeben sich folgende **Vermutungen über die Summenformel**:

$$\begin{aligned} M(C_xH_yO_z) &= x \cdot M(C) + y \cdot M(H) + z \cdot M(O) \\ 46\ \text{g} \cdot \text{mol}^{-1} &= 1 \cdot 12\ \text{g} \cdot \text{mol}^{-1} + 2 \cdot 1\ \text{g} \cdot \text{mol}^{-1} + 2 \cdot 16\ \text{g} \cdot \text{mol}^{-1} \\ &= 2 \cdot 12\ \text{g} \cdot \text{mol}^{-1} + 6 \cdot 1\ \text{g} \cdot \text{mol}^{-1} + 1 \cdot 16\ \text{g} \cdot \text{mol}^{-1}. \end{aligned}$$

Danach sind also zwei Summenformeln möglich: **CH_2O_2** und **C_2H_6O**. Die Entscheidung für eine der beiden möglichen Summenformeln wird durch die Ermittlung der Anzahl der Kohlenstoffatome herbeigeführt. Dazu kann eine Apparatur wie beim Feuerzeuggas Verwendung finden (↗ S. 236). Die Aufnahme der flüssigen Stoffprobe Ethanol sollte mittels einer Blutzuckerpipette erfolgen, die gasdicht mit der Apparatur verbunden sein muss.
Bei der **Ermittlung der Anzahl der Kohlenstoffatome** im Molekül von Ethanol kann wie beim Feuerzeuggas von folgender Beziehung ausgegangen werden (↗ S. 236):

$$\frac{n(C_xH_yO_z)}{n(CO_2)} = \frac{V_n(C_xH_yO_z)}{V_n(CO_2)} = \frac{1}{x}; \qquad x = \frac{V_n(CO_2)}{V_n(C_xH_yO_z)}\ .$$

Bezogen auf das experimentelle Ergebnis ergibt sich für die Anzahl der Kohlenstoffatome im Molekül $x = 1{,}83$.
Da also 2 Kohlenstoffatome im Molekül von Ethanol nachgewiesen werden konnten, lautet die **Summenformel von Ethanol C_2H_6O**. Die Summenformel sagt aber nichts über die Anordnung der Atome im Molekül aus. Welcher Stoff vorliegt, kann nur durch Aufklärung der Struktur ermittelt werden (↗ S. 238).

Umrechnung des Dampfvolumens auf Normbedingungen

$$V_n = \frac{V \cdot p \cdot T_n}{T \cdot p_n}$$

$$V_n = \frac{40\ \text{ml} \cdot 1002\ \text{hPa} \cdot 273\ \text{K}}{298\ \text{K} \cdot 1013\ \text{hPa}}$$

$$V_n = 36{,}25\ \text{ml}$$

Berechnung der Masse der Stoffportion Ethanol

$$m = V \cdot \varrho$$
$$m = 0{,}094\ \text{ml} \cdot 0{,}789\ \text{g} \cdot \text{ml}^{-1}$$
$$m = 0{,}074\ \text{g}$$

Ergebnis der quantitativen Elementaranalyse von Ethanol

$T = 294\ \text{K}$; $p = 1020\ \text{hPa}$

$$\begin{aligned} V(\text{Eth,l}) &= 0{,}043\ \text{ml} \\ m(\text{Eth}) &= 0{,}034\ \text{g} \\ V_n(\text{Eth,g}) &= 16{,}5\ \text{ml} \\ V(CO_2) &= 32{,}5\ \text{ml} \\ V_n(CO_2) &= 30{,}2\ \text{ml} \end{aligned}$$

$$x = \frac{V_n(CO_2)}{V_n(\text{Eth,g})}$$

Eth,l Ethanol, flüssig
Eth,g Ethanol, gasförmig

AUFGABEN

1. Welche qualitativen und quantitativen Aussagen sind aus den Summenformeln C_2H_4 und $C_2H_4O_2$ möglich?
2. Nenne organische Verbindungen, die die Summenformel $C_4H_{10}O$ haben!
3. Für die quantitative Analyse werden 0,05 ml Methanol eingesetzt. Berechne die Masse dieser Methanolportion! Die Dichte des Methanols beträgt $\varrho(\text{Methanol}) = 0{,}792\ \text{g} \cdot \text{ml}^{-1}$.

Zusammensetzung und Struktur organischer Stoffe

Strukturmerkmale der Moleküle organischer Stoffe. Verschiedene Stoffe können gleiche qualitative und quantitative Zusammensetzung haben. So haben zum Beispiel folgende Stoffe die gleiche Summenformel C_2H_6O:

CH_3-CH_2OH Ethanol
CH_3-O-CH_3 Dimethylether.

Die Moleküle dieser Stoffe unterscheiden sich in der Struktur voneinander. Strukturmerkmale von Molekülen organischer Stoffe sind zum Beispiel funktionelle Gruppen oder die Art der chemischen Bindungen zwischen den Kohlenstoffatomen in den Molekülen. Für die Identifizierung eines organischen Stoffes ist es notwendig, die Struktur seiner Moleküle aufzuklären. Während früher die Molekülstruktur organischer Stoffe fast ausschließlich mit chemischen Methoden ermittelt wurde, werden heute vorrangig physikalische, z. B. spektroskopische Methoden angewendet.

Ermittlung der Strukturmerkmale in Molekülen organischer Stoffe. Für den Nachweis der Strukturmerkmale in Molekülen können typische Reaktionen der einzelnen Stoffklassen organischer Verbindungen genutzt werden (Tabelle 2, Experimente 12 bis 18). Beispielsweise wird im Experiment 12 nachgewiesen, dass Ethanolmoleküle eine Hydroxylgruppe enthalten. Damit ist das Strukturmerkmal der Ethanolmoleküle ermittelt.

Nachweis von Strukturmerkmalen in Molekülen

Strukturmerkmal	Nachweisreagens	Nachweis durch
Mehrfachbindung zwischen Kohlenstoffatomen	Lösung von Brom in Wasser	Entfärbung durch Addition von Brom
Hydroxylgruppe im Methanolmolekül	Borsäure	Bildung von Borsäuretrimethylester, durchgehend grüne Flammenfärbung
Hydroxylgruppe im Alkanolmolekül	Essigsäure	Bildung charakteristisch riechender Ester
Aldehydgruppe im Molekül	fuchsinschweflige Säure	Violettfärbung der Lösung
	ammoniakalische Silbernitratlösung	Ausfällung eines dunklen Niederschlages, Silberspiegel
Carboxylgruppe im Alkansäuremolekül	Ethanol	Bildung charakteristisch riechender Ester
	unedles Metall (z. B. Magnesium)	Bildung von Wasserstoff (Knallgasprobe)

2

Experiment 12
Vorsicht! Schutzbrille! Abzug!
In einem Reagenzglas werden 5 ml Ethanol (F), 5 ml 30%ige Essigsäure (C) und 1 ml konzentrierte Schwefelsäure (C) gemischt und zum Sieden erhitzt (Siedesteine). Der Geruch des Destillats wird geprüft!

Experiment 13 L
Vorsicht! Abzug!
In einem Reagenzglas werden 5 ml 20%ige Cyclohexenlösung in Aceton (F, Xi) mit 1 ml 5%iger wässriger Bromlösung (T, Xi) versetzt und vorsichtig geschüttelt!

Experiment 14 L
Vorsicht! Abzug!
Zu 3 ml Methanol (F, T) werden einige Kristalle Borsäure und einige Tropfen konzentrierte Schwefelsäure (C) gegeben. Danach wird erhitzt. Die entweichenden Dämpfe werden entzündet.

Experiment 15
Zu 2 ml 20%iger Methanallösung (Xn) werden einige Tropfen fuchsinschwefliger Säure (*Schiff*-Reagens) gegeben.

Experiment 16 L
Zu 5%iger ammoniakalischer Silbernitratlösung (Xi) werden einige Tropfen 20%iger Methanallösung (Xn) gegeben. Die Lösung im Reagenzglas wird im Wasserbad bei 60 ··· 80 °C erhitzt (nicht schütteln).

Experiment 17
Zu 20%iger Essigsäure (Xi) wird ein Magnesiumspan gegeben. Das entweichende Gas wird auf Brennbarkeit geprüft.

Experiment 18
Vorsicht! Schutzbrille! Abzug!
In einem Reagenzglas werden 5 ml Ethanol (F), 5 ml 50%ige Buttersäure (C) und 2 ml konzentrierte Schwefelsäure (C) gemischt und zum Sieden erhitzt (Siedesteine). Das Destillat wird auf Geruch geprüft!

AUFGABEN

1. Ein organischer Stoff reagiert mit Brom (Addition).
   Welcher Klasse organischer Stoffe kann er zugeordnet werden? Begründe!
2. Nenne organische Stoffe! Schlage Möglichkeiten vor, diese als organische Stoffe zu identifizieren!
3. Stelle die Reaktionsgleichungen für die Bildung folgender Ester auf: Methansäureethylester, Ethansäurepentylester und Butansäureethylester!
   Wodurch unterscheiden sich diese Ester?
4. Die Elementaranalyse erbrachte folgende Ergebnisse:
   allgemeine Formel: $C_xH_yO_z$;
   $m\ (C_xH_yO_z) = 70$ mg; $V\ (C_xH_yO_z) = 54{,}5$ ml;
   $T = 298$ K; $p = 1002$ hPa.
   Ermittle die Summenformel dieses Stoffes!
   Welche Strukturformel wäre denkbar?
5. Berechne die molare Masse des Stoffes X aus folgenden Angaben: allgemeine Formel C_xH_y; $m\ (C_xH_y) = 64{,}6$ mg; $V\ (C_xH_y) = 19$ ml; $T = 298$ K; $p = 1002$ hPa!
   Ermittle die Summenformel dieses Stoffes!

Im Überblick

	Allgemeine Schritte	Beispiel 1-Propanol
Ermittlung der Summenformel für Moleküle organischer Stoffe	*Ermittlung der qualitativen Zusammensetzung des Stoffes* durch Nachweis der chemischen Elemente	Der Stoff besteht aus den Elementen Kohlenstoff, Wasserstoff und Sauerstoff: Allgemeine Formel: $C_xH_yO_z$.
	Ermittlung der molaren Masse des Stoffes durch Bestimmung von Masse und Volumen einer Stoffportion im gasförmigen Zustand	Berechnung nach der Gleichung: $M(C_xH_yO_z) = \frac{m \cdot V_{m,n}}{V_n}$. Für die molare Masse des Stoffes wird etwa 60 g · mol^{-1} ermittelt.
	Ermittlung möglicher Summenformeln des organischen Stoffes durch Berechnung	Berechnung nach der Gleichung: $M(C_xH_yO_z) = x \cdot M(C) + y \cdot M(H) + z \cdot M(O)$. Mögliche Summenformeln des organischen Stoffes sind: $C_2H_4O_2$ und C_3H_8O.
	Ermittlung der Anzahl der unterschiedlichen Atome im Molekül des organischen Stoffes durch Verbrennungsanalyse und thermische Spaltung	Bei der Verbrennungsanalyse werden 3 Kohlenstoffatome und bei der thermischen Spaltung 8 Wasserstoffatome je Molekül des Stoffes ermittelt. Summenformel: C_3H_8O.
Ermittlung von Strukturmerkmalen für Moleküle organischer Stoffe	*Ermittlung der Strukturmerkmale von Molekülen* durch typische Nachweisreaktionen zur Identifizierung eines organischen Stoffes	Für den organischen Stoff wird ermittelt, dass er eine Hydroxylgruppe im Molekül besitzt. Schlussfolgerung: Der organische Stoff ist ein Propanol. Die Stellung der Hydroxylgruppe im Molekül wurde so noch nicht ermittelt.

25

Seifen und Waschmittel

Schon immer waschen sich die Menschen und waschen ihre Wäsche, nur die Art und Weise änderte sich.
Weshalb kann man sich mit Seife gut säubern? Was ist Seife und welche Eigenschaften hat sie? Wie wirken Waschmittel auf die Umwelt?

Seife

Eigenschaften von Seife. Täglich waschen oder duschen wir uns. Doch selten oder gar nicht überlegen wir, warum wir zum Waschen Seife verwenden können, welche Eigenschaften der Seife wir beim Waschen ausnutzen. Seife ist wasserlöslich. Seife setzt die Oberflächenspannung des Wassers herab und ermöglicht dadurch eine gute Benetzung der Haut sowie von Textilien (Abb. 1 und 2) und Schmutzteilchen (Experiment 1). Seifenlösung kann Schmutzteilchen aufnehmen und längere Zeit in der Schwebe halten, sodass diese beim Waschvorgang entfernt werden (Experiment 2). Wässrige Seifenlösungen reagieren alkalisch (Experiment 3), wodurch insbesondere Textilien aus tierischer Wolle oder Seide geschädigt werden können. In Gegenwart von Säuren und Salzlösungen kommt es, z. B. bei Schweißflecken im Waschgut, zur Bildung freier Fettsäuren. Diese werden als Trübung in der Lösung oder als Rand in der Badewanne sichtbar. Die Seife verliert dadurch ihr Schaumvermögen und ihre reinigende Wirkung. In hartem Wasser (↗ S. 174) reagiert Seifenlösung mit den die Wasserhärte bewirkenden Calcium- und Magnesium-Ionen

1

2

Experiment 1
Lege auf die Wasseroberfläche eines gefüllten Glases eine Nadel und tropfe anschließend Seifenlösung zu!

Experiment 2
2 Baumwolltücher werden berußt. Je ein Tuch wird über die Öffnung eines Becherglases gespannt. Durch ein Tuch wird Leitungswasser, durch das andere Tuch Seifenlösung in das Becherglas gegossen.

Experiment 3
Prüfe verschiedene Seifenlösungen auf ihr Verhalten gegenüber
a) Universalindikatorlösung,
b) Öl,
c) Kochsalzlösung,
d) 10%iger Salzsäure (Xi),
e) 10%iger Calciumchloridlösung!

unter Bildung schwer löslicher Salze, die als Kalkseifen bezeichnet werden. Durch Ausfällung der Kalkseifen (Experiment 3) wird das Schäumen der Seife sehr stark behindert und damit die Waschwirkung beträchtlich herabgesetzt. Das führt zu einem nutzlosen Mehrverbrauch an Seife. Außerdem lagert sich die Kalkseife im Gewebe der Textilien ab, sodass die Wäsche im Laufe der Zeit hart wird und erheblich vergraut.

3

Herstellung von Seife. Seifen sind Salze mittlerer und höherer Monocarbonsäuren, der **Fettsäuren** (↗ S. 247). Ausgangsstoffe für ihre Herstellung sind Fette, zum Beispiel Rindertalg, Schweineschmalz, Kokosöl, Palmöl und Erdnussöl, sowie Alkalilaugen oder Alkalimetallsalze, zum Beispiel Natriumcarbonat.
Die Fette als Ester entsprechender Carbonsäuren werden in alkalischer Lösung mehrere Stunden in Kesseln gekocht. Daher stammt der Name „Seifensieden“. Beim Kochen werden die Ester gespalten, es entstehen Glycerin und die Alkalimetallsalze der Carbonsäuren. Beim Einsatz von Soda (Natriumcarbonat) oder Natronlauge entsteht Kernseife (Experiment 4), bei Verwendung von Pottasche (Kaliumcarbonat) oder Kalilauge Schmierseife.

$$\begin{array}{l} H_2C-O-CO-C_{17}H_{35} \\ \quad | \\ \;HC-O-CO-C_{17}H_{35} \\ \quad | \\ H_2C-O-CO-C_{17}H_{35} \end{array} \quad + 3\,Na^+ + 3\,OH^- \rightleftharpoons \begin{array}{l} H_2C-OH \\ \quad | \\ \;HC-OH \\ \quad | \\ H_2C-OH \end{array} + 3\,Na^+ + 3\,C_{17}H_{35}COO^-$$

Tristearinsäureglycerinester (Fett) — Natronlauge — Glycerin — Natriumstearat (Kernseife)

Werden Fette zur Seifenherstellung verwendet, deren Fettsäuremoleküle nur 8 bis 10 Kohlenstoffatome besitzen, entstehen **Flüssigseifen.**
Durch Auswahl und Zusammensetzung eingesetzter Fette und verschiedener Zusätze lassen sich aus den industriell hergestellten Rohseifen Feinseifen und Spezialseifen fertigen. So enthalten Feinseifen als weitere Bestandteile rückfettende Substanzen, zum Beispiel Lanolin, Parfümöle als Riechstoffe, Desodorantien, Stabilisatoren und Farbstoffe (Abb. 3).

Seifen sind Alkalimetallsalze höherer Fettsäuren.

Experiment 4
10 g Fett werden mit 10 ml Wasser versetzt und geschmolzen. Dazu werden 10 ml 10 ··· 20%ige Natronlauge (C) getropft. Nach einer Kochzeit von etwa 15 Minuten wird unter ständigem Rühren verdampftes Wasser ersetzt. Die entstandene zähflüssige Masse wird in eine Form gegossen und danach entnommen.

AUFGABEN

1. Nenne Eigenschaften von Seife, die die Waschwirkung positiv bzw. negativ beeinflussen!
2. Bestimmte Insekten, zum Beispiel der Wasserläufer, sind in der Lage, sich auf der Wasseroberfläche fortzubewegen.
   Können sie das auch auf Seifenlösung? Begründe!
3. Erkläre, warum es ungünstig ist, in Salzwasser Wäsche zu waschen!
4. Wird ein Wollpullover nur mit Seifenlösung gewaschen, verfilzt er. Nenne Ursachen für diese Erscheinung!
5. Bei der Herstellung von Seifen werden Fettsäureester gespalten.
   Wie heißt diese chemische Reaktion?

Der Waschvorgang. In wässriger Seifenlösung liegen Fettsäure-Anionen (Seifen-Anionen) vor.

$$C_{17}H_{35}COONa \longrightarrow Na^{+} + C_{17}H_{35}COO^{-}$$

Natriumstearat (Kernseife) — Stearat-Anion (Seifen-Anion)

Der Waschvorgang beruht auf der Struktur dieser Anionen.
Die Seifen-Anionen besitzen einen Alkylrest, der hydrophob, und eine Carboxylat-Gruppe $-COO^{-}$, die hydrophil wirkt (Abb. 2). Dadurch ordnen sich die Seifen-Anionen an der Wasseroberfläche mit dem wasserfeindlichen Teil nach oben an und vermindern somit die Anziehungskräfte zwischen den Wassermolekülen. Die Oberflächenspannung des Wassers wird herabgesetzt und eine gute Benetzung der Haut bzw. der Textilien erreicht (Phase 1).
Der wasserfeindliche Teil dringt in die Schmutzpartikel ein, sodass diese an ihrer Oberfläche eine einheitliche Ladung besitzen und sich gegenseitig abstoßen. Da gleichzeitig auch die Oberfläche des textilen Waschgutes wie die Oberfläche der Schmutzteilchen aufgeladen wird, lösen sich die Schmutzteilchen vom Gewebe (Phase 2).
Die Schmutzteilchen werden zerteilt und verteilen sich in der Waschlauge. Da sich die Teilchen elektrostatisch abstoßen, können sie sich nicht mehr zusammenlagern und bleiben in der Schwebe. Sie werden von der Waschlauge getragen und mit dem Spülwasser entfernt (Phase 3). Durch die vorhandene elektrische Aufladung der Gewebeoberfläche wird eine erneute Schmutzablagerung verhindert (Abb. 3 und 4).

1

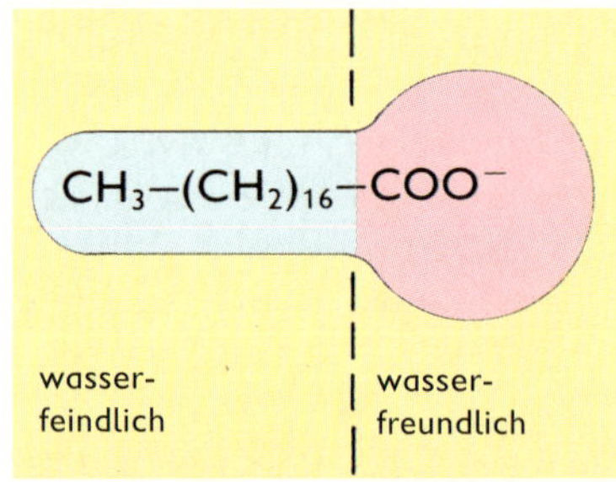

2

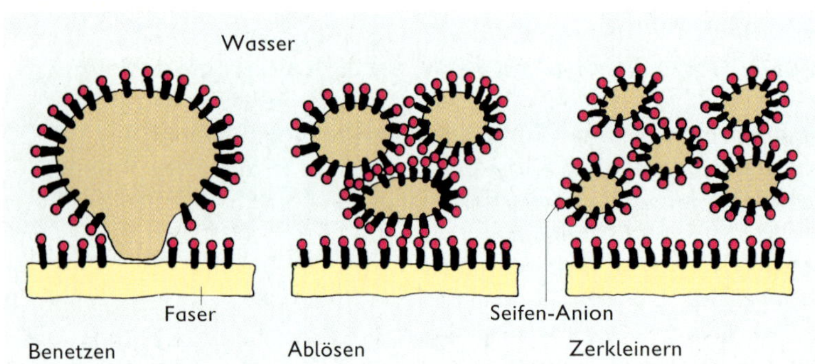

3

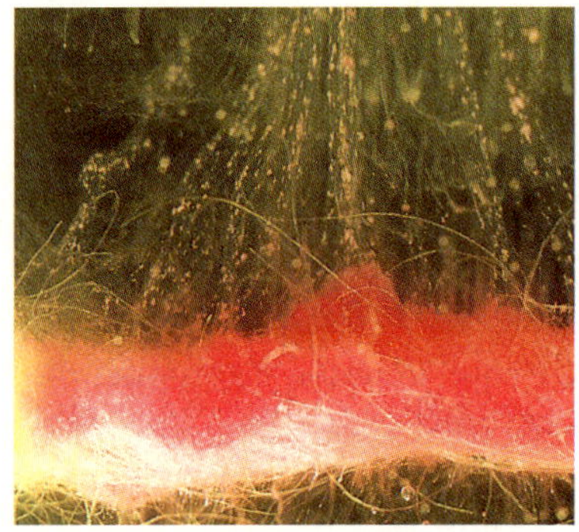
4

Waschmittel

Bestandteile von Waschmitteln. Die Nachteile der Seifen als Waschmittel (z. B. alkalische Reaktion der Lösung und Bildung von Kalkseifen bei hartem Wasser), die Vielfalt der Textilfaserstoffe, der Einsatz von Waschmaschinen und ein sich stärker entwickelndes Umweltbewusstsein beim Verbraucher erfordern eine ständige Weiterentwicklung der Waschmittel (Abb. 5).
Gegenwärtig befinden sich über 10 Waschmittelarten im Handel, darunter Vollwaschmittel, Feinwaschmittel, Buntwaschmittel, Spezialwaschmittel sowie Kompakt- und Baukastenwaschmittel.

5

Folgende Hauptbestandteile sind in Waschmitteln enthalten:
Als **waschaktive Substanzen** dienen **Tenside.** Tenside sind synthetisch hergestellte Substanzen, deren Wirkung modellhaft mit den Seifen-Anionen verglichen werden kann. **Gerüstsubstanzen** dienen der Enthärtung des Wassers, indem sie Calcium- und Magnesium-Ionen entfernen. **Bleichmittel** bewirken die Fleckenbeseitigung sowie die Abtötung bakterieller Keime. Weiterhin sind verschiedene **Hilfsstoffe** enthalten. Enzyme entfernen u. a. unlösliche Eiweißverschmutzungen, optische Aufheller erhöhen den Weißheitsgrad. Schmutzbindende Stoffe verhüten das Vergrauen der Textilien, Parfümöle verleihen der Wäsche einen angenehm frischen Duft. Inhibitoren regulieren die Schaumbildung und verhindern das Verfärben der Wäsche, da sie eine Farbübertragung unterbinden. Korrosionsschutzstoffe helfen, Schäden an Waschmaschinenteilen zu verhindern (Abb. 5).

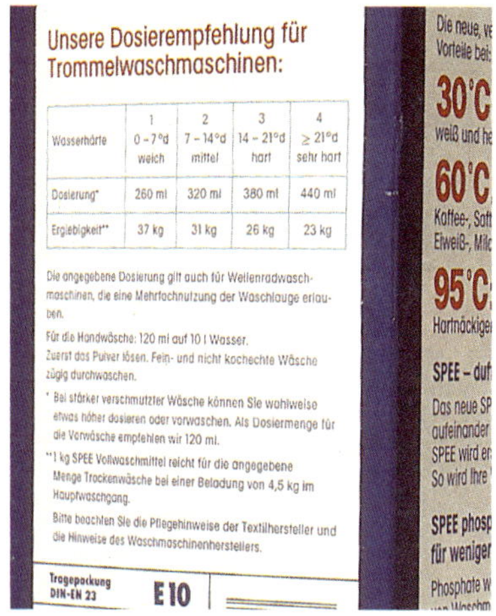

6

Waschmittel und Umwelt. Der erhöhte Verbrauch an Waschmitteln (1960 etwa 200 Mill. kg, 1991 etwa 1001 Mill. kg Waschmittel in Deutschland) und die Forderung nach immer größerer Wirksamkeit führten zu einer zunehmenden Gewässerbelastung; die Waschmittelrückstände konnten nicht mehr vollständig durch die Mikroorganismen des Wassers abgebaut werden. Schaumberge auf den Gewässern zeigten nicht abgebaute Tenside an. Heutige Tenside müssen innerhalb von drei Wochen durch Mikroorganismen in Kläranlagen (↗ S. 47) zu mindestens 80 % abgebaut sein. Deshalb dürfen Tensidabwässer auf keinen Fall direkt in die Gewässer gelangen.
Obwohl gesundheitlich unbedenklich, verursachen Phosphate in Flüssen und Seen ein explosionsartiges Algenwachstum, das „Wasserblühen". Zum bakteriellen Abbau der Algen benötigter Sauerstoff wird dem Wasser entzogen und fehlt den Fischen und anderen Lebewesen. Das kann zum Fischsterben und letztlich zum Absterben des Gewässers führen, das Gewässer „kippt um". Seit 1986 werden verstärkt phosphatfreie Waschmittel produziert, ihr Anteil lag 1991 bei über 95 %. Auch andere Stoffe, zum Beispiel bestimmte Silicate, die als Zeolithe bezeichnet werden, dienen als Enthärter und damit als Phosphatersatz.
Neben der Produktion möglichst umweltverträglicher Waschmittel durch die Industrie kann jeder Verbraucher selbst wichtige Beiträge zu geringer Umweltbelastung beim Waschmitteleinsatz leisten. Dazu gehören: Nutzen Energie und Wasser sparender Waschmaschinen, Ausnutzen des vollen Fassungsvermögens der Waschmaschine, Waschen bei möglichst niedrigen Temperaturen. Der Stromverbrauch von 95-°C-Wäsche liegt doppelt so hoch wie der von 60-°C- und viermal höher als bei der 40-°C-Wäsche. Außerdem ist der Kalkausfall bei 40 °C wesentlich geringer als bei höheren Temperaturen. Weiterhin gehören dazu: Verzicht auf Vorwaschen normal verschmutzter Wäsche, exaktes Dosieren entsprechend der Wasserhärte (Abb. 6), Verzicht auf Vollwaschmittel zugunsten von Fein- und Baukastenwaschmitteln (hierbei werden die einzelnen Waschmittelkomponenten selbst zusammengestellt), Verzicht auf Weichspüler und andere Waschhilfsmittel, Recycling der leeren Waschmittelverpackungen.

AUFGABEN

1. Entwickle Reaktionsgleichungen in Ionenschreibweise für folgende Reaktionen einer Kernseifenlösung:
   a) alkalische Reaktion,
   b) Reaktion mit hartem Wasser,
   c) Reaktion mit einer Säurelösung!
2. Nenne nachteilige Eigenschaften von Seife im Vergleich zu Waschmitteln!
3. Beim Baden ohne Badeschaum bilden sich in der Wanne oft Schmutzränder. Worauf ist das zurückzuführen?
4. Erläutere die Aufgaben von Proteasen und Lipasen in Vollwaschmitteln!
5. Waschmittellösungen dürfen nicht direkt in Gewässer gelangen, sondern müssen mit dem Abwasser in Kläranlagen behandelt werden. Schätze diesen Sachverhalt ein!
6. Nenne Möglichkeiten, wie der Verbraucher bei Verwendung von Waschmitteln die Umwelt möglichst gering belastet!

Aus der Welt der Chemie

Geschichte der Waschmittel

Schon im **Altertum** war die Verwendung von Seife üblich. Ägypter erhitzten Fette mit Soda, Griechen und Römer kochten ihre Wäsche mit Pottasche, während Germanen und Gallier aus Buchenholzasche und Ziegen- bzw. Rindertalg Seife gewannen. Zuerst dienten Seifen als Haarfärbe- und Reinigungsmittel und erst später als Körperwasch- und Körperpflegemittel. Nachdem sich die Seifensiederei im Mittelmeerraum zu einem blühenden Handwerk entwickelt hatte, blieb Seife bis zum Ende des **Mittelalters** ein wichtiger Handelsartikel.

Zu Beginn des **19. Jahrhunderts** änderten sich die hygienischen und die Waschgewohnheiten der Menschen so stark, dass die Seifensiedereien die gestiegene Nachfrage nicht mehr befriedigen konnten. Damit verschwand das altehrwürdige Handwerk des Seifensiedens, die industrielle Seifenproduktion entwickelte sich rasch.

Etwa zu Beginn des **20. Jahrhunderts** wurde Seifenpulver hergestellt, ein Gemisch aus Kernseifenmehl und Soda. 1907 gelangte das erste Vollwaschmittel Persil auf den Markt, das neben Seifenpulver Natrium**per**borat als Bleichmittel und Natrium**sil**icat als Stabilisator enthielt. Seife als Waschmittel wurde in den dreißiger Jahren relativ bedeutungslos und von synthetisch hergestellten Waschmitteln verdrängt. Die Zusammensetzung der Waschmittel wird heute immer mehr den Verbraucherwünschen angepasst.

Der berühmte römische Arzt *Galenus* im Jahre 120 n. Chr. über Seife als Heil- und Reinigungsmittel: „Sie macht die Haut weich und löst den Schmutz von Körpern und Kleidern."

„Alles was ich habe, trage ich bei mir." Mit solchen duftenden Bauchläden mit wohlriechenden Essenzen, parfümiertem Leder und Seife zogen früher Parfümhersteller umher. (Kupferstich von 1695)

1524 findet sich erstmals ein Hinweis über die Verwendung von Seifenschaum beim Rasieren. (Holzschnitt von *I. Amman*, 1539 bis 1591)

AUFGABEN

1. Erkläre, warum bei Verwendung von Seifenlösung Wäsche vergraut, Textilien aus tierischer Wolle verfilzen und die menschliche Haut angegriffen werden kann!
2. Wird eine mit Wasser gefüllte enghalsige Flasche sehr vorsichtig umgedreht, läuft kein Wasser aus. Enthält das Wasser einige Spritzer Seifenlösung, gelingt der Versuch nicht. Erkläre diesen Sachverhalt!
3. Beschreibe die Phasen des Waschvorganges und skizziere diese modellhaft!
4. Gib die wichtigsten Inhaltsstoffe von Waschmitteln, deren Funktion beim Waschen und deren Einfluss auf die Umwelt an!
5. Erkunde die Funktionsweise eines Baukastenwaschmittels und gib dessen Vorteile gegenüber einem gebräuchlichen Vollwaschmittel an!

Im Überblick

Seifen sind Alkalimetallsalze höherer Fettsäuren. Seifenlösungen setzen die Oberflächenspannung des Wassers herab, ermöglichen dadurch die Benetzung von Haut und Textilien und damit den Waschvorgang.

Waschmittel enthalten als waschaktive Substanzen Tenside. Durch Zusatz von Gerüststoffen, Bleichmitteln und Hilfsstoffen werden Waschwirkung und Gebrauchseigenschaften der Waschmittel verbessert.

Waschvorgang gliedert sich in die Phasen Benetzen von Faser und Schmutzteilchen, Ablösen der Schmutzteilchen, Zerkleinern, Suspendieren und Entfernen der Schmutzteilchen mit der Waschlauge.

Umweltbelastung durch Waschmittel können Überdüngung der Gewässer und giftige Wirkungen auf Wasserlebewesen eintreten. Deshalb sollte neben der Industrie jeder Verbraucher eigene Beiträge zur geringen Umweltbelastung durch Waschmittelrückstände leisten.

Inhaltsstoffe	Wirkung des Inhaltsstoffes	Einfluss der Inhaltsstoffe auf Umwelt	Gesundheit	Wäsche
Waschaktive Substanzen	Wasserentspannung, Schmutzlösung, teilweise Schaumregulation (Seife)	z. T. schlecht abbaubar, großer Sauerstoffverbrauch im Gewässer, giftig für Fische	Erhöhung der Aufnahmefähigkeit der Haut für zahlreiche giftige Substanzen	allein unvollständige Waschwirkung, weitere Stoffe werden benötigt
Gerüststoffe	Wasserenthärtung, Unterstützung der Waschwirkung, Verhinderung von Ablagerungen	Überdüngung der Gewässer, Schwermetalle können aus dem Schlamm gelöst werden	mögliche Einschleusung von Schwermetallen in das Trinkwasser	harte Wäsche bei Überdosierung
Bleichmittel	Bleichen von Obst-, Gemüse- und Rotweinflecken durch aktiven Sauerstoff	Schädigung von Pflanzen und Fischbrut durch hohen Borgehalt		Farben verbleichen, Fasern werden angegriffen
Enzyme	Beseitigen eiweiß- und fetthaltiger Flecken		mögliche Allergieauslösung	

26

Einige Nährstoffe

Ein reich gedecktes kaltes Buffet verlockt, die vielen Köstlichkeiten zu kosten, und ist zugleich Einstimmung auf einen festlichen Abend. Was sind das für Stoffe, die wir essen? Wie sind sie zusammengesetzt? Was geschieht mit ihnen in unserem Körper?

Fette

Vorkommen und Eigenschaften. Fette sind wichtige Naturstoffe. Sie kommen in einigen Samen von Pflanzen (Raps, Sonnenblumen, Oliven), als Speicherstoff im Gewebe von Tieren und in feinen Tröpfchen verteilt in der Milch vor.
Fette lösen sich nicht in Wasser, jedoch in einigen organischen Lösungsmitteln wie Heptan, Ethanol und Petroleumbenzin (Experiment 1). Fette, die bei Zimmertemperatur flüssig sind, bezeichnet man im Unterschied zu Mineralölen als **fette Öle**.
Fette verursachen auf Papier durchscheinende Flecke. Daran kann man sie leicht erkennen (Experiment 2).
Beim Erhitzen auf 300 °C können sich Fette selbst entzünden. Brennendes Fett darf nicht mit Wasser gelöscht werden!

Zusammensetzung. Fette bestehen aus Estern des Glycerins, von dem alle drei Hydroxylgruppen eines Moleküls mit Carbonsäuremolekülen mittlerer und höherer Kettenlänge (Fettsäuren) reagiert haben. Dabei treten auch Fettsäuren mit Doppelbindungen in den Molekülen auf (↗ Alkensäuren, S. 227; Experiment 3).

H_2-C-O-	$CO-(CH_2)_2-CH_3$	Buttersäure
$H-C-O-$	$CO-(CH_2)_{14}-CH_3$	Palmitinsäure
H_2-C-O-	$CO-(CH_2)_{16}-CH_3$	Stearinsäure

Molekülrest des Glycerins (blau)

Molekülreste der Fettsäuren (rot)

Fette sind Gemische verschiedener Carbonsäure-glycerinester.

1
Verschiedene Fette im Handel

Experiment 1
Fette werden auf Löslichkeit in Wasser, Ethanol (F) und Petroleumbenzin (F) geprüft.

Experiment 2
Zerquetsche Raps- oder Sonnenblumensamen auf einer Papierunterlage!

Experiment 3 L
In Heptan (F) gelöstes Kokosfett, Oliven- und Leinöl werden mit 3%igem Bromwasser (T, Xi) geschüttelt.

Experiment 4
Schüttle zerquetschte Ölsaat mit Heptan (F, Xn, N)! Gib danach einen Tropfen auf ein Blatt Papier!

Anteil wichtiger Fettsäuren in %	Schweinefett	Rindertalg	Butter	Waltran	Olivenöl	Leinöl	Sonnenblumenöl
Gesättigte Fettsäuren							
Buttersäure C_3H_7COOH	–	–	3	–	–	–	–
Palmitinsäure $C_{15}H_{31}COOH$	26	27	25	18	10	5	5
Stearinsäure $C_{17}H_{35}COOH$	15	26	10	2	3	5	2
Ungesättigte Fettsäuren							
Ölsäure $C_{17}H_{33}COOH$	42	39	30	38	77	25	27
Linolsäure $C_{17}H_{31}COOH$	14	2	3	–	8	8	65
Linolensäure $C_{17}H_{29}COOH$	–	–	4	–	–	58	–

1

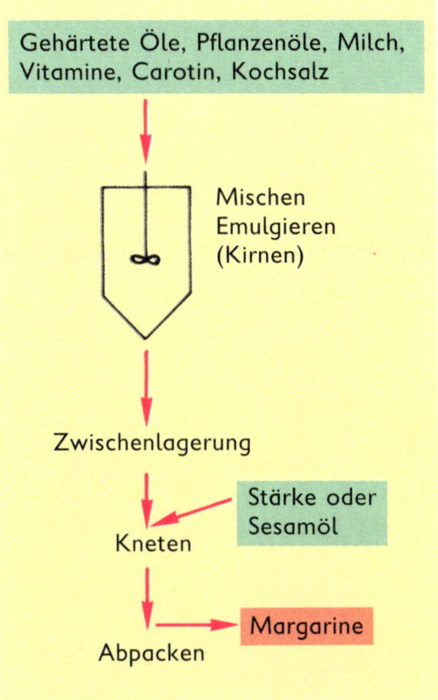

2

Herstellung von Margarine

Die Eigenschaften verschiedener Fette werden vor allem durch den Anteil unterschiedlicher Fettsäurereste in den Molekülen bestimmt. In festen Fetten ist Glycerin vorwiegend mit Alkansäuren verestert, in fetten Ölen zu einem erheblichen Anteil mit Alkensäuren (ungesättigten Monocarbonsäuren).
Auch die Kettenlänge in Fettsäuremolekülen wirkt sich auf die Eigenschaften aus.

Fettspaltung und Fettaufbau. Fette können wie alle Ester durch **Hydrolyse** unter Aufnahme von Wasser in Glycerin und Fettsäuren gespalten werden. Umgekehrt entstehen in der Natur Fette aus Glycerin und Fettsäuren durch **Kondensation** unter Wasseraustritt.

$$\text{Fett} + \text{Wasser} \underset{\text{Fettaufbau}}{\overset{\text{Fettspaltung}}{\rightleftarrows}}_{\text{Katalysator/Enzym}} \text{Glycerin} + \text{Fettsäure}$$

Fettspaltung und -aufbau laufen beim Stoffwechsel in den Organismen unter Einwirkung von Enzymen als Katalysatoren ab. Auch außerhalb der Organismen tritt bei Feuchtigkeit und Wärmeeinwirkung langsame Fettspaltung ein. Das Fett wird ranzig. Zur Gewinnung von Glycerin und Fettsäuren können Fette technisch durch Erhitzen in Gegenwart von Katalysatoren gespalten werden. Wird mit Natrium- oder Kaliumhydroxidlösung erhitzt, so entstehen sofort die Salze der Fettsäuren, die Seifen (↗ S. 241).

Gewinnung von Fetten. Tierische Fette (Schweineschmalz, Rindertalg) werden durch Ausschmelzen aus dem Fettgewebe gewonnen. Pflanzenfette und fette Öle erhält man durch Pressen oder Extrahieren, vor allem aus Pflanzensamen (Experiment 4). An die Doppelbindungen in den Fettsäuremolekülen fetter Öle kann mit Katalysatoren Wasserstoff angelagert werden (Hydrierung). Damit nimmt der Anteil von Alkansäuren in den Fettmolekülen zu. Aus den fetten Ölen entsteht ein festes Fett. Das um 1900 entwickelte technische Verfahren ist eine Grundlage für die Verarbeitung von Pflanzenfetten zu Margarine (Abb. 2).
Zur Zeit wird versucht, fette Öle, z. B. Sonnenblumenöl, als „nachwachsende Kraftstoffe" für Dieselmotoren zu verwenden.

AUFGABEN

1. Nenne Beispiele für Fette und fette Öle!
   Gib jeweils typische Eigenschaften an!
2. Warum darf man brennendes Fett nicht mit Wasser löschen?
3. Interpretiere die Bezeichnung Alkensäure!
4. Setze die Ergebnisse von Experiment 3 in Beziehung zur Textaussage über Alkensäuren in fetten Ölen!
5. Warum wird die Fettspaltung durch Wärme und Feuchtigkeit begünstigt?
   Was ist für die Lagerung von Fetten zu folgern?
6. Butter enthält einen Massenanteil von mehr als 15 % Wasser, Rindertalg weniger als 0,5 %. Was ist über die Haltbarkeit beider Fette zu folgern?
7. Warum verwendet man zum Ölen eines Fahrrades kein fettes Öl?

Kohlenhydrate

Vorkommen und Eigenschaften von Glucose. Traubenzucker (Glucose) kommt besonders in süß schmeckenden Früchten und Honig, aber auch in vielen pflanzlichen und tierischen Organen vor. Glucose entsteht bei der Fotosynthese in Pflanzen (Abb. 1). Sie ist energiereich, leicht transportierbar und am Stoffwechsel von Menschen, Tieren und Pflanzen beteiligt. Im Blut wird Glucose an alle Stellen des Körpers befördert. Menschliches Blut soll 0,07 ··· 0,12 % Glucose enthalten. Zu viel Blutzucker tritt bei der Zuckerkrankheit (Diabetes) auf.
Glucose ist weiß, kristallin und in Wasser gut löslich. Sie schmeckt süß und lässt sich zu Ethanol vergären (↗ S. 208).

Glucose – ein Kohlenhydrat. Die Summenformel von Glucose lautet $C_6H_{12}O_6$. Schreibt man diese Formel $C_6(H_2O)_6$, so wird deutlich, dass die Elemente Wasserstoff und Sauerstoff wie beim Wassermolekül im Atomzahlenverhältnis 2 : 1 vorliegen. Davon leitet sich die Bezeichnung **Kohlenhydrate** für eine große Gruppe ähnlich zusammengesetzter Naturstoffe ab. Da viele dieser Stoffe süß schmecken, werden sie auch **Saccharide** genannt.

Bau der Glucose. Die Strukturformel des Glucosemoleküls zeigt die Merkmale eines Alkohols mit 5 Hydroxylgruppen und einer Aldehydgruppe am endständigen Kohlenstoffatom. Glucose kann deshalb Ester bilden und mit fehlingscher Lösung und ammoniakalischer Silbernitratlösung reagieren (Experimente 5 und 6). Die für Aldehyde ebenfalls typische Reaktion mit fuchsinschwefliger Säure tritt aber nicht ein (Experiment 7), denn Glucosemoleküle liegen überwiegend nicht in Ketten- sondern in Ringform vor.

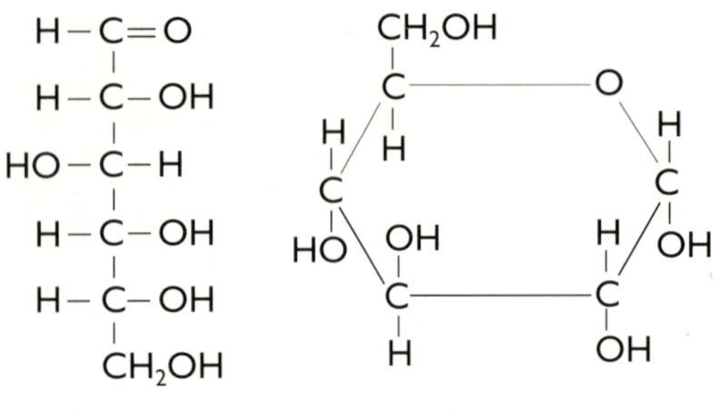

vereinfacht:

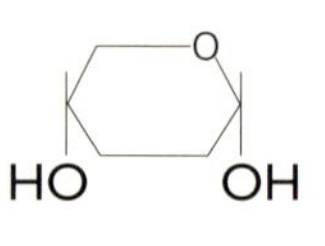

Maltose. In der Natur kommt Maltose (Malzzucker) in keimendem Getreide und Kartoffelkeimen vor. Sie ist im Malzextrakt und im Malzbier enthalten. Maltose ist ein Kohlenhydrat mit der Formel $C_{12}H_{22}O_{11}$, enthält also doppelt so viel Kohlenstoffatome wie die Glucose. Ein Maltosemolekül lässt sich durch Hydrolyse in zwei Glucosemoleküle spalten. Dieser Vorgang verläuft unter dem Einfluss von Enzymen beim Stoffwechsel in Organismen.

$$C_{12}H_{22}O_{11} + H_2O \longrightarrow 2\ C_6H_{12}O_6$$

Glucose ist ein **Einfachzucker (Monosaccharid)**, Maltose ein **Zweifachzucker (Disaccharid)**.
Ein weiteres Disaccharid ist Lactose (Milchzucker) in der Milch.

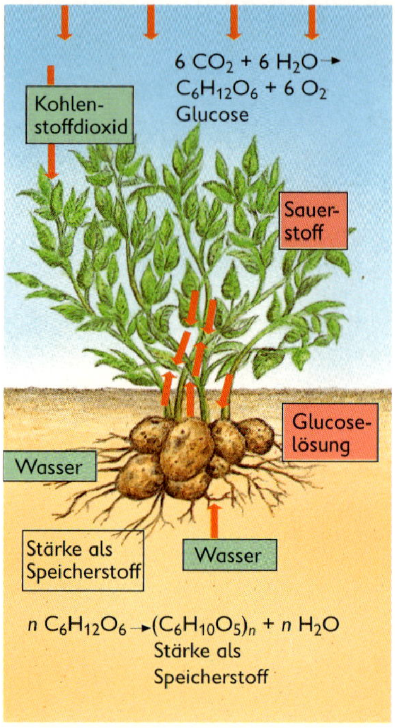

1

Experiment 5
Vorsicht! Spritzgefahr!
Erhitze eine Glucoselösung mit fehlingscher Lösung!

Experiment 6
2%ige Silbernitratlösung wird mit 10%iger Ammoniaklösung (Xi) versetzt, bis sich der Niederschlag wieder löst. Nach Zugabe von Glucoselösung wird erwärmt.

Experiment 7
Versetze Glucoselösung mit einigen Tropfen fuchsinschwefliger Säure!

Geschichte des Zuckers in Europa
Bis ins Mittelalter wird nur mit Honig gesüßt.
Ab 1500 Herstellung von Zucker aus Zuckerrohr.
Um 1750 entdeckt *Marggraf* den Zuckergehalt von Rüben. Züchtung von Zuckerrüben.
1801 entsteht in Schlesien die erste Rübenzuckerfabrik unter Leitung von *Achard*.

Saccharose. Der im Haushalt verwendete Zucker ist die Saccharose (Rohrzucker), ebenfalls ein Disaccharid. Sie kommt in vielen Früchten, in größeren Anteilen im Zuckerrohr und in Zuckerrüben vor. Aus diesen werden in Zuckerfabriken die süß schmeckenden farblosen Kristalle hergestellt. Dazu wird durch Auslaugen zerkleinerter Stängel oder Rüben zuckerhaltiger Saft gewonnen, den man unter Zugabe von Kalk reinigt, filtriert, weitgehend eindampft, um schließlich den Zucker vom Sirup abzutrennen.
Saccharosemoleküle $C_{12}H_{22}O_{11}$ können ebenfalls durch Hydrolyse in zwei Monosaccharidmoleküle gespalten werden, in ein Molekül Glucose und ein Molekül Fructose (Fruchtzucker).
Fructose hat wie Glucose die Formel $C_6H_{12}O_6$, ist aber anders aufgebaut. In der Kettenform enthält das Molekül keine Aldehydgruppe wie das Glucosemolekül, sondern eine Ketogruppe am 2. Kohlenstoffatom. Fructose reagiert aber im Gegensatz zu den Ketonen mit fehlingscher Lösung. Die meisten Moleküle liegen als 5er-Ring mit einem Sauerstoffatom und 4 Kohlenstoffatomen vor (Abb. 2). Fructose hat größere Süßkraft als Glucose.

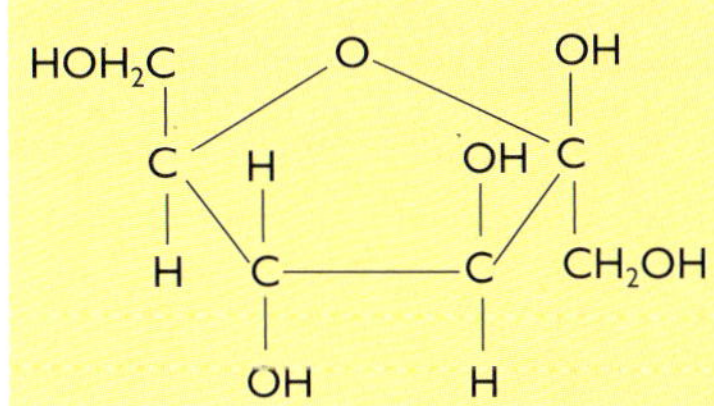

2

Ringformel eines Fructosemoleküls

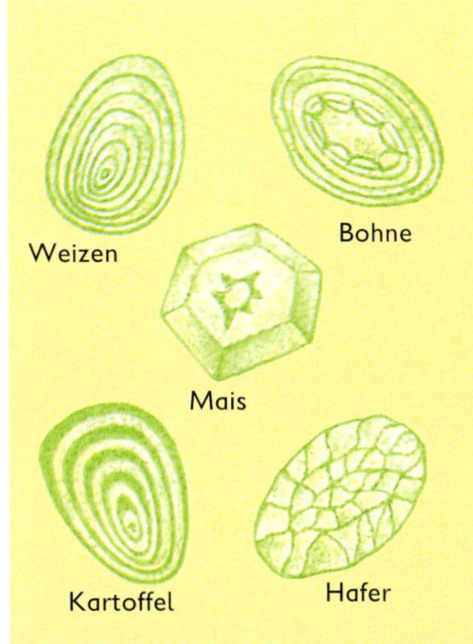

3

Stärkekörner

Vorkommen und Eigenschaften von Stärke. Die Stärke $(C_6H_{10}O_5)_n$ ist ein Reservestoff der Pflanzen, der zum Beispiel in Samen und Wurzelknollen gespeichert wird (Abb. 1 und 3).
Stärke ist ein weißer fester Stoff, der mit Wasser aufquillt. Das wird zur Herstellung von Stärkekleister genutzt. Stärke von verschiedenen Pflanzen, zum Beispiel Reisstärke, Kartoffelstärke oder Stärke im Weizenmehl, unterscheidet sich in den Eigenschaften. Durch die Blaufärbung mit Iod-Kaliumiodid-Lösung kann Stärke nachgewiesen werden (Experiment 8).
Stärke reagiert nicht mit fehlingscher Lösung (Experiment 9). Nach dem Erhitzen mit verdünnter Säure fällt eine erneute Probe positiv aus (Experiment 10). Die Stärke wird bei diesem Vorgang, der auch mit Enzymen ablaufen kann, durch Hydrolyse in Maltose und weiter in Glucose aufgespalten. Stärkemoleküle sind aus sehr vielen Glucosemolekülresten aufgebaut.

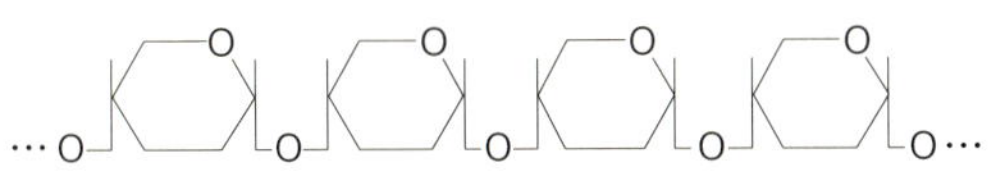

Vereinfachte Strukturformel eines Stärkemoleküls (Ausschnitt)

Solche Kohlenhydrate heißen **Polysaccharide**. Sie bilden **Makromoleküle**. Die Größe der Stärkemoleküle ist bei den einzelnen Pflanzenarten unterschiedlich. Deshalb wird in der Formel der Glucoserest in Klammern gesetzt und mit der allgemeinen Zahl n gekennzeichnet: $(C_6H_{10}O_5)_n$.

Experiment 8
Gib zu Stärkelösung, Kartoffelscheiben, Haferflocken und auf ein Stückchen Brot Iod-Kaliumiodid-Lösung!

Experiment 9
Vorsicht! Schutzbrille!
Stärkelösung wird mit fehlingscher Lösung (C) bis zum Sieden erhitzt.

Experiment 10
Stärkelösung wird mit 7%iger Salzsäure (Xi) zum Sieden erhitzt und anschließend neutralisiert. Danach ist mit fehlingscher Lösung (C) zu prüfen.

AUFGABEN

1. Vergleiche den Ring im Glucose- und Fructosemolekül mit dem im Benzolmolekül!
2. Begründe die Zuordnung von Maltose und Saccharose zu den Kohlenhydraten!
3. Entwickle Reaktionsgleichungen für die Hydrolyse von Saccharose und Stärke!
4. Beschreibe die Vorgänge beim Stärkeabbau!
5. Erfrorene Kartoffeln schmecken süß. Dieser Geschmack lässt sich durch ausreichendes Wässern weitgehend beseitigen. Erkläre das!
6. Entwickle Reaktionsgleichungen für die Herstellung von Ethanol aus Stärke!

Verwendung der Stärke. Stärkehaltige Produkte (Tabelle 2) sind Hauptnahrungsmittel für Menschen und viele Tiere. Reine Stärke wird für Puddingpulver, „Wäschestärke“ und Klebstoffe genutzt. Durch Abbau der Stärke zu Glucose und anschließendes Vergären kann Ethanol gewonnen werden. Bei der Herstellung von Bier geht man von der Stärke in Gerste aus (↗ S. 209).

Pflanzenart	Massenanteil an Stärke im Samen
Reis	70 ··· 80 %
Mais	65 ··· 75 %
Weizen	60 ··· 70 %
Roggen	60 ··· 70 %
Kartoffel	17 ··· 24 %

2

Cellulose. Zellwände in Pflanzen werden hauptsächlich aus Cellulose gebildet. Lein- und Baumwollfasern sind nahezu reine Cellulose, die in Wasser unlöslich und brennbar ist. Cellulose ist wie die Stärke ein Polysaccharid, dessen Moleküle ebenfalls aus Glucosemolekülresten aufgebaut sind. Auch sie lässt sich hydrolytisch in Glucose spalten. Cellulose- und Stärkemoleküle haben aber verschiedene Strukturen.
Die Makromoleküle von Cellulose sind fadenförmig, die von Stärke knäuelförmig angeordnet.

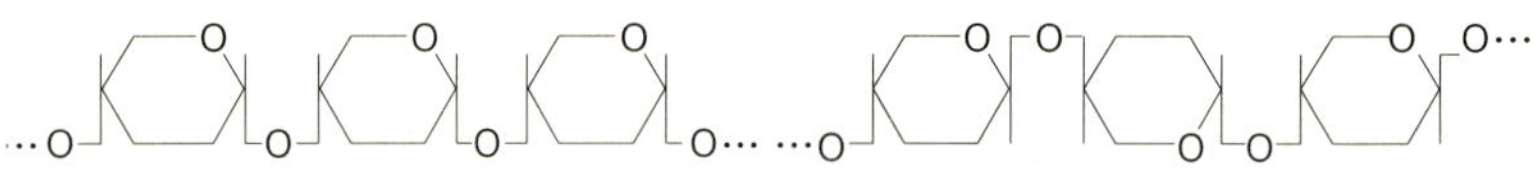

Stärke   Cellulose

Unterschiedliche Eigenschaften von Stärke und Cellulose beruhen auf der unterschiedlichen Struktur der Moleküle.

Cellulosegewinnung. Die Gewinnung der Cellulose (Zellstoff) erfolgt aus cellulosehaltigen Pflanzen, zum Beispiel aus Holz. Es wird dazu entrindet, entbastet und geschnitzelt. Nach dem Kochen mit Calciumhydrogensulfit-Lösung oder mit Natronlauge und Natriumsulfat wird das Material zerfasert, gewaschen und der entstehende Faserbrei auf Sieben verfilzt.
Die Gewinnung von Zellstoff hat früher zu erheblichen Umweltbelastungen geführt. Heute werden entstehende Ablaugen meistens eingedampft und die Rückstände verbrannt, um den Energiebedarf für das Verfahren zu decken. Aus den dabei entstehenden Produkten können Ausgangsstoffe für die Laugen zurückgewonnen werden.

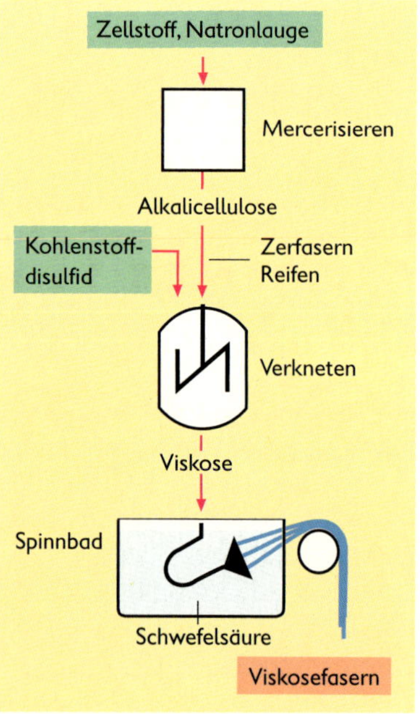

1

Herstellung von Viskosefasern

Kohlenhydrate im Vergleich

Kohlenhydrate	**Monosaccharid** Glucose	**Disaccharid** Maltose	**Polysaccharide** Stärke	Cellulose
Summenformel	$C_6H_{12}O_6$	$C_{12}H_{22}O_{11}$	$(C_6H_{10}O_5)_n$	$(C_6H_{10}O_5)_n$
Relative Molekülmasse	180	342	50000 bis 200000	500000 bis 2000000
Hydrolyse	nicht möglich	zu Monosaccharid	zu Di- und Monosacchariden	zu Di- und Monosacchariden
Löslichkeit in Wasser	löslich	löslich	löslich	nicht löslich
Reaktion mit fehlingscher Lösung	möglich	möglich	nicht möglich	nicht möglich

3

2

3

Celluosefasern – Viskose. Baumwolle ist eine Naturfaser, die weitgehend aus Cellulose besteht. Um den zunehmenden Bedarf an Fasern zu befriedigen, wurden am Ende des 19. Jahrhunderts Verfahren zur Gewinnung künstlicher Cellulosefasern entwickelt. Am häufigsten wird die **Viskosefaser** erzeugt, die vor allem zur Anfertigung von Textilien und für Cordeinlagen in Autoreifen dient. Zur Herstellung (Abb. 1) wird Zellstoff mit Natronlauge behandelt. Die dabei entstehende Alkalicellulose lässt sich in Kohlenstoffdisulfid CS_2 lösen. Nach mehrtägigem Reifen kann die entstandene Spinnlösung durch feine Düsen in ein Fällbad aus verdünnter Schwefelsäure gedrückt werden. Durch unterschiedliche Führung des Spinnvorgangs lässt sich Viskosekunstseide oder Zellwolle mit sehr verschiedenen Eigenschaften gewinnen. Viskose kann auch zu Folien (Cellophan) und Schwämmen verarbeitet werden.

Neben dem Viskose-Verfahren gibt es auch andere Möglichkeiten, Cellulosefasern mit speziellen Eigenschaften zu gewinnen.

Papierherstellung. Besonders große Mengen Cellulose werden zur Produktion von Papier benötigt. Der Bedarf an diesem wertvollen und nicht beliebig verfügbaren Rohstoff lässt sich durch das Verwenden von Altpapier mindern. Dadurch können zugleich der Wald und die Umwelt geschont werden.

Die Rohstoffe für die Papierherstellung (Abb. 4) werden zerfasert und mit Wasser gemischt. Der entstehende Faserbrei gelangt auf Siebe (Abb. 2 und 3), wird verfilzt und anschließend gepresst. Geringwertigen Papieren, zum Beispiel für Zeitungen, können zur Celluloseersparnis große Mengen Holzschliff zugesetzt werden.

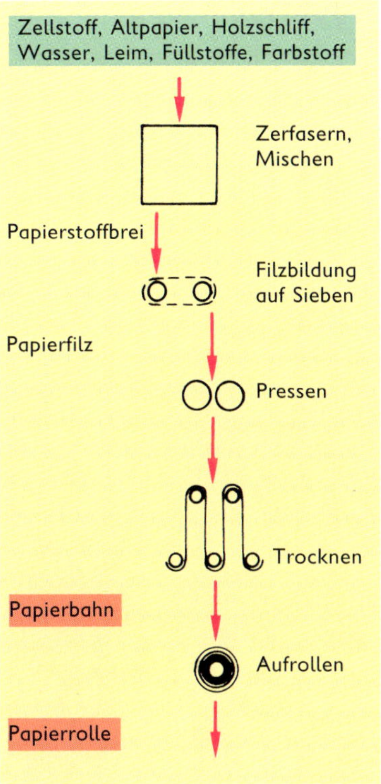

4

Papierherstellung

AUFGABEN

1. Zur Herstellung von 1 t Zellstoff werden 7 m³ Holz, 500 kg Kohle und 200 kWh elektrischer Strom benötigt. Begründe die Notwendigkeit von Altpapierrecycling!
2. Welche Stoffe sind in ballastreicher Pflanzennahrung enthalten? Welche Bedeutung haben diese Stoffe für den Menschen?
3. Welche Gase und Aschenbestandteile könnten beim Verbrennen der Ablaugerückstände aus der Zellstofferzeugung anfallen? Welche Bedeutung haben sie für die Rückgewinnung der Ausgangsstoffe?
   Erläutere die Bedeutung dieses Verfahrens für den Umweltschutz!

Eiweiße

Vorkommen und Bedeutung. Muskeln, Haare, Haut, Blut und Nerven von Menschen und Tieren bestehen zum großen Teil aus Eiweißen. Auch im pflanzlichen Organismus, besonders in den Samen, kommen Eiweiße vor. Es sind makromolekulare Naturstoffe, die maßgeblich am Stoff- und Energiewechsel, an den Funktionen des Blutes, an der Vermehrung und Vererbung beteiligt sind. Ohne Eiweiße wäre ein Leben der Organismen nicht möglich.
Die Bezeichnung „Eiweiß" stammt von dem ersten dieser Stoffe, der genauer untersucht worden ist, dem Eiklar des Hühnereis. Eiweiße werden in der Chemie unter der Bezeichnung **Proteine** (griechisch: proteo = das Erste, Ursprüngliche) zusammengefasst. Neben den Elementen Kohlenstoff, Wasserstoff und Sauerstoff enthalten sie auch noch das Element Stickstoff, in geringen Mengen auch Schwefel.
Eiweißhaltige Stoffe sind wichtige Nahrungsmittel der Menschen, die wegen ihres Stickstoffgehaltes nicht durch andere Stoffe ersetzt werden können (Abb. 1).

Eigenschaften. Eiweiße gerinnen beim Erhitzen (Experiment 11). Das ist vom Kochen der Hühnereier bekannt. Bei noch stärkerer Hitze zersetzen sich Eiweiße. Deshalb lassen sich Fäulnis- und Krankheitskeime durch Wärmebehandlung abtöten. Durch Überhitzungen entstehen Schäden an Organen von Lebewesen. Beim Zusatz von verdünnten Säuren, Ethanol oder Schwermetallsalzen (z. B. Kupfer-, Blei- und Zinnsalzen) tritt Gerinnung ein. Sie ist nicht umkehrbar (Experimente 12 und 13). Wird Eiweiß mit Alkalimetallhydroxiden erhitzt, so entweicht neben anderen Stoffen Ammoniak, das sich nachweisen lässt (Experiment 14).
Eiweiße können an Farb- und Fällungsreaktionen erkannt werden. Ein Beispiel ist die Gelbfärbung mit konzentrierter Salpetersäure (Xanthoprotein-Reaktion, Experiment 15).

Eiweiße sind makromolekulare, gegen Hitze und Chemikalien sehr empfindliche Naturstoffe.

1

Experiment 11
Erhitze Eiweißlösung vorsichtig bis zum Sieden!

Experiment 12
Versetze Eiweißlösungen mit 7%iger Salzsäure und mit Ethanol (F).

Experiment 13 L
Eiweißlösung wird mit 1%igen Schwermetallsalzlösungen (teilweise Xn) versetzt!

Experiment 14
Vorsicht!
Festes Eiweiß wird mit einem Plätzchen Natriumhydroxid (C) in ein Reagenzglas gegeben und erhitzt. An der Mündung des Reagenzglases wurden Streifen feuchten Universalindikator- und Blei(II)-acetatpapiers befestigt.

Experiment 15
Vorsicht!
Zu Eiweißlösung, weißen Federn und festem Eiklar werden jeweils einige Tropfen konzentrierter Salpetersäure (65%ig, C) gegeben.

AUFGABEN

1. Nenne Beispiele für eiweißhaltige Nahrungsmittel!
2. Viele Schwermetallsalze sind Gifte. Begründe das!
3. Erläutere die Wirkung des Erhitzens beim Konservieren von Lebensmitteln!
4. Belege am Beispiel der Eiweißgerinnung, dass gleichartige chemische Reaktionen sowohl zur Gesunderhaltung des Menschen dienen als auch den Organismus schädigen können!
5. Ermittle Gemeinsamkeiten und Unterschiede bei Aminosäuren (Tabelle 4).

Abbau von Eiweißen – Aminosäuren. Eiweiße lassen sich durch Hydrolyse in einfachere Stoffe spalten. Im Stoffwechsel der Organismen wirken dabei Enzyme katalytisch. Im Laboratorium ist eine Hydrolyse bei Anwesenheit von Hydronium-Ionen möglich, sie muss aber wegen der Empfindlichkeit der Eiweiße gegen Hitze und Chemikalien mit sehr großer Vorsicht durchgeführt werden. Beim Abbau von Eiweißen gelangt man zu den **Aminosäuren**.

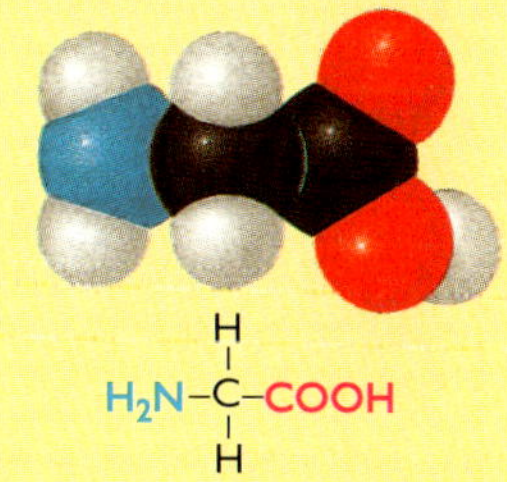

Glycin (Gly) 2

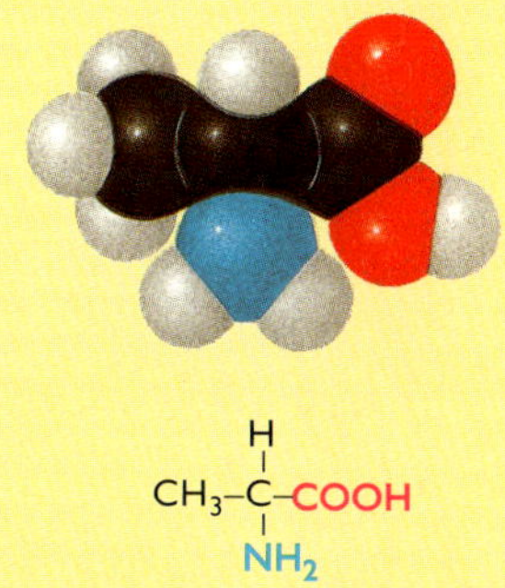

Alanin (Ala) 3

Grundbausteine der Eiweiße sind Aminosäuren.

Aminosäuren sind Carbonsäuren, die neben den Carboxylgruppen –COOH auch **Aminogruppen –NH_2** im Molekül enthalten. Bei den Molekülen der in Eiweißen vorkommenden Aminosäuren befindet sich stets eine Aminogruppe an dem Kohlenstoffatom neben der Carboxylgruppe. Diese Stellung kann durch Nummerierung der Kohlenstoffatome von der Carboxylgruppe aus im Namen der Aminosäuren angegeben werden. Am Aufbau der Eiweiße sind demnach **2-Aminosäuren** beteiligt (Abb. 2 und 3, Tab. 4).

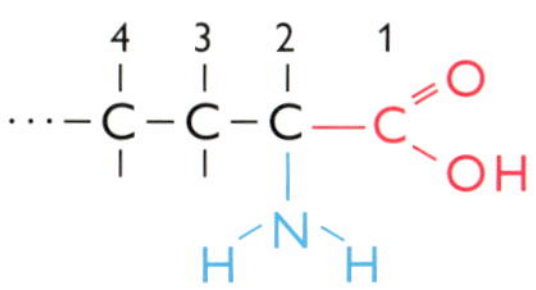

Aminosäuremoleküle können jedoch noch weitere funktionelle Gruppen enthalten, zum Beispiel weitere Carboxyl- oder Aminogruppen, ferner Hydroxylgruppen, Benzolreste oder schwefelhaltige Reste. Einige Aminosäuren kann der menschliche Körper selbst synthetisieren. Andere, so genannte **essenzielle Aminosäuren**, müssen mit der Nahrung zugeführt werden.

Weitere wichtige Aminosäuren

Name	Abkürzung	Strukturformel	Name	Abkürzung	Strukturformel
Valin*	Val	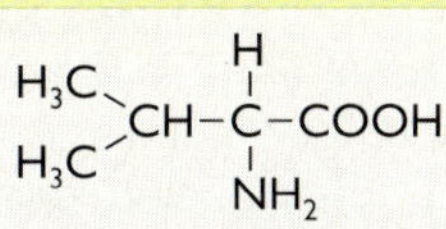	Leucin*	Leu	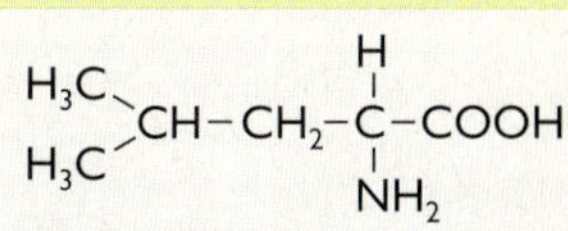
Phenyl-alanin*	Phe	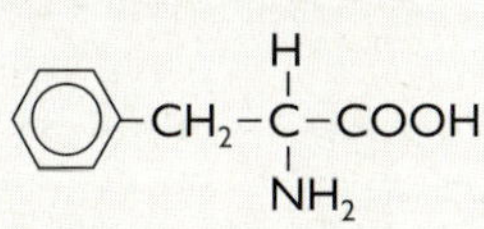	Serin	Ser	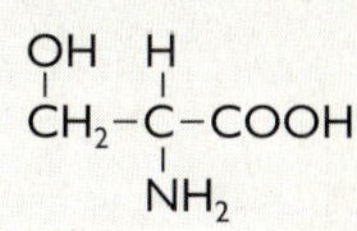
Tyrosin	Tyr	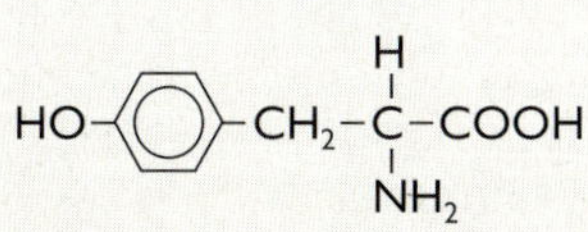	Glutamin-säure	Glu	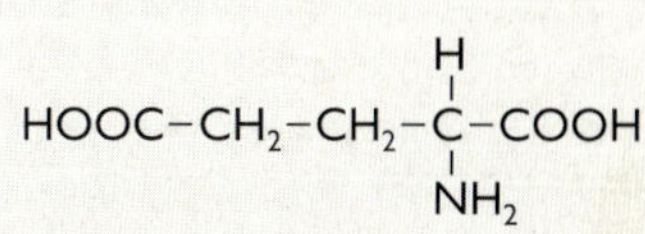
Cystein	Cys	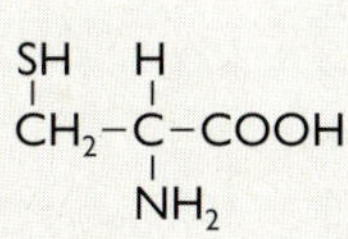	Lysin*	Lys	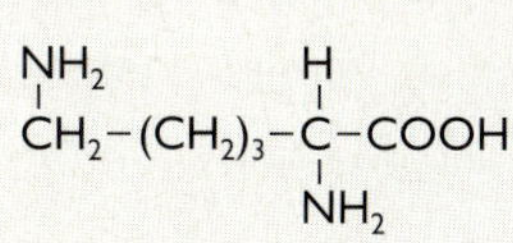

* essenzielle Aminosäuren

4

Peptide – Proteine. Zwei Aminosäuremoleküle können durch eine **Peptidbindung** miteinander verknüpft sein. Die Carboxylgruppe des einen reagiert mit der Aminogruppe des anderen Aminosäuremoleküls unter Wasseraustritt.

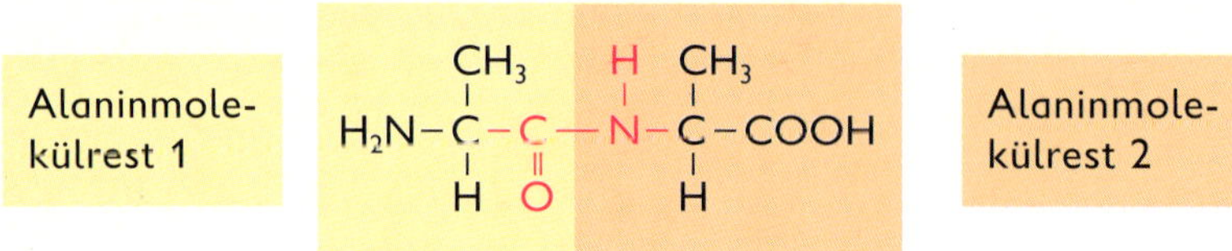

Das Molekül des Reaktionsprodukts zwischen den beiden Aminosäuren besitzt wieder eine Carboxyl- und eine Aminogruppe, kann also mit weiteren Aminosäuremolekülen reagieren. Dabei können lange **Peptidketten** entstehen. Das Strukturmerkmal dieser Peptidketten ist die **Peptidgruppe –CO–NH–**.
Je nach der Anzahl der in einem Molekül verknüpften Aminosäurereste spricht man von einem Di-, Tri- bzw. **Polypeptid**. Durch noch weitere Verknüpfung mit Aminosäuremolekülen entstehen schließlich makromolekulare **Proteine** mit molaren Massen zwischen 6000 und 40 Millionen g/mol.

In Eiweißmolekülen sind außerordentlich viele Aminosäurereste durch Peptidbindungen miteinander verknüpft.

Proteide. Neben den Proteinen, die ausschließlich aus Aminosäureresten aufgebaut sind, gibt es Eiweiße, die noch andere Gruppen in ihren Molekülen enthalten können. Sie heißen **Proteide**. So enthalten die für die Vererbung wichtigen Proteide in den Zellkernen beispielsweise Phosphorsäurereste. Das Hämoglobinmolekül enthält ein Ringsystem mit einem Eisen(II)-Ion (Abb. 2), das sowohl für die Farbe des Blutes als auch für dessen Wirksamkeit beim Sauerstofftransport im Körper wesentlich ist.

Bau der Eiweißmoleküle. Das Grundgerüst der Eiweißmoleküle sind Peptidketten, die aus verschiedenen 2-Aminosäuren aufgebaut sind (Abb. 1). Beim Abbau der verschiedensten Eiweiße werden die Peptidbindungen durch Aufnahme von Wasser gespalten. Dabei treten stets die gleichen etwa 20 Aminosäuremoleküle als Bausteine der Makromoleküle auf. Da diese wenigen Aminosäuremoleküle aber in den Peptidketten sehr unterschiedlich angeordnet sein können, ergibt sich eine unvorstellbare große Anzahl verschiedener Kombinationsmöglichkeiten (Tabelle 5) und damit auch verschiedener Eiweiße mit jeweils anderen Eigenschaften. Jedes Lebewesen besitzt spezifische **arteigene Eiweiße**.
Durch schrittweisen Abbau ist es gelungen, die Anordnung der Molekülreste von 2-Aminosäuren in bestimmten Eiweißmolekülen zu ermitteln. Zuerst konnte im Jahre 1954 die Struktur des Hormons **Insulin** aufgeklärt werden. Das Insulinmolekül besteht aus 51 Molekülresten von 2-Aminosäuren und hat die relative Molekülmasse 5750. Inzwischen ist es gelungen, das Insulin auch synthetisch aus den entsprechenden Aminosäuren aufzubauen. Auch die Struktur des **Hämoglobins** ist inzwischen erforscht worden.

Vielfalt der Kombinationen

Tripeptide aus Alanin und Glycin ($2^3 = 8$ Möglichkeiten)

Gly-Gly-Gly	Gly-Gly-Ala
Gly-Ala-Gly	Ala-Gly-Gly
Ala-Ala-Ala	Ala-Ala-Gly
Ala-Gly-Ala	Gly-Ala-Ala

Für ein Peptid mit 10 Molekülresten von 3 verschiedenen Aminosäuren ergeben sich $3^{10} = 59\,049$ Möglichkeiten.

5

1

Emil Fischer (1852 bis 1919) war Professor für Chemie in Berlin. Er ist der Begründer der modernen Biochemie in Deutschland. Nachdem er sich zunächst mit Kohlenhydraten beschäftigt und die Struktur der Glucose aufgeklärt hatte, wandte er sich der Eiweißforschung zu. Ihm gelang es, Eiweiße schonend zu hydrolysieren und den Aufbau aus 2-Aminosäuren nachzuweisen. Für seine überragenden Leistungen erhielt *E. Fischer* 1902 den Nobelpreis für Chemie.

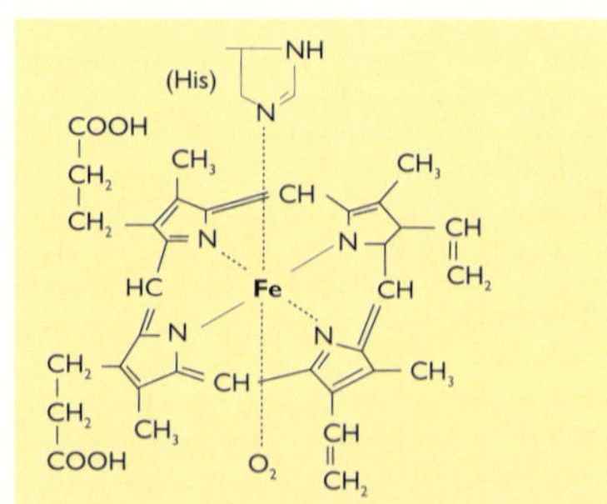

2

Strukturformel des Hämoglobinmoleküls (Ausschnitt)

Eiweiße im Stoffwechsel. Von den Lebenwesen aufgenommenes Eiweiß wird unter Einwirkung entsprechender Enzyme hydrolytisch gespalten. Die dabei entstehenden Spaltprodukte, vor allem Peptide und 2-Aminosäuren, können anschließend wieder zu körpereigenem Eiweiß aufgebaut werden.
Die genaue Kenntnis der Struktur und der Eigenschaften von Eiweißen, insbesondere ihrer Rolle im Stoffwechsel der Organismen, ist von besonderer Bedeutung für die Medizin, die Ernährungswissenschaften, die Landwirtschaft und viele andere Bereiche. Schon die fehlerhafte Anordnung eines Grundbausteins in der Peptidkette kann großen Einfluss auf die Lebensvorgänge im Organismus haben und Störungen des Stoffwechsels bewirken.

Experiment 16
1 g Gelatine wird in 50 ml Wasser gebracht und nach einiger Zeit bis zum vollständigen Lösen erwärmt. 10 ml der Lösung werden mit 1 ml 10%iger Salpetersäure (C) versetzt. Den Rest lässt man abkühlen. Später wird wieder Wasser zugegeben und umgerührt.

Kolloidale Lösungen. Eine Kochsalzlösung und eine Eiweißlösung erscheinen bei Betrachtung mit bloßem Auge völlig homogen und durchsichtig. Fällt jedoch ein Lichtstrahl durch diese Lösungen, so ist der Weg des Lichtes in der Eiweißlösung sichtbar, in der Kochsalzlösung nicht (Abb. 3). Dieser 1868 von *Tyndall* untersuchte Effekt ist ein Merkmal für **kolloidale Lösungen**, in denen die Teilchen deutlich größer als Moleküle und Ionen sind. Sie haben einen Durchmesser von $10^{-6} \cdots 10^{-4}$ mm. Der ***Tyndall*-Effekt** entsteht durch Streuung des Lichtes an den größeren Teilchen. Er kann auch beim Aufleuchten von Nebelschwaden oder Rauch im Scheinwerferlicht beobachtet werden.

3
Tyndall-Effekt

Kolloidale Lösungen enthalten Teilchen, die größer als Moleküle oder Ionen sind. Sie zeigen den *Tyndall*-Effekt.

Die Teilchen in kolloidalen Lösungen sind größer als in echten Lösungen, aber kleiner als in Aufschlämmungen (Suspensionen). Sie fallen trotz ihrer Größe jedoch nicht aus, weil sie sich durch Anlagerung von Ionen elektrisch aufladen oder von sehr vielen Wassermolekülen umhüllt sind. Bei der letztgenannten Gruppe von kolloidalen Lösungen kann die Anlagerung von Wassermolekülen so weit gehen, dass ein gallertartiger Zustand, ein **Gel**, entsteht (Abb. 4). Durch Erwärmen oder Verdünnen wird die Lösung, das **Sol**, wieder zurückgebildet (Experiment 16). Durch geeignete Chemikalien können die kolloidalen Teilchen aber irreversibel ausgefällt werden (Experimente 12 und 13).
Kolloidale Lösungen treten auch beim Lösen von Seife sowie bei einigen Metallhydroxiden und Alkalimetallsilicaten auf.

4
Götterspeise

AUFGABEN

1. Ermittle die molaren Massen a) des Dipeptids aus 2 Alaninmolekülen und b) der Tripeptide in dem Beispiel für Kombinationsmöglichkeiten (Tabelle 5)!
2. Entwickle die Reaktionsgleichung für die Hydrolyse des Dipeptids auf Seite 254!
3. Welcher Unterschied besteht zwischen dem Grundbaustein einer Peptidkette und einem Aminosäuremolekül?
4. Werte die besondere experimentelle Leistung *Fischers* beim Abbau von Eiweißen!
5. Begründe, warum bei der Ermittlung der Kombinationsmöglichkeiten von Aminosäuremolekülen rechts und links nicht vertauschbar sind!

Ernährung der Menschen

Nährstoffe. Der Mensch muss Fette, Kohlenhydrate und Eiweiße mit der Nahrung aufnehmen. **Kohlenhydrate** und **Fette** sind vor allem Energielieferanten zur Aufrechterhaltung der Körperwärme und Körperfunktionen. Sie werden über viele Zwischenstufen zu Kohlenstoffdioxid und Wasser oxidiert. Ein Teil der Fette und Kohlenhydrate wird zu körpereigenen Stoffen umgebaut und vor allem in Form von Fett im Gewebe gespeichert.
Die **Eiweiße** dienen dem Körper vorrangig als Baustoffe für körpereigenes Eiweiß. Nicht benötigte Eiweißbausteine können oxidiert werden. Überflüssiger Stickstoff und Schwefel werden ausgeschieden.
Auch wenn der Körper viele lebensnotwendige Stoffe selbst aufbaut, müssen einzelne Bausteine von außen zugeführt werden. Man sagt, sie sind **essenziell** (von lateinisch: wesentlich). Linol- und Linolensäure sind zum Beispiel essenzielle Fettsäuren, Leucin und Phenylalanin essenzielle Aminosäuren (↗ S. 209).

Nahrungsmittel – mehr als Nährstoffe. Nahrungsmittel enthalten neben den Hauptnährstoffen und Wasser weitere lebensnotwendige Stoffe. Bereits in kleinsten Mengen wirksame **Vitamine** (Tab. 8) sind zur Erhaltung von Körper- und Stoffwechselfunktionen unerlässlich. Vitaminarme Kost führt zu Mangelkrankheiten. Die Nahrung muss **Mineralsalze** enthalten: Calcium zum Aufbau der Knochen, Natrium für den Wassertransport, Kalium für die Muskeltätigkeit und Chloride zur Bildung der Magensäure. **Geruchs- und Geschmacksstoffe** wirken verdauungsfördernd. Cellulosehaltige **Ballaststoffe** regen die Verdauung an.

Ausgewogene Ernährung. Die Nahrung muss alle für den Organismus notwendigen Stoffe ausreichend und im ausgewogenen Verhältnis enthalten. Dazu gehört auch ein Anteil Rohkost.
Die optimale Zusammensetzung der Nahrung hängt von Alter und der Art der Tätigkeit der Menschen sowie den klimatischen Bedingungen ab. In kalten Klimazonen werden vor allem tierisches Fett und Eiweiß benötigt, in warmen Zonen demgegenüber kohlenhydratreiche Nahrungsmittel.

Einige Vitamine

	Vorkommen	Mangelerscheinung
A	Lebertran, Milch, Butter, Käse	Hautschäden, Infektionsanfälligkeit
B_1	Hefe, Vollkornbrot, Nüsse, Fleisch	Darmstörung, Nervenentzündung, Muskelschwäche
C	Citrusfrüchte, Gemüse, Kartoffeln	Zahnfleisch- und Hautbluten, Leistungsabfall
D	Lebertran, Hering, Eigelb, Milch	Knochenerweichung, Muskelschwäche, Karies
E	Getreidekeime, Eigelb, Tierleber	Stoffwechselstörung

8

Durchschnittlicher Nährstoffbedarf je Tag

Eiweiß	1 g je kg Körpermasse, 40 ··· 50 % davon als tierisches Eiweiß
Fett	1 g je kg Körpermasse (mindestens 50 ··· 70 g)
Kohlenhydrate	etwa 500 g

6

Brennwert von Nährstoffen

1 g Fett liefert 39 kJ.
1 g Kohlenhydrate liefert 17 kJ.
1 g Eiweiß liefert 17 kJ.

7

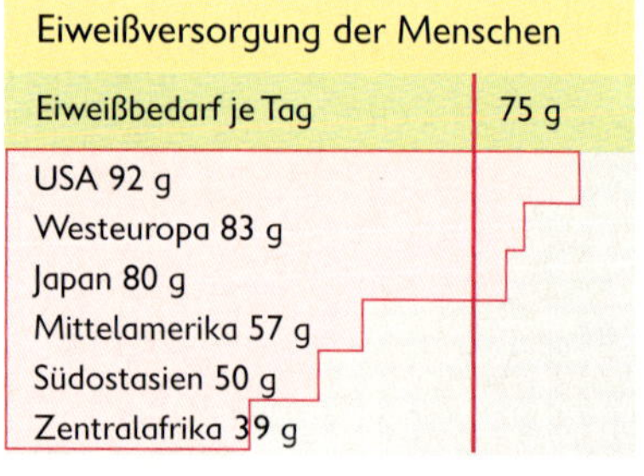

1

AUFGABEN

1. Vergleiche die Hydrolyse von Fetten, Kohlenhydraten und Eiweißen!
2. Warum müssen Nahrungsmittel kühl und trocken gelagert werden?
3. Vergleiche die Brennwerte der Nährstoffe!
4. Werte anhand des Diagramms (Abb. 1) die Deckung des Eiweißbedarfs der Menschen in verschiedenen Gebieten der Erde!
5. Linol- und Linolensäure sind essenziell. Was folgt daraus für die Verwendung von Fetten?

Lebensmittel	kJ/100 g	Fette	Kohlenhydrate	Eiweiße	Wasser
Milch, 3,5 % Fett	269	4	5	3	88
Butter	3167	83	1	1	15
Olivenöl	3767	99			1
Hering	974	19		17	64
Rinderfilet	487	5		20	75
Schweinefleisch	1216	25		16	59
Kaninchenfleisch	647	8	1	20	71
Magerkäse	800	3	4	44	49
Leberwurst	1781	41	1	13	45
Salami	2176	50		18	32
Zucker	1609		100		
Schokolade	2209	30	56	8	6
Reis	1505	2	77	8	13
Roggenbrot	1004	2	53	6	39
Knäckebrot	1550	2	79	10	9
Spagetti	1520	1	75	12	12
Linsen	1460	1	57	24	18
Kartoffeln	318		18	2	80
Tomaten	88		4	1	95
Bananen	402		23	1	76

2

Im Überblick

Makromolekulare Stoffe
(aus vielen Grundbausteinen aufgebaute Stoffe)

Natürliche makromolekulare Stoffe
z. B. Stärke, Cellulose, Eiweiße

Synthetische makromolekulare Stoffe
z. B. Polyethylen, Polyvinylchlorid

Kohlenhydrate

Verbindungen aus den Elementen Kohlenstoff, Wasserstoff und Sauerstoff
Grundbaustein: Alkohole mit Hydroxylgruppen und einer Ketogruppe
Bindung zwischen den Grundbausteinen: Sauerstoffbrücken durch Wasseraustritt zwischen 2 Hydroxylgruppen

Eiweiße

Verbindungen aus den Elementen Kohlenstoff, Wasserstoff, Sauerstoff, Stickstoff, teilweise auch Schwefel
Grundbausteine: Aminosäuren mit mindestens einer Carboxyl- und einer Aminogruppe im Molekül
Bindung zwischen den Grundbausteinen: Peptidbindung durch Wasseraustritt zwischen einer Carboxyl- und einer Aminogruppe

Fette

Verbindungen aus den Elementen Kohlenstoff, Wasserstoff und Sauerstoff
Grundbausteine: Glycerin mit drei Hydroxylgruppen und Fettsäuren
Bindung zwischen den Grundbausteinen: Esterbindung durch Wasseraustritt zwischen Hydroxyl- und Carboxylgruppen

27

Kunststoffe

Spielwaren, Teile für Autos, Geräte für Camping, Freizeit und Haushalt sind vielfach aus Kunststoff hergestellt. Warum werden immer mehr Produkte aus Kunststoff hergestellt? Welche Vorteile besitzen Kunststoffe?

Thermoplaste

Neue Werkstoffe. Anfang dieses Jahrhunderts konnte der Bedarf an Werkstoffen durch die in der Natur vorkommenden Stoffe nicht mehr gedeckt werden. Dem belgischen Chemiker *Baekeland* gelang 1907 die Herstellung eines harzähnlichen Stoffs durch Reaktion von Phenol mit Methanal. Er bezeichnete diesen Stoff als Bakelit. Der erste **Kunststoff** war hergestellt.

Die Eigenschaften der Kunststoffe sind denen natürlicher Werkstoffe oftmals überlegen. Sie weisen unter anderem geringe Dichte, hohe Festigkeit und ausreichende Elastizität auf. Bei der Herstellung und Bearbeitung der Kunststoffe wird mitunter nur ein Bruchteil der Energie verbraucht, die zur Herstellung anderer Werkstoffe benötigt wird.

Das Auto ist heute ohne Kunststoffe nicht mehr denkbar. Viele andere technische Entwicklungen sind erst mit der Herstellung spezieller Kunststoffe realisierbar. Es gibt etwa 25 wichtige Kunststoffarten. Polyethylen (Abb. 1), PVC, Polystyrol, Phenoplaste (Abb. 2), Celluloid, Acrylglas, Polyester und Polyurethane sind heute allgemein bekannte Kunststoffe. Alle Kunststoffe sind organische Stoffe, ähnlich wie Cellulose, Stärke und Eiweiß. Sie können durch chemische Synthesen oder durch Umwandlung von Naturstoffen hergestellt werden. Dabei verbinden sich meist viele gleichartige und artverwandte **Grundbausteine** zu großen Molekülen, den **Makromolekülen.**

Kunststoffe sind organische Stoffe, die aus Makromolekülen aufgebaut sind. Viele Millionen dieser Bausteine ergeben den jeweiligen Kunststoff.

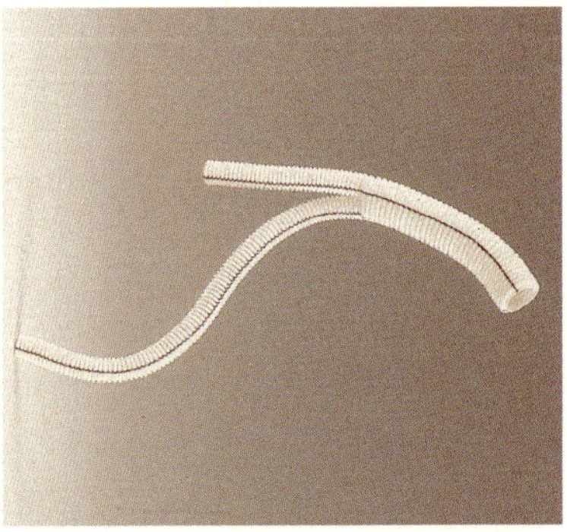

1

Künstliche Arterien aus Polyethylen

2

Glasfaserverstärktes Phenolharz für die Innenauskleidung von einem Airbus

Eigenschaften. Wird ein Jogurtbecher in eine Schale mit Sand gestellt und erhitzt, ist zu beobachten, dass der Becher erweicht (Experiment 1). Nach dem Abkühlen wird er wieder fest. Wiederholt man diesen Vorgang, ist das Gleiche zu beobachten. Bei vielen Kunststoffen ist diese Eigenschaft feststellbar. Sie werden deshalb als **Thermoplaste** bezeichnet (griechisch: thermos = warm, plazo = bilden).
Thermoplaste zeigen vielfach große Beständigkeit gegenüber Chemikalien, wie zum Beispiel Säuren und Laugen (Experiment 2), und haben eine geringe Dichte. Von einigen organischen Lösungsmitteln werden sie angegriffen.

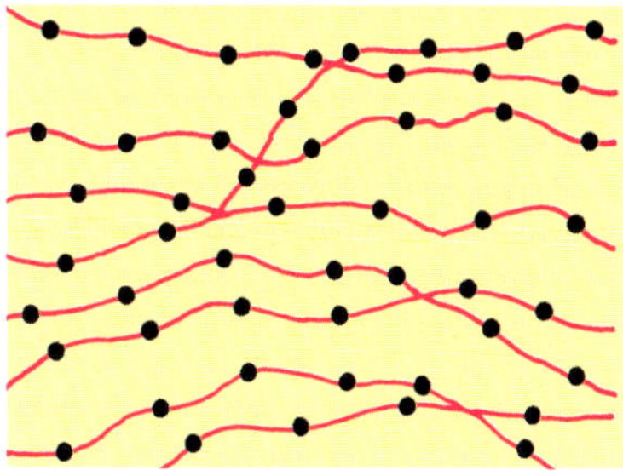
3
Modell der Anordnung von Thermoplastmolekülen

Thermoplaste sind Kunststoffe, die beim Erwärmen erweichen und plastisch formbar sind. Gegenüber Chemikalien sind sie zum Teil sehr beständig.

4
Thermoplast schmilzt

Warum Thermoplaste beim Erwärmen erweichen (Abb. 4), wird bei der Betrachtung des Baus dieser Stoffe erkannt.

Bau. Thermoplaste bestehen aus kettenförmigen Makromolekülen, die nebeneinander linear oder nur wenig verzweigt angeordnet sind (Abb. 3). Dadurch können die Moleküle beim Erwärmen des Stoffes aneinander vorbeigleiten. Es wird die plastische Verformbarkeit ermöglicht.

Herstellung. Thermoplastische Stoffe lassen sich durch **Polymerisation** herstellen. Dabei verbinden sich viele kleine ungesättigte Moleküle (Monomere) unter Aufspaltung der Mehrfachbindung zu Makromolekülen. In wenigen Sekunden entstehen bei Anwesenheit von Katalysatoren aus 2000 bis 20000 Monomermolekülen fadenförmige Kettenmoleküle (↗ S. 197).

Ethenmolekül (Monomermoleküle) — Polyethylenmolekül (Polymermoleküle)

Bei einer Polymerisation entstehen aus Einzelmolekülen (Monomeren) mit Mehrfachbindung im Molekül makromolekulare Stoffe (Polymere).

Thermoplaste können durch Variation der Reaktionsbedingungen oder durch Zusatz von Weichmachern und anderen Stoffen mit unterschiedlichen Eigenschaften hergestellt und somit an spezielle Anwendungsbereiche angepasst werden. Bei Polyvinylchlorid wird zum Beispiel zwischen Weich- und Hart-PVC unterschieden. Hart-PVC wird für Trinkwasserleitungen, Dachrinnenmaterial, Flaschen, Isoliermaterial und Spielwaren, Weich-PVC für Wetterbekleidung, Verpackungsmaterial, Fußbodenbeläge und vieles andere mehr verwendet.

Experiment 1
In eine mit Sand gefüllte Eisenschale werden ein Jogurtbecher und ein Polyethylenstreifen gegeben; dann wird erhitzt.

Experiment 2
Je ein 3 cm langes und etwa 0,5 cm breites Jogurtbecherstück wird in 5 ml 9%ige Schwefelsäure (Xi), 5 ml 5%ige Natriumhydroxidlösung (C), 5 ml Ethanol (F) und 5 ml Aceton (F, Xi) gegeben.

AUFGABEN

1. Warum ist es nicht sinnvoll, Polyethylen und PVC zur Herstellung von Griffen für Töpfe zu verwenden?
2. Erläutere die Abhängigkeit der Verwendung von PVC und Polyethylen von den Eigenschaften dieser Stoffe!
3. Weshalb werden Thermoplaste so vielseitig verwendet?

Duroplaste

Eigenschaften. Wird ein Streifen Phenoplast in eine mit Sand gefüllte Eisenschale gegeben und erhitzt, so schmilzt dieser nicht (Experiment 3). Er zersetzt sich bei hohen Temperaturen, ohne zu erweichen. Kunststoffe mit dieser Eigenschaft werden als **Duroplaste** bezeichnet (lateinisch: durus = hart). Sie sind nicht plastisch verformbar, gegen Chemikalien beständig (Experiment 3), schwer quellbar und unlöslich. Bei Zimmertemperatur sind sie hart und spröde (Abb. 1 und 3).

1
Koffer aus Vulkanfiber

Duroplaste sind Kunststoffe, die sich beim Erhitzen zersetzen, ohne zu erweichen.

Warum lassen sich Duroplaste nicht in der Wärme umformen?

Bau. Bei den Duroplasten sind die Makromoleküle räumlich engmaschig vernetzt. Zwischen den einzelnen Molekülen bestehen viele Atombindungen, sodass ein Aneinandervorbeigleiten beim Erwärmen nicht möglich ist (Abb. 2).
Infolge der vernetzten Moleküle können Duroplaste nicht geschmolzen oder in der Wärme umgeformt werden. Die Verknüpfungen werden erst bei hohen Temperaturen gespalten, wobei sich der Kunststoff zersetzt .

Experiment 3 L
Das Verhalten von Phenoplasten wird beim Erwärmen und beim Einwirken von Chemikalien untersucht. Die Durchführung erfolgt wie bei den Experimenten 1 und 2.

Experiment 4 L
2 g Resorcin (ein Phenol, Xn, N) werden in 4 ml Wasser gelöst und mit 3 ml 25%iger Methanallösung (Xn) schwach erhitzt. Danach werden 6 Tropfen 15%ige Natriumhydroxidlösung (C) zugegeben. Im Wasserbad ist zu erwärmen.

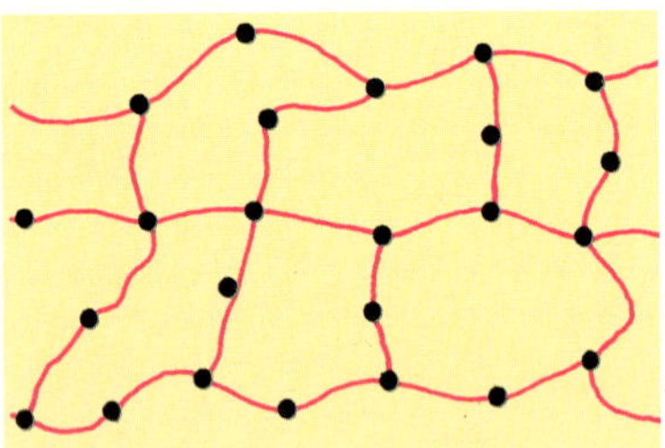
2
Modell der Anordnung der Moleküle von Duroplasten

3
Alter Telefonapparat aus einem Phenoplast

Herstellung. Oft werden **Phenoplaste** (Tabelle 1) und **Aminoplaste** verwendet. Ausgangsstoffe für die Herstellung eines Phenoplasts sind Phenol und Methanal. Es reagiert zunächst jeweils ein Phenolmolekül mit einem Methanalmolekül unter Bildung eines Zwischenprodukts. Danach werden weitere Phenolmoleküle an die Moleküle des Zwischenprodukts unter Abspaltung von Wassermolekülen gebunden (Abb. 4). Diese Reaktion bezeichnet man als **Kondensation**. Wenn sich dabei viele Monomermoleküle miteinander verbinden, liegt eine **Polykondensation** vor.

Phenol + Methanal —Polykondensation→ Phenoplast

Bei der Reaktion entsteht ein Phenoplastschaum (Experiment 4). Die Natriumhydroxidlösung wirkt als Katalysator beschleunigend.

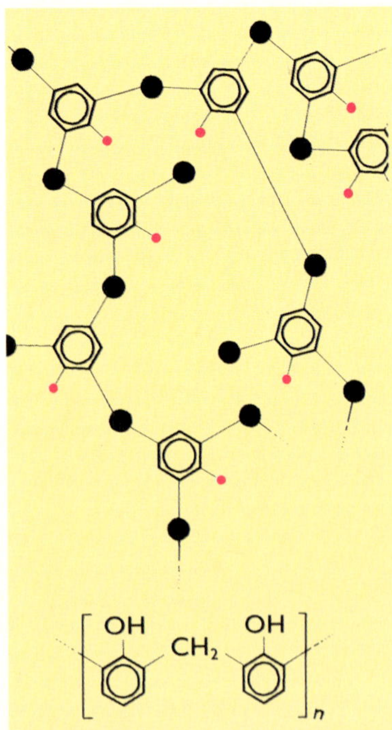

4
Modellhafte Darstellung der Struktur eines Phenoplastmolekülausschnittes

Eigenschaften und Verwendung von Phenoplasten	
Eigenschaft	**Verwendung**
gleitfähig und druckfest	Zahnräder Gleitlager
korrosionsbeständig	Karosserieteile und Verkleidungen
guter elektrischer Isolator (↗ Experiment 6, S. 262)	Gehäuse für Schalter, Stecker und Zündsystem im Auto
geringe Dichte, Festigkeit	Gehäuse Griffe, Beschläge

1

5

Zündverteilerkappe aus einem Aminoplast

Aminoplaste entstehen durch die Reaktion von Methanal und Harnstoff. Harnstoff ist ein organischer Stoff, dessen Moleküle zwei Aminogruppen $-NH_2$ enthalten.
Aus jeweils einem Harnstoffmolekül und einem Methanalmolekül entsteht ein Zwischenprodukt, das ein weiteres Harnstoffmolekül bindet. Dabei wird ein Wassermolekül abgespalten.

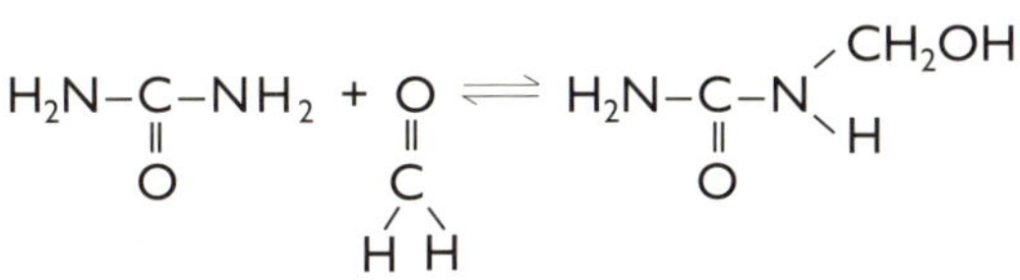

Harnstoff Methanal

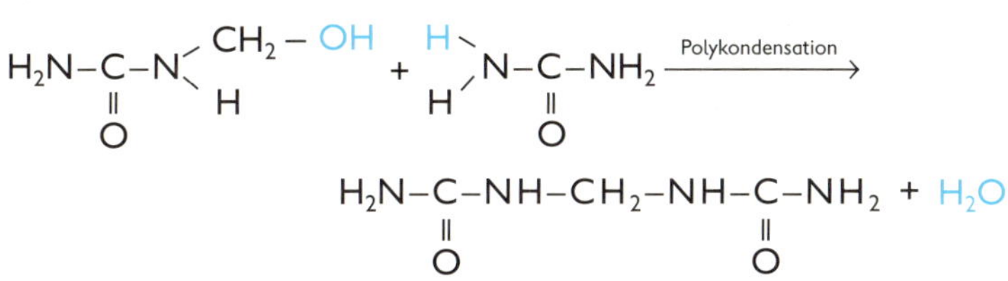

Aminoplast

Die Polykondensation schreitet über die Bildung kettenförmiger Zwischenprodukte stufenweise fort. Es entsteht ein Aminoplast mit räumlich vernetzten Makromolekülen.
Aminoplaste werden zum Beispiel zu Formteilen für den Maschinenbau, zu Zahnrädern, Verpackungsmaterialien, Haushaltsartikeln und chirurgischem Material verarbeitet.
Bei der Herstellung von duroplastischen Gegenständen wird der stufenweise Verlauf der Reaktion genutzt. Durch die Wahl geeigneter Reaktionsbedingungen wird auf einer Zwischenstufe, in der zum Beispiel bei der Phenoplastherstellung harzartige Produkte vorliegen, die Reaktion unterbrochen. Die harzartigen Zwischenprodukte können in der Wärme geformt und anschließend durch Erhitzen zu einem Kunststoff von hoher Festigkeit ausgehärtet werden (Abb. 5).

Polykondensation ist eine chemische Reaktion, bei der aus zahlreichen Molekülen meist zweier Ausgangsstoffe unter Bildung von Wasser makromolekulare Stoffe entstehen.

AUFGABEN

1. Warum besitzen Polyethylen und Phenoplaste unterschiedliche Eigenschaften?
2. Vergleiche die Polymerisation und die Polykondensation!
3. Welche Stoffe werden durch
   a) Polymerisation und
   b) Polykondensation
   hergestellt?
4. Glasfaserverstärkte Phenoplaste gehören zu den wenigen Kunststoffen, die auch als tragende Konstruktionselemente eingesetzt werden können. Warum?
5. Phenoplaste dunkeln durch Alterung des Werkstoffs nach.
   Welche Konsequenzen leiten sich daraus für die Farbgestaltung ab?

Elastomere

Eigenschaften. Elastomere nehmen nach dem Einwirken einer verformenden Kraft ihre ursprüngliche Form wieder an (Abb. 1 und 3). Gummi aus natürlichem oder synthetischem Kautschuk hat diese elastische Eigenschaft. Gummi lässt sich durch Krafteinwirkung bis auf das Achtfache seiner ursprünglichen Länge dehnen ohne zu zerreißen, erlangt aber danach schnell seine Ausgangsform wieder. Elastomere sind quellbar, gegenüber Chemikalien beständig und nicht schmelzbar (Experiment 5). *Wie sind diese Eigenschaften zu erklären?*

Bau. Die Makromoleküle der Elastomere bestehen aus vielen gleichen Grundbausteinen. Die Moleküle sind weitmaschig vernetzt angeordnet und bilden dichte „Knäuel" (Abb. 2). Beim Dehnen dieser Stoffe sind die „Knäuel" auseinander gezogen. Wirken die Dehnungskräfte nicht mehr, sind die Makromoleküle wieder „verknäuelt". Elastomere lassen sich daher nicht umformen.

1 In die Tiefe am Gummiband

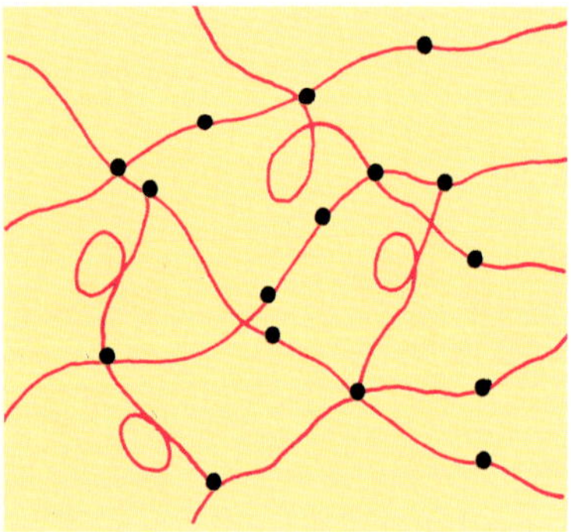

2 Modell der Anordnung der Moleküle von Elastomeren

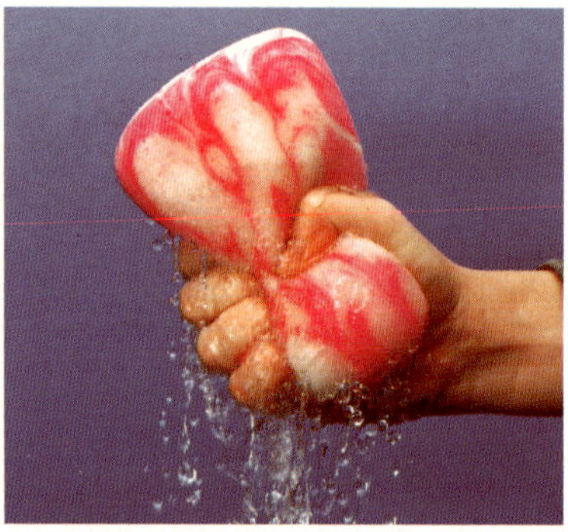

3 Elastischer Badeschwamm

Experiment 5
Untersuche das Verhalten von Gummi beim Erwärmen und Einwirken von Chemikalien! Arbeite nach den Durchführungsanleitungen der Experimente 1 und 2 (↗ S. 259)!

Experiment 6
Die elektrische Leitfähigkeit von Thermoplasten, Duroplasten und Elastomeren wird geprüft.

Elastomere sind aus kettenförmigen Makromolekülen aufgebaut, die weitmaschig vernetzt angeordnet sind.

Synthetischer Kautschuk. Synthetischer Kautschuk wird durch Polymerisation von **Butadien** oder **Isopren** hergestellt.

$$n\ H_2C{=}CH-CH{=}CH_2 \xrightarrow{\text{Polymerisation}} [CH_2-CH{=}CH-CH_2]_n$$

1,3-Butadien → Polybutadien

Etwa 60 % der Weltproduktion an Synthesekautschuk ist Styrol-Butadien-Kautschuk.

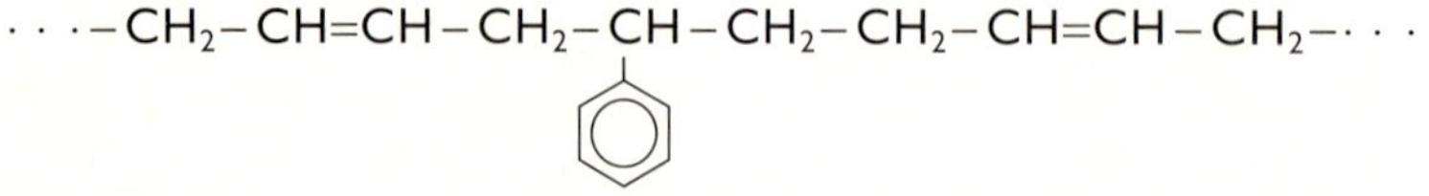

Die synthetisierten Kautschuke sind wenig wärme- und chemikalienbeständig. Durch **Vulkanisation** mit Schwefel erhält man hochelastischen und wärmebeständigen Gummi. Bei einem Massenanteil von 3 ··· 5 % Schwefel entsteht **Weichgummi**, von über 5 % Schwefel **Hartgummi** (Abb. 4).

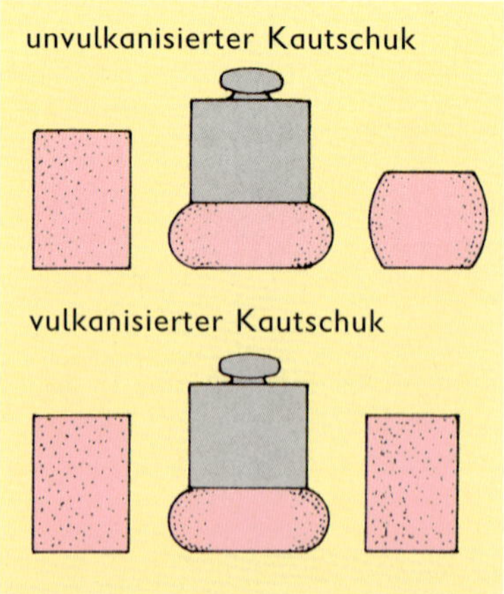

4 Verhalten von Kautschuk und Gummi bei Deformation

Chemiefasern

Herstellung. Synthetisch hergestellte Fasern verdrängen heute immer mehr die Naturfasern wie Wolle und Baumwolle. Chemiefasern bestehen, wie auch Naturfasern, aus kettenförmigen Makromolekülen und werden meist durch Polykondensation hergestellt. Von den Kunstfasern haben insbesondere die Fasern aus Polyamiden, Polyestern sowie Polyacrylnitril große Bedeutung.
Polyesterfasern entstehen durch die Reaktion von Dicarbonsäuren mit Alkandiolen. Durch Weiterverarbeitung zu Textilfasern wie Diolen, Dacron und Trevira entstehen formbeständige und knitterfeste Materialien (Abb. 5).
Polyamidfasern werden aus Polyamiden hergestellt. Im Schmelzspinnverfahren werden Polyamidschnitzel bei etwa 270 °C geschmolzen. Die Schmelze wird durch Spinndüsen gedrückt (Abb. 6). Die austretenden flüssigen Strahlen erstarren in einer Stickstoff-Atmosphäre zu festen Fäden. Beim anschließenden Verstrecken erhalten die Polyamidfasern ihre große Elastizität, Reiß- und Scheuerfestigkeit. Der Faden wird beim Verstrecken auf das Fünf- bis Achtfache gedehnt.
Polyacrylnitrilfasern entstehen aus Acrylnitril. Das Acrylnitril wird aus Ethin oder Propen hergestellt. Bei der Polymerisation entsteht weißes, in einigen organischen Lösungsmitteln gut lösliches festes Polyacrylnitril. Es wird nach dem Nassspinnverfahren gearbeitet, bei dem der Faden in Wasser ausfällt.

Eigenschaften und Verwendung. Die Chemiefasern werden aufgrund ihrer Eigenschaften vielseitig verwendet.

Chemiefaser	Eigenschaften	Verwendung
Polyamide PA 66	elastisch, schmiegsam, scheuerfest, pflegeleicht, mottensicher, nimmt Körperschweiß schlecht auf, Temperaturen über 150 °C führen zur Zerstörung	Herstellung von Strümpfen, Ober- und Unterbekleidung, Teppichen, Möbelbezugsstoffen, Fischereinetzen, Seilen
Polyacrylnitril PAN-F	wollartige Eigenschaften, hält die Wärme, fester als Wolle, pflegeleicht, mottensicher, licht- und wetterbeständig, Temperaturen über 100 °C führen zur Zerstörung	Herstellung von Oberbekleidung, Regenbekleidung, Strickwaren, Badeanzügen, Vorhängen und Möbelbezugsstoffen
Polyester PE-F	strapazierfähig, elastisch, hält die Wärme, pflegeleicht, knitterfest, trocknet schnell, licht- und wetterbeständig, darf nicht stark erhitzt werden	Herstellung von Oberbekleidung, Gardinen, Zeltstoffen, Planen, technischen Geweben (Filterstoffe)

2

5 Gardinen aus Chemiefasern

$$n\ CH_2{=}\underset{\displaystyle CN}{\underset{|}{CH}} \longrightarrow \left[CH_2{-}\underset{\displaystyle CN}{\underset{|}{CH}} \right]_n$$

Acrylnitril — Polyacrylnitril

6 Spinnen von Polyamidfäden

AUFGABEN

1. Vergleiche die Moleküle und die Eigenschaften von PVC und Kautschuk!
2. Warum wird synthetischer Kautschuk vulkanisiert?
3. Erläutere den Zusammenhang zwischen Bau, Eigenschaften und Verwendung von Weich- und Hartgummi!
4. Erläutere Pflegehinweise auf Etiketten von Kleidung!

Kunststoffrecycling

Kunststoffabfälle. Die Müllberge in allen Industrieländern wachsen unaufhaltsam. In der Bundesrepublik Deutschland fallen in den Haushalten neben dem Hausmüll jährlich etwa 2,5 Millionen Tonnen Kunststoffabfälle an. Mehr als die Hälfte davon werden derzeit noch auf Abfalldeponien gelagert. Die Verbrennung der Kunststoffe liefert zwar Energie, belastet aber die Umwelt häufig stark mit Schadstoffen. Viele der hochwertigen Kunststoffe sind zum Wegwerfen oder Verbrennen zu schade. Deshalb wird intensiv an Recycling-Verfahren gearbeitet, um Kunststoffe wieder zu verwerten.

Kunststoffrecycling-Verfahren. Thermoplastische Kunststoffe können durch **Umschmelzen** wieder verwertet werden. Die Stoffe werden bei höheren Temperaturen erwärmt und die so erweichten Thermoplaste in eine neue Form überführt. Die sogenannten Regenerate haben vielfach Eigenschaften, die sich nur geringfügig von denen der Ausgangsstoffe unterscheiden. Bei wiederholter Verwertung können die Eigenschaften der Recycling-Produkte sich verschlechtern, insbesondere wenn Kunststoffgemische verwendet werden.

Um die einzelnen Kunststoffsorten so weit wie möglich zu trennen, wird auch die unterschiedliche Dichte der Kunststoffkomponenten genutzt. Dadurch können aus den zerkleinerten Kunststoffteilen des vorsortierten Hausmülls Ethen-, Propen- und Butenpolymerisate (Polyolefine) abgetrennt werden.

Wenn 950 kg Kunststoffteile je Stunde nach diesem Verfahren aufgearbeitet werden, entstehen täglich 7 ··· 8 t relativ reines Polyolefingranulat.

Bei einem neueren Verfahren zur Aufbereitung von Kunststoffabfällen werden die Kunststoffabfälle zunächst bei einer Temperatur von 140 ··· 180 °C bis zu einer zähen, teigartigen Masse aufbereitet. Dieser werden Füllstoffe wie Sand, Metallreste, Papier und Holzschliff zugegeben. Die Masse kommt in Formen und kühlt zum Fertigprodukt aus. Die so gefertigten Bänke, Pfähle, Pfosten, Palisaden und Spielplatzgeräte ersetzen entsprechende Holz-, Stein-, Metall- und Betongegenstände gut.

Sind die Kunststoffabfälle zu verschmutzt oder die Kosten für die Trennung zu hoch, bieten sich Verfahren des chemischen Recyclings an.

Pyrolyse. Bei der Pyrolyse werden die Kunststoffe unter Luftabschluss in einem Reaktionsapparat auf 600 ··· 900 °C erhitzt (griechisch: pyr = Feuer, lysis = Lösung), wodurch sie in petrolchemische Stoffe zerlegt werden. Es entstehen Pyrolyseöl und -gas. Für den Betrieb der Anlage und als Heizgas wird das Pyrolysegas verwendet. Bei der Benzin- und Kunststoffherstellung findet das Pyrolyseöl Verwendung. Die Pyrolyse ist für fast alle Kunststoffe geeignet, allerdings nicht für gemischte Kunststoffabfälle.

Ein Nachteil der Pyrolyse ist die unzureichende Qualität der Produkte. Pyrolysegas und Pyrolyseöl werden deshalb hydriert, damit sie in der Petrochemie genutzt werden können.

Experiment 5
Aus kompakten Styroporabfällen werden Stücke mit einer Kantenlänge von 5 mm hergestellt. Etwa 600 ml Wasser werden in ein 1000-ml-Becherglas gegeben und bis zum Sieden erhitzt. 5 g der Styroporabschnitte werden auf ein Sieb gegeben und 1 bis 2 Minuten über das siedende Wasser gehalten. Der so vorgequollene Kunststoff wird in ein Tee-Ei gegeben und darin 15 bis 20 Minuten in das siedende Wasser getaucht.

1

Skischuhe aus Kunststoff

Pyrolyse-produkte	Verwendet für die Herstellung von
Ethen 37 %	Polyethylen
Propen 19 %	Polypropylen
Methan 12 %	Energie und Stadtgas
Butadien 7 %	Kautschuk
Benzol 7%	verschiedene Kunststoffe
Sonstige 18 %	Chemierohstoffe

3

Hydrolyse. Bei der Hydrolyse erfolgt eine chemische Umsetzung mit Wasser (griechisch: hydor = Wasser, lysis = Lösung). Unter hoher Temperatur und hohem Druck lässt man Wasserdampf auf den Kunststoff einwirken und erhält so die Ausgangsstoffe in verwertbarer Qualität zurück.
Wichtigste Voraussetzung für die Wiederverwertung ist das sortengerechte Sammeln. Da jeder Kunststoff seine eigene chemische Zusammensetzung hat, ist eine optimale Wiederverwendung nur „sortenrein“ möglich.

Hydrierung. Mit diesem Verfahren werden aus Kunststoffabfall Leichtbenzin und Dieselöl hergestellt. Diese Produkte können erneut für die Produktion von hochwertigen Kunststoffen verwendet werden (Abb. 2). Die Hydrierung von Kunststoffabfällen erfolgt im großtechnischen Maßstab. Der Kunststoffabfall wird zerkleinert, Lebensmittelkunststoff zuvor sterilisiert. Die gehäckselten Stücke werden mit Schweröl vermischt und auf 300 °C erhitzt. Aus dem Öl und dem verflüssigten Kunststoff entsteht eine Maische. Diese wird in einen Sumpfphase-Reaktor eingeleitet.
Bei Temperaturen von 450 ··· 490 °C wird ausreichend Wasserstoff hinzugesetzt. Aus den Kunststoffabfällen entstehen schadstofffreie, flüssige Kohlenwasserstoffe, wie Benzin und Öl sowie Gas, die sofort wieder verwendbar sind.
Durch Hydrierung entstehen aus einer Tonne Kunststoffabfall etwa 800 kg Rohöl. Aus diesem Rohöl konnten in einer Raffinerie in ersten Versuchen Dieselöl, Benzin, Schmieröl sowie Bitumen für die Asphaltproduktion gewonnen werden. Außerdem lieferte dieser Prozess noch Methangas, Propangas, Kochsalz und Schlacke. Die Schlacke kann für Schleifmittel oder für den Straßenbelag verwendet werden.
Die Hydrierung läuft nur in einem geschlossenen System ab. Es gibt nur geringe Emissionen. Dadurch werden die Umweltbelastungen verringert.
Weitere Vorteile der hydrierenden Verwertung von Kunststoffabfällen sind in der hohen Energieausbeute, der Unempfindlichkeit gegenüber der Zusammensetzung der Kunststoffabfälle und der hohen Qualität der erzeugten Produkte und den damit gegebenen vielfältigen Verwendungsmöglichkeiten zu sehen.

Weitere Möglichkeiten der Wiederverwertung oder Entsorgung. Durch die Verringerung des Materialeinsatzes sollen gleiche beziehungsweise bessere Qualitätsmerkmale bei Kunststoffen erreicht werden. Der Energiegehalt der Kunststoffe wird durch thermische Verwertung („Energie-Recycling“) genutzt.
In Abfallverbrennungsanlagen werden in Deutschland jährlich 0,5 Millionen Tonnen Kunststoffabfälle energetisch verwertet.
Durch Deponierung werden noch 50 % der in Deutschland anfallenden Kunststoffe entsorgt. Diese Methode ist zwar kostengünstig, bringt jedoch den Verzicht auf die stofflichen und energetischen Werte der Abfallprodukte mit sich.
Die Herstellung biologisch abbaubarer Kunststoffe ist bereits bei Polyestern gelungen.

Verwertung von Kunststoffabfällen durch Hydrierung

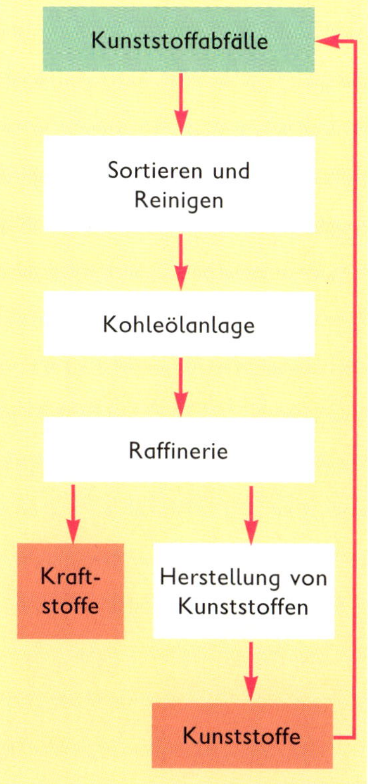

2

AUFGABEN

1. Nenne Gründe für die zunehmende Bedeutung der Wiederverwertung von Kunststoffabfällen!
2. Warum soll in eine Mülltonne aus Kunststoff keine heiße Asche gefüllt werden?
3. Zur Abdichtung von Deponien wird Polyethylen-Folie verwendet. Warum?
4. Fertige eine Tabelle über eingesetzte Ausgangsstoffe und Reaktionsprodukte bei chemischen Recyclingverfahren an!
5. Stelle bei Gebrauchsgegenständen aus Kunststoff fest, wie recycelbare Kunststoffe codiert werden!

Werkstoffe nach Maß

Kunststoffe – Werkstoffe mit besonderen Eigenschaften. Der Bedarf an Werkstoffen mit spezifischen Eigenschaften wächst ständig. In der Mikroelektronik, Optoelektronik und Mikromechanik werden zum Beispiel ganz spezifische Thermoplaste, Elastomere und Klebstoffe benötigt. In der Medizin können nur hochreine, biologisch verträgliche Kunststoffmaterialien, zum Beispiel für Implantationen oder zur Herstellung von Kontaktlinsen, verwendet werden.
Wissenschaftler und Techniker arbeiten deshalb daran, die Strukturen synthetischer makromolekularer Stoffe so zu beeinflussen, dass die Werkstoffe die gewünschten Eigenschaften haben. Solche Eigenschaften sind zum Beispiel hohe Temperaturbeständigkeit, Beständigkeit gegenüber Chemikalien, hohe Elastizität, schwere Entflammbarkeit, lange Lebensdauer, biologische Verträglichkeit, hohe Reinheit und Schaumbildung. Aufgrund der möglichen Beeinflussung der Eigenschaften von Kunststoffen erweitern sich ständig die Einsatzmöglichkeiten der Kunststoffe (Abb. 1).

Veränderung der Eigenschaften. Die Veränderung der Eigenschaften von Kunststoffen kann durch Zugabe anderer Stoffe (Tabelle 4) oder durch Veränderung der Reaktionsbedingungen bei der Herstellung erfolgen. Zum Beispiel werden Phenolharze mit Füllstoffen wie Textilschnitzeln, Glasfasern oder Sägespänen versetzt und in entsprechenden Formen gehärtet. Papierbahnen, Holzfurniere oder Gewebe, die mit Phenolharzen getränkt werden, lassen sich zu Schichtpressstoffen verarbeiten. So ist zum Beispiel die Frontpartie eines Express-Zuges aus glasfaserverstärktem Polyester hergestellt, was zur Minderung des Luftwiderstandes bei Geschwindigkeiten bis zu 200 km/h beiträgt. Das Dach des Münchener Olympiastadions ist aus Acrylglas hergestellt, das eine lange Haltbarkeit besitzt (Abb. 2). Eine weitere Möglichkeit der Veränderung von Eigenschaften besteht in der Mischung verschiedener Kunststoffe miteinander oder der Herstellung von Mischpolymerisaten.

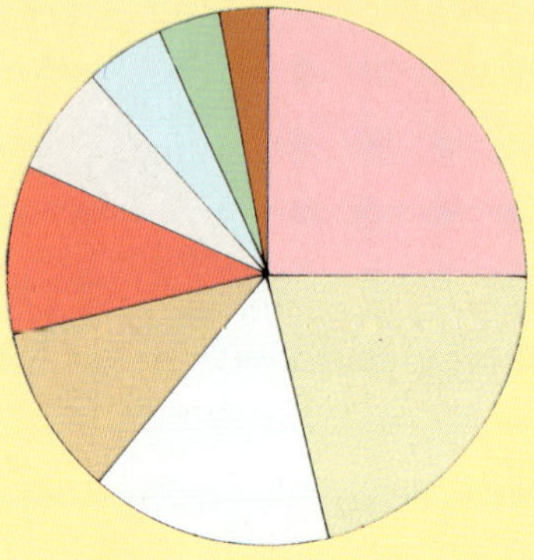

Bauwirtschaft	25 %
Verpackungsindustrie	21 %
Elektro- und elektrotechnische Industrie	15 %
Übrige Bereiche	10,5%
Klebstoffe, Farben, Lacke u. ä.	10 %
Fahrzeugherstellung	7 %
Möbel, Einrichtungen	5 %
Landwirtschaft	4 %
Haushaltswaren	2,5 %

1

Verwendung von Kunststoffen

2

Angestrebte Eigenschaften des Werkstoffs	Zusatzstoffe
Formbeständigkeit in der Wärme	Glasfasern, Ruß, Calciumcarbonat, Glimmer, Talkum
Härte	Bronze, Cellulose, Baumwollfasern, Glasfasern, Graphit, Calciumcarbonat
Beständigkeit gegen Chemikalien	Kokspulver, Calciumsilicat, Glasfasern, Glimmer, Talkum
Minderung der Entflammbarkeit	Mineralien, Glasfasern

4

AUFGABEN

1. Nenne bekannte natürliche und synthetische makromolekulare Stoffe!
Stelle Gemeinsamkeiten und Unterschiede heraus!
2. Durch welche chemischen Reaktionen entstehen synthetische makromolekulare Stoffe? Ordne diese den Arten der chemischen Reaktion zu!
3. Fertige eine Übersicht über wichtige synthetische makromolekulare Stoffe sowie deren Eigenschaften und Verwendung an!
4. Gib für Kunststoffe und Chemiefaserstoffe Beispiele an! Nenne einige Eigenschaften und Verwendungsmöglichkeiten für den jeweiligen Werkstoff!
5. Ethen und Acetylen sind wichtige Ausgangsstoffe für die Kunststoffproduktion. Welche Kunststoffe können aus diesen Stoffen hergestellt werden?
6. Es liegen mehrere Proben von Kunststoffen vor. Wie können die Kunststoffe schnell experimentell identifiziert werden?

Im Überblick

Kunststoffe — Synthetisch hergestellte Stoffe, die aus Makromolekülen aufgebaut sind.

Polymerisation — Bei der Polymerisation entstehen aus vielen Monomeren mit Mehrfachbindung im Molekül makromolekulare Stoffe.

Polykondensation — Bei der Polykondensation entstehen aus vielen Molekülen meist zweier Ausgangsstoffe unter Bildung von Wasser makromolekulare Stoffe.

Kunststoffart	**Thermoplaste**	**Elastomere**	**Duroplaste**
Wichtige Vertreter	Polyvinylchlorid PVC Polyethylen PE Polytetrafluorethylen („Teflon") PTFE Polystyrol PS Polypropylen PP	Gummi	Phenoplaste Aminoplaste
Eigenschaften	schmelzen beim Erhitzen	sind quellbar und gummielastisch	zersetzen sich in der Hitze ohne zu erweichen
Molekülstruktur	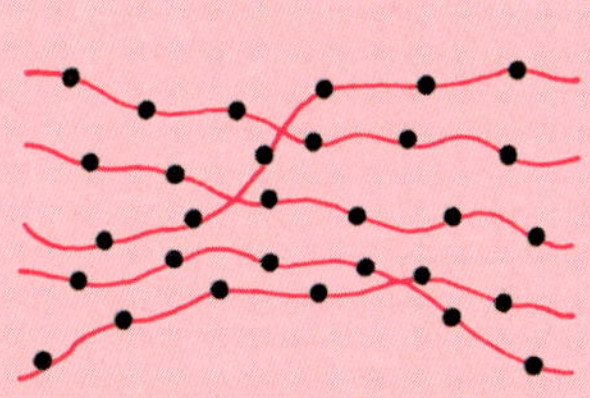 linear oder schwach verzweigte Makromoleküle	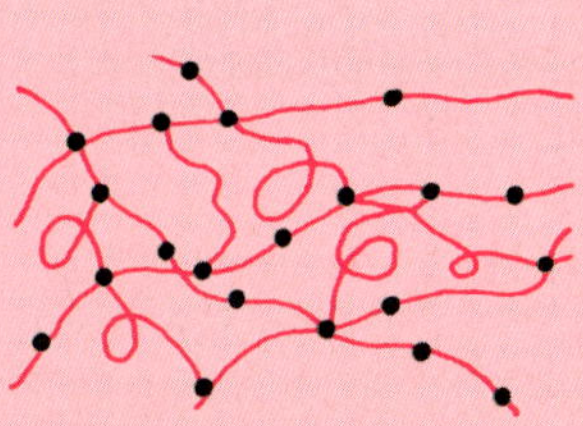 schwach vernetzte Makromoleküle	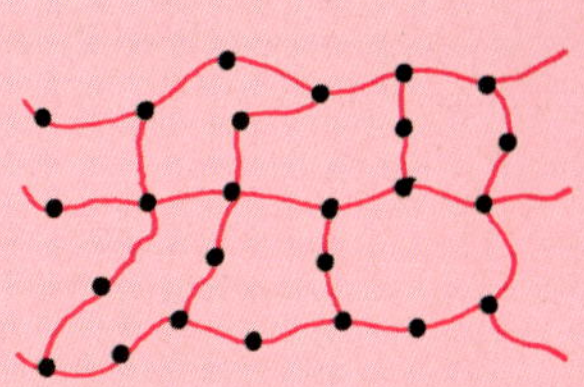 stark vernetzte Makromoleküle
Verwendungsbeispiele	Spielzeug, Schallplatten, Tonbänder, Rohrleitungen, Kühlschrankeinsätze, Installationsmaterial	Luftmatratzen, Förderbänder, Wärmedämmmaterial, Spielzeug, Reifen	elektrisches Isoliermaterial, Tabletts, Becher, Autokarosserieteile, Verkleidungen, Gehäuseteile für Messapparate

28 Farbstoffe

Im Herbst werden die grünen Blätter der Bäume in ein Meer von Farben verwandelt. Auch unsere Kleidung, Haushaltsgeräte, Freizeitartikel, Bücher und Zeitschriften, die Wohnung, das eigene Zimmer werden farbig gestaltet. Was aber ist Farbe? Woher kommt die Farbe der Gegenstände?

Farbe und Farbmittel

Farbe als Sinneseindruck. Viele verstehen unter Farbe Malerfarbe oder Lacke, Künstler- oder Textilfarben, aber auch Farben von Blumen oder Herbstlaubfärbung. Farbe ist eine subjektive Empfindung, ein durch das Auge vermittelter Sinneseindruck, hervorgerufen durch elektromagnetische Wellen bestimmter Frequenzen. Dies ist der Bereich des elektromagnetischen Spektrums zwischen 400 und 770 nm (Tabelle 1).
Durch Lichtbrechung kann sichtbares weißes Licht in seine farbigen Bestandteile zerlegt werden (Experiment 1, Abb. 1).

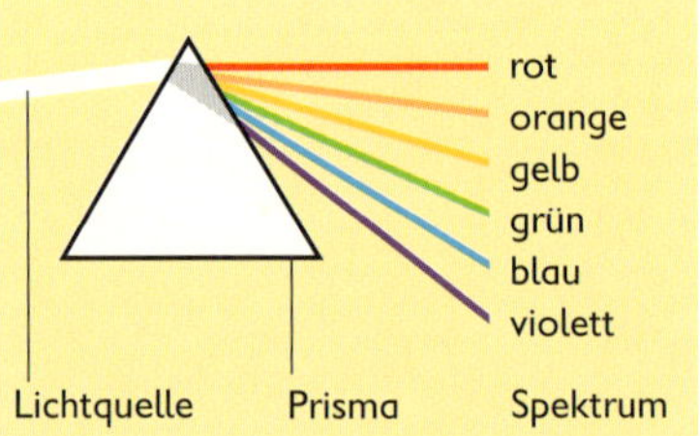

1
Spektrale Aufspaltung des weißen Lichts durch ein Prisma

Farbigkeit – Wechselwirkung zwischen Licht und Teilchen. Farbigkeit beruht auf Wechselwirkungen zwischen dem Licht und den Teilchen, aus denen die Stoffe aufgebaut sind. Diese Wechselwirkungen können aber nur dann zu Farbigkeit führen, wenn bestimmte Strukturmerkmale als auslösende Faktoren vorhanden sind (Tabelle 2).
Die Wechselwirkungen können zu **Lichtemission** (lateinisch: emittere = aussenden) oder zu **Lichtabsorption** (lateinisch: absorbere = aufsaugen) führen. Bei der Lichtemission sendet der Stoff elektromagnetische Wellen aus dem für den Menschen sichtbaren Bereich aus (Experiment 2). Bei der Lichtabsorption wird ein Teil des weißen Lichtes absorbiert, die Summe der anderen Strahlen reflektiert (lateinisch: reflectare = zurückwenden) (Experiment 1). Absorbierte und reflektierte Strahlung sind komplementär (lateinisch: complere = ergänzen) (Tabelle 1). Farbigkeit kann also immer nur bei Vorhandensein von Licht entstehen. Schwarze Gegenstände absorbieren, weiße Gegenstände reflektieren nahezu alles Licht.

Absorbiertes Licht		Reflektiertes Licht
Wellenlänge in nm	Spektralfarbe	Komplementärfarbe
400 ··· 435	violett	gelbgrün
435 ··· 480	blau	gelb
480 ··· 490	grünblau	orange
490 ··· 500	blaugrün	rot
500 ··· 560	grün	purpur
450 ··· 580	gelbgrün	violett
580 ··· 595	gelb	blau
595 ··· 605	orange	grünblau
605 ··· 770	rot	blaugrün

1

Farbigkeit von Stoffen

Farbigkeit auslösende Faktoren	Beispiel	Farbe
Auftreten eines Elements in einer Verbindung mit mehreren Oxidationszahlen	$Fe_3O_4 = \overset{+2}{Fe}O \cdot \overset{+3}{Fe_2}O_3$ Eisen(II,III)-oxid	schwarz (Abb. 2)
Auftreten von starken Polarisierungen chemischer Bindungen durch Ionen	$CoCl_2 \cdot n\ H_2O$ Cobalt(II)-chlorid-Hydrat	violett (Abb. 3)
Binden neutraler oder anionischer Partner an Kationen über deren Oxidationszahl hinaus	$[\overset{+2}{Cu}(NH_3)_4]SO_4$ Tetraamminkupfer(II)-sulfat	blau (Abb. 4)
Auftreten von Molekülen organischer Stoffe mit vielen Doppelbindungen und diese beeinflussenden Atomgruppen	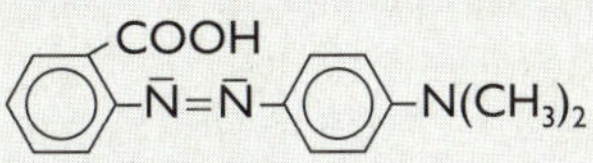 Methylrot	rot (Abb. 5)

2

3

4

5

Farbgebende Stoffe. Alle farbgebenden Stoffe werden als **Farbmittel** bezeichnet. Sie lassen sich unterteilen in lösliche organische Farbmittel, die **Farbstoffe**, und unlösliche anorganische oder organische Farbmittel, die **Pigmente**.
Pigmente werden in Lacken und Malerfarben, in Druckfarben, zum Färben von Kunststoffen, Baustoffen, Papier, Emaille und Keramik sowie von einigen Medikamenten und Kosmetika eingesetzt. Wichtigstes Weißpigment ist Titandioxid, das in Wandfarben und in Zahnpasta verwendet wird. Wichtige Farbstoffe sind Azofarbstoffe, zum Beispiel Methylorange, Triphenylmethanfarbstoffe, zum Beispiel Fuchsin und Phenolphthalein, und Carbonylfarbstoffe, zu denen das Indigo zum Färben von Jeans gehört.
Erste Farbmittel waren Pigmente, nach ihrem Ursprung als **Erdfarben** bezeichnet. Sie wurden bereits zwischen 40000 bis 10000 v. Chr. für Höhlenmalereien benutzt. Da Pigmente nicht zur Einfärbung von Textilien geeignet waren, gilt als sicher, dass Pflanzen- und Tiersäfte dafür Verwendung fanden. Aus dem Indigostrauch wurde blaues Indigo gewonnen, aus einer Schildlausart roter Kermes, aus den Schleimsekreten einer Meeresschnecke Purpur und aus den Blütennarben einer Krokusart der gelbe Safran. Auch heute werden mit Pflanzenauszügen Textilien gefärbt. Im 19. Jahrhundert wurden die ersten synthetischen Farbstoffe entdeckt *(F. Runge, H. Perkin)*. Heute kann jeder Farbstoff synthetisch hergestellt werden, weltweit allein für das Färben von Textilien 40000 t Farbstoffe.
F. Runge fand 1834 im Steinkohlenteer Anilin, aus dem Anilinschwarz gewonnen wurde. *Sir W. H. Perkin* oxidierte 1856 verunreinigtes Anilin und entdeckte das purpurviolette Mauvein, den ersten technisch genutzten Farbstoff.

Experiment 1
Mittels Projektionslampe und Spaltblende wird weißes Licht durch ein Prisma auf eine Projektionsfläche geleitet. Anschließend werden Farbfilter oder Küvetten mit Farblösungen zwischen Lichtstrahl und Prisma gebracht.

Experiment 2
Proben von Alkali- und Erdalkalimetallchloriden werden mittels Magnesiastäbchen in der entleuchteten Brennerflamme erhitzt. Die Flamme wird mit einem Spektroskop betrachtet.

Farbgebung

Anwendung von Farbstoffen. Da Textilfasern in ihren chemischen und physikalischen Eigenschaften verschieden sind, müssen unterschiedliche Farbstoffe zu ihrer Farbgebung verwendet werden. Neben der Textilfärbung können Farbstoffe auch als optische Aufheller in Waschmitteln sowie bei der Papier-, Textil- und Kunststoffverarbeitung eingesetzt werden. Außerdem werden Lederfarbstoffe und Farbstoffe unterschieden, die zum Beispiel zur Anfärbung von Heizöl oder zum Einfärben von Bohnerwachs, Kerzenwachs oder Schuhcremes dienen. Da bestimmte Farbstoffe bei Zusatz von sauren oder alkalischen Lösungen ihre Farbe ändern, eignen sie sich als Farbindikatoren (↗ S. 96), zum Beispiel Universalindikator, Methylorange und Phenolphthalein.

Viele Nahrungs- und Genussmittel werden mit Lebensmittelfarben gefärbt (Tabelle 3). Diese müssen für den Menschen unbedenklich sein. Gefärbte Lebensmittel sind durch Angabe entsprechender EU-Nummern zu kennzeichnen. Als Lebensmittelfarben werden natürliche, synthetisch hergestellte naturidentische und synthetische Stoffe verwendet. Besonders synthetische können Magen-Darm-Beschwerden oder Allergien auslösen. Deshalb gehen viele Süßwarenhersteller immer mehr zur Verwendung von natürlichen Farbstoffen über, zum Beispiel roter Farbstoff der Roten Bete, grüner Farbstoff des Spinats, gelbroter Farbstoff der Möhren (Experimente 3 und 4).

Einige Lebensmittelfarbstoffe

EU-Nr.	Stoff	Farbe	Herkunft	Verwendung
E 100	Kurkumin	gelb-orange	Gelbwurz	Schmelzkäse, Margarine, Senf, Curry-Pulver
E 110	Gelborange	orange	synthetisch	Obst- und Gemüsekonserven
E 153	Pflanzenkohle	schwarz	Verkohlung von Pflanzen	Geleespeisen und -früchte, Wachs für Käseüberzüge
E 162	Beetenrot	rot	Rote Bete	Süßwaren, Konfitüren, Suppen
E 171	Titandioxid	weiß	Eisentitanerz	Zahnpasten

3

Farbgebung – Färbeverfahren. Autoteile werden häufig durch Tauchen oder Sprühen farbig gestaltet, Wände und Tapeten durch Anstreichen, Rollen oder Sprühen. Zeitungen und Zeitschriften sowie Textilien lassen sich farbig bedrucken. Die meisten unserer Kleidungsstücke und andere Textilien werden aber gefärbt. Dabei wird im Gegensatz zum Drucken das Farbmittel von allen Seiten an die zu färbenden Textilien herangebracht. Das zu färbende Textilgut wird in eine als **Flotte** bezeichnete

Experiment 3
Möhren werden gerieben und durch ein Tuch gepresst. Der Saft wird durch vorsichtiges Eindampfen konzentriert. Das Konzentrat kann zum Färben von Lebensmitteln benutzt werden.

Experiment 4
20 g Lakritze werden mit 7 ml Wasser und 7 ml 96%igem Ethanol (F) übergossen. Dann wird eine Spatelspitze Weinsäure hinzugegeben. In die Lösung werden mehrere saubere Wollfäden gehängt und 15 min auf 90 °C erhitzt. Nach Abspülen der Fäden mit Wasser werden sie in ein Becherglas mit 25 ml 96%igem Ethanol (F) und 5 ml gesättigter Hirschhornsalzlösung gegeben und 5 min unter ständigem Rühren erhitzt. Der Farbstoff kann zum Färben von Lebensmitteln benutzt werden.

Experiment 5
Textilstücke aus Baumwolle, Leinen, Wolle und verschiedenen Kunstfasern werden in unterschiedliche Farbstofflösungen gebracht. Die Lösungen werden je nach Textilprobe unter Rühren mit einem Glasstab auf 60 ··· 100 °C erhitzt. Nach 25 min werden die Proben mit Wasser gespült und auf Farbechtheit geprüft.

Experiment 6 Direktfärben
150 g Heidelbeeren werden in 100 ml Wasser 1 Stunde gekocht. Dann wird filtriert und zu dem Filtrat 30 ml 15%ige Essigsäure (Xi) gegeben. Stoffproben werden in der Lösung unter Umrühren etwa 1 Stunde bei 90 °C erhitzt und danach getrocknet.

Experiment 7
Entwicklungsfärben
1 g Indigo wird in 250 ml Wasser bei 60 °C gelöst und anschließend werden unter Rühren 3 ml 30%ige Natronlauge (C) und 1,5 g Natriumdithionit (Xn) zugeben. Das Färbegut bleibt unter Rühren 15 min in der Lösung und wird danach getrocknet.

Farbstofflösung oder Farbstoffsuspension gegeben. Der Farbstoff wandert aus der Flotte auf das Textilgut und wird dort physikalisch an die Faser angelagert oder chemisch gebunden. Da Textilfaserstoffe unterschiedliche Zusammensetzung und Struktur haben, zum Beispiel Cellulosefasern aus Baumwolle, Eiweißfasern aus Schafwolle, Kunstfasern aus Polyester (↗ S. 263), werden sie auch nach unterschiedlichen Verfahren gefärbt (Experiment 5).

Färbeverfahren für Textilien. Beim **Direktfärben** von Textilgut zieht der Farbstoff direkt aus der Flotte auf die Faser. Zwischen Farbstoffmolekülen und der Faser bilden sich dabei Wasserstoffbrückenbindungen (↗ S. 93) aus. Dieses Verfahren eignet sich insbesondere zum Färben von Baumwolle, Seide und Wolle. Auch Polyacryl- und Polyamidfasern können so gefärbt werden. Dabei werden aber Ionenbindungen (↗ S. 89) zwischen Farbstoff und Faser ausgebildet (Experiment 6). Polyesterfasern und Acetatseide werden in Dispersionen aus schwer löslichen Farbstoffen und Wasser gefärbt. Das Verfahren wird als **Dispersionsfärben** bezeichnet. Der Farbstoff diffundiert dabei in feinste Räume zwischen den Fasern.
Beim **Entwicklungsfärben** bildet der Farbstoff erst durch Reaktionen auf der Faser die gewünschte Färbung. So werden zum Beispiel Jeans mit Indigo gefärbt. Dabei diffundiert eine farblose Form des Indigos aus der Flotte in die Faser. Beim Trocknen an der Luft wird diese durch Oxidation in die tiefblaue, wasserunlösliche Form des Indigos überführt. Diese Form des Entwicklungsfärbens wird als **Küpenfärben** bezeichnet (Experiment 7).

AUFGABEN

1. Vergleiche Lichtemission und Lichtabsorption!
2. Nenne Gründe für das Entstehen von Farbigkeit bei anorganischen und bei organischen Stoffen!
3. Gib einen Überblick über mögliche Einteilungen und Anwendungen farbgebender Stoffe!
4. Erläutere allgemeine Prinzipien von Textilfärbeverfahren!

Im Überblick

Farbe

Subjektiver Sinneseindruck des Menschen, hervorgerufen durch elektromagnetische Wellen bestimmter Frequenzen.
Die *Farbigkeit* beruht auf Wechselwirkungen zwischen dem Licht und den Teilchen der farbgebenden Stoffe.

Farbmittel

Alle farbgebenden Stoffe (unlösliche Pigmente und lösliche Farbstoffe)

Merkmale farbgebender Stoffe

Anorganische Stoffe	Organische Stoffe
mehrere Oxidationszahlen bei einem Element im gleichen Stoff Anlagerung von Ionen und Atomgruppen über die Oxidationszahl hinaus starke Polarisierung durch Ionen	konjugierte Doppelbindungen und sie beeinflussende Atomgruppen im Farbstoffmolekül

Färbeverfahren

Direktfärben: Aufziehen des Farbstoffes aus der Flotte direkt auf die Faser
Dispersionsfärben: Diffusion des Farbstoffes aus einer Dispersion von schwer löslichem Farbstoff und Wasser in feinste Faserhohlräume
Entwicklungsfärben: Bildung des Farbstoffes durch chemische Reaktion auf der Faser

29 Quantitative Betrachtungen

Quantitative Betrachtungen spielen im täglichen Leben, in Laboratorien und in der Technik eine große Rolle. Auch Chemiker müssen oft Berechnungen anstellen. Kann man mithilfe von Reaktionsgleichungen Massen und Volumen berechnen?

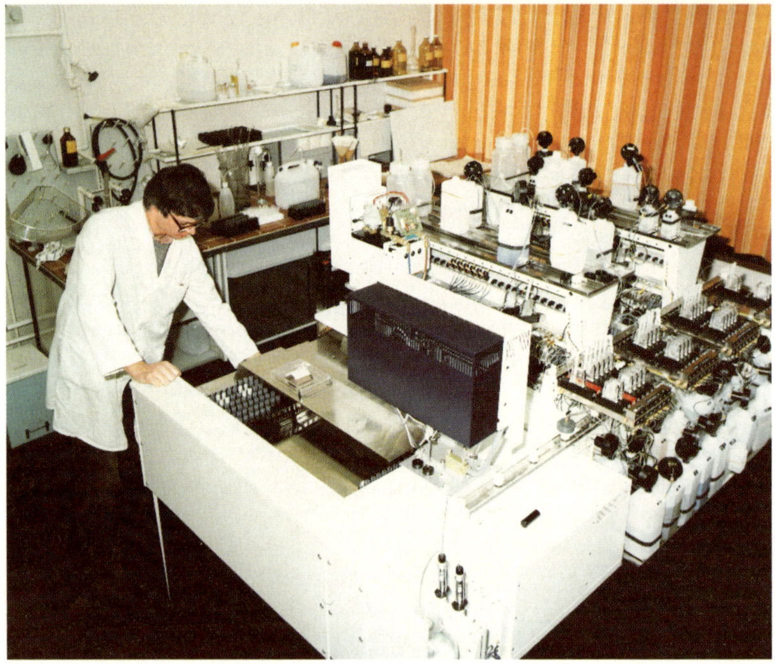

Teilchenanzahl- und Massenverhältnisse

Wie viel von einem Stoff? Bei einer quantitativen Betrachtung ist vor allem die Frage nach dem *„Wie viel von einem Stoff?"* zu beantworten. Diese Frage muss in der chemischen Industrie beispielsweise beantwortet werden, um wertvolle Rohstoffe möglichst vollständig in Chemieprodukte umzuwandeln. Berechnungen sind erforderlich, um die genauen Anteile an Schadstoffen in der Luft, im Wasser und im Boden festzustellen. Auch im Chemieunterricht will man vor dem Experimentieren wissen, wie viel von den Ausgangsstoffen unbedingt benötigt wird, damit das Experiment gelingt.

Gesetz von der Erhaltung der Masse. Bei allen chemischen Reaktionen gilt das von *Lomonossow* und *Lavoisier* entdeckte Gesetz von der Erhaltung der Masse (↗ S. 32):
Die Masse der Ausgangstoffe ist gleich der Masse der Reaktionsprodukte.
John Dalton (1766 bis 1844) fand 1808 mit seiner Atomtheorie eine plausible Erklärung für dieses Gesetz. Einige Aussagen und Schlussfolgerungen seiner Theorie lauten:
- Alle Elemente bestehen aus Atomen,
- die Atome bleiben bei chemischen Reaktionen erhalten,
- die Atome eines Elements haben gleiche Größe und Masse.

Die Masse aller reagierenden Stoffe bleibt also unverändert, weil sich die Anzahl der Atome nicht verändert.
Die Teilchen von Stoffen (Atome, Ionen und Moleküle) sind unvorstellbar klein (↗ S. 26). Die **Teilchenanzahl** gebräuchlicher Stoffportionen ist entsprechend riesengroß und beträgt ein Vielfaches von einer Trilliarde (Abb. 1).

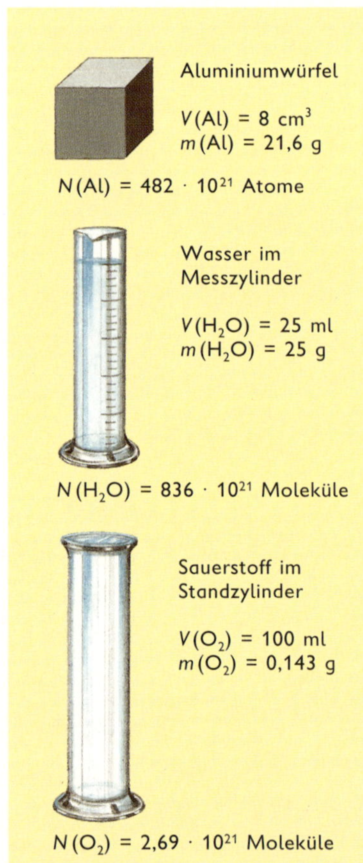

1
Teilchenanzahl in gebräuchlichen Stoffportionen

Unvorstellbar klein ist auch die Masse eines Atoms. Für Berechnungen der Kernphysik benutzt man die **Atommassen** der Elemente, angegeben in **atomaren Masseneinheiten u** (↗ S. 118). Einige Beispiele sind in Tabelle 1 angeführt.
In der Chemie wird der Zahlenwert der Atommassen häufig als *relative Atommasse* oder als *Atomgewicht* in Tabellen angegeben. Bei Berechnungen werden die physikalischen Größen Stoffmenge (↗ S. 274) und Molare Masse (↗ S. 275) verwendet.

Gesetz der konstanten Massenverhältnisse. Aus der Atomtheorie von *Dalton* kann man die Vermutung ableiten, dass sich Elemente in bestimmten Massenverhältnissen verbinden.

Element	Symbol	Atom masse
Wasserstoff	H	1 u
Kohlenstoff	C	12 u
Sauerstoff	O	16 u
Magnesium	Mg	24 u
Aluminium	Al	27 u
Schwefel	S	32 u
Kupfer	Cu	64 u
Zink	Zn	65 u
Blei	Pb	207 u

1

Experiment 1 **L**
Vorsicht! Knallgasprobe durchführen!
In Porzellanschiffchen werden verschiedene Stoffportionen rotes Kupferoxid (Xn) zwischen 1,00 g und 1,50 g genau abgewogen. Nach Prüfung auf Abwesenheit von Knallgas erhitzt man die Stoffportionen im Verbrennungsrohr auf Rotglut und bringt sie mit Wasserstoff (F+) zur Reaktion. Die Masse des ursprünglich gebundenen Sauerstoffs erhält man jeweils als Differenz der Massen von rotem Kupferoxid und dem gebildeten Kupfer (Tabelle 2).

Ergebnisse von Experiment 1

$m(\text{Oxid}) - m(\text{Cu}) = m(\text{O})$

1,23 g	– 1,11 g	=	0,12 g
1,15 g	– 1,03 g	=	0,12 g
1,42 g	– 1,24 g	=	0,18 g
1,37 g	– 1,21 g	=	0,16 g

$m(\text{Cu}) : m(\text{O})$

1,11 g : 0,12 g	=	9,25 : 1
1,03 g : 0,12 g	=	8,58 : 1
1,24 g : 0,18 g	=	6,89 : 1
1,21 g : 0,16 g	=	7,56 : 1

8 : 1

2

Im roten Kupferoxid liegen die Elemente Kupfer und Sauerstoff im **Massenverhältnis** $\frac{m(\text{Cu})}{m(\text{O})} = \frac{8}{1}$ vor (Tabelle 2).
Bereits 1799 entdeckte der französische Chemiker *J. L. Proust* das **Gesetz der konstanten Proportionen**:

In einer chemischen Verbindung liegen die Elemente stets in einem für die Verbindung charakteristischen Massenverhältnis vor.

Atomanzahlverhältnis. Die Masse einer Stoffportion Kupfer, die aus *N* Kupferatomen besteht, ist *N*-mal so groß wie die Atommasse eines Kupferatoms *m*(1 Cu). Entsprechendes gilt für die Masse einer Stoffportion Sauerstoff.

$m(\text{Cu}) = N(\text{Cu}) \cdot m(1\ \text{Cu})$ und $m(\text{O}) = N(\text{O}) \cdot m(1\ \text{O})$

Aus dem Massenverhältnis kann man das **Atomanzahlverhältnis** berechnen. Das Atomanzahlverhältnis gibt an, in welchem Verhältnis Kupfer- und Sauerstoffatome im Kupferoxid vorliegen:

$$\frac{m(\text{Cu})}{m(\text{O})} = \frac{8}{1} \qquad \frac{m(\text{Cu})}{m(\text{O})} = \frac{N(\text{Cu}) \cdot \boldsymbol{m}(1\ \text{Cu})}{N(\text{O}) \cdot \boldsymbol{m}(1\ \text{O})}$$

$$\frac{N(\text{Cu})}{N(\text{O})} = \frac{m(\text{Cu})}{m(\text{O})} \cdot \frac{m(1\ \text{O})}{m(1\ \text{Cu})} = \frac{8}{1} \cdot \frac{16\ \text{u}}{64\ \text{u}} \qquad \frac{N(\text{Cu})}{N(\text{O})} = \frac{2}{1}$$

Kupferatome und Sauerstoffatome liegen im Verhältnis 2 : 1 vor. Die Formel für das rote Kupferoxid ist also: Cu_2O.

AUFGABEN

1. Ein Aluminiumwürfel hat die Kantenlänge von 2 cm.
   a) Berechne das Volumen!
   b) Berechne die Masse mithilfe der Dichte $\varrho = 2{,}7\ \text{g/cm}^3$!
2. Ein Stück Eisen hat die Masse 250 g. Berechne das Volumen mithilfe der Dichte $\varrho = 7{,}86\ \text{g/cm}^3$!
3. Wie stellt man das Volumen von Flüssigkeiten fest?
4. Experimente ergaben folgende Massenverhältnisse:
   a) $m(\text{Mg}) : m(\text{O}) = 1{,}57 : 1$
   b) $m(\text{Cu}) : m(\text{O}) = 8{,}09 : 1$
   c) $m(\text{S}) : m(\text{O}) = 1{,}01 : 1$.
   Wie lauten die Formeln?

Stoffmenge

Teilchenanzahl und Stoffmenge. Bei chemischen Reaktionen reagieren unvorstellbar viele Teilchen miteinander. Berechnungen mit solch großen Zahlen sind sehr unbequem und aufwendig. Um Berechnungen leichter durchführen zu können, muss ein gut handhabbares Maß für die Teilchenanzahl festgelegt werden.
Der Einheit für die Teilchenanzahl wurde die ***Avogadro*-Konstante N_A** zugrunde gelegt. Diese Einheit wird als ein **Mol** bezeichnet. Das Einheitenzeichen ist mol (Abb. 1).

$N_A = 6{,}022137 \cdot 10^{23}\ \text{mol}^{-1}$ (*Avogadro*-Konstante)

1 mol ≙ 6 · 10^{23} Teilchen

Die in dieser Einheit gemessene physikalische Größe wird als **Stoffmenge *n*** bezeichnet. Die Stoffmenge kennzeichnet die Eigenschaft einer Stoffportion, aus einer bestimmten Anzahl gleichartiger Teilchen zu bestehen (Abb. 2).

Eine Stoffportion, die aus 6 · 10^{23} gleichartigen Teilchen besteht, hat die Stoffmenge $n = 1$ mol.

Bei Verwendung der Einheit Mol muss die Art der Teilchen beachtet werden. Das kann durch Angabe des jeweiligen chemischen Zeichens geschehen. Hinter das Formelzeichen *n* für die Stoffmenge wird dann das chemische Zeichen des Teilchens (der Baueinheit) in Klammern geschrieben:

$n(\text{Fe}) = 3$ mol; $n(\text{NaOH}) = 2$ mol; $n(\text{HCl}) = 1$ mol.

Stoffmenge und Reaktionsgleichung. In der Reaktionsgleichung geben die Faktoren vor den chemischen Zeichen die kleinstmögliche Anzahl von Teilchen (Baueinheiten) an, die miteinander reagieren. An den Zahlenverhältnissen ändert sich auch nichts, wenn alle Faktoren mit 6 · 10^{23} multipliziert werden. Die Faktoren vor den chemischen Zeichen können also auch auf entsprechende Stoffmengen bezogen werden.

Fe_2O_3	+	3 H_2	⟶	2 Fe	+	3 H_2O
1 Baueinheit		**3** Moleküle		**2** Atome		**3** Moleküle
1 · (6 · 10^{23}) Baueinheiten		**3** · (6 · 10^{23}) Moleküle		**2** · (6 · 10^{23}) Atome		**3** · (6 · 10^{23}) Moleküle
1 mol		**3** mol		**2** mol		**3** mol

Teilchenanzahlverhältnis
$N(Fe_2O_3) : N(H_2) = 1 : 3$

Stoffmengenverhältnis
$n(Fe_2O_3) : n(H_2) = 1 : 3$

Die Stoffe reagieren miteinander in bestimmten Stoffmengenverhältnissen. Das Stoffmengenverhältnis ist gleich dem jeweiligen Teilchenanzahlverhältnis.

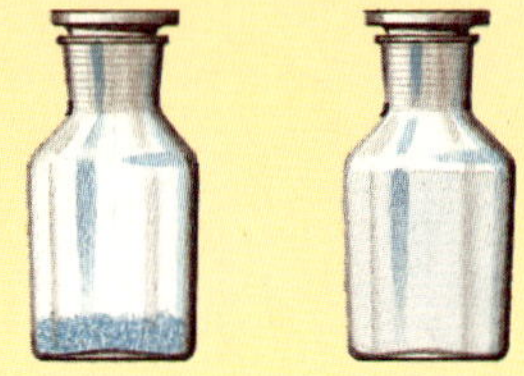

1

Ein Mol eines Stoffes

Zusammenhang zwischen Stoffmenge und Teilchenanzahl einer Stoffportion

$N \sim n$

$N = N_A \cdot n$

$n = \dfrac{N}{N_A}$

Aufgabe: Die Stoffmenge einer Stoffprobe beträgt 0,75 mol. Wie groß ist die Teilchenanzahl?

$N = 6 \cdot 10^{23}\ \text{mol}^{-1} \cdot 0{,}75\ \text{mol}$

$N = 4{,}5 \cdot 10^{23}$

2

Molare Masse – Massenberechnungen bei chemischen Reaktionen

Masse und Stoffmenge einer Stoffportion. Stoffe reagieren in bestimmten Teilchenanzahl- oder Stoffmengenverhältnissen, die durch die Reaktionsgleichung gegeben sind. Da die Teilchen eines Stoffes eine bestimmte Masse haben, ergibt sich die Frage:
Gibt es einen Zusammenhang zwischen der Masse und der Stoffmenge einer Stoffportion?
Um diese Frage an einem Beispiel zu beantworten, werden für verschiedene Stoffportionen Magnesium jeweils die Masse m(Mg) und die Stoffmenge n(Mg) in einer Wertetabelle zusammengestellt (Tabelle 3). Aus der Wertetabelle folgt: Wird die Masse des Magnesiums verdoppelt oder verdreifacht, so verdoppelt beziehungsweise verdreifacht sich auch die Stoffmenge.

Zwischen der Masse und der Stoffmenge einer Stoffportion besteht direkte Proportionalität: $m \sim n$.

Werden für die verschiedenen Stoffportionen Magnesium die Quotienten aus der Masse und der Stoffmenge gebildet, so ergibt sich stets eine konstante Größe: $\frac{m\,(\mathrm{Mg})}{n\,(\mathrm{Mg})} = 24\,\frac{\mathrm{g}}{\mathrm{mol}}$ (Tabelle 3).
Diesen Quotienten aus zwei Basisgrößen bezeichnet man als **molare Masse** des Magnesiums.

Die molare Masse eines Stoffes ist der Quotient aus der Masse einer Stoffportion und der Stoffmenge dieser Stoffportion. $M = \frac{m}{n}$

Während es von einem Stoff Stoffportionen beliebiger Masse gibt, ist die molare Masse für jeden Stoff eine charakteristische Größe (Tabelle 4). Zur Unterscheidung der molaren Massen wird hinter das Formelzeichen M das chemische Zeichen des Stoffes in Klammern gesetzt: $M\,(\mathrm{Mg}) = 24\,\frac{\mathrm{g}}{\mathrm{mol}}$.
Da die molaren Massen der Stoffe in Tabellen zusammengestellt sind, lassen sich
- die Masse einer Stoffportion berechnen, wenn die Stoffmenge bekannt ist, und
- die Stoffmenge (und damit die Teilchenanzahl) berechnen, wenn die Masse bekannt ist.

Das Berechnen der Masse von Ausgangsstoffen und Reaktionsprodukten kann nach der Größengleichung $m = n \cdot M$ anhand einer Reaktionsgleichung erfolgen.
Der Chemiker kann auch „mit der Waage zählen". Er bestimmt die Masse eines Stoffes und ermittelt nach $n = \frac{m}{M}$ die Stoffmenge. Durch Multiplikation mit $6 \cdot 10^{23}$ erhält er die Teilchenanzahl.

Stoffportionen Magnesium			
	a)	b)	c)
m(Mg)	24 g	48 g	72 g
n(Mg)	1 mol	2 mol	3 mol
$\frac{m\,(\mathrm{Mg})}{n\,(\mathrm{Mg})}$	$24\,\frac{\mathrm{g}}{\mathrm{mol}}$	$24\,\frac{\mathrm{g}}{\mathrm{mol}}$	$24\,\frac{\mathrm{g}}{\mathrm{mol}}$

3

Molare Massen einiger Stoffe	
M(Al)	= 27 g/mol
M(Zn)	= 65 g/mol
M(Fe)	= 56 g/mol
$M(H_2)$	= 2 g/mol
M(Mg)	= 24 g/mol
$M(O_2)$	= 32 g/mol
M(S)	= 32 g/mol
$M(Cl_2)$	= 71 g/mol
M(CaO)	= 56 g/mol
$M(H_2O)$	= 18 g/mol
M(MgO)	= 40 g/mol
$M(SO_2)$	= 64 g/mol
M(FeS)	= 88 g/mol
M(NaOH)	= 40 g/mol
M(HCl)	= 36,5 g/mol
$M(H_2SO_4)$	= 98 g/mol

4

AUFGABEN

1. Die Stoffmenge verschiedener Stoffportionen beträgt:
   a) n(Cu) = 2 mol
   b) $n(H_2)$ = 3 mol
   c) n(Fe) = 0,04 mol
   d) $n(H_2SO_4)$ = 0,1 mol.
   Wie groß ist jeweils die Teilchenanzahl?
2. Die Teilchenanzahl verschiedener Stoffportionen beträgt:
   a) $N(\mathrm{Fe}) = 18 \cdot 10^{23}$
   b) $N(\mathrm{Cu}) = 12 \cdot 10^{23}$.
   Wie groß ist jeweils die Stoffmenge?

Berechnen der Masse einer Stoffportion. Ist die Stoffmenge einer Stoffportion bekannt, lässt sich die Masse dieser Stoffportion mithilfe der Definitionsgleichung der molaren Masse berechnen.

Aufgabe: Welche Masse hat ein Stückchen Eisen mit der Stoffmenge 2 mol?

Gesucht: $m(\text{Fe})$ *Gegeben:* $n(\text{Fe}) = 2\ \text{mol}$

Aus $M = \frac{m}{n}$ folgt: $m = n \cdot M$

Lösung: $m(\text{Fe}) = n(\text{Fe}) \cdot M(\text{Fe}) = 2\ \text{mol} \cdot 56\ \frac{\text{g}}{\text{mol}}$

Ergebnis: $m(\text{Fe}) = 112\ \text{g}$

Das Stückchen Eisen mit der Stoffmenge 2 mol hat die Masse von 112 g.

1 Analysenwaage

Berechnen der Stoffmenge einer Stoffportion. Ist die Masse einer Stoffportion bekannt, lässt sich die Stoffmenge dieser Stoffportion mithilfe der Definitionsgleichung der molaren Masse berechnen.

Aufgabe: Ein Stück Aluminium wiegt 1,8 g. Welche Stoffmenge an Aluminium liegt vor?

Gesucht: $n(\text{Al})$ *Gegeben:* $m(\text{Al}) = 1{,}8\ \text{g}$

Aus $M = \frac{m}{n}$ folgt: $n = \frac{m}{M}$

Lösung: $n(\text{Al}) = \frac{m(\text{Al})}{M(\text{Al})} = \frac{1{,}8\ \text{g}}{27\ \frac{\text{g}}{\text{mol}}}$

Ergebnis: $n(\text{Al}) = 0{,}067\ \text{mol}$

Bei dem Stück Aluminium mit der Masse von 1,8 g beträgt die Stoffmenge 0,067 mol.

Berechnen der Teilchenanzahl einer Stoffportion. Ist die Stoffmenge einer Stoffportion bekannt, lässt sich mit der *Avogadro*-Konstante die Teilchenanzahl der Stoffportion berechnen.

Aufgabe: Es liegt ein Stückchen Aluminium mit der Stoffmenge von 0,067 mol vor.
Wie groß ist die Anzahl der Aluminiumatome?

Gesucht: $N(\text{Al})$ *Gegeben:* $n(\text{Al}) = 0{,}067\ \text{mol}$
$N_A = 6 \cdot 10^{23}\ \text{mol}^{-1}$

Lösung: $N(\text{Al}) = n(\text{Al}) \cdot N_A$
$N(\text{Al}) = 0{,}067\ \text{mol} \cdot 6 \cdot 10^{23}\ \text{mol}^{-1}$

Ergebnis: $N(\text{Al}) = 0{,}402 \cdot 10^{23}$

In dem Stückchen Aluminium sind etwa 40 Trilliarden Aluminiumatome vorhanden.

Masseberechnungen bei Kenntnis des Massenverhältnisses

$m(Fe_2O_3)$	10	5 kg	2,86 t
$m(\text{Fe})$	7	3,5 kg	2 t

5

Berechnungen mithilfe des Massenverhältnisses bei chemischen Reaktionen. Zwei an einer chemischen Reaktion beteiligte Stoffe reagieren in einem ganz bestimmten Massenverhältnis. Aus Eisen(III)-oxid wird beispielsweise durch Reaktion mit Kohlenstoffmonooxid Eisen gewonnen:

Reaktionsgleichung: $Fe_2O_3 + 3\ CO \longrightarrow 2\ Fe + 3\ CO_2$

Aus dem *Stoffmengenverhältnis* wird das *Massenverhältnis* mithilfe der Beziehung $m = n \cdot M$ berechnet:

$$\frac{m(Fe_2O_3)}{m(Fe)} = \frac{n(Fe_2O_3) \cdot M(Fe_2O_3)}{n(Fe) \cdot M(Fe)} = \frac{1\,\text{mol} \cdot 160\,\frac{\text{g}}{\text{mol}}}{2\,\text{mol} \cdot 56\,\frac{\text{g}}{\text{mol}}} = \frac{10}{7}$$

Bei Kenntnis des Massenverhältnisses lässt sich die Masse des jeweils gesuchten Stoffes errechnen, wenn eine bestimmte Masse des anderen Stoffes gegeben ist (↗ Tabelle 5).

Masseberechnung bei chemischen Reaktionen. Eine Masseberechnung wird folgendermaßen rationell durchführt:

Aufgabe: In einer Abwasserprobe wurden 6,0 g Schwefelsäure ermittelt. Die Abwasserprobe muss neutralisiert werden. Welche Masse an Calciumhydroxid wird zur Neutralisation benötigt?

(1) *Gesucht:* $m(Ca(OH)_2)$ *Gegeben:* $m(H_2SO_4) = 6{,}0\ \text{g}$

(2) *Reaktionsgleichung:* $Ca(OH)_2 + H_2SO_4 \longrightarrow CaSO_4 + 2\ H_2O$

(3) *Lösung:* $$\frac{m(Ca(OH)_2)}{m(H_2SO_4)} = \frac{n(Ca(OH)_2) \cdot M(Ca(OH)_2)}{n(H_2SO_4) \cdot M(H_2SO_4)}$$

(4)
$$m(Ca(OH)_2) = \frac{1\,\text{mol} \cdot 74\,\frac{\text{g}}{\text{mol}}}{1\,\text{mol} \cdot 98\,\frac{\text{g}}{\text{mol}}} \cdot 6\ \text{g}$$

(5) *Ergebnis:* $\underline{\underline{m(Ca(OH)_2) = 4{,}53\ \text{g}}}$

4,53 g Calciumhydroxid werden benötigt, um 6,0 g Schwefelsäure zu neutralisieren.

Allgemeine Lösungsschritte

(1) Analysiere die Aufgabe und schreibe getrennt die Größen auf, die *gesucht* und die *gegeben* sind!
(2) Entwickle die *Reaktionsgleichung* für die betreffende Reaktion!
(3) Schreibe die *allgemeine Größengleichung* auf:
- Bilde den Quotienten aus gesuchter und gegebener Größe!
- Ergänze den Ansatz durch Anwenden der Beziehung $m = n \cdot M$ oder $V = n \cdot V_m$!

(4) Forme die Größengleichung nach der gesuchten Größe um und setze die *Rechengrößen* ein:
- gegebene Größe aus der Aufgabe,
- Stoffmengen entsprechend der Reaktionsgleichung,
- molare Massen aus der Tabelle!

(5) Unterstreiche das *Ergebnis* und schreibe den Antwortsatz!

AUFGABEN

1. Gib die Anzahl der Teilchen bzw. Baueinheiten an, die den Stoffmengen entsprechen:
a) $n(O_2) = 1$ mol,
b) $n(NaOH) = 0{,}1$ mol!
2. Gib für folgende Reaktionsgleichungen die Teilchenanzahl- und die Stoffmengenverhältnisse an:
a) $N_2 + 3\ H_2 \longrightarrow 2\ NH_3$,
b) $Fe_2O_3 + 3\ Mg \longrightarrow 2\ Fe + 3\ MgO$!
3. Welche Masse haben die Stoffportionen von folgenden Stoffmengen:
a) $n(O_2) = 1$ mol,
b) $n(Zn) = 2$ mol?
4. Ein Stück Magnesium hat die Masse von 1,8 g.
a) Welche Stoffmenge an Magnesium liegt vor?
b) Wie viel Magnesiumatome entsprechen der berechneten Stoffmenge?
5. Welcher Unterschied besteht zwischen der Masse *m* und der molaren Masse *M*?
6. Schreibe die molaren Massen auf für a) Eisen, b) Schwefel, c) Eisensulfid!
7. Ergänze die Wertetabelle!

$m(Fe)$	1,75 g		7,0 g	
$m(S)$	1 g	2 g		3 kg

8. Ordne den in der Reaktionsgleichung gekennzeichneten Stoffmengen die entsprechenden Massen zu:
$Ca(OH)_2 + 2\ HCl \longrightarrow CaCl_2 + 2\ H_2O$!
9. Welche Masse Magnesium muss mindestens reagieren, wenn 15 g Magnesiumoxid entstehen sollen?
10. Welche Masse Eisen kann aus 8 kg Eisen(III)-oxid durch Reaktion mit Aluminium gewonnen werden?

Molares Volumen – Volumenberechnungen bei chemischen Reaktionen

Eigenschaften von Gasvolumen. Das Ermitteln der Masse einer Gasportion ist recht umständlich. Besser lässt sich das Volumen einer Gasportion messen. Messgeräte sind beispielsweise Kolbenprober und Gasmessglocken (Abb. 1).
Das Gasvolumen hängt von der Temperatur und vom Druck ab. Beim Erwärmen dehnt sich das Gasvolumen aus. Beim Abkühlen verringert sich das Gasvolumen. Diese Effekte lassen sich beispielsweise beim Einwecken ausnutzen.
Eine Erhöhung des Drucks verringert das Gasvolumen. Eine Verringerung des Drucks führt zur Vergrößerung des Gasvolumens. Das kann beobachtet werden, wenn der Stempel eines mit Luft gefüllten Kolbenprobers hin und her bewegt wird (Experiment 2).
Beim Vergleich von Gasvolumen muss immer auf gleiche Bedingungen (Luftdruck, Zimmertemperatur) geachtet werden. Messgeräte sind Barometer und Thermometer.

Geräte zum Messen von Gasvolumen

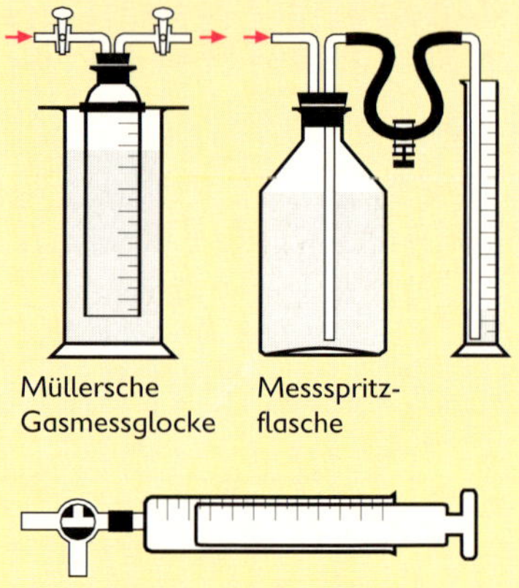

1

Experiment 2
Miss mit einem Kolbenprober ein Luftvolumen von 40 ml ab! Verschließe den Kolbenprober gasdicht und bewege den Stempel hin und her!
Was stellst du fest?

Für Gasvolumen gelten als Bedingungen des Normzustandes: $T_n = 273\ K\ (0\ °C)$; $p_n = 1013\ hPa$.

Gasgesetze. Die Abhängigkeit des Gasvolumens vom Druck und von der Temperatur wird durch Gasgesetze beschrieben.
Die *Abhängigkeit des Gasvolumens vom Druck* (bei konstanter Temperatur) entdeckten zuerst der Engländer *R. Boyle* (1627 bis 1690) und der Franzose *E. Mariotte* (1620 bis 1684). Mit jeder Druckänderung ändert sich umgekehrt proportional dazu das Gasvolumen.

Gasgesetz nach *Boyle-Mariotte*: $p \cdot V = k_1$ oder $p_1 \cdot V_1 = p_2 \cdot V_2$

Die *Abhängigkeit des Gasvolumens von der Temperatur* (bei konstantem Druck) entdeckte der Franzose *J. L. Gay-Lussac* (1778 bis 1850). Mit jeder Temperaturänderung ändert sich proportional dazu das Gasvolumen.

Gasgesetz nach *Gay-Lussac*: $\frac{V}{T} = k_2$ oder $\frac{V_1}{T_1} = \frac{V_2}{T_2}$

Die *Abhängigkeit des Gasvolumens von Druck und Temperatur* wird durch die allgemeine Gasgleichung beschrieben.

Allgemeine Gasgleichung: $\frac{p_1 \cdot V_1}{T_1} = \frac{p_2 \cdot V_2}{T_2} = \frac{p_n \cdot V_n}{T_n}$

Diese Gasgleichung wird benutzt, um ein unter Experimentierbedingungen (p, T) gemessenes Volumen V auf das Volumen unter den Bedingungen des Normzustandes V_n (p_n, T_n) umzurechnen.

Umrechnen eines Gasvolumens auf Normbedingungen $V_n = \frac{p \cdot T_n}{p_n \cdot T} \cdot V = F \cdot V$

Aufgabe: Bei 25 °C und 980 hPa wurde ein Volumen von 100 ml gemessen.
Wie groß ist das Volumen unter den Bedingungen des Normzustandes?

$$V_n = \frac{980\ hPa \cdot 273\ K}{1013\ hPa \cdot 298\ K} \cdot 100\ ml$$

$$V_n = 0{,}89 \cdot 100\ ml$$

$$\underline{\underline{V_n = 89\ ml}}$$

Satz von *Avogadro*. Bereits 1811 erkannte der italienische Physiker *Amadeo Avogadro* (Abb. 2), dass gleiche Volumen von Gasen die gleiche Anzahl von Teilchen enthalten. Da Gasvolumen stark von Druck und Temperatur abhängig sind, ist es erforderlich, sich beim Vergleich der Volumen auf gleiche Temperatur und gleichen Druck zu beziehen.

Satz von *Avogadro*: Gleiche Volumen aller Gase enthalten bei gleicher Temperatur und gleichem Druck die gleiche Anzahl von Teilchen.

2

Amadeo Avogadro (1776 bis 1856) entdeckte den Zusammenhang von Teilchenanzahl und Volumen bei Gasen.

Volumen und Stoffmenge von Gasen. Aus dem Satz von *Avogadro* folgt: Einer gleichen Anzahl von Teilchen muss unter gleichen Bedingungen das gleiche Gasvolumen entsprechen.
Ein Mol Wasserstoff (600 Trilliarden Wasserstoffmoleküle) muss unter gleichen Bedingungen das gleiche Volumen einnehmen wie ein Mol Sauerstoff (600 Trilliarden Sauerstoffmoleküle). Die Richtigkeit dieser Schlussfolgerung lässt sich aus den Angaben in der Tabelle 6 erkennen.

Volumen von 1 mol einiger Gase im Normzustand (273 K, 1013 hPa)

Gas	Formel	$m = n \cdot M$ in g	ϱ in g/l	$V_n = \frac{m}{\varrho}$ in l
Sauerstoff	O_2	32	1,429	22,39
Stickstoff	N_2	28	1,251	22,38
Wasserstoff	H_2	2	0,089	22,47
Kohlenstoffdioxid	CO_2	44	1,977	22,26

6

	Stoffportionen Sauerstoff a)	b)	c)
$V(O_2)$	22,4 l	44,8 l	67,2 l
$n(O_2)$	1 mol	2 mol	3 mol
$\frac{V(O_2)}{n(O_2)}$	$22{,}4 \frac{l}{mol}$	$22{,}4 \frac{l}{mol}$	$22{,}4 \frac{l}{mol}$

7

Ein Mol eines Gases nimmt bei 273 K und 1013 hPa ein Volumen von angenähert 22,4 l ein.

Molares Volumen. Wird die Stoffmenge eines Gases verdoppelt oder verdreifacht, dann verdoppelt beziehungsweise verdreifacht sich das Volumen des Gases (Tabelle 7). Zwischen dem Volumen und der Stoffmenge eines Gases besteht direkte Proportionalität: $V \sim n$. Der Quotient aus dem Volumen einer Stoffportion und der entsprechenden Stoffmenge wird als **molares Volumen V_m** bezeichnet. Im Normzustand ist $V_m = V_{m,n}$.

Das molare Volumen V_m eines Stoffes ist der Quotient aus dem Volumen einer Stoffportion und der Stoffmenge dieser Stoffportion.

$$V_m = \frac{V}{n}$$

Bei allen Gasen beträgt das molare Volumen unter den Bedingungen des Normzustandes angenähert:

$$V_{m,n} \approx 22{,}4 \frac{l}{mol}$$

AUFGABEN

1. Warum ist beim Vergleichen von Gasvolumen auf gleichen Druck und gleiche Temperatur zu achten?
2. Bei 20 °C und 995 hPa wurde ein Gasvolumen von 200 ml gemessen.
   Wie groß ist das Gasvolumen unter den Bedingungen des Normzustandes?
3. Vergleiche molare Masse und molares Volumen von Sauerstoff und Wasserstoff!
4. Welches Volumen hat eine Stoffportion der Stoffmenge von 2 mol?
5. Wie viel Sauerstoffmoleküle sind in 1 l Sauerstoff vorhanden?

Ermitteln der molaren Masse eines Gases. Die molare Masse eines Gases lässt sich errechnen, wenn die Masse und das Volumen (unter den Bedingungen des Normzustandes) einer Gasportion bekannt sind. Für dieselbe Gasportion lassen sich aus den Definitionsgleichungen für die molare Masse und für das molare Volumen folgende Beziehungen ableiten:

$$n = \frac{m}{M} = \frac{V_n}{V_{m,n}} \quad \text{und} \quad M = \frac{m \cdot V_{m,n}}{V_n}.$$

Aufgabe: Bei 25 °C und 1005 hPa wurde die Masse von 100 ml Sauerstoff zu 0,129 g ermittelt. Welche molare Masse hat Sauerstoff?

Lösung: $M(O_2) = \frac{m \cdot V_{m,n}}{V_n}$

$$V_n = \frac{1005\ \text{hPa} \cdot 273\ \text{K}}{1013\ \text{hPa} \cdot 298\ \text{K}} \cdot 100\ \text{ml}$$

$$\underline{V_n = 91\ \text{ml}}$$

$$M(O_2) = \frac{0{,}129\ \text{g} \cdot 22400\ \frac{\text{ml}}{\text{mol}}}{91\ \text{ml}}$$

Ergebnis: $\underline{\underline{M(O_2) = 31{,}75\ \frac{\text{g}}{\text{mol}} \qquad M(O_2) \approx 32\ \frac{\text{g}}{\text{mol}}}}$

Experiment 4
Auf 1 g Zink wird 10%ige Salzsäure (Xi) gegeben. Das Volumen des gebildeten Wasserstoffs (F+) ist zu bestimmen. Temperatur und Luftdruck sind zu beachten.

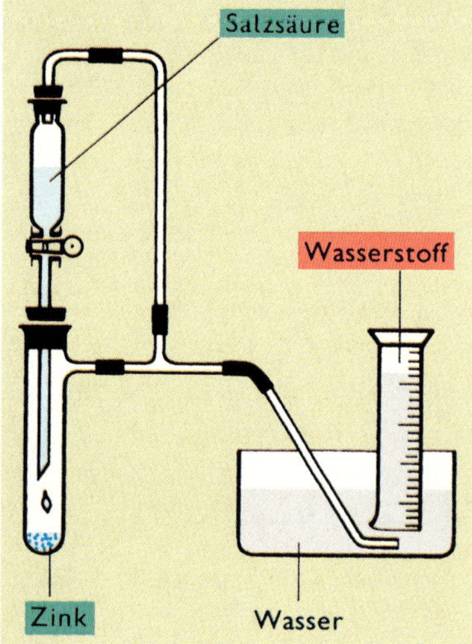

Volumenberechnungen bei chemischen Reaktionen. Aus Reaktionsgleichungen geht hervor, in welchem Stoffmengenverhältnis die Stoffe vorliegen. Jeder Stoffmenge lässt sich

- bei festen und flüssigen Stoffportionen eine bestimmte Masse zuordnen: $m = n \cdot M$ und
- bei gasförmigen Stoffportionen ein bestimmtes Volumen zuordnen: $V = n \cdot V_m$.

Bei allen Reaktionen reagieren Stoffe in bestimmten Stoffmengenverhältnissen und proportional dazu in bestimmten Massen- und Volumenverhältnissen miteinander. Bei Reaktionen zwischen Gasen sind die Volumenverhältnisse gleich den Stoffmengenverhältnissen.

Bei Berechnungen gelten die gleichen Regeln, die bereits bei Massenberechnungen zu beachten waren (↗ S. 277).
Das Vorgehen wird an einem Beispiel erläutert (Experiment 4).

Aufgabe: Welches Volumen Wasserstoff kann unter Normbedingungen mit 1 g Zink und verdünnter Salzsäure hergestellt werden?

(1) *Gesucht:* $V(H_2)_n$ *Gegeben:* $m(Zn) = 1$ g

(2) *Reaktionsgleichung:* $Zn + 2\ HCl \longrightarrow ZnCl_2 + H_2$

(3) *Lösung:* $\frac{V(H_2)_n}{m(Zn)} = \frac{n(H_2) \cdot V_{m,n}}{n(Zn) \cdot M(Zn)}$

(4) $V(H_2)_n = \frac{1\ \text{mol} \cdot 22{,}4\ \frac{\text{l}}{\text{mol}}}{1\ \text{mol} \cdot 65\ \frac{\text{g}}{\text{mol}}} \cdot 1\ \text{g}$

(5) *Ergebnis:* $\underline{\underline{V(H_2)_n = 0{,}34\ \text{l}}}$

Aus 1 g Zink kann man 0,34 l Wasserstoff herstellen.

AUFGABEN

1. Bei 23 °C und 1002 hPa wurde die Masse von 100 ml Methan zu 0,065 g ermittelt. Welche molare Masse hat Methan?
2. $CO + 2\ H_2 \longrightarrow CH_3OH$
   In welchem Volumenverhältnis liegen Ausgangsstoffe und Reaktionsprodukte bei 400 °C vor?
3. Welches Volumenverhältnis $V(H_2) : V(NH_3)$ liegt bei der Ammoniaksynthese vor?
4. Welches Volumen an Sauerstoff wird benötigt, um 0,5 g Magnesium vollständig zu oxidieren?
5. Welches Volumen an Wasserstoff ist erforderlich, um 1,2 g Kupfer(II)-oxid zu Kupfer zu reduzieren?
6. Welches Volumen an Kohlenstoffdioxid kann man aus 500 g Calciumcarbonat herstellen?

Im Überblick

Zusammensetzungsgrößen

Massenanteil	$w(B) = \frac{m(B)}{m(Gem)}$	**Massenkonzentration**	$\beta(B) = \frac{m(B)}{V(Ls)}$
Volumenanteil	$\varphi(B) = \frac{V(B)}{\sum V(Ko)}$	**Volumenkonzentration**	$\sigma(B) = \frac{V(B)}{V(Ls)}$
Stoffmengenanteil	$x(B) = \frac{n(B)}{n(Gem)}$	**Stoffmengenkonzentration**	$c(B) = \frac{n(B)}{V(Ls)}$

$m(B)$ Masse des Stoffes B
$n(B)$ Stoffmenge des Stoffes B
$V(B)$ Volumen des Stoffes B
$m(Gem)$ Masse des Stoffgemisches
$\Sigma V(Ko)$ Summe der Volumen der Komponenten im Stoffgemisch
$n(Gem)$ Stoffmenge des Stoffgemisches
$V(Ls)$ Volumen der Lösung

Gesetz von der Erhaltung der Masse

Die Masse der Ausgangsstoffe ist gleich der Masse der Reaktionsprodukte: $m(As) = m(Rp)$.

Gesetz der konstanten Massenverhältnisse

In einer chemischen Verbindung liegen die Elemente stets in einem für die Verbindung charakteristischen Massenverhältnis vor.

Satz von *Avogadro*

Gleiche Volumen aller Gase enthalten bei gleicher Temperatur und gleichem Druck die gleiche Anzahl von Teilchen.

Molare Masse

$M = \frac{m}{n}$ Die molare Masse ist der Quotient aus der Masse einer Stoffportion und der Stoffmenge dieser Stoffportion.

Stoffmenge

$n = \frac{N}{N_A}$ Eine Stoffportion, die aus $6 \cdot 10^{23}$ Teilchen besteht, hat die Stoffmenge $n = 1$ mol.

***Avogadro*-Konstante** $N_A = 6{,}022137 \cdot 10^{23}\ \text{mol}^{-1}$

Molares Volumen

$V_m = \frac{V}{n}$ Das molare Volumen ist der Quotient aus dem Volumen einer Stoffportion und der Stoffmenge dieser Stoffportion.

Stoffmenge und Reaktionsgleichung

Stoffe reagieren in bestimmten Stoffmengenverhältnissen, die gleich dem jeweiligen Teilchenanzahlverhältnissen sind. Reaktionsgleichungen kennzeichnen Teilchenanzahlverhältnisse.

Umrechnen eines Gasvolumens auf Normbedingungen

$$V_n = \frac{p \cdot T_n}{p_n \cdot T} \cdot V \qquad T_n = 273\ \text{K} \qquad p_n = 1013\ \text{hPa}$$

Zusammenhänge zwischen Stoffmenge, Masse und Volumen für Stoffportionen

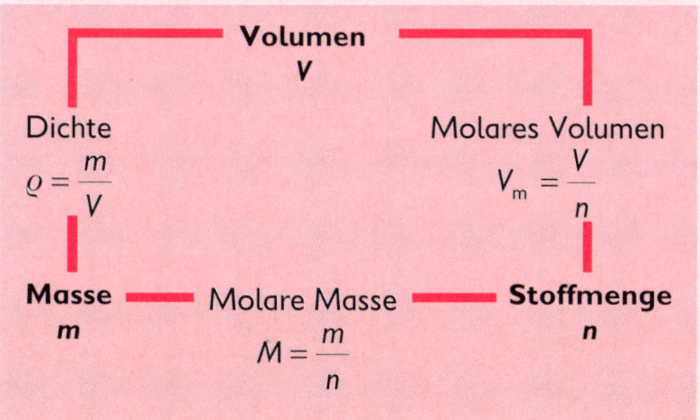

Massen- und Volumenberechnungen bei chemischen Reaktionen

Gesuchte Größe	Gegebene Größe	Allgemeine Größengleichung
$m(A)$	$m(B)$	$\frac{m(A)}{m(B)} = \frac{n(A) \cdot M(A)}{n(B) \cdot M(B)}$
$V(A)$	$m(B)$	$\frac{V(A)}{m(B)} = \frac{n(A) \cdot V_m(A)}{n(B) \cdot M(B)}$
$V(A)$ (Gilt nur für Gase)	$V(B)$	$\frac{V(A)}{V(B)} = \frac{n(A)}{n(B)}$

30

Verlauf chemischer Reaktionen

Wer denkt schon beim Anblick eines jahrzehntealten Laubbaumes im Sonnenlicht an Stoff- und Energieumwandlungen? Täglich „produziert" der Baumriese aber mehr als 9000 l Sauerstoff, den Tagesbedarf von 2 bis 3 Menschen, und 10 kg Kohlenhydrate.

Chemische Reaktionen in Natur und Technik

Stoff- und Energieumwandlungen – ihr Nutzen. Der Stoff- und der Energiewechsel – die mit hohem Wirkungsgrad ablaufenden **Vorgänge im lebenden Organismus** – sind auf chemische Reaktionen zurückzuführen. So ist der menschliche Blutkreislauf eine etwa 6500 km lange Transportbahn aus Arterien, Venen und Kapillaren für Sauerstoff und Nährstoffe, die durch chemische Reaktionen in körpereigene Stoffe umgewandelt werden. Die Nieren sind eine perfekte „Wiederaufbereitungsanlage" für täglich ungefähr 150 l Blut und Wasser. Magen und Darm verarbeiten jährlich mehrere Zentner an Speisen und wandeln Stoffe um. In Anlagen der chemischen Industrie werden Rohstoffe in wertvolle Produkte umgewandelt. Aus Eisenerz wird Stahl, aus Kalkstein werden Baustoffe hergestellt. Benzin, Kunststoffe und Chemiefasern gewinnt man industriell aus Erdöl. Chemische Reaktionen dienen zur **Herstellung von Stoffen** (Abb. 1).
Oft werden chemische Reaktionen zur **Bereitstellung von Energie** eingesetzt. Die chemische Energie der Stoffe wird durch Umwandlung in andere Energieformen nutzbar. Ein Teil der chemischen Energie von Brennstoffen (Tabelle 1) wird in thermische Energie umgewandelt. Die beim Ablauf exothermer Reaktionen abgegebene Wärme ist in Wärme-Energiemaschinen zu nutzen, aber auch in Heizungen und bei der Metallgewinnung.

Die chemische Reaktion ist ein Vorgang, bei dem Stoff- und Energieumwandlung gleichzeitig ablaufen.

1
Anlage zur Wasserstoffgewinnung aus Erdöl

Heizwerte von Brennstoffen

Brennstoff	Heizwert kJ/kg
Holz (trocken)	19000
Koks	29300
Steinkohle	33500
Heizöl	40600
Erdgas	32000

1

Reaktionswärme. In **exothermer Reaktion** (↗ S. 61) verbrennt Wasserstoff in Sauerstoff. Dabei kann eine Temperatur bis 3000 °C erreicht werden (Abb. 2). Wasserstoff ist ein Energieträger der Zukunft, zumal bei seiner Verbrennung keine Schadstoffe für die Umwelt entstehen.

Für die Herstellung von Roheisen ist hingegen Wärmezufuhr notwendig. Das zur Reduktion des Eisenoxids Fe_2O_3 benötigte Kohlenstoffmonooxid entsteht bei der Redoxreaktion von Kohlenstoffdioxid mit Kohlenstoff in **endothermer Reaktion** (↗ S. 61). Die Verbrennung von Koks, Erdgas oder Erdöl, jeweils eine exotherme Reaktion, liefert die benötigte Wärme. Ein Wärme liefernder und ein Wärme verbrauchender Prozess werden gekoppelt. Für chemische Reaktionen, bei denen sich die Energieumwandlung nur als Wärmeabgabe oder -aufnahme auswirkt, entspricht die **Reaktionswärme** (↗ S. 61) der Differenz der chemischen Energie der Stoffe vor und nach der Reaktion. Unter dieser Voraussetzung kennzeichnet die Reaktionswärme Q die Energieänderung der Stoffe bei einer chemischen Reaktion (Abb. 3).

Bei Wärmeabgabe *verringert* sich die chemische Energie der Stoffe. Die Reaktionswärme Q wird bei exothermer Reaktion mit *negativem* Vorzeichen versehen. Dementsprechend erhält die Reaktionswärme Q bei endothermer Reaktion ein *positives* Vorzeichen. Als eine mess- und berechenbare Größe kann die Reaktionswärme in Kilojoule je Mol (kJ/mol) genau angegeben werden (Abb. 3).

2 Start einer Rakete, angetrieben durch die Reaktion von Wasserstoff mit Sauerstoff

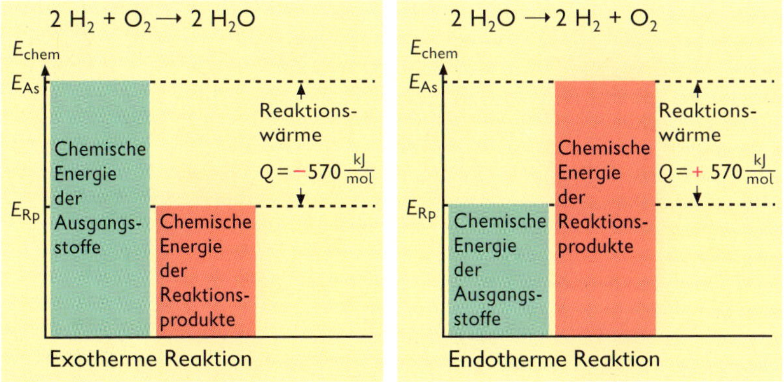

3

Das negative Vorzeichen des Zahlenwertes der Reaktionswärme weist darauf hin, dass die chemische Reaktion von Wasserstoff mit Sauerstoff exotherm ist. Aus der Reaktionsgleichung ist ablesbar, dass jeweils zwei Wasserstoffmoleküle mit einem Sauerstoffmolekül zu zwei Wassermolekülen reagieren. Erfolgt ein derartiger Teilchenumsatz etwa 600-trilliardenmal (1 mol Teilchenumsätze), dann haben sich zwei Mol Wasser gebildet. Diese Bildung von zwei Mol Wasser ist mit der Abgabe von 570 kJ Wärme verbunden. Die gleiche Wärme muss zur Zerlegung von zwei Mol Wasser aufgewendet werden.

Als Reaktionswärme Q wird die bei einer chemischen Reaktion abgegebene oder aufgenommene Wärme bezeichnet.

AUFGABEN

1. Erläutere die Stoffumwandlung und die damit verbundene Veränderung der Teilchen a) für die Reaktion von Wasserstoff mit Chlor, b) für die Neutralisation einer Metallhydroxidlösung mit einer sauren Lösung!
2. Erläutere an jeweils einem Beispiel den Unterschied zwischen einer exothermen und einer endothermen Reaktion!
3. Welche Möglichkeiten gibt es, Abwärme von Kraftwerken rationell zu nutzen?
4. Für die Reaktion von Zink mit verdünnter Schwefelsäure erhält die Reaktionsgleichung die Angabe: $Q = -154$ kJ/mol. Erläutere die Angabe!

Veränderung von Teilchen – Umbau chemischer Bindungen. Die beobachtbaren Stoff- und Energieumwandlungen bei chemischen Reaktionen sind Ausdruck einer Veränderung im Bau der Stoffe. Atome, Ionen oder Moleküle der Ausgangsstoffe ordnen sich um und verändern sich zu Atomen, Ionen oder Molekülen der Reaktionsprodukte. Diese Teilchenveränderung ist nur bei gleichzeitiger Veränderung chemischer Bindungen möglich. Bei jeder chemischen Reaktion werden chemische Bindungen gespalten und andere neu ausgebildet (Abb. 1). Es erfolgt ein **Umbau chemischer Bindungen**.

Teilchen und chemische Bindungen in Stoffen verändern sich nur, wenn geeignete Reaktionspartner aufeinander treffen. Das Verhalten eines Stoffes oder Teilchens in einer chemischen Reaktion ist immer auch von seinem Reaktionspartner abhängig.

Diese Veränderungen lassen sich nicht direkt beobachten. Aussagen darüber können aber auf der Grundlage von Modellen getroffen werden. Mit ihrer Hilfe lassen sich beobachtete Erscheinungen erklären.

Im Bestreben, die große Anzahl von Reaktionen zu verstehen und zu ordnen, wurde als wichtige theoretische Grundlage das **Donator-Akzeptor-Prinzip** für die Chemie formuliert. Bisher deutlich unterschiedene chemische Reaktionen, zum Beispiel Redoxreaktionen und Säure-Base-Reaktionen, ähneln sich nach diesem Prinzip. Teilchen, die ein Reaktionspartner (Donator) abgibt, werden bei der Reaktion von einem anderen (Akzeptor) aufgenommen (Tabelle 2).

Bei jeder chemischen Reaktion werden chemische Bindungen zwischen Teilchen gespalten und neue ausgebildet. Teilchen der Stoffe ordnen sich um und verändern sich.

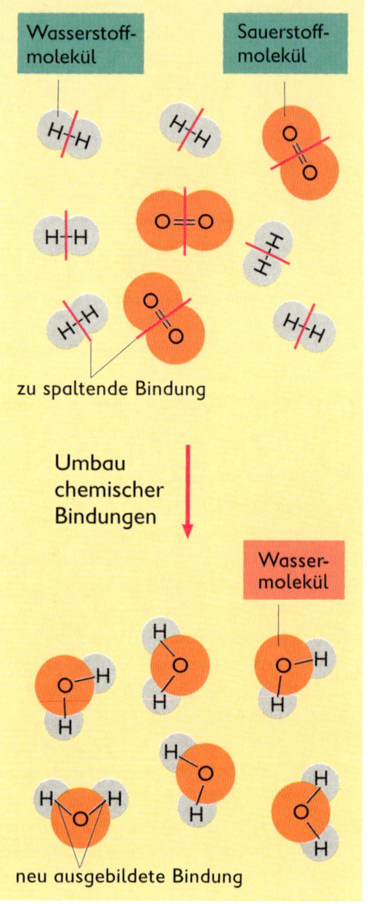

1

Vergleich von Säure-Base-Reaktionen mit Redoxreaktionen

Säure-Base-Reaktion	**Redoxreaktion**
Gleichzeitiger Ablauf von Protonenabgabe und Protonenaufnahme beim **Protonenübergang**	Gleichzeitiger Ablauf von Elektronenabgabe und Elektronenaufnahme beim **Elektronenübergang**
$HCl \xrightarrow{\text{Protonenabgabe}} Cl^- + H^+$	$Mg \xrightarrow{\text{Elektronenabgabe}} Mg^{2+} + 2\,e^-$
$H_2O + H^+ \xrightarrow{\text{Protonenaufnahme}} H_3O^+$	$2\,H_3O^+ + 2\,e^- \xrightarrow{\text{Elektronenaufnahme}} H_2 + 2\,H_2O$
Protonenübergang: $HCl + H_2O \rightleftharpoons H_3O^+ + Cl^-$	Elektronenübergang: $Mg + 2\,H_3O^+ \rightleftharpoons Mg^{2+} + H_2 + 2\,H_2O$
Säure (z. B. HCl) ist Protonendonator.	**Reduktionsmittel** (z. B. Mg) ist Elektronendonator.
Base (z. B. H_2O) ist Protonenakzeptor.	**Oxidationsmittel** (z. B. H_3O^+) ist Elektronenakzeptor.
Korrespondierendes Säure-Base-Paar Säure $\rightleftharpoons$ Base + Proton	**Korrespondierendes Redoxpaar** Reduktionsmittel $\rightleftharpoons$ Oxidationsmittel + Elektron
Säure-Base-Reaktion Säure 1 + Base 2 $\rightleftharpoons$ Säure 2 + Base 1	**Redoxreaktion** Redm 1 + Oxm 2 $\rightleftharpoons$ Redm 2 + Oxm 1

2

Zeitlicher Verlauf der chemischen Reaktionen

Schnell oder langsam verlaufende Reaktionen. Die Wirtschaftlichkeit chemisch-technischer Verfahren wird günstig beeinflusst, wenn die chemischen Reaktionen in den Apparaten schnell ablaufen und die Produkte in größerer Menge in möglichst kurzer Zeit produziert werden. Deshalb wird der zeitliche Verlauf technisch genutzter chemischer Reaktionen sorgfältig untersucht. Auch Beobachtungen im Alltag zeigen, dass die **Zeit bei chemischen Reaktionen** eine Rolle spielt (Tabelle 3).

2 Unmerklich langsam verwittert festes Kalkgestein durch chemische Reaktionen. Ganz allmählich scheiden sich aus dabei gebildeten Lösungen Tropfsteine ab.

3 Augenblicklich bricht die Felswand im Steinbruch nach heftiger Explosion durch eine schnelle chemische Reaktion der Sprengmittel.

Chemische Reaktionen sind von der Zeit abhängig.

Es gibt chemische Reaktionen, bei denen sich die Reaktionsprodukte in Bruchteilen von Sekunden bilden.
Ein Gasgemisch aus Wasserstoff und Sauerstoff reagiert explosionsartig, wenn es mit einer Zündflamme in Berührung gebracht wird (↗ S. 51).
Magnesiumgrieß reagiert beim Einwirken von Salzsäure schnell unter Wasserstoffentwicklung (Experiment 1).
Bei anderen chemischen Reaktionen setzen sich die Ausgangsstoffe nur sehr langsam zu den Reaktionsprodukten um.
Metalle korrodieren an der Luft gewöhnlich langsam. Das Durchrosten eines Eisennagels kann Jahre dauern.
In Salzsäure lösen sich Eisenfeilspäne nur relativ langsam unter Wasserstoffentwicklung auf (Experiment 1).

Chemische Reaktionen verlaufen unterschiedlich schnell.

Chemische Reaktionen, die im Alltag ablaufen
Rosten von Eisen
Verspröden von Plastwerkstoffen
Altern von Gummi
Aushärten von Farbanstrichen
Verwittern von Gesteinen
Sauerwerden von Milch
Ranzigwerden von Butter
Vergären von Obstsäften
Faulen von Früchten
Aufnehmen von Wirkstoffen aus Medikamenten im Körper
Abbauen von Alkohol im menschlichen Organismus
Umwandlung von Wein zu Essig

3

Experiment 1
Vorsicht! Schutzbrille!
Gib je 3 ml 7%ige Salzsäure auf eine Spatelspitze Magnesiumgrieß (F) und auf eine Spatelspitze Eisenfeilspäne.
Vergleiche den zeitlichen Verlauf der Reaktionen!

AUFGABEN

1. Erläutere für folgende Reaktionen die Veränderung von Stoffen und Teilchen:
   $2\,H_2 + O_2 \longrightarrow 2\,H_2O$,
   $H_3O^+ + OH^- \longrightarrow 2\,H_2O$,
   $H_2 + Cl_2 \longrightarrow 2\,HCl$,
   $2\,Na + Cl_2 \longrightarrow 2\,NaCl$!
   Welche Art Teilchenübergänge finden statt?
2. Zur Aufbereitung schwefelsäurehaltiger Abwässer wird ihnen gelöschter Kalk $Ca(OH)_2$ zugesetzt.
   Begründe die Maßnahme!
3. Ein Eisennagel überzieht sich in einer Kupfersulfatlösung langsam mit einer Kupferschicht.
   Wie ist das möglich?

Reaktionsgeschwindigkeit

Stoffumsatz und Zeit. Die Geschwindigkeit von Stoffumwandlungen kann entweder am Verbrauch eines Ausgangsstoffes oder am Entstehen eines Reaktionsproduktes verfolgt werden. Man braucht dazu eine messbare Größe.
Bei der chemischen Reaktion von Magnesium mit verdünnter Salzsäure könnte man die **Masseänderung** des festen Ausgangsstoffes Magnesium durch Wägen vor Reaktionsbeginn und nach einer bestimmten Zeit feststellen. Es wäre auch möglich, die **Volumenänderung** des entstehenden Reaktionsproduktes Wasserstoff in einer bestimmten Zeit zu messen (Experiment 2).

Zur Messung der Geschwindigkeit von Stoffumwandlungen eignen sich Größen, die sich im Verlauf der chemischen Reaktion zeitlich ändern, wie die Masse oder das Volumen jeweils eines Stoffes.

Experiment 2 L
Vorsicht! Schutzbrille!
Auf eine bestimmte Masse an Magnesium (F) oder Calciumcarbonat wird 10%ige Salzsäure (Xi) gegeben.
Das Volumen des entstehenden Gases ist in Abhängigkeit von der Zeit zu ermitteln.

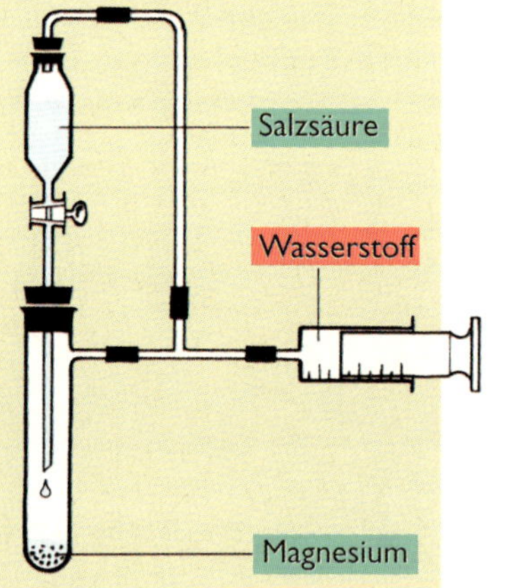

Konzentrationsänderungen von reagierenden Stoffen. Bei chemischen Reaktionen in Lösungen ist eine der Größen, die sich im Verlauf der Reaktion ändert, die **Stoffmengenkonzentration** (kurz Konzentration) eines gelösten Stoffes (↗ S. 104 f.).

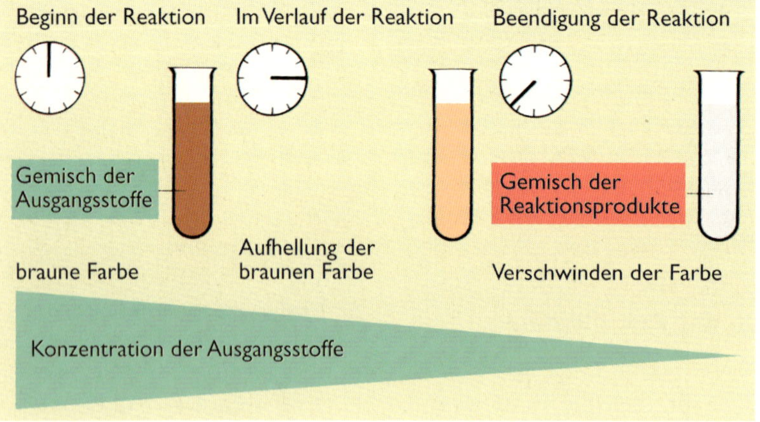

Experiment 3 L
Vorsicht! Schutzbrille!
Etwa 20 ml braune, 0,4%ige Bromlösung (Xn) werden mit 3 ml 3,5%iger Wasserstoffperoxidlösung versetzt.
Die Zeit von der Zugabe der farblosen Lösung bis zur Entfärbung des Reaktionsgemisches ist zu messen.

Die langsame Entfärbung des Stoffgemischs (Experiment 3) ist ein „Anzeichen", dass sich die Konzentration an Brom in der Lösung im Verlauf der Reaktion verringert. Brom reagiert vollständig mit Wasserstoffperoxid.
Die Lösung entfärbt sich nicht gleichmäßig mit der Zeit. Die rasche Aufhellung zu Beginn der Reaktion weist auf einen starke **Konzentrationsänderung** an Brom hin. Die gelbe Farbe hält sich dagegen relativ lange; die Konzentration an Brom ändert sich nun langsamer. Die Konzentrationsänderung an Brom wird mit der Zeit zunehmend kleiner.

Im Verlauf einer Reaktion nimmt die Konzentration der Ausgangsstoffe ständig, aber nicht gleichmäßig ab.

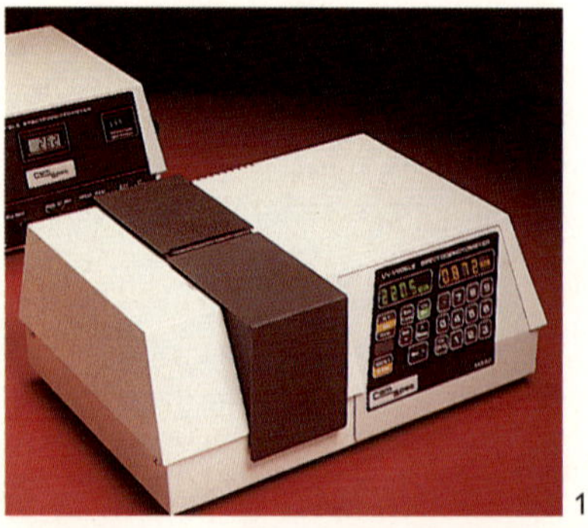
1
Messgerät zur Bestimmung der Konzentration eines Stoffes in einer Lösung

Reaktionsgeschwindigkeit und Konzentrationsänderung. Bei jeder chemischen Reaktion besteht ein Zusammenhang zwischen den Konzentrationen der Stoffe, die an der chemischen Reaktion beteiligt sind, und der Zeit. Je schneller eine chemische Reaktion verläuft, umso größer sind die Konzentrationsänderungen in einer bestimmten Zeit. Das Verhältnis der Konzentrationsänderung zu der dafür benötigten Zeit ist die **Reaktionsgeschwindigkeit**. Ändert sich die Konzentration der Stoffe schnell, ist die Reaktionsgeschwindigkeit groß. Die Reaktionsgeschwindigkeit wird im Verlauf der Reaktion mit zunehmender Zeit immer kleiner.
Mit Messgeräten (Abb. 1) lässt sich im Labor die Konzentration eines Stoffes im Verlauf einer Reaktion genau bestimmen. Werden die Messergebnisse in einem Koordinatensystem aufgezeichnet, ergibt sich eine Kurve (Abb. 2).

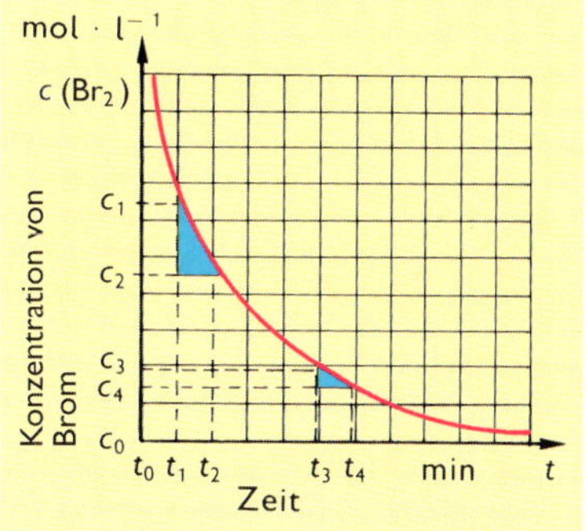

2
Bromkonzentration während der chemischen Reaktion von Bromlösung mit Wasserstoffperoxid

Die Reaktionsgeschwindigkeit ist der Quotient aus der Konzentrationsänderung eines an der chemischen Reaktion beteiligten Stoffes und der dafür benötigten Zeit.

Abhängigkeit der Reaktionsgeschwindigkeit von Reaktionsbedingungen

Temperatur und Reaktionsgeschwindigkeit. Die Erfahrung zeigt, dass eine Temperaturerhöhung nahezu alle chemischen Reaktionen beschleunigt. Eine um 10 K höhere Temperatur steigert die Reaktionsgeschwindigkeit auf das Zwei- bis Dreifache.
Bei niedrigen Temperaturen ist das Stoffgemisch aus Wasserstoff und Chlor weitgehend beständig, wenn Lichteinwirkung vermieden wird. Erhöhte Temperatur und bei der chemischen Reaktion frei werdende Wärme führen hingegen zu einer beträchtlichen Erhöhung der Reaktionsgeschwindigkeit, sodass die Stoffe explosionsartig miteinander reagieren. Deshalb müssen bei der industriellen Herstellung von Chlorwasserstoff aus Wasserstoff und Chlor explosionssichere Brenner eingesetzt werden.
Für das Aushärten von Farbanstrichen ist es nötig, dass bei den Malerarbeiten die Temperatur nicht zu niedrig ist. Allerdings wirkt sich zu warmes Wetter auf die Qualität des Anstrichs wegen des zu schnellen Aushärtens der Farbe ungünstig aus.
Pflanzenreste verrotten bei warmem Wetter auf dem Komposthaufen des Gartens schneller zu Gartenerde.
Erhöhte Temperatur der Salzsäure führt bei der Reaktion mit einem geeigneten Feststoff zur beschleunigten Bildung des entstehenden Gases (Experiment 4).
Bei erhöhter Temperatur entfärbt sich Kaliumpermanganatlösung eher, ein Anzeichen dafür, dass die Ausgangsstoffe dann schnell miteinander reagieren (Experiment 5).

Die Reaktionsgeschwindigkeit ist von der Temperatur abhängig. Temperaturerhöhung führt zur Erhöhung der Reaktionsgeschwindigkeit.

Experiment 4
Vorsicht! Schutzbrille!
Untersuche die Abhängigkeit der Reaktionsgeschwindigkeit von der Temperatur bei der Reaktion von 7%iger Salzsäure mit einem geeigneten Feststoff (Zink, Magnesium (F) oder Calciumcarbonat)! Führe die Reaktion zunächst bei Zimmertemperatur und dann bei 40 °C durch!

Experiment 5 **L**
Vorsicht! Schutzbrille!
10 ml 1%ige Kaliumpermanganatlösung werden mit einem Gemisch aus 15 ml 6%iger Oxalsäurelösung (Xn) und 25 ml 25%iger Schwefelsäure (C) versetzt.
Die Zeit bis zur Entfärbung des Stoffgemisches ist zu messen.
Das Experiment ist mit auf 40 °C temperierten Lösungen zu wiederholen.

AUFGABEN

1. Der zeitliche Verlauf einer chemischen Reaktion kann auch an der Bildung von Reaktionsprodukten verfolgt werden.
   Stelle den Zusammenhang zwischen der Konzentrationsänderung und der Zeit in einem Diagramm dar!

Konzentration und Reaktionsgeschwindigkeit. Werden unterschiedliche Konzentrationen der Ausgangsstoffe zu Beginn ein und derselben chemischen Reaktion gewählt, so unterscheiden sich die Reaktionsgeschwindigkeiten (Abb. 1, Experiment 6). Der Einsatz von Salzsäure höherer Konzentration (Experiment 7) bewirkt, dass in der gleichen Zeit ein größeres Gasvolumen entsteht.
Die Masseabnahme des Calciumcarbonats erfolgt bei der chemischen Reaktion mit Salzsäure höherer Konzentration schneller (Experiment 6).

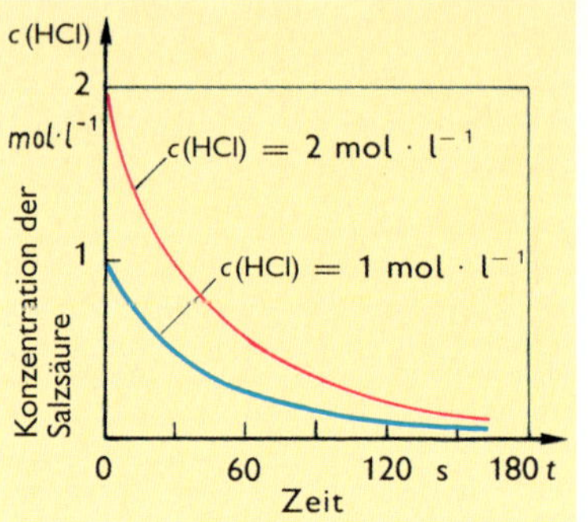

1

Diagramm für die Reaktion von Salzsäure unterschiedlicher Konzentration mit Zink

Experiment 6 L
Vorsicht! Schutzbrille!
Bei der Reaktion von Calciumcarbonat (Marmor) mit 5%iger und 10%iger Salzsäure (Xi) ist die Abnahme der Masse des Feststoffes in Abhängigkeit von der Zeit zu verfolgen.

Experiment 7
Vorsicht! Schutzbrille!
Ermittle die Zeit für die Darstellung eines bestimmten Volumens an Wasserstoff bei der Reaktion von Zink mit 7%iger und 3,5%iger Salzsäure!
Untersuche den Zusammenhang zwischen der Reaktionsgeschwindigkeit und der Konzentration der verwendeten Salzsäure!

Der zeitliche Verlauf technisch wichtiger Reaktionen lässt sich also auch durch geeignete Wahl der Reaktionsbedingung „Konzentration der Ausgangsstoffe“ beeinflussen. Ein kostengünstiger Ausgangsstoff wird im Überschuss eingesetzt, um die Reaktionsgeschwindigkeit zu erhöhen. Bei der Vergasung von Kohle wird der Ausgangsstoff Luft mit Sauerstoff angereichert.

Die Reaktionsgeschwindigkeit ist von den Konzentrationen der reagierenden Stoffe abhängig. Sie erhöht sich, wenn die Konzentration auch nur eines Stoffes zu Beginn der chemischen Reaktion erhöht wird.

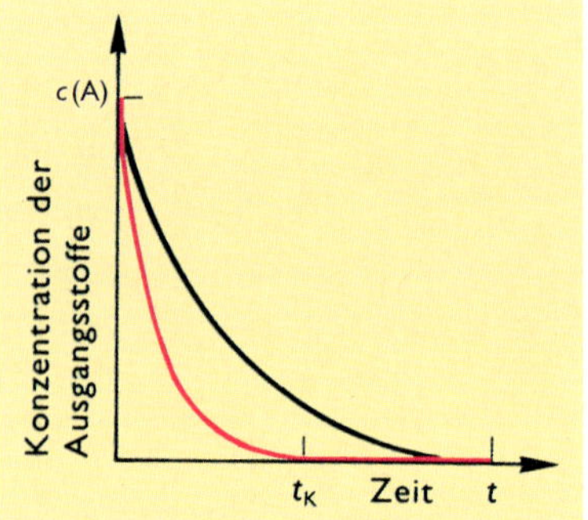

2

Verlauf der chemischen Reaktion mit (rote Kurvenlinie) und ohne Katalysator

Katalysator und Reaktionsgeschwindigkeit. Bei vielen chemisch-technischen Reaktionen wird die Reaktionsgeschwindigkeit durch **Katalysatoren** erhöht (Abb. 2). In kürzerer Zeit kann so ohne zusätzliche Temperaturerhöhung, also mit geringerem Energieaufwand, eine höhere Ausbeute an Reaktionsprodukten erzielt werden.

Katalysatoren sind Stoffe, die die Reaktionsgeschwindigkeit erhöhen.

Die als Katalysatoren wirkenden Stoffe verbrauchen sich während der chemischen Reaktion nicht, sie sind wiederverwendbar. Diese Stoffe sind meist durch die Bildung unbeständiger Zwischenverbindungen an der chemischen Reaktion beteiligt. Wasserstoffperoxid wird bei Anwesenheit von Platin oder von Braunstein unter Sauerstoffentwicklung zersetzt. Platin oder Braunstein wirken als Katalysatoren. Ohne Katalysatorzusatz entsteht aus Wasserstoffperoxid nur sehr langsam Sauerstoff (Experiment 8).

Experiment 8
Versetze 3,5%ige Wasserstoffperoxidlösung mit Braunstein (Xn)! Weise das gasförmige Reaktionsprodukt nach!

Wasserstoff und Sauerstoff reagieren unter den Bedingungen des Normzustands praktisch nicht miteinander. Die unvorstellbar lange Zeit von 100 Milliarden Jahren wäre nötig, um nur 0,15 % dieses Gasgemisches bei 9 °C umzusetzen. Wird dieses Gemisch hingegen mit fein verteiltem Platin in Berührung gebracht, so reagieren die Stoffe im Bruchteil einer Sekunde vollständig. Diese Reaktion ausnutzend erfand *J. Döbereiner* 1823 ein Feuerzeug, in dem entstehender Wasserstoff an einem Platinschwamm entzündet wurde.

Der „Katalysator“ ist in die Umgangssprache eingegangen wegen seines Einsatzes zur Schadstoffverringerung in Autoabgasen. Giftige Abgase, zum Beispiel Kohlenstoffmonooxid, Stickstoffoxide und Kohlenwasserstoffe, werden an fein verteiltem Platin zu ungiftigen Stoffen, wie Stickstoff, Wasser und Kohlenstoffdioxid, umgewandelt. Diese chemischen Reaktionen laufen bei den relativ niedrigen Temperaturen im Abgasrohr nur durch den Einsatz eines Platin-Katalysators ab, der sich auf einem Keramikkörper in der Auspuffanlage befindet (Abb. 3).

Biokatalysatoren steuern Lebensvorgänge. Etwa 1000 verschiedene Enzyme wirken in unserem Körper. Sie ermöglichen, dass die Stoffwechselvorgänge – die vielen komplizierten chemischen Reaktionen – bei Körpertemperatur mit ausreichender Geschwindigkeit verlaufen. Jedes Enzym beeinflusst stets nur eine bestimmte Reaktion. Seit etwa 100 Jahren erst kennt man den Zusammenhang zwischen der Wirkung von Biokatalysatoren und chemischen Reaktionen, obgleich sich die Menschen schon im Altertum solche Vorgänge bei der Teigbereitung und der Gärung von Weintrauben zunutze machten.

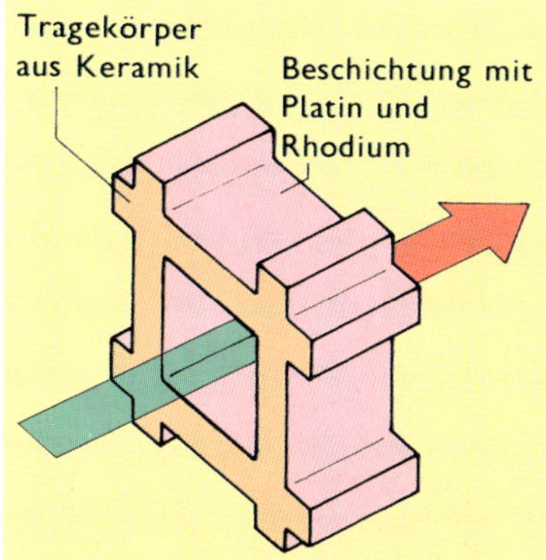

$$2\,CO + O_2 \rightarrow 2\,CO_2$$
$$2\,C_2H_6 + 7\,O_2 \rightarrow 4\,CO_2 + 6\,H_2O$$
$$2\,NO + 2\,CO \rightarrow N_2 + 2\,CO_2$$

3

Chemische Reaktionen mit Katalysatoren sind sowohl für den lebenden Organismus als auch für chemisch-technische Verfahren von großer Bedeutung.

AUFGABEN

1. Beschreibe, wie man beim Entkalken einer Kaffeemaschine vorgeht! Begründe, wie die Wirkung der Kalkentfernungsmittel zu erhöhen ist!
2. Weshalb bindet Zementmörtel im Sommer schneller ab als im Winter?
3. Erläutere, wie auf die angeführten Reaktionen (↗ Tabelle 3, S. 285) Einfluss zu nehmen ist!
4. Hefeteig muss „gehen“, bevor er gebacken wird. Erläutere dieses Vorgehen!
5. Nenne zwei chemisch-technische Verfahren, bei denen Katalysatoren eingesetzt werden!
6. Warum laufen chemisch-technische Verfahren beim Einsatz von Katalysatoren wirtschaftlicher ab?
7. Obgleich Katalysatoren bei chemischen Reaktionen nicht verbraucht werden, müssen technisch eingesetzte Katalysatoren von Zeit zu Zeit erneuert werden.
   Welchen Grund gibt es dafür?
8. Die Reaktion von Zink mit Salzsäure wird bei 30 °C und bei 50 °C und sonst gleichen Bedingungen durchgeführt.
   Finde heraus, welche der folgenden Aussagen fehlerhaft sind!
   a) Bei 30 °C wird in gleicher Zeit weniger Wasserstoff gebildet als bei 50 °C.
   b) Das gleiche Volumen Wasserstoff entsteht bei 30 °C eher als bei 50 °C.
   c) Bei 30 °C bildet sich das gleiche Volumen Wasserstoff in längerer Zeit als bei 50 °C.

Chemisches Gleichgewicht

Vollständiger und unvollständiger Stoffumsatz. Viele chemische Reaktionen laufen so lange ab, bis mindestens ein Ausgangsstoff **vollständig** aufgebraucht ist. Aus Calciumcarbonat und Salzsäure wird so lange Kohlenstoffdioxid gebildet, bis das Calciumcarbonat oder die Säure verbraucht ist.
Bei der chemischen Reaktion von Blei(II)-nitratlösung mit Kaliumiodidlösung (Experiment 9) lassen sich nach Abfiltrieren des gebildeten Niederschlags im Filtrat sowohl Blei(II)-Ionen als auch Iodid-Ionen nachweisen.

$Pb^{2+} + 2\,I^- \longrightarrow PbI_2$

Ionen beider Ausgangsstoffe sind nach der Reaktion noch vorhanden; die Reaktion ist offenbar nicht „bis zum Ende“ abgelaufen. Der Stoffumsatz ist **unvollständig**. Der Grund für den unvollständigen Stoffumsatz ist, dass im Verlauf der chemischen Reaktion entstandene Reaktionsprodukte ebenfalls miteinander reagieren und sich so die Ausgangsstoffe zurückbilden.

Bei vielen Reaktionen ist ein unvollständiger Stoffumsatz zu beobachten. Reaktionsprodukte und Ausgangsstoffe liegen nach Ablauf der Reaktion als Gemisch vor.

Umkehrbare chemische Reaktion. Wenn Reaktionsprodukte gleichzeitig Ausgangsstoffe einer Reaktion sein können, die in entgegengesetzter Richtung verläuft, liegt eine **umkehrbare chemische Reaktion** vor.
Wird über erhitztes Eisenpulver Wasserdampf geleitet, so entsteht in einer Redoxreaktion so lange Wasserstoff, bis das gesamte Eisen oxidiert ist (Experiment 10).

$3\,Fe + 4\,H_2O \longrightarrow Fe_3O_4 + 4\,H_2$

Umgekehrt kann dieses Oxid im Wasserstoffstrom zu metallischem Eisen reduziert werden (Experiment 11).

$Fe_3O_4 + 4\,H_2 \longrightarrow 3\,Fe + 4\,H_2O$

Umkehrbare chemische Reaktionen können in beiden Richtungen ablaufen. Eine umkehrbare chemische Reaktion besteht aus einer **Hinreaktion** und einer **Rückreaktion**. Die umkehrbare chemische Reaktion wird in einer Reaktionsgleichung durch den Doppelpfeil gekennzeichnet.

$3\,Fe + 4\,H_2O \rightleftharpoons Fe_3O_4 + 4\,H_2$

Mit der Bildung und dem Zerfall von Wasser ist ein weiteres Beispiel für eine umkehrbare chemische Reaktion bereits bekannt (↗ S. 58).

$2\,H_2 + O_2 \rightleftharpoons 2\,H_2O; \qquad Q = -570\,\frac{kJ}{mol}$

In exothemer Reaktion entsteht das Reaktionsprodukt Wasser, das unter Energieaufwand wieder zersetzt werden kann. Die Angabe der Reaktionswärme bezieht sich immer auf die Hinreaktion.

Experiment 9 L
2%ige Blei(II)-nitratlösung (T) wird mit 1%iger Kaliumiodidlösung versetzt. Nach Abfiltrieren des Niederschlags ist das Filtrat aus Iodid-Ionen und Blei(II)-Ionen zu prüfen.

Experiment 10 L
Vorsicht!
Wasserdampf wird über erhitztes Eisenpulver geleitet.

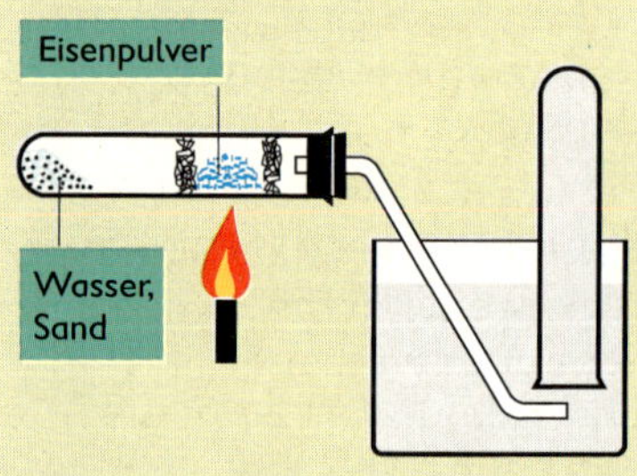

Experiment 11 L
Vorsicht! Schutzbrille!
Eisen(II,III)-oxid wird auf Glaswolle aufgetragen, ein Wasserstoffstrom (F+) wird darüber geleitet. Wenn die Apparatur sauerstofffrei ist (Knallgasprobe durchführen!), wird das Eisen(II,III)-oxid erhitzt.

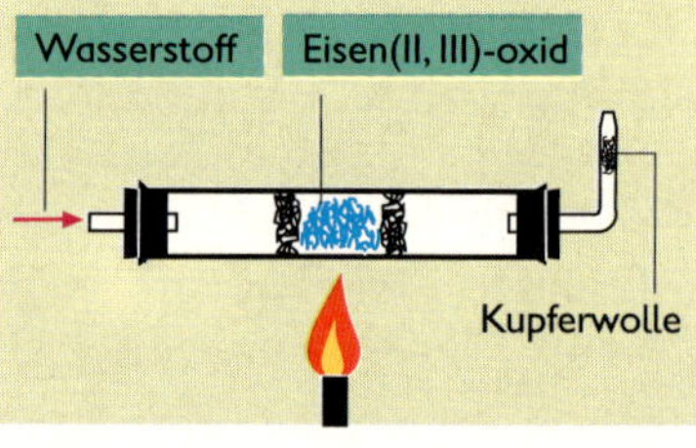

Findet eine umkehrbare chemische Reaktion in einem geschlossenen Reaktionsraum statt, aus dem während der chemischen Reaktion kein Stoff entweicht und dem kein Stoff zugeführt wird, laufen Hin- und Rückreaktion gleichzeitig ab. Sobald sich Reaktionsprodukte im Verlauf der **Hinreaktion** gebildet haben, setzt der umgekehrte Vorgang ein: Ausgangstoffe werden im Verlauf der **Rückreaktion** zurückgebildet. Alle an der chemischen Reaktion beteiligten Stoffe liegen gleichzeitig vor. Die Konzentration der Ausgangsstoffe nimmt nur bis zu einem bestimmten konstanten Wert ab. Der Stoffumsatz bleibt unvollständig (Abb. 1).

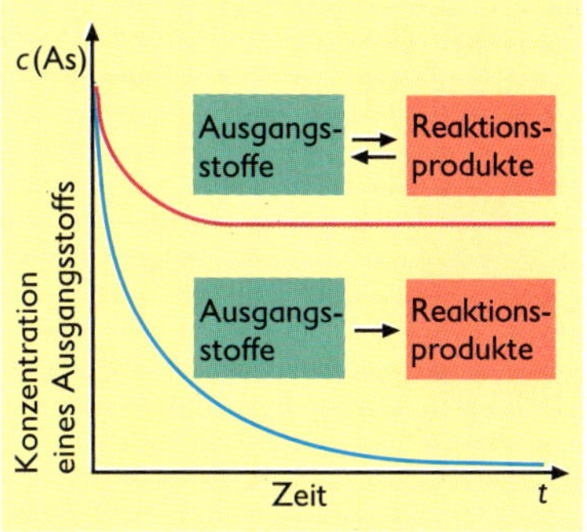

1

Zusammenhang zwischen der Konzentration eines Ausgangsstoffes und der Zeit bei einer chemischen Reaktion mit vollständigem Stoffumsatz (blaue Kurve) und einer chemischen Reaktion mit unvollständigem Stoffumsatz (rote Kurve)

Einstellung eines chemischen Gleichgewichts. Die Bildung und Spaltung eines Esters laufen in einem geschlossenen Reaktionsraum gleichzeitig ab (Experiment 12):

$$CH_3COOH + C_2H_5OH \rightleftharpoons CH_3COOC_2H_5 + H_2O.$$

Die Konzentrationen von Alkansäure und Alkanol nehmen bis zu einem konstanten Wert ab; die Reaktionsgeschwindigkeit der Hinreaktion verringert sich dabei. Gleichzeitig zerfällt gebildeter Ester wieder in Alkansäure und Alkanol. Je höher die Konzentration dieser Stoffe ansteigt, umso größer wird auch die Geschwindigkeit der Rückreaktion. Nach einer gewissen Zeit ist keine Konzentrationsänderung mehr feststellbar: $\Delta c = 0$. Die umkehrbare chemische Reaktion scheint beendet zu sein. Obgleich die Stoffe noch weiterhin miteinander reagieren, ändert sich an ihrem Konzentrationsverhältnis nichts mehr. Es stellt sich schließlich ein **chemisches Gleichgewicht** ein.

Nach Erreichen des chemischen Gleichgewichts ist die Gesamtreaktionsgeschwindigkeit für die umkehrbare chemische Reaktion null, $v = 0$, Hin- und Rückreaktion laufen aber weiterhin und mit jeweils gleicher Reaktionsgeschwindigkeit ab: $v_{Hin} = v_{Rück}$.

Das chemische Gleichgewicht ist wegen dieser Tatsache ein **dynamisches Gleichgewicht**.

Wichtige Voraussetzung für die Einstellung eines chemischen Gleichgewichts ist das *geschlossene System*, das bedeutet, dass mit der Umgebung kein Stoffaustausch stattfinden darf.

Merkmale eines chemisches Gleichgewichts:
Konzentrationen von Ausgangsstoffen und Reaktionsprodukten ändern sich nicht mehr ($\Delta c = 0$).
Die Gesamtreaktionsgeschwindigkeit für die umkehrbare chemische Reaktion ist null ($v = 0$),
weil Hin- und Rückreaktion mit gleicher Geschwindigkeit ablaufen ($v_{Hin} = v_{Rück}$).

Katalysator und chemisches Gleichgewicht. Die Anwesenheit eines Katalysators wirkt sich gleichermaßen beschleunigend auf die Hin- und Rückreaktion aus. Das chemische Gleichgewicht wird eher erreicht; die **Einstellzeit** verkürzt sich.

Der Katalysator hat aber keinen Einfluss auf das Konzentrationsverhältnis der an der Reaktion beteiligten Stoffe im chemischen Gleichgewicht.

Experiment 12 **L**
Vorsicht! Schutzbrille!
Je 3 ml 20%ige Ethansäure (Xi) und Ethanol (F) und 1 ml 50%ige Schwefelsäure (C) werden gemischt und vorsichtig erhitzt. Siedesteine verwenden! Das Destillat ist auf seinen Geruch zu prüfen (↗ S. 228 f.).

AUFGABEN

1. Wie ist zu erklären, dass nach dem Überleiten von Kohlenstoffdioxid über glühende Kohle stets beide Oxide des Kohlenstoffs nachweisbar sind?
2. Beschreibe die Hydrierung von Ethen als chemische Reaktion mit unvollständigem Stoffumsatz!
3. Diskutiere anhand des Diagramms (Abb. 1) den Verlauf einer chemischen Reaktion mit unvollständigem und im Vergleich dazu mit vollständigem Stoffumsatz!

Temperaturabhängigkeit des chemischen Gleichgewichts

Temperaturänderung und umkehrbare chemische Reaktion. Die Reaktionsgeschwindigkeit ist durch Temperaturänderungen zu beeinflussen. Für umkehrbare chemische Reaktionen bedeutet dies: Eine Erhöhung der Reaktionstemperatur wirkt sich zunächst sowohl auf die Hinreaktion als auch auf die Rückreaktion beschleunigend aus. Im geschlossenen System führt eine hohe Temperatur zu einer schnelleren Einstellung des chemischen Gleichgewichts. Die Einstellzeit für das Gleichgewicht verkürzt sich.

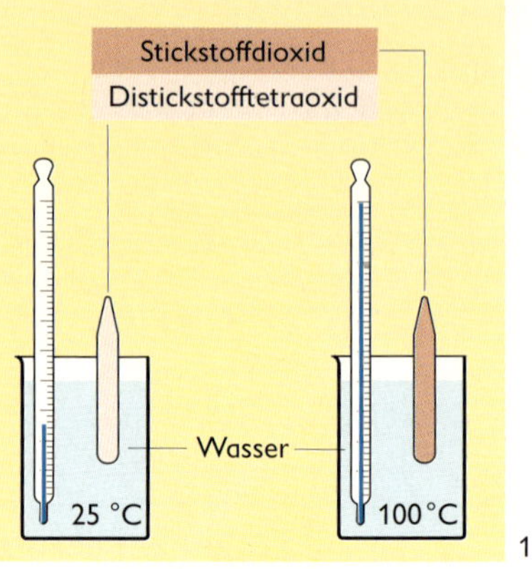

1

Temperaturänderung – Änderung des Konzentrationsverhältnisses im chemischen Gleichgewicht. Die Reaktionswärmen der Hin- und Rückreaktion umkehrbarer chemischer Reaktionen haben gleiche Beträge, aber entgegengesetzte Vorzeichen (exotherme und endotherme Reaktion). Das hat zur Folge, dass eine Temperaturänderung einen unterschiedlich starken Einfluss auf die Hin- und die Rückreaktion hat. Damit ändert sich auch das Konzentrationsverhältnis zwischen Ausgangsstoffen und Reaktionsprodukten im chemischen Gleichgewicht.

Die chemische Reaktion von Iod mit Stärke führt bei Zimmertemperatur zur Bildung von Iodstärke in relativ hoher Konzentration, erkennbar an einer tief dunkelblauen Farbe der Lösung. Bei 50 °C bleibt das Gemisch aus Iodlösung und Stärkelösung nahezu farblos. Die Konzentration an Iodstärke ist sehr gering (Exp.13).

Iod + Stärke $\rightleftharpoons$ Iodstärke; $Q = -\,a$ kJ/mol

Zwischen rotbraunem Stickstoffdioxid NO_2 und farblosem Distickstofftetraoxid N_2O_4 stellen sich in Abhängigkeit von der Temperatur chemische Gleichgewichte mit unterschiedlichen Konzentrationsverhältnissen ein (Abb. 1 und Tabelle 4):

$N_2O_4 \rightleftharpoons 2\,NO_2$; $Q = +\,59$ kJ/mol.

Je höher die Temperatur, umso intensiver ist die braune Farbe des Gasgemisches. Eine Temperaturerhöhung begünstigt also die Bildung des Stickstoffdioxids, das bei der endothermen Reaktion entsteht. Das chemische Gleichgewicht wird durch Änderung der Temperatur beeinflusst: Es stellt sich ein neues Konzentrationsverhältnis zwischen den Ausgangsstoffen und den Reaktionsprodukten ein. Wie sich eine Temperaturänderung auswirkt, ist also abhängig von der Reaktionswärme (Abb. 2).

Stickstoffdioxid-Distickstofftetraoxid-Gleichgewicht in Abhängigkeit von der Temperatur

Temperatur in °C	25	100
Volumenanteil an Distickstofftetraoxid in %	72	6,5
Volumenanteil an Stickstoffdioxid in %	28	93,5

4

Experiment 13
4%ige Stärkelösung wird bei Zimmertemperatur mit 1%iger Iodlösung versetzt. Im Vergleich dazu sind die genannten Lösungen auf 50 °C zu erwärmen, zu mischen und nach der Reaktion abzukühlen.

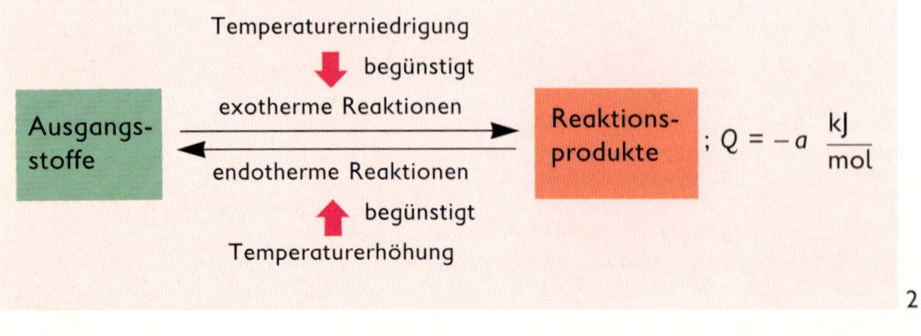

2

Druckabhängigkeit des chemischen Gleichgewichts

Chemische Reaktionen mit Volumenänderungen. Gasförmige Stoffe sind an vielen chemischen Reaktionen beteiligt. Bei solchen Reaktionen ist der Druck als Reaktionsbedingung besonders zu beachten, da Gase im Vergleich zu festen oder flüssigen Stoffen ein wesentlich größeres Volumen einnehmen. Bei der Bildung von Chlorwasserstoff aus den Elementsubstanzen

$$H_2 + Cl_2 \rightleftharpoons 2\,HCl$$

ist unter gegebenen Reaktionsbedingungen das Volumen der Ausgangsstoffe $V(\mathrm{As})$ gleich dem der Reaktionsprodukte $V(\mathrm{Rp})$, wie an der Reaktionsgleichung zu erkennen ist.
Bei der Verbrennung von Propan nehmen die Reaktionsprodukte hingegen ein größeres Volumen als die Ausgangsstoffe ein:

$$C_3H_8 + 5\,O_2 \rightleftharpoons 3\,CO_2 + 4\,H_2O; \qquad V(\mathrm{As}) < V(\mathrm{Rp})\,.$$

Druckänderung und chemisches Gleichgewicht. Umkehrbare chemische Reaktionen sind dann vom Druck abhängig, wenn das Volumen der Ausgangsstoffe größer oder kleiner als das der Reaktionsprodukte ist, wenn gasförmige Stoffe an der Reaktion teilnehmen.
Bei der umkehrbaren chemischen Reaktion von Kohlenstoffdioxid mit Kohlenstoff zu Kohlenstoffmonooxid werden je Mol reagierendem Kohlenstoffdioxid 2 mol Kohlenstoffmonooxid gebildet. Die Bildung von Kohlenstoffmonooxid ist eine chemische Reaktion mit Volumenzunahme. Eine Druckerniedrigung begünstigt diese chemische Reaktion. Bei verschiedenen Drücken stellen sich unterschiedliche chemische Gleichgewichte ein (Tabelle 5).
Bei chemisch-technischen Verfahren führt Druckanwendung zu einer höheren Ausbeute an Reaktionsprodukten, wenn sie sich im Vergleich zu den Ausgangsstoffen unter Volumenverminderung bilden (Abb. 3).
So werden technisch aus einem Gemisch von Kohlenstoffmonooxid und Wasserstoff in Anwesenheit eines Katalysators je nach Höhe des Drucks unterschiedliche Anteile an festen, flüssigen und gasförmigen Kohlenwasserstoffen hergestellt. Die festen Kohlenwasserstoffe werden für die Produktion von Seifen, Leimen, Wasch- und Schmiermitteln benötigt. Druckanwendung begünstigt ihr Entstehen (Tabelle 6).

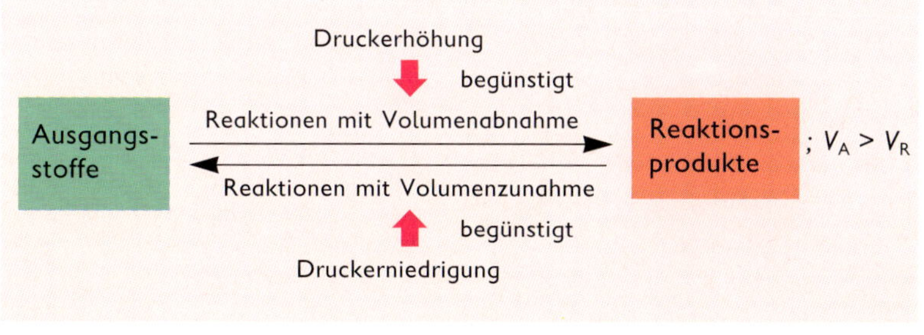

3

Volumenanteil des Kohlenstoffmonooxids bei der umkehrbaren chemischen Reaktion
$CO_2 + C \rightleftharpoons 2\,CO$
bei einer Temperatur von 600 °C in Abhängigkeit vom Druck

Druck in hPa	Volumenanteil an Kohlenstoffmonooxid in %
98	50
196	37
392	33
568	29
784	27
980	23

5

Druckabhängigkeit der Umwandlung eines Gasgemisches aus Kohlenstoffmonooxid und Wasserstoff in feste Kohlenwasserstoffe bei 180 °C

Druck in MPa	Volumenanteil des umgewandelten Kohlenstoffmonooxids in %
0,1	0
5	48
10	68

6

AUFGABEN

1. Diskutiere an der umkehrbaren chemischen Reaktion
   $C_2H_4 + H_2 \rightleftharpoons C_2H_6;$
   $Q = -\,137$ kJ/mol
   die Wirkung von
   a) Temperaturänderungen,
   b) Druckänderungen!
2. Erläutere das zu beobachtende Aufperlen von Kohlenstoffdioxid beim Öffnen einer Mineralwasserflasche mit den sich verändernden Druckverhältnissen!
   $3\,H_2O + CO_2 \rightleftharpoons 2\,H_3O^+ + CO_3^{2-}$

Einfluss auf chemische Gleichgewichte

Prinzip von *Le Chatelier* und *Braun*. Der französische Chemiker und Bergingenieur *Le Chatelier* (Abb. 1) und der deutsche Physiker *Braun* (Abb. 2) erkannten für Vorgänge, bei denen sich ein dynamisches Gleichgewicht einstellt, dass deren Verlauf durch Veränderung der Bedingungen zu beeinflussen ist. Sie entdeckten, wie sich eine Veränderung der Reaktionsbedingungen Temperatur und Druck auf chemische Gleichgewichte auswirkt. Es zeigte sich, dass ihre Überlegungen auch bei physikalischen Vorgängen gültig waren. Sogar physiologische Prozesse waren damit besser zu verstehen.
Das von ihnen formulierte Prinzip des kleinsten Zwangs, nach seinen Entdeckern auch als **Prinzip von *Le Chatelier* und *Braun*** benannt, besagt:

1

Henry Le Chatelier (1850 bis 1936) Wissenschaftliche Untersuchungen zum Bergbau- und Hüttenwesen. Er ermöglichte die Verwendung von Bauxit für die Aluminiumherstellung und untersuchte Metallegierungen. Seine 1884 veröffentlichten, auf zahlreiche quantitative Experimente gestützten Erkenntnisse über den Einfluss von Druck und Temperatur auf dynamische Gleichgewichte bereicherten die Theorie.

Wird auf eine sich im chemischen Gleichgewicht befindende umkehrbare Reaktion ein Zwang ausgeübt, dann weicht das Gleichgewicht dem Zwang so aus, dass die Folgen des Zwanges verringert werden.

Zwang ausüben kann in der Zufuhr, dem Entzug von Wärme oder in der Änderung des Volumens gasförmiger Stoffe bestehen. Ein neues Gleichgewicht stellt sich so ein, dass die Folgen der Temperatur- oder Druckänderung möglichst gering werden (Abb. 3).

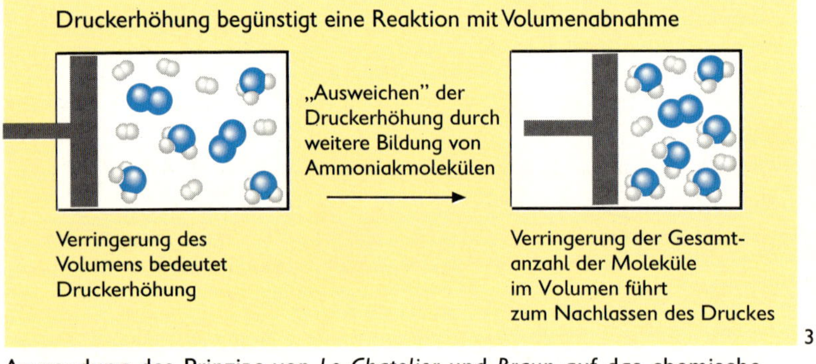

3

Anwendung des Prinzips von *Le Chatelier* und *Braun* auf das chemische Gleichgewicht $N_2 + 3\ H_2 \rightleftharpoons 2\ NH_3$

„Störung" des chemischen Gleichgewichts. Im chemischen Gleichgewicht befinden sich die Stoffe in einem bestimmten Konzentrationsverhältnis. Durch Änderung der Konzentration eines Reaktionspartners wird das geschlossene System „geöffnet"; das Gleichgewicht wird „gestört". Die Zugabe eines Stoffes führt dazu, dass diejenige Reaktion verstärkt abläuft, die den zugefügten Stoff verbraucht. Das Gleichgewicht stellt sich dann wieder ein. Bei der Veresterung (↗ S. 228), der Reaktion einer Carbonsäure mit einem Alkohol, lässt sich die Ausbeute an Ester durch die Zugabe eines Ausgangsstoffes oder durch ständiges Entfernen eines Reaktionsproduktes (z. B. durch Abdestillieren des Esters) erhöhen (↗ S. 229).

2

Karl-Ferdinand Braun (1850 bis 1918) veröffentlichte 1887 unabhängig von *Le Chatelier* seine Untersuchungen, die sich auf chemische Gleichgewichte anwenden ließen; neben *Heinrich Hertz* einer der Väter der Rundfunk- und Fernsehtechnik, braunsche Röhre; 1909 Nobelpreis für Physik.

Chemische Gleichgewichte in Technik und Natur

Hohe Ausbeute an Reaktionsprodukten in der chemischen Industrie. Ein Ziel chemisch-technischer Verfahren ist es, in möglichst kurzer Zeit einen hohen Anteil an gewünschten Reaktionsprodukten herzustellen. Außer der Wahl geeigneter Reaktionsbedingungen haben viele weitere Faktoren, zum Beispiel die Verfügbarkeit der Ausgangsstoffe, ökologische Risiken, das Material der Reaktionsapparate, das Vorhandensein wirksamer Katalysatoren und sicherheitstechnische Gründe, Einfluss auf die Wirtschaftlichkeit chemisch-technischer Verfahren.
Wichtige Prinzipien der Reaktionsführung sind zu verstehen, wenn der Zusammenhang zwischen Reaktionsbedingungen und Reaktionsverlauf beachtet wird.

Vom Stickstoff zum Ammoniak. (↗ S. 154 f.; Abb. 3, S. 155)

$N_2 + 3\,H_2 \rightleftharpoons 2\,NH_3$; $Q = -92$ kJ/mol

Mögliche Einflussfaktoren:	Temperatur, Druck, Katalysator	
Hoher Anteil an Ammoniak im Gleichgewicht, wenn ...	Temperatur niedrig	Druck relativ hoch

Ökonomisch und technisch realisierte Bedingungen

Temperatur	Druck
450 ··· 550 °C (Arbeitstemperatur des Katalysators)	25 ··· 35 MPa

Schwefeltrioxid – Ausgangsstoff für Schwefelsäure. (↗ S. 146, S. 148; Tabelle 5, S. 148)
Entscheidend für die Herstellung von Schwefelsäure ist die auch aus ökologischen Gründen möglichst vollständige Umwandlung von Schwefeldioxid in Schwefeltrioxid.

$2\,SO_2 + O_2 \rightleftharpoons 2\,SO_3$; $Q = -198$ kJ/mol

Mögliche Einflussfaktoren:	Temperatur, Druck, Konzentration eines Stoffes, Katalysator		
Hoher Anteil an Schwefeltrioxid im Gleichgewicht, wenn ...	Temperatur niedrig	Druck relativ hoch	Sauerstoffzufuhr

Ökonomisch und technisch realisierte Bedingungen

Temperatur	Druck	Ausgangsstoffe
420 °C (Arbeitstemperatur des Katalysators)	1000 hPa (durch Einsatz von Luft gering druckabhängig) $V(As):V(Rp) = 7:6$)	Überschuss an Luftsauerstoff $V(SO_2)$: V(Luft) = 1 : 1,1

AUFGABEN

1. Begründe die in der Technik gewählten Reaktionsbedingungen für die Ammoniaksynthese mit dem Prinzip von *Le Chatelier* und *Braun*!
2. Für die Ammoniak- oder auch die Methanolsynthese wird Wasserstoff benötigt, der zum großen Teil aus Erdgas gewonnen wird.
   $CH_4 + H_2O \rightleftharpoons CO + 3\,H_2$; $Q = +206$ kJ/mol.
   Diskutiere die Reaktion hinsichtlich günstiger Reaktionsbedingungen!
3. Die Reaktion von Methan mit Wasserdampf unter Bildung von Kohlenstoffmonooxid und Wasserstoff ist endotherm ($Q = +206$ kJ/mol). In der Technik wird diese chemische Reaktion mit der chemischen Reaktion zwischen Methan und Sauerstoff gekoppelt.
   $2\,CH_4 + O_2 \rightleftharpoons 2\,CO + 4\,H_2$;
   $Q = -72$ kJ/mol.
   Diskutiere die Reaktion bezüglich der Reaktionsbedingungen Temperatur und Druck!
   Überlege, aus welchen Gründen beide Reaktionen kombiniert werden!

Methanol aus Kohlenstoffmonooxid und Wasserstoff. (S. 212)

$CO + 2\,H_2 \rightleftharpoons CH_3OH$; $Q = -90$ kJ/mol

Mögliche Einflussfaktoren:	Temperatur und Druck (Tab. 7), Konzentration eines Stoffes, Katalysator		
Hoher Anteil Methanol im Gleichgewicht, wenn…	Temperatur niedrig	Druck hoch	Wasserstoffzufuhr

Ökonomisch und technisch realisierte Bedingungen

Temperatur	Druck	Ausgangsstoffe
380 °C (Katalysator)	20 MPa	$V(CO):V(H_2) = 1:2{,}2$

Einfluss von Temperatur und Druck auf den erreichbaren Volumenanteil an Methanol in %

Temperatur in °C	Druck in MPa 10	20	30	40
200	≈100	≈100	≈100	≈100
250	≈ 90	≈100	≈100	≈100
300	83,9	90,5	92,8	94,2
350	67,2	80,5	82,5	85,5
400	44,4	65,8	71,6	74,6

7

Carbonate in der Natur. Ganze Gebirgszüge, oft leuchtend helle, zerklüftete Felsen, wie die Kalkalpen und der Jura, bestehen überwiegend aus Kalkstein $CaCO_3$. Kohlenstoffdioxidhaltiges Regen- und Sickerwasser greifen das Gestein im Laufe der Jahrhunderte an, lösliches Calciumhydrogencarbonat entsteht. Im Gestein bilden sich tiefe Furchen und Höhlen, aus denen das Wasser rasch abfließt. An der Oberfläche des Gesteins sind deshalb karger Pflanzenbewuchs und Erdeinbrüche, sogenannte Karsttrichter, zu finden. Verdunstet das eingedrungene Wasser, scheidet sich schwer lösliches Calciumcarbonat wieder ab.

$$CaCO_3 + H_2O + CO_2 \rightleftharpoons Ca(HCO_3)_2$$

So entstehen Tropfsteine. Tritt das Wasser der Karsthöhlen wieder zu Tage, ist es „hartes" Wasser. An stark bewegten oder durch Sonne aufgeheizten Wasserstellen scheidet sich Kalkstein oft in großer Menge ab (Abb. 1). *Erkläre dieses Naturwunder!*

1

Kalksinterterrassen bei Pamukkale/Türkei

Vorgänge in lebenden Organismen. Der Sauerstofftransport durch das Blut erfolgt über die Bildung und den Zerfall von Oxyhämoglobin.

$$\text{Hämoglobin} + \text{Sauerstoff} \underset{\text{endotherm}}{\overset{\text{exotherm}}{\rightleftharpoons}} \text{Oxyhämoglobin}$$

Eine Temperaturerhöhung, z. B. bei Fieber, führt zur Verschlechterung des Sauerstofftransports, weil bei erhöhter Temperatur die Konzentration des gebildeten Oxyhämoglobins kleiner ist. Hinzu kommt die geringere Löslichkeit von Sauerstoff in der Blutflüssigkeit. Der Organismus wird geschwächt. Umgekehrt kann niedrige Temperatur die Sauerstoffaufnahme in den Lungenbläschen fördern. Die bei manchen chirurgischen Eingriffen angewandte Unterkühlung hat einen verringerten Sauerstoffbedarf der Zellen zur Folge; der Abbau von Nährstoffen wird gleichzeitig verlangsamt.

Höhenkrankheit bei Bergtouristen

Kopfschmerzen, Atemnot, Übelkeit – Reaktion des menschlichen Körpers auf mangelhafte Sauerstoffversorgung in großer Höhe. Wegen des verminderten Sauerstoffdruckes in der Atemluft wird weniger Sauerstoff an Hämoglobin unter Bildung von Oxyhämoglobin gebunden.

$$Hb + O_2 \rightleftharpoons HbO_2$$

Nach längerer Akklimatisation stellt sich der Körper auf den verringerten Sauerstoffanteil ein und erhöht die Hämoglobinkonzentration im Blut.

Im Überblick

Merkmale chemischer Reaktionen

Stoffumwandlung	Ausgangsstoffe	⟶	Reaktionsprodukte
Energieumwandlung	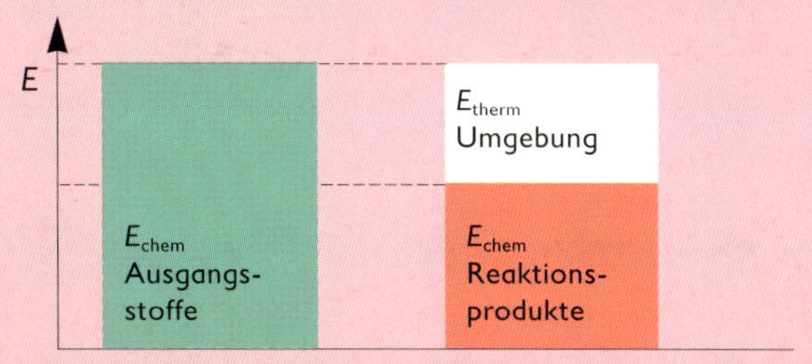		
	exotherme Reaktion		
Umordnung und Veränderung von Teilchen	Teilchen der Ausgangstoffe	⟶	Teilchen der Reaktionsprodukte
Umbau chemischer Bindungen	Spaltung chemischer Bindungen in Teilchen der Ausgangsstoffe		Neuausbildung chemischer Bindungen in Teilchen der Reaktionsprodukte

Reaktionsgeschwindigkeit

Chemische Reaktionen laufen mit einer bestimmten Geschwindigkeit ab, der Reaktionsgeschwindigkeit.
Die Reaktionsgeschwindigkeit wird erhöht durch:

Einsatz eines Katalysators,
Konzentrationserhöhung eines reagierenden Stoffes,
Temperaturerhöhung.

Umkehrbare chemische Reaktion

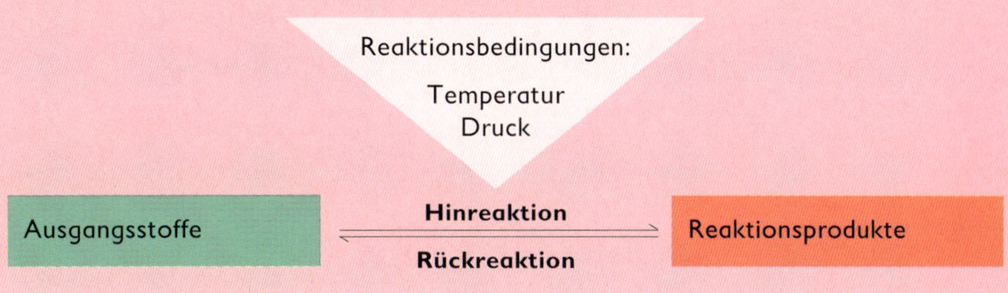

Chemisches Gleichgewicht

Unter gegebenen Reaktionsbedingungen kommt es zur **Einstellung eines chemischen Gleichgewichts** im geschlossenen System.

Merkmale
Konstantes Konzentrationsverhältnis der reagierenden Stoffe; $\Delta c = 0$.
Gesamtgeschwindigkeit $v = 0$;
Hin- und Rückreaktion laufen gleichzeitig mit gleicher Geschwindigkeit ab:
$v_{Hin} = v_{Rück}$.

Chemische Gleichgewichte sind durch **Änderung von Reaktionsbedingungen** zu beeinflussen: **Prinzip von *Le Chatelier* und *Braun*.**

31

Elektrochemische Reaktionen

Viele Stoffe, wie Aluminium, Kupfer, Zink, Chlor und Natronlauge, werden auf elektrochemischem Wege hergestellt. Auch in Batterien für Uhren, Radios und Autos laufen elektrochemische Reaktionen ab.
Was sind das für Reaktionen?

Metallreihe – Galvanische Zellen

Abscheiden von Metallen aus ihren Salzlösungen. Wird zu einer Lösung von Kupfer(II)-sulfat etwas Zinkpulver gegeben, so erwärmt sich die Lösung. Es bildet sich ein schwarzbrauner Niederschlag aus fein verteiltem Kupfer (Experiment 1).

Elektronenabgabe

$$Zn \longrightarrow Zn^{2+} + 2\,e^- \qquad \text{Oxidation}$$
$$Cu^{2+} + 2\,e^- \longrightarrow Cu \qquad \text{Reduktion}$$

Elektronenaufnahme

$$Zn + Cu^{2+} \longrightarrow Zn^{2+} + Cu \qquad \text{Redoxreaktion}$$

Elektronenübergang

Die Kupfer(II)-Ionen der Kupfer(II)-sulfatlösung nehmen Elektronen auf, sie werden reduziert. Es bildet sich Kupfer. Die Zinkatome geben Elektronen ab, sie werden oxidiert. Es findet also eine Redoxreaktion statt.
Wird ein Eisennagel in eine Kupfer(II)-sulfatlösung getaucht, so überzieht er sich ebenfalls mit einer Schicht aus rotbraunem Kupfer.

$$Fe + Cu^{2+} \longrightarrow Fe^{2+} + Cu$$

Elektronenübergang

Wird aber Kupfer in eine wässrige Lösung von Zinksulfat oder Eisen(II)-sulfat getaucht, so findet keine Reaktion statt. Die Metalle reagieren nur mit den Ionen bestimmter anderer Metalle.

Experiment 1
Tauche gut gereinigte Stäbe aus Kupfer, Eisen und Zink jeweils in 2%ige Lösungen von Kupfer(II)-sulfat, Eisen(II)-sulfat und Zinksulfat!
Beobachte und notiere die Ergebnisse!

Experiment 2 **L**
Vorsicht! Schutzbrille!
In jeweils 2 Reagenzgläser wird eine kleine Probe pulverförmiges Magnesium, Zink, Eisen und Kupfer gegeben!
Jeweils eine Probe des Metalls wird mit 5 ml 12%iger Salzsäure (Xi) und die andere mit 12%iger Essigsäure (Xi) versetzt.
Die Öffnung des Reagenzglases wird an die Sparflamme eines Brenners gehalten.

Die unedlen Metalle geben Elektronen ab und so können sich die Ionen edlerer Metalle aus ihren Salzlösungen abscheiden.
Je unedler das Metall ist, umso leichter werden Elektronen abgegeben, und umso größer ist das Reduktionsvermögen. Beim Ordnen der Metalle nach ihrem Reduktionsvermögen ergibt sich die gleiche **Redoxreihe**, die bei Reaktionen von Metalloxiden mit Metallen als Reduktionsmittel aufgefunden worden ist (↗ S. 60 und Abb. 1).

Redoxreihe der Metalle

Unedle Metalle — Edelmetalle

Mg	Al	Zn	Fe	Ni	Sn	Pb	Cu	Ag	Au

← Reduktionsvermögen der Metalle nimmt zu.

→ Oxidationsvermögen der Metall-Ionen nimmt zu.

1

Auch bei Redoxreaktionen zwischen festen Metalloxiden und geeigneten Reduktionsmitteln (↗ S. 58 f.) finden wie bei den Reaktionen zwischen den Metall-Ionen gelöster Salze und den eingetauchten Metallen Elektronenübergänge statt.

Bei der Abscheidung von Metall-Ionen aus ihren Salzlösungen durch andere Metalle finden Elektronenübergänge statt. Es laufen Redoxreaktionen ab.

Abscheiden von Wasserstoff. Bei der Reaktion von verdünnten Säuren mit unedlen Metallen entsteht Wasserstoff (Experiment 2). Auch hierbei finden Elektronenübergänge statt. Es sind Redoxreaktionen (↗ S. 137). Dabei geben die Metallatome Elektronen ab. Es entstehen Metall-Ionen. Die Hydronium-Ionen nehmen Elektronen auf. Es bildet sich Wasserstoff.

Elektronenabgabe

$$Zn \longrightarrow Zn^{2+} + 2\,e^- \quad \text{Oxidation}$$

$$2\,H_3O^+ + 2\,e^- \longrightarrow H_2 + 2\,H_2O \quad \text{Reduktion}$$

Elektronenaufnahme

$$Zn + 2\,H_3O^+ \longrightarrow Zn^{2+} + H_2 + 2\,H_2O \quad \text{Redoxreaktion}$$

Elektronenübergang

Kupfer und Edelmetalle scheiden aus verdünnten Säuren keinen Wasserstoff ab. Deswegen kann Wasserstoff in die Redoxreihe der Metalle zwischen Kupfer und Blei eingeordnet werden, obwohl es ein Nichtmetall ist.

Spannungsreihe – Galvanische Zellen. Bei Reaktionen mit Elektronenübergang können der Stromfluss und die elektrische Spannung nachgewiesen werden. Beim Experiment 3 wird zwischen

AUFGABEN

1. Erläutere die chemischen Reaktionen, die beim Eintauchen von Magnesium in eine Eisensulfatlösung, von Zink in eine Blei(II)-acetatlösung und von Kupfer in eine Silbernitratlösung ablaufen! Warum handelt es sich um Redoxreaktionen?
2. Begründe, warum aus silberhaltigen fotografischen Lösungen metallisches Silber durch Zugabe von Eisenwolle ausgefällt werden kann!
3. Erkläre die Ergebnisse aus Experiment 2!
   Entwickle die Reaktionsgleichungen und markiere den Elektronenübergang!
4. Gib an, welche Metalle aus ihren Salzlösungen durch Eisen abgeschieden werden können! Begründe!
5. Begründe, warum Kupfer und Silber nicht mit verdünnten Säuren unter Wasserstoffentwicklung reagieren!
6. Im Jahr 1836 starben 126 Teilnehmer einer Arktisexpedition an Bleivergiftung. Erstmals wurden damals Konservenbüchsen zur Lagerung von Lebensmitteln verwendet. Diese Blechbüchsen wurden zugelötet.
   Erkläre, warum es zu dieser Vergiftung kommen konnte!

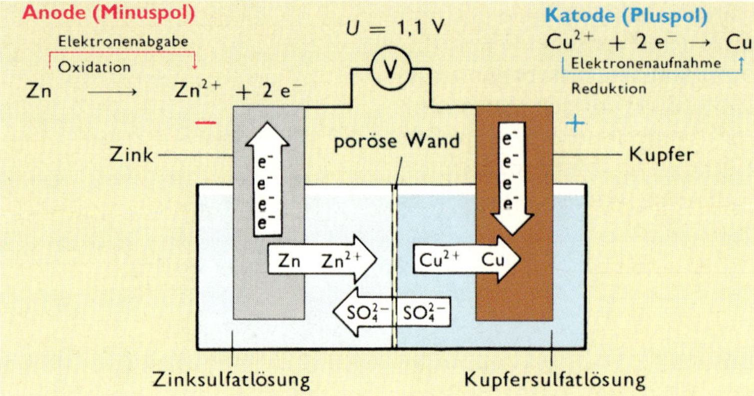

1

Experiment 3 L

In eine 10%ige Zinksulfatlösung taucht ein Zinkstab, in eine 10%ige Kupfer(II)-sulfatlösung ein Kupferstab. Beide Lösungen sind durch eine poröse Wand oder ein mit Kaliumnitratlösung gefülltes Glasrohr miteinander verbunden.
Die Spannung zwischen den beiden Metallen wird mit einem Digitalvoltmeter gemessen.

den Metallen Zink und Kupfer eine elektrische Spannung von 1,1 V gemessen. Das unedlere Metall Zink gibt Elektronen ab. Es wird also oxidiert. Kupfer(II)-Ionen nehmen Elektronen auf, sie werden reduziert.
Bei elektrochemischen Reaktionen findet die **Oxidation** an der **Anode** statt, die **Reduktion** an der **Katode** (Abb. 1).
Eine Kombination aus zwei Metallen, die in einem Gefäß in ihre Salzlösungen (Elektrolytlösungen) eintauchen, zwischen denen sich eine poröse Wand befindet, nennt man eine **galvanische Zelle** (galvanisches Element). Eine solche Kombination zur Stromerzeugung aus Zink und Kupfer wird nach ihrem Erfinder ***Daniell*-Element** genannt.
In gleicher Weise wie im Experiment 3 lässt sich auch die Spannung anderer galvanischer Zellen messen (Abb. 2). Um den Anteil eines einzelnen Metalls (Halbzelle) an der elektrischen Spannung der Zelle angeben zu können, wurde die Wasserstoffhalbzelle als Bezug gewählt. Eine Wasserstoffhalbzelle besteht aus einer Platinelektrode, die in Salzsäure (c = 1 mol · l^{-1}) eintaucht und von Wasserstoff umspült wird. Die Spannung der Wasserstoffhalbzelle wurde mit $U = \pm 0$ V festgelegt.
Auf diese Weise kann eine **Spannungsreihe** der Metalle aufgestellt werden (Tabelle 1).
Das Vorzeichen am Zahlenwert in der Spannungsreihe gibt an, ob das betreffende Metall edler (positives Vorzeichen) oder unedler (negatives Vorzeichen) als Wasserstoff ist.

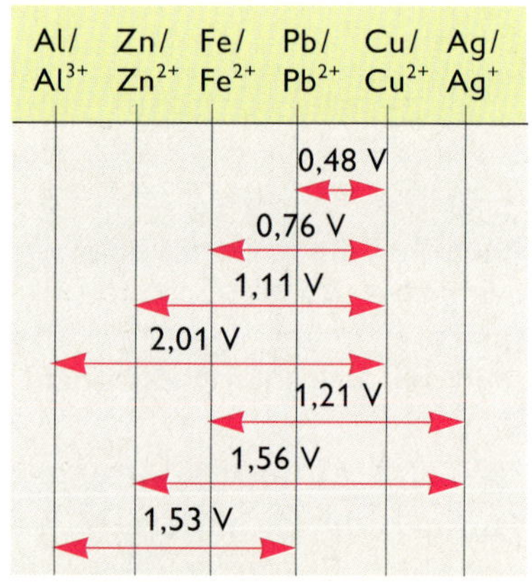

2

Spannungsreihe der Metalle

Metall/ Metall-Ion	Spannung in Volt
Li/Li^{+}	– 3,04
Na/Na^{+}	– 2,71
Mg/Mg^{2+}	– 2,36
Al/Al^{3+}	– 1,66
Zn/Zn^{2+}	– 0,76
Fe/Fe^{2+}	– 0,41
Ni/Ni^{2+}	– 0,23
Sn/Sn^{2+}	– 0,14
Pb/Pb^{2+}	– 0,13
$H_2/2\ H_3O^{+}$	± 0,00
Cu/Cu^{2+}	+ 0,35
Ag/Ag^{+}	+ 0,80
Hg/Hg^{2+}	+ 0,85

1

Zwischen zwei Metallen, die von einer Elektrolytlösung umgeben sind, tritt eine elektrische Gleichspannung auf. Die Größe dieser Spannung ist von der Stellung der Metalle in der Spannungsreihe abhängig.

An Redoxreaktionen können nicht nur Metalle beteiligt sein. Entsprechend kann auch die elektrische Spannung für Nichtmetalle und komplexe Ionen ermittelt werden. So beträgt zum Beispiel die Spannung für die Elektrode 2 Cl^{-}/Cl_2: U = + 1,36 V und für 2 Br^{-}/Br_2: U = + 1,07 V. In der Praxis werden zur Umwandlung chemischer Energie in elektrische Energie in Zellen meist Kombinationen aus Metall- und Nichtmetall-Elektroden verwendet.

Elektrochemische Korrosion

Lokalelement. Die Ausbildung galvanischer Zellen ist die Ursache für die **elektrochemische Korrosion** an ungeschützten Metallteilen und damit für große wirtschaftliche Schäden. Berühren sich zwei verschiedene Metalle, die von einer Elektrolytlösung, zum Beispiel Regenwasser oder Meerwasser, benetzt sind, kommt es in Rissen oder an Kanten aufgrund der Stellung der Metalle in der Spannungsreihe zur Ausbildung galvanischer Elemente, die als **Lokalelemente** bezeichnet werden.

Lokalelemente bilden sich an den Berührungsstellen von unedlen Metallen mit edleren Metallen, wenn Elektrolytlösungen einwirken.

Eisen oder Stahl enthalten andere Metalle als **Legierungsbestandteile** oder als Verunreinigungen. So entstehen bei Benetzung mit Elektrolytlösung Lokalelemente. Wirkt Sauerstoff ein, so kommt es zur elektrochemischen Korrosion.
Bei **verzinktem Eisen** bilden sich schon bei kleinen Schäden in der äußeren Metallschicht Lokalelemente aus (Abb. 3). Die Elektrolytlösung enthält oft Hydronium-Ionen und aus der Luft dringt Sauerstoff ein. Die Atome des unedleren Metalls Zink geben Elektronen ab. Durch Oxidation bilden sich Zink-Ionen. Die Elektronen fließen zum edleren Metall Eisen. An der Eisenoberfläche erfolgt die Reduktion des Sauerstoffs zu Wasser. Das Eisen rostet nicht, solange noch Zink vorhanden ist.
Bei **verzinnten Eisenteilen** ist das Zinn das edlere Metall. Entstehen in der Zinnschicht Risse, kann eine Elektrolytlösung eindringen, das unedlere Eisen korrodiert.
Werden im Winter zum Enteisen von Straßen Streusalze verwendet, bilden sich konzentrierte Elektrolytlösungen. Im Zusammenwirken mit Luft können durch Lokalelemente Korrosionsschäden an Kraftfahrzeugen entstehen.
Gefährlich ist der „Lochfraß" im Inneren von eisernen Tanks für Heizöl. Die Elektrolytlösung bildet sich aus Kondenswasser und Salzresten im Öl. Um ein Auslaufen der Kessel wegen Korrosion zu verhindern, kleidet man solche Behälter mit Kunststoff aus. Außerdem unterliegen sie einer regelmäßigen Kontrolle.

Korrosionsschutz. Die Erkenntnisse aus der Spannungsreihe werden auch beim Korrosionsschutz angewendet. So werden Erdgas- und Erdölleitungen, die durch sumpfiges Gelände, durch Flüsse oder Seen führen, vor Korrosion geschützt, indem Blöcke aus unedleren Metallen (Aluminium, Magnesium) in den Untergrund verankert und elektrisch leitend mit den Rohren verbunden werden. Auch an Schiffsrümpfen werden solche Metallblöcke zum Schutz vor Korrosion angebracht (Abb. 4). Sie werden als **Opferanoden** bezeichnet.
Bei Tankstellen werden die im Erdreich befindlichen Vorratstanks auf ähnliche Weise vor Korrosion geschützt. Dadurch werden die Zerstörung der Gefäße und somit Umweltschäden verhindert.

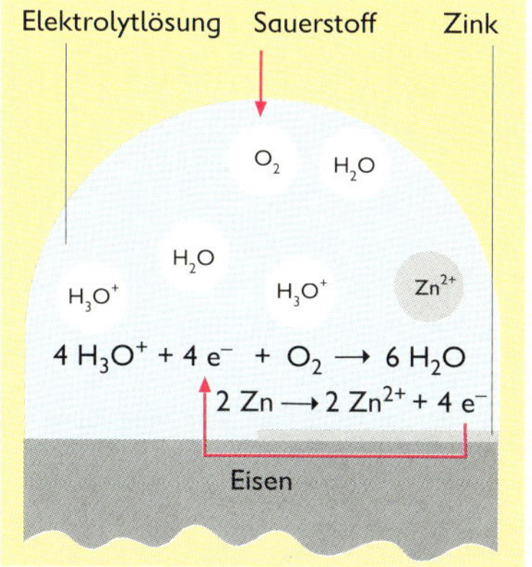

3

4

Opferanode am Schiffsrumpf

AUFGABEN

1. Berechne, welche Spannungen bei den Metallkombinationen a) Silber/Kupfer, b) Silber/Zink und c) Kupfer/Eisen zu erwarten sind!
2. Entwickle die Reaktionsgleichungen für den Korrosionsschutz an Eisenrohren durch a) Magnesium und b) Aluminium!
3. Begründe, warum ein Farbanstrich auf Stahl als Korrosionsschutz wirksam ist!
4. Warum sind Obstkonserven in verzinnten Blechbüchsen nur begrenzt lagerfähig?
5. Warum ist die Bezeichnung „Opferanode" für Metallblöcke am Schiffsrumpf zutreffend?

Elektrischer Strom durch chemische Reaktionen

Chemische Reaktionen zur Stromerzeugung. Die Erkenntnisse aus der Spannungsreihe finden bei der Entwicklung von galvanischen Zellen zur Stromerzeugung eine praktische Anwendung. Galvanische Zellen werden auch als **Primärelemente** (Primärzellen) bezeichnet. Chemische Energie wird durch Redoxreaktionen in elektrische Energie umgewandelt. **Zellen für Taschenlampen** – umgangssprachlich auch Taschenlampenbatterien genannt – können aus *Leclanché*-Zellen bestehen (Abb. 1). Bei Stromentnahme gibt Zink Elektronen ab und wird zu Zink-Ionen oxidiert. Mangan(IV)-oxid nimmt Elektronen auf und wird zu Mangan(III)-Ionen reduziert.

Anode (Minuspol): $Zn \rightarrow Zn^{2+} + 2\,e^-$ Oxidation

Katode (Pluspol): $2\,MnO_2 + 8\,H_3O^+ + 2\,e^- \rightarrow 2\,Mn^{3+} + 12\,H_2O$ Reduktion

$2\,MnO_2 + 8\,H_3O^+ + Zn \rightarrow 2\,Mn^{3+} + Zn^{2+} + 12\,H_2O$ Redoxreaktion

Die Hydronium-Ionen entstehen aus der Elektrolytlösung. Diese besteht aus Ammoniumchloridlösung, die durch Zusatz von Stärke eingedickt ist. Durch Stromentnahme wird das Zink des Zinkbechers verbraucht und es bildet sich Wasser. Dadurch kann eine verbrauchte Zelle auslaufen.

Die sogenannten **Alkali-Mangan-Zellen** sind auslaufsicher und haben eine größere elektrische Leistung (Abb. 2). Das wird durch einen außen liegenden Zylinder aus gepresstem Mangan(IV)-oxid und Graphit erreicht. Die Anode (Minuspol) besteht aus Zinkpulver, dem zur Aktivierung etwas Quecksilber zugesetzt sein kann. Als Elektrolytlösung dient Kaliumhydroxidlösung.

Für Quarzuhren und andere elektronisch gesteuerte Geräte sind so genannte **Knopfzellen** entwickelt worden (Abb. 3). Als Reduktionsmittel dient Zink, als Oxidationsmittel Quecksilberoxid HgO oder Silberoxid Ag_2O. Moderne Knopfzellen mit einer Lagerfähigkeit bis zu 10 Jahren enthalten als Anode (Minuspol) Lithium. Die Katode (Pluspol) bildet ein Gemisch aus verschiedenen Oxidationsmitteln. Den Hauptbestandteil des Elektrolyten bildet Lithiumperchlorat $LiClO_4$.

Batterieentsorgung – ein Abfallproblem. Batterien enthalten verschiedene Schwermetalle. Unbedacht weggeworfene Batterien bilden eine Gefahr für die Umwelt. In Deutschland werden je Jahr fast 500 Mill. Batterien verkauft, das bedeutet mehr als 22 000 t Müll, etwa 60 t davon sind metallisches Quecksilber.

Quecksilberhaltige Altbatterien gehören nicht in den Haushaltsabfall, auch wenn der Massenanteil an Quecksilber auf < 0,1 % herabgesetzt worden ist. Viele Zellen sind schon quecksilberfrei. Der Handel ist zur Rücknahme der verbrauchten Batterien verpflichtet und stellt dafür Behälter auf. Silber und Quecksilber aus Knopfzellen werden heute bereits wiedergewonnen.

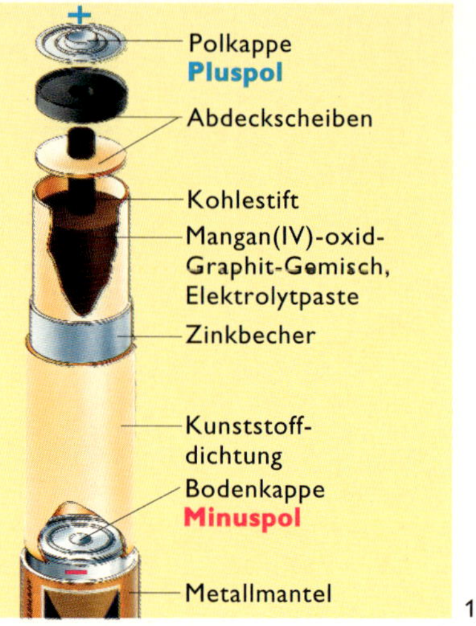

1 *Leclanché*-Zelle

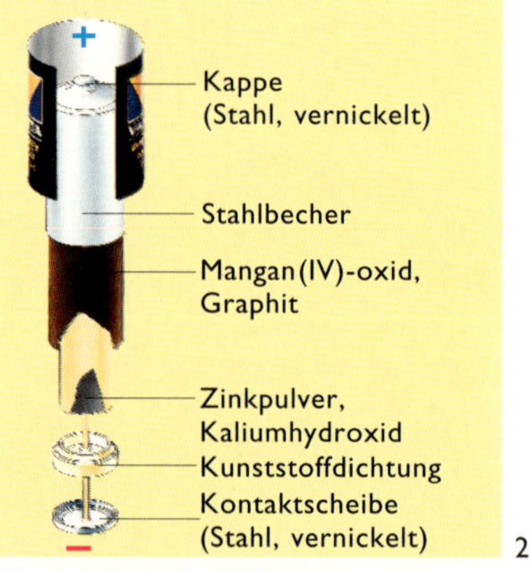

2 Alkali-Mangan-Zelle

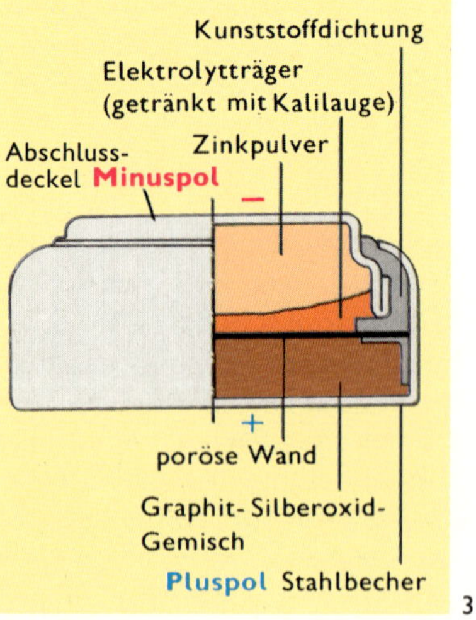

3 Knopfzelle

Achtung! Knopfzellen dürfen nicht an Ladegeräte angeschlossen werden. Es besteht Explosionsgefahr!

Brennstoffzellen. Brennstoffzellen sind galvanische Zellen, bei denen die Ausgangsstoffe kontinuierlich von außen zugeführt werden. Am bekanntesten ist die **„Knallgaszelle"** (Experiment 4). Wasserstoff und Sauerstoff umspülen in diesen Zellen Elektroden mit einer großen aktiven Oberfläche, die in geeignete Elektrolytlösungen eintauchen.
Die Elektrodenräume werden durch eine poröse Wand getrennt. Das Elektrodenmaterial dient gleichzeitig als Katalysator für die Redoxreaktion.
Brennstoffzellen werden in der Weltraumfahrt zur Stromversorgung an Bord der bemannten Raumstationen verwendet.

Akkumulatoren. Alle Primärelemente sind nach der Entladung unbrauchbar. Galvanische Zellen, die durch Zufuhr elektrischer Energie wieder aufgeladen werden können, nennt man **Sekundärelemente** (Sekundärzellen) oder **Akkumulatoren**. Am häufigsten genutzt wird der **Bleiakkumulator** (Abb. 4). Die negative Elektrode besteht aus Bleiplatten. Die positive Elektrode bildet Blei(IV)-oxid PbO_2. Als Elektrolytlösung wird Schwefelsäure mit der Dichte $\varrho = 1{,}28\ g/cm^3$ verwendet. Beim Laden und Entladen laufen Reaktionen mit Elektronenübergang (Redoxreaktionen) ab.
Chemische Reaktionen beim **Entladen**:

Anode (Minuspol): $Pb \longrightarrow Pb^{2+} + 2\ e^-$
Katode (Pluspol): $PbO_2 + 4\ H_3O^+ + 2\ e^- \longrightarrow Pb^{2+} + 6\ H_2O$
An beiden Polen: $Pb^{2+} + SO_4^{2-} \longrightarrow PbSO_4$

Das schwer lösliche Bleisulfat $PbSO_4$ bildet im Laufe der Zeit Kristalle, die beim Laden nicht wieder umgewandelt werden können. Dadurch sinkt die Ladekapazität des Akkumulators. Ein Bleiakkumulator ist deshalb nur im geladenen Zustand aufzubewahren.
Durch Anlegen einer elektrischen Gleichspannung wird der Akkumulator wieder aufgeladen. Dabei laufen die chemischen Reaktionen umgekehrt wie beim Entladen ab.
Chemische Reaktionen beim **Laden**:

Katode (Minuspol): $PbSO_4 + 2\ e^- \longrightarrow Pb + SO_4^{2-}$
Anode (Pluspol): $PbSO_4 + 6\ H_2O \longrightarrow PbO_2 + SO_4^{2-} + 4\ H_3O^+ + 2\ e^-$

Wird ein Akkumulator zu lange geladen, dann entstehen an der Katode Wasserstoff und an der Anode Sauerstoff. Beim Mischen beider Gase bildet sich das explosionsgefährliche Knallgas. Deshalb bestehen in Ladestationen für Akkumulatoren besondere Sicherheitsvorschriften (Rauchverbot).
Neben den Bleiakkumulatoren haben **Nickel-Cadmium-Akkumulatoren** große Bedeutung erlangt. Die Anode (Minuspol) bilden Platten aus Cadmium. Die Katode (Pluspol) besteht aus Nickelplatten, die mit Nickelhydroxid $Ni(OH)_2$ beschichtet sind. Als Elektrolyt wird Kalilauge verwendet.
Nickel-Cadmium-Akkumulatoren werden auch als sogenannte „Sinterzellen" hergestellt. Sie sind völlig wartungsfrei. Dadurch können in vielen elektrischen Geräten Batterien durch wieder aufladbare Akkumulatoren ersetzt werden.

Experiment 4 **L**
Vorsicht! Schutzbrille!
Wasserstoff (F+) und Sauerstoff werden blasenweise in eine Brennstoffzelle eingeleitet.
$U = 1{,}23\ V$

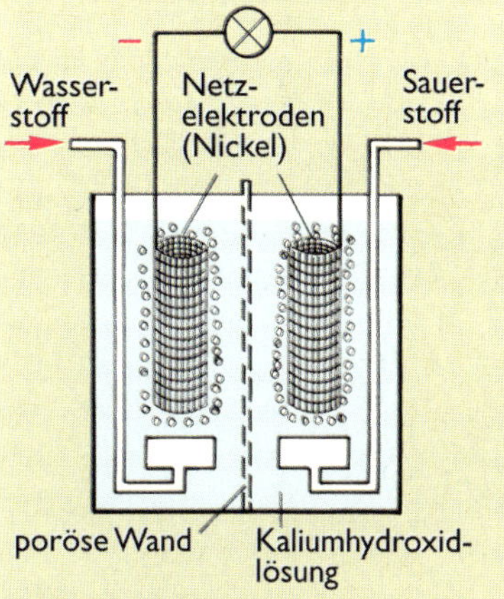

Anode (Minuspol):
$2\ H_2 + 4\ OH^- \longrightarrow 4\ H_2O + 4\ e^-$
Katode (Pluspol):
$O_2 + 2\ H_2O + 4\ e^- \longrightarrow 4\ OH^-$

$2\ H_2 + O_2 \longrightarrow 2\ H_2O$

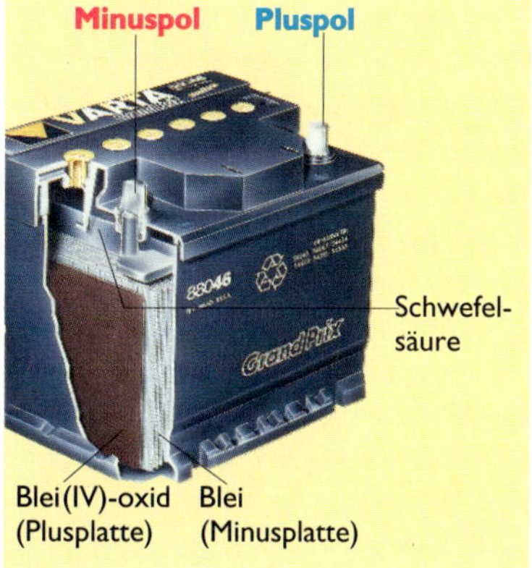

4
Bleiakkumulator

AUFGABEN

1. Warum kann in Weltraumstationen aus Brennstoffzellen Trinkwasser entnommen werden?
2. Warum sind die Reaktionen beim Laden und Entladen eines Bleiakkumulators Redoxreaktionen?

Elektrolyse

Wanderung von Ionen. Stoffe, deren wässrige Lösungen oder Schmelzen Ionen enthalten und den elektrischen Strom leiten, werden als **Elektrolyte** bezeichnet. Zu den Elektrolyten gehören Salze, Säuren und Hydroxide. Wird an Elektroden, die in eine wässrige Lösung dieser Stoffe eintauchen, eine Gleichspannung angelegt, so wandern die Ionen in der Lösung zu den Elektroden. Zum Beispiel wandern nach Anlegen einer Gleichspannung an die Elektroden die Hydronium-Ionen, die sich beim Lösen von Citronensäure in Wasser bilden, zur Katode (Minuspol), die Hydroxid-Ionen einer Calciumhydroxidlösung zur Anode (Pluspol) (Experiment 5).

Experiment 5 **L**

Vorsicht! Schutzbrille!
An ein feuchtes Indikatorpapier, auf dem sich Citronensäure und an ein zweites, auf dem sich Calciumhydroxid (C) befindet, wird eine Gleichspannung angelegt.

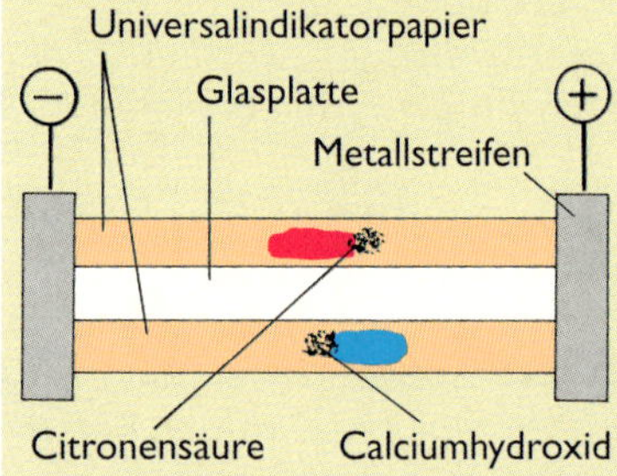

Elektrolyse von Zinkiodidlösung. Bei der Elektrolyse einer wässrigen Lösung von Zinkiodid scheiden sich an der Katode graue, glänzende Kristalle aus Zink ab. An der Anode färbt sich die Lösung braungelb. Es ist Iod entstanden, das sich mit braungelber Farbe in Wasser löst (Experiment 6).

Experiment 6

Eine 5%ige Zinkiodidlösung wird elektrolysiert.

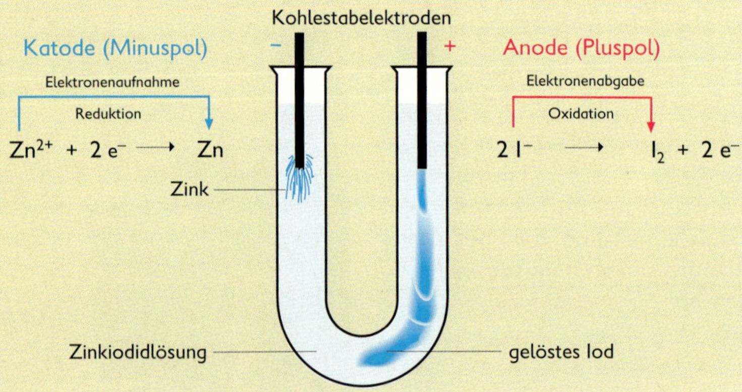

Bei der Elektrolyse von Zinkiodidlösung wandern die positiv elektrisch geladenen Zink-Ionen zur Katode (Minuspol) und nehmen Elektronen auf. Sie werden reduziert. Es entsteht Zink. An der Anode (Pluspol) werden die negativ elektrisch geladenen Iodid-Ionen zu Iod oxidiert. Es erfolgt also ein Elektronenübergang von den Iodid-Ionen zu den Zink-Ionen. Diese Vorgänge werden durch das Anlegen der Spannung erzwungen.

Elektronenabgabe
Oxidation

$$Zn^{2+} + 2\,I^- \longrightarrow Zn + I_2$$

Elektronenaufnahme
Reduktion

$$Zn^{2+} + 2\,I^- \xrightarrow{\text{Elektrolyse}} Zn + I_2 \quad \text{Redoxreaktion}$$

Elektronenübergang

Experiment 7 **L**

Vorsicht! Schutzbrille!
Etwa 12%ige Salzsäure (Xi) wird in einem U-Rohr elektrolysiert.

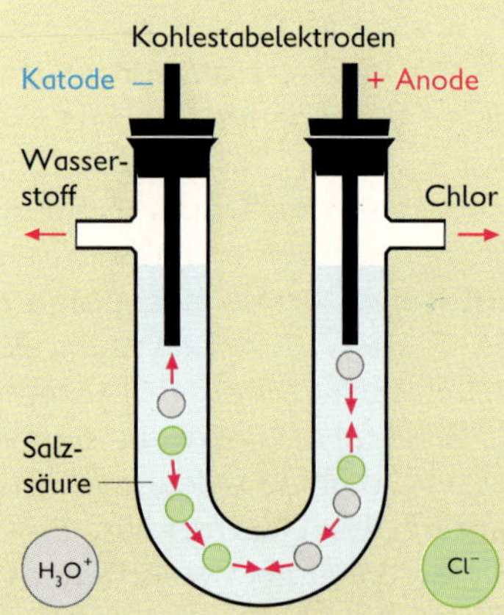

Elektrolyse von Salzsäure. Bei der Elektrolyse von Salzsäure (Experiment 7) scheidet sich an der Katode (Minuspol) Wasserstoff ab. An der Anode (Pluspol) bildet sich Chlor. Ein angefeuchteter Streifen Kaliumiodid-Stärke-Papier wird blau. Das ist der Nachweis für die Bildung von gasförmigem Chlor. Chlor ist elektrochemisch positiver (U = + 1,36 V) als die ebenfalls in der Lösung befindlichen Hydroxid-Ionen (U = + 0,40 V). Deshalb scheiden sich Chlorid-Ionen zuerst ab.

Elektronenaufnahme

Katode (Minuspol): $2\ H_3O^+ + 2\ e^- \longrightarrow H_2 + 2\ H_2O$ Reduktion

Anode (Pluspol): $2\ Cl^- \longrightarrow Cl_2 + 2\ e^-$ Oxidation

Elektronenabgabe

$$2\ H_3O^+ + 2\ Cl^- \xrightarrow{\text{Elektrolyse}} H_2 + 2\ H_2O + Cl_2$$

Redoxreaktion

Elektronenaufnahme und Elektronenabgabe finden an den Elektroden gleichzeitig, aber an verschiedenen Stellen statt.
Bei einer Elektrolyse wird elektrische Energie in chemische Energie umgewandelt. Die Vorgänge laufen nicht freiwillig, sondern nur durch Zufuhr elektrischer Energie ab.

Elektrolysen sind Redoxreaktionen, bei denen elektrischer Strom Elektronenübergänge bewirkt. Dabei wird elektrische Energie in chemische Energie umgewandelt.

Herstellen von metallischen Überzügen. Nach Anlegen einer Gleichspannung (Experiment 8) beginnt sich an der Katode auf der Oberfläche der gut gereinigten Messing- oder Kupfermünze eine dünne Schicht Nickel abzuscheiden. An der Anode sind an dem Streifen Nickelblech Schlieren zu erkennen, die in der Lösung nach unten sinken.
In der Technik wird das Abscheiden von Metallen auf Metalloberflächen durch Elektrolyse von wässrigen Metallsalzlösungen als **Galvanisieren** bezeichnet. So werden Gegenstände verzinkt, verkupfert, vernickelt oder verchromt. Der mit einer Metallschicht zu überziehende und gut gereinigte Gegenstand wird als Katode (Minuspol) geschaltet. Als Anode (Pluspol) dienen Bleche aus dem abzuscheidenden Metall. Das so behandelte Metall ist korrosionsbeständiger und hat einen verbesserten Gebrauchswert.
So kann zum Beispiel durch Hartverchromen von Werkzeugen, Zylindern und Wellen deren Gebrauchsdauer zum Teil verzehnfacht werden.
Auf Glanzverchromen zu Schmuckzwecken wird zunehmend verzichtet, um die Belastung der Umwelt mit Schwermetall-Ionen durch verbrauchte Lösungen zu vermindern. So werden zum Beispiel bestimmte Bauteile für Autos nicht mehr verchromt, sondern aus recycelbaren Kunststoffen hergestellt.

Experiment 8 **L**
Eine Münze aus Messing oder Kupfer (Katode) wird in einer 25%igen Nickelsulfatlösung (Xn) elektrolysiert. Als Anode dient ein Nickelblech.

AUFGABEN

1. Begründe, warum sich bei der Elektrolyse von Zinkiodidlösung an der Anode keine Hydroxid-Ionen des Wassers abscheiden!
2. Erläutere die Reaktionen an den Elektroden bei der Elektrolyse von
   a) Zinkchlorid,
   b) Bleibromid und
   c) Kupfer(II)-chlorid!
   Begründe, warum es sich um Redoxreaktionen handelt!
3. Erläutere die Reaktionen an den Elektroden beim Herstellen eines Kupferüberzuges! Kennzeichne die Teilreaktionen! Warum liegt eine Redoxreaktion vor?
4. Entwickle die Reaktionsgleichungen für die Vorgänge an den Elektroden zum Vernickeln eines Gegenstandes! (Die Elektrolytlösung enthält Nickel(II)-Ionen.) Begründe die Zuordnung zu den Redoxreaktionen!
5. Skizziere eine Experimentieranordnung zum Verkupfern eines Eisenbleches! Erläutere die chemischen Reaktionen!

Elektrolysen in der Technik

Schmelzflusselektrolyse von Natriumchlorid. Natrium wird in der chemischen Industrie für verschiedene Zwecke benötigt. Es ist ein sehr unedles Metall, das leicht mit Wasser reagiert (Tabelle 2). Zur Herstellung ist ein großer Energieaufwand erforderlich. Deshalb wird Natrium durch Schmelzflusselektrolyse von Natriumchlorid in einer ***Downs*-Zelle** (Abb. 1) hergestellt. Zur Herabsetzung der Schmelztemperatur auf etwa 600 °C wird Calciumchlorid $CaCl_2$ zugesetzt. Die Katode (Minuspol) besteht aus Eisen, die Anode (Pluspol) aus Graphit. Die Abschirmung der Elektroden verhindert eine Reaktion zwischen dem flüssigen Natrium und dem abgeschiedenen Chlor.
Das flüssige Natrium muss unter Luftabschluss aus der Zelle abgeleitet werden, um eine Reaktion mit Sauerstoff auszuschließen.

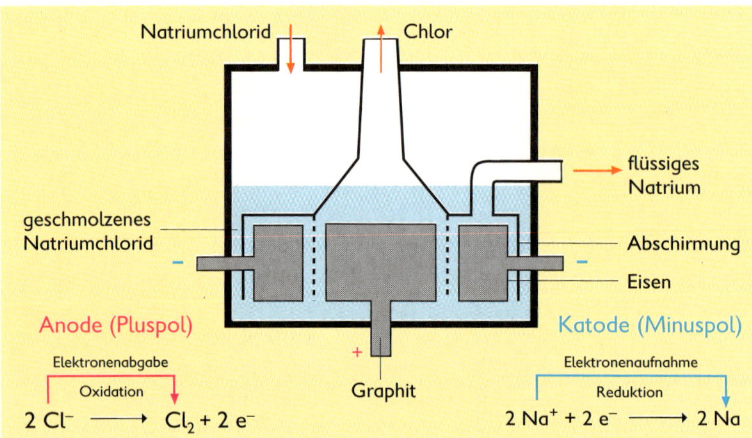

1

Natrium
Eigenschaften:
silberweißes, weiches, unedles Metall; reagiert heftig mit Wasser; Schmelztemperatur 97 °C
Verwendung:
Zur Herstellung von Farbstoffen (z. B. Indigo); in Natriumdampflampen (gelbes Licht); als Wärmeüberträger in Kernreaktoren
2

2
Membranzellen zur Elektrolyse von Natriumchloridlösung

Elektrolyse von Natriumchlorid-Lösung. Natriumhydroxid, Chlor und Wasserstoff sind wichtige Ausgangsstoffe zur Herstellung einer großen Anzahl von Produkten. Diese Ausgangsstoffe bilden sich bei der Elektrolyse einer wässrigen Lösung von Natriumchlorid.
Beim **Membran-Verfahren** sind die Elektrodenräume durch eine mehrschichtige, poröse Wand aus Kunststoffen getrennt.

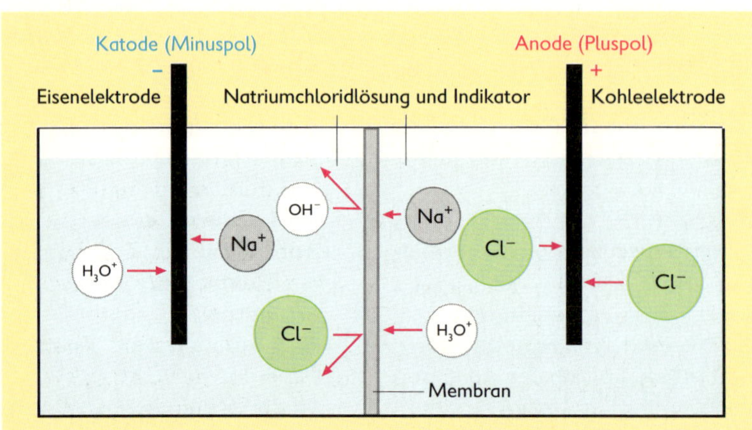

3

4
Elektrolysezellen zur Herstellung von Reinkupfer

Experiment 9 **L**
Vorsicht! Abzug!
25%ige Natriumchloridlösung, der einige Tropfen Phenolphthaleinlösung zugesetzt sind, wird in einer Membranzelle elektrolysiert (Abb. 3).

Diese Membran ist gegen heißes Chlor und heiße Natronlauge beständig und ermöglicht nur Kationen den Durchtritt (Abb. 3). Die Wanderung der Anionen, insbesondere der Hydroxid-Ionen ist dagegen gesperrt. Damit ist eine Reaktion zwischen dem abgeschiedenen Chlor und den Hydroxid-Ionen praktisch ausgeschlossen. Im Experiment 9 entsteht an der Anode Chlor. Im Katodenraum färbt sich der Indikator durch die Hydroxid-Ionen rot.

Katode (Minuspol): $$4\ H_2O \longrightarrow 2\ H_3O^+ + 2\ OH^-$$
$$2\ H_3O^+ + 2\ e^- \longrightarrow H_2 + 2\ H_2O \quad \text{Reduktion}$$

Anode (Pluspol): $$2\ Cl^- \longrightarrow Cl_2 + 2\ e^- \quad \text{Oxidation}$$

An der Katode scheiden sich wegen der Stellung in der Spannungsreihe die positiveren Hydronium-Ionen ab, nicht aber die Natrium-Ionen.
In der Technik besteht die Katode aus Stahl oder Nickel, die Anode aus einer Titanlegierung. Durch das Elektrodenmaterial wird die erforderliche elektrische Spannung zur Abscheidung der Ionen verringert, sodass sie nur noch wenig über den Größen der Spannungsreihe liegt.
Diese Elektroden zeichnen sich außerdem durch eine hohe Beständigkeit gegenüber den abgeschiedenen Produkten aus, was den Umfang der Wartungsarbeiten an der Zelle senkt.
Weitere Vorteile des Membran-Verfahrens gegenüber anderen Verfahren liegen in dem wesentlich geringeren Raumbedarf für die Zellen (Abb. 2) und in der erheblichen Energieeinsparung von 20 ··· 30 %.

Reinigen von Rohkupfer. Bei der Herstellung von Kupfer aus Kupfererzen entsteht zunächst Rohkupfer, das noch etwa 4 % metallische Verunreinigungen enthält und deshalb so nicht verwendbar ist. Dieses Rohkupfer wird elektrolytisch gereinigt (Abb. 4).
Dickere Platten aus Rohkupfer werden als Anode und dünne Bleche aus Reinkupfer als Katode geschaltet. Die Elektrolytlösung ist eine mit Schwefelsäure versetzte Kupfer(II)-sulfatlösung. Bei einer Gleichspannung von 0,35 V scheidet sich an der Katode Kupfer ab (Abb. 5). An der Anode wird das Kupfer zu Kupfer(II)-Ionen oxidiert. Das Rohkupfer löst sich dabei auf.

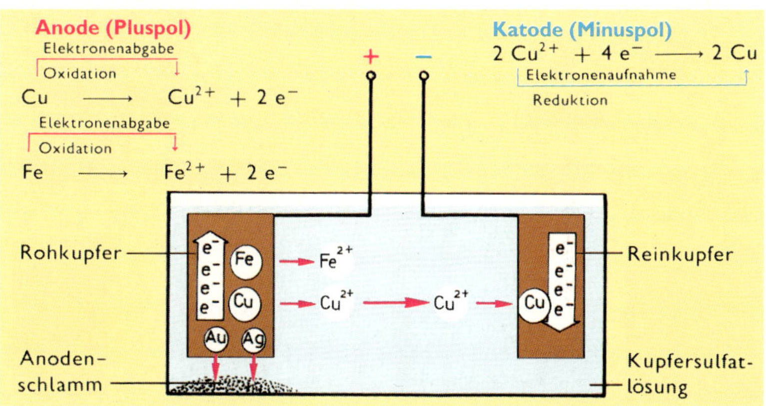

5

AUFGABEN

1. Erläutere die Herstellung von Natriumhydroxid durch Elektrolyse von Natriumchloridlösung!
2. Vergleiche die Elektrolyse von Natriumchlorid in geschmolzenem Zustand und in wässriger Lösung! Erläutere die Reaktionen an den Elektroden!
3. Begründe, warum es sich
   a) bei der Schmelzflusselektrolyse,
   b) bei der Elektrolyse von wässriger Natriumchloridlösung um Redoxreaktionen handelt!
   Stelle die Elektronenübergänge heraus!
4. Begründe, warum bei der Elektrolyse von wässriger Natriumchloridlösung an der Katode Wasserstoff und kein Natrium abgeschieden wird!
5. Erläutere die Reaktionen an den Elektroden bei der elektrolytischen Reinigung von Rohkupfer!
   Begründe, warum es sich um eine Redoxreaktion handelt!
6. Weshalb muss bei der elektrolytischen Reinigung von Rohkupfer von Zeit zur Zeit die Elektrolytlösung erneuert werden?
7. Begründe, warum Silber und Gold bei der elektrolytischen Reinigung von Kupfer nicht oxidiert werden!

Aus den Verunreinigungen im Rohkupfer durch Eisen und Zink entstehen bei Oxidationen Eisen- und Zink-Ionen.
Silber und Gold, die ebenfalls in dem Rohkupfer enthalten sind, werden nicht oxidiert. Diese Metalle sammeln sich als Schlamm („Anodenschlamm") auf dem Boden der Elektrolysezelle. Das gewonnene Reinkupfer hat eine Reinheit von 99,98 %.

Herstellen von Aluminium. Aluminium ist ein unedles Metall. Es kann nicht durch Elektrolyse einer wässrigen Lösung eines Aluminiumsalzes hergestellt werden, da sich Wasserstoff abscheiden würde. Daher wird eine **Schmelzflusselektrolyse** von Aluminiumoxid durchgeführt (Abb. 1).
Der Ausgangsstoff ist der in der Natur vorkommende **Bauxit**, aus dem Aluminiumoxid Al_2O_3 gewonnen wird. Aluminiumoxid schmilzt erst bei 2045 °C. Bei dieser Temperatur zu arbeiten, wäre technisch und ökonomisch ungünstig. Deshalb wird die Schmelztemperatur durch Zusatz von Kryolith, Natriumaluminiumfluorid Na_3AlF_6, auf 950 °C herabgesetzt. Die feuerfeste Auskleidung des Reaktionsapparates mit Graphit (Abb. 2) bildet die Katode (Minuspol). Hier scheidet sich flüssiges Aluminium ab, das selbst zur Elektrode wird. In die Schmelze tauchen Blöcke aus Kohlenstoff als Anode (Pluspol) ein. Diese verbrauchen sich durch chemische Reaktion mit dem sich bildenden Sauerstoff und müssen fortlaufend erneuert werden.
Die Elektrolyse erfolgt bei einer elektrischen Spannung von 5 V, die Stromstärke beträgt 150000 A.

1

Abstich von Aluminium an einer Elektrolysezelle

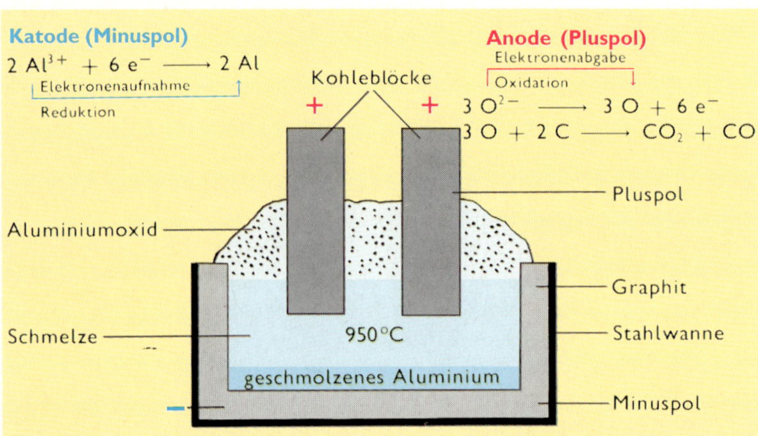

2

3

Erste Aluminiumhütte Europas am Rheinfall bei Schaffhausen

Zur Herstellung von 1 kg Aluminium sind etwa 20 kWh Strom erforderlich. Da der Energieaufwand hoch ist, muss der benötigte Strom möglichst billig sein. Deshalb stand die erste Anlage zur Herstellung von Aluminium durch Schmelzflusselektrolyse an einem Wasserkraftwerk neben dem Rheinfall bei Schaffhausen in der Schweiz (Abb. 3). Erst die Schmelzflusselektrolyse machte die Herstellung von Aluminium wirtschaftlich.
Durch die Regelung der Schmelzflusselektrolyse mit Computern wird auch die Entstehung fluorhaltiger Nebenprodukte vermieden, die giftig und umweltschädlich sind. Das Recycling von Aluminiumabfällen ist ein weiterer Beitrag zum Umweltschutz.

AUFGABEN

1. Erläutere die chemischen Reaktionen bei der Herstellung von Aluminium!
2. Begründe, warum die chemischen Reaktionen bei der Schmelzflusselektrolyse von Aluminiumoxid Redoxreaktionen sind!
3. Berechne die Kosten für die benötigte Elektroenergie zur Herstellung von 1 t Aluminium durch Schmelzflusselektrolyse! Lege dabei den Haushaltstarif zugrunde!

Im Überblick

Abschieden von Metallen

Unedle Metalle scheiden edlere Metalle aus ihren Salzlösungen ab.
Dabei finden Elektronenübergänge statt.

Elektronenabgabe – Oxidation

$Fe + Cu^{2+} \longrightarrow Fe^{2+} + Cu$ Redoxreaktion

Elektronenaufnahme – Reduktion

Galvanische Zelle

Kombination aus zwei Metallen in Elektrolytlösungen, zwischen denen Elektronenübergänge stattfinden.
Freiwillig ablaufende Stoffumwandlung.
Chemische Energie wird in elektrische Energie umgewandelt.

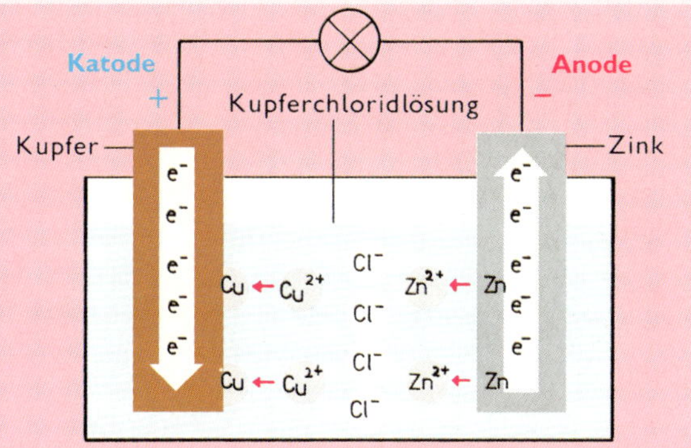

$Cu^{2+} + 2\,e^- \longrightarrow Cu$
Reduktion

$Zn \longrightarrow Zn^{2+} + 2\,e^-$
Oxidation

Elektrolyse

Redoxreaktion, bei der Elektronenübergänge durch elektrischen Strom bewirkt werden.
Nicht freiwillig ablaufende Stoffumwandlung.
Elektrische Energie wird in chemische Energie umgewandelt.

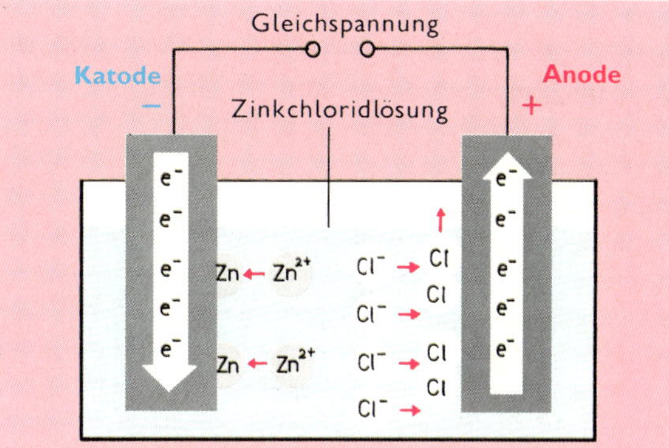

$Zn^{2+} + 2\,e^- \longrightarrow Zn$
Reduktion

$2\,Cl^- \longrightarrow Cl_2 + 2\,e^-$
Oxidation

Primärelemente

Die Reaktionspartner sind in den Zellen enthalten. Nicht wieder aufladbar!

Einmalige Nutzung

Beispiele:
Taschenlampenbatterien,
Alkali-Mangan-Zellen,
Knopfzellen (Quecksilber-, Silberoxid-, Lithium-Zelle)

Brennstoffzellen

Die Reaktionspartner werden während der Stromerzeugung von außen zugeführt.

Kontinuierliche Nutzung

Beispiele:
Knallgaszelle (Wasserstoff, Sauerstoff),
Methanol-Zelle (Methanol, Wasserstoffperoxid)

Sekundärelemente

Die chemischen Reaktionen sind umkehrbar. Die Zellen sind wieder aufladbar!

Mehrmalige Nutzung

Beispiele:
Bleiakkumulator (Autobatterie)
Nickel-Cadmium-Akkumulator,
Nickel-Hydrid-Zelle

32 Chemie und Umwelt

Ein idyllisches Fleckchen Erde! Wird es uns erhalten bleiben? Chemieprodukte erleichtern und verbessern unser Leben. Bei ihrer Herstellung entstehen aber auch umweltschädigende Stoffe. Was trägt die Chemie selbst zur Lösung dieses Problems bei?

Luftverunreinigung – Luftreinhaltung

Luftschadstoffe. Die Luft wird durch Schadstoffe in Abgasen, im Rauch und in Stäuben bedrohlich verunreinigt und belastet. Zum Beispiel verursachen Schwefeldioxid und Stickstoffoxide den „sauren Regen“ (↗ S. 57, S. 101, S. 160), Fluorchlorkohlenwasserstoffe zerstören die Ozonhülle der Erde (↗ S. 192), bleihaltiger Staub aus der Verbrennung von verbleitem Benzin gefährdet die Gesundheit, und selbst das scheinbar harmlose Kohlenstoffdioxid kann zu Klimaveränderungen auf unserem Planeten führen.
In Deutschland haben die Kraftfahrzeuge einen großen Anteil an der Luftverunreinigung (Abb. 1). Außerdem sind die Heiz- und Kraftwerke mit fossilen Brennstoffen, die Industrie und die Haushalte wesentlich daran beteiligt (↗ S. 37).
Dass gedankenloser Umgang mit Chemieprodukten im Haushalt und bei der Müllbeseitigung Schadstoffemissionen hervorrufen kann, zeigt das Experiment 1.

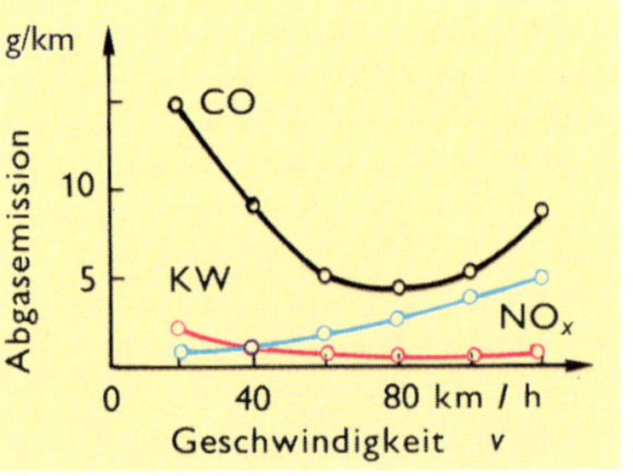

1 Schadstoffemission bei einem PKW in Abhängigkeit von der Geschwindigkeit

Experiment 1 L
Vorsicht! Abzug! Schutzbrille!
Polyvinylchlorid wird erhitzt. Die Reaktionsprodukte (C) werden durch Wasser mit Universalindikator geleitet. Nach einer Farbänderung der Lösung ist die Gaswaschflasche gegen eine zweite mit 1%iger Silbernitratlösung und einigen Tropfen 10%iger Salpetersäure (C) auszutauschen.

PVC wird bei starkem Erhitzen unter Bildung von Chlorwasserstoff zersetzt, der mit Wasser zu Salzsäure reagiert (Experiment 1). Gerät zum Beispiel eine Mülldeponie in Brand, auf der auch PVC-Abfälle gelagert sind, so kann die umliegende Region außerordentlich stark in Mitleidenschaft gezogen werden. Beim Verbrennen von PVC besteht außerdem immer die Gefahr, dass chlorhaltige Dioxine entstehen und die Luft belasten. Dioxine (↗ S. 202) sind äußerst giftige Stoffe, wie ein Unfall in einer Chemieanlage in Seveso (Italien) 1976 vor Augen führte.

Smog. Im Winterhalbjahr entsteht Smog (↗ S. 37) vorwiegend durch Rauchgase aus der Ofenheizung und durch Industrieabgase. Dieser Smog ist durch hohe Konzentrationen an Schwefeldioxid, Kohlenstoffmonooxid und Ruß gekennzeichnet. Ganze Regionen liegen unter einer „Dunstglocke" (Abb. 2).
Auch im Sommer kann sich Smog vor allem bei hoher Konzentration an Autoabgasen und bei intensiver Sonneneinstrahlung bilden. Dieser Smog enthält giftiges Ozon (Tabelle 1). Nach dem Ozongesetz von 1995 dürfen ab 240 µg Ozon je Kubikmeter Luft nur schadstoffarme Kraftfahrzeuge fahren.
Mit physikalisch-chemischen Methoden wird die Konzentration von Schadstoffen in der Luft (z. B. Schwefeldioxid, Stickstoffoxide, Ozon) gemessen. Bei bestimmten Werten werden Maßnahmen zum Schutze der Menschen eingeleitet (Tabelle 2).

Alarmstufe	Maßnahmen
1	Vorwarnung; Appelle an Autofahrer; Vorbereitung auf Alarmstufen 2 und 3
2	Fahrverbot für PKW ohne Katalysator; Einsatz schwefelarmer Brennstoffe in Großfeuerungsanlagen
3	Nur PKW mit geregeltem Katalysator dürfen fahren; zeitweilige Stillegung von Industrieanlagen

2

Ozonloch. Während erhöhte Ozonkonzentration in Bodennähe zu Gesundheitsschäden führen kann, bildet Ozon in der Stratosphäre eine lebenserhaltende Schutzhülle um die gesamte Erde (↗ S. 192). Die Schutzhülle absorbiert ultraviolettes Sonnenlicht,

2

Ozonwirkung auf den Menschen

Ozonkonzentration in µg/m³	Auswirkungen
20	Geruchsschwelle
$\geqq$ 160	Veränderung der Lungenfunktion bei körperlicher Arbeit
$\geqq$ 200	Tränenreiz, Reizung der Atemwege, Kopfschmerzen, Atembeschwerden
$\geqq$ 240	Zunahme von Asthmaanfällen, allgemeine Abnahme der Leistungsfähigkeit
$\geqq$ 800	Gewebsentzündungen

1

AUFGABEN

1. Begründe die Zunahme der Stickstoffoxid-Emission bei steigender Geschwindigkeit eines PKW (Abb. 1)!
2. Weshalb werden beim Halten in Straßentunneln die Kfz-Motoren ausgeschaltet?
3. Welche chemischen Reaktionen treten ein, wenn Chlorwasserstoff aus der Luft ausgewaschen wird und auf Dachrinnen aus Zink oder Bauten aus Marmor oder Kalkstein einwirkt? Entwickle die Reaktionsgleichungen!
4. Der berüchtigte Londoner Smog ist heute nicht mehr zu beobachten. Was könnten die Ursachen sein?
5. Begründe, warum Kraftfahrzeuge mit geregeltem Katalysator bei höheren Smog-Alarmstufen fahren dürfen!
6. Weshalb sind Erdgasheizungen umweltfreundlicher als Kohleheizungen?

das Krebs erregend wirken kann. In den letzten Jahren wurde vor allem in den Monaten September und Oktober über der Antarktis eine auffällig verminderte Ozonkonzentration gemessen. Diese Erscheinung wird Ozonloch genannt (Abb. 1).
Neuerdings beobachtet man im Frühjahr auch über der Nordhalbkugel der Erde eine Abnahme des stratosphärischen Ozons.
Die Ausbildung eines Ozonloches wird wesentlich durch Fluorchlorkohlenwasserstoffe (FCKW) verursacht (↗ S. 192).
Das Montrealer Protokoll von 1987 legt den Ausstieg aus dem Verbrauch von FCKW fest. In der EU dürfen vollhalogenierte FCKW seit 1995 nicht mehr produziert und verwendet werden.

1
Die Dicke der Ozonschicht wird in DU (Dobson-Unit) angegeben.
1 DU ≙ 0,01 mm

Saurer Regen. Die Entstehung von „saurem Regen" (↗ S. 103, S. 160) kann eingeschränkt werden, wenn die Emissionen von Schwefeldioxid (↗ S. 144) und Stickstoffoxiden NO_x vermindert werden.
In Kraftwerken mit modernen Entschwefelungsanlagen kann aus den Rauchgasen reines Schwefeldioxid gewonnen und zum Beispiel als Ausgangsstoff zur Produktion von Schwefelsäure verwendet werden (↗ Abb. 2, S. 145). Außerdem haben viele Kraftwerke eine Entstickungsanlage, die Rauchgase von Stickstoffoxiden reinigt (↗ S. 160). Diese reagieren in einer katalytischen Redoxreaktion mit Ammoniak und Sauerstoff zu Stickstoff und Wasser.
Die Entschwefelung von Heizöl und Erdgas trägt ebenfalls zur Reinhaltung der Luft bei (↗ Abb. 2, S. 145).

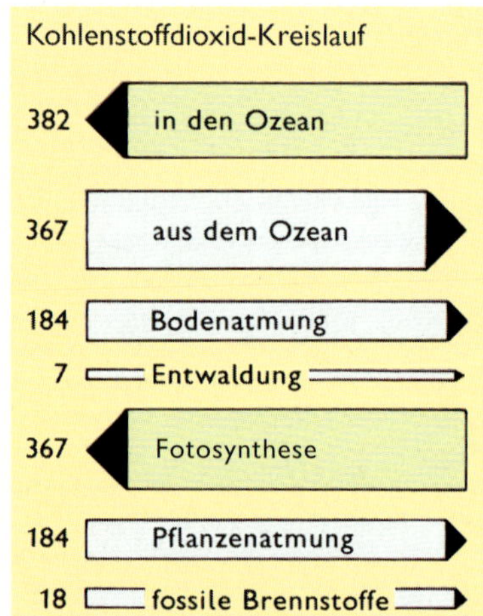

2
Jährliche Zunahme von Kohlenstoffdioxid in der Atmosphäre: 11 Mrd. t

Treibhauseffekt. An der Erdoberfläche wird eingestrahltes kurzwelliges Sonnenlicht in langwellige Wärmestrahlung umgewandelt. Diese Wärmestrahlung kann die Atmosphäre nicht ungehindert passieren, sie wird zum Teil absorbiert oder erdwärts reflektiert. Die Atmosphäre wirkt wie die Scheiben eines Treibhauses (↗ S. 57). Ohne den natürlichen Treibhauseffekt läge die durchschnittliche Lufttemperatur auf der Erde bei etwa $\vartheta = -18\,°C$. Hauptverursacher des Treibhauseffekts sind natürlich vorkommende Gase (Wasserdampf, Kohlenstoffdioxid, Methan), aber auch synthetisch hergestellte Stoffe, zum Beispiel FCKW und Halone. Die zunehmende Nutzung fossiler Brennstoffe und die Brandrodung von Wäldern haben den Kohlenstoffdioxidkreislauf in der Natur gestört (Abb. 2). Folge ist eine Verstärkung des Treibhauseffektes. Seit 1860 hat sich die Jahresmitteltemperatur über der Nordhalbkugel der Erde um mehr als 0,5 K erhöht.

Stäube. Stäube sind fein verteilte feste Stoffe in der Luft. Bleihaltige Stäube aus der Verbrennung verbleiten Benzins in Kraftfahrzeugmotoren waren viele Jahre ein Umweltproblem. Auch die sehr giftigen Dioxine (↗ S. 202) sind staubförmige Luftverunreinigungen.
Asbest (Abb. 3) wurde wegen seiner chemischen und thermischen Beständigkeit häufig als Spritzasbest oder in Form von Asbestzementplatten beim Bauen verwendet. Wenn Asbestfasern frei werden, können sie nach dem Einatmen Asbestose und Krebs hervorrufen. Deshalb ist die Verwendung von Asbesterzeugnissen heute verboten.

3
Chrysotilasbestmineral, gefunden in Simbabwe, Afrika

AUFGABEN

1. Bereite einen Vortrag über Bau und Funktion eines Kraftfahrzeug-Katalysators vor!
2. Ermittle, welche FCKW-freien Kühlmittel in modernen Kühlschränken Verwendung finden!
3. Entwickle die Reaktionsgleichungen für die Umsetzung von Stickstoffdioxid und Stickstoffmonooxid bei der Entstickung von Rauchgasen! Untersuche mithilfe von Oxidationszahlen, ob Redoxreaktionen vorliegen!
4. Begründe, dass der Treibhauseffekt lebenserhaltend ist, aber in den letzten Jahren immer mehr zum Problem wurde!
5. Leite aus den Ursachen der Verstärkung des Treibhauseffektes Maßnahmen zur Verringerung dieses Effektes ab!
   Begründe die Aussagen!
6. Erläutere die Ursachen und die Bildung von „saurem Regen“!
7. Wie kann das Auftreten von „saurem Regen“ reduziert werden?
8. Bremsbeläge von Fahrzeugen müssen asbestfrei sein. Asbestzementplatten auf Dächern und an Fassaden sind witterungsbeständig zu versiegeln. Begründe diese Maßnahmen!

Im Überblick

Schadstoff	Emissionsquellen	Einige Auswirkungen	Einige Gegenmaßnahmen
Schwefeldioxid	Feuerungsanlagen; Hüttenwerke; Schwefelsäure-, Zellstoff- und Papierindustrie	Schädigung der Atemorgane; Kopfschmerzen; saurer Regen; Baumsterben; Zerstörung von Bauwerken; Korrosion von Metallen	Entschwefelung industrieller Abgase (↗ S. 145); Kalkdüngung des Waldes; Nutzung alternativer Energiequellen (z. B. Sonnenenergie, Atomenergie)
Stickstoffoxide	Verbrennungsmotoren; Feuerungsanlagen; Industrie	Schädigung der Atemorgane; saurer Regen; Korrosion; Zerstörung von Baumaterialien; Baumschäden	Abgaskontrollen; katalytische Abgasreinigung (↗ S. 37, S. 289); Senkung der Verbrennungstemperatur in Feuerungsanlagen (↗ S. 160)
Kohlenstoffmonooxid	Verbrennungsmotoren; Feuerungsanlagen	Atemgift (Schadwirkung tritt u. a. bei starkem Straßenverkehr auf)	Ausrüstung von Kraftfahrzeugen mit Katalysatoren; Senken der Verbrennungstemperatur in Feuerungsanlagen
Kohlenstoffdioxid	Feuerungsanlagen; Verbrennungsmotoren; Brandrodungen	Verstärkung des Treibhauseffekts	Nutzung alternativer Energiequellen; Fahrt mit geeignetem Verkehrsmittel; keine Brandrodungen
Kohlenwasserstoffe	Verbrennungsmotoren; Industrie; Verdunstung von Benzin u. a.	Schädigung der Atemorgane; Gefahr von Krebserkrankungen	Kraftfahrzeug-Katalysatoren; Reinigung von industriellen Abgasen
FCKW	geschäumte Kunststoffe; Kühlanlagen	Zerstörung der Ozonschicht in der Stratosphäre	Einsatz anderer Treibgase zum Schäumen (↗ S. 192)
Stäube mit Schwermetallverbindungen	Verbrennung von verbleitem Benzin und Müll; Hüttenwerke	Schädigung der Atemorgane; Gift für viele Lebewesen	ausreichende Entstaubung industrieller Abgase; bleifreies Benzin
Asbeststaub	Bremsbeläge; Feuerschutzausrüstungen; Baumaterialien	Belastung der Atemorgane; Krebsgefahr	Einsatz asbestfreier Materialien; Versiegelung von Oberflächen

Aus der Welt der Chemie

Energie – aber woher?

Kraftwerke mit fossilen Brennstoffen (Abb. 1)

Kohleverbrennung:
$C + O_2 \longrightarrow \mathbf{CO_2}$;
exotherm

Erdölverbrennung:
$C_{17}H_{36} + 26\ O_2 \longrightarrow \mathbf{17\ CO_2} + 18\ H_2O$;
exotherm

Erdgasverbrennung:
$CH_4 + 2\ O_2 \longrightarrow \mathbf{CO_2} + 2\ H_2O$;
exotherm

- erprobte Technik
- Vorräte an Brennstoffen ausreichend
- Schadstoffabgabe, zum Beispiel Schwefeldioxid und Stickstoffoxide (kann aber vermieden werden)
- Kohlenstoffdioxid verstärkt den Treibhauseffekt
- Eingriffe in die Landschaft

Atomkraftwerke (Abb. 2)

- ausreichende Vorräte an Kernbrennstoffen
- hohe Investitionskosten, geringe Betriebskosten
- preiswerte Elektroenergieerzeugung
- keine Abgase
- Gefahr von atomaren Unfällen
- ungelöste Probleme bei der Wiederaufbereitung und bei der Endlagerung von ausgebrannten Brennelementen

1

2

3

4

5

6

7

Wasserkraftwerke (Abb. 3)
- erprobte Technik
- Einspeisung der Elektroenergie ins Netz
- abhängig von Wasservorräten

Biogas-Anlagen (Abb. 4)
- Erzeugung von Gas zu Heizzwecken und zur Elektroenergieerzeugung
- Kopplung mit dem Elektroenergienetz möglich
- bedeutender Investitionsaufwand
- abhängig vom Angebot an Biomasse, deshalb vorwiegend im ländlichen Raum sinnvoll

Fotovoltaik-Anlagen (Abb. 5)
- wandeln Sonnenlicht, auch diffuses Tageslicht, in elektrische Energie um
- Kopplung mit dem Elektroenergienetz möglich
- auch im Winter wirksam
- sehr hohe Investitionskosten

Solarkollektoren (Abb. 6)
- Erwärmung von Brauchwasser durch Sonneneinstrahlung, Unterstützung von Heizanlagen im Frühjahr und Herbst
- im Winterhalbjahr in Deutschland nahezu wirkungslos

Windkraftwerke (Abb. 7)
- Kopplung mit dem Elektroenergienetz möglich
- nur in windsicheren Gebieten sinnvoll
- hohe Investitionskosten
- starker Eingriff in die Landschaft

Wasserverunreinigung – Wasserschutz

Bedeutung des Wassers. Sauberes Wasser braucht der Mensch zum Leben und zur Erholung in einer gesunden Umwelt, aber auch zur Herstellung vieler lebensnotwendiger Produkte. Der Pro-Kopf-Verbrauch an Trinkwasser hat sich in den Industriestaaten in den letzten Jahrzehnten fast verdoppelt (↗ S. 45).
Die Wasservorkommen auf der Erde werden durch Abwässer und Abfälle, durch Havarien von Öltankern, Pipelines und Tankfahrzeugen sowie durch unsachgemäßen Umgang mit Chemieprodukten gefährlich verunreinigt. In Flüssen, Seen und im Grundwasser reichern sich vielerorts Schadstoffe so stark an, dass die Trinkwasser- und sogar die Brauchwasserversorgung gefährdet oder nicht mehr möglich sind.

Gewässerschutz. Der Schutz der Gewässer ist für das weitere Leben auf der Erde unabdingbar geworden. Jeder kann durch sorgsamen Umgang mit Trink- und Brauchwasser die Bemühungen um eine stabile Wasserversorgung unterstützen.
Wichtige Voraussetzungen für die Bereitstellung qualitativ hochwertigen Trinkwassers sind die regelmäßige und sorgfältige Untersuchung der Wasservorräte (Experimente 2 bis 4) und die Einhaltung der Wasserschadstoff-Grenzwerte (Tabelle 3).

Anforderungen an das Trinkwasser nach der in Deutschland geltenden Trinkwasserverordnung

Temperatur: max. 20 °C	Nitrat-Ionen: max. 50 mg/l
*p*H-Wert: 6,5 ··· 9,5	Nitrit-Ionen: max. 0,1 mg/l
Arsen-Ionen: max. 0,01 mg/l	Blei-Ionen: max. 0,04 mg/l
Chrom-Ionen: max. 0,05 mg/l	Chlorierte Kohlenwasserstoffe: max. 0,01 mg/l,
Pflanzenschutzmittel, gesamt: max. 0,0005 mg/l	darunter Tetrachlormethan: max. 0,003 mg/l
Einzelstoff: max. 0,0001 mg/l	

3

Welcher Schaden durch unachtsamen Umgang mit chemischen Stoffen verursacht werden kann, zeigen folgende Beispiele:
Versickert ein einziger Liter Kraftstoff oder Altöl im Erdreich und gelangt ins Grundwasser, so können 1 Million Liter Wasser für Trinkwasserzwecke unbrauchbar werden.
Chlorierte Kohlenwasserstoffe werden häufig zur Metall- und Textilreinigung verwendet. Ein Liter dieser chlorierten Kohlenwasserstoffe kann mehr als 50 Millionen Liter Grundwasser für die Trinkwassergewinnung unbrauchbar machen.

Abwasserbehandlung. Nach jeder Nutzung ist das Wasser mehr oder minder verschmutzt und durch Schadstoffe belastet. Deshalb müssen alle kommunalen und Industrieabwässer in geeigneten Kläranlagen (↗ S. 46 f.) gereinigt werden, bevor man sie in die Oberflächengewässer zurückleitet. Das ist auch deshalb von großer Bedeutung, weil aus Brunnen in der Uferzone von Flüssen und Seen Uferfiltrat gefördert und dann zu Trinkwasser aufgearbeitet wird.

Experiment 2
Untersuche Proben eines Grobdesinfektionsmittels und eines Konservierungsmittels auf ihren Formaldehyd-Gehalt! Halte die Gebrauchsanleitung genau ein!

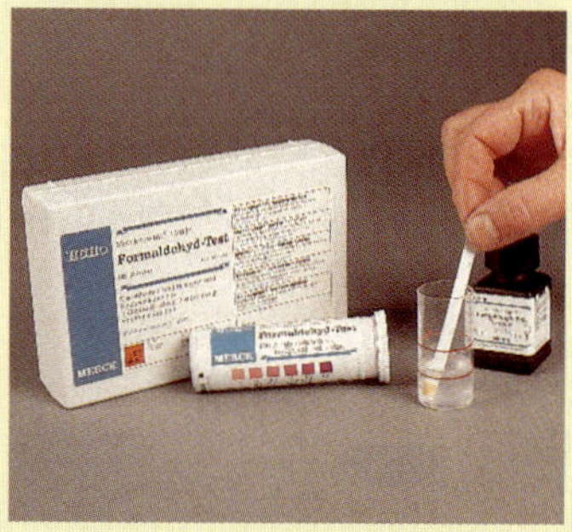

Experiment 3
Ermittle mit einem *p*H-Messgerät den *p*H-Wert von Trinkwasser, Regenwasser, Waschlauge!

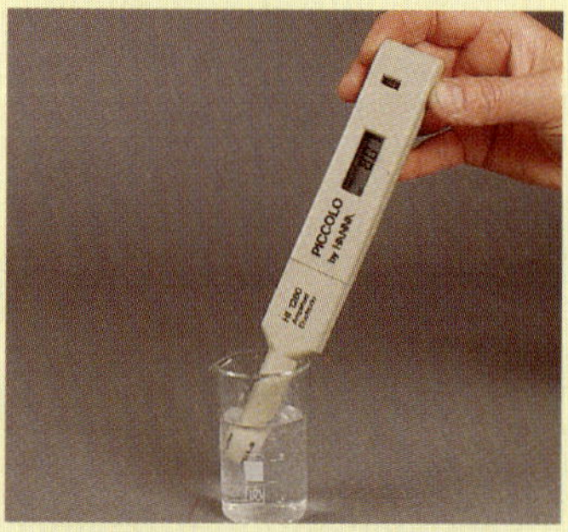

Experiment 4
Bestimme mit Teststäbchen den Nitrat-Gehalt von Trinkwasser, Brunnenwasser, wässrigem Auszug von Gartenerde und Presssaft von Blättern oder Früchten!

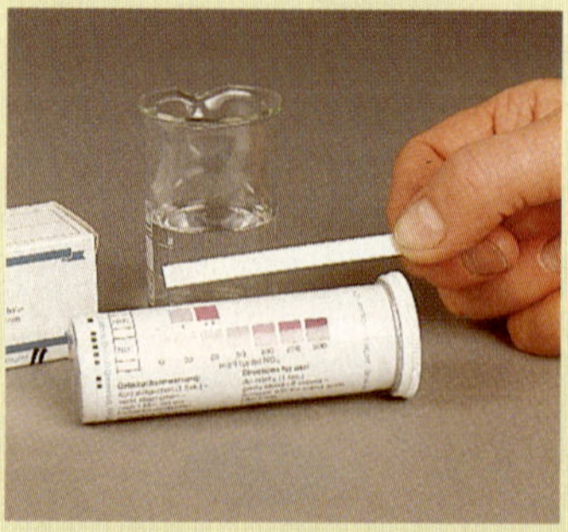

AUFGABEN

1. Wie kann die Versorgung mit einwandfreiem Trinkwasser gewährleistet werden? Bereite einen Vortrag über die Reinhaltung des Grund- und Oberflächenwassers vor!
2. Überlege, durch welche Maßnahmen der Besitzer eines Eigenheimes Trinkwasser einsparen kann!
3. Welche Bedeutung haben phosphatfreie Waschmittel für den Umweltschutz?
4. Wie müssen Altmedikamente und Reste von Pflanzenschutzmitteln entsorgt werden?
5. Weshalb ist es in vielen Städten und Gemeinden verboten, Kraftfahrzeuge auf den Straßen zu waschen?
6. Warum sind auf Waschplätzen für Kraftfahrzeuge Benzin- und Ölabscheider installiert worden?
7. Weshalb wird Altöl in Behältern gesammelt?
8. Wie ist es zu erklären, dass in einer Regenwasserprobe ein pH-Wert von $pH = 4{,}2$ gemessen wurde?
9. Ermittle die Nitrat-Belastung des Grundwassers in der Heimatregion!
10. Bereite einen Vortrag über Bau und Funktion einer modernen Kläranlage vor!
11. Durch eine Havarie ist 1 l Tetrachlormethan in das Grundwasser gelangt. Berechne, welches Volumen an Grundwasser dadurch bis zur gesetzlichen Grenze belastet würde, wenn der Schadstoff gleichmäßig im Grundwasser verteilt wäre ($\varrho(CCl_4) = 1{,}569\ g/cm^3$)!
12. Begründe, weshalb Fäkalien oder Jauche auf keinen Fall ungeklärt in Bäche, Flüsse oder Seen eingeleitet werden dürfen!

Im Überblick

Schadstoff	Ursprung	Einige Auswirkungen	Einige Gegenmaßnahmen
Phosphat-Ionen	Fäkalien; falsche Düngung	Eutrophierung von Gewässern (↗ S. 163); Sterben von Tieren	Abwasseraufbereitung; Sauerstoffanreicherung der Gewässer; phosphatfreie Waschmittel; richtige Dosierung von Düngemitteln
Nitrat-Ionen	falsche Düngung; Fäkalien; Gülle	Eutrophierung; lebensbedrohliche Zustände bei Säuglingen (↗ S. 163)	Vermeidung von Überdüngung; Zugabe von nitratfreiem Wasser bei der Trinkwasseraufbereitung
Mineralöle	Havarien; sorgloser Umgang mit Kraft- und Schmierstoffen	Sterben von Fischen und Vögeln; Strandverschmutzung; Trinkwasserreserven können unbrauchbar werden.	doppelwandige Tanker und Pipelines; Öl bindende Chemikalien und Öl abbauende Organismen; Entsorgungsfahrzeuge; Benzin- und Ölabscheider
Pflanzenschutz- und Schädlingsbekämpfungsmittel	unsachgemäße Anwendung (falscher Zeitpunkt; Überdosierung)	Allergien; Anreicherung im Körper, Folgen oft noch nicht absehbar	wohlüberlegter Einsatz von Pflanzenschutz- und Schädlingsbekämpfungsmitteln; biologische Schädlingsbekämpfung
Organische Verbindungen; Lösungsmittel; Säuren; Laugen; Salze (besonders Schwermetallsalze)	Industrieabwässer; Rückstände der Kaliindustrie; Säure- und Hydroxidlösungen, unzureichende Abwasserreinigung; Havarien	Fischsterben; Gefährdung der Trinkwasserversorgung; Vergiftung von Mikroorganismen, die der Selbstreinigung der Gewässer dienen	hinreichende Klärung industrieller Abwässer; Sanierung von Halden der Kaliindustrie; Rückgewinnung von Abwasserinhaltsstoffen; Badeverbot

Bodenschädigung – Bodenschutz

Zusammensetzung des Bodens. Als **Boden** bezeichnen wir die äußerste, einige Zentimeter bis wenige Meter starke Schicht der Erdoberfläche. Der Boden ist ein sehr kompliziertes und empfindliches Ökosystem. Er besteht aus festen Stoffen, den anorganischen Verwitterungsprodukten und organischen Zersetzungsprodukten von Tieren und Pflanzen. Das **Bodenwasser** bewegt sich in den Poren und Hohlräumen des Bodens und ist Lösungsmittel für viele Nährstoffe der Pflanzen. Die **Bodenluft** befindet sich ebenfalls in Hohlräumen und Poren des Bodens. Sie enthält relativ viel Kohlenstoffdioxid. Außerdem enthält der Boden noch lebende Bestandteile. Das sind nicht nur Pflanzenwurzeln, sondern auch Tiere, Bakterien und andere Mikroorganismen.
Eine sorgsame Nutzung der verfügbaren Bodenflächen ist dringend erforderlich. In den verschiedenen Regionen Deutschlands werden die Bodenflächen sehr unterschiedlich genutzt, wie ein Vergleich von Mecklenburg-Vorpommern und Nordrhein-Westfalen zeigt (Abb. 1, 2 und 3).

Bodenschädigung. Auf die Oberfläche des Bodens wirken Abfälle, Stäube, Flüssigkeiten und Lösungen, Düngemittel und viele weitere Stoffe ein, die auch in tiefere Schichten einwandern und Bodenschäden hervorrufen können. Sogar tief liegende Grundwasserschichten werden mitunter geschädigt.
Zum Beispiel beeinträchtigen Schwermetall-Ionen das Pflanzenwachstum (Experiment 5).
Streusalze auf winterlichen Straßen werden von Niederschlägen abgewaschen und schädigen entlang der Straßen die Vegetation einschließlich des Baumbestandes. Bodenschäden durch Salze sind oft in der Nähe von Abraumhalden der Kaliindustrie zu beobachten (Abb. 4 und 5).
Braunkohlen-Tagebaue und Steinbrüche, in denen Material für den Straßen-, Industrie- und Wohnungsbau abgebaut wird, „verbrauchen" riesige Bodenflächen. Zwar ist es erklärtes Ziel, diese Flächen nach der Nutzung zu rekultivieren, doch ist dazu ein ungeheurer Aufwand erforderlich.
Schädigungen des Bodens finden sich oft im Bereich alter Industriestandorte und Deponien („Altlasten"). Sie sind häufig besonders schwer zu beseitigen.
Durch die Erschließung neuer Wohn-, Gewerbe- und Industriegebiete sowie Verkehrswege und Deponien gehen ebenfalls Jahr für Jahr große Bodenflächen verloren.

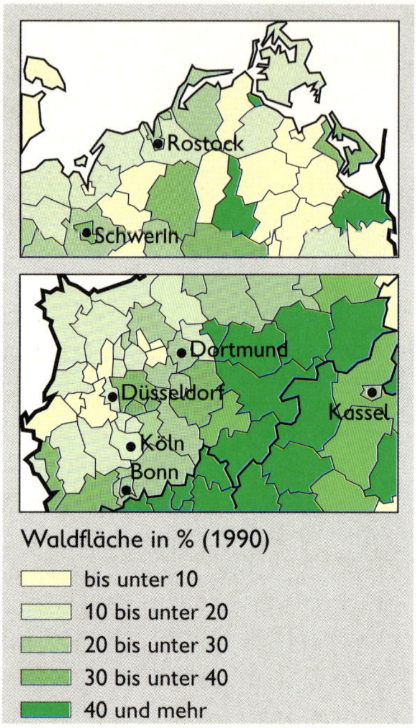

1

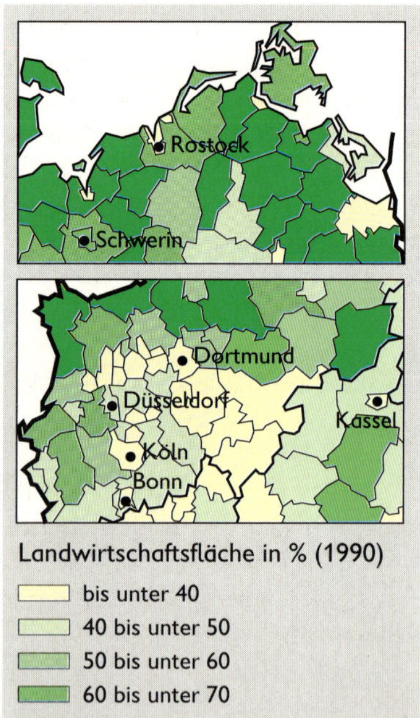

2

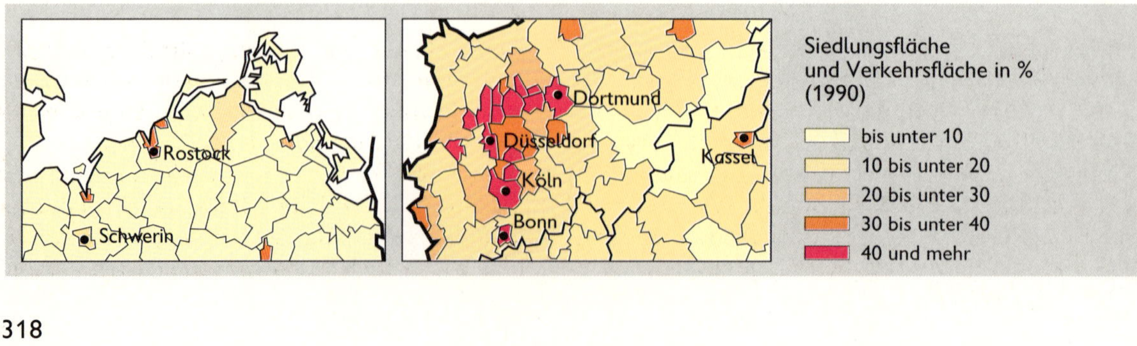

3

4

5

Bodenschutz. Bodenschäden werden vor allem dadurch vermieden, wenn das Aufbringen und Eindringen von Schadstoffen verhindert oder vermindert wird. Ein Problem sind kommunale, gewerbliche und industrielle Rückstände, die als **Abfall** bezeichnet werden. In Deutschland ist folgende Rangfolge in der Abfallwirtschaft gesetzlich festgelegt:

1. Vermeiden von Abfällen,
2. Vermindern und Verwerten von Abfällen,
3. Behandeln von Abfällen,
4. Lagern von Abfällen.

Jeder Bürger kann durch verantwortungsbewusstes Handeln zur **Vermeidung** von Abfällen beitragen. Die Hersteller kurz- und langlebiger Erzeugnisse müssen bereits in der Phase der Produktplanung die Abfallvermeidung berücksichtigen.

Das **Vermindern** von Abfällen ist zum Beispiel durch Abfallsortierung in Wertstoffe und Restmüll möglich. Papier, Glas, Metalle und Kunststoffe können als Sekundärrohstoffe einer weiteren **Verwertung** zugeführt, biologische Rückstände kompostiert werden. Die Mehrfachnutzung von Sekundärrohstoffen kann, zum Beispiel bei Kunststoffen, zu Qualitätsminderungen führen. Deshalb müssen andere als die ursprünglichen Produkte hergestellt werden.

Weil über Deutschland in den letzten Jahrzehnten eine regelrechte „Verpackungsflut" bei Produkten hereinbrach, wurden Industrie und Handel gesetzlich zur Rücknahme von Verpackungen verpflichtet. Diese Aufgabe hat weitgehend das Duale System Deutschland (DSD) übernommen. Die Verpackungen werden mit dem „Grünen Punkt" gekennzeichnet und gesondert zur Wiederverwertung gesammelt.

Experiment 5

Vorsicht!

Bleibelastete Abfälle als Sondermüll sammeln!

Verdünne 1%ige Bleinitratlösung (T) so, dass 0,1%ige, 0,01%ige und 0,001%ige Lösungen entstehen!

Lege in die Unterschalen von 5 Kristallisierschalen je ein Rundfilter und verteile darauf jeweils 50 Samen der Gartenkresse.

Fülle je 5 ml der Bleinitratlösungen unterschiedlicher Konzentration ein! In die fünfte Unterschale werden 5 ml Leitungswasser gegeben.

Die zugedeckten Schalen sind an einem hellen Ort aufzustellen.

Notiere in einer Tabelle täglich die Beobachtungen zur Entwicklung der Kressepflänzchen!

AUFGABEN

1. Vergleiche die Nutzung des Bodens in Nordrhein-Westfalen und Mecklenburg-Vorpommern! Worin bestehen Vor- und Nachteile?
2. Weshalb darf Klärschlamm, der mit Schwermetallen belastet ist, nicht auf landwirtschaftlichen Nutzflächen ausgebracht werden?
3. Nenne Beispiele für Umweltschäden durch Gülleaustrag und falsche Düngung!
4. Farb-, Lack- und Lösungsmittelreste dürfen weder in den Müll geworfen noch in die Kanalisation gegossen werden. Begründe die Vorschriften zur gesonderten Entsorgung!
5. Saure Böden werden mit Calciumcarbonat behandelt. Welche Reaktionen könnten ablaufen? Entwickle eine Reaktionsgleichung!
6. Welche Ursachen kann „Baumsterben" haben?

Ein Beispiel für das **Behandeln** von Abfällen ist die **Müllverbrennung**. Dafür eignen sich Abfälle mit einem hohen Anteil brennbarer Stoffe, unter anderem Hausmüll, weil die bei der Verbrennung frei werdende Wärme genutzt werden kann. Außerdem ist das Volumen der Verbrennungsrückstände wesentlich geringer. Es wird weniger Deponieraum benötigt.
Die Verbrennung von Abfällen ist auch bei der Entsorgung von chemischen Produkten üblich, die nicht oder nur langsam biologisch abgebaut werden. Dazu gehören viele synthetische organische Verbindungen, zum Beispiel Halogenkohlenwasserstoffe, Pestizide und Arzneimittel.
Müllverbrennungsanlagen erfordern einen sehr großen technischen Aufwand. Hochwirksame Abgasreinigungsanlagen sind unabdingbar, und auch die Abwässer müssen sorgfältig aufgearbeitet werden.
Das **Lagern** von Abfällen erfolgt meist auf **Deponien**. In den zurückliegenden Jahrhunderten wurde dafür eine Vielzahl von ungeordneten Müllkippen benutzt (Abb. 1). Heute werden einige wenige geordnete Deponien (Abb. 2), meist für jeden Landkreis eine, betrieben.
Eine geordnete Deponie muss nach unten und nach dem Füllen mit Abfällen auch nach oben abgedichtet sein. Das Sickerwasser wird überwacht und einem Klärwerk zugeführt. Umweltgerechte Deponien sind außerdem mit Einrichtungen zum Auffangen des Deponiegases ausgerüstet (Abb. 2 und Abb. 3). Dieses Gas entsteht bei der Zersetzung der organischen Bestandteile von Abfällen. Es ist brennbar und kann zur Gewinnung von Wärme und Elektrizität genutzt werden.

Bodensanierung. Mit Schadstoffen belastete Böden können saniert werden. Dafür können physikalische, chemische und biologische Methoden genutzt werden. Kombinationsverfahren sind möglich. Sauren oder stark basischen Boden kann man allmählich durch neutralisierend wirkende Düngemittel auf einen *p*H-Wert einstellen, der für das Gedeihen von Pflanzen günstig ist. Allgemein bekannt ist die Kalk-Düngung von Wäldern, die durch Einwirkung von „saurem" Regen geschädigt sind (↗ S. 103).
Organische Verbindungen mit hohem Dampfdruck, zum Beispiel Benzin, können aus dem Boden durch Absaugung der Bodenluft mit anschließender Adsorption entfernt werden.
Neben vielen organischen Substanzen wie chlorierten Kohlenwasserstoffen und Phenolen lassen sich auch einige Schwermetallverbindungen durch chemische Reaktionen wie Oxidation, Reduktion und Hydrierung aus dem Boden entfernen. Dazu muss der Boden meist abgetragen, bearbeitet („gewaschen") und anschließend wieder „eingebaut" werden. Die Abwässer dieser „Bodenwäsche" sind gewissenhaft zu reinigen (↗ S. 46).
Ehemalige Müllkippen und andere Altlasten können durch Beimpfen mit Mikroorganismen schneller saniert werden. Besonders aufwendig und kostenintensiv ist die Sanierung und Rekultivierung ehemaliger Tagebaue und Abraumhalden, weil sie sich mitunter über eine sehr große Fläche erstrecken. Trotzdem gibt es Beispiele für vorbildliche Rekultivierungen von Bergbauflächen.

1
Ungeordnete Müllkippe

2
Geordnete Deponie

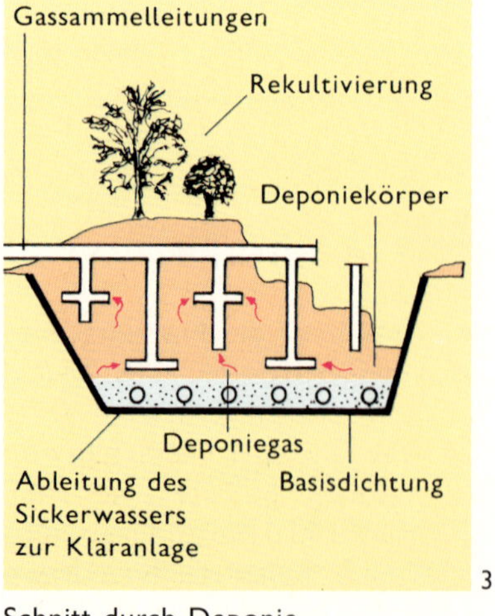

3
Schnitt durch Deponie

AUFGABEN

1. Diskutiere die Auffassung, dass die Chemie die Umwelt nur schädige!
2. Wie kann der Einzelne zum Umweltschutz beitragen?
   Entwirf zu einem selbst gewählten Problemkreis ein Informationsblatt für Haushalte, Schüler oder Autofahrer!
3. Begründe, dass die Vermeidung oder Wiederverwertung von Abfällen gegenüber einer sofortigen Deponierung einen Beitrag zum Schutz der Umwelt darstellt!
4. Das jährliche Aufkommen an Hausmüll betrug 1990 in Deutschland 333 kg je Einwohner.
   Berechne das Gesamtaufkommen in Mio t! Welche Abmessungen hätte ein Würfel aus diesem Müll, wenn eine Dichte von ϱ(Müll) = 1,6 g/cm^{-3} angenommen wird?
5. Ermittle, wie das DSD arbeitet. Hat die Einführung des „Grünen Punktes“ zur Verminderung von Abfällen beigetragen?
6. Weshalb dürfen verbrauchte Batterien und Leuchtstofflampen nicht in die Mülltonne geworfen werden?
7. Welche Gefahren können entstehen, wenn defekte Kühlschränke oder ausgediente Kraftfahrzeuge einfach auf Mülldeponien abgelagert werden?
8. Überlege, warum eine verfüllte Mülldeponie nicht (oder erst nach längerer Zeit) mit Wohnhäusern überbaut werden darf!
9. Schadstoffbelastete Böden sind immer eine Gefahr für das Grundwasser! Begründe an Beispielen!
10. Nenne Beispiele für Recycling!
11. Welche Vorteile bringt Recycling gegenüber der Deponierung von Abfällen?
12. Eine Reihe von Landwirtschaftsbetrieben betreibt „biologischen Anbau“ von Nutzpflanzen. Was versteht man darunter?
13. Gibt es in der näheren Umgebung Beispiele für die Rekultivierung von Bodenflächen?

Im Überblick

Schadstoff	Ursprung	Einige Auswirkungen	Einige Gegenmaßnahmen
Abfälle und Abprodukte	Industrie, Gewerbe, Haushalte	Veränderung der Bodenstruktur; Verunreinigung des Grundwassers; Erkrankungen, Störungen im Pflanzenwachstum, Absterben von Pflanzen	Vermeidung von Abfällen; Recycling von Wertstoffen aus Abfällen; geordnete Mülldeponien (↗ S. 320); getrenntes Lagern von Sondermüll; Müllverbrennung ohne Schadstoffemission; Sanierung von Altlasten
Industriestaub	Hüttenwerke, Zementwerke, Feuerungsanlagen	Veränderung des *p*H-Wertes; Schädigung der Bodenlebewesen durch Schwermetall-Ionen	Entstaubung von Industrieabgasen, Neutralisation des Bodens
Saurer Regen	Schwefeldioxid und Stickstoffoxide aus Kraftwerken, Kraftfahrzeugen, Heizungsanlagen	Bodenversauerung, Schädigung der Bodenlebewesen, Lösen von giftigen Aluminium- und Schwermetall-Ionen	Neutralisation des Bodens; Entfernen von Schwefel- und Stickstoffoxiden aus Rauch- und Abgasen (↗ S. 160)
Streusalz und Salzlösungen	Winterdienst	Schädigung von Pflanzenwurzeln, Absterben von Bäumen	Kies anstelle von Salz und Salzlösungen
Düngemittel bei Überdosierung	Landwirtschaft	Schädigung von Pflanzen; Verunreinigung des Grundwassers	Pflanzen nur bedarfsgerecht düngen (↗ S. 160)

Atombau der Elemente

Periode	Protonenanzahl ≙ Ordnungszahl	Element		Elektronenanzahl der Elektronenschale						
		Name	Symbol	1.	2.	3.	4.	5.	6.	7.
1	1	Wasserstoff	H	1						
	2	Helium	He	2						
2	3	Lithium	Li	2	1					
	4	Beryllium	Be	2	2					
	5	Bor	B	2	3					
	6	Kohlenstoff	C	2	4					
	7	Stickstoff	N	2	5					
	8	Sauerstoff	O	2	6					
	9	Fluor	F	2	7					
	10	Neon	Ne	2	8					
3	11	Natrium	Na	2	8	1				
	12	Magnesium	Mg	2	8	2				
	13	Aluminium	Al	2	8	3				
	14	Silicium	Si	2	8	4				
	15	Phosphor	P	2	8	5				
	16	Schwefel	S	2	8	6				
	17	Chlor	Cl	2	8	7				
	18	Argon	Ar	2	8	8				
4	19	Kalium	K	2	8	8	1			
	20	Calcium	Ca	2	8	8	2			
	21	Scandium	Sc	2	8	8+1	2			
	22	Titan	Ti	2	8	8+2	2			
	23	Vanadium	V	2	8	8+3	2			
	24	Chrom	Cr	2	8	8+4	2*			
	25	Mangan	Mn	2	8	8+5	2			
	26	Eisen	Fe	2	8	8+6	2			
	27	Cobalt	Co	2	8	8+7	2			
	28	Nickel	Ni	2	8	8+8	2			
	29	Kupfer	Cu	2	8	8+9	2*			
	30	Zink	Zn	2	8	8+10	2			
	31	Gallium	Ga	2	8	18	3			
	32	Germanium	Ge	2	8	18	4			
	33	Arsen	Ar	2	8	18	5			
	34	Selen	Se	2	8	18	6			
	35	Brom	Br	2	8	18	7			
	36	Krypton	Kr	2	8	18	8			
5	37	Rubidium	Rb	2	8	18	8	1		
	38	Strontium	Sr	2	8	18	8	2		
	39	Yttrium	Y	2	8	18	8+1	2		
	40	Zirconium	Zr	2	8	18	8+2	2		
	41	Niob	Nb	2	8	18	8+3	2*		
	42	Molybdän	Mo	2	8	18	8+4	2*		
	43	Technetium	Tc	2	8	18	8+5	2		
	44	Ruthenium	Ru	2	8	18	8+6	2*		
	45	Rhodium	Rh	2	8	18	8+7	2*		
	46	Palladium	Pd	2	8	18	8+8	2*		
	47	Silber	Ag	2	8	18	8+9	2*		
	48	Cadmium	Cd	2	8	18	8+10	2		
	49	Indium	In	2	8	18	18	3		
	50	Zinn	Sn	2	8	18	18	4		
	51	Antimon	Sb	2	8	18	18	5		
	52	Tellur	Te	2	8	18	18	6		
	53	Iod	I	2	8	18	18	7		
	54	Xenon	Xe	2	8	18	18	8		

Atombau der Elemente

Periode	Protonenanzahl ≙ Ordnungszahl	Element		Elektronenanzahl der Elektronenschale						
		Name	Symbol	1.	2.	3.	4.	5.	6.	7.
6	55	Caesium	Cs	2	8	18	18	8	1	
	56	Barium	Ba	2	8	18	18	8	2	
	57	Lanthan	La	2	8	18	18	8+1	2	
	58	Cer	Ce	2	8	18	18+1	8+1	2	
	59	Praseodym	Pr	2	8	18	18+2	8+1	2	
	60	Neodym	Nd	2	8	18	18+3	8+1	2*	
	61	Promethium	Pm	2	8	18	18+4	8+1	2*	
	62	Samarium	Sm	2	8	18	18+5	8+1	2*	
	63	Europium	Eu	2	8	18	18+6	8+1	2*	
	64	Gadolinium	Gd	2	8	18	18+7	8+1	2	
	65	Terbium	Tb	2	8	18	18+8	8+1	2	
	66	Dysprosium	Dy	2	8	18	18+9	8+1	2	
	67	Holmium	Ho	2	8	18	18+10	8+1	2	
	68	Erbium	Er	2	8	18	18+11	8+1	2	
	69	Thulium	Tm	2	8	18	18+12	8+1	2*	
	70	Ytterbium	Yb	2	8	18	18+13	8+1	2*	
	71	Lutetium	Lu	2	8	18	18+14	8+1	2	
	72	Hafnium	Hf	2	8	18	32	8+2	2	
	73	Tantal	Ta	2	8	18	32	8+3	2	
	74	Wolfram	W	2	8	18	32	8+4	2	
	75	Rhenium	Re	2	8	18	32	8+5	2	
	76	Osmium	Os	2	8	18	32	8+6	2	
	77	Iridium	Ir	2	8	18	32	8+7	2	
	78	Platin	Pt	2	8	18	32	8+8	2*	
	79	Gold	Au	2	8	18	32	8+9	2*	
	80	Quecksilber	Hg	2	8	18	32	8+10	2	
	81	Thallium	Tl	2	8	18	32	18	3	
	82	Blei	Pb	2	8	18	32	18	4	
	83	Bismut	Bi	2	8	18	32	18	5	
	84	Polonium	Po	2	8	18	32	18	6	
	85	Astat	At	2	8	18	32	18	7	
	86	Radon	Rn	2	8	18	32	18	8	
7	87	Francium	Fr	2	8	18	32	18	8	1
	88	Radium	Ra	2	8	18	32	18	8	2
	89	Actinium	Ac	2	8	18	32	18	8+1	2*
	90	Thorium	Th	2	8	18	32	18+1	8+1	2*
	91	Protactinium	Pa	2	8	18	32	18+2	8+1	2*
	92	Uran	U	2	8	18	32	18+3	8+1	2*
	93	Neptunium	Np	2	8	18	32	18+4	8+1	2*
	94	Plutonium	Pu	2	8	18	32	18+5	8+1	2*
	95	Americium	Am	2	8	18	32	18+6	8+1	2*
	96	Curium	Cm	2	8	18	32	18+7	8+1	2*
	97	Berkelium	Bk	2	8	18	32	18+8	8+1	2*
	98	Californium	Cf	2	8	18	32	18+9	8+1	2*
	99	Einsteinium	Es	2	8	18	32	18+10	8+1	2*
	100	Fermium	Fm	2	8	18	32	18+11	8+1	2*
	101	Mendelevium	Md[1]	2	8	18	32	18+12	8+1	2*
	102	Nobelium	No[1]	2	8	18	32	18+13	8+1	2*
	103	Lawrencium	Lr[1]	2	8	18	32	18+14	8+1	2*
	104	Rutherfordium	Rf[1]	2	8	18	32	32	8+2	2*
	105	Dubnium	Db[1]	2	8	18	32	32	8+3	2*

* Bei diesen Elementen bestehen bei den Atomen Abweichungen in der Anordnung der neu hinzukommenden Elektronen oder ist die Anordnung derselben nicht gesichert.

[1] IUPAC-Empfehlung für Namen und Symbole (1997)

Laborgeräte

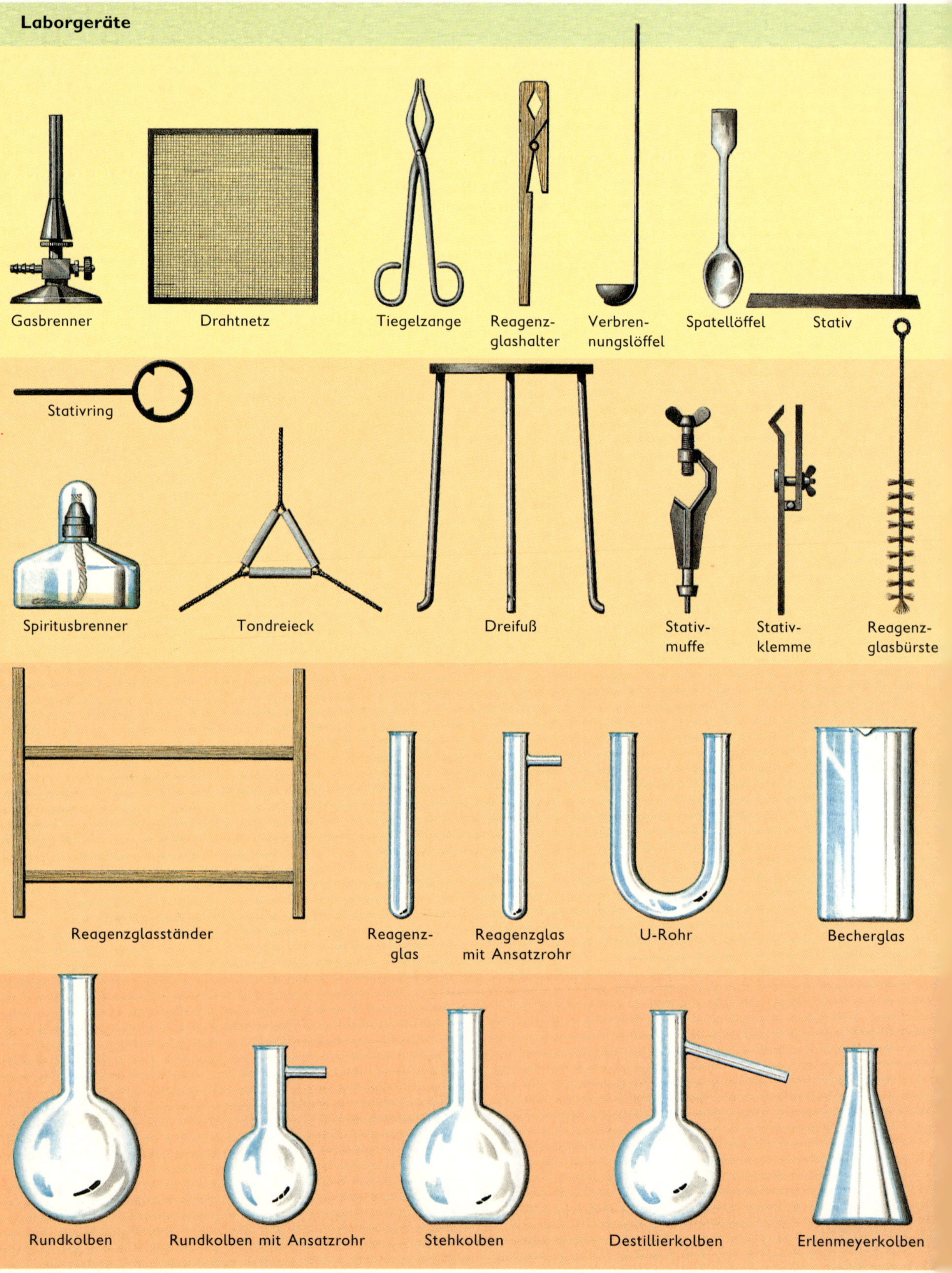

Verbrennungsrohr
Standzylinder
Pneumatische Wanne
Trockenrohr
Trichter
Kristallisier-schale
Messzylinder
Thermometer
Vollpipette
Tropftrichter
Pipette mit Gummikappe
Kolbenprober
Kühler
Porzellanschiffchen
Mörser mit Pistill
Abdampfschale
Porzellantiegel
Uhrglasschale
Gaswaschflasche
Kipp'scher Gasentwickler
Gasentwickler mit pneumatischer Wanne (Küvette)
Spritzflasche
Kappenflasche
Pipettenflasche

Gefahrensymbole, Kennbuchstaben und Gefahrenbezeichnungen (Auswahl)

Die Gefahrenbezeichnungen werden durch die R-Sätze für die einzelnen Stoffe präzisiert (↗ Seite 328 f.).

T

Giftige Stoffe (sehr giftige Stoffe T+) verursachen durch Einatmen, Verschlucken oder Aufnahme durch die Haut meist erhebliche Gesundheitsschäden oder gar den Tod.
Was tun? Nicht direkt berühren! Unwohlsein sofort dem Lehrer melden!

Xn

Gesundheitsschädliche Stoffe können durch Einatmen, Verschlucken oder Aufnahme durch die Haut gesundheitsschädigend wirken.
Was tun? Nicht direkt berühren! Unwohlsein sofort dem Lehrer melden!

C

Ätzende Stoffe zerstören das Hautgewebe oder die Oberfläche von Gegenständen.
Was tun? Berührung mit der Haut, Augen und Kleidung vermeiden! Dämpfe nicht einatmen!

Xi

Reizende Stoffe haben Reizwirkung auf Haut, Augen und Atmungsorgane.
Was tun? Berührung mit Haut, Augen und Atmungsorganen vermeiden! Nicht einatmen!

F

Leichtentzündliche Stoffe (hochentzündliche Stoffe F+) entzünden sich von selbst an heißen Gegenständen.
Zu ihnen gehören selbstentzündliche Stoffe, leichtentzündliche gasförmige Stoffe, brennbare Flüssigkeiten und Stoffe, die mit Feuchtigkeit brennbare Gase bilden.
Was tun? Vorsicht beim Umgang mit offenen Flammen und Wärmequellen! Keine Berührung mit brandfördernden Stoffen!

O

Brandfördernde Stoffe können brennbare Stoffe entzünden oder ausgebrochene Brände fördern.
Was tun? Kontakt mit brennbaren Stoffen vermeiden!

E

Explosionsgefährliche Stoffe können unter bestimmten Bedingungen explodieren.
Was tun? Schlag, Stoß, Reibung, Funkenbildung und Hitzeeinwirkung vermeiden!

N

Umweltgefährliche Stoffe sind sehr giftig, giftig oder schädlich für Wasserorganismen und können in Gewässern längerfristig schädliche Wirkungen haben. In der nichtaquatischen Umwelt sind sie giftig für Pflanzen, Tiere, Bodenorganismen und Bienen, können auf die Umwelt längerfristig schädliche Wirkungen haben und für die Ozonschicht gefährlich sein.
Was tun? Freisetzung der Stoffe in die Umwelt vermeiden, Stoffe der Problemabfallentsorgung zuführen!

Gefahrenhinweise (R-Sätze)

R 1 In trockenem Zustand explosionsgefährlich
R 2 Durch Schlag, Reibung, Feuer oder andere Zündquellen explosionsgefährlich
R 3 Durch Schlag, Reibung, Feuer oder andere Zündquellen besonders explosionsgefährlich
R 4 Bildet hochempfindliche explosionsgefährliche Metallverbindungen
R 5 Beim Erwärmen explosionsfähig
R 6 Mit und ohne Luft explosionsfähig
R 7 Kann Brand verursachen
R 8 Feuergefahr bei Berührung mit brennbaren Stoffen
R 9 Explosionsgefahr bei Mischung mit brennbaren Stoffen
R 10 Entzündlich
R 11 Leichtentzündlich
R 12 Hochentzündlich
R 14 Reagiert heftig mit Wasser
R 15 Reagiert mit Wasser unter Bildung hochentzündlicher Gase
R 16 Explosionsgefährlich in Mischung mit brandfördernden Stoffen
R 17 Selbstentzündlich an der Luft
R 18 Bei Gebrauch Bildung explosionsfähiger/leichtentzündlicher Dampf-Luftgemische möglich
R 19 Kann explosionsfähige Peroxide bilden
R 20 Gesundheitsschädlich beim Einatmen
R 21 Gesundheitsschädlich bei Berührung mit der Haut
R 22 Gesundheitsschädlich beim Verschlucken
R 23 Giftig beim Einatmen
R 24 Giftig bei Berührung mit der Haut
R 25 Giftig beim Verschlucken
R 26 Sehr giftig beim Einatmen
R 27 Sehr giftig bei Berührung mit der Haut
R 28 Sehr giftig beim Verschlucken
R 29 Entwickelt bei Berührung mit Wasser giftige Gase
R 30 Kann bei Gebrauch leichtentzündlich werden
R 31 Entwickelt bei Berührung mit Säure giftige Gase
R 32 Entwickelt bei Berührung mit Säure sehr giftige Gase
R 33 Gefahr kumulativer Wirkungen
R 34 Verursacht Verätzungen
R 35 Verursacht schwere Verätzungen
R 36 Reizt die Augen
R 37 Reizt die Atmungsorgane
R 38 Reizt die Haut
R 39 Ernste Gefahr irreversiblen Schadens
R 40 Irreversibler Schaden möglich
R 41 Gefahr ernster Augenschäden
R 42 Sensibilisierung durch Einatmen möglich
R 43 Sensibilisierung durch Hautkontakt möglich
R 44 Explosionsgefahr bei Erhitzen unter Einschluss
R 45 Kann Krebs erzeugen
R 46 Kann vererbbare Schäden verursachen
R 48 Gefahr ernster Gesundheitsschäden bei längerer Exposition
R 49 Kann Krebs erzeugen beim Einatmen
R 50 Sehr giftig für Wasserorganismen
R 51 Giftig für Wasserorganismen
R 52 Schädlich für Wasserorganismen
R 53 Kann in Gewässern längerfristig schädliche Wirkungen haben
R 54 Giftig für Pflanzen
R 55 Giftig für Tiere
R 56 Giftig für Bodenorganismen
R 57 Giftig für Bienen
R 58 Kann längerfristig schädliche Wirkungen auf die Umwelt haben
R 59 Gefährlich für die Ozonschicht
R 60 Kann die Fortpflanzungsfähigkeit beeinträchtigen
R 61 Kann das Kind im Mutterleib schädigen
R 62 Kann möglicherweise die Fortpflanzungsfähigkeit beeinträchtigen
R 63 Kann das Kind im Mutterleib möglicherweise schädigen
R 64 Kann Säuglinge über die Muttermilch schädigen
R 65 Gesundheitsschädlich: kann beim Verschlucken Lungenschäden verursachen
R 66 Wiederholter Kontakt kann zu spröder und rissiger Haut führen
R 67 Dämpfe können Schläfrigkeit und Benommenheit verursachen

Kombination der R-Sätze (Auswahl)

R 14/15 Reagiert heftig mit Wasser unter Bildung hochentzündlicher Gase
R 20/22 Gesundheitsschädlich beim Einatmen und Verschlucken
R 20/21/22 Gesundheitsschädlich beim Einatmen, Verschlucken und bei Berührung mit der Haut
R 21/22 Gesundheitsschädlich bei Berührung mit der Haut und beim Verschlucken
R 23/25 Giftig beim Einatmen und beim Verschlucken
R 23/24/25 Giftig beim Einatmen, Verschlucken und bei Berührung mit der Haut
R 24/25 Giftig bei Berührung mit der Haut und beim Verschlucken
R 36/38 Reizt die Augen und die Haut
R 36/37/38 Reizt die Augen, Atmungsorgane und die Haut
R 39/23/24/25 Giftig: Ernste Gefahr irreversiblen Schadens durch Einatmen, Berührung mit der Haut und durch Verschlucken
R 42/43 Sensibilisierung durch Einatmen und Hautkontakt möglich
R 48/22 Gesundheitsschädlich: Gefahr ernster Gesundheitsschäden bei längerer Exposition durch Verschlucken
R 48/23 Giftig: Gefahr ernster Gesundheitsschäden bei längerer Exposition durch Einatmen
R 50/53 Sehr giftig für Wasserorganismen, kann in Gewässern längerfristig schädliche Wirkungen haben

Sicherheitsratschläge (S-Sätze)

S 1 Unter Verschluss aufbewahren
S 2 Darf nicht in die Hände von Kindern gelangen
S 3 Kühl aufbewahren
S 4 Von Wohnplätzen fern halten
S 5 Unter ... aufbewahren (geeignete Flüssigkeit vom Hersteller anzugeben)
S 6 Unter ... aufbewahren (inertes Gas vom Hersteller anzugeben)
S 7 Behälter dicht geschlossen halten
S 8 Behälter trocken halten
S 9 Behälter an einem gut gelüfteten Ort aufbewahren
S 12 Behälter nicht gasdicht verschließen
S 13 Von Nahrungsmitteln, Getränken und Futtermitteln fern halten
S 14 Von ... fern halten (inkompatible Substanzen sind vom Hersteller anzugeben)
S 15 Vor Hitze schützen
S 16 Von Zündquellen fern halten – Nicht rauchen
S 17 Von brennbaren Stoffen fern halten
S 18 Behälter mit Vorsicht öffnen und handhaben
S 20 Bei der Arbeit nicht essen und trinken
S 21 Bei der Arbeit nicht rauchen
S 22 Staub nicht einatmen
S 23 Gas/Rauch/Dampf/Aerosol nicht einatmen (geeignete Bezeichnung(en) vom Hersteller anzugeben)
S 24 Berührung mit der Haut vermeiden
S 25 Berührung mit den Augen vermeiden
S 26 Bei Berührung mit den Augen sofort gründlich mit Wasser abspülen und Arzt konsultieren
S 27 Beschmutzte, getränkte Kleidung sofort ausziehen
S 28 Bei Berührung mit der Haut sofort abwaschen mit viel ... (vom Hersteller anzugeben)
S 29 Nicht in die Kanalisation gelangen lassen
S 30 Niemals Wasser hinzugießen
S 33 Maßnahmen gegen elektrostatische Aufladungen treffen
S 35 Abfälle und Behälter müssen in gesicherter Weise beseitigt werden
S 36 Bei der Arbeit geeignete Schutzkleidung tragen
S 37 Geeignete Schutzhandschuhe tragen
S 38 Bei unzureichender Belüftung Atemschutzgerät anlegen
S 39 Schutzbrille/Gesichtsschutz tragen
S 40 Fußboden und verunreinigte Gegenstände mit ... reinigen (Material vom Hersteller anzugeben)
S 41 Explosions- und Brandgase nicht einatmen
S 42 Bei Räuchern/Versprühen geeignetes Atemschutzgerät anlegen (geeignete Bezeichnung(en) vom Hersteller anzugeben)
S 43 Zum Löschen ... (vom Hersteller anzugeben) verwenden (wenn Wasser die Gefahr erhöht, anfügen: „Kein Wasser verwenden")
S 45 Bei Unfall oder Unwohlsein sofort Arzt hinzuziehen (wenn möglich, dieses Etikett vorzeigen)
S 46 Bei Verschlucken sofort ärztlichen Rat einholen und Verpackung oder Etikett vorzeigen
S 47 Nicht bei Temperaturen über ... °C aufbewahren (vom Hersteller anzugeben)
S 48 Feucht halten mit ... (geeignetes Mittel vom Hersteller anzugeben)
S 49 Nur im Originalbehälter aufbewahren
S 50 Nicht mischen mit ... (vom Hersteller anzugeben)
S 51 Nur in gut gelüfteten Bereichen verwenden
S 52 Nicht großflächig für Wohn- und Aufenthaltsräume verwenden
S 53 Exposition vermeiden – vor Gebrauch besondere Anweisungen einholen
S 56 Diesen Stoff und seinen Behälter der Problemabfall-entsorgung zuführen
S 57 Zur Vermeidung einer Kontamination der Umwelt geeigneten Behälter verwenden
S 59 Information zur Wiederverwendung/Wiederverwertung beim Hersteller/Lieferanten erfragen
S 60 Dieser Stoff und sein Behälter sind als gefährlicher Abfall zu entsorgen
S 61 Freisetzung in die Umwelt vermeiden. Besondere Anweisungen einholen/Sicherheitsdatenblatt zu Rate ziehen
S 62 Bei Verschlucken kein Erbrechen herbeiführen. Sofort ärztlichen Rat einholen und Verpackung oder dieses Etikett vorzeigen
S 63 Bei Unfall durch Einatmen: Verunfallten an die frische Luft bringen und ruhig stellen
S 64 Bei Verschlucken Mund mit Wasser ausspülen (nur wenn Verunfallter bei Bewusstsein ist)

Kombination der S-Sätze (Auswahl)

S 1/2 Unter Verschluss und für Kinder unzugänglich aufbewahren
S 7/8 Behälter trocken und dicht geschlossen halten
S 7/9 Behälter dicht geschlossen an einem gut gelüfteten Ort aufbewahren
S 24/25 Berührung mit den Augen und der Haut vermeiden
S 36/37 Bei der Arbeit geeignete Schutzhandschuhe und Schutzkleidung tragen
S 36/37/39 Bei der Arbeit geeignete Schutzhandschuhe, Schutzkleidung und Schutzbrille/Gesichtsschutz tragen

Entsorgungsratschläge (E-Sätze)

E 1 Verdünnen, in den Ausguss geben (WGK 0 bzw. 1)
E 2 Neutralisieren, in den Ausguss geben
E 3 In den Hausmüll geben, gegebenenfalls im PE-Beutel (Stäube)
E 4 Als Sulfid fällen
E 5 Mit Calcium-Ionen fällen, dann E 1 oder E 3
E 6 Nicht in den Hausmüll geben
E 7 Im Abzug entsorgen
E 8 Der Sondermüllbeseitigung zuführen (Adresse zu erfragen bei der Kreis- oder Stadtverwaltung)
Abfallschlüssel beachten
E 9 Unter größter Vorsicht in kleinsten Portionen reagieren lassen (z. B. offen im Freien verbrennen)
E 10 In gekennzeichneten Behältern sammeln:
1. „Organische Abfälle – halogenhaltig"
2. „Organische Abfälle – halogenfrei"
dann E 8
E 11 Als Hydroxid fällen (pH = 8), den Niederschlag zu E 8
E 12 Nicht in die Kanalisation gelangen lassen (S-Satz S 29)
E 13 Aus der Lösung mit unedlem Metall (z. B. Eisen) als Metall abscheiden (E 14, E 3)
E 14 Recycling-geeignet (Redestillation oder einem Recycling-unternehmen zuführen)
E 15 Mit Wasser vorsichtig umsetzen, frei werdende Gase absorbieren oder ins Freie ableiten
E 16 Entsprechend den speziellen Ratschlägen für die Beseitigungsgruppen beseitigen

Hinweise zu den folgenden Tabellen

Beim Arbeiten mit Chemikalien sind die geltenden Rechtsvorschriften (Chemikaliengesetz, Gefahrstoffverordnung, Technische Regeln für den Umgang mit Gefahrstoffen, Arbeits- und Unfallschutzvorschriften) einzuhalten. Dies gilt in gleichem Maße für die Entsorgung der beim Arbeiten anfallenden Gefahrstoffabfälle; das grundlegende Gesetz hierbei ist das Abfallgesetz.

Alle in diesem Buch bei Experimenten angeführten Gefahrstoffe werden in einer Liste, Seite 328 f., mit den jeweils zutreffenden R-, S- und E-Sätzen aufgeführt. Die Übersicht zur Entsorgung von Gefahrstoffabfällen, Seite 330, stellt den prinzipiellen Ablauf der Behandlung und des Sammelns bis zur Entsorgung sowie der Übergabe der Gefahrstoffabfälle zur Sondermüllentsorgung dar. Die Behandlung und das Sammeln der Abfälle setzt solide Kenntnisse der Lehrer(innen) voraus. Daher kann die Übersicht nur eine Orientierungshilfe sein.

Liste der Gefahrstoffe

[1] + Schülerexperimente mit diesen Stoffen erlaubt
o Schülerexperimente mit diesen Stoffen nicht untersagt, aber möglichst Ersatzstoffe suchen
– Schülerexperimente mit diesen Stoffen nicht erlaubt
* Schülerexperimente mit diesen Stoffen nur in der gymnasialen Oberstufe gestattet
–w Experimente mit diesen Stoffen für Schülerinnen nicht erlaubt

Gefahrstoffe	Kennbuchstabe	R-Sätze	S-Sätze	E-Sätze	Schülerexperimente[1]
Aceton (Propanon)	F, Xi	11–36–66–67	(2)–9–16–26	1–10–14	+
Ameisensäure (Methansäure) ≥ 90 %	C	35	(1/2)–23–26–45	1–10	+
Ameisensäure (Methansäure) 10 % ··· 90 %	C	34	(1/2)–23–26–45	1–10	+
Ammoniak, wasserfrei	T, N	10–23–34–50	(1/2)–9–16–26–36/37/39–45–61	2–7	o
Ammoniaklösung 10 % ··· 25 %	C	34	(1/2)–26–36/37/39–45	2	+
Ammoniaklösung 5 % ··· 10 %	Xi	36/37/38	(1/2)–26–36/37/39–45	2	+
Ammoniumchlorid	Xn	22–36	(2)–22	1	+
Antimon(III)-chlorid	C, N	34–51/53	(1/2)–26–45–61	3–14	+
Bariumchloridlösung ≥ 25 %	Xn	20/22	(1/2)–45	1	+
Bariumhydroxid-8-Wasser	C	20/22–34	26–36/37/39–45	1–3	+
Blei (bioverfügbar)	T	61–20/22–33	53–45	8	o
Blei(II)-nitratlösung 0,5 % ··· 5 %	T	61–33	53–45	4–8–14	–w
Brom	T+, C, N	26–35–50	(1/2)–7/9–26–45–61	16	–
Bromwasser 1 % ··· 5 %	T, Xi	23–24	7/9–26	16	o
Bromethan (Ethylbromid)	F, Xn	11–20/22–40	(2)–36/37	10	–
Bromwasserstoff	C	35–37	(1/2)–7/9–26–45	2	+
Butan	F+	12	(2)–9–16	7	+
1-Butanol	Xn	10–22–37/38–41–67	(2)–7/9–13–26–37/39–46	10	+
Buttersäure	C	34	(1/2)–26–36–45	10	+
Cadmiumsulfid	T	22–40–48/23/25	(1/2)–22–36/37–45	8–14	–
Calcium	F	15	(2)–8–24/25–43	15	+
Calciumcarbid	F	15	(2)–8–43	15–16	+
Calciumchlorid	Xi	36	(2)–22–24	1	+
Calciumhydroxid	C	34	26–36/37/39–45	2	+
Calciumoxid	C	34	26–36	2	+
Chlor	T, N	23–36/37/38–50	(1/2)–9–45–61	16	o
Chlorethan (Ethylchlorid)	F+, Xn	12–40–52/53	(2)–9–16–33–36/37–61	7–12	*
Chlormethan (Methylchlorid)	F+, Xn	12–40–48/20	(2)–9–16–33	7–12	–
Chloroform (Trichlormethan)	Xn	22–38–40–48/20/22	(2)–36/37	10–12	–w
Chlorwasser gesättigt, ≈ 0,7 %	Xn	20	(1/2)–9–45	16	o
Chlorwasserstoff	T, C	23–35	(1/2)–9–26–36/37/39–45	2	o
Cyclohexan	F, Xn, N	11–38–50/53–65–67	(2)–9–16–33–60–61–62	10–12	+
1,2-**D**ibromethan	T, N	45–23/24/25–36/37/38–51/53	53–45–61	10–12	–
Diethylether (Ether)	F+, Xn	12–19–22–66–67	(2)–9–16–29–33	9–10–12	*
Distickstofftetraoxid	T+	26–34	(1/2)–9–26–28–36/37/39–45	7	–
Eisen(III)-chlorid-6-Wasser	Xn	22–38–41	26–39	2	+
Eisen(II)-sulfatlösung ≥ 25 %	Xn	22	24/25	1	+
Essigsäure (Ethansäure) 25 % ··· 90 %	C	34	(1/2)–23–26–45	2–10	+
Essigsäure (Ethansäure) 10 % ··· 25 %	Xi	36/38	23–26	2–10	+
Essigsäureethylester (Ethylacetat)	F, Xi	11–36–66–67	(2)–16–26–33	10–12	+
Ethanal (Acetaldehyd)	F+, Xn	12–36/37–40	(2)–16–33–36/37	9–10–12–16	*
Ethanol (Ethylalkohol)	F	11	(2)–7–16	1–10	+
Ethen (Ethylen)	F+	12	(2)–9–16–33	7	+
Ethin (Acethylen)	F+	5–6–12	(2)–9–16–33	7	*
***f**ehlings*che Lösung II	C	35	(2)–26–27–37/39	2	+
Heptan	F, Xn, N	11–38–50/53–65–67	(2)–9–16–29–33–60–61–62	10–12	+
Hexan	F, Xn, N	11–38–48/20–51/53–62–65–67	(2)–9–16–29–33–36/37–61–62	10–12	+
Hexen	F	11	9–16–23–29–33	10–12	+
Iod	Xn, N	20/21–50	(2)–23–25–61	1–16	+
Kalium	F, C	14/15–34	(1/2)–5–8–43–45	6–12–16	–
Kaliumdichromat	T+, N	49–46–21–25–26–37/38–41–43–50/53	53–45–60–61	12–16	o
Kaliumhydroxid	C	35	(1/2)–26–37/39–45	2	+
Kaliumhydroxidlösung ≥ 5 %	C	35	(1/2)–26–37/39–45	2	+
Kaliumhydroxidlösung 2 % ··· 5 %	C	34	(1/2)–26–37/39–45	2	+
Kaliumhydroxidlösung 0,5 % ··· 2 %	Xi	36/38	26	2	+
Kaliumnitrat	O	8	16–41	1	+
Kaliumpermanganat	O, Xn, N	8–22–50/53	(2)–60–61	1–6	+
Kohlenstoffmonooxid	F+, T	61–12–23–48/23	53–45	7	*
Kupfer(I)-oxid	Xn	22	(2)–22	8–16	+
Kupfer(II)-sulfat-5-Wasser	Xn, N	22–36/38–50/53	(2)–22–60–61	11	+
Kupfer(II)-sulfatlösung ≥ 25 %	Xn	22–36/38	(2)–22	11	+

Liste der Gefahrstoffe

[1] + Schülerexperimente mit diesen Stoffen erlaubt
o Schülerexperimente mit diesen Stoffen nicht untersagt, aber möglichst Ersatzstoffe suchen
– Schülerexperimente mit diesen Stoffen nicht erlaubt
* Schülerexperimente mit diesen Stoffen nur in der gymnasialen Oberstufe gestattet
–w Experimente mit diesen Stoffen für Schülerinnen nicht erlaubt

Gefahrstoffe	Kennbuchstabe	R–Sätze	S-Sätze	E-Sätze	Schülerexperimente[1]
Magnesiumpulver, phlegmatisiert	F	11–15	(2)–7/8–43	3	+
Mangandioxid (Braunstein)	Xn	20/22	(2)–25	3	+
Methan	F+	12	(2)–9–16–33	7	+
Methanal(Formaldehyd)-lösung ≥ 25 %	T	23/24/25–34–40–43	(1/2)–26–36/37/39–45–51	10–12–16	o
Methanal(Formaldehyd)-lösung 5 % ··· 25 %	Xn	20/21/22–36/37/38–40–43	(1/2)–26–36/37/39–51	1–10	o
Methanal(Formaldehyd)-lösung 1 % ··· 5 %	Xn	40–43	23–37	1	o
Methanol (Methylalkohol)	F, T	11–23/24/25–39/23/24/25	(1/2)–7–16–36/37–45	1–10	o
Natrium	F, C	14/15–34	(1/2)–5–8–43–45	6–12–16	o
Natriumcarbonat-10-Wasser	Xi	36	(2)–22–26	1	+
Natriumdithionit	Xn	7–22–31	(2)–7/8–26–28–43	1	+
Natriumfluorid	T	25–32–36/38	(1/2)–22–36–45	5	o
Natriumhydroxid (Ätznatron)	C	35	(1/2)–26–37/39–45	2	+
Natriumhydroxidlösung ≥ 5 %	C	35	(1/2)–26–37/39–45	2	+
Natriumhydroxidlösung 2 % ··· 5 %	C	34	(1/2)–26–37/39–45	1	+
Natriumhydroxidlösung 0,5 % ··· 2 %	Xi	36/38	28	1	+
Natriumnitrat	O	8	16–41	1	+
Natriumsulfidlösung 5 % ··· 10 %	Xn	22–31–36/37/38	(1/2)–26–36/37/39–45	1	o
Nickel(II)-sulfat-6-Wasser	Xn, N	22–40–42/43–50/53	(2)–22–36/37–60–61	11–12	o
Nicotin	T+, N	25–27–51/53	(1/2)–36/37–45–61	10–16	–
Octan	F, Xn, N	11–38–50/53–65–67	(2)–9–16–29–33–60–61–62	10–12	+
Oxalsäure-2-Wasser	Xn	21/22	(2)–24/25	5	+
Oxalsäurelösung ≥ 5 %	Xn	21/22	(2)–24/25	5	+
Ozon	O, T	34–36/37/38		7	o
Pentan	F+, Xn, N	12–51/53–65–66–67	(2)–9–16–29–33–61–62	10–12	+
Pentanol	Xn	10–20	(2)–24/25	10–14	+
Petrolether	F	11	9–16–29–33	10–12	+
Petroleumbenzin	F	11	9–16–29–33	10–12	+
Phenol	T	24/25–34	(1/2)–28–45	10–12	o
Phenollösung 1 % ··· 5 %	Xn	21/22	(1/2)–28–45	10–12	o
Phosphor, rot	F, N	11–16–50	(2)–7–43–61	6–9	+
Phosphor(V)-oxid	C	35	(1/2)–22–26–45	2	+
Phosphorsäure ≥ 25 %	C	34	(1/2)–26–45	2	+
Phosphorsäure 10 % ··· 25 %	Xi	36/38	25	1	+
Propan	F+	12	(2)–9–16	7	+
Propanol	F, Xi	11–41–67	(2)–7–16–24–26–39	10	+
Quecksilber	T, N	23–33–50/53	(1/2)–7–45–60–61	6–12–14–16	–
Resorcin (1,3-Dihydroxybenzol)	Xn, N	22–36/38–50	(2)–26–61	10	+
Salpetersäure ≥ 70 %	O, C	8–35	(1/2)–23–26–36–45	2	o
Salpetersäure 20 % ··· 70 %	C	35	(1/2)–23–26–27	2	+
Salpetersäure 5 % ··· 20 %	C	34	(1/2)–23–26–27	2	+
Salzsäure ≥ 25 %	C	34–37	(1/2)–26–45	2	+
Salzsäure 10 % ··· 25 %	Xi	36/37/38	(2)–28	2	+
Schwefeldioxid	T	23–34	(1/2)–9–26–36/37/39–45	7	o
Schwefelsäure ≥ 15 %	C	35	(1/2)–26–30–45	2	+
Schwefelsäure 5 % ··· 15 %	Xi	36/38	(2)–26	2	+
Schwefelwasserstoff	F+, T+, N	12–26–50	(1/2)–9–16–28–36/37/39–45–61	2–7	–
Schwefelwasserstofflösung 1 % ··· 5 %	Xn	20	(1/2)–9–16–28–36/37/39–45	2	o
Schweflige Säure 0,5 % ··· 5 %	Xi	36/37/38	24–26	2	+
Silbernitrat	C, N	34–50/53	(1/2)–26–45–60–61	12–13–14	+
Silbernitratlösung 5 % ··· 10 %	Xi	36/38	(1/2)–26–45	12–13–14	+
Stickstoffdioxid	T+	26–34	(1/2)–9–26–28–36/37/39–45	7	–
Stickstoffmonooxid	T+	26/27	45	7	–
Tetrachlormethan	T, N	23/24/25–40–48/23–52/53–59	(1/2)–23–36/37–45–59–61	10–12	*
Trichlormethan (Chloroform)	Xn	22–38–40–48/20/22	(2)–36/37	10–12	–w
Toluol	F, Xn	11–20	(2)–16–25–29–33	10–12	o
Wasserstoff	F+	12	(2)–9–16–33	7	+
Wasserstoffperoxidlösung ≥ 60 %	O, C	8–34	(1/2)–3–28–36/39–45	1–16	o
Wasserstoffperoxidlösung 20 % ··· 60 %	C	34	(1/2)–28–36/39–45	1	+
Wasserstoffperoxidlösung 5 % ··· 20 %	Xi	36/38	(1/2)–28–36/39–45	1	+
Zinkpulver, stabilisiert		10–15	(2)–7/8–43	3	+
Zinkchlorid	C, N	34–50/53	(1/2)–7/8–28–45–60–61	1–11	+
Zinksulfat	Xi, N	36/38–50/53	(2)–22–25–60–61	1–11	+

Entsorgung von Gefahrstoffabfällen

Stoffe	Stoffe mit E 3	Stoffe mit E 5		Stoffe mit E 1	Stoffe mit E 2	Stoffe mit E 11		Stoffe mit E 4
Beispiele	Eisenspäne Holzkohle Braunstein	Fluoride Oxalate		Alkalichloride Glucose Natriumcarbonat	Mineralsäuren Essigsäure Laugen	Nickelsalze Cobaltsalze Kupfersalze		Bleisalze
	Unmittelbar nach dem Experimentieren Stoffe einsammeln!							
Behandlung		Mit Calciumchloridlösung fällen und Niederschlag abtrennen		Verdünnen	Neutralisieren	Als Hydroxid fällen, Niederschlag absetzen lassen		Als Sulfid fällen, Niederschlag absetzen lassen
		Feststoff	Flüssigkeit			Flüssigkeit	Schlamm	Niederschlag
Sammeln							**Sammelbehälter I** „Anorganische Chemikalienreste" (C; T) $pH > 10$ beachten!	
Entsorgen	Hausmüll	Hausmüll	Abwasser	Abwasser	Abwasser	Abwasser	Sondermüllentsorgung (eventuell Recycling)	Sondermüllentsorgung (eventuell Recycling)

Stoffe	Stoffe mit E 10 halogenfrei	Stoffe mit E 10 halogenhaltig	Stoffe mit E 7	Stoffe mit E 9	Stoffe mit E 13		Stoffe mit E 15
Beispiele	Lösemittelreste, z. B. Methanol, Petroleumbenzin, Anilin	Lösemittelreste, z. B. Trichlormethan, Chlorbenzol, Bromethan	Schwefelwasserstoff, Stickstoffdioxid, Ammoniak, Chlorwasserstoff	Roter Phosphor, Diethylether, Kohlenstoffdisulfid	Chromsalze Kupfersalze		Calciumcarbid
	Unmittelbar nach dem Experimentieren Stoffe einsammeln!						
Behandlung			Arbeiten unter dem *Abzug!* Wenn möglich, absorbieren oder verbrennen.	In kleinsten Portionen *vorsichtig(!)* verbrennen; kleinste Kohlenstoffdisulfidmengen im Freien verdunsten lassen.	Mit unedlen Metallen (Eisen) behandeln, eine Nacht stehen lassen.		*Vorsichtig* mit Wasser umsetzen, Gase verbrennen oder ableiten, Rückstände verdünnen.
					Metall	Flüssigkeit	
Sammeln	**Sammelbehälter II** „Organische Reste – halogenfrei –" (F; T bzw. Xn)	**Sammelbehälter III** „Organische Reste – halogenhaltig –" (F; T bzw. Xn)					
Entsorgen	Sondermüllentsorgung	Sondermüllentsorgung	Abluft	Abluft	Recycling/ Sondermüll	Abwasser	Abwasser

Stoffe	Stoffe mit E 16			
Beispiele	Chlorwasser, Brom, Bromwasser, Iod	Alkalimetalle z. B. Natrium, Kalium	Quecksilber, quecksilberhaltige Rückstände	Chromate
	Unmittelbar nach dem Experimentieren Stoffe einsammeln!			
Behandlung	Mit Natriumthiosulfatlösung umsetzen.	*Vorsichtig* mit Ethanol bzw. Butanol (Kalium) umsetzen; nach 1 ⋯ 3 Tagen wie Stoffe mit E 2 weiterbehandeln (Neutralisieren).		Mit Natriumhydrogensulfitlösung bei $pH = 2$ zu Chrom(III)-Salzen reduzieren; nach 2 Stunden in den Sammelbehälter geben.
Sammeln			**Sammelbehälter** „Quecksilberreste" (T+) (verschlossen aufbewahren)	**Sammelbehälter I** „Anorganische Chemikalienreste" (C; T)
Entsorgen	Abwasser	Abwasser	Recycling oder Sondermüllentsorgung	Sondermüllentsorgung (eventuell Recycling)

Register

Autoren:
Barbara Arndt, Karin Arnold, Heinz Belter, Adolf Block, Helmut Boeck, Roland Brauer, Volkmar Dietrich, Brigitte Duvinage, Johannes Elsner, Lothar Fritsch, Gerhard Meyendorf, Jochen Teichmann, Günter Wegner

Leitung: Gerhard Meyendorf

unter Planung und Mitarbeit der Verlagsredaktion Chemie: Edward Gutmacher, Dieter Hron, Volkmar Kolleck

Dieses Werk folgt der reformierten Rechtschreibung und Zeichensetzung.
Währungsangaben erfolgen in Euro.

Das Umschlagbild zeigt einen Achatanschliff aus der mineralogischen Sammlung der TU Bergakademie Freiberg, Fundort St. Egidien. Foto: Michael Knopfe, Freiberg

ISBN 3-06-030724-5

1. Auflage
9 8 7 6 5 / 04 03 02 01 00
Alle Drucke dieser Auflage sind unverändert und im Unterricht parallel nutzbar. Die letzte Zahl bedeutet das Jahr des Druckes.

Printed in Germany
Technische Zeichnungen: Rainer Fischer, Norbert Marzahn
Illustrationen: Rainer Fischer, Dieter Heidenreich, Hans Wunderlich
Layout: Manfred Behrendt
Einband und Typografie: Wolfgang Lorenz
Satz: Druckhaus „Thomas Müntzer“ GmbH, Bad Langensalza
Druck: Gebr. Garloff GmbH, Magdeburg

Abbildungsverzeichnis

ADN, Berlin: Eicke 152, Günther 75/5, Junge 272, Link 46/4, Müller 54, 68/1, 251/3, Sindermann 23/4; Aluminium Rheinfelden GmbH, Rheinfelden: 308/3; BASF Aktiengesellschaft, Ludwigshafen: 6/3, 156/4; Bäuerle + Schwarz GmbH + Co, Pforzheim: 25/6; Baumann Schicht, Bad Reichenhall: 75/3; Bayer AG, Leverkusen: 103/4, 104/3, 140, 149/2; Braunschweigische Kohlen-Bergwerke AG, Buschhaus: 145/3; Bristol Hotel Kempinski/Foto AV Design GmbH Berlin: 246; Degussa-Bild, Frankfurt a. M.: 106/1; Deutsche Airbus GmbH, Hamburg: 25/4, 258/1; Deutsche Shell Aktiengesellschaft, Hamburg, Reg. Press 141122: 180; Dietrich, Potsdam: 269/2-5; Döring, Hohen Neuendorf: 9/5, 14/3, 65/3, 75/4, 125/6, 128, 170/2, 191/4, 243/6, 262/1; Eckelt, Berlin: 82/1, 108/1; EVT-Mahler GmbH, Stuttgart: 282/1; Forschungszentrum Jülich GmbH, Jülich: 77/1; Fotoagentur Zentralbild GmbH, Hellmann: 166; Fotoarchiv Grünes Gewölbe, G. Beyer, Weimar: 169/3; Fotoatelier H.-J. Mock, Mühlhausen: 58/1, 60/1, 86/2, 108/2, 113/4, 124/2-3, 125/5, 136/E 2, 140/1-3, 143/2, 144/1, 146/3, 147/4, 150/1-2, 157/5, 185/E 4, 200/2, 218/3, 255/3-4, 288/E 6, 316/E 2-4, 319/E 5, 320/2; W. Gartung/Wings: 132/2; Gesellschaft für Öffentlichkeitsarbeit der Deutschen Brauwirtschaft e.V., Archiv Bonn-Bad Godesberg: 5/3, 209/1; Geologische Forschung und Erkundung Halle: 169/4; Giebe, Halle: 75/2; W. Glock KG, Frankfurt/M.: 286/1; Grambow, Berlin: 109/3, 218/2; Henkel KGaA, Düsseldorf-Werksarchiv: 242/4; Heßheimer, Berlin: 259/4, 260/3; Hoechst Aktiengesellschaft, Frankfurt a. Main: 306/2; Hofmann, Mühlhausen: 146/1, 319/4-5; Hron, Berlin: 133/3, 268; Dr. Jänsch, Berlin: 101/3, 163/2; Kefrig, Osnabrück: 23/3; Kalkwerk Hufgard GmbH, Hösbach-Rottenberg: 112/2; Knopfe, TU Bergakademie Freiberg: 12/1, 56/1, 74, 89/2, 113/5, 124/4, 141/4-5, 162/1, 166/2, 167/5-6, 172/1, 176/3-4, 312/3; Kreutzmann, Premnitz: 263/6; Fotoagentur Helga Lade, Berlin: 4/1, 5/2, 5/6-7, 8, 9/4, 19/3, 24/1, 24/3, 25/5, 28/1, 34, 36/3-4, 37/5, 39/4, 44, 47/6, 50/2-3, 57/4, 58/2, 62/1, 64/1, 66/1, 88, 94/4, 101/1-2, 101/4, 108, 124/1, 158/1, 160/1, 166/1, 172/2-4, 174/1, 176/1, 177/6, 178/2, 178/5, 197/3, 206/2, 208, 219/4, 222, 230/1-2, 240, 242/1, 258, 266/2, 283/2, 285/2, 296/1, 310, 314/2, 315/3-7, 320/1; Leybold Didactic GmbH, Hürth: 47/7; Mansfelder Kupferhütte: 306/4; Nowosti-APN: 167/3; Adam Opel AG, Rüsselsheim: 30/links; OMW Karlsruhe: 143/4; Rudolf Perner GmbH & Co. Glockengießerei, Passau: 24/2; Philipps Licht, Hamburg: 133/1; Ludwig Preiß Industrie- und Pressebilddienst GmbH, Berlin: 4, 5/5, 8/2-3, 10/1, 13/2, 20/1-2, 22, 23/2, 23/5, 30/rechts, 31/(3), 37/6, 39/3, 63/2, 65/4, 69/4, 83/2-3, 90/2, 91/7, 96, 96/1, 97/2-4, 102/1-3, 104/1, 105/4, 106/2, 110/2, 112/3, 128/1, 169/6-7, 170/1, 171/3, 174/2, 176/2, 177/5, 178/1, 178/3-4, 182, 184/1, 187/2, 198/2, 210/3, 212/E 6, 215/2, 220/2, 224/1, 224/4, 226/2, 240/1-2, 241/3, 242/5, 246/1, 252/1, 258/2, 260/1, 261/5, 262/3, 263/5, 264/1, 314/1; Prevost, Paris: 132/1; S & M Rümmler Studio, Flöha (Museum Auerbach): 194; Sartorius AG, Göttingen: 276/1; Schiffswerft "Neptun" GmbH, Rostock: 301/4; Schlegel, Lunzenau: 167/4; Schultheiss Brauerei AG Berlin, Tietze: 209/2; Siemens-Pressebild: 169/5, 177/7; Stora Feldmühle AG, Hagen: 251/2; Superbild, Internationale Bildagentur, Berlin: 7/7, 204, 232, 311/2; TASS: 118; Theuerkauf, Gotha: 5/4, 109/5-6, 224/5, 282; Thüringisches Landesamt für Denkmalpflege, Erfurt: 57/6; U. S. Information Service, Bonn: 50/4; VARTA Batterie AG, Hannover: 302/1-2, 303/4; VAW Aluminium AG, Bonn: 28/2, 298, 308/1; Verband der Textilhilfsmittel-, Lederhilfsmittel-, Gerbstoff- und Wasch-rohstoff Industrie e. V. TEGEWA, Frankfurt a. Main: 244/links; Verlag Werbung und Foto Fabry GmbH, Rüdersdorf: 6/2, 285/3; Voest Alpine GmbH, München: 69/3; Volkswagen AG, Wolfsburg: 31/unten, 109/4; Wahlstab, Berlin: 94/1; Wasserwerke Berlin: 46/2; Wilkens Silbermanufaktur Bremen: 25/8; Carl Zeiss, Oberkochen: 36/2.
Die nicht aufgeführten Bilder sind aus dem Archiv des Verlages Volk und Wissen GmbH.

Periodensystem der Elemente (Langperiodensystem)

Periode	1* I. Hauptgruppe	2 II. Hauptgruppe	3 III. Nebengruppe	4 IV. Nebengruppe	5 V. Nebengruppe	6 VI. Nebengruppe	7 VII. Nebengruppe	8 VIII. Nebengruppe	9 VIII. Nebengru
1	1 1,008 2,1 H Wasserstoff								
2	3 6,94 1,0 Li Lithium	4 9,01 1,5 Be Beryllium							
3	11 22,99 0,9 Na Natrium	12 24,31 1,2 Mg Magnesium							
4	19 39,10 0,8 K Kalium	20 40,08 1,0 Ca Calcium	21 44,96 1,3 Sc Scandium	22 47,88 1,5 Ti Titan	23 50,94 1,6 V Vanadium	24 51,996 1,6 Cr Chrom	25 54,94 1,5 Mn Mangan	26 55,85 1,8 Fe Eisen	27 5 1,8 Cobalt
5	37 85,47 0,8 Rb Rubidium	38 87,62 1,0 Sr Strontium	39 88,91 1,3 Y Yttrium	40 91,22 1,4 Zr Zirconium	41 92,91 1,6 Nb Niob	42 95,94 1,8 Mo Molybdän	43 [98] 1,9 Tc Technetium	44 101,07 2,2 Ru Ruthenium	45 10 2,2 Rhodium
6	55 132,91 0,7 Cs Caesium	56 137,33 0,9 Ba Barium	57 138,91 1,1 La Lanthan •	72 178,49 1,3 Hf Hafnium	73 180,95 1,5 Ta Tantal	74 183,84 1,7 W Wolfram	75 186,21 1,9 Re Rhenium	76 190,23 2,2 Os Osmium	77 19 2,2 Iridium
7	87 [223] 0,7 Fr Francium	88 226,03 0,9 Ra Radium	89 227,03 1,1 Ac Actinium ••	104 [261] Rf[1] Rutherfordium	105 [262] Db[1] Dubnium	106 [266] Sg[1] Seaborgium	107 [264] Bh[1] Bohrium	108 [267] Hs[1] Hassium	109 [M Meitnerium

Eigenschaften der Oxide: basisch, basisch / sauer, sauer — Edelgase

• Elemente der Lanthanreihe (Lanthanoide)

Periode					
6	58 140,12 1,1 Ce Cer	59 140,91 1,1 Pr Praseodym	60 144,24 1,2 Nd Neodym	61 [145] 1,2 Pm Promethium	62 15 1,2 S Samarium

•• Elemente der Actiniumreihe (Actinoide)

Periode					
7	90 232,04 1,3 Th Thorium	91 231,04 1,5 Pa Protactinium	92 238,03 1,7 U Uran	93 [237] 1,3 Np Neptunium	94 [1,3 Plutonium

Legende:

Ordnungszahl	Atommasse in u
7	14,007
Elektronegativitätswert	Symbol
3,0	N
Name	
Stickstoff	

Die Atommassen in eckigen Klammern beziehen sich auf das län